日本
结构技术典型
实例 100 选

——战后 50 余年的创新历程

日本建筑构造技术者协会　编

滕征本　滕煜先
周耀坤　滕 百　译

中国建筑工业出版社

前　言

　　(社)日本建筑构造技术者协会(JSCA)是由结构技术工作者组成的社会团体，它的前身是1981年成立的结构家恳谈会。日本建筑构造技术者协会于1989年实行社团法人化。1994年曾开展法人化5周年纪念活动，并于1999年又曾开展法人化10周年纪念活动。作为纪念活动的一环，为迎接21世纪的莅临，决定对战后的日本建筑结构技术进行概括和总结。于是，于2000年6月，成立了"结构技术50年史编撰委员会"。值此建筑基准法历经50多年沧桑，面临大修订之际，以及众多的原有建筑物的抗震改造业已完成的现在，系统总结发展到当代的结构技术是具有特别重要的意义的。

　　以结构技术50年史编撰委员会的名义出版为前提，拟定了编写规划，通过诸如东京电视塔、霞关大厦、横滨标志性大厦等划时代建筑作品的介绍，详细阐述了日本的结构技术的演进过程。2000年10月，以本会会员为对象，并以"战后日本的结构技术创新的建筑100例"为选题，公开征募在设计、材料、做法、施工等方面具有卓越成就的建筑作品和技术开发成果。结果，共征集到了400余项，此外，委员会还在这些征募作品之外，又增选了没有参加应征的古老作品，总共征集到了500项作品。经过约10个月的长时间慎重的筛选，选定了100项作品。铨选的标准定为三条，它们是，

　　1)采用了具有革新性发展的结构技术；

　　2)受到全社会，乃至专业领域的高度关注；

　　3)全面覆盖各个年代，不同用途和不同的结构类别。

　　在经过委员们的协商和会议后，最终确定100项。不过，关于古旧作品，由于有关人士不是早已引退，就是已经过世，所以，难免有所遗漏，甚至是选中的作品未必是最恰当的，对此敬请谅解。

　　本书由正文及资料篇两大部分组成。正文中，叙述结构技术精选100例的内容，其中，关于年代则划分为战后～1959年、1960年代、1970年代、1980年代、1990年～1994年、1995年～现在等共六个时期，并按竣工时间的早晚进行了排序，详细介绍建筑物的结构概要，特别是对建筑物的特点和独具特色的结构技术和历史背景都有详细阐述。此外，在选载的每个作品的开头，除介绍反映该作品的具有代表性的词语之外，还一并列出了反映作品特点的关键词。参考文献则刊载在每项作品的最后。

　　资料篇由五大部分组成：其一，是利用曲线图描述了日本的经济发展与建筑结构演进的关系；其二，用图解的方式反映了个别技术及建筑物的规模；其三，编制了以反映结构技术和规范标准等的变迁为中心的年表；其四，列出了在规划本书的过程中所征集的作品和结构技术的一览表。最后，在书末则是为方便读者而刊登的参考文献和索引。

　　本书不仅可供从事结构设计工作的工程技术人员阅读，也可供建筑设计师、学校教师和研究人员等各方面人士的阅读和利用。

结构技术50年史编撰委员会

委员长　奥薗敏文

2002年12月

目录

日本
结构技术典型
实例100选

——战后50余年的创新历程

战后 ~ 1959

■经济界的事件
战后恢复期、走自己的路——从轻工业向重工业转化

■建筑结构界的事件
生产建筑与居住建筑双确保的时代

年份	经济界的事件	建筑结构界的事件
1946	1946/12 吉田内阁采取倾斜的生产方式 (将财力和物力向增产燃煤及钢铁方面倾斜)	
1947		1947 日本建筑标准 3001 开始建设纤维工厂及职工宿舍
1948		
1949	1949 执行单一汇率(1 美元 =360 日元)	
1950	1950 纤维类的进出口额居第 1 位, 原料为 34%,成品为 40% 1950/4 朝鲜战争爆发：特需景气	1950 新建住宅 11.6 万户,其中木造为 92.2%, 每户建筑面积为 55.4m² 1950 建筑基准法及注册建筑师法
1951		
1952	1952 消费景气：纤维制品 (1951 年引进尼龙技术)	
1953	1953 国民收入恢复战前水平 (人均水平于 1955 年达成)	1953 SMAC 强震仪设置
1954	1954 国家预算超过 1 兆日元 1954/12 ~ 1957/6 神武景气	
1955	1955 加入关税及贸易总协定(1948 年发起) 1955/12 经济发展五年计划	1955 住宅建设公团成立 1955 轻型型钢建筑,样板住宅 1 号：八云小学
1956	1956 经济白皮书"战后时代已成过去" 船舶制造量接近世界首位	
1957		
1958	1958/7 ~ 1961/12 岩户景气	1958 正规的钢管结构(住友金属和歌山工厂)
1959		1959 八幡制铁 H 型钢投入生产 1959 伊势湾台风

■建筑100例展示的结构技术

 001
 002
 003
 004
 005

 006
 007
 008

 009
 010

001 都营高轮公寓(钢筋混凝土壁式结构的典型)1948

 011
 012

002 利达兹代极斯特东京分社(混合结构)1951

003 日活国际会馆(大规模的沉箱施工法)1952
004 布里基斯通大厦(日本国内最早采用商品混凝土的建筑)1952
005 日本相互银行总行(标准的全焊接高层大厦)1952
006 爱媛县民馆(规模巨大的钢筋混凝土球壳)1953

007 图书印刷株式会社原町工厂(钢筋混凝土柱加大跨钢屋架)1955

 013

008 八幡制铁所 改建厚板工厂(日本国内最早采用焊接用高强度钢板)1957
009 南淡町公署(采用预应力梁柱体系)1957
010 静冈骏府会馆(大规模钢筋混凝土结构双曲抛物面壳体)1957
011 晴海高层公寓(劲性钢筋混凝土复合结构)1958
012 东京电视塔(世界最高的独立铁塔)1958

 014

013 东京国际贸易中心2号馆(钢结构的截球壳体)1959
014 公团预制装配式住宅 多摩平住宅区(日本最早采用预制装配法施工的
　　壁式集合住宅)1959

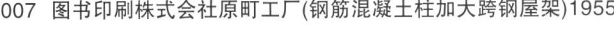

001 都营高轮公寓

战后早期的钢筋混凝土壁式结构集合住宅

关键词 箱形框架结构，集合住宅

照片 1　外观　　　　　　　　　　　（由参考文献 1) 转载）

房屋建筑概要

〈建筑概要〉

地　　　　址：	东京都港区高轮 1 丁目(拆除时)
主 要 用 途：	集合住宅
设 计 者：	东京都建设局住宅课
结构设计者：	同上
施 工 者：	朝日土木兴业

总建筑面积：2186.476m²(1、2 楼合计)
高　　　度：最高处高度 13.05m
檐　　　高：11.85m
层　　　数：地上 4 层(9 幢中的 2 幢为地上 3 层)
施工期间：1947 年 10 月～1949 年 8 月

〈结构概要〉

结 构 类 别：钢筋混凝土造
结 构 类 型：箱形框架结构

图 1　总平面图
（《新住宅》1949 年 7、8 月号，P.21 起）

1. 时代背景

高轮公寓作为战后早期的钢筋混凝土造集合住宅早已载入史册。钢筋混凝土理论是在 1894～1895 年前后传入日本的。1903 年建成若狭桥，紧接着于 1905～1906 年期间在建筑上也已开始采用，出现了原东京仓库株式会社和田岬仓库等作品。在考察了 1906 年的美国旧金山地震归来后，佐野利器介绍了钢筋混凝土不仅耐火性高强，而且具有出色的抗震性能，之后，钢筋混凝土结构就又开始应用在办公楼等建筑上了，并有很多实例。顺便说一句，作为仓库以外的建筑，于 1911 年竣工的被誉为第一幢钢筋混凝土造的三井物产横滨分店一号楼迄今已逾 90 年，今天仍作为办公楼在继续使用着。

1937 年，以芦沟桥事变为开端，爆发了日中战争，颁布了钢铁结构物建造许可证法规，规定使用钢材不得超过 50 吨，于是，新建的钢结构和钢筋混凝土结构的建筑便逐渐消失了。但是，在包括第二次世界大战在内的这一被称之为空白期的期间里，却坚持不懈地开展着有关混凝土的多方面的研究。坂静雄、棚桥谅、坪井善胜等人对壳体、无梁楼盖，以及抗震墙(剪力墙)的研究获得了巨大进展。毫无疑问，他们的这些研究成果对高轮公寓的实践是做出了重大贡献的。

2. 建设前的始末

如上所述，由于钢筋混凝土造的建筑所需资材的匮乏，以致从战前开始，很久都见不到了。在修建高轮公寓的1948年前后，资源依然十分匮乏，仍处于只能建造木结构住宅的局面之下。高轮公寓在这样的具体情况下，之所以能够使用钢筋混凝土，据说是作为战灾复兴院的第二代总裁的阿部美树志出于对都市防灾的考虑，强调都市和房屋建筑的不燃化的必要性，起到了很大作用。当时，建设资材是在驻军总司令部的管理之下的，阿部提到钢筋混凝土与木造相比较，不仅在耐火性能方面，同时，将建设费与使用年限结合起来考虑的话，都是有利的说法，说服了本来对钢筋混凝土持消极态度的驻军总司令部。阿部也是一位留学美国的结构专家，是凭借有关钢筋混凝土结构的论文而获得学位的，所以，他的履历在说服对方上，也起了不小的作用。

高轮公寓总共由9幢楼组成，其中2幢于1947年10月开工，1948年5月竣工；其余的7幢则是于1949年8月建成的。曾在当时的杂志上，发表过5项设计根本方针。兹列举如下：①彻底的防火性；②普通市民住宅的大众性；③设备齐全；④结构有规划有设计；⑤施工简易化。显然是希望这5个项目日后得到普及。

在结构上采取的方针为："由于是住宅专用，所以，跨度和层高都力求紧凑，以便减轻房屋的自重，从而降低基础工程的费用；避免外突的壁柱和梁体，楼板采用板式，以期节约资源和工本。"

虽然在战前也曾建起过诸如同润会公寓楼等的钢筋混凝土框架结构的集合住宅实例，然而，这种箱形框架结构的集合住宅的建设，本公寓当属首例。箱形框架结构以前也只有内藤多仲宅邸等少数先例而已。这里之所以能够采用箱形框架结构应该认为是由于阿部适应资源匮乏而提倡的结果。根据记录记载，本公寓楼的材料使用量为混凝土46kg/m²，钢筋32kg/m²。

3. 房屋建筑及结构概要

房屋建筑及结构概要是根据当时的建筑杂志，以及拆除时的调查报告整理汇编写成的。

尽管各幢公寓楼的建筑造型有所不同，现以1号楼为例，加以说明。每层安排6家住户，全楼共4层，总计24户。各楼层之间有3个楼梯间联络，每一楼层为一梯两户，共6户。每户的开间宽度为4.665m，楼梯间宽度为2.6m，公寓楼全长为35.79m，进深为7.43m。

对于楼宇的短边方向来说，由于有户间界墙，所以可以确保足够的墙体，而长边方向由于开了许多窗口，墙体与短边方向相比要少很多。

长边方向的墙厚全楼均为200mm；短边方向的墙厚：首层为150mm，其余3层均为130mm。

设计时的混凝土强度是按135kg/cm²认定的，而根据拆除时进行的混凝土回弹仪测定的抗压强度值为：最大值310kg/cm²(31MPa)，最小值235kg/cm²(23.5MPa)，平均值267kg/cm²(26.7MPa)。

根据拆除时整理编写的结构计算书的记载，地震荷载下的长边方向墙壁的最大剪应力为6.4kg/cm²。

(小堀　彻)

[参考文献]

1)『都営高輪アパート調査研究報告書』東京都住宅局, 日本建築学会
2)『建築雑誌』1948年7月号

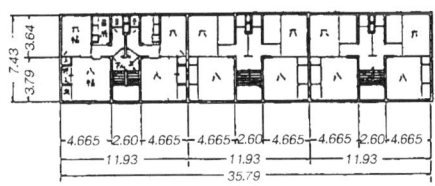

图2　1号楼及2号楼标准层平面图

图3　1号楼及2号楼立面图

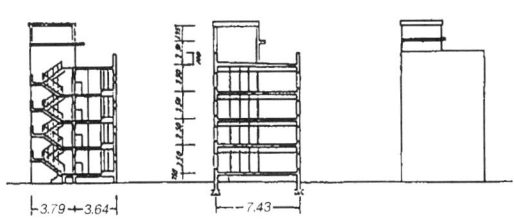

图4　1号楼及2号楼侧面图及剖面图

002 利达兹代极斯特东京分社

透明的建筑(幕墙)

关键词 组合梁，中央核心，露明混凝土面

照片1 外观

房屋建筑概要

〈建筑概要〉
地　　　址: 东京都千代田区一桥1-1
主 要 用 途: 办公楼
设 计 者: 安东尼·雷蒙德，雷蒙德设计事务所
结构设计者: 保尔·维特林格(结构规划)，冈本刚(施工图设计)
施 工 者: 竹中工务店
建 筑 面 积: 约13249m²
总建筑面积: 约3977m²
层　　　数: 地下1层，地上2层
檐　　　高: 7.6m
竣 工 年 月: 1951年4月(1963年拆除)

〈结构概要〉
结构类别: 钢筋混凝土造
结构类型: 框架结构
桩基类型: 预制空心钢筋混凝土桩

照片2　从二层办公室眺望皇宫

1. 建筑概要

该建筑竣工于战后恢复期的1951年，满怀业主要求成为被美国誉为"现代建筑中的最佳建筑"这一热望，一幢在当时的日本堪称达到国际水准的建筑诞生了。在长期以来对技术和材料进步置之不理的日本建筑界，产生了巨大反响，成为激发后来的技术进步的契机。将以往的建筑的那种呆板僵硬的封闭空间一扫而光，并将在日本的木造建筑才能见到的那种开放性和展示结构材质美的手法于钢

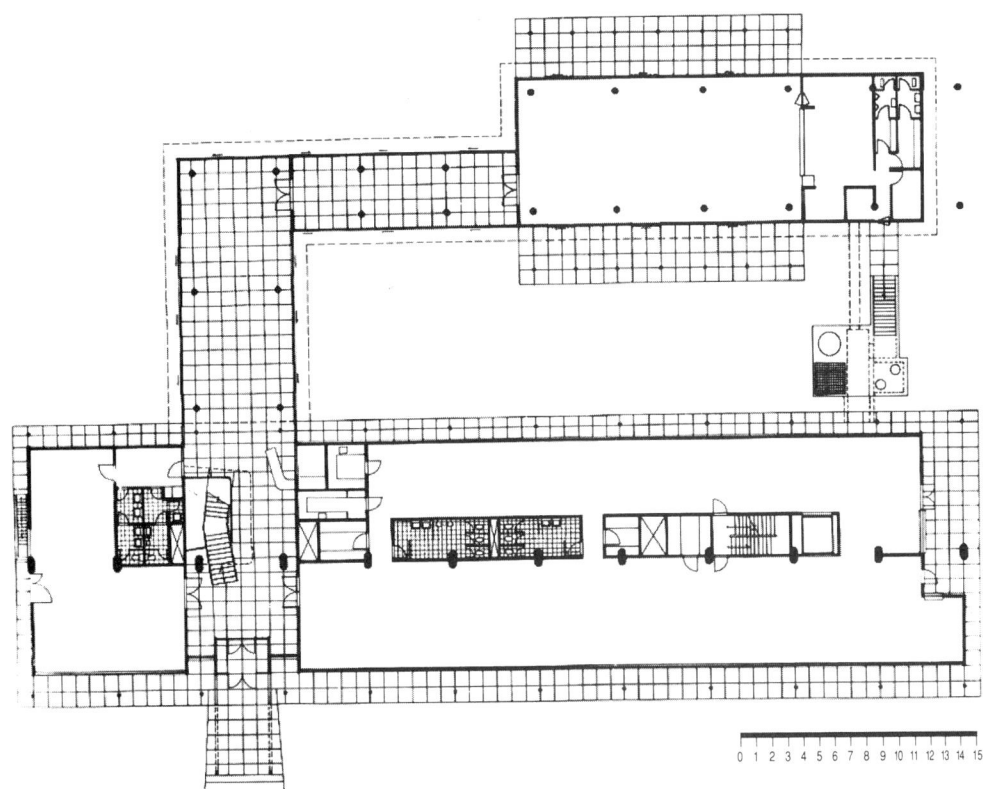

图1 首层平面图

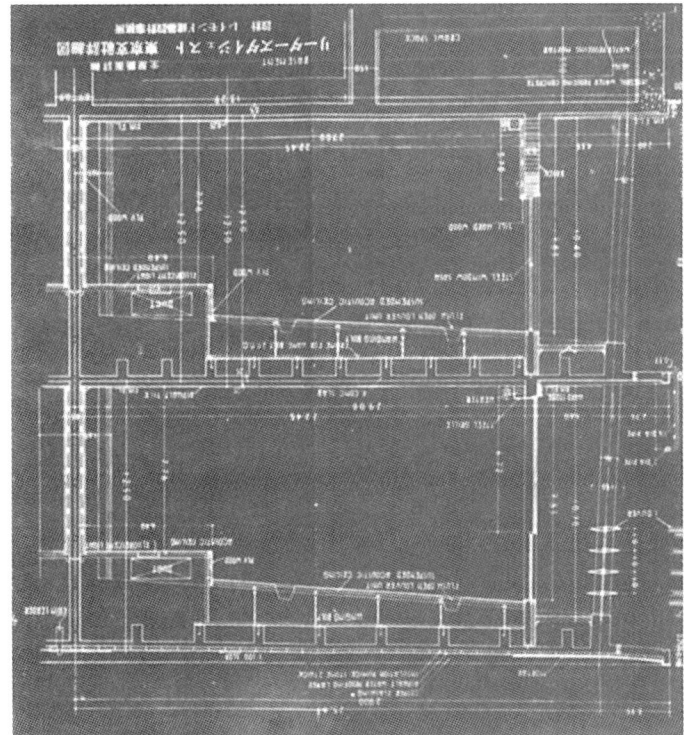

图2 剖面详图

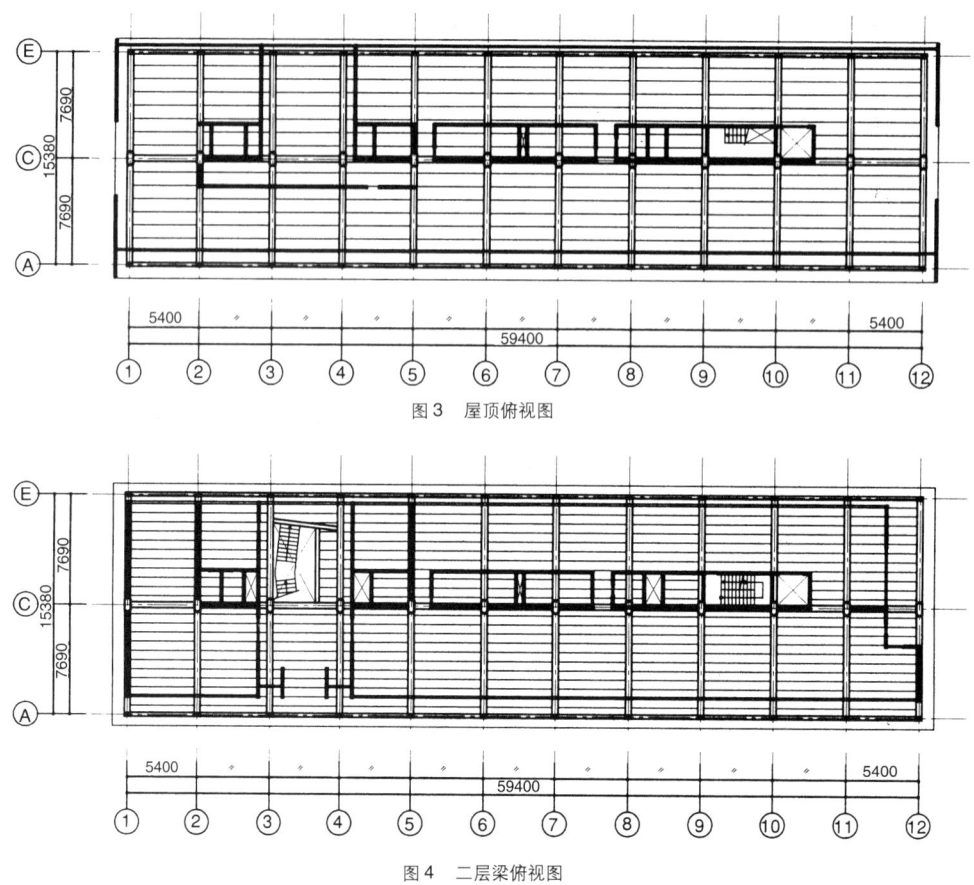

图 3　屋顶俯视图

图 4　二层梁俯视图

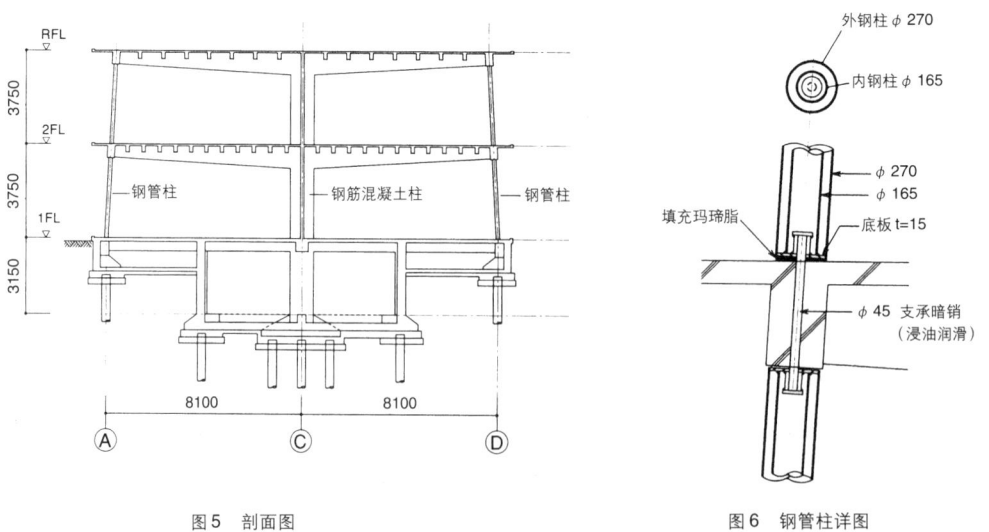

图 5　剖面图

图 6　钢管柱详图

筋混凝土中得到了实现。

为了饱览外部景色，作为适应视野开扩、视线不受遮拦的解决手法，美国的结构学者维特林格提出的这个结构方案是由三根柱子支承的两跨连梁构成的混合结构，其中，中柱为钢筋混凝土柱，而两侧的外柱则为纤细的钢管柱。实现了户外视野开阔的室内空间。

但是，针对这一结构方案，曾与日本的结构专家之间发生过有关抗震性能方面的争论。

钢筋混凝土结构以其自身混凝土原浆面作为饰面的美感，以及将厕所及楼梯设置在楼宇中央，再加上笼罩在整个建筑立面上的轻巧的玻璃幕墙和在平面上的连续空间等都成了后来的日本建筑的一种典范。

凭借设计者本人严格的监理和细致入微的施工组织设计，并通过以往的若干次试验性实践，奠定了不另作饰面的原浆面混凝土的施工方法的基础，与此同时，还从美国带回来很多种的新制品，并首先在日本投入使用。荧光灯等新的照明器材、沥青砖、从地面直达顶棚的大玻璃、手工钻孔的吸声纤维板等新型建筑材料，以及照明、通信装置及电话等用的管线地沟、热泵式供热供冷设备，此外，还有振动器等施工器材的应用等都获得了初步的普及。

2. 结构规划

成为争论焦点的是在跨度方向有位于中央的450mm × 1000mm的钢筋混凝土柱；左右两侧为具有耐火性能的双层套管柱(在外径270mm的钢管内套有165mm直径的钢管)，从而构成跨长为8100mm的左右相等的两跨排架体系，房屋纵向的排架间距均为5400mm。抗震构造集中在中央部分，其余部分则可采用移动式隔断墙的做法，以便获得平面布置的灵活性。

跨度方向的水平地震力由中央的钢筋混凝土柱承受，而外侧的钢管柱仅承受轴向力。因此，大梁呈两端低，而中央高的梯形。为了降低中柱所承受的荷载，曾采取了尽可能地减轻房屋自重的措施。

沿房屋的纵向有150mm × 300mm的托架悬挂在跨度方向的大梁上，抗震构造则由中央的钢筋混凝土柱列和部分配置的墙壁来充当。

混凝土的配制和浇筑十分严格。设置了混凝土搅拌站，强调科学配比，采取重量比的配制方法，为了确保正确的水灰比，须不断地重复试验。平均4周的抗压强度为270kg/cm²(27MPa)。钢筋配置准确，严格保证保护层的厚度。虽然这一切程序和做法现在已成为常识，但是，那时的建筑施工人员大多数是不掌握的，因而常常是做不到的。

在A·雷蒙德设计这幢房屋时，他本着这样的理念："我尊重日本人的正确的方位观与对大自然的亲切感，因此，从这些基本要求出发，诚心诚意地遵从保持材料本身的自然状态加以利用等这类日本人深以为念的意愿。此外，我所理解的日本原则是，纯朴不失典雅，用料省、自重轻和质量优，而与厚重感和虚假装饰无缘，喜好明快的东西。

"我还曾采用民间的，实际上是民主的日本建筑尺度，按3尺×6尺进行建筑设计。建筑和雕塑的尺度一旦脱离了人民，不论它有多么伟大，甚至是专制君主也都必将走向毁灭。"

本着上述理念，一定会使建筑做到在结构体系上是简洁而又明快的，正像从现浇混凝土原浆面所表现出的那样，采用入手方便的材料，力求结构构造美观坚固，充分展示结构材料的自然质感。

A·雷蒙德是以简洁(symple)、踏实(honest)、直接(direct)、自然(natural)、经济(economy)五原则作为自己的设计理念，并借以解决设计上所面临的各种问题。这些原则即使在结构的规划设计上，也同样是导致创造性建筑不可或缺的重要理念。

(榎木锭雄)

[参考文献]
1)『自伝 アントニン・レーモンド』鹿島研究所出版会，1970 年

003 日活国际会馆（今日比谷帕克大厦）

战后最早的正规高层建筑

关键词 开口沉箱施工技法，战后近代建筑先驱

照片1 外观

房屋建筑概要

〈建筑概要〉

地　　　址：东京都千代田区有乐町 1-8-1
主 要 用 途：写字间、住宿设施、商店
设 计 者：竹中工务店
结构设计者：同上
施 工 者：同上
建筑面积：4116m²
总建筑面积：48333m²
层　　　数：地上9层，地下4层，屋顶间3层
檐　　　高：30.3m
竣 工 年 月：1952年1月

〈结构概要〉

结构类别：劲性钢筋混凝土造
结构类型：框架剪力墙结构
桩基型式：直接基础(筏形基础)

1. 指定设计和施工的项目

在驻军总司令部统治下的1948年，作为一项设计与施工的指定工程向竹中工务店提出在日比谷的一角建设内有饭店、写字楼、商店、地下停车场的大规模的建筑规划。那时战争创伤尚未恢复，在严格的建筑管制的当时，民间的财力和技术力量都与现今的情况完全无法相比。作为当时非同一般的大规模综合性大厦，对于竹中工务店来说，的确是一项关系公司前途命运的工程项目。

经理竹中链一先生曾亲往走访村野建筑事务所，聘请伴野三千良先生为总设计师，设计阵容齐整，并开展了由全分店设计部人员参加的设计竞赛，举全店之力投入了设计工作。为了顺利完成这一大规模的工程项目，折衷某些不适当的规章和限制是在所难免的。通过这项日本战后最早的民间正规大厦建筑，使得竹中工务店掌握了建筑事业

规划的技能和技术。

2. 日活国际会馆的设计

对于民间建筑来说，为了追求最大限度的投资效率，业主总是在预算和工期上提出非常苛刻的要求。为此，以伴野为首的设计队伍采取了旨在提高生产率的工业化的设计程式。五层以下为包括日活总社在内的写字楼，而六至九层则为拥有133个房间的饭店，前厅、酒吧、餐厅等一应俱全，完全是一处正规的饭店。

竹中工务店竭尽全力于1952年竣工。该日活国际会馆大厦罩面瓷砖泛着淡淡的青紫色和通透感十足的大窗户，还有位于街角的地理位置都显示出其不愧为战后日本的近代建筑先驱的地位。尽管从竣工到现在已经过去了半个世纪，然而，内容丰富的大量设计图纸和资料都保存了下来，而对于结构设计工作者来说，那些结构计算书则是最令人感兴趣的。

图2上签署的"T. Naito"字样表明这是内藤多仲先生主编的。特别值得关注的是设定设计地震系数的问题。在内藤设定了大厦的设计地震系数之后的第二年，即1950年正赶上修订建筑基准法，将设计地震系数定为0.2，而此值正是这里已经采用的数值。具体说来，大厦的首层设定为0.2，向上每增加一层，增加0.01，最终采用的基底剪力系数为0.25。在内力分析方面，针对长期荷载，按固端弯矩法，而对于地震力的分析则采用 D 值法的前身，即按水平力分布系数法进行计算。

3. 竹中式沉箱施工技术

在谈论日活国际会馆的话题时，必定要涉及到"竹中式沉箱施工技术"。沉箱是在开工后1年左右的1951年1月7日开始下沉的，于6月17日定位。第二天，朝日新闻就以大版面加以报道，成了众目注视的目标。在竣工前就曾获得"每日工业技术奖"，竣工后又获得了日本建筑学会的"作品奖"、"施工奖"，从此，这种施工技术便为世人所广泛认知。

这种施工技术是首先在地上将全部地下的沉箱箱体制成，利用安装在箱体下端周边的钢刃脚，借助自重切入地基，边挖掘沉箱下部的地基土壤，沉箱则逐渐下沉，也就是利用通常的开口沉箱施工技术将沉箱沉放在预定的地基持力层上。

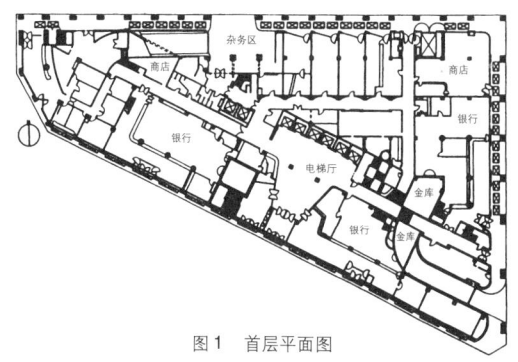

图1　首层平面图

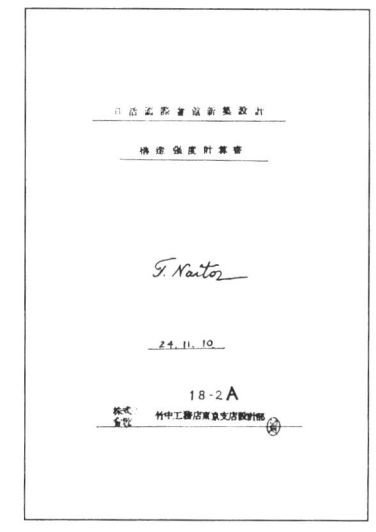

图2　结构计算书封面

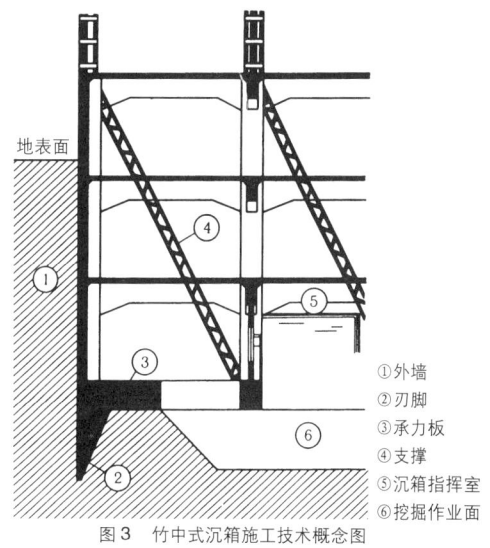

①外墙
②刃脚
③承力板
④支撑
⑤沉箱指挥室
⑥挖掘作业面

图3　竹中式沉箱施工技术概念图

竹中工务店早在1932年就已经开始研究沉箱技术，1934年在大阪首次采用，截至1937年为止，完成了13个工程项目。此后，于1938年在大阪和东京设立了沉箱工程部，第二年又获得了"地下建筑物沉降施工技术"的专利权。战前就已积累了诸如松坂屋、上野店、银座店等大型建筑的实际业绩。然而，在像日活国际会馆这样的不但规模大，而且复杂的大厦的工程实践过程中，就是在竹中工务店的内部，据传也曾展开过许多的争论。

(1) 沉箱施工技术的时代背景

在1931~1963年期间，日本国内的建筑限定高度为31m(100尺)。因此，为了有效利用土地，力求增加建筑的地下楼层的途径来解决。此外，战前自不待言，在战后不久的这段时间里，资源十分匮乏，同时施工机械和技术水平都远不能同今天相提并论。从经济和技术两方面出发，也必然要从降低现场的重型临建资材的消耗的地下施工技术来寻找出路。

(2) 沉箱施工技术的特点

在地上将箱体造好，然后再将其沉入地下的沉箱施工技术具有如下优点：
①由于不需要设置地槽周边的支护，所以可以将建筑场地全部建成地下室，从而达到有效利用建筑场地的目的；

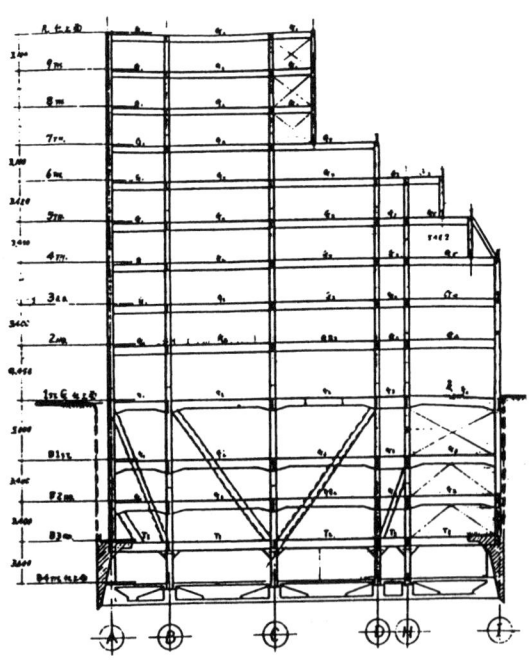

图4　加劲框架立面图

②不需要打桩，因此，对邻地没有噪声和振动的干扰；
③由于箱体是在地上制作，既便于质量管理，又可保持作业安全；
④属于不受天气影响的作业环境，可以使用机械，提高工作效率。

另一方面，这种技术仍有以下课题需要解决：
①很难做到建筑的水平锚定；
②沉降时容易扰动周边地基；
③必须监控沉降状况，以便确保操作工人的安全；
④箱体的加固和锚定后的拆除。

(3) 全面彻底的地基勘探

沉箱施工技术的推广，取决于上述课题的克服程度。地基土壤的不均匀性，加之含水状况与既往的经历等导致的力学性能的差异，即便是现在也称得上是难以处理的对象。设计时，全面彻底的地基勘探则势在必行。在日活国际会馆的施工中，除6个钻孔之外，又挖掘了5个深达30m的勘探用井。井下实施了平板承载试验和资料搜集，并在设于工地办公室一角的由东京大学土木工学科的星埜和研究室主持的土壤试验室内，进行了连续不断的力学性能的研究。

(4) 箱体设计

由于建筑物的自重是由箱体外周边的刃脚来承受的，所以，为了顺利向地基内切入，应进行旨在将内部自重转移在地下外墙上的临时加固构件，同时，还要在地下外墙的下端设计刚劲而又高强度的刃脚。图3所示的临时加固构件就是日活国际会馆所采用的那种。

(5) 施工管理

在实施沉箱施工时，最重要的一点就是保证其水平沉降。压入地基的外力为建筑自重，而阻力则是周围地基的土压力产生的摩擦力和刃脚端部的承载力。这种施工方法的实质就是控制沉降阻力的施工技术。根据地基勘测的结果来预测沉降情况，自不待言，然而，当土壤被扰动之后，实际情况便不会与人们预期的一样。因此，必须注意监控。布置各种测量仪器，随时掌握沉箱箱体的实际状况，适时调整到作业指标所要求的状态。具体来说，就是将水准仪、倾斜仪、土压表、自记式沉降记录仪、千分表等的电动仪表记录下来的信息集中送到沉箱施工指挥室中。

听有过沉箱施工经历的人说，当发现沉降加速时，因为难以事先预测，只要见到千分表指针迅速旋转，便要立刻按下沉降警报器，真是一件非常紧张的工作。尤其是，遇到砂性地基时，摩擦力很大，为了促进沉箱下沉，则需要采取向刃脚周边注入膨润土浆等措施。

然而，采用这种施工技术很难达到使其在完全水平状态下锚定。因此，设计时，应设定容许偏差，以便保证沉箱发生允许范围内的倾斜时，不致影响正常工作。

(6) 沉箱施工技术的业绩

采用沉箱技术建造的建筑，战前战后加在一起足有30幢。具有代表性的建筑除日活国际会馆外，还有1953年竣工的大阪第一生命大厦、1960年竣工的天神大厦等。1962年，由松田、平田、坂本设计事务所设计的日本轻金属总社大厦在东京银座创下了地下5层，锚定深度27m的纪录。虽然曾经认为1972年竣工的西宫市政大厦是采用这种施工技术的最后一幢建筑，不料，后来于1987年竣工的加古川肉食中心又采用了沉箱施工技术，所以，它该算是迄今为止采用这种技术施工的最后建筑了。

(7) 沉箱施工技术的终结

由于1963年修订的建筑基准法中，撤销了房屋建筑的高度限制，导致建筑朝着利用价值高的空中发展，而非地下。此外，加上高精度螺旋钻孔机的出现和施工机械的进步，于1962年开发出了噪声和振动小，同时安全性更高的竹中式深基础施工技术，并获得了日本建筑学会奖。这就是今天的逆灌注施工技术的先驱。

4. 结语

沉箱施工技术是建筑技术工作者向时代背景的勇敢挑战。在日本战后恢复的过程中，由于规章限制的不断松绑，经济上逐渐发展，再加技术上的进步，可以说，这种技术完成了它的历史使命。然而，沉箱技术作为一项划时代的施工方法将长存于结构技术史中。

(石黑三男)

[参考文献]
1) 田中孝「企業のこころ」『物語 竹中工務店』日刊建設通信新社，1982年
2) 久徳敏治『技術の竹中・建築構法の航跡』竹中工務店，1989年

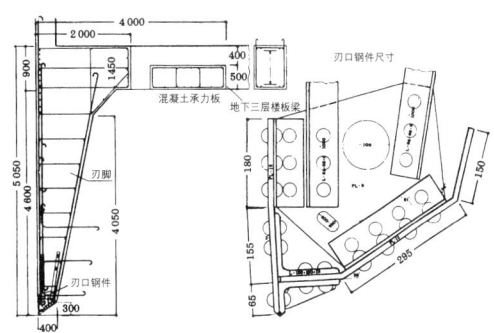

图5　刃脚详图

照片2　沉箱沉降前

照片3　沉箱沉降后

照片4　日本轻金属大厦

004 布里基斯通大厦

初创期的预拌混凝土(商品混凝土)及摩擦型高强度螺栓连接的应用

关键词 商品混凝土、高强度螺栓、贯通梁构造、滑移试验、现场紧固作业

照片1 外观   摄影: 大塚守夫

房屋建筑概要

〔新建工程〕
〈建筑概要〉
地   址: 东京都中央区京桥 1-1
主要用途: 办公楼
设计者: 松田平田设计事务所
结构设计者: 同上
施工者: 清水建设
建筑面积: 1290m²
总建筑面积: 14574m²
层   数: 地上 9 层、地下 2 层、屋顶间 2 层
檐   高: 30.7m
竣工年月: 1952 年 1 月
〈结构概要〉
结构类别: 劲性钢筋混凝土结构
结构类型: 地上——纯框架结构, 地下——框架剪力墙结构

〔扩建工程〕
〈建筑概要〉
设计者: 松田平田设计事务所
结构设计者: 同上
施工者: 清水建设
建筑面积: 925m²
总建筑面积: 10236m²
层数及檐高: 与新建时相同
竣工年月: 1958 年 2 月
〈结构概要〉
结构类别: 劲性钢筋混凝土结构
结构类型: 地上——纯框架结构, 地下——框架剪力墙结构

1. 结构概要

布里基斯通大厦是按照总社大厦的规格进行设计的, 第一期工程是在 1950 年, 而第二期的扩建工程是在 1958 年实施的。在第一期工程中, 当时日本国内生产率不高, 一定要将有限的材料用到最能发挥效用的地方, 在结构上, 也曾就采用与建筑设计齐头并进的方法进行规划做过尝试。譬如, 初创期的商品混凝土的使用就是其中的一种。在 1949 年的时候, 东京就设立了日本第一座商品混凝土厂, 并且在第二年开工的第一期工程中使用了。此外, 曾经考虑过这样的技法, 即用型钢组合成箱形截面的钢梁和钢柱, 然后再往其中空的内部浇注混凝土, 而在梁、柱的外侧包覆轻质材料的防火罩面。该技法还曾由东京大学坪井善胜研究室进行过实验, 但是, 最终没有实现。在扩建工程中, 从结构上看, 曾做过两种重大尝试, 那就是 "高强度螺柱" 与 "贯通梁" 的技术开发。在美国等国家里, 在建筑上已经使用高强度螺栓代替铆钉了, 而在日本的建筑中, 也已着手进行了实验研究。在这次扩建工程中, 在早稻田大学的鹤田明先生的指导下, 在实验研究的基础上, 首次用于建筑上。贯通梁构造就是在框架的梁柱接合部, 将梁贯通过去, 而柱则连接在梁上的方法(图 2)。

2. 高强度螺栓应用始末

以往, 钢构件的现场连接一般采用的是铆钉连接, 或者是焊接, 但是, 铆钉连接的噪声问题大, 而且烧红的铆钉还有引发火灾的危险。此外, 电焊在现场进行时, 总是有难焊的部位, 以致焊接的可靠性往往得不到保证。在美国及其他国家, 为了克服上述缺点, 同时还要达到缩短工期的目的, 用高强度螺栓作为现场连接手段已经是盛极一时了的。

在鹤田明博士纪念出版会编的《钢结构研究摘记》中写道: "在建筑领域中, 与此种连接相关的最早的研究是由鹤田、丰福、寺田三人于 1957 年发表的。此外, 日本建筑学会钢结构委员会针对这种新型的连接方法, 并以编制有关这种连接的设计及施工规范为目标, 成立了高强度钢分科会。紧接着就在松田平田设计事务所设计的布里基

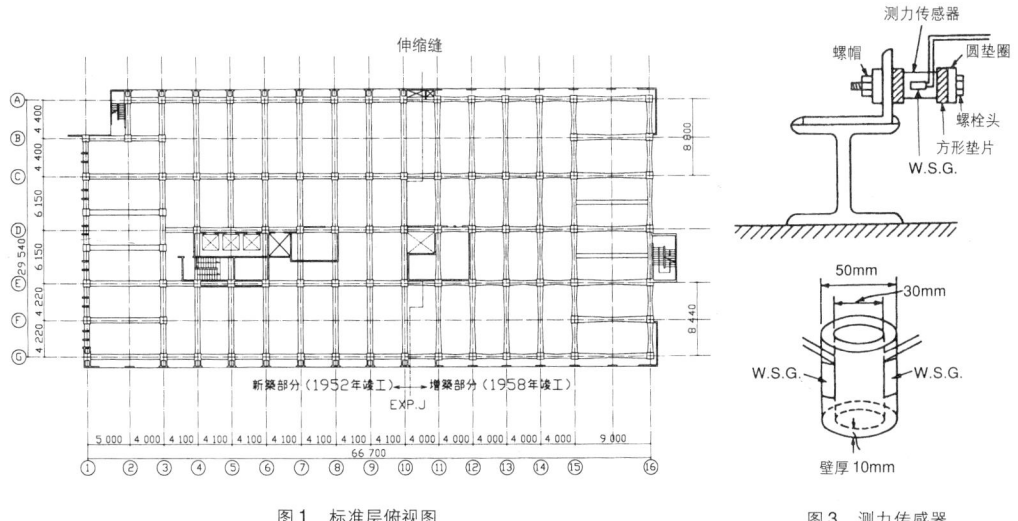

图1 标准层俯视图

图3 测力传感器

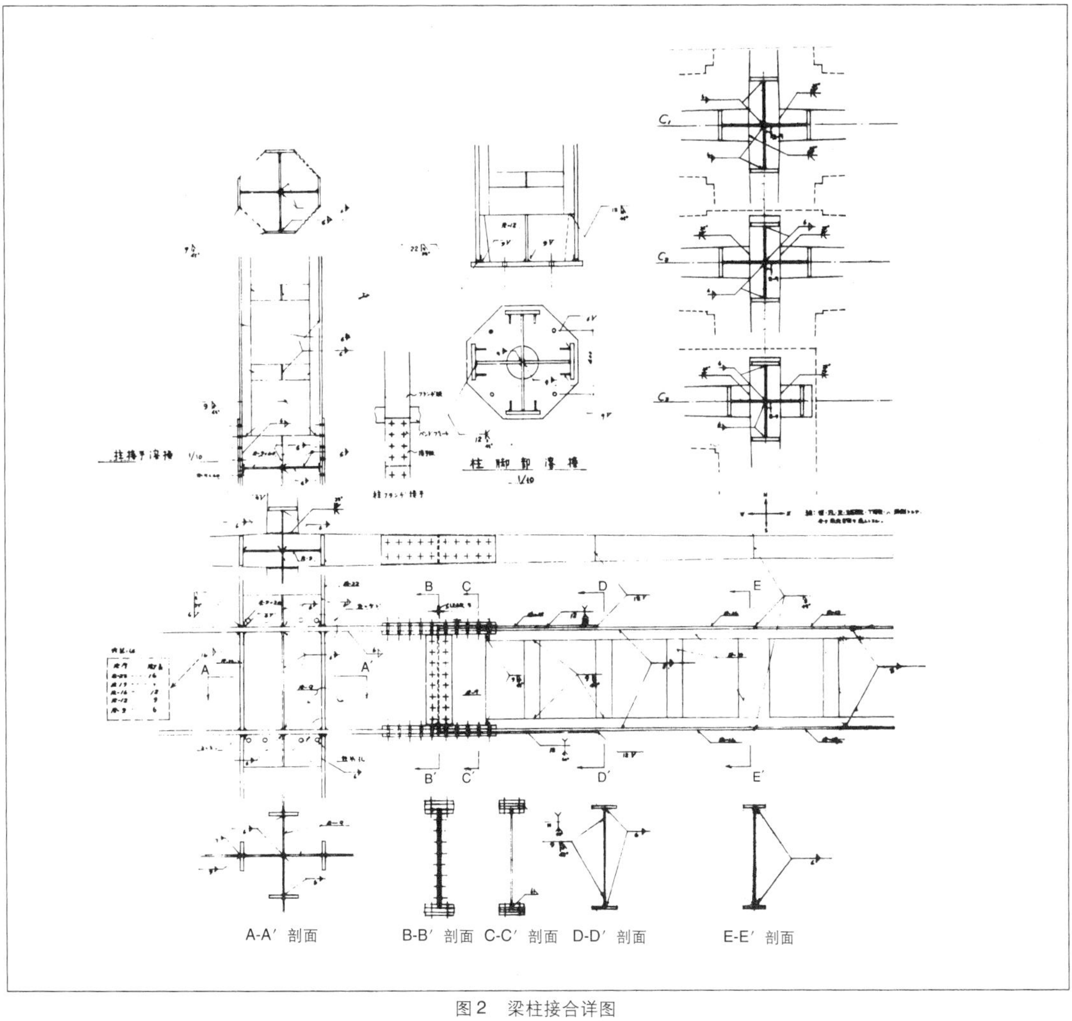

图2 梁柱接合详图

A-A' 剖面　　　B-B' 剖面　　C-C' 剖面　　D-D' 剖面　　E-E' 剖面

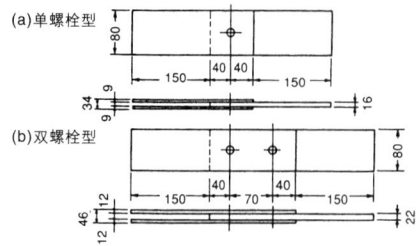

(a)单螺栓型

(b)双螺栓型

图4 螺栓连接试件(3/4″)

表1 螺栓材质

符号	材质	化学成分(%)				
		C	Si	Mn	P	S
A	S50C	0.52	0.29	0.48	0.023	0.039
B	S35C	0.35	0.26	0.53	0.023	0.01
标准		> 0.30	—	> 0.30	< 0.048	< 0.048

表2 螺栓的热处理及其机械性质(由4号试件测得)

符号	材质	热处理		机械性质				
		淬火	退火	屈服强度 kg/mm²	抗拉强度 kg/mm²	伸长率 %	截面收缩率 %	硬度 (Rc)
A	S50C	未加处理		43.5	71.5	25.2	56.2	—
A	S50C	850℃ 29分油冷	500℃ 60分空冷	68.2	90.8	22.5	47.5	26
B	S35C	高周波(1,050℃) 50秒	500℃ 60分空冷	96.8	100.8	14.8	56.9	26.5
标准		850℃ 25分油冷	580℃ 50分空冷	> 57.0	> 80.8	> 14.0	> 35.0	23～32

表3 螺帽紧固力试验(形状符合旧JES标准)

种 类	测定位置	硬度(RB)	备 注
精加工螺帽 (抛光螺帽)	1 挤压面	82.8	470ft-lb 也能紧固
	2 挤压面	86.6	470ft-lb 也能紧固
粗制螺帽	3 挤压面	74.9	350ft-lb 能够紧固
	4 挤压面	67.4	350ft-lb 能够紧固
	5 挤压面	58.9	290ft-lb 不能紧固
	6 挤压面	62.2	350ft-lb 不能紧固
标 准		≥70.0	

表4 螺栓成品的试验结果

符号	最大荷载(t)	断裂部位	硬度(底部)(RC)	备 注
A1	21.6	螺纹处	30	无楔形垫
2	23.6	螺纹处	32	无楔形垫
3	21.5	螺纹处	32	无楔形垫
4	20.9	螺纹处	28	无楔形垫
5	23.0	螺纹处	31	无楔形垫
6	21.2	螺纹处	32	有楔形垫
7	21.2	螺纹处	30	有楔形垫
8	21.5	螺纹处	32	有楔形垫
9	20.8	螺纹处	30	有楔形垫
10	21.45	螺纹处	29	有楔形垫
B1	23.0	螺纹处	25	无楔形垫
2	18.9	螺纹处	23	加楔形垫
标准	≥ 18.2	螺纹处	23～32	加楔形垫

注: 强度计算用的截面面积为2.17cm²。

表5 紧固扭矩及螺栓拉力

紧固扭矩(ft-lb)	螺栓拉力(t)
350	约 15.5
320	约 14.1
300	约 13.2

表6 表面状况与滑移试验

表面状况	滑移系数(μ)
表面涂铅丹(干燥后连接)	0.04～0.10
镀锌表面	0.10～0.30
轧制氧化膜表面	0.20～0.40
轧制表面涂油	最小 0.15
抛光表面	0.20～0.35
氧化焰喷镀	0.25～0.60
红锈表面	0.45～0.70
喷砂处理表面	0.40～0.70
环氧树脂涂面	0.60～1.00

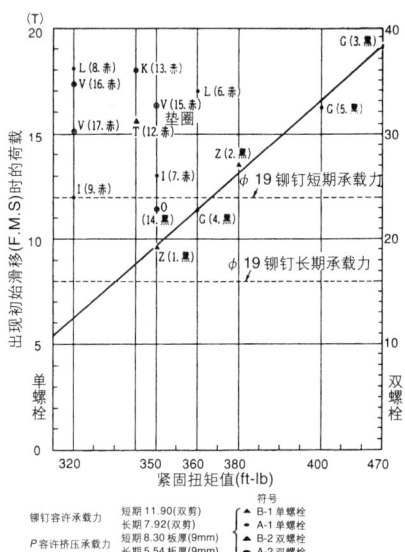

图5 紧固扭矩值与滑移荷载的关系

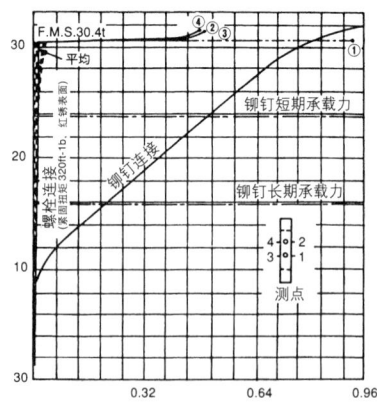

3/4″螺栓 No.21 V扭矩320ft-lb(双螺栓, 红锈)
荷载一变形曲线(由徐变仪测定)F.M.S.30.4t

图6 滑移承载力试验

26

斯通大厦的扩建工程中，全面采用了摩擦型高强度螺栓连接技法，而在研究工作方面则由早稻田大学的鹤田先生和武藏大学的木村富夫先生担纲。在取得质量监督部门的最先特殊认同之后，就动工了。"钢构件在工厂制作，全部采用焊接，而现场安装则全部为摩擦型高强螺栓连接的做法成了当时划时代的施工技术了。大厦消耗的钢材总重量为546t，所使用螺栓全部为日本国产，19mm 的螺栓为46360 根，16mm 螺栓为30272 根(总共76632 根)。钢构件制作厂家为春本铁工所。

3. 摩擦型高强度螺栓实验

以实验为依据，所使用的螺栓、螺帽、垫圈和热处理方法如下。

(1) 螺栓、螺帽和垫圈

"螺栓用的是 S50C(重油炉淬火)和 S35C(高频淬火)。材质成分及热处理后的机械性质如表1及表2所示。螺帽用的是 SS41 钢材精加工而成的，为了比较，曾对粗制螺栓进行过试验，因为达不到需要的紧固力而没有使用。试验结果如表3所示。垫圈没有按美国和德国的规格采用，考虑到对结构钢(SS41)越硬越好，所以采用了 S50C 的未加处理的原材。

(2) 螺栓成品试验

试验是参照美国材料试验标准(ＡＳＴＭ)和日本工业标准(JIS)中规定的试验方法进行的，结果列于表4。表中，A1～5 的附注中注有"无楔形垫"字样，这批试件是用来测定屈服强度的。试验用螺栓的屈服强度测定值为18.0～18.8t，屈服比平均值为0.78。

(3) 紧固扭矩及螺栓的轴向拉力

利用测力传感器和工程上使用的螺栓、螺帽和垫圈测得了紧固扭矩与螺栓轴向拉力的关系(图3)。试验结果如表5所示。不难看出，即使紧固扭矩为350ft-lb(474.53N·m)时，也不超过表4中的屈服强度的90%。

(4) 螺栓连接的抗滑移承载力试验

试件的式样为如图4所示的盖板连接，共有单螺栓和双螺栓两种。钢板的接触面有两种，一为轧制氧化膜表面，另一种则是与实际构件相同，生了红锈的表面。在将试件表面的浮锈清除后，进行了试验。此外，为了对比，还做了同类型的两种铆钉连接的试验。将钢板的尺寸公差考虑在内，取 1mm 的钢板做成盖板型连接的试件，并做

了试验。在不同的紧固扭矩下的试验结果列于表5。荷载和滑移的测定是利用安装在钢板之间的徐变仪进行的。从试验结果来看，除少数的例外不计，表面生锈的试件与轧制氧化膜表面的试件的抗滑移承载力相比，要大70%左右，同时，比美国标准中的扭矩值大10%(350ft-lb)，还可以看到，只要紧固得当，完全可以获得超过铆钉连接的短期抗剪承载力的摩擦承载力。另外，为了进行比较而做的铆钉连接的试验结果表明，铆钉连接的摩擦承载力大体上等于长期承载力的60%(风动铆打)，而剪切变形却很大。试验结果如图6所示。对于采用 1mm 的钢板的情况来说，虽然承载力有点偏低，不过影响并不大。与后来进行的滑移荷载试验的结果合并推算的滑移系数列于表6"(鹤田明博士纪念出版会编《钢结构研究摘记》)。

4. 现场紧固作业

"由于第一次从事紧固作业，在采用何种紧固方法和搭建什么样的脚手架的问题上，是很费了一番思考的，然而，实际操作起来却是出乎意料，很容易就完成了。在现场紧固螺栓时，主要是使用气动冲力扳手，并用扭矩扳手进行螺栓紧固度的校准。气动冲力扳手是专门为了这个工程，特意从美国进口的，将其调整到所要求的扭矩值后，就固定下来了，更大的扭矩值并没有出现过。

在设定扭矩值时，从器械的精度的角度来说，是一定范围的。因此，这次紧固定为螺栓屈服强度的90%的情况下，只要扭矩值略有增大，螺栓就会断裂，真是如履薄冰啊，心情很紧张。

至于扭矩扳手主要是用来校准那些用气动冲力扳手紧固对象的，为了便于操作，将它制成了单一功能型的器械。当旋动扳手达到规定的扭矩时，会发出响声，所以必须密切注视仪表的刻度，以保证需要的紧固程度。关于紧固度的检验，一般是从几个螺栓中，抽取一个就够了，可是，这里是头一次，所以，差不多都全部检验了。检验结果是不合格者极少，可靠度相当高。少数紧固程度达不到的，或者是因为扭矩值过大而螺栓断裂的，立即更换螺栓，重新紧固，直到完全合格为止。"(《建筑技术》1959 年 1 月号)。

(堤康一郎，佐藤和广)

[参考文献]
1) 鹤田明博士記念出版会編·発行『鋼構造研究ノート』1976 年 11 月
2) 『建築技術』1959 年 1 月号

005 日本相互银行总行（今三井住友银行）

日本最早的全焊接高层大厦

关键词 大跨结构、全焊接、轻混凝土、幕墙

照片 1 外观 摄影：渡边义雄

房屋建筑概要

〈建筑概要〉

地　　　址：东京都中央区日本桥吴服町2丁目1番地
主 要 用 途：办公楼
设 计 者：前川国男建筑设计事务所
结构设计者：横山建筑结构设计事务所
施 工 者：清水建设
建筑面积：702m²
总建筑面积：7219m²
层　　　数：地上9层，地下2层
檐　　　高：31m
竣 工 年 月：1952年7月

〈结构概要〉

结 构 类 别：钢结构
结 构 类 型：框架结构
桩 基 类 型：直接基础

1. 建筑规划

前川国男是战后推进日本的近代建筑的领军人物之一，他的信念是近代建筑的新颖性不仅出自于造型上的创作，而且还在于必须令新技术首先展现，本大厦正是本着这样的信念，刻意追求日本的大厦建设的新的可能性，在平面规划、建筑艺术、结构、材料、设备等一切方面都朝着未知的技术方向进军。

在建筑上提出的基本条件主要有以下三点：第一是建筑的轻型化。作为建筑的现代化的目标之一，就是要提高空间的效率，为了达到这样的目的，必须做到的是，要在建筑上采用体积小但性能好的材料，而且还要朝着更轻型

的方向发展。从主体结构开始，墙壁使用轻混凝土制作的预制板和铝制大型板材等轻质建筑材料，以求最大限度地做到建筑的轻型化；第二是确保位于首层的银行营业厅有一个宽大的无柱空间。虽然说，在高层建筑的第一层安排大型空间，这在结构上是要付出高昂代价的，可是必须从银行营业上的功能价值来考虑，抓住内部的功能要求是建筑设计的最优先课题这一点，同时，这也是建筑在外观上的表现所必然要求的；第三则是作为建筑的生产过程的施工合理化。在可能的范围内，尽量采取预制装配化的干式施工技术。

2. 结构规划

为了实现为银行的一层营业大厅提供一个大型无柱空间的条件，必定会给结构构成带来决定性的影响，必然导致二层以下的下部结构与三层以上的上部结构形成在规模尺寸上完全不同的两种结构体系的组合。从二层起到地下二层的下部结构是由跨度方向及进深方向各为14m及7.5m间距的10根巨大柱子支承的大跨结构构成。二层部分则为下部结构与上部结构的接合部，并由桁架式大梁和板式大梁所构成，大梁高度等于层高，按承受上部结构中柱荷载进行设计。建筑设计上，则将该楼层安排为仓房等小型房间使用。此外，在地下二层，也设置梁高为该层层高的大桁架，用来作为连接大柱柱脚之用。上部结构的八层和九层安排的是礼堂和大型会议室，而其余各层则设置一般办公室，为了最大限度保证建筑空间，要求压缩层高，并要最大限度确保足够的室内净空高度。因此，需要适当缩小柱与柱的间距，减小梁高，同时，免去当时大多数情况都有的梁端加腋。

在日本，当时在高层建筑中采用的结构多为劲性钢筋混凝土体系，然而由于这幢大厦采用的是桁架式大梁和板式大梁，并出于尽量减轻上部结构的重量的考虑，所以，采用钢结构。在采用钢结构时，重要的一环则是钢结构的耐火罩面，可是，当时缺少适当的耐火材料，经过再三的研究，结果采用了相对密度为1.3的轻混凝土为罩面。此外，楼板采用厚度为9cm的轻质钢筋混凝土板，从而又成为正式采用轻混凝土的建筑了。除了主体结构以外，外墙也同样是在钢制壁柱上敷设薄薄的轻混凝土预制板和玻璃棉保温板，而室内则采用石膏饰面的幕墙形式，从三层到七层的南北两侧窗框和窗间墙一律采用铝

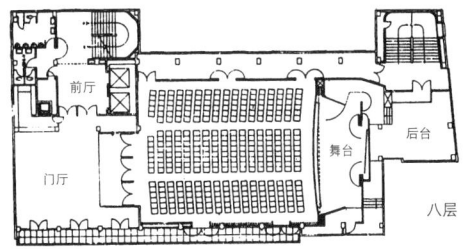

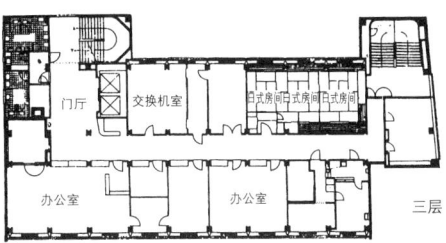

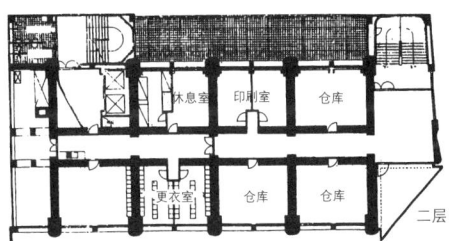

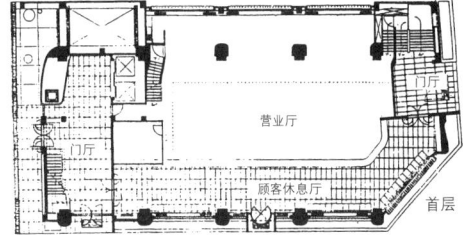

图1 各层平面图

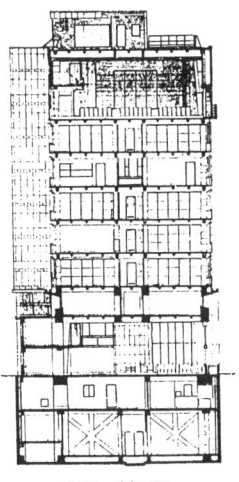

图2 剖面图

制品。综上所述，不论是主体结构，还是装修材料全部轻质化的结果，使永久荷载降至460kg/m²，只有一般建筑的40%左右。

为了确保下部结构的大跨度框架的刚度和强度，采用了高大截面构造，此外，考虑到首层为不另做饰面的混凝土露明面，所以，三层以下一律采用普通钢筋混凝土，并进而确保各主要结构部分和构件有8～10cm的保护层。这样一来，则与上部结果相反，变成了重型结构了。

3. 焊接连接的设计

由于这幢大厦是第一次采用正规的钢结构建造的高层建筑，正像前边讲到的那样，采用的是极其特殊的大跨结构形式，若利用铆钉连接是很难满足钢构件连接的特殊要求的，因此，凡是连接几乎全部采用焊接。那时候的日本还不可能买到宽翼缘的型钢和轧制的H型钢，所以，首先便遇到采用什么样的钢构件截面的问题，此外，还有节点连接形式和现场连接方法等一系列未知的问题。上部结构的节点连接的基本形式如图4所示，柱用的是用一对槽钢作的翼缘，中间连以腹板而成的具有双向刚度和强度的截面形式。跨度方向的梁为双槽钢组成的组合截面，并从柱的外侧连续地贯通过去，此外，沿纵向布置I

字型钢梁，并在梁的两端加腋。关于这种节点连接的抗弯性能曾在建设省土木试验所的1000t试验机上做过足尺模型的受力试验。梁柱节点连接全部在工厂装配和焊接，现场连接设置在大梁的反弯点附近，如图5所示。I字型梁的现场连接用的是盖板型搭接方式，这种连接需要比较长的贴角焊缝，但是，考虑到安装和现场施焊都很方便，所以，还是采用了这种连接。柱子的连接如图6所示，采用盖板加垫板的结合方法，同梁的连接一样，都是采用贴角焊缝。

4. 焊接技术的状况与展望

这幢大厦是日本国内最早的全焊接高层建筑，于1949年着手设计。说到全焊接的钢结构，早年有1936年竣工的松尾桥梁大阪工厂的厂房(总建筑面积约为860m²，用钢量约为87t)，后来虽然也建造了几座全焊接的工厂厂房，但是，由于第二次世界大战的关系，焊接技术的发展被中断了。过去，在1950年，作为由监督部门特别批准的焊接技术被收入了建筑基准法施行令中，而实际的技术内容是在1952年的日本建筑学会"焊接规范"制定后，1953年制定了施行令。相互银行大厦就是在这样的形势下，于1950年10月开工，1951年11月，钢结构的现场

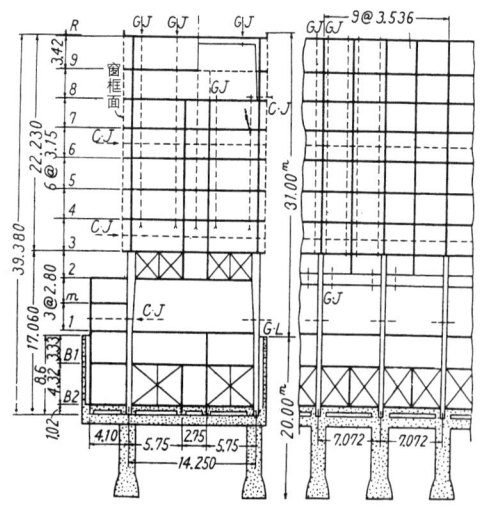

图3　结构剖面图

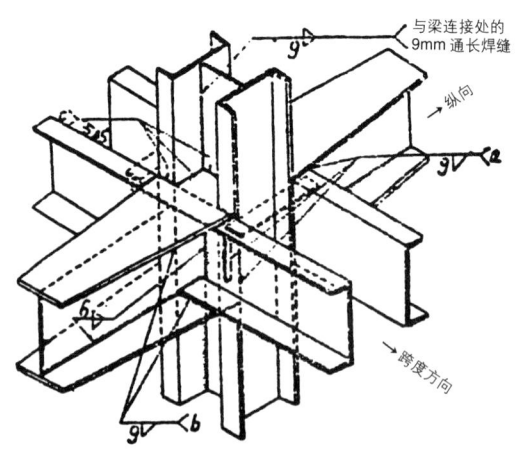

图4　节点详图

焊接工程竣工。此外，在1953年，本大厦的结构设计者设计的第二幢全焊接的高层建筑——三井信托银行大阪支店大厦开始动工了。这幢大厦在充分利用相互银行大厦的技术经验的基础上，又有了很大的改进。现在，柱截面在劲性钢筋混凝土结构中，通常都采用十字交叉H型，而梁则在平面的两个方向都采用H型钢，连接则是在现场直接焊在柱的翼缘上，节点构造大大地简化了(图7)。此外，钢

柱的现场连接也是采用在翼缘面上加衬板的对接连接方式，显著提高了焊接强度的可靠性。

（金箱温春）

[参考文献]
1) 横山不学「全熔接工法による鋼構造骨組の設計について（日本無盡ビルの場合一注：後に日本相互銀行ビルに改名）」『建築雑誌』1951年8月号
2) 横山不学「建築構造物への熔接利用の現状と将来」『熔接界』1956年1月号
3) 横山不学「日本相互銀行の構造計画」『国際建築』1953年1月号
4) 横山不学「日本相互銀行の構造計画について」『新建築』1953年1月号
5) 田中誠「日本相互銀行に使用された新材料と新工法に就いて」『建築文化』1953年1月号

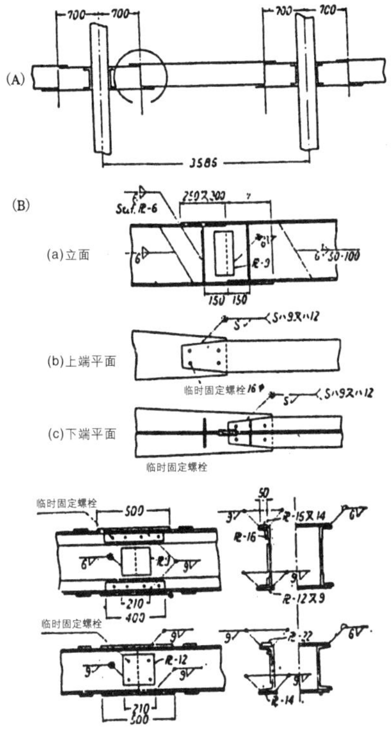

图5　梁的现场施焊详图

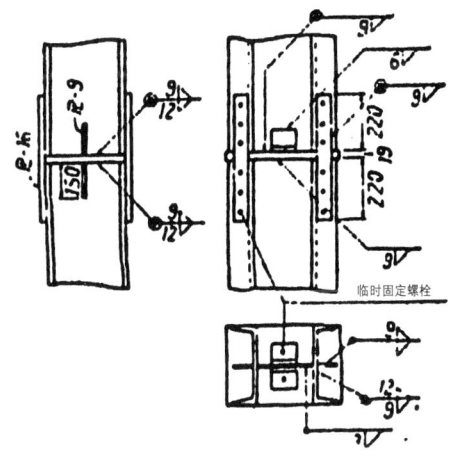

图6　柱的现场施焊详图

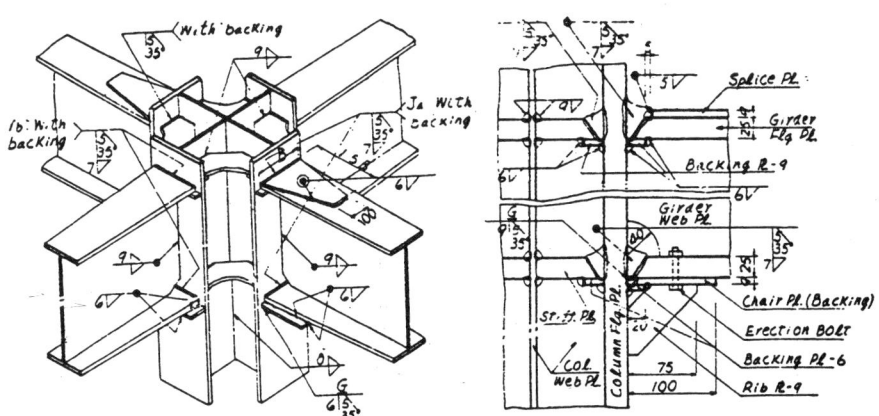

图7　三井信托银行大阪南支店大厦钢节点详图

006 爱媛县民馆

日本国内具有代表性的两座钢筋混凝土壳体

关键词 球壳、漏斗型壳、体育馆

照片1 岛瞰全景

房屋建筑概要

〈建筑概要〉
地　　　址：爱媛县松山市堀之内
主要用途：室内体育设施
设　计　者：丹下研究室
结构设计者：坪井善胜、秋野金次、藤沼敏夫
施　工　者：大林组
规　　　模：1层，总面积2784m²
　　　　　　内有　主馆　　1913m²
　　　　　　　　　附属馆　 235m²
　　　　　　　　　其他　　 636m²
施工期间：1953年3月~1953年10月
〈结构概要〉
结构类别：钢筋混凝土结构
结构类型：薄壁球壳＋漏斗型复合壳体
桩、基础类型：直接基础

爱媛县民馆是1954年作为国民体育大会的室内比赛场进行规划的，计划建造大小两座钢筋混凝土壳体。建设地点坐落于松山城外的一个角落里，总造价为6000万日元左右。

大型室内比赛场的屋盖为从直径100m的球体上按平面直径为50m切下来的球形壳体，并相对于水平面略有倾斜。当时，球形壳体内力分析的薄膜理论虽然已经成熟，但是，考虑到弯矩的严密理论解还没有解决，所以，球壳内的弯曲内力是按照弗拉索夫的扁壳理论进行计算的。球壳覆盖的室内比赛场的面积约为2000m²，包括1400个坐席和比赛场地。从地面到壳体顶部的高度为14m。包括防水层在内，壳体屋盖的总重量达1550t，共有20根柱子支承。

壳体内力受边界条件的影响极大是毋庸赘述的，因

照片2 浇筑壳体混凝土

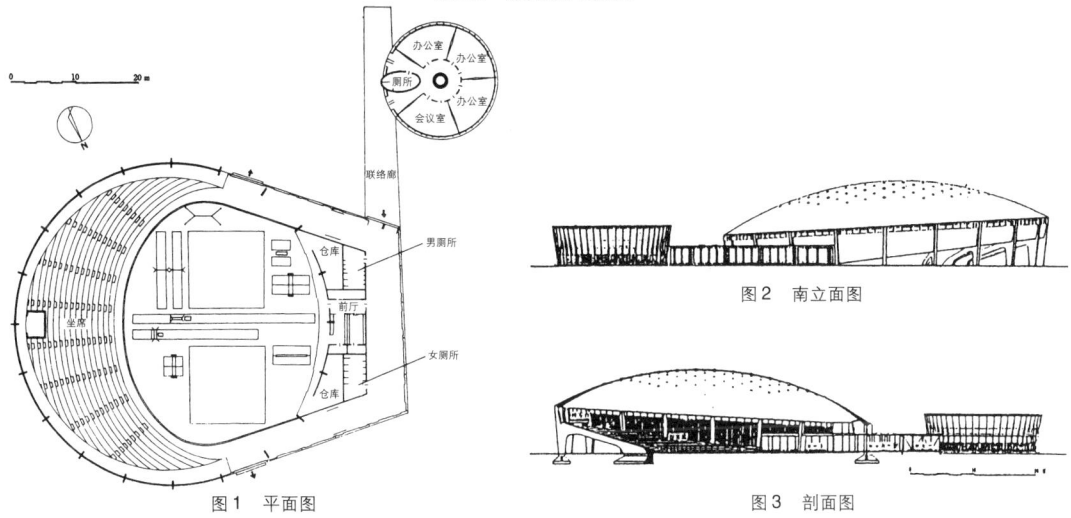

图1 平面图

图2 南立面图

图3 剖面图

此，壳体底部的承拉环的刚度是至关重要的。在当时，预应力技术尚未普及，那时的报道写道："除按普通钢筋混凝土结构进行设计之外，别无他法，但因脱模时，存在出现裂缝的可能性，所以，增大了壳体底部附近的厚度，并加大了配筋量。"

那时，由于加压气焊法已经问世，所以，在缜密的试验和检验的条件下，采用了这种技术。如果用它与搭接接头相比，显然，承拉环的刚度是会大大提高的。

壳体边缘结构的刚度足够大时，壳内便可处于薄膜受力状态，而形成压缩应力场，所以，壳体厚度取为12cm，其内单侧配置了13mm的钢筋。设置在屋顶上的采光用小洞口的影响不大，仍然是面内力起主导作用。

那时，在进行壳体结构设计时，实验是必不可少的。分析方法可以说是无法满足设计要求的，借助实验来确认壳体的性能要比任何分析都更可靠。近年来发展起来的有限元法等分析方法，虽然也有某种数值实验，但当壳体形状和厚度有所变化时，仍需重新加以计算，这样的影响如不加以计算，就不能做出正确评价，这一点与实验十分相似。照片3所示的是本馆的实验模型，与现在进行的壳体实验相比，在设备条件上，差距很大，但所获得的实验结果却不像想像的差距那么大，发人深省。在以1/20比例进行的荷载实验中，尽管中心区的厚度只有6mm，但在4t重的砂子作用下，并未出现任何裂缝。即使在实验中并没有再现壳体的实际内力状态，只要是能够确认设计值高于壳体的性能，便可完全放心了。众所周知，对于壳体工程，一定要小心谨慎地对待。尤其是，在混凝土质量方面常常达不到应有的要求的时代，大多数是保证了强度，但保证不了收缩裂缝的发生，在

33

照片 3　试验模型的制作

照片 4　壳体的配筋情况

照片 5　满载砂子的状态

照片 6　浇筑混凝土

这项工程中，水泥是专门订货的，浇筑时，在混凝土的表面加铺了一层钢丝网。钢筋用量是每单位面积的壳体为38kg/m²，可见，壳体本身所用的钢筋量是很少的。模板采用企口连接，但在浇筑混凝土时仍漏了很多水。在秋野金次的著作中写道："当时没有计量配料搅拌装置，仍处于用水桶从大水槽里一桶一桶地往搅拌机里装水的施工管理时代，在两台搅拌机满负荷运转的情况下，不留施工缝地从壳体的底部向上，呈螺旋状连续浇筑。浇筑当天是从大清早开始的，当进行到23小时时，因下雨而中断，停顿了3小时后，又重新浇筑，总共浇筑了610m³的混凝土。用工量为2682人·时，90位工人花了约30小时。"

混凝土浇筑完毕后要连续养护，经过4星期后拆模，没有确认最终挠曲量。肉眼看上去，没发现裂缝。

附属馆的屋顶被设计成钢筋混凝土的漏斗型壳体，虽然是作为办公室和会议室来使用，但是，建筑结构却酷似广岛市的儿童图书馆。从几何学上来说，实际是将3种曲面连接成一个连续的整体，计有圆锥形、环形和圆筒形三种壳体。漏斗壳的直径约为19.20m，中央圆筒壳的直径约为2.40m，壳体前端厚度为13cm，圆筒部分的厚度为40cm。当壳体端部发生挠曲时，安装在外围的竖框不会阻挡壳体在铅直方向的变位，而处于自由状态。由圆锥壳沿放射方向是直线，因而会产生弯矩，为此，壳内配置了双向钢筋。圆周方向的钢筋发挥"箍"的功能，处于受拉状态。

（中田捷夫）

[参考文献]
1)「愛媛縣民館・松山」『新建築』1954年7月号，pp.13～25
2)「愛媛縣民館の構造」同上，pp.33～38
3)「愛媛縣民館のコンクリート」同上，pp.38～40
4)「シェル構造/愛媛縣民館」『建築』（坪井善勝特集），1961年1月号，pp.48～57
5)「愛媛縣民館」『曲面構造』丸善，1965年
6)"Design and Construction of Reinforced Concrete Spherical Shell of Non-uniform Thickness Supported on Roller System"『東京大学生産技術研究所報告』第5巻，No4,1955年9月

照片 7　附属馆夜景

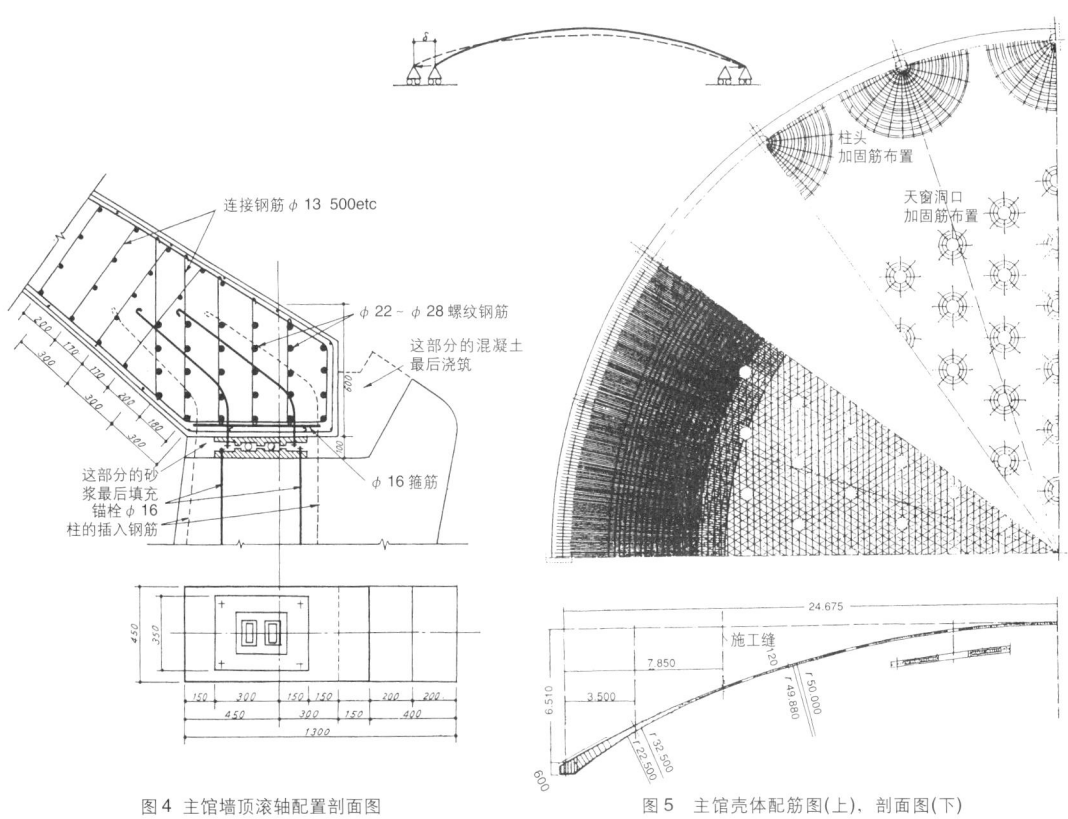

连接钢筋 φ13 500etc

φ22－φ28螺纹钢筋

这部分的混凝土
最后浇筑

这部分的砂
浆最后填充
锚栓 φ16
柱的插入钢筋

φ16箍筋

柱头
加固筋布置

天窗洞口
加固筋布置

施工缝

图 4　主馆墙顶滚轴配置剖面图　　　　　图 5　主馆壳体配筋图(上)、剖面图(下)

007 图书印刷株式会社原町工厂

钢筋混凝土柱加大跨梭形桁架体系

关键词 梭形桁架、均质空间

照片1 外观　　　　　　　　　　　　摄影：平山忠治

房屋建筑概要

〈建筑概要〉
地　　　址：静冈县骏东郡
主 要 用 途：印刷厂
设 计 者：丹下健三（设计顾问：岸田日出刀）
结构设计者：横山不学
施 工 者：大成建设
总建筑面积：11841.1m²
层　　　数：地下1层、地上1层（内2层）
施 工 期：1954年3月～1955年1月

〈结构概要〉
结 构 类 别：钢结构、钢筋混凝土结构
结 构 类 型：钢筋混凝土柱＋钢桁架

1. 时代背景

第二次世界大战后，被焦土化了的日本建设资源很不充足，力不从心的住宅供应状况有增无减，可是，1950年的朝鲜战争爆发时，由于那里的特殊需求，日本经济出现了一时的恢复的征兆。1951年的工业发展指数首次超过了战前1934～1936年的平均值，资源统治和建筑限制解除之后，掀起了补救房建开工不足的建设高潮。

1951年竣工的由雷蒙德设计的利达兹代极斯特东京分社办公楼建筑引进了一种核心的抗震墙与外围的梁柱之间采用铰接合的新概念，轻巧的建筑立面与开放性的室内空间给日本的建筑界以不小的激励。

还是在1951年，鹤见仓库采用了跨度达40m的圆穹型壳体结构。作为划时代的新技术，还出现了不少的仅以很薄的混凝土板轻巧地覆盖庞大空间的壳体结构实例。1953年竣工的爱媛县民馆就采用据说是当时世界最大的跨度达50m的壳体建成的。

这幢建筑正是在这样的时代背景下规划建设的。

2. 建筑概要

设计时，曾以该厂的主力机器——多色轮转印刷机为中心展开了平面规划。

最后，根据多色轮转印刷机的尺寸和它的作业范围，将跨度定为40m，并进而从经济性和施工角度对建筑的总体进行了探讨。另一方面，关于室内净空高度曾对两种方案进行了讨论，一种是将多色轮转印刷机所在部分抬高，而其余部分保持低净空的方案，而另一种则是全部采用高净空。结果，采用了后一方案。

接着便是结构类型问题，曾研究过钢筋混凝土壳体和由菱形桁架构成的钢结构，但是，由于嫌跨中存在很高的无用空间和形体导致的音响方面的负面影响，以及关于无法利用屋顶起吊重物的难点等理由，最后都未被采用。

后来，又曾提出过预应力混凝土方案，由于手续问题办起来很复杂，施工上没有经验，再加上专利费用等重大理由，也放弃了。假如，真的实现了的话，理所当然地成了日本大规模应用预应力技术的先例了。

最后，在增加了工期限定 6 个月的条件之下，与现场浇筑混凝土的下部结构齐头并进，在工厂里进行钢结构制造的大跨桁架方案经过研究后，被确定了下来。从而最终实现了跨度中央由一对钢筋混凝土柱支承，而两端支承在纤细钢柱上的跨长 36m 的梭形钢桁架覆盖的均衡空间。

3. 结构规划

跨度方向共有 36m+7.2m+36m 的三个跨度，桁架支承在位于跨度中央的一对钢筋混凝土柱上。柱的截面为十字形，并且为上细下粗的变截面形式。在一层地面标高处不设置与柱相连的大梁，而将柱子一直延伸到地下室以下，并沿跨度方向设梁高为 1870mm 的基础梁，而沿房屋的纵向则有地下外墙与之相连。也就是说，钢筋混凝土双柱从地下室底部标高处起，呈悬臂状态，用以承受水平力。工厂里服务性的部门均设置在双柱之间的地下室内，不仅增加了工厂内部的有效空间，同时使得这种结构形式实现了自身的价值。

桁架如同连续梁的内力图一样，其中央处的梁高约为 3.4m，从中央向两端梁高逐渐变低，梁的两端分别支承在钢柱上。桁架中央处的高度等于地面标高+9.11m。桁架的上下弦杆是分别由 4 根角钢用扁钢连接成箱形截面的构件构成，腹杆也是同样的截面形式，而斜杆则采用的是由 4 根角钢互相背靠背组成的构件。

共用 11 榀这种样式的排架，以 12m 的间距沿房屋的纵向排列开来，形成了一座 120m × 84m 的庞大屋顶。地震力全部由扎根于中央的结构承受，而外围的纤细钢柱则只承受屋顶的永久荷载。像这样将房屋外围设计成视野开阔的手法还可从战后不久兴建的利达兹代极斯特东京分社办公楼见到。可以认为，这里所采用的结构形式，作为工厂建筑在构成和形态上都是具有划时代意义的。

（小堀　彻）

[参考文献]
1)『現実と創造　丹下健三 1946-1958』美術出版社
2)『新建築』1955 年 3 月号

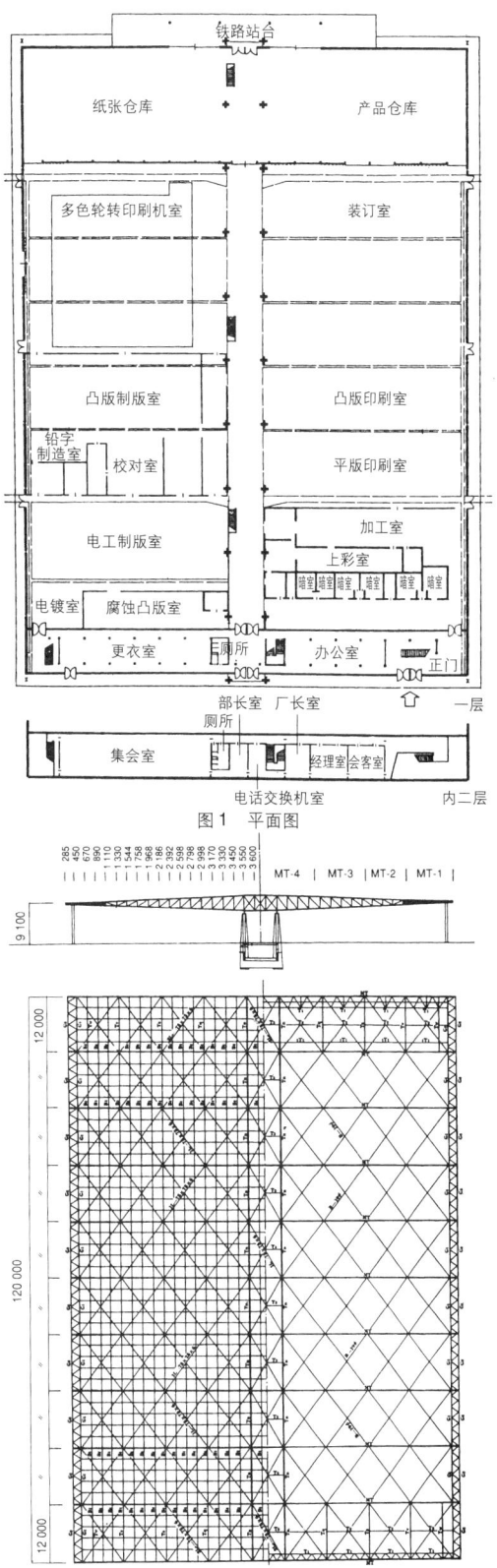

图 1　平面图

图 2　钢结构方案剖面图及钢结构方案上弦面俯视图　1：1600

008 八幡制铁所　改建厚板工厂

采用本厂开发的焊接结构用高强钢制作的焊接组合吊车梁

关键词 焊接结构、WEL-TEN50、钢板梁、疲劳系数、容许挠度

照片1　施工中的厂房

房屋建筑概要

〈建筑概要〉
地　　　址：北九州市八幡东区八幡制铁所厂区内
主　要　用　途：热轧工厂，生产厚钢板
设　计　者：大阪建筑事务所（今大建设计）
　　　　　　高桥庆夫、北岛全、长田正雄
结构设计者：同上
施　　　工：冈崎工业
建　筑　面　积：约44830m²
层　　　数：地上1层
檐　　　高：15.80m
吊车高度：10.00m
竣 工 年 月：1957年6月
〈结构概要〉
结　构　类　别：钢结构
结　构　类　型：跨度方向＝三角形框架
　　　　　　　房屋纵向＝支撑体系
基　础　类　型：独立大放脚扩底桩基础

1. 前言

1955年6月，由八幡制铁所委托规划，在西八幡地区实施改建厚板工厂的设计条件是：使用部分原有构件和使用WEL-TEN50钢板用焊接方法制作吊车梁。改建的范围包括本所建筑设计课设计的轧钢部分的工厂中央区的后边和间歇炉及轧辊车间之间的区间内。预计钢材用量各为3200t，共6400t。

生产出来的热轧钢板的用途可分为造船用、锅炉用、一般结构用，另外，材质有沸腾钢、半镇静钢和镇静钢。当时，船舶等结构正由铆接转为焊接，要求钢板有可焊性，此外，还必须保证焊接后的机械性能，因此，朝着半镇静钢和镇静钢等品质高纯化的方向发展。开发具有低温韧性的热处理钢板，以及添加特种元素后，经正火、淬火、退火等工序加工而成的具有高强韧机械性能的调质钢板。

该工厂本着批量化、产品大型化、高品质化、多品种化等的要求，反复进行了设备的改造和强化，同时，还增

设附属设备，补充换气、采光等改善环境的设备，将厂房设计成串联的平面布局。

2. 结构规划

(1) 焊接结构的应用

日本于1950年颁布了建筑基准法及其施行令，其中，第67条明文规定：对于在结构承载能力起着关键作用的钢构件连接，必须采用铆钉连接，或者是焊接连接，于是，焊接作为一种钢构件的连接手段，从此便可大显身手了。

在厚板厂的设计中，鉴于当时的钢材供应状况，厉行节约是当务之急，因此，设计时，采取了如下的方针，当出现设计变更时，哪怕是连所用钢材也要求随之变更时，也决不要更改原来的材质安排，这样一来，只好改用钢板来制作，所以，柱和吊车梁就被设计成了用钢板焊制的组合截面，同时，连接也采用了焊接。

1) 焊接结构的优缺点

优点：

· 连接的构造简单

· 节省材料和工时，经济

· 连接效率高，气密性及水密性优

· 钢材厚度几乎没有限制，都能连接

· 作业噪声小

缺点：

· 局部加热及冷却会导致变形的发生

· 产生残余应力及应力集中

· 母材材质有变化

· 出现脆性破坏

· 属于不可逆的接合方式

· 在检验焊接缺陷时，要求非破损检验

2) 焊接结构与铆接结构的工程造价比较

当时的所有钢铁厂都缺乏结构物的施焊经验，为使焊缝偏于安全，焊接费必然偏高，而且，对于铆接结构来说，钢铁厂不同，造价也相差很大，比较起来，还是铆接要便宜些，但是，人们看到，随着焊接经验的逐渐丰富，未来焊接结构肯定会便宜的。现在终于见到，采用焊接时，做到了节约钢材，降低了用钢量，其中，桥梁为20%～28%，造船为15%～20%。

3) 焊缝有效截面的容许应力值

当时的结构用钢的焊缝有效截面的容许应力值如表1所示。

通常，为了弥补焊缝的容许应力值的减小，需要在接头部位加设盖板。

(2) 高强钢(WEL-TEN50)在焊接结构上的应用

由于战后的工业发展和新型工业领域的拓展，使得当时最为经济的结构材料——钢材的材质也不断有所改善。高强度钢的开发就是其中之一，开发的着眼点在于，提高抗拉强度及屈服强度，改善冲击韧性、增强可焊性、工艺性和耐腐蚀性，以及降低价格，提高经济性等。

设计中所使用的焊接结构用高强度钢是八幡焊接性高强度钢(WEL-TEN50)，是八幡制铁株式会社以土木、建筑、桥梁、以及造船等为对象而开发的。这种钢材是在热轧状态下，或在正火程度的热处理过程中，实施化学成分上的改良，使其达到以往的50kg/mm^{2}级以上的强度的Si-Mn系非调质高强钢。符合JIS G 3106焊接结构用热轧钢材的SM50B、C两种规格的标准。

1) 八幡焊接性高强度钢的容许应力值。八幡焊接性高强度钢的容许应力值如表2所示。

2) 普通结构用热轧钢材和焊接结构用热轧钢材的化学成分和机械性质。

当时的结构用钢材的化学成分和机械性质列于表3及表4。

3. 结构设计

(1) 吊车梁设计

该厂房的桥式吊车的起重量为10～140t，吊车梁的跨

表 1 普通结构用热轧钢材的容许应力值(t/cm^2)

	抗压	抗拉	抗弯	抗剪	短期
SS41	1.60	1.60	1.60	0.90	
焊缝(1)	对接	1.40	1.40	1.40	0.70	为左表中的长期值的1.5倍
	角缝	0.80				
焊缝(2)	对接	1.20	1.20	1.20	1.20	
	角缝	0.70				

注：(1)用旋转式焊接夹具及位置控制夹具等采取俯视姿势施焊时
(2)除(1)以外的施焊姿势时(包括现场施焊)

表 2 八幡焊接用高强度钢的容许应力(t/cm^2)

	抗压	抗拉	抗弯	抗剪	短期
WEL-TEN50	2.30	2.30	2.30	1.15	为左表所列长期值的1.5倍
焊缝	对接	2.00	2.00	2.00	1.00	
	角缝	1.15				

注：焊缝指工厂焊缝

度有 10 ~ 50m 多种尺寸，梁的类型有板梁、桁架梁和门架梁三种。钢板梁采用焊接结构用高强度钢(WEL-TEN50)，设计成由钢板构成的组合截面，连接采用焊接方式(图2)。

吊车梁设计应分析竖向荷载及水平荷载作用下的应力和挠度。

〈冲击系数〉

竖向方向 20%

水平方向 10%

走行方向 15%

〈腹板的稳定验算〉

按钢结构计算规范进行

〈疲劳系数〉 $\gamma = 1 + 0.3N2/N1 = 1.3$

〈容许挠度〉

钢板梁：跨度 $L \leqslant 10m$ $L/700$

跨度 $L \geqslant 20m$ $L/1000$

桁架梁： $L/1000$

门架梁： $L/1200$

(2) 柱的设计

柱子使用的是普通结构用钢材，吊车梁以下部分的柱采用钢板焊接而成的组合截面。吊车梁以上部分的柱为铆钉连接的型钢组合截面。

柱子设计时，要验算竖向荷载和水平荷载作用下的应力和挠度。

〈荷载组合〉

长期：永久荷载＋吊车的竖向及水平荷载

短期：永久荷载＋风荷载

〈内力计算的假定〉

柱脚假定为固定端，反弯点位于吊车的标高处。在计算吊车梁产生的水平荷载时，假定柱为下端固定悬臂柱，不考虑对屋架的影响。

〈柱的水平刚度〉

柱的水平刚度是针对吊车的横向推力(轮压的2.5% ~ 3.3%)，吊车标高处的水平变位必须小于柱高的1/2000。

4. 结语

该设计是在1955年进行的，当时的日本虽然在造船、桥梁等方面已经全面采用了焊接结构，然而，在建筑方

面，大多数的事务所在建筑物上使用焊接结构还处于起步时期。就是在八幡制铁所里，采用焊接结构的建筑物，该厚板厂也是第一幢。

当采用焊接结构时，首先要理解焊接带来的缺点，而且必须采取相应对策，设计中必须特别注意的地方有以下几点：

· 尽量减少焊缝的数量；

· 钢板加工要简单；

· 一定要使用焊接结构用钢材。

减少焊缝的数量不仅可以降低成本，而且又可以减少焊接变形，降低了修整的工时费。此外，不是非常必要的焊缝导致的残余应力和应力集中都会造成不良后果。

在节省加工钢板的工时费方面，与桥梁等其他结构相比，建筑上所用工时约为其2倍，可见，对成本的影响是很大的。一般来说，钢板都是沸腾钢，但是，在焊接结构中，为了提高可焊性，19mm以上的厚板一定要用半镇静钢，而厚度达25mm以上的厚板则要用镇静钢(焊接结构

表3 普通结构用热轧钢材及焊接结构用热轧钢材的化学成分

钢种	化学成分表(%)					规格
	C	Si	Mn	P	S	
SS41	—	—	—	0.06 以下	0.06 以下	JIS G 3101 (1959)
SM41A	50mm 以下 0.23 以下	—	2.5×C 以下	0.04 以下	0.05 以下	JIS G 3106 (1959)
SM41B	0.20 以下	0.35 以下	0.60 ~ 1.20	0.04 以下	0.05 以下	
SM41C	0.18 以下	0.35 以下	1.40 以下	0.04 以下	0.04 以下	
SM50A SM50B SM50C	0.20 以下 0.18 以下 0.18 以下	0.55 以下	1.50 以下	0.04 以下	0.04 以下	
WEL-TEN 50A, B	0.18 以下	0.25 ~ 0.45	30mm 以下 0.90 ~ 1.30 30mm 以上 1.10 ~ 1.50	0.035 以下	0.04 以下	JIS G 3106 SM50B,C 相当

表4 普通结构用热轧钢材及焊接结构用热轧钢材的机械性质

钢种	拉伸试验(kg/mm²)					夏比冲击试验值 (0℃) kgm/cm²
	屈服强度 (最小)	抗拉强度 (T)	伸长率(%)			
			试件	厚度	最小	
SS41	23 38mm 以上 T/2	41 ~ 50	1 号	$t < 9$	17	—
				$t \geqq 9$	20	
SM41A	23 38mm 以上 T/2	41 ~ 50	1 号			—
SM41B				$5 \leqq t < 9$	19	$\geqq 3.5$
SM41C				$9 \leqq t < 50$	21	$\geqq 6.0$
SM50A	32	50 ~ 60	1 号			—
SM50B				$5 \leqq t < 9$	18	$\geqq 3.5$
SM50C				$9 \leqq t < 50$	20	$\geqq 6.0$
WEL-TEN 50A	32	50 ~ 58	1 号	$T \leqq 15$	20	$\geqq 3.5$
50B				$15 < t \leqq 30$	22	$\geqq 6.0$
				$t > 30$	20	

用热轧钢材)。

　　以上就是自从该工厂的设计之日起，迄今已将近50年，设计者一直牢记在心的事项，并以此作为学长们的宝贵教训而介绍出来。

　　在编写本文时，借用了新日本制铁(株)八幡制铁所设备部土建技术集团许多贵重资料，在此表示衷心感谢。

(五十岚博行)

[参考文献]
1)『八幡製鐵所土木誌』新日本製鐵八幡製鐵所土木誌編纂委員会，1976年
2)『八幡製鐵所八十年史』新日本製鐵八幡製鐵所史編纂委員会，1980年
3)『溶接工作規準・同解説』日本建築学会編，1962年
4)『鋼構造計算規準・同解説』日本建築学会編，1955年
5)『鉄鋼の性質と高張力鋼』日本鋼構造協会編，1967年
6)『建築学大系17鉄骨構造』建築学大系編集委員会，彰国社，1966年
7) 高橋慶夫『鉄骨構造の設計』丸善，1959年

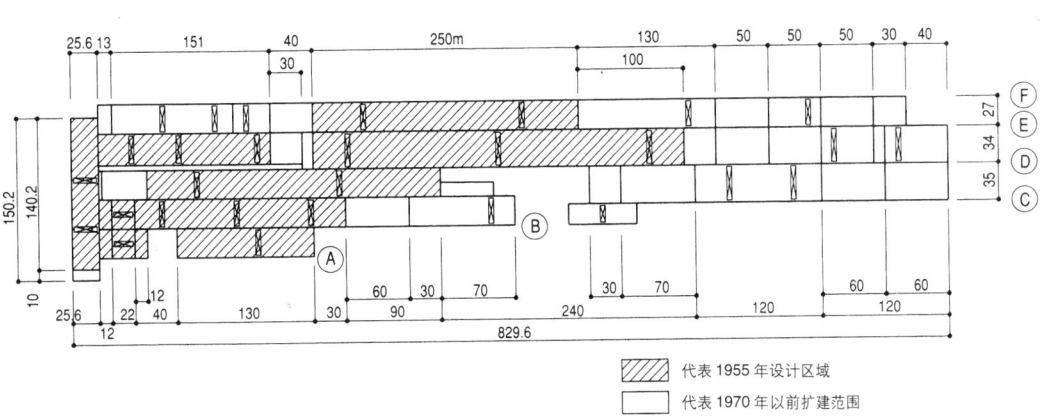

代表1955年设计区域

代表1970年以前扩建范围

图1　改建厚板工厂的厂房平面布置图

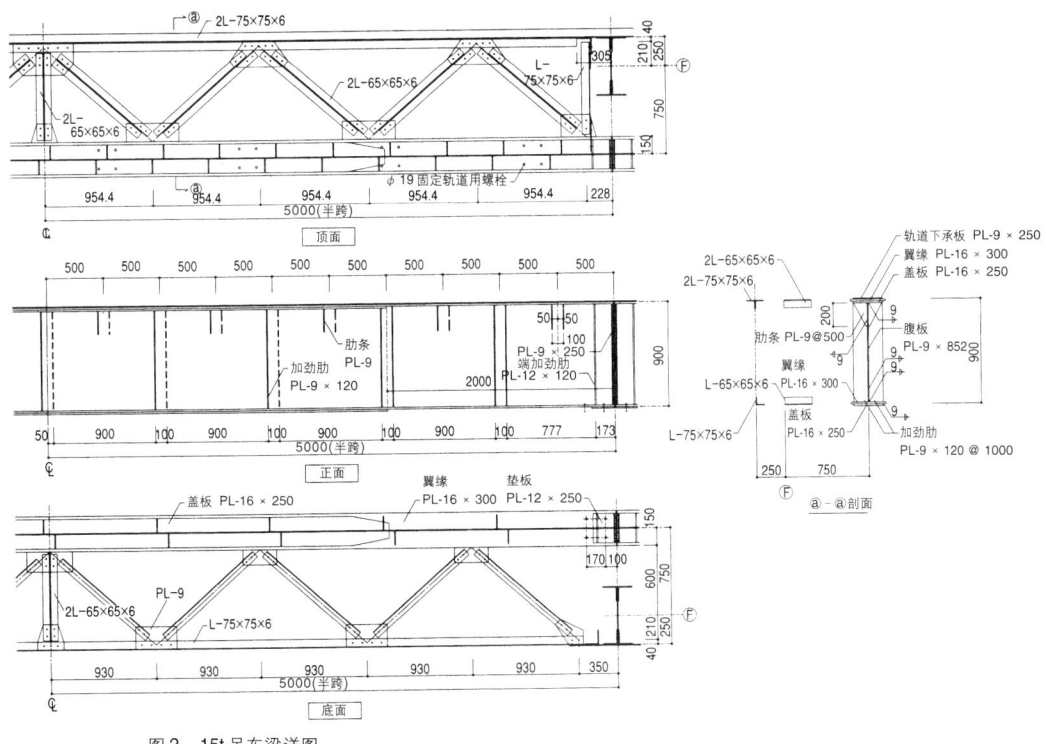

图2　15t吊车梁详图

009 南淡町公署

日本最早施加预应力的梁柱体系

关键词 预应力、预应力钢筋、预制装配式混凝土

照片1 建设当时的正面外观

房屋建筑概要

〈建筑概要〉

地　　　　址: 兵库县三原郡南淡町福良甲512番地
主 要 用 途: 町公署大楼
设 计 者: 增田友也
结构设计者: 坂静雄
施 工 者: 东洋混凝土
建 筑 面 积: 495m²
总建筑面积: 1395m²
层　　　　数: 地上3层
檐　　　　高: 11.0m
竣 工 年 月: 1957年9月

〈结构概要〉

结 构 类 别: 跨度方向＝预应力混凝土结构
　　　　　　　房屋纵向＝钢筋混凝土结构
结 构 类 型: 梁柱框架体系
基 础 类 型: 桩基础(松木桩)

照片2 现在的外观

作为设计者的增田友也这样写道:"尽管从外观上看上去,也可以说是一幢露明面的混凝土结构,然而,却不是用当今使用的钢模板或柏木模板浇筑出来的混凝土原浆面,只是加工细做的普通混凝土而已"(《建筑与社会》1957年11月号)。

负责设计的人是三原郡出生的京都大学副教授(当时)增田友也,他只不过跟当时任京都大学教授的坂静雄探讨过这类结构,而结构的设计方法尚处于摸索阶段,仅晓得人们说这预应力混凝土结构能够建造大空间的建筑,现在居然能在自己的设计中成为现实。因为在当时,对这种结构没有明确的认识,所以,设计所能依靠的就只有当时的日本材料试验协会(现今的日本材料学会)正在研制

中的《使用钢筋的预应力混凝土设计施工指针及其说明》。该指针也就是1961年由日本建筑学会出版的《预应力混凝土结构设计、施工规范及说明》的基础蓝本。实际上是建筑设计与该设计指针的研制同步进行的。

在日本,最早使用预应力混凝土构件(预制)的建筑结构是1951年建造的小松市政府大楼。在地下室的楼板上使用了预应力混凝土板。这幢位于淡路岛的南淡町公署大楼则是6年后,在超静定梁柱体系中的梁上首先使用了预应力混凝土构件。

该公署大楼平面为11m(1跨)×45m(9跨)的3层建筑,各层跨度方向的长11m的主梁次小梁采用预制梁,据《建筑与社会》1957年5月号刊载的报告称,当初,该建

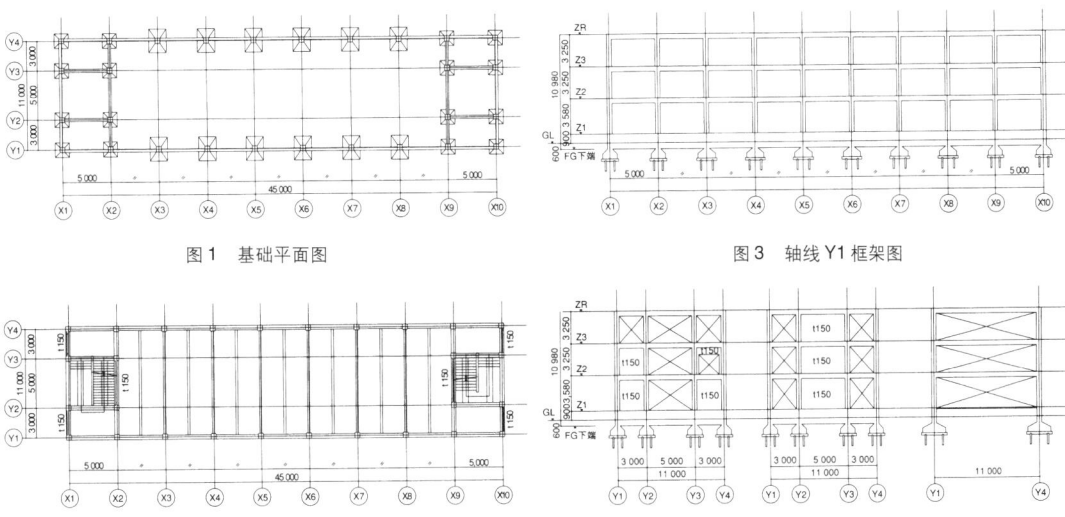

图1　基础平面图

图3　轴线Y1框架图

图2　二层结构平面图

图4　轴线X1框架图，轴线X2框架图，轴线X3~X7框架图

照片3　建设当时的公署内部

筑本打算全部采用钢筋混凝土结构，这样就要在办公室内设置柱子，形成8m+3m的两个跨度。但是，由于中柱的存在，使得办公室的利用效率变得很差，此外，跨长8m的钢筋混凝土梁的梁高将达70~80cm，房屋自重太大，令人担忧。如果采用预应力混凝土梁，会比原来的采用钢筋混凝土结构时的自重降低约1/3，长期荷载下的弯矩设计值减小1/3~2/3。从而，柱子的截面也可以减小到50cm×50cm和更小的截面。这样一来，从建筑的外观看上去，能给人以不是混凝土结构的"轻快感"，至于柱子和沿房屋纵向的梁、楼板，以及位于房屋两端的楼梯间则一律采用现场浇筑的钢筋混凝土结构。

预应力混凝土梁为在东方混凝土厂(株)(现名：东方建设)大阪工厂生产的预制梁，在厂内，给预制构件施加预应力后，再运往现场，进行安装。

现场浇筑的钢筋混凝土柱与预制的预应力混凝土梁之间的连接采用压力连接法，其具体步骤如下：

①将预制的预应力混凝土梁临时架设在设计预定位置；

②架立钢筋混凝土柱和房屋纵向的钢筋混凝土梁的钢筋；

③将用于压力连接用的预应力钢筋延长至柱外；

④架设钢筋混凝土楼板的模板和配置板内钢筋；

⑤浇筑钢筋混凝土柱、梁、板的混凝土；

⑥待混凝土硬化后，张拉压力连接用的预应力钢筋。

利用上述方法，就可以在预制梁上施加预先规定的预应力，因此，借助比预制梁中的预应力稍大的力来张拉压力连接用的预应力钢筋，目的不是要使压接面上产生超静定内力，而是将与预制梁内相同大小的预应力施加在框架上。

该公署大楼的水平方向承载力是按风压力确定的，而不是地震力。这是因为，当时的设计地震力较小，再加上大楼是位于海边的缘故。受填筑的影响，现在已不与大海相连了，而当时却是面临福良港的。

考虑预应力混凝土构件的特点，关于水平力的分析采用的是极限强度设计法。但是，破坏弯矩与长期及短期荷

照片4　公署大楼外观(现今)

照片5　公署大楼外观(预应力钢筋锚固部位造成的突起)

载组合时所产生的弯矩的比值达 1.2 以上，因此，完全可以确保免于破坏的安全性。此外，由于房屋两端的钢筋混凝土造的楼梯间可以承受水平力，所以，显著减小了作用于预应力框架上的水平力。

该公署大楼的设计和施工都是在第 223 号告示《建设省关于预应力建筑结构物的告示》公布之前进行的。该告示规定，应按地震系数为 0.3 的设计地震力作用下的极限强度设计法进行设计。

1995 年，兵库县南部发生地震时，距南谈町约 15 公里，位于北部的洲本市记录到的地震系数为 6。南淡町也曾有过强烈震感，可是，该公署大楼却未见在外观上发生任何明显损坏。在兵库县的南部地震之后，由日本建筑综合试验所进行了抗震检验表明，柱、梁等主要结构构件并未发现裂缝。由于是梁柱构成的框架结构，并无承重墙，所以，房屋纵向的承载力显得不足。在跨度方向，由于房屋两端的楼梯间起到了抗震核心筒体的作用，提供了一定

程度的抗力。

建成后，虽然已经过去了 40 多年，由于是梁柱框架，而且平面布置的灵活性很大，所以至今仍能作为町公署使用着。增设了电梯间和与别的楼宇相通的联络廊等之后，外观上已经有了很大改变。该町公署原本是由贺集村、北阿万村、阿万村、滩村、福良町、沼岛村合并而成的南淡町建设的。现今，三原郡 4 町(绿町、西淡町、三原町、南淡町)正在协议合并事宜。一旦合并后，一个新的市便诞生了，那时也许这幢南淡町公署也将变成不需要的了。不过，即使真的到了那时，也仍然会作为历史性建筑，而留传后世的。

(西山峰广)

[参考文献]
1) 坂静雄、増田友也、六車 熙、寺沢輝夫「南淡町庁舎の PC 構造について」『建築と社会』1957 年 5 月号、pp.33 ～ 38
2) 「南淡町庁舎」『建築と社会』1957 年 11 月号、pp.8 ～ 12

照片 6　公署大楼内部(现今)，左边 2 张：一层受理台附近，右边 1 张：二层町长室附近

010 静冈骏府会馆

新颖的矩形平面的方形双曲抛物面壳体

关键词 方形双曲抛物面壳体、加肋壳体、水平拉杆

照片1 外观

房屋建筑概要

〈建筑概要〉

地 址：静冈市骏府公园
主 要 用 途：市民会馆
设 计 者：丹下健三研究室
结构设计者：坪井善胜、青木繁、市川大造
施 工 者：大成建设
建 筑 面 积：2730m²
总建筑面积：3620m²
层 数：2层
檐 高：19.5m
施 工 期 间：1957年3月~1957年10月

〈结构概要〉

结 构 类 别：钢筋混凝土结构
结 构 类 型：双曲抛物面薄壳
基 础 类 型：混凝土桩（φ250，长4m）

　　该会馆是在20世纪50年代后期，战争已经过去15年，日本的经济大有好转时进行规划和建造的。设计是以容纳2800人为目标。建设费和资源节约乃是当时社会的要求，在这样严峻的条件下，发展起来的钢筋混凝土壳体理论曾为后来的钢结构壳体、悬索屋盖结构和膜结构的实现奠定了基础。

　　为覆盖边长为50m的平面为正方形的空间，曾对多种结构类型进行过分析和研究，没采用钢结构是因为钢材不易买到，折板结构因其空间构成上的问题也未被采用。在力学上，稳定性最好的球形穹顶由于音响上的原因，也不能采用。最后，决定采用具有双向反曲率的双曲抛物面壳体结构。

　　正像所有的壳体那样，壳体的边界条件对壳体的力学性质的影响特别大。$z=cxy$所给定的曲面是将均匀分布的面上竖向荷载以面内剪力的方式传给边梁，并作为边梁的轴向力传给地基。边梁的轴向力所产生的侧向推力则由水平拉杆受拉来解决。按照这样的传力路径设计的水平拉杆所承受的拉力达2480t，出于对当时的技术和经济条件的考虑，没有采用预应力技术，而设计成钢筋混凝土的。另外，由于当时钢筋的压力焊接技术尚未普及，所以，采用的是搭接。为了提高壳体的面外抗弯刚度，还加设了肋条。

（中田捷夫）

[参考文献]
1)「曲面構造」3.2『体育館』pp.65～75，丸善
2)「静岡市体育館（駿府会館）」『建築文化』1958年2月号，pp.37-56
3)「HPシェル構造／静岡駿府会館」『建築』（坪井善勝特集）1961年1月号，pp.33-47

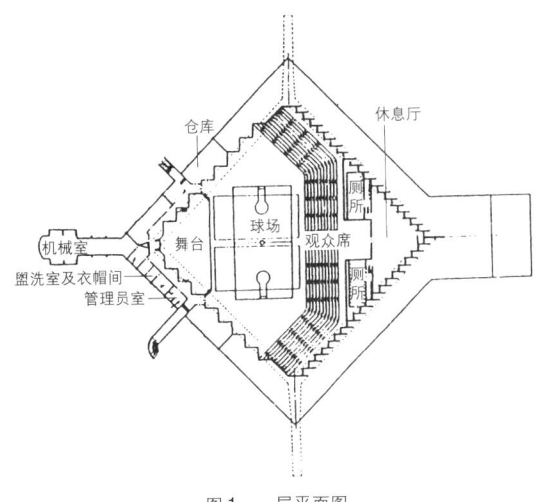

图1 一层平面图

照片2 大厅内景

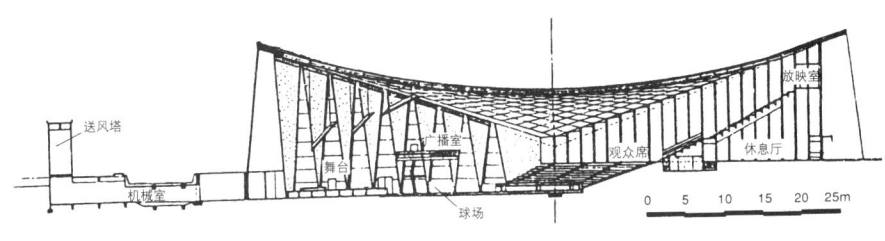

图2 剖面图

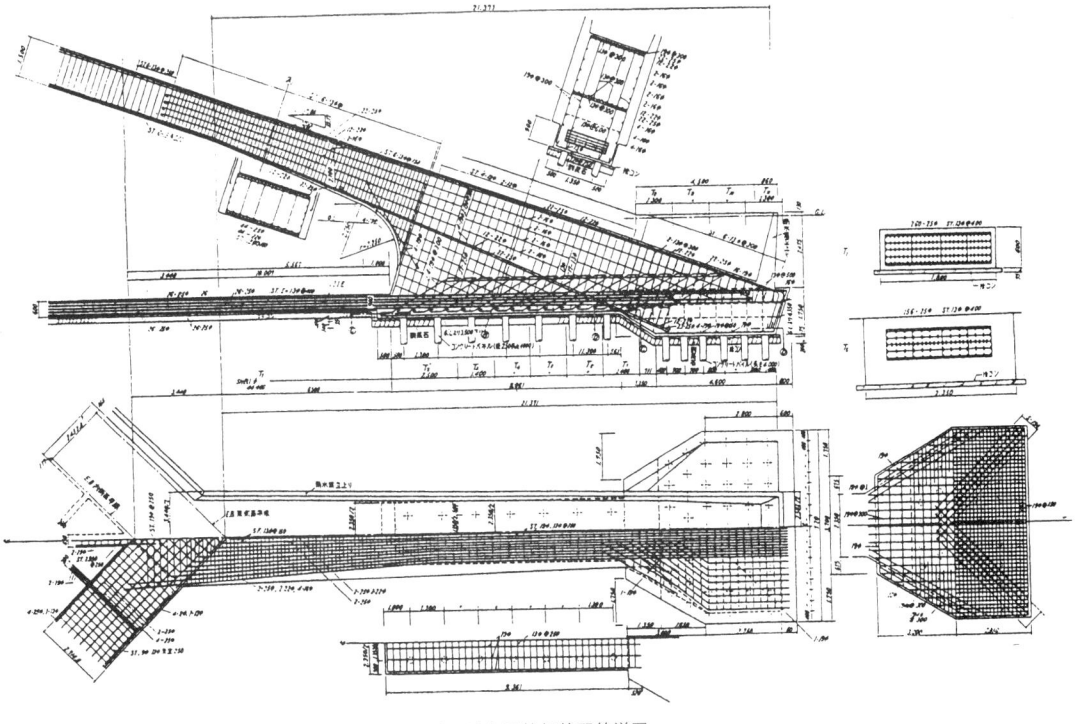

图3 边条及拉杆的配筋详图

011 晴海高层公寓

劲性钢筋混凝土复合结构的高层住宅

关键词 复合结构、深墩基础施工技术、高层住宅、劲性钢筋混凝土结构

照片1 外观　　　　摄影：平山忠治

房屋建筑概要

〈建筑概要〉
地　　　址：	东京都中央区晴海
主要用途：	集合住宅
设 计 者：	前川国男建筑设计事务所
结构设计者：	横山建筑结构设计事务所
施　　　工：	清水建设
建筑面积：	989m²
总建筑面积：	9638m²
层　　　数：	地上10层
檐　　　高：	30.25m
竣工年月：	1958年9月(1997年拆除)

〈结构概要〉
结构类别：	劲性钢筋混凝土结构
结构类型：	复合结构及框架剪力墙结构
基础类型：	深基础+地基加固

1. 历史背景

20世纪50年代，人口不断向都市集中，市区内的住宅用地的取得越来越困难了。在这样的形势下，旨在更有效地利用土地和创造优美的都市环境，日本住宅集团在投入工作后的不长时间内，就试建了东京的晴海和大阪的西长堀这两处高层住宅。此外，东京都住宅协会的11层的"一桥分售公寓"也是这个时期建成的，一时出现了一个高层住宅的建设高潮。当时的高层住宅结构设计方案的主流是下部若干层为配置型钢的劲性钢筋混凝土结构，而上部则采用普通钢筋混凝土结构。1954年建设省编辑的《高层公营住宅设计资料汇编》也曾将3层以下为劲性钢筋混凝土结构的12层高层住宅作为标准设计刊出。实际情况是，除晴海高层公寓外，所有的高层住宅都是遵循这个方案设计的。晴海高层公寓采用的是复合结构这种特殊的结构类型。赋予了建筑结构以新的概念，并作为匠心独具的建筑设计展现在世人面前，这就是这幢住宅建筑的价值所在。

2. 建筑设计

这幢高层住宅在空间构成上的最大特点在于，它是以3层6户为一个单位的大框架体系。这种空间构成虽然与下一节将要阐述的结构上的原因有很大关系，不过，除此以外，是要明确反映新的都市居住环境和集合住宅的建筑景观。将一个单位框架内的6个住户作为一个梁柱承重结构单元。单元内的功能未来可以自由安排，住户也可以扩大其使用范围。这个设计很接近最近出现的"大框架"思想。此外，每3层设一条宽通道的做法具有都市街道的性质，居民可从每3层设置一条走廊的楼层进入位于各住两户的上下层的局部楼梯而到达住户。这样的内部构成方案还有其平面布置上的特点，当人们置身于没有走廊的楼层中，由于两面都能接触户外空气，一方面可以充分保证通风、采光和私密性等重要的住宅功能，另一方面，又能减少走廊面积，提高电梯的使用效率，这些都是有利之处。

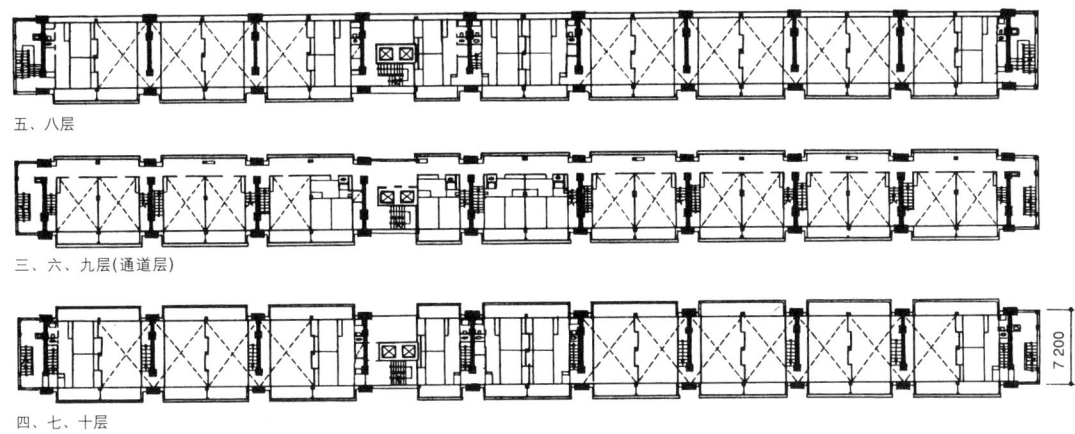

五、八层

三、六、九层(通道层)

四、七、十层

图1　各层平面图

3. 基础设计

建筑场地位于东京湾的填筑地带，地表以下10m便是软弱的粉砂层与砂层交替的土层，10m以下到20m深处则是所说的沉淀污泥。此外，地下水的水位也高，属于不适于建造高层建筑的地层，甚至曾有过将其改建，作为建设预备地的考虑。当时普遍使用的桩是扩底柱，但是，将其应用到这样的软弱地基里的经验不足，对其安全性心存疑虑。如果与同步性好、当时已经成熟的井点法加固地基同时并用的话，将是可行的。这样一来，使得在基础工程中，采用深墩基础成为可能。深墩的长度为21m，直径2～2.6m，扩底部分的直径为3.8～4.2m，每个深墩的承载力达660～800t。但是，这种基础造价昂贵，从工作原理上和经济性两方面来考虑，应该尽量减少深墩的数量，当规划上部结构时，应怎样与基础工程的设计密切结合起来的问题，也是一个重要的研究课题。

4. 结构设计

将上部结构设计成6户为一个单位的大框架体系，每3层架设劲性钢筋混凝土结构的大梁，每2户设置劲性钢筋混凝土柱，并在跨度方向设置抗震墙。这就是所说的复合结构加人工地基的设计方案。在大框架内的6户空间中，采用能够保证应对将来使用状况变化的灵活性的局部结构，并按仅承受竖向荷载将它们设计成小截面的钢筋混凝土造的。出于同样的思路，隔墙中，除抗震墙外，都设计成不承载的砌块墙。

这种大框架体系与基础构造的关系密切。在楼宇的纵

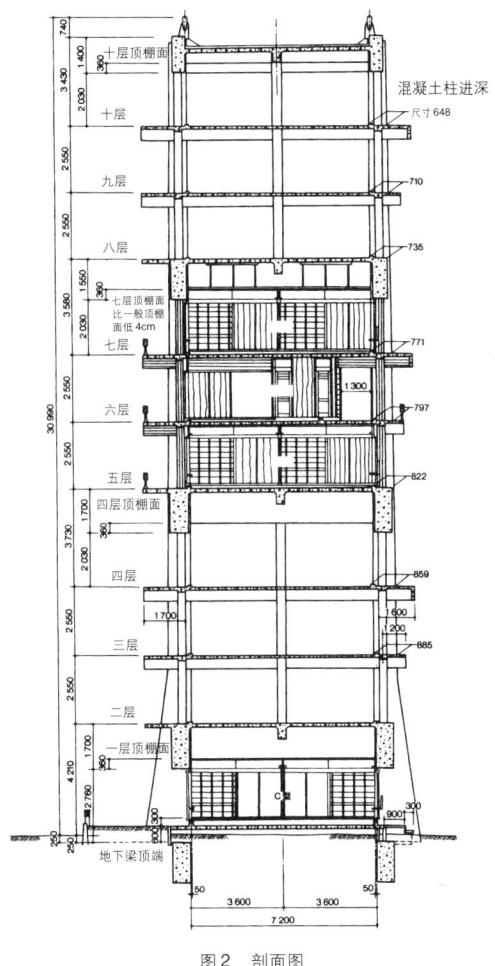

图2　剖面图

向的柱间安排 2 住户(12.3m)，这是出于减少桩的数量的考虑。由于跨度大，梁的高度很高是不可避免的，所以，提出一个将每 3 层设置一道高梁，以便将各层的梁高降下来的方案。在楼宇的纵向也与跨度方向一致，也是每 3 层构成一道大框架。此外，跨度方向的高宽比已然达到了 3.7 的程度，为了增加地震力作用下的稳定性，将底下 2 层的柱子设计成向外扩大的变截面，形成抵御倾覆的姿态。这种复合结构型式之所以优越，其道理在于，将构件集约化，形成大截面构件，可以用较少的用钢量获得更大的承力力。如果从楼宇高度的角度来看，尽管各楼层的层高降低了，但是，每 3 层各有一高梁楼层，总体来说，与每层都设置较高的梁的情况相比，并无太大出入。但是，由于钢材用量和连接节点数量的减少，造价可就大大的降低了。劲性钢筋混凝土构件内的钢材是由角钢装配而成的格构式骨架，这在钢铁珍贵的年代，的确是难能可贵的。在其他的高层

住宅楼中，都是采用下部为劲性钢筋混凝土结构，而上部则为普通钢筋混凝土的结构类型。这幢高层住宅采用的是复式结构体系，使得全楼都采用劲性钢筋混凝土结构成为可能，也应算作一个特点，因为，其抗震性能得到了提高。

5. 复式结构今后的发展

这幢楼宇中，尝试采用的高层住宅复式结构，后来虽然也曾在广岛的基町高层公寓楼中应用，然而，除此之外，并未获得更多的普及。作为高层住宅的结构类型，朝着壁式框架结构和高层钢筋混凝土结构之类的清一色型结构的方向发展下去了。然而，从复合结构能够使用高强度钢材这一特点可以看到，这种结构类型必定会得到进一步的发展，实际上，在写字楼之类的不同领域中，曾获得了广泛应用。

（金箱温春）

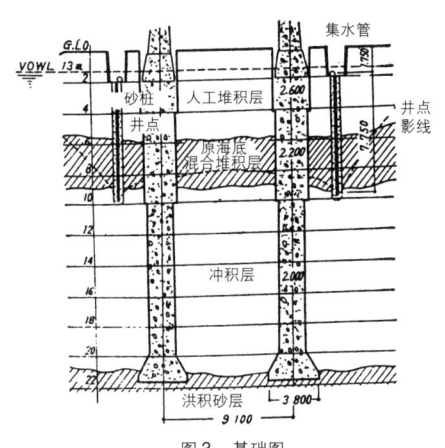

图 3　基础图

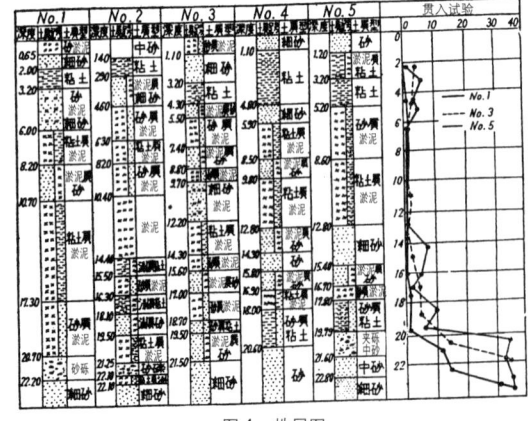

图 4　地层图

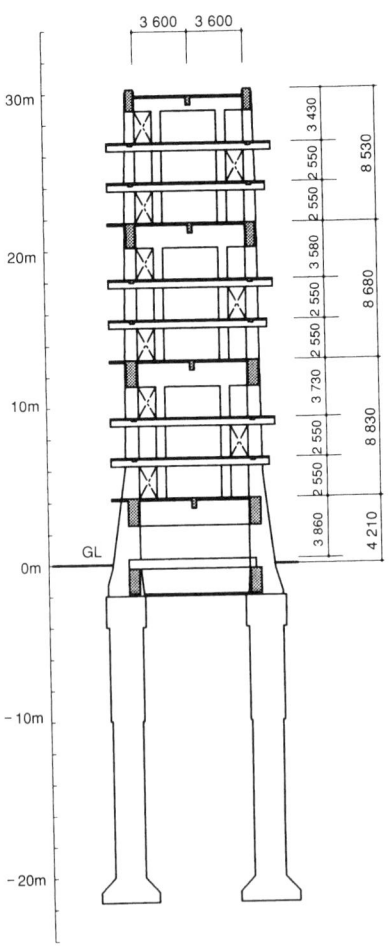

图 5　结构剖面图

［参考文献］
1）木村俊彦「構造設計の進め方」『新建築』1957年1月号
2）大竹栄三郎「二つの高層アパート」『新建築』1958年12月号
3）野々村宗逸「いつまでも豊かさを」『建築文化』1959年2月号
4）初見学「晴海高層アパート」『SD』1992年4月号
5）木村俊彦「晴海高層アパート」『建築構造パースペクティブ』日本建築学会，1994年

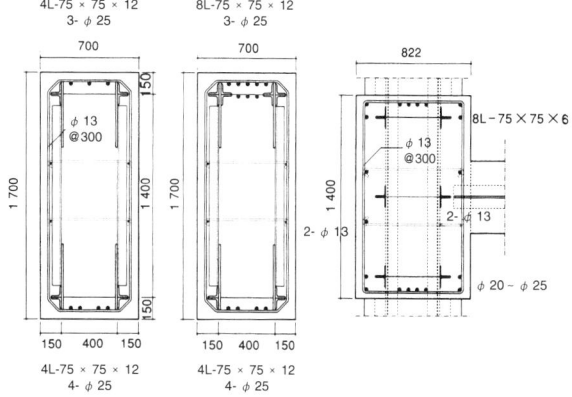

图6　梁截面图　　　　图7　柱截面图

照片2　钢结构安装

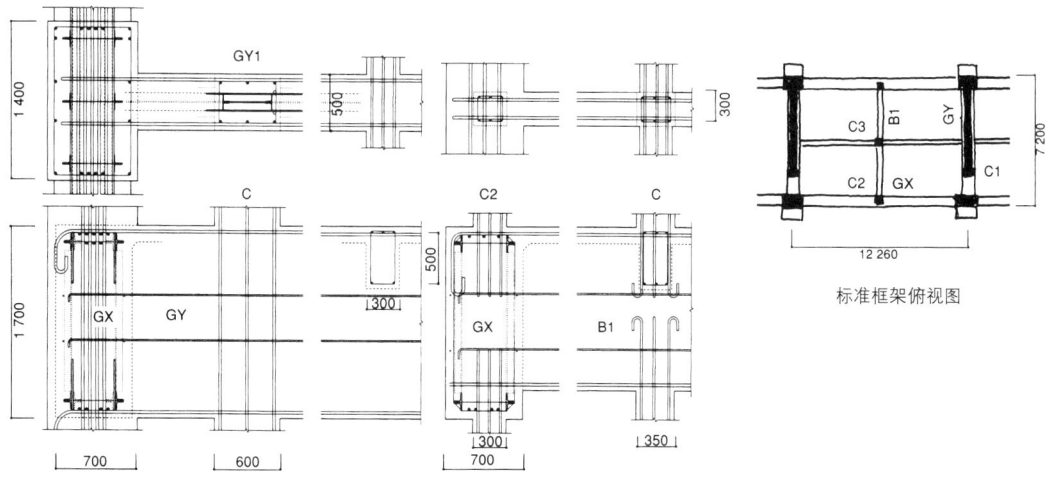

图8　配筋详图

012 东京电视塔

世界最高的自立式铁塔

关键词 格构式铁塔、高强度圆钢的焊接、风洞实验、克列莫纳图解法

照片1 外观 摄影: 篠泽 裕

房屋建筑概要

〈建筑概要〉

地　　址: 东京都港区芝公园20号地1番
主 要 用 途: 综合电波塔，瞭望塔
设 计 指 导: 内藤多仲
设 计 者: 日建设计工务(今日建设计)
结构设计者: 同上(负责人 镜 才吉)
施 工 者: 竹中工务店
钢结构制作: 松尾桥梁、新三菱重工业
钢结构安装: 宫地建设
占 地 面 积: 21002m²
总建筑面积: 1971m²(包括塔上瞭望台、机械室)
层　 数: 瞭望台3层
高　 度: 333m(地面标高至避雷针顶)
施 工 期 间: 1957年6月29日～1958年12月23日

〈结构概要〉

结 构 类 别: 钢结构
结 构 类 型: 格构式自立铁塔
基 础 类 型: 深基础，4塔脚有基础梁呈对角线连接

1. 背景

自从1953年2月，NHK(日本放送协会)电视实验局在日本首次发出电波以来，短短的几年内，电视在日本全国已经普及到家家户户了。从1958年末起到1959年初这段时间，在原有的3家电视台的基础上，又新增了3家，共有6家电视台向外发出电波。鉴于这样的事态发展，在以邮政省为首的广播电视有关部门之间，从1955年前后，对建设"综合发射塔"的想法展开了严肃认真的探讨。1957年5月成立了"日本电视塔株式会社"，早稻田大学教授内藤多仲博士被提名作为设计指导，他不仅在抗震设计方面，同时在铁塔设计领域也是权威人士。在内藤博士的指导下，由日建设计工务课的镜才吉先生负责结构的技术设计及施工图设计。此外，类似的电视塔还有名古屋电视塔，也是内藤博士及日建设计共同设计，并早已竣工(1954年竣工)。

2. 基本方法

为实现电视塔能在半径100km的范围内发射电波，将塔高设定为333m。超过了作为当时世界最高的自立铁塔的埃菲尔铁塔(A·G·埃菲尔，1889)的315m。此外，出于"建于大都市里的高塔，它本身就应该成为一座观景的设施"的考虑，除以瞭望台的方式可令众多的人们大饱眼福之外，铁塔同时又是成就都市美的景观之一，所以，又将塔应是美观的这一点规定了下来。设计时，首先考虑的就是造型问题。在该塔建成后，内藤博士评价说："念念不忘安全第一，并在不遗余力追求稳定的情况下，终于完成了，堪称数字造就了美。"顺便说一下，由于采用了格构式，构件的迎风面积(表面积)小、作为控制设计的外力——风压力就小，结果，在用钢量上，埃菲尔铁塔为7300t，而东京铁塔为4000t左右。还有，在1955年，德国建成了高210m的钢筋混凝土电视塔，虽然，我们也曾讨论过采用钢筋混凝土结构，但是，考虑到日本是地震国家，再加上工期的原因，便作罢了。

3. 设计

(1) 构成

总体状况如图 1 所示，在距地面 253m 的自立铁塔的顶端，又接上了一个高 80m 的天线支承塔，距地面的总高度为 333m，这就是发射和接收电视及其他电波的信号收发铁塔。铁塔将地下 1 层，地上 5 层，总面积约为 21800m² 的科学馆楼跨在塔下。在距地面 120m 处的塔上设置 2 层的瞭望台(约 1500m²)，而距地面 225m 处设有作业台(后改为特别瞭望台，面积约 130m²)。瞭望台和塔下的科学馆楼有可乘 23 人的 3 台电梯和楼梯进行联络，而上部作业台与瞭望台之间则设置的是可乘 10 人的电梯和楼梯。另外，在距地面 66m 处，还做了将来可以增设 1000m² 瞭望台的设计。瞭望台的各部分装修一律采用重量轻和不燃性材料，并且尽量采用干式施工法。

铁塔由 4 根正方形截面的主柱和与主柱相连的水平杆及斜杆连接而成的自立式铁塔，构件全是用大型型钢(角钢、槽钢)和钢板组成的组合截面。

(2) 荷载及外力

1) 荷载

固定的永久荷载是塔架本身的自重加上瞭望台的装修材料的重量。这是考虑到地震力而尽量减轻重量的结果。此外，天线和机械类的荷载也按永久荷载计算。活荷载有作用在瞭望台及楼梯上的，按 300kg/m² 计算。

2) 风压力

对于这座铁塔来说，起控制作用的外力就是风压力。当时的规范和文献推荐的速度压 $v=v_0(h/h_0)^n$，式中 $n=1/2$，$1/4$，$1/7$，而实际采用的速度压是日本建筑学会结构标准委员会认可的，针对高层结构物以及铁塔等结构计算用速度压 $q=120\sqrt[4]{h}$ kg/m²。顺便提一下，由于风压力 q 与风速之间的关系为 $q=1/2\,\rho\,v^2$，所以，当取空气密度 $\rho \approx 1/8$ 时，则 $q=1/16v^2$，于是，按上述的速度压的计算公式来计算塔身不同高度处的风速后，便知，$h=300m$ 处，$v=90m/s$。另外，从 1926 年到 1948 年这个期间，关东地区的最大平均风速是在千叶县的铫子为 48m/s。

再谈一下风力系数，虽然有针对一般性铁塔的标准值，或者是计算公式，然而，东京电视塔却是由与一般的铁塔尺寸相差悬殊的巨大构件所构成的铁塔，再加上，在其迎风面上还有电梯井的存在，就更加与众不同了，因此，委托建设省建筑研究所的龟井勇教授做了风洞实验。

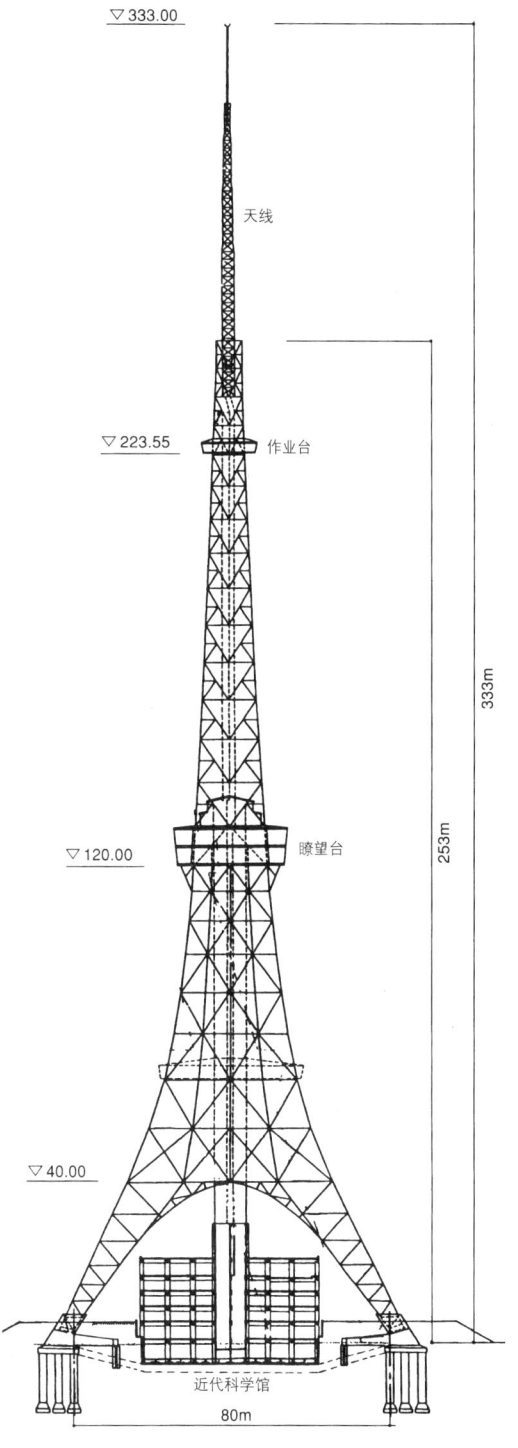

图 1 铁塔简图

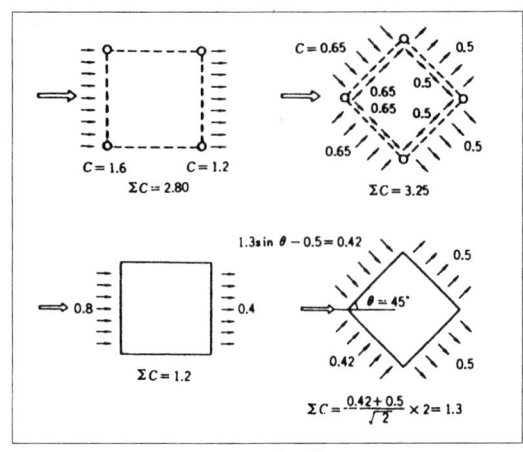

图2 风力系数

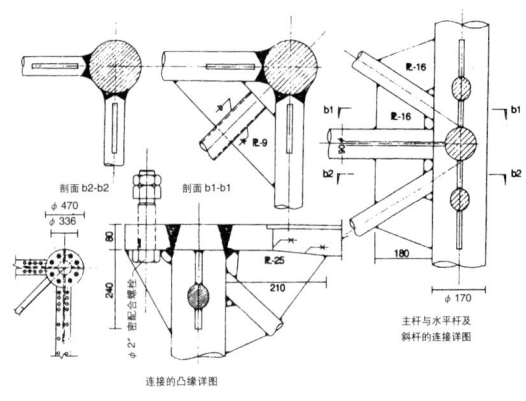

图3 超增益天线接合部

由风洞实验确定的风力系数如图2所示。

3) 地震力

像铁塔这样的自振周期比较长的柔性结构物，其地震加速度与振动周期之间的关系很密切，虽然，那时尚未想到，当时的建筑基准法中的那种简单的处理不一定是恰当的，加之，又是处于静态分析的时代，况且，对于铁塔来说，风压力是起着控制作用的。按照基准法中的地震力计算法，水平地震系数 $k=0.16+h/400$ [h 为距地面的高度(m)]。计算结果为：地上16m处，水平地震系数为0.2；塔顶部(h=253m)为 $k=0.8$；天线顶端(h=333m)为 $k=0.99$。

(3) 计算方法

当时，计算机尚未引进(在日本，建筑方面最早使用计算机的时间是在1960年前后，而且，充其量也不过是解多元联立方程式而已)。连动态分析手法也没有达到实用化的程度。因此，分析和计算都是手算的。在当时，作为桁架的计算方法，一般来说，实际应用的主要方法有克列莫纳内力图解法和卡斯特利亚诺定理，为了修正立体角度造成的影响，还加入了三角函数。说穿了，完全是三角尺、刻度尺和计算尺的时代(后来，1975年前后，在进行电视塔的承载力调查时，使用的是立体分析程序"FRAN"，计算结果表明，手算所得的内力值，除个别构件的弯曲内力之外，其精度毫不逊色)。

(4) 材料

塔身的主要构件一律使用JIS(日本工业标准)的标准品SS41号钢，而容许应力则按建筑基准法的规定采用。材料试验结果表明，几乎所有的钢材的屈服强度都比规定值高出10%～15%，当时的钢材也许就是这种情况。

距地面253m的顶部天线支承塔(超增益)是用粗直径(最粗为170mm)的圆钢焊接而成的格构型小塔，为的是减小风压力，由于节点是焊接的，所以，使用的是大同制钢生产的Cu-2(强度与JIS的SHT52相当)，sft=3.0t/cm²。

(5) 连接

除上述的天线支承塔外，构件的连接一律采用铆接。但是，考虑到高空作业时，施工和维修的难度增加，距地面140m以上，由于防锈，构件经过镀锌(浸镀)，现场安装则采用精制螺栓连接（使用弹簧垫圈、单头螺纹的螺帽）。天线支承塔则按每10～12m为一段，在工厂里焊接组装之后，为消除内应力，将其放入炉内，用625℃左右的温度，视构件的粗细的不同，进行4～6小时的退火。现场的连接采用凸缘型拉力螺栓连接，图3)，材料为SNC-2，sft=5t/cm²。

此外，上述的焊接组装属于高强度大直径圆钢的焊接，这在当时是一件非常困难的技术，所以，是在早稻田大学鹤田明教授的指导下，在规定材质的成分和施工试验等周密的研究的情况下，进行施焊。

(6) 防锈涂饰

由于铁塔是处于风吹雨淋之下的，所以，它的耐久性是靠防锈来保证的。该电视塔的140m以下部分的构件在利用喷砂机清除铁锈和氧化皮等后，涂一道蚀洗用涂料，再涂一道铅丹之后，再涂两道邻苯二甲酸系彩色涂料。塔

照片 2　底部的安装作业

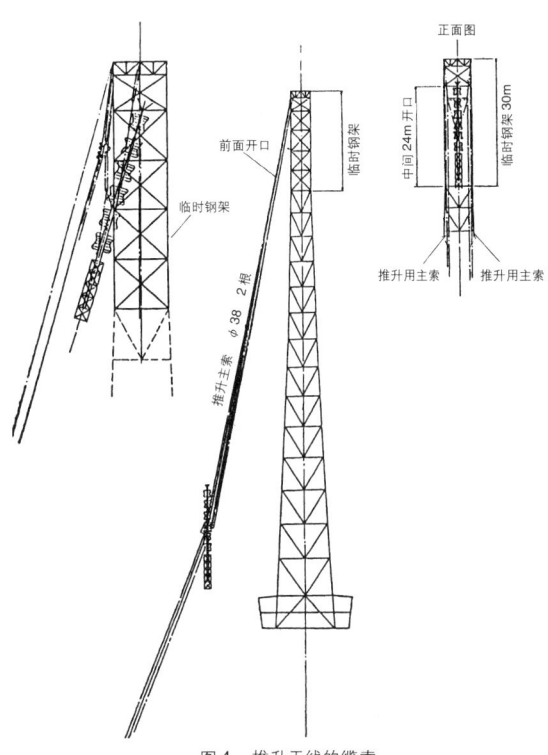

图 4　推升天线的缆索

身的 140m 以上部分经酸洗后，如前所述，施以镀锌，然后，再将构件组装起来。饰面则是用与下部颜色相同的涂料涂上两道。此外，该铁塔的构件几乎全部都是组合截面，所以，应采用雨水不易存留的形式，同时还要便于实施内部涂饰，原则上，不能采用封闭型截面，必须有一部分是开放型的(箱形截面时，应有两面是使用缀条的)。在实在避免不了的部位也要通过开泄水孔等措施，以免构件生锈。

还有，竣工后，每经过 5～7 年，包括天线支承塔在内，整个铁塔都要进行一次重新涂饰，做一次确保耐久性的维护。

(7) 基础

电视塔所在地的地层属于关东粉质黏土层、砂质黏土层和砂层的相互重叠的地层，在距地表约 20～26m 深处出现了密实的砂砾层。4 座塔脚基础就是采用木田式深基础施工法(手挖)，用该砂砾层作为持力层的(长期设计承载力为 50t/m²)。支承 4 座塔脚的基础用对角线方向的连系梁相连，以便承受长期水平力。为了防止塔脚基础发生移动，在连系梁中施加初应力(使连系梁中的钢筋处于预热伸长状态之下，浇注混凝土，用现在的话说，就是施加预应力)。

4.　施工概要

该铁塔在施工上的难点有防护措施、工期、初应力、高强度圆钢焊接等等，不一而足，就连钢构件的安装也是一件艰难工程。尤其是，在距地面 40m 处，以拱的形式会合的 4 根斜主柱的安装时，哪怕是有微小的角度偏差，都会对上部铁塔的安装精度造成巨大影响，因此，必须慎之又慎。由于塔下的科学馆也要同时施工，所以，无法实现全面支撑，只好采取装有顶升机构的钢架(支架)和后拉索并用的方法(照片 2)。天线支承塔的架设也曾是棘手工程，是利用在主塔的塔顶上(高度为 253m)安装一个高 30m 的临时支架的方法进行装配的(图 4)。

5.　后记

本文的笔者是根据镜氏的传闻和内藤博士及镜氏等设计及建设有关人士在各种杂志上刊载的记事、设计文件，以及建设时的记录等编撰的。

东京电视塔获得 1960 年第 1 号 BCS 奖。

(小林绅也)

[参考文献]
1) 前田久吉『東京ものがたり』東京書房
2) 内藤多仲ほか「東京タワー構造及び振動性質」『早大理工研報告書』第 19 輯，1944 年 3 月
3) 『建築界』Vol.8, No.4

013 东京国际贸易中心 2 号馆

日本最早的钢结构壳体

关键词 钢结构壳体、截球形壳、展览厅、双曲坐标、格构梁

照片 1 外观

房屋建筑概要

〈建筑概要〉

地　　　址: 东京都中央区晴海町 6 丁目
主 要 用 途: 展览厅
设 计 者: 村田政真建筑设计事务所
结构设计者: 坪井善胜、名须川良平、市川大造、藤诏敏夫
施 工 者: 大成建设
钢结构制造: 松尾桥梁
层　　　数: 地上 1 层(部分内 2 层，地下室)
建 筑 面 积: 10442m²
总建筑面积: 10798m²
施 工 期 间: 1958 年 7 月～1959 年 3 月

〈结构概要〉

结 构 类 别: 钢结构
结 构 类 型: 球形壳体
基 础 类 型: 桩基础

　　这是距爱媛县民馆竣工约5年后所规划建造的钢结构穹顶。由于战后的迅速经济复兴，建设资源的供给逐渐充足起来，随之而来的是人工费的高涨，资源消耗最低化已非降低造价的惟一手段了，这一带地区，钢筋混凝土壳体已是很少见到了。

　　在这个时期里，电子计算机刚问世不久，距使用大型计算机操作的矩阵解法的出现还相差好几年的时间。因此，能够采用的壳体形态就仅限于人们掌握其分析方法的范围之内了，理由是没有壳体分析的解析解是不行的。球形壳的理论解在结构理论发展的早期就已经获得了，而且与实验相结合，早已达到了实用的程度。不过，对于钢结构壳体来说，不论是将网格分得有多细小，也根本不能成为一个连续体，因此，为了符合理论解，必须将钢结构壳体换算为等效抗弯刚度和等效抗拉刚度。虽然已经提出了若干研究成果，但因网格划分的图案多种多

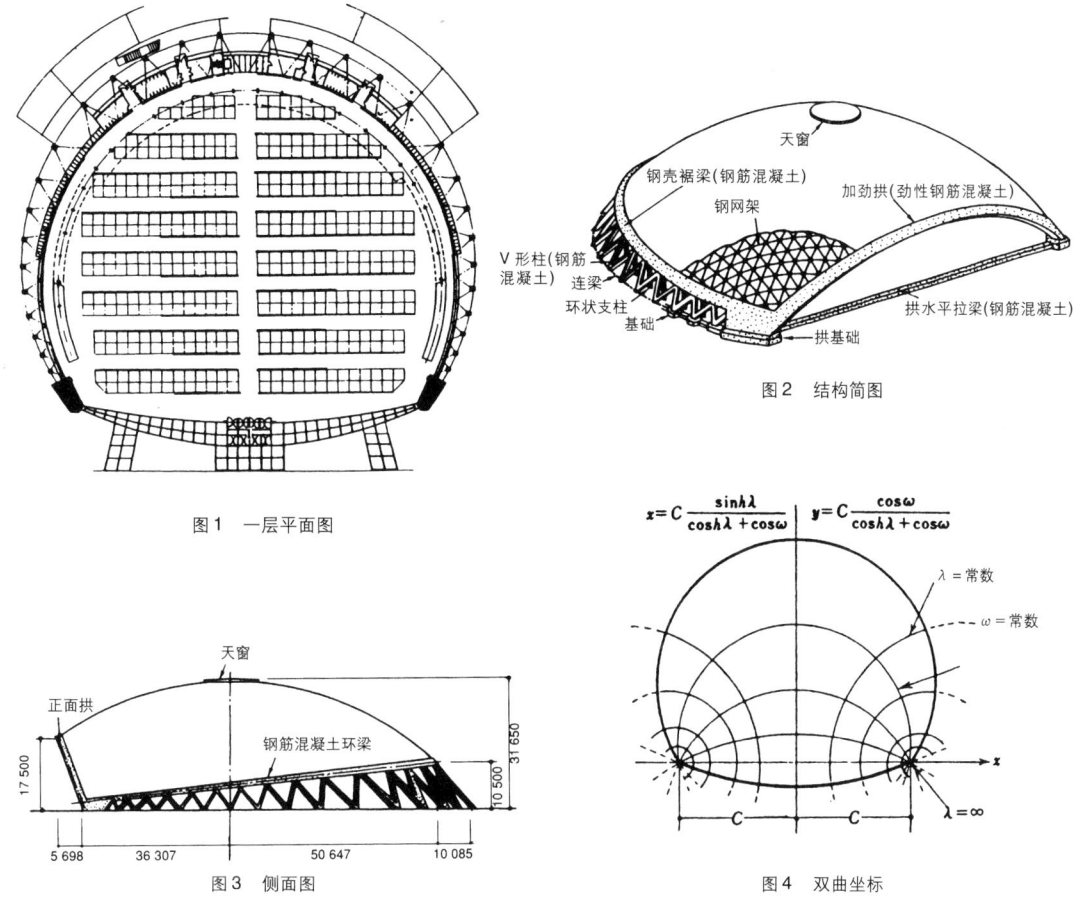

图1　一层平面图

图2　结构简图

钢壳裙梁(钢筋混凝土)
钢网架
加劲拱(劲性钢筋混凝土)
天窗
V形柱(钢筋混凝土)
连梁
环状支柱
基础
拱水平拉梁(钢筋混凝土)
拱基础

图3　侧面图

天窗
正面拱
钢筋混凝土环梁
17 500
31 650
10 500
5 698　36 307　50 647　10 085

$$x = C \frac{\sinh\lambda}{\cosh\lambda + \cos\omega} \qquad y = C \frac{\cos\omega}{\cosh\lambda + \cos\omega}$$

λ = 常数
ω = 常数
λ = ∞

图4　双曲坐标

样，以致沿不同方向的抗拉刚度和抗弯刚度不是定值，也就是说，结果还是必须面对所谓的各向异性连续体的问题。当然，对于计算机已经实现了大型化，而且有限元法已能广泛应用的今天来说，完全能以构件的原有面貌进行分析，所谓的壳体理论，以及等效刚度置换理论等等，都变成了没有用的东西了，此事说明，哪怕是解析方法根本没有获得过发展，现在通用的建筑设计也是完全可以做到的了。

在结构设计手法方面，这幢建筑物属于新鲜事物，给人们以启发的因素是很多的。本来，壳体结构属于自平衡的结构体系，与底部的拉力环构成一个整体，从而形成非常合理，而又稳定的结构物。因此，从设计角度来说，它可以提供稳定感十足的空间，不过，缺乏动的一面也是不可避免的。对于这个结构体系来说，作为提供具有跃动感的室内空间的手段，将壳体设计成从球面截取一部分的截球形壳，此外，相对于水平面，使其略有倾斜，以期获得具有动感的建筑造型。这一切，可以说，都是在空间结构设计的基本技巧上，具有示范意义的。不遗余力地去创造令人瞩目的空间，探索作为壳体所能胜任的极限这件事情本身也是结构设计的妙趣所在。

怎样才能将根本不可能开展成平面的球面用平面网格包络起来也是钢结构壳体设计中的一项重大课题。网格的划分不仅给室内空间带来巨大影响，而且在结构上也是重要因素。也就是说，在位于球面上的节点来连接直线杆件时，从受力的角度来说，希望尽可能采用形状相同，或形状相近的杆件。同时，从结构的角度来说，应尽可能采用没有角度，呈直线状及连续地相互连接则更加合理。这两者对球形壳体，并非都能同时做到，所以，就要采取或者放弃一方，或者，寻找妥协的网格划分方案。

照片 2　钢结构安装

照片 3　展览场内部

在这贸易中心 2 号馆中，是将球面分割成接近正三角形的网格，以便使内力传递既连续，而又顺畅。

平面上的壳体形状是呈切掉直径约为 120m 的圆弧的形状，从几何学的角度来说，可定义为，极点位于圆弧上的双曲线坐标。切取剖面处的跨度约为 100m，壳顶高度约为 30m，壳面的网格间距约为 2m，厚度为 1m。壳体全部由组合梁构成，上、下弦采用 2-65 × 65 × 6 ~ 100 × 100 × 13 的角钢，缀条采用的是 40 × 40 × 4 ~ 65 × 65 × 6 的角钢。壳体的总用钢量为 912t，单位面积(包括底部的钢筋混凝土部分)的用钢为 87kg/m²。

屋面采用水泥刨花板作为保温隔声层，其上再铺以兼作防水基层的钢丝网混凝土的构造。

至于基础，由于是填筑地，采用的是桩基础，详细情况不清楚。壳体的组装程序是由下而上顺序装配，端部有支柱支承。尽管是一项特殊的钢结构工程，然而，工期仅用了 9 个月，真是速度惊人。伴随着幕张商品博览会建筑的竣工，长期作为汽车展览场，并深受人们仰慕的这幢穹顶建筑在其竣工约 40 年后，终结了它的历史使命。

（中田捷夫）

[参考文献]
1)「東京国際貿易センター2号館」『建築構造設計シリーズ5：大スパン建築』丸善，pp.5 ~ 22，1974 年 1 月
2)「東京国際貿易センター：東京晴海埠頭」『建築文化』1959 年 6 月号，pp.33 ~ 55
3)「シェル構造／東京国際貿易センター」『建築』1961 年 1 月号，pp.58 ~ 62

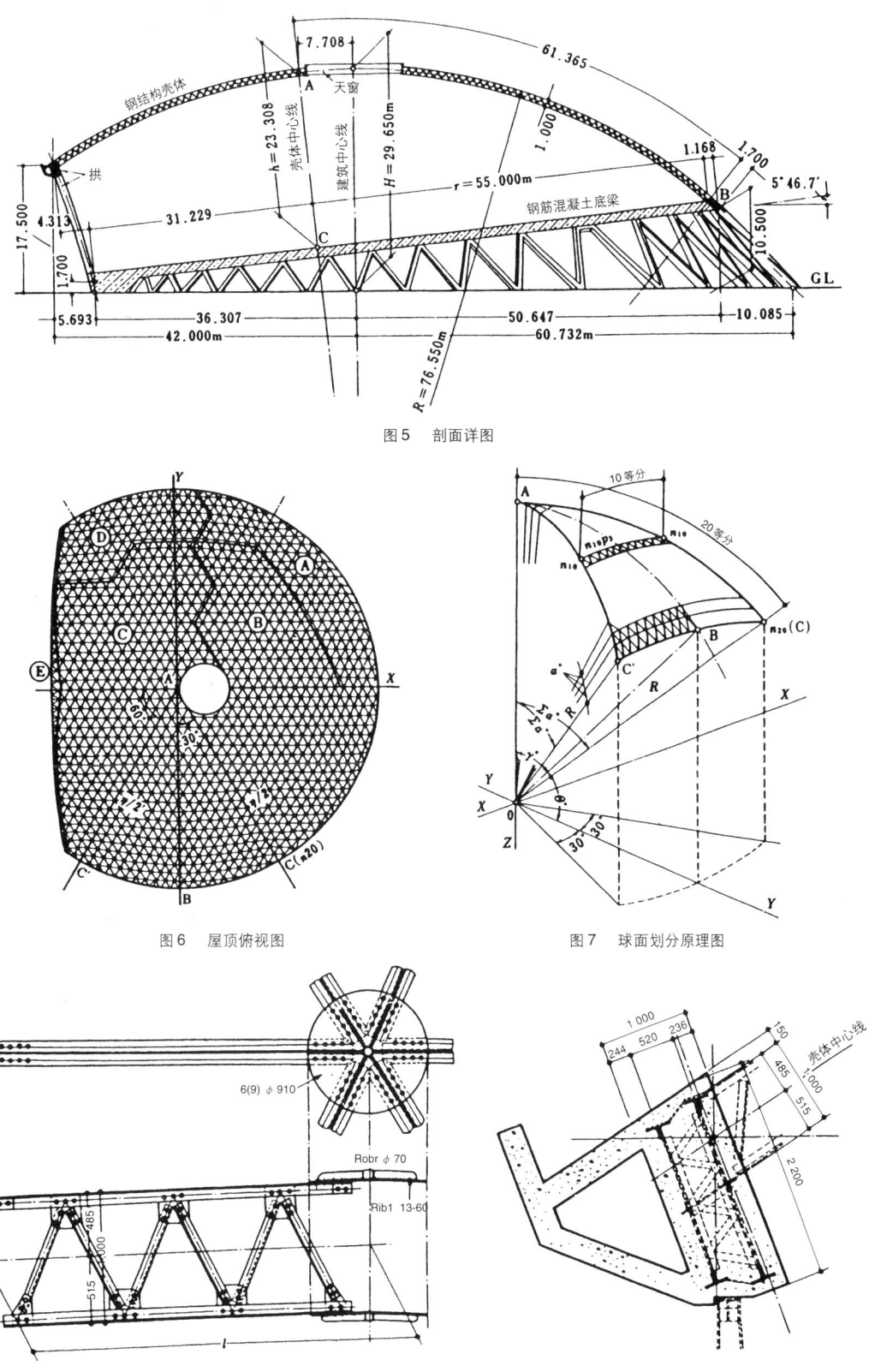

图5 剖面详图

图6 屋顶俯视图

图7 球面划分原理图

图8 钢构件详图

图9 加劲拱剖面详图

014 公团预制装配式住宅　多摩平住宅区

日本最早的预制装配法施工建造的壁式集合住宅

〔关键词〕 预制构件、壁式预制装配施工法、现场预制吊装施工法、大型预制板

照片1　外观

〔房屋建筑概要〕

〔建筑概要〕

地　址：	东京都日野市多摩平
主要用途：	集合住宅
设　计　者：	日本住宅公团建筑部
结构设计者：	同上
施　工　者：	大成建设
楼面面积：	46.66m² × 186 户 =8679m²
栋　数：	24栋
层　数：	地上2层
檐　高：	5.3m(房高: 5.8m)
竣工年月：	1959年12月

〔结构概要〕

结构类别：	钢筋混凝土造
结构类型：	壁式预制装配结构
基础类型：	直接基础(条形基础)
预制板重量：	1.7～4.7t(11种)
预制场位置：	利用栋间空地
板的制作方式：	层积20层
模　板：	木制及钢制
混凝土浇筑：	手推车
起　重　机：	汽车式起重机(10t，罗林社造)

1. 前言

在日本，最早采用壁式顶制装配(以下简称"PCa")。施工法的是1959年竣工、由日本住宅公团在多摩平团地利用现场预制吊装施工法建造的2层的联排式房屋(各户有自己独立的院子和户间分界墙)。对于多摩平团地来说，虽然从1996年起、改建工程已经开始，但是，这种联排式房屋至今仍在供应，真正改建预定在平成16年度(2004年)以后再起动。

2. 时代背景

成立于1955年的日本住宅公团在战后住宅匮乏期间，本着为都市地区大量提供不燃住宅的目的，从成立之日起，就将目光投进了能够批量生产住宅的施工方法——PCa施工法，并组织了开发。这种PCa施工法自从公团成

立，一直到 10 年后的 1965 年，实现了 4 层楼房的建造，并进而达到了现在的这种壁式 PCa 施工法的阶段。关于当时的社会经济形势，在《日本住宅公团 10 年史》[1]中这样写道："从公团成立的昭和 30 年(1955 年)前后开始，日本经济迅猛增长，特别是在昭和 35 年(1960 年)以后，建设事业又有了全面的、空前活跃的发展。在 1955~1963 年期间，全部建设投资增加约 5 倍，住宅投资则增加了约 4.3 倍，这个数值要比那个期间的国民经济总产值的增长(约为 2.7 倍)高得很多。"

3. 国外状况

当时的日本住宅公团总裁加纳久朗于 1956 年 5~6 月间，曾去欧洲 7 国进行考察，他在《欧洲住宅考察记》[2]中，写下边一段话："这些国家有一个共同点，那就是，由于采用了预制装配的施工手段，工期缩短了，造价降低了，并且，还在朝着这个方向努力着。在法国，参观了预制构件厂(照片 2)和装配建房作业，那里有大型专用拖车，能装运重达 7.5 吨的作为外墙板用的预制板材。作业的现场必须铺设钢轨，就像造船厂一样，轨道上走行着大、中、小各种起重机，视作业的不同需要，选择使用。就连那么重的预制墙板也能轻而易举地搬来搬去。"

此外，在 1956 年的建设省建筑研究所撰写的《关于 Precast Concrete construction 的研究》中曾谈到，在欧美各国，由于在第二次世界大战进行中和战后期间，熟练工人数量不足，为了提高建筑生产能力，因而推行了 PCa 施工法。

4. 委托建设省建筑研究所的研究

日本住宅公团为使公团住宅的主体工程合理化，于 1955~1956 年，曾委托建设省建筑研究所开展关于预制装配式钢筋混凝土构件的海外文献调查、试制试验和有关结构的研究及实验等。

(1) 有关施工技术的调查及研究

在研究报告中，将 PCa 施工法分成下述几类：
① 大型砌块结构；
② 采用小型构件(人能搬运的重量)的结构；
③ 采用大型部件(一个房间的大小)的结构。

其中，关于第③种结构，即用房间大小的大型预制混凝土板直接装配，完全不同于梁、柱的建房方法，曾有过

如下的说明："现场作业少了，受天气的影响也必定很少，所以，在冬季较长的北欧等国，曾进行过多种尝试，而且，在苏联早已达到了实用阶段。发展比较慢的原因也许是由于不能充分发挥机械力量，但因其经济上是非常有利的，同时，可以减少现场作业，所以，作为建筑生产工业化的方向，深受各国的关注。"

(2) 壁式 PCa 结构的采用

当时所采用的那种在现场制作大型墙板，然后，吊装在设计预定位置，再将周围的框架在现场浇筑起来的建造方法，在日本，是由万年真也先生实现的。但是，根据建筑研究所的研究指出："这种方法很难完全发挥现场的 PCa 施工法的特点。"所以后来的开发方向便改成了："将 PCa 板作为抗震墙来考虑，并将其设计成壁式结构。"

考虑到实施预制装配式施工法的国家是以非地震国为中心的。这里存在的具体问题是，有关接缝强度的研究在那里开展得极少，尤其是，关于抗剪强度的资料几乎是处于空白的状态，因此，又将开发的重点放在了结构构造方面上去了。

(3) 关于构造的研究和实验

在 1955 年开展的构造实验中，针对墙体、柱、梁、板等，进行了整体浇筑构件与具有平面接缝的预制装配而成的构件之间的抗剪和抗弯的对比实验。图 1 所示为墙板的一个实验结果，结果表明，预制装配式构件与整体浇筑的构件相比，其承载力和刚度都低。尤其是，在梁的抗剪实验中，存在竖向接缝的试件与整体浇筑的试件相比，仅发挥了 22% 的承载力。

照片 2 巴黎的预制构件厂(蒸汽养护中)

在第二年的1956年的研究中，为了达到构造实验的目的，除平接缝之外，又增加两种设置抗剪键的试件，并分别配置斜向加固钢筋(图2)的试件。对它们进行了剪切和压—剪试验。试验结果表明：

① 凡是有接缝面的试件，无一不比整体浇筑试件的刚度和强度低。

② 当用现浇混凝土在预制装配式构件的下方与其接合时，接合部的刚度和承载力受接合面的具体状态的影响很大，如果采用凹凸状的接合面，效果十分显著。

③ 连接钢筋，特别是斜向加固钢筋对于刚度和承载力的提高是有效的。

④ 凹凸状接合面对各种情况都是有效的。

根据这项实验成果，在多摩平住宅区实现的接合部基本上是首先将从墙板伸出来的钢筋连接起来后，再浇筑混凝土将接合部填平，这就是所谓的湿法接缝方式，对于水平方向的接合部来说，就像图3所示的那样，在上、下墙板上的凹槽内，用混凝土填实。后来，主要是从施工工艺的角度进行改进，在1965年前后，确立了一种施工准则，即水平接合部采用坐浆式的干法接缝，而竖向接合部则采用有凹凸键的湿法接缝方式。

5. 多摩平住宅区的实际施工

多摩平住宅区所采用的现场预制吊装施工法的施工示意图，如图4所示。现场预制吊装施工法(Tilt-up)这个名称是由美国人托马斯·考林兹命名的。在建造一座单层厂房和仓库时，首先，浇筑一片素混凝土地面，并加工平整、光滑，然后，将它作为工作台，在其上制作墙板，再将制成的墙板吊装就位，加以装配，这就是该施工法的全过程。如前所述，在日本，万年氏于1954年前后开始着手施工研究，后来，是在1955年，碰巧在建筑研究所所在地的新宿区百人町地区，利用万年氏开发的PCa施工法(万年氏成批预制施工法)进行施工时，引起了建筑研究所的关注，从此便一发不可收拾了。另外，从不同角度关注这种施工方式的就是大成建设，在万年氏的协助下，得以在施工领域率先采用现场预制吊装施工技术。

这样一来，多摩平第2住宅区工程就在1958年10月正式投入建设了(照片3)。由于是第一个正规的批量生产的房建工程，便遭遇到了预想不到的困难局面，在《大成预制装配20年的脚步》〈大成预制品厂(株)，1983年〉中，有如下的记载："当时的混凝土是采用在现场进行浇筑，然后再等待自然硬化的自然养护法。在这第2住宅区的施工期间，正赶上三九寒天，东京西部郊区的日野一带的气温下降到了零下7℃，在自然状态下，必然冻结。因此，建起了用瓦垄铁皮做屋顶的棚屋，屋中通入暖气来生产预制混凝土板材。一开始，只能用大铁筒，烧干柴和焦炭，后来，才使用重油供暖。最后，又采取热养护罩覆盖等办法，防止预制构件结冻，真是煞费苦心。"

6. 壁式PCa施工法之后

在1964年，日本住宅建筑公团设立了利用蒸汽养护法生产预制混凝土构件的试验性生产工厂，开发了实验性的设备，从事批量生产，同时，试行建造4层的住宅建筑。从此以后，将原来叫作现场预制装配施工法改名为壁式PCa施工法。翌年(1965年)，在千叶县作草部设

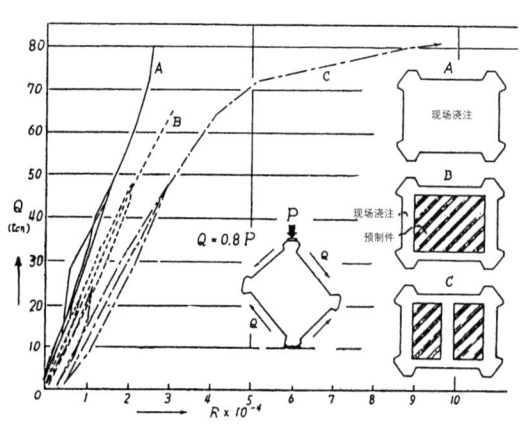

图1 墙体试件的剪力—剪切角曲线(1955年)[3]

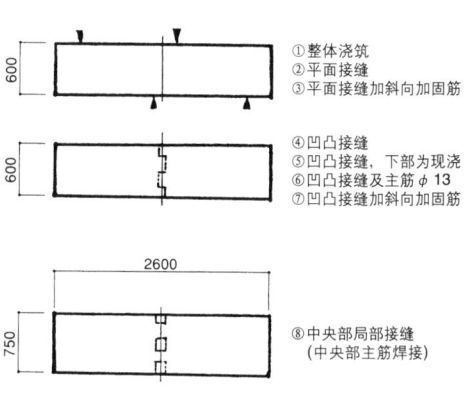

图2 剪切试件概要(1956年)[4]

立了移动式 PCa 工厂，采取向工程承包方出租的方式，建成了千草台住宅区和菖蒲台小区。在这一年(1965年)里，日本建筑学会订立了《壁式预制装配型钢筋混凝土造设计规范》和《建筑工程技术标准 JASS10 壁式预制装配型钢筋混凝土施工》，为壁式 PCa 施工法的普及铺平了道路。

在 1965 年后的 10 年间，采用壁式 PCa 施工法曾建造了大量的公营和公团住宅。此外，住宅公团于 1973 年还曾建造了 8 层楼的壁式 PCa 造建筑。这项技术被后来开发出来的 WR-PC 施工法(壁式框架 PCa 施工法)所引进，并继承了过去。

7. 结语

采用大型预制混凝土板的壁式 PCa 施工法，如果追溯这种施工技术的历史的话，它是起源于第二次世界大战，诞生在欧洲，日本大约晚了 10 年左右。

在官方的扶持之下，迅猛开发和用于建设的这一施工法，也可将其看成是日本的战后复兴和经济高度发展的象征。

这次，曾造访过建成后经历了 40 年的多摩平住宅区，从住宅的规模和功能方面来看，是已经满足不了时代的需要了，然而，那没有梁柱的壁式结构与绿地交相辉映，仍不失为美丽的景观。

(木村　匡)

[参考文献]
1)『日本住宅公団 10 年史』日本住宅公団，1965 年 7 月
2)加納久朗『ヨーロッパ住宅視察記』日本住宅公団，1956 年 6 月
3)『Precast Concrete Construction に関する研究』日本住宅公団，1956 年 10 月
4)『調査研究報告集 3』日本住宅公団，1959 年 2 月
5)『大成プレハブ 20 年の歩み』大成プレハブ，1983 年 12 月

照片 3　多摩平住宅区的施工情景

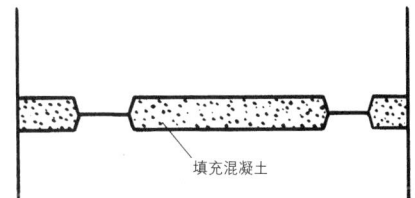

图 3　现场预制吊装施工法的水平接缝

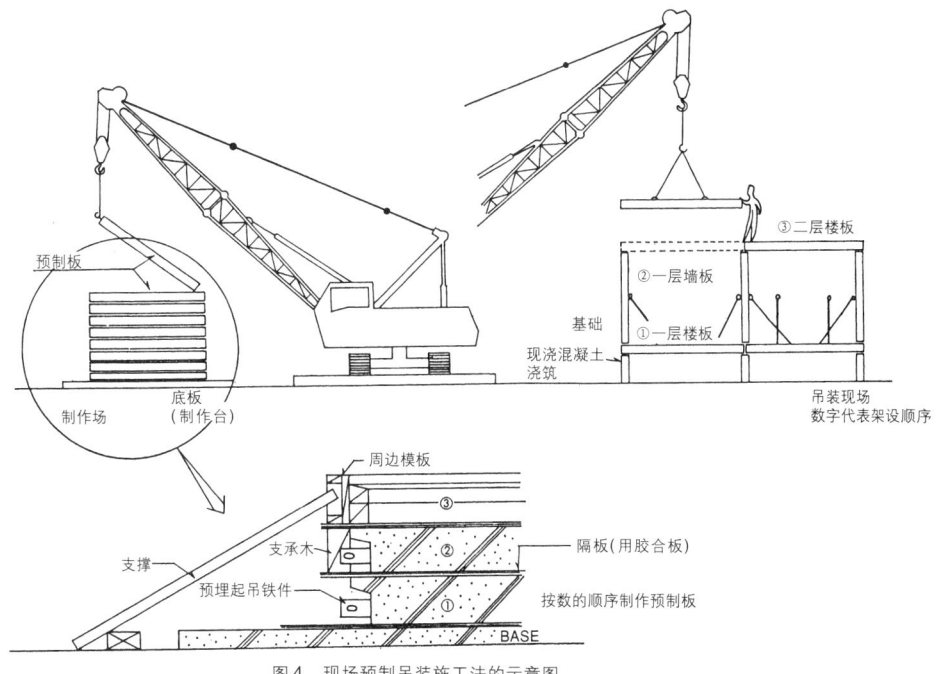

图 4　现场预制吊装施工法的示意图

1960 ~ 1969

■建筑结构界的事件
都市化时代

■经济界的事件
高度增长期——重化学工业时代

年份	经济界的事件	建筑结构界的事件
1960	1960/12 池田内阁：国民收入翻番计划出台 ·人口集中地区的人口比率 　43.7%(1960)→ 53.5%(1970)→ 59.7%(1980) ·第二次产业从业人口 　29.2%(1960)→ 34.1%(1970)→ 33.6%(1980) ·60 年代的实际经济增长率为 11% 1960 四日市联合企业正式开始营业，建设太平洋岸 　　 及濑户内海的石油联合企业 ·60 年代的钢产量：1970 年 /1960 年 =4.0 倍 　70 年代的钢产量为 9000 万吨	1960 结构设计上引进了 IBM1620 60 年代前半期 ·建设新制铁所时代 ·建设石油化学企业时代
1961	1961 经济白皮书《投资是吸引投资的时代》	
1962	1962 全国综合开发规划出台 1962/11 ~ 1964/10 奥林匹克景气	
1963		1963 修订建筑基准法(废止高度限制) 1963 制定新住宅街区开发法 ·人口向都市流动→建设新市区 　(多摩、千里、高藏寺) 1963 启用模拟式计算机 SERAC
1964	1964 日本加入经济合作和发展组织(挤身先进国家之路) 1964 举办东京奥林匹克运动会，开通东海道新干线 　　 和名神高速公路	1964 高层建筑技术规范(日本建筑学会)
1965	1965 四十年萧条(山阳特殊制钢和山 - 证券倒闭) 1965/10 ~ 1970/7 平和景气	1965 日本建筑中心成立
1966		1966 日本最早的原子能发电站东海投入生产
1967	1967 公布公害应对基本法	
1968	1968 国民生产总值世界第 2 位，个人居第 20 位 　　 (以美元为本位)	1968 超高层时代到来
1969	1969 富士制铁与八幡制铁合并签约	1969 超高层集合住宅建成(19 层)

015　　　016　　　017　　　018　　　019　　　020

021　　　022　　　023

■建筑 100 例展示的结构技术

024　　025

015　群马音乐中心(大规模折板结构)1961

016　新发田市立厚生年金体育馆(跨度为 36m 的层板胶合木拱)1962

017　三爱得利姆中心(采用预制混凝土和顶升式施工法)1963
018　神户港铁塔(钢管双曲面壳体结构)1963

026

019　新奥达尼大饭店主楼(日本最早的超高层建筑　檐高 75m)1964
020　国立代代木体育馆(大规模悬索屋顶)1964
021　东京主教座圣玛利亚大教堂(钢筋混凝土双曲抛物面壳体的组合)1964

022　船桥市中央批发市场售货棚(钢管网架构成的悬索屋顶)1967
023　名铁公共汽车终点站(采用钢板加劲抗震墙)1967

024　霞关大厦(超高层建筑的曙光，狭缝式抗震墙)1968
025　千叶县立中央图书馆(预制装配式井字梁楼板体系)1968
026　广场大饭店(利用钢板屈服机制的减震墙)1968

015 群马音乐中心

大规模折板结构

关键词 折板结构、倒拱、排除装饰性

照片 1　外观　　　　　　　　　　　　　　　摄影(全部)：村泽文雄

房屋建筑概要

〈建筑概要〉

地　　　　址：群马县高崎市高松町
主 要 用 途：音乐厅
设 　计 　者：安东尼·雷蒙德，雷蒙德设计事务所
结构设计者：冈本 刚
施 　工 　者：井上工业
建 筑 面 积：3580m²
总建筑面积：5690m²
层　　　　数：地下1层，地上2层
檐　　　　高：10.9m
竣 工 年 月：1961年7月

〈结构概要〉

结 构 类 别：钢筋混凝土结构
结 构 类 型：折板拱结构
基 础 类 型：直接基础，部分为钢筋混凝土桩

照片 2　南侧俯视外观

照片3 北侧全景

照片4 东侧外观

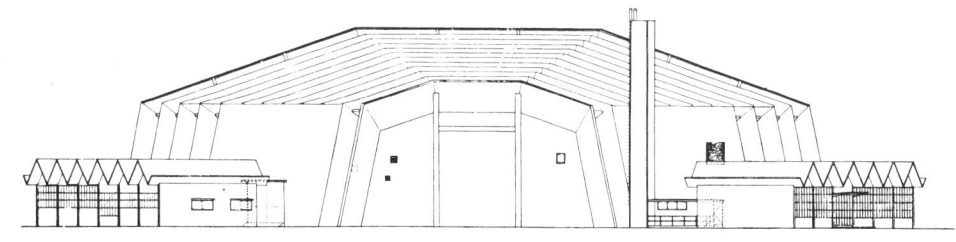

图1 南立面

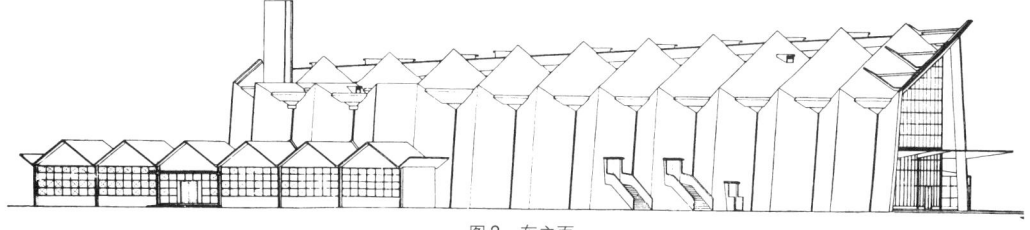

图2 东立面

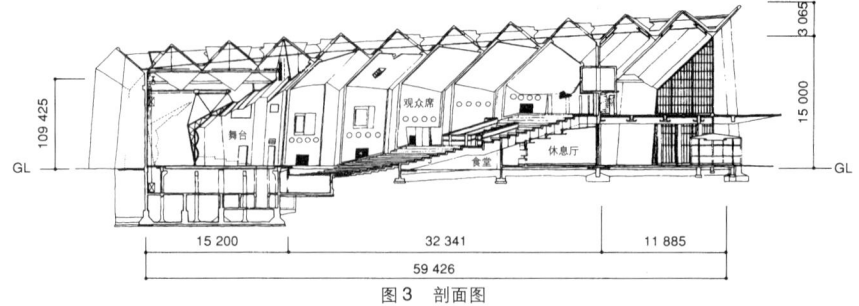

图 3 剖面图

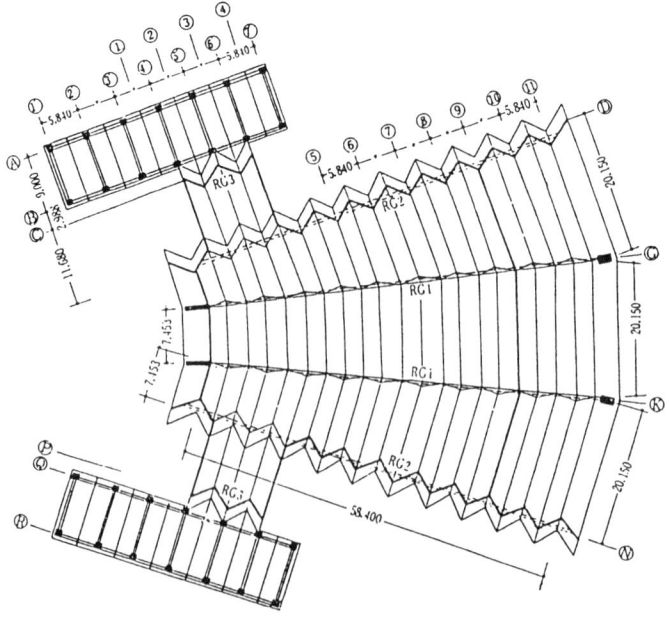

图 4 平面图

图 5 屋顶俯视图

结构规划

在着手设计时，呼声最高的事项是要求实现一个最经济的设计。作为一个正面跨越60m，进深达59m的屋顶，采用的是折板拱结构。这幢建筑的工程造价与当时的其他同类建筑相比，是非常经济的。

这种钢筋混凝土的折板拱结构构造简单，而且从折板屋顶通过折板墙再传入大地的传力路线十分清楚，在力学上，无懈可击的结构体系，屋顶重量很轻，因而，混凝土和钢筋的总用量少。折板屋顶的混凝土厚度只有12cm，水平投影重量仅有 $4kN/m^2$。

主馆平面呈扇状，其正面宽度约为60m，而后面的宽度约为59m。

主馆结构是这样的，即房屋的两侧是呈屏风状的折板墙，墙体相对于铅直面有12°16′的倾斜，并与三联连续的折板屋顶相连接。单个折板的宽度为4.12m，折板墙的厚度为25cm，屋顶折板的厚度则为12cm。

V字形截面的连续折板是靠其柱脚铰接的双铰拱来承受荷载的。但是，这样的拱并不在同一平面内，而是沿着观众席的弧线，向前方倾斜。也就是说，不是平面拱，而是倒立的拱。这样一来，拱便有向前方倾倒的趋势。为了防止倾倒，在每个拱的折点处设置拉杆，将其向后张拉，拉杆的末端锚固在从建筑物后方伸出的支墩上。承受如此巨大拉力的支墩则固定在地下室的坚固的墙壁上。

一般来说，为了使折板在承受荷载后，其截面(这里指的是 V 形截面)不发生变形，必须在折板的两端加设隔板或加劲肋来加固，上边提到的拉杆可以既起到防止拱的倾倒，同时也可以起到折板端部的加劲肋的作用。

由于V字形截面的折板拱的倾倒已被上边所说的措施所阻止，所以，各折板拱的截面内力就可以按照能够阻止垂直于拱券方向的水平位移的V形截面空间拱进行分析计算。

至于由地震引起的垂直于拱券方向的水平力，由于两端的折板壁具有非常大的承载能力，完全可以确保无虞。对于沿拱券方向的水平力，虽然休息厅与观众席之间的墙壁，再加上主馆后面的墙壁作为抗震墙已经足能承受，但是，为了使得房屋更加安全，可按两面墙体承受总水平力的40%，而其余的地震力则由折板拱承受来考虑。

折板拱底部产生的水平推力由连接两侧折板墙的条形基础的地下基础梁承受。

为了防止建筑物正面折板拱的竖向挠度，其下设置两根支柱。折板拱的跨度为60m，仅由弹性变形产生的竖向挠度值已是相当可观的，然而，除了弹性变形之外，随着时间的推移，混凝土本身的徐变产生的挠度能够延续好几年。这项徐变挠度将达到弹性挠度的 2～3 倍，因此，如果在该折板拱下不设置支柱的话，徐变导致的竖向挠度将显著增大，大有造成窗玻璃破碎之虞。在正面的折板拱下设置两根支柱又可以做到的是，将跨度变成了20m，考虑到在这20m长的跨度范围内仍然还会产生徐变挠度，于是，通过采取窗框的上端不固定在混凝土折板屋顶，而是借助安装在窗框暗销，使其能够滑动的设计手法来解决。

该建筑的全部立柱一律向后倾斜3°54′，用以防止折板拱的倾倒。

(榎本锳雄)

[参考文献]

冈本刚「群馬音楽センター／構造リポート」『建築』1961 年 10 月号

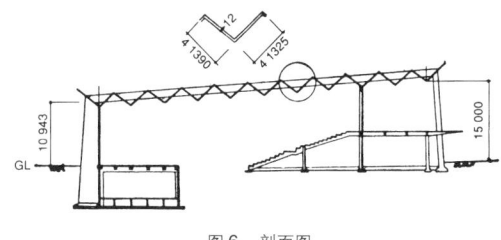

图6　剖面图

照片 5　大厅内部景观

016 新发田市立厚生年金体育馆（今新发田市产业会馆）

向曲线型层板胶合木造大跨拱的挑战

关键词 大规模木造、曲线型层板胶合木、三铰拱

照片 1　内观

房屋建筑概要

〈建筑概要〉
地　　　址：新潟县新发田市中央町 4-3-36
主 要 用 途：体育馆(后改为产业会馆)
设 计 者：饭塚五郎藏
结构设计者：饭塚五郎藏、土谷精一
施 工 者：小林市郎工务店、三井木材工业
建 筑 面 积：2042m²
总建筑面积：2868m²
层　　　数：1层
檐　　　高：7.8m
脊　　　高：12.8m
竣 工 年 月：1962 年 3 月(已经拆除)
〈结构概要〉
结 构 类 别：木造、钢筋混凝土造及钢造混合结构
结 构 类 型：层板胶合木的三铰拱结构
基 础 类 型：钢筋混凝土独立基础

1. 新发田体育馆在层板胶合木建筑历史中的地位

新发田市立厚生年金体育馆(后来改为新发田市产业会馆，现已拆除)是用曲线型层板胶合木建造的大跨结构的纪念碑式的作品[1), 2), 3)]。跨度为36m的这幢建筑物自从1962 年竣工以来，经过了大规模木造建筑的空白期约25年后，又复活了，在 1988 年的上石津穹顶(跨度为50m)和 1989 年的名古屋设计博览会国外馆(跨度为50m)建成之前，这幢建筑一直被誉为是日本国内的一般用途的层板胶合木结构中跨度最大的。(承造这座新发田体育馆全部构件和绝大部分的层板胶合木的三井木材工业的砂川工厂的胶合板厂(1962 年)的跨度为38m)。

本文首先回顾一下，作为本馆结构材料的层板胶合木及用它建造的房屋的历史。将层板胶合木作为结构材料用于建筑上的纪录可以追溯到 19 世纪初叶，而作为现代的

层板胶合木，应该首推德国人奥托·海茨尔在 1901 年于瑞士，1906 年于德国获得专利权后的产品。因此，层板胶合木属于 20 世纪的产物，可以说，层板胶合木结构是 20 世纪发展起来的。

后来，由于第一次世界大战的缘故，钢材匮乏，车站建筑、工厂、体育馆等的层板胶合木的建筑是首先在以德国为代表的欧洲建起的。在美国，是在 1920～1930 年代兴起的，1924 年制作贩卖了农业用的层板胶合木拱，1934 年在威斯康星州马吉逊林业研究所(现在仍然是世界著名的有关林业的研究所)曾开展过关于跨长 14m 的曲线型层板胶合木拱的实用化开发研究。

对于层板胶合木来说，胶粘剂是关键的关键，在 1940 年代，研制出了酚醛树脂和间苯二酚树脂胶粘剂，从而奠定了用于制作结构构件的层板胶合木的生产基础。

在日本，关于层板胶合木及其在结构上的应用的研究是在第二次世界大战中开始的，到了战后，以建设省建筑研究所(现在的独立行政法人建筑研究所)的竹山谦三郎和久田俊彦为中心，曾在林业试验场(现在的独立行政法人森林综合研究所，当时位于东京都目黑区)内，用层板胶合板建成了实验室等房屋。

作为实用性的层板胶合木结构建筑应该是 1951 年东京都四谷区兴建的森林纪念馆为最早，其结构用的是圆弧拱。此外，那是 1952 年，在北海道的三井木材工业(当时的名称)的工厂内，建成了跨度为 18m 的三铰拱仓库。

称得上建筑作品的层板胶合木建筑的第一号的当属由作为新发田市立厚生年金体育馆的设计者的饭塚五郎藏设计建造的东京原町的成城高等学校附设幼儿园(跨度 7.2m，1955 年)。在 1955 年以后，曲线型层板胶合木结构开始普及，傲居这个时代峰点的建筑当首推这座新发田市立厚生年金体育馆了。

据"三井结构用层板胶合木(拱构件)交货记录表"[4] 所载，截止 1982 年 1 月，使用三井木材工业提供的结构用层板胶合木(拱构件)的房屋建筑的数目是 680 栋。图 1 所示为逐年建造的栋数统计表。该新发田体育馆的层板胶合木是 1961 年生产的。竣工时间为 1962 年，可以说，这两年期间是层板胶合木拱结构的最盛期。后来，栋数急剧减少，待到 1960 年代末期之后，就建得很少很少的了。

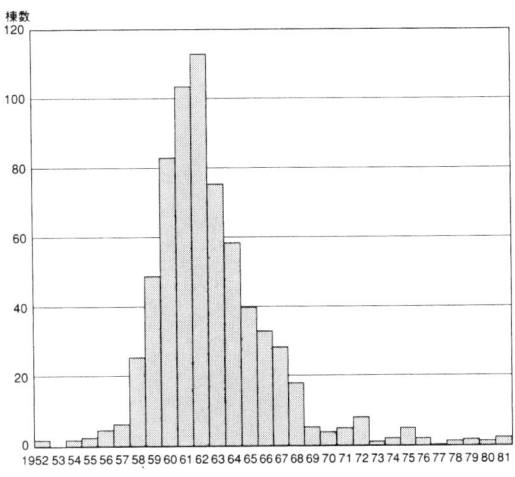

图 1　曲线型层板胶合木造建筑的兴衰
(摘自三井木材工业业绩)[4]

2. 新发田体育馆的结构设计

新发田市厚生年金体育馆采用的是，由曲线型层板胶合木制作的跨长为 36m 的静定结构体系——三铰拱。拱的两端支承在与基础连成一体的支墩上。

用层板胶合木构成的拱券，在靠近两端的部分呈半径为 10m 的圆弧状，而中间部分则为半径 25m 的圆弧形，全拱的形状接近于抛物线。层板胶合木拱券截面尺寸是，靠近两端部分为 25cm × 112cm，而中间部分则为 25cm × 100cm。树种为日本北海道产的云杉，层板厚度为 2～4cm。此外，所用胶粘剂为尿素树脂。

为了便于将层板胶合木拱从生产工厂运往建设现场，将每半跨拱券分成两块(本来结构上应该是一个整体)，然后，再在现场用钢盖板螺栓连接成一个整体。用作盖板的钢板应能承受弯矩作用，所以，一定要将盖板固定在层板胶合木的上下面上，并用普通螺栓 B19 栓紧。另外，剪力则由暗销来承受。

这种化整为零的做法，在大跨层板胶合木建筑中，是普遍采用的。此外，这样的三铰拱，当其承受自重和积雪荷载等的均匀分布的竖向荷载作用时，在半跨拱券的中央附近会出现反弯点，而反弯点附近处的弯矩很小，所以，完全不需要高强度的现场连接。也就是说，将半跨拱券一分为二的这种做法，对结构基本无碍。

层板胶合木拱沿房屋纵向的相互间距为 6m，拱与拱

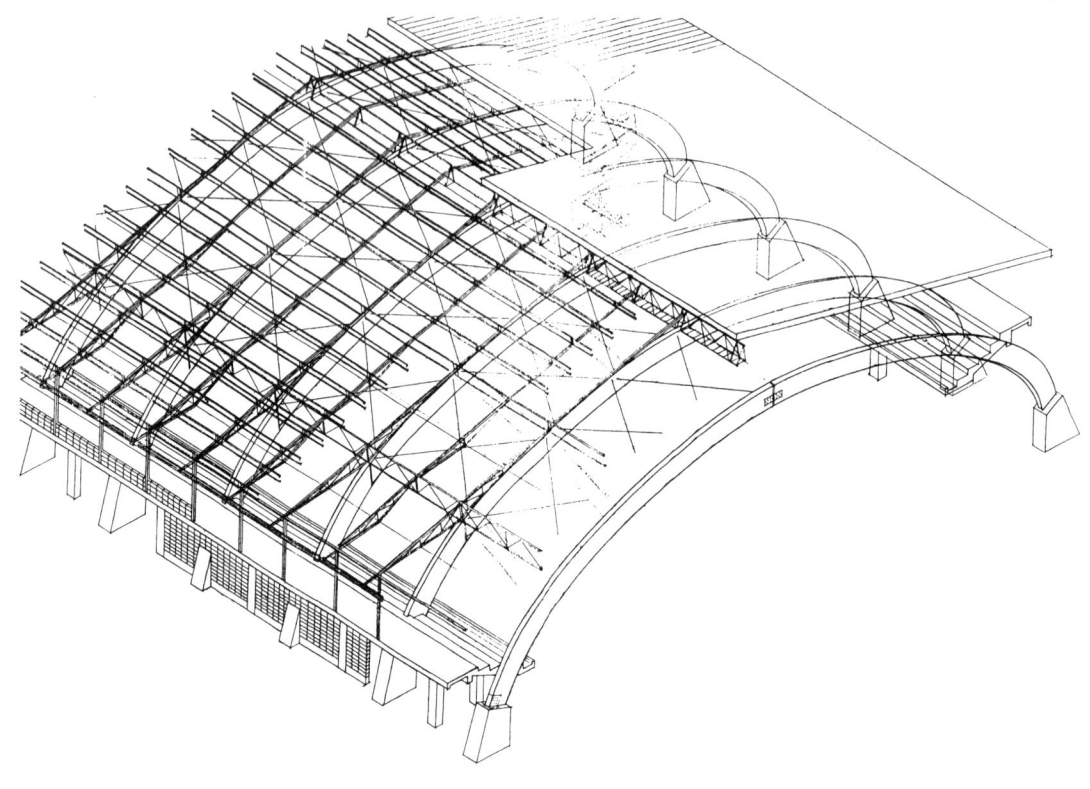

图2　结构透视草图

之间设有钢桁架支撑。为了防止屋面积雪，作为防积雪的措施，将屋顶做成双坡型，为此，在曲线型的层板胶合木的拱券上方，加设钢桁架。这样一来，从外观上不但看不出是曲线拱，就连是木造也都看不清了。

设计这座会馆建筑的人是横滨国立大学的饭塚五郎藏(1921～1993)，他一直作为建筑家活跃在研究和教学领域。饭塚被誉为建筑设计与结构设计一手抓的建筑家，这一点从新发田体育馆便可得到印证。

有好几部书都刊登了该馆的透视图，不过，都是按设计图绘制的，这里，将部分原图示于图2。在设计图中，还绘制了内力计算所采用的图解法，如图3所示。在盛行用计算机计算结构内力的今天，这张图是大有教益的。还有，这项图解计算是饭塚五郎藏同是负责结构设计的土谷精一(原JSCA会员)共同完成的。

3. 后来的木造建筑和体育馆

虽然这幢建筑已被拆除，但在其使用过程中，曾进行过有关耐久性的考察。在考察大规模木造建筑物的管理和维护的总结报告书[5]中，对这幢建筑物(当时的新发田产业会馆)写有下边的一段话。考察是在1993年，也就是竣工31年后进行的。

报告中说："(维护管理项目)层板胶合木拱：整体结构和连接都是健全的。虽然在拱脚处和观众席的上方等处可以看到开裂的现象，但那只是表面而已。局部有修补的痕迹。""(所见各项)关于木造部分，凡是使用尿素树脂胶粘剂的层板胶合木，尽管已经过去了30年，但是，状况良好，建成以来没有修理过。木造部分全部都在室内，也是获得如此良好结果的理由之一。相反，钢筋混凝土部分老化明显。"

在接受JSCA编撰本书的委托后，在着手书写草稿之时，恰遇新发田城址的"三阶橹"和"辰巳橹"的修复任

照片 2　即将拆除时的内景

(樫内建设提供)

照片 3　拆除中。顶铰、支撑屋顶的桁架等清楚可见

(新发田市教育委员会提供)

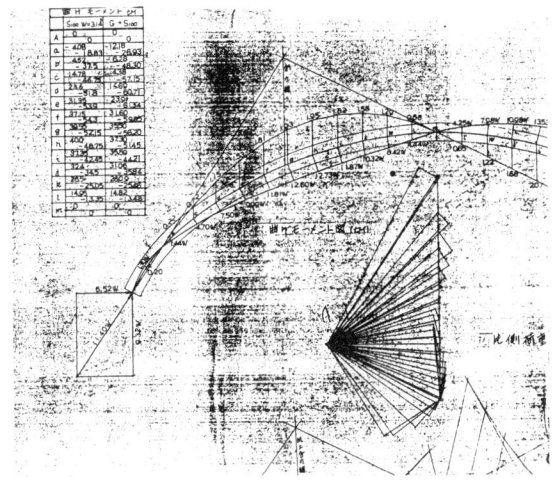

图 3　内力图解法

务，曾有造访新发田市的机会。顺道去看了一趟这座体育馆。可是，该馆正处于拆除的过程中，仅剩下了拱券的残骸了。真是没有想到，正好赶上它的最后时刻。照片 2、3 就是它即将被拆除和正在拆除中的情景。

对这座建筑，过去曾两次造访。一次是 1990 年，另一次是 2000 年。虽然，在地理位置上并不近，但却倍感亲切，另外，不管怎么说，它也是一座代表日本的现代木造的建筑物，所以，是书刊和杂志常常介绍的建筑[6]。

如上所述，在这座新发田体育馆建造之时，正是大规模木造建筑全盛时期，后来就急速衰落下去了。我称这个时间为"空白期"。关于后来的复兴，前边已经提过好几次了，就不谈了。在本书中，选有其中的 6 个实例，它们是，052 的小国町民体育馆(1988 年)、066 的海的博物馆(1992 年)、067 的出云穹顶(1992 年)、069 的白龙穹顶(1992 年)、081 的长野市奥林匹克纪念馆(1996 年)、087 的朱雀门(1998 年)等建筑。

新发田体育馆已成过去，今后，像这样的大规模木造建筑的命运究竟如何，只能静观其变了。

(坂本　功)

[参考文献]
1)『建築文化』1962 年 11 月号
2) 飯塚五郎蔵『デザインの具象—材料・構法』エス・ビー・エス出版，1989 年 1 月
3)『新・集成材の造形とデイテール』エス・ビー・エス出版 (編集・発行) 1990 年 3 月
4)『三井構造用集成材 (アーチ材) 納入実績表 (昭和57年1月現在)』三井木材工業
5)『森林資源有効活用促進調査事業報告書 (大規模木造建築物の管理・メンテナンス上の課題と対策に関する調査)』(財) 日本住宅・木材技術センター，1994 年 3 月
6) 坂本功『木造建築を見直す』岩波新書，2000 年 5 月

017 三爱得利姆中心

预制装配式混凝土造的尝试

关键词 预制装配式分块环形楼板、环向拉力、升板

照片1 外观

房屋建筑概要

〈建筑概要〉
地　　　址：东京都中央区银座5-2
主要用途：商店、陈列室
设　计　者：日建设计工务(今日建设计)负责人：林昌二
结构设计者：同上，方案：矢野克己，施工图：小林绅也
施　工　者：竹中工务店，PS混凝土工业(PC)
场地面积：293m²
建筑面积：221m²
总建筑面积：2491m²
层　　　数：地上9层，地下3层、顶楼4层
檐　　　高：GL至女儿墙顶31.06m
　　　　　　GL至最高点48.06m
竣工年月：1963年1月

〈结构概要〉
结构类别：劲性钢筋混凝土造(五层至顶楼楼板为预应力混凝土)
结构类型：加抗震墙(四层以下)的简体结构
基础类型：板式基础

1. 背景

在战后的工厂恢复(1951年～)，经济大发展(1955年～)，国民收入成倍增长计划及高速发展政策(1960年)和一系列的景气飞扬的现象出现之后，大概是从1961年前后，开始出现了大厦建设的高潮。工资收入高了，关于建设合理化、工业化的呼声也是从这个时期高涨起来的。

在这日本地价最高的银座建起的这幢大厦正是在这鼎盛时期开始规划设计的。业主市村清先生(理研光学工业及三爱的创业者)与设计者共同思考的问题是"建一座什么样的大厦?"。在位于银座中心地带，地面狭小，而地价高昂的建设用地上，建造一般的写字楼或商店是划不来的，经过再三考虑，还是建一座陈列馆，而且是用整个建筑物来充当广告塔。这样做的目的实际上并不在于建筑物的用途本身，而是想要用建筑物本身体现出广告作用来。也就是说，要将建筑物设计成形象空前新颖，充分展示结构技法，同时还要在顶部建起与建筑物造型一致的广告塔，而且广告塔又要设计成银座的标志的形象。这个广告塔在施工中也有其广告目的，就是将采用升板法施工的楼板的这种新的施工技术的优越性完全展示出来。

另一方面，在楼板构成上所使用的预应力结构，自从1951年在日本应用，一直到日本建筑学会发布《预应力混凝土设计及施工规范》，这个时期正是在大跨而且重型建筑物中实用化最活跃的时期。

2. 建筑规划

建设场地地处街角位置，很是狭小。主楼(商店及陈列馆)设置在交叉路口处，而将楼梯厅安排在主楼后面。主楼设计成直径为14.4m，高31m(广告塔以下的高度，若包括广告塔则为48m)的圆柱形，中心的直径为5.8m的核心筒体内设置电梯、楼梯和设备竖井，外圈与核心筒之间的空间则安排商店和陈列馆。五层至R层中，偶数层的楼板外径为13.8m，奇数层的楼板外径为11.8m，并按每2层为一个空间加以利用的形式进行设计。顶棚为发光顶棚，外墙面一律采用曲面的磨砂玻璃。到了夜里，与屋顶的广告塔融为一体，使整个建筑变成了发光的宝塔。沿着建设场地的周边矗立

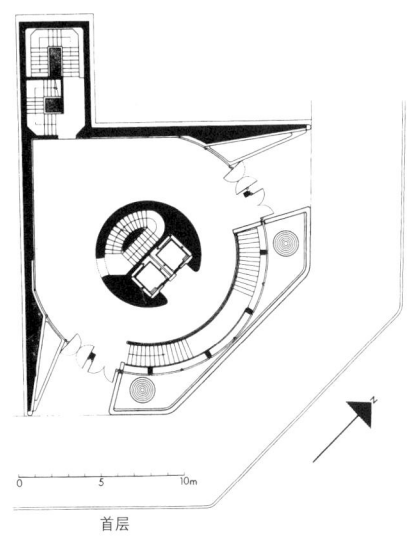

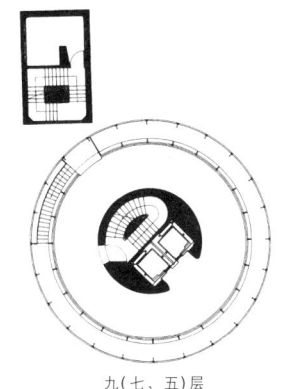

九（七、五）层

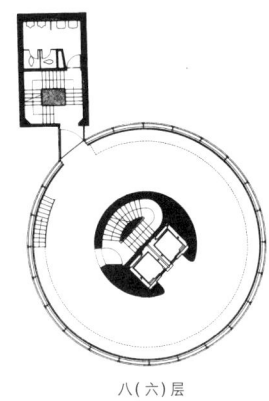

八（六）层

图 1　各层平面图

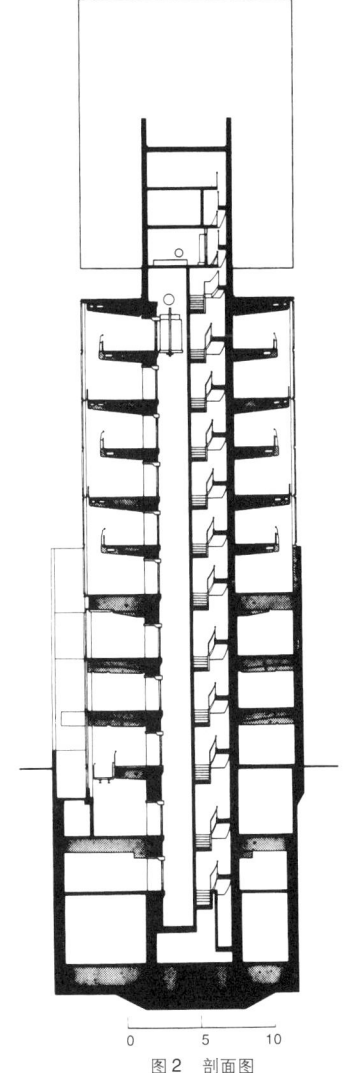

图 2　剖面图

的镜壁，宛如该圆柱形建筑背景屏风一般，将当时周围的杂乱无章的环境遮挡了起来，起到了维护建设场地的美观的作用，此外，又使该场地与邻近的街面景观打成了一片，并融入其中，起到了积极参与营造街景的相辅相成的促进作用。在建筑中利用镜子，这里算是最早的。

3．结构规划

建筑用地狭小、所以、现场作业用地十分难求，再加上，这一带在交通上，以及在搬出和运进都有时间限制等诸多的制约条件，因此，从规划阶段开始就在积极探索工业化等的建设合理化的施工技术。

(1) 总体构成

主楼和楼梯厅都是相当细高的结构物。主楼的主体结构是位于中心的圆柱状筒壁(直径为 5.8m)，为劲性钢筋混凝土造，四层以下与屏风状的抗震墙构成一个整体，从而形成一个刚度很大的骨架。劲性钢筋混凝土造的筒壁内的笼状钢骨架由 24 根用钢板做成的十字形纵肋和横向的角钢缀条连接而成。楼梯厅为外围配筋的劲性钢筋混凝土造，四层以下也是与屏风状的抗震壁一体化的结构。所有的屏风状抗震墙都是与地下外墙直接相连的。地下部分占据了整个建设场地，其下的板式基础直接落在坚实的东京砾石层上。一般说来，当属细高而又刚劲的结构体系。五层以上的楼板全部由预制装配式分块环形混凝土板铺就，并形成一个整体从中央核心筒体的筒壁悬挑出来。这种预制装配式分块环形楼板是蓄意采取预制装配化技术的，所

75

以，从设计和施工两个方面都体现出了该建筑在结构上的重大特点。

(2) 预制装配式分块环形楼板的设计与施工

这种楼板是靠中央的核心筒体支承的。为确保楼板的稳定可靠，楼板必须构成一个整体，以便承受圆周方向和法线方向的内力。在作为支承点的核心筒体的筒壁周围部分，圆周方向的内力大，越向外去，圆周和法线两个方向的内力越大。因此，将楼板的形状做成沿核心筒周边部分的厚度大，而外端的厚度薄，就是这个理由。将这种构思再加以升华，若将楼板做成从核心筒壁向外，略微向上倾斜，并在端部设置拉力环的话，那么，这里的环内拉力产生的法向力就可将板中内力抵消。实际上，环状分块楼板是由内、外两个环梁和沿法线方向将两环梁连接起来的24条楔形加劲肋构成的，再在外侧环梁中施加预应力后，这项构思才算完了。这正是该楼板设计的一大特点。

外侧环梁中的拉力(T)将24块楼板紧紧地连在一起，同时，其沿法线方向的作用力($P=T/r$)则在周围的支座处产生使楼板向上翘起的力矩，这个力矩正好可以平衡楼板作为悬臂构件所产生的(向下的)力矩。对于中心区所产生的压力，则由内环梁作为承压环来承受(参阅图3)。

这种分块拼装的环状楼板的另一重大特点是实现了预

制装配化。也就是说，沿法线方向分割成24块的环状楼板是在工厂制作的。每一块的尺寸大致是2m×4m×0.8m，重2t左右，一辆大卡车可以运两块。将运到现场的板块在现场(四层楼板上)装配好，然后，给外侧环梁施加预应力，一层完整的楼板就预制完成了，借助动力(安装在核心筒体壁内钢骨架上的塔式起重机)将其吊起，并按照由上而下的顺序安装就位，固定起来。这就是装配式分块环状楼板的全部施工过程。

由于这种结构类型在设计方法、设计荷载及开裂荷载、设计荷载及破坏荷载、施加预应力的方法和破坏形态等有关设计方面的问题，以及预制分块楼板的整体化方面的一系列施工问题都属于新的尝试，所以，曾做了1/5比例尺的模型实验，用来验证方法的妥善性。实验模型有两种，一种是用24条加劲肋将内、外环梁连接起来的车轴状；另一种则是与实际楼板相同，下边浇筑成薄板。此外，施加预应力时，如果是绕着周围(360°)张紧钢丝，摩擦力导致的预应力损失太大（实际做时，是按120°对应的长度张紧钢丝，张紧端相互错开的角度为60°，然后，将钢丝搭接起来构成环状。这样既可使摩擦力导致的预应力损失降至最少，而且又可使环梁各部分的环拉力均匀作用）。从施加了预定的初预拉力后所做的荷载试验结果来

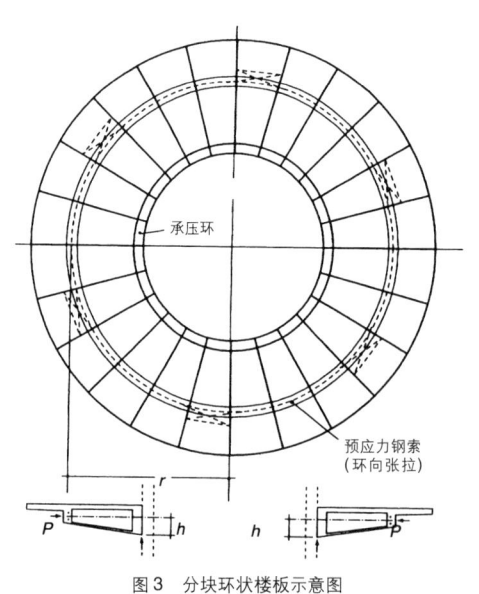

图3　分块环状楼板示意图

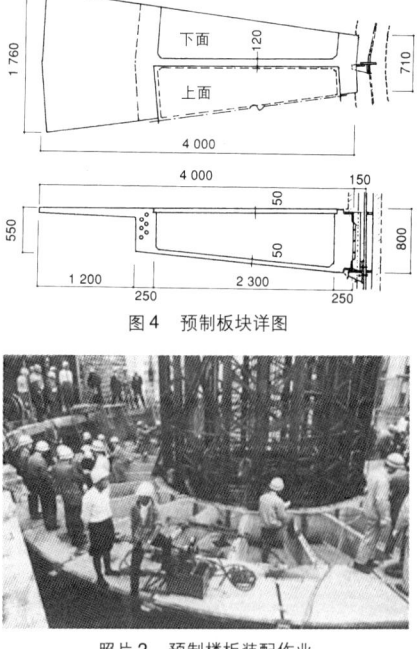

图4　预制板块详图

照片2　预制楼板装配作业

看，两种模型在构造上都是稳定的，而且在安全性上也都得到了充分确认（对于开裂安全度来说，约为设计荷载的 1.5 倍以上；破坏荷载则达到设计荷载的 3 倍以上）。

分块环状楼板是支承在核心筒壁上的。打算让施工过程也能实现宣传施工的广告效果。因为采用的是升板施工法，所以，与核心筒壁的接合是需要下一番功夫的地方。从施工顺序来说，在前阶段，有地下部分的施工，一直到屋顶楼层的钢骨架装配，四层楼板以下楼层的混凝土浇筑，在这一系列施工程序完成之后，才能按下列顺序进行施工：①铺设四层以上的预制楼板；②预制板的整体化（张紧钢丝）；③（以核心筒壁的纵肋作为导轨）将分块环状楼板提升到位（规定位置 + α）；④（在核心筒壁的钢骨架上）安装支承铁件，⑤将分块环状楼板落到规定位置上；⑥重复①～⑤项作业（九层至五层）；⑦浇筑核心筒壁的混凝土。在设计阶段，就要将包括核心筒壁内钢骨架的形状和支承铁件在内的支承系统设计好。从安全性和施工的方便性的角度来要求，虽然，在直径约为 6m 的圆周上装有 24 个支承铁件，但因钢骨架上要承受混凝土的重量，再加上，对精度的考虑，所以，赋予了充分的安全系数（采取设置垫板的设计手法，所以有相当大的调整余地，即使变成了 8 点支承时，支承铁件也会安全承受）。

这种分块环状板从形式上来说，是从核心筒壁向外悬挑的形式，这样看来，一定要固定在核心筒壁上才行，然而，由于施加预应力而变成一个环状的整体，与此同时，作为悬臂梁所产生的倾覆力矩也在这整体化的过程中得到

了解决，只需考虑板与筒壁的连接能够承受荷载和阻止滑移即可，问题就变得简单了。还有，待浇筑混凝土之后，便可与筒壁形成一个整体。

这种构造方法作为一种新型构造方法，按当时的建筑基准法第 38 条规定，曾获得了大臣特许。

(3) 升板施工法

用起重机将单个构件以一吊点或两个吊点起吊这种事情早已是司空见惯的了。起吊的高度也不在话下，此外，被吊装的物体的强度也几乎是不成问题的。但是，这座高楼所采用的升板施工法是将整个楼板提升就位的，比起从前，既增加了新的内容，又有了难度。当提升整个楼板和整个屋顶时，随着提升范围的扩大，在调整提升高度上，必然产生难度。此外，不论提升时的吊点放在何处都会在楼板或屋顶等的结构体内产生预想不到的内力。不过，对于这幢建筑的情况来说，因其规模比较小，所以，这样的担心并不大，为了做到提升安全，在四层楼板上，制作一个装配台板，并将分块环状板置于其上，每个装配台板上设有 4 个吊点。这样一来，既可防止在分块环状板中产生不必要的内力，而且还可以轻而易举地进行高度调整。吊钩固定在架设于核心筒体中的塔式起重机上端的十字形起重架上，吊索便从其端头穿过。提升速度相当快，提升的情景都被设在路口对面三越大厦的屋顶的电视机播放了出来。

（小林绅也）

[参考文献]
1)『「空間と技術」日建設計・林グループの軌跡』鹿島出版会，1972 年

照片 3　升板施工(楼板拼装→主楼顶层楼板就位→中间楼层楼板就位)

018 神户港铁塔

钢管壳体结构的塔

关键词 瞭望塔、双曲面壳体、高强度螺栓、板式基础

照片 1 外观

房屋建筑概要

〈建筑概要〉
地　　　址：神户市
主要用途：瞭望塔
设　计　者：日建设计
结构设计者：同上
施　工　者：大林组、三菱重工业(钢结构)
建筑面积：400.2m²
总建筑面积：1580.2m²
层　　　数：8层
檐　　　高：SGL+99.10m
竣工年月：1963年11月
〈结构概要〉
结构类别：钢结构
结构类型：钢管壳体结构
基础类型：预应力混凝土桩基(灌注法施工)，钢筋混凝土板式基础

1. 建筑规划

神户港铁塔作为将神户港尽收眼底的高塔，是由1961年的运营主体社团法人神户振兴协会立案并着手规划的。当时所抱的希望是："使它成为神户市民的象征，而且还要不逊色于其他都市的高塔，并争取具有世界价值。又与美丽的神户街区相匹配"。

建设地点接近神户港的中心，并选址在中突提，此地本是旅客的专用码头，凡是濑户内海航线航行的客轮全都在此进出神户港。

在造型上，不是所谓的上方细，而下边有大放脚的那种铁塔，而选择了细腰的朝鲜鼓的形状。

鉴于建设场地狭小和基础宽度受限，铁塔的檐高为SGL+99.10m，最高点的高度为SGL+103.00m(避雷针顶端)。最高的瞭望台高度为SGL+90.24m，这在当时是仅次

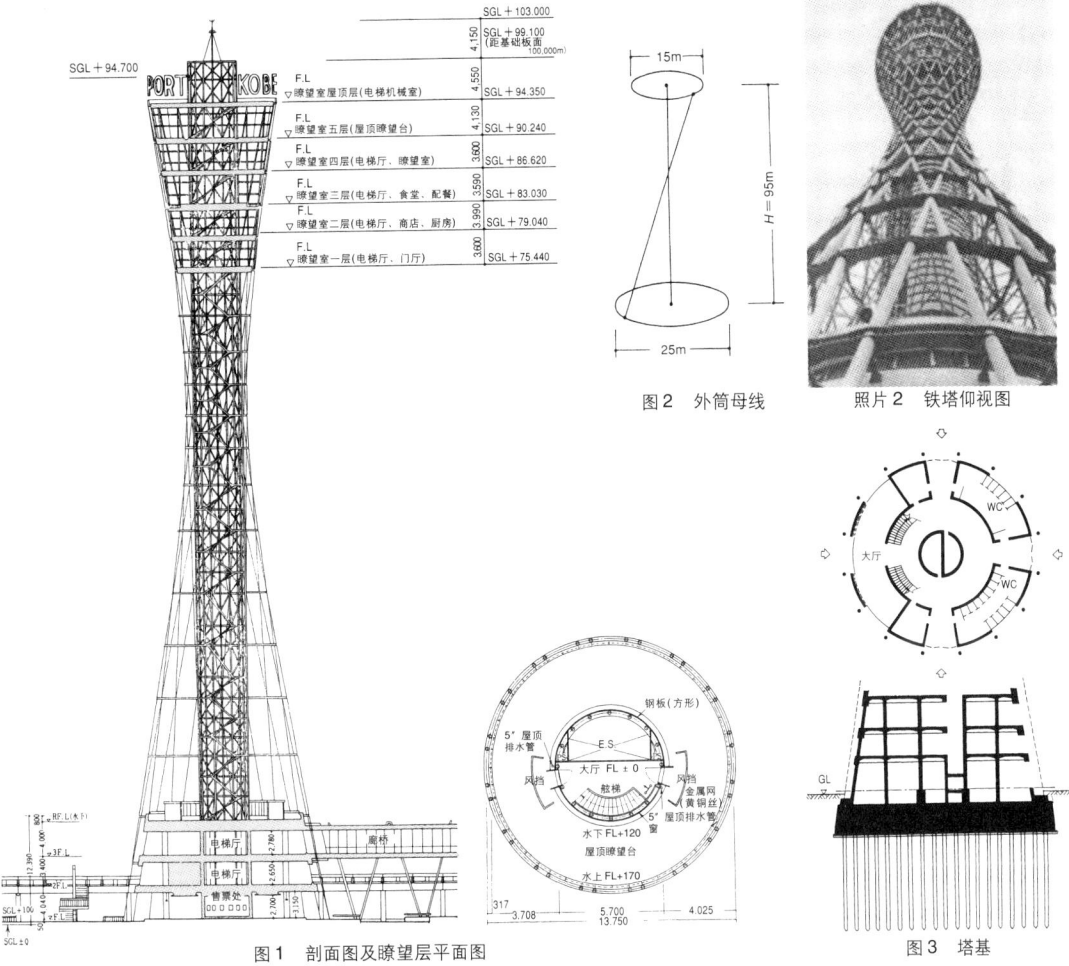

图2 外筒母线

照片2 铁塔仰视图

图1 剖面图及瞭望层平面图

图3 塔基

于东京电视塔的 120m 高的瞭望台。

这座铁塔是由上方的 5 层(瞭望部分),底部的 3 层(塔基部分)和中间的 60m 高的电梯井(塔身部分)构成的。

2. 结构概要

铁塔结构的主要构件为钢管,即所谓的钢管结构。

塔身由外筒和内筒组成,属于筒中筒型结构。

外形呈鼓状的外筒为一双曲面形的网状结构,是将直径为 15m 的上底及直径为 25m 的下底(上底与下底之间距离 95m)分别分为 16 等分,然后,再将上、下圆周上的同一法线上的点向一侧转动 135°,便可得到由直线构成的这种双曲面的形体,各条直线为钢管($\phi318 \sim \phi190.7$)。构成中央电梯井的内筒为直径 5.7m 的圆柱状,在 16 个等分点上,共有 16 根钢管柱($\phi190.7 \sim \phi130$),并由钢管

支撑($\phi130$)和 H 截面的钢梁连接而成。外筒与内筒则由水平支撑相互连接(用 $\phi76.3$ 的钢管)。

主要钢材使用的是 STK50 和 SM50。

此外,作为外筒双曲面母线的钢管和内筒的钢管柱的连接一律采用高强度螺栓的抗拉接合。

塔基部分采用的是 3 层钢筋混凝土结构,为由 $20 \sim 40cm$ 厚的钢筋混凝土剪力墙和框架组成的刚性结构。内筒是插入塔基内的,而外筒则位于塔基部分的外侧,并与基础直接相连。

基础采用厚度为 3.5m 的板式基础,由 265 根预应力混凝土桩支承。

3. 设计上的调查研究

值此着手进行从来未曾见过的崭新的结构物的结构设

计时，组成了以东京大学仲威雄教授(当时)为中心的研究集体。在这项研究中，做了精细的结构模型实验，这在电子计算机的功能还不够完善的当时，是获得结构各种有关事项的有效手段。

这次实验中，使用的是小巧的1/25的模型，为了进行结构力学分析，利用东京大学的大型结构试验室的荷载试验台进行了结构在各种荷载作用下的受力和破坏性状的确认试验；此外，为进行地震时的行为和振动性状的研究，利用建设省建筑研究所的振动加载装置进行了关于周期和振幅的仪器测定(根据模型与实物的比例尺和重量比换算出来的固有周期是1.75s，另一方面，在铁塔建成后所做的振动测定结果为1.62s)。将这些实验结果与数学分析结果对照表明，结构的安全性得到了确认。关于风压的实验，采用1/80的铁塔总体模型和1/5的局部模型，

并利用东北大学的风洞，测定了风力系数。这项研究的分工如下：

总体研究及结果整理：仲威雄(东京大学)

同上：多田英之(日建设计工务)

结构力学分析：加藤勉(东京大学)

关于风压研究：龟井勇(东北大学)

地震及振动：中川恭次(建设省建筑研究所)

此外，至于110kg/mm²的高强度螺栓，由于当时并不常见，所以，也做了螺栓连接的抗拉试验和紧固试验。

4. 施工

施工是大林组(株)于1962年8月着手进行的。由于这座铁塔在形状、结构、构成材料、构件的连接等各个方面，当时都属于崭新的事物，所以，必须在缜密的施工规

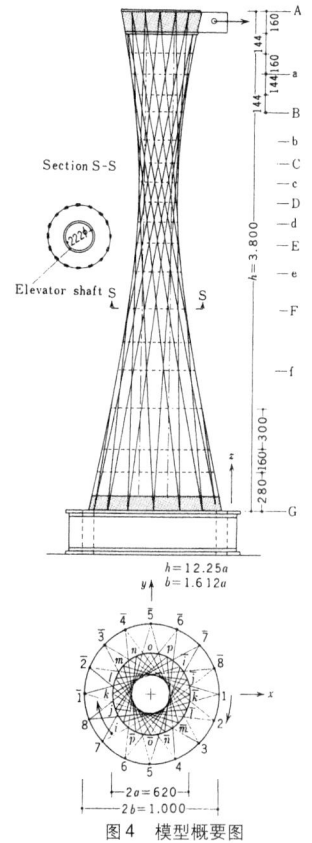

图4　模型概要图

照片3　实验模型

划和在各部门紧密合作之下，工程才能顺利完成。

在着手钢结构制作时，动工之前，制作了外筒、内筒，以及各部分的足尺原大模型，并充分研究了制作程序，加工精度和焊接顺序。

铁塔的钢结构安装是在内筒中设置起重机，并按内筒→起重机→安装→外筒的顺序重复进行。这里所说的升降架就是能够升高的人字起重架，现在称为塔式起重机。

工程进行顺利，无事故地竣工于 1963 年 11 月。

神户港铁塔曾获昭和 38 年度(1963 年)日本建筑学会奖(第 2 部·作品)。

(木村晋一郎)

[参考文献]
1)『神戸ポートタワー』(社)神戸港振興協会，1964 年

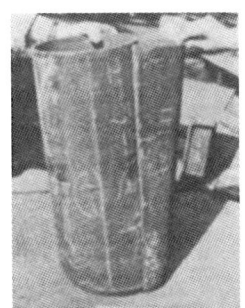

照片 4　外筒(节点足尺模型)

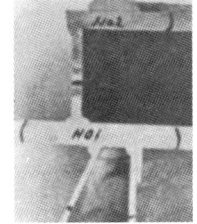
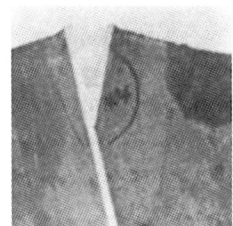

照片 5　内筒(节点焊接坡口)

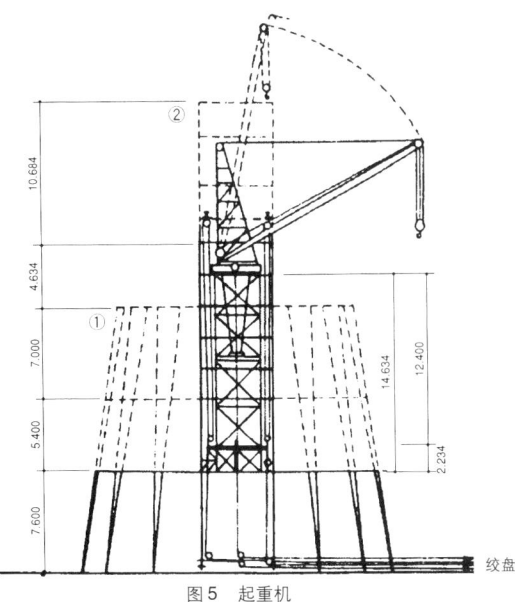

图 5　起重机

照片 6　钢结构安装

019 新奥达尼大饭店主楼

日本最早的超高层建筑

关键词 梁柱连接、构件实验、铆钉连接

照片1 外观   摄影：畑 拓(彰国社)

房屋建筑概要

〈建筑概要〉

地　　　址：东京都千代田区纪尾井町4番地
主 要 用 途：旅馆
设 计 者：大成建设一级注册建筑师事务所
结构设计者：同上
施 工 者：大成建设
场 地 面 积：60060m²
建 筑 面 积：9470m²
总建筑面积：102592m²
层　　数：地下3层、地上17层、屋顶楼3层
檐　　高：60.84m，最高点72.09m
竣 工 年 月：1964年8月

〈结构概要〉

结 构 类 别：地下三层：钢筋混凝土造，地下二层～地上二层：劲性钢筋混凝土造，地上三层～十七层～屋顶楼：钢结构
结 构 类 型：框架结构
基 础 类 型：直接基础

1. 建筑规划

新奥达尼大饭店拟建于占地面积约为18200坪(约6万m²)的都市规划公园的平坦地区。北侧是道路，而西南侧则被沿着建设用地的文化财产——堑壕和石砌围墙所包围。东侧与林木丰茂的山崖相连，规划要求饭店建于场地内这些景观不受损坏的位置，为确保要求的客房数1060间，遵照修订后的建筑基准法，决定建一幢超高层建筑物。

大饭店由低层部分(图1)的2层加上高层部分的15层构成。在低层部分里，设有宴会厅和餐厅，高层部分则为宾馆，从三层起一直到十五层为客房，十六层安排的是小宴会厅，而最高层的十七层配置作为该大饭店标志的圆形旋转瞭望厅(图3)。

宾馆部分的平面规划是中央核心筒为中心，呈三叉的放射状布局(图2)。在地下部分设置能停300辆车的停车场和商店。

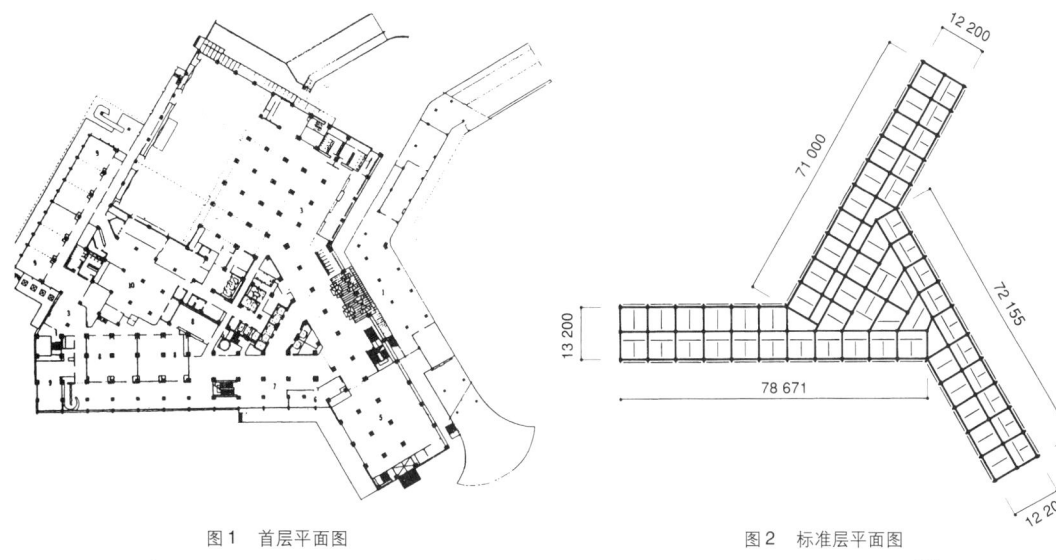

图1 首层平面图

图2 标准层平面图

2. 结构规划

虽然这座大饭店的设计期间是在建筑基准法修订之前，然而，设计是根据当时正在审议中的建筑基准法及其施行令的修订版进行的，所以，才实现了这幢高度突破31m限制的超高层建筑的设计。结构类型是低层部分的地下三层为钢筋混凝土结构；地下二层到地上二层为劲性钢筋混凝土结构，而高层部分的三层至十七层则为钢结构，长短两方向都是框架结构。

为降低建筑本身的重量，高层部分的楼板采用的是在压型钢板上浇筑轻混凝土的复合楼板，而室外装修则采用在高层建筑中首次使用的金属幕墙。大厦的基础为直接基础，置于GL-20m的砂层地基上。

为了使大厦的竖向荷载分散地传给基础，将与高层部分的地下各层毗连的低层部分向两侧扩宽。此外，在每栋楼上都布置竖向支撑作为应对平常的微小振动和发生地震时分散结构内力之用。

3. 结构设计

超高层建筑的抗震设计

要想获得高层建筑的经济合理的结构剖面，必须做到合理分配建筑物的竖向刚度；振动形式规则有序，以期取得良性的沿楼层的剪力分布，同时，剪力的绝对值也小。为了达到这个目的，必须使包括计入地基特性，并由地震波导致的多质点系统的振动特性为线性的，才能将各质点间的层间变位值控制在容许的范围之内，而且各个楼层的

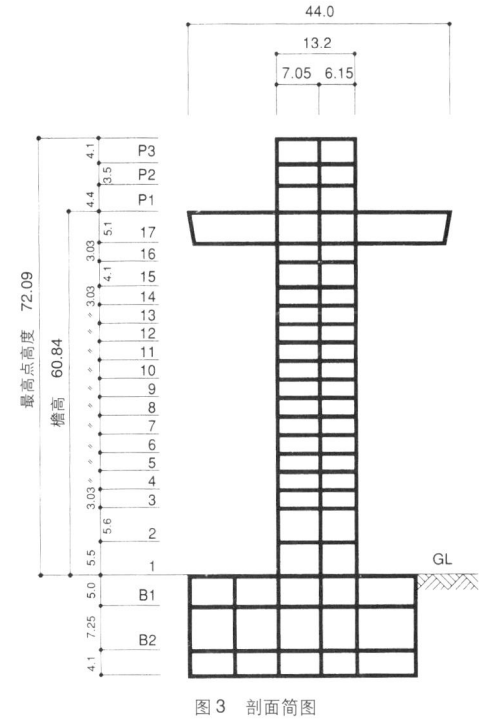

图3 剖面简图

层间变位值尽可能均匀、等值，从而使得该多质点系统的刚度分布趋于合理。

没有沿用以往的那种设计方法，即预先给定剖面，然后进行试算的老办法，而是根据弹簧的排列来确定结构的剖面，不仅可以使设计做得简单而又迅速，又能从一开始就使层间变位得到控制。从而实现按梁、柱的截面相互对应地确定结构剖面，同时还可以自由变更。

4. 设计方法

设计是依据下列基本假定进行的:

- 将大厦模型化为5质点系统,并对其进行地震反应分析。
- 地下部分为剪力墙支承,因而刚度及承载力都很强大,所以,在进行地震反应分析时,视这部分为固定端。
- 大厦的平时微动时和大振动时的固有周期如表1所示。
- 输入地震波采用 EL CENTRO NS 波和 TAFT EW 波,其大小按 0.35Gal 进行分析(图5)。
- 在参照地震反应值的基础上,确定与大厦刚度相对应的地震剪力系数。在与旧建筑基准法规定的剪力系数统筹考虑后,加以确定(图6)。
- 设计准则与地震反应相适应,全部按弹性范围内考虑。设计赋予全部构件以足够的延性。
- 在各栋建筑的侧面和核心部分设置竖向支撑系统,一方面作为应对平时微动,另一方面用来承受地震时产生的荷载集中的情形。

5. 构件实验

在大饭店的设计中,在确认各部位的安全性和经济性的同时,为赋予结构分析以理据,专门进行了下列的构件实验:

(1) 关于钢梁与钢柱的连接

对整个框架体系的变形具有巨大影响的梁柱连接进行了足尺实大的实验(图7、图8)。正负反复加载的实验结果表明,当接合部不作为刚域考虑时,变形很大,可以认为这是由于面内纯剪切应力产生的变形。若将宽厚比加大,则在梁端部的地方发生局部失稳,延性系数便从4降到了2,于是,在实际设计中,决定在梁端加设纵向加劲肋,用来加固梁的端部。

(2) 关于位于二层柱头处的钢柱与劲性钢筋混凝土柱的连接

将足尺实大的箱形截面钢柱的一边取出,进行模型实验(图9、图10)。实验表明,在施加于钢板上的荷载中,

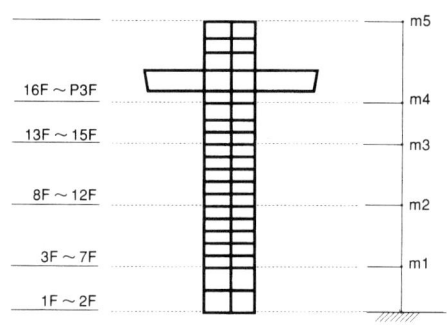

图4 5质点系统模型

表1 固有周期

	1次	2次	3次
微振动时	1.059 sec	0.523 sec	0.362 sec
大振动时	1.687 sec	0.729 sec	0.556 sec

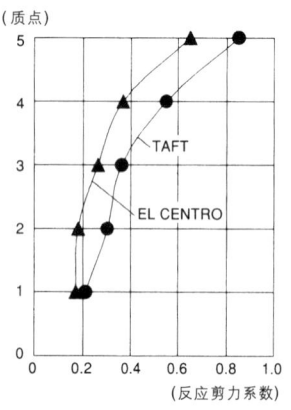

图5 反应剪力系数

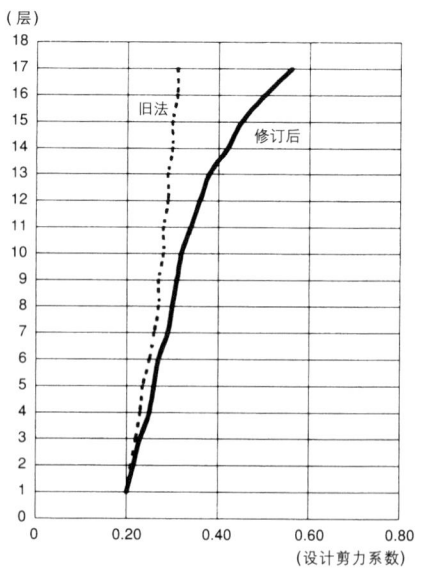

图6 设计剪力系数

有1/3的荷载通过钢板底面直接传给了混凝土,虽然出现了压陷,但是,如果将立筋偏移,再将钢板的附着和挤压考虑在内的话,那么,可以认为,大部分的竖向荷载从钢柱直接传给了混凝土,而其余荷载则通过节点板传递给下部结构了。

(3) 关于楼板的面内抗剪刚度

为了验证,当水平力沿着楼板平面传递时,对旨在减轻重量而采用的复合楼板的平面内刚度还进行了足尺实大的楼板模型实验。有铆钉连接的梁的初始刚度与没有连接的梁相比,要减小20%,而屈服强度则与扣除受拉侧铆钉孔面积的梁的情形基本相同。

(平尾明星)

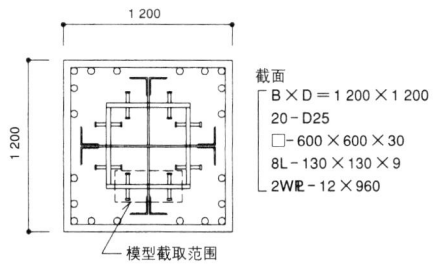

图9 二层钢柱柱头截面图

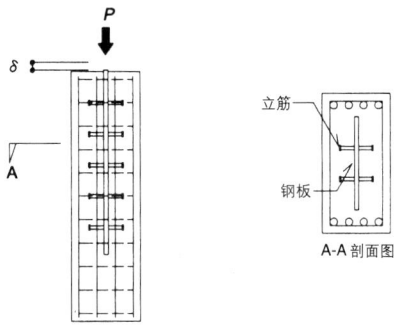

图10 试验模型

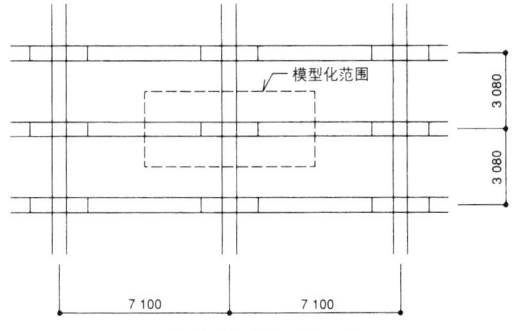

图7 梁柱连接的模型截取范围图

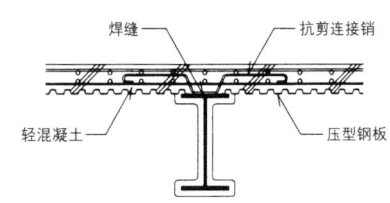

图11 复合楼板剖面图

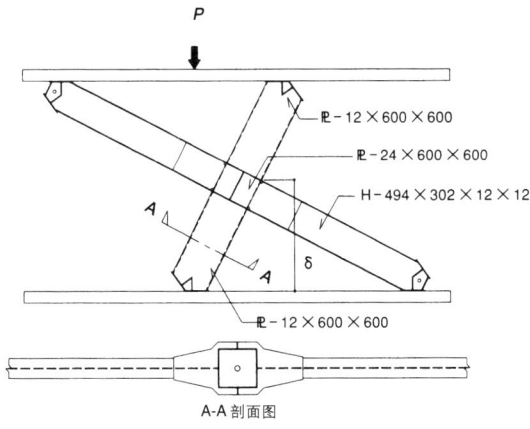

图8 试验模型

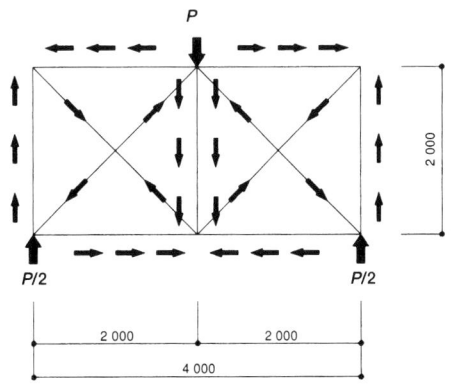

图12 楼板面内内力传递示意图

020 国立代代木体育馆（第一、第二体育馆）

建筑与结构的高度融合

关键词 索结构、悬索结构、悬吊屋顶结构、半刚性、阻尼结构

照片1 俯瞰全景

房屋建筑概要

〈建筑概要〉
地　　　址：东京都涩谷区代代木神南 2-1-1
主 要 用 途：第一体育馆：游泳、滑冰等
　　　　　　第二体育馆：排球及其他
设 计 者：丹下健三研究室＋都市及建筑设计研究所
结构设计者：坪井善胜研究室
施 工 者：第一体育馆：清水建设
　　　　　　第二体育馆：大林组
建 筑 面 积：第一体育馆：20620m²(总建筑面积 25396m²)
　　　　　　第二体育馆：3871m²(总建筑面积 6947m²)
竣 工 年 月：1964 年 9 月
〈结构概要〉
结 构 类 别：钢筋混凝土结构及钢结构
结 构 类 型：悬吊屋顶结构

1. 主要特点

① 力的传递路线清楚明确，结构与建筑设计的融合达到了炉火纯青的地步。

② 世界上最先将铸钢作为正规结构材料使用，并在建筑表现上作出了贡献。

③ 最先将"半刚性"的思想引进张拉结构，并在设计中，加以灵活运用(第一体育馆)。

④ 在世界的大跨建筑中，最先提出阻尼的概念，并有实际应用(第一体育馆)。

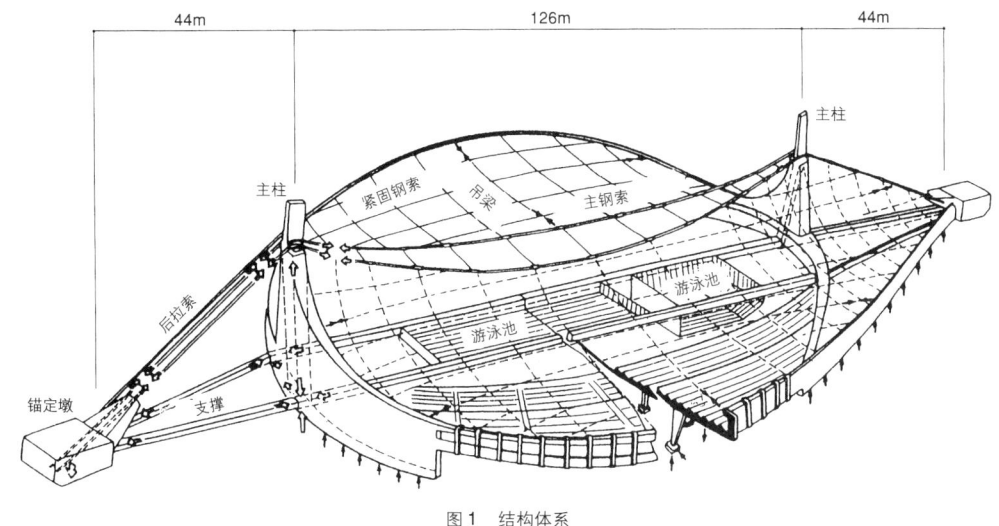

图 1　结构体系

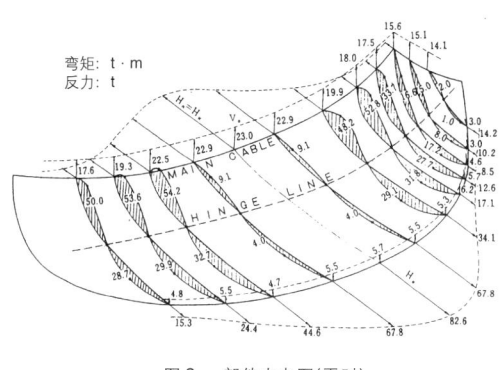

图 2　部件内力图(平时)

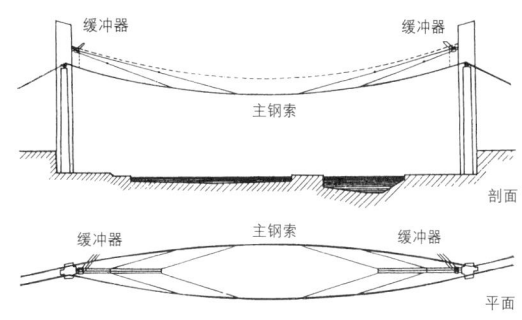

图 3　阻尼系统和缓冲器

2. 结构概要

(1) 第一体育馆(图 1、2、3,照片 2)

第一体育馆的结构由下述三种体系构成(图 1):

① 在主钢索与看台外周构成的悬吊屋顶面。

② 在主钢索、主柱、锚具、地下支撑之间形成的类似吊桥的平衡体系,并以从屋顶面传来的力作为其主要荷载的中央结构。

③ 由屋顶面传来的拉力和看台重量形成一种平衡力系的外围结构。

至于规模,这里的主跨为 126m,边跨为 44m,横剖面处的最大跨度为 120m,主钢索最高点(钢索鞍形铁座)距地面为 27.523m,主钢索在边跨接近于平行线,但是,为了提供天窗和人工照明用的空间,而使其在主跨呈纺锤状张开(最大间距为 16.8m)。

屋顶是由很多个挂在主钢索至竞赛馆看台外围之间的半刚性的吊梁(具有抗弯刚度的受拉构件)构成的,为了赋予屋顶面均匀的刚度,又用很多条紧固钢索沿与吊梁垂直的方向穿过吊梁,以期借助张拉这些紧固钢索赋予屋顶结构以预拉力。

该体育馆的屋顶面与缆索可能构成的曲面相比,其形状显得特别轮廓鲜明。所以,吊梁是利用具有所需刚度的钢构件构成的。这样的悬吊着的钢梁可以发挥其作为吊梁的功能和作为帮助吊梁能够偏离悬链线而保持所希望的位置的抗弯构件的功能,以及作为应对屋顶高阶振动的加劲构件的功能(从此半刚性悬吊结构问世了)。

吊梁的截面为工字形,翼缘为22mm×190mm,腹板为厚度12mm和高500~1000mm的变截面,吊梁相互之间的间隔为4.5m。吊梁的内力如图2所示。

形成中心结构的主钢索在施工中变形特别大(跨度中央处约为2m)。为使这时不出现复杂的连接相对位移,而能有序随动,在吊梁与主钢索连接点设计了一种看上去样子很像土星环一样的节点。横穿吊梁的紧固钢索具有与构成主钢索的钢丝绳相同的机械性质,构成紧固钢索的钢丝绳的公称直径为φ44mm,从吊梁的腹板穿过,相互间的间隔为1.5~3.0m。紧固钢索相对于屋顶面形成的曲线很接近测地线群。给紧固钢索施加的拉力,每根都是20t(预应力系数为20%),钢索张紧后,则牢固地固定在吊梁腹板上。

平时,每条主钢索都承受着约1350t的拉力。主钢索的外径为330mm,由公称直径为φ52mm的钢丝绳31根,再加上公称直径为φ34.5mm的钢丝绳6根构成,每种钢丝绳都是由抗拉强度为150kg/mm²的钢丝经单向捻制成绳的,名义弹性模量为16000~17000kg/mm²。

当2条主钢索的拉力达到前述的约1350t时,钢索截面上的应力则达25.1kg/mm²,相对于断裂的安全系数可以达到5左右。一般来说,通常的索结构的断裂安全系数也就是3左右,而在这里,出于确保结构的总体刚度的考虑,采取了将应力控制在较低水平的设计。

当主钢索承受上述的拉力时,在其锚固部分的情形是,锚具承受的拔出力为1270t,另外,地下支墩则承受2380t的压力。

锚定墩的重量约为2800t,若将锚定墩上方的土重也考虑在内的话,则总重可达4900t。地下支撑由截面面积为1.5m×2.0m的两个混凝土部件构成。将二者拉开一定的间距,直达主柱的下方,在此处,与设在游泳池两侧的竞赛观测及摄像用的电缆沟相连,对于主跨来说,这电缆沟起到了支墩的作用。

屋顶结构的重量是比较轻的,因此,必须研究其抗风的安全性,从风洞实验到静、动态分析无一遗漏,结果证明,完全可以放心。不过,该设施隶属国家,出于灾害发

照片2 第一体育馆内景　　摄影:二川幸夫

照片3 施工中的第一体育馆

生时可以发挥防灾中心的功能的考虑,对主钢索设计了能够控制其出现过度动态变形的阻尼系统(图3)。阻尼就是在主柱柱头附近,一侧设置6个液压缓冲器来吸收能量。此外,将这些缓冲器都涂上红色,以便从外边进来,一眼就可以看得到。

(2) 第二体育馆(图4、5及照片4)

　　第二体育馆为圆形平面,直径为65m(图4)。这幢建筑在结构原理上,虽然与第一体育馆相同,然而,中央结构的构成有所不同,这里是主钢管从单根的主柱顶端,以螺旋状的走向固定在锚定墩上的。主钢管所构成的空间曲线与用安装在主钢管上的吊钢架端部所受的力绘出的立体的索多边形之一所确定的曲线极其接近,但因建筑上的要求,还是同这种曲线有所偏离(图5)。

　　为了解决两种曲线之间的差异和由于荷载变动而使吊架拉力改变,而能以稳定的形状应对的问题,在主钢管与主柱之间设置桁架,并与主钢管形成一个整体,构成一个空间桁架。这个桁架同时还可用作天窗窗框的支承结构,充分发挥了造型上的卓越效果。

　　主钢管的直径为406mm,承受的固定拉力为顶部约340t,下部为60t。

　　第二体育馆的主钢管与第一体育馆的主钢索是不同的,这里没有后拉索。因此,虽然,柱和系梁中会产生最大约为6000t·m的固定弯矩,不过,对于这种弯曲内力,用后张法给这两者施加预应力后,完全可以防止因开裂而导致的刚度降低。

　　至于屋顶面,由于吊架是用具有足够高的钢桁架制成,同时,又在各桁架之间设置了系杆,从而,整个屋面便可形成壳体作用,这种不使用紧固钢索的设计也是与第一体育馆不同之处。

(川口　卫)

[参考文献]
1) 『建筑文化』1965年1月号「特集：国立屋内総合競技場の記録」
2) Y. Tsuboi, M. Kawaguchi "Probleme beim Entwurf einer Hangedachkonstruktion anhand des Beispiels der Scwimmhalle fur die Olympischen Spiele 1964 in Tokio", Der Stahlbau, Heft 3, Marz 1966

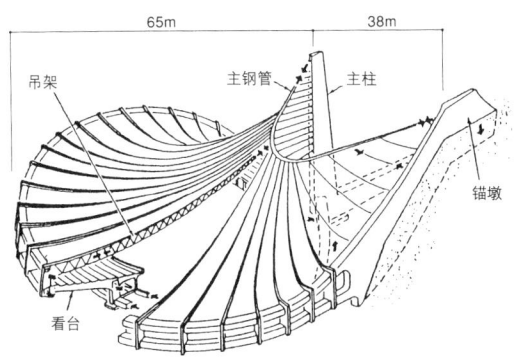

图4　结构体系(第二体育馆)

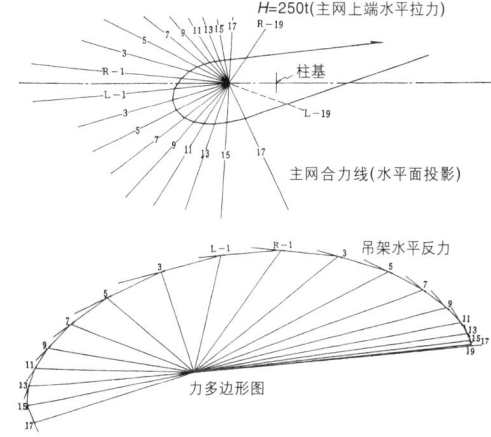

图5　主网合力线的图解

照片4　第二体育馆内景　　摄影：村井　修

021 东京主教座圣玛利亚大教堂

钢筋混凝土双曲抛物面壳体构成的幻想型教会空间

关键词 复合双曲线抛物面壳体、十字形布置、差分法分析

照片1 外观 　　　　　　　　　　　　　　　　　　　摄影：彰国社摄影部

房屋建筑概要

〈建筑概要〉
地　　　址：东京都文京区关口台町
主 要 用 途：教堂
设 计 者：丹下健三、都市建筑设计研究所
结构设计者：坪井善胜、名须川良平、原尚、末冈祯祐
施 工 者：大成建设
层　　　数：地下1层、地上1层(内2、3层)
总建筑面积：3650m²(地下室1005.2m²一层2541.4m²、其余103.0m²)
施 工 期 间：1963年4月~1964年12月

〈结构概要〉
结 构 类 别：钢筋混凝土结构
结 构 类 型：复合双曲线抛物面壳体
基 础 类 型：桩基础(钢管桩)

教堂建在东京都的文京区关口台的一处恬静的住宅区里，为高39.419m的钢筋混凝土壳体结构，其造型设计为8个双曲线抛物面相互靠在一起，呈壁状竖立着，各壳之间有梁相互结合而形成复合双曲线抛物面壳体。2个一组分四个区块构成的壳体群在平面上呈十字架状布置。属于赋予建筑以宗教性象征的平面设计。

在1950年代，壳体理论从国外传到了日本，出现了连续体分析方法大发展的局面，尽管在日本全国各地建造了不少的混凝土大空间建筑，然而，以举办东京奥林匹克运动会这一年(1964年)为界，此后，混凝土壳体渐渐消失了踪影，而被钢结构的空间框架结构所取代。从这个意义上来说，这幢教堂建筑就成了日本国内最后的混凝土壳体结构了。

关于由连续体构成的曲面结构，不仅分析上存在难度，就是在施工上也要求精心和细致，而且还要花费巨大劳力。在建筑造价中，人工费所占比例居高不下的当时，从关注经济性的视角来看，使人强烈地感到，它是一种不可能实现的结构体系了。但是，由有曲率的部件构成的荷载传递体系，不仅在力学上是合理的，而且在形态上，也是同洋溢着美感的设计一脉相承的，以致就是今天也仍然作为创作的主题被人们所重视。

外装修材料采用的是不锈钢薄板罩面，至今仍然保持着光洁明亮的外表，室内乃是不做饰面的混凝土露明面，微微的龟裂很是醒目，刨切单板做的模板留下的美丽木纹，竣工以来，已经过了38年，如今仍然清楚可辨。

四种双曲线抛物面壳体厚度全是12cm，将对边加以均等地划分，大体上按平均2m的间距设置纵、横两方向的直线肋板。设置这些肋板的目的在于，在结构上，全面提高面外的抗弯刚度，以及减小由缘梁自重的偏心而引起的壳体面内的弯矩值，此外，它们还起到确保屋面材料的铺设和教堂内的回声调节用共振器的安装，以及保有隔热空气层等的作用。若将这些肋板算在内，加以平均，厚度则变为20cm，在抗弯刚度上，相当于30cm厚的混凝土板。

壳体的内力分析是按扁平壳的基本微分方程式，采用差分法进行的。沿着毗连壳体的相交线的棱线产生的轴向力引起的水平推力由一层地板下边的水平系梁承受。为了确认计算结果的正确性，制作了丙烯酸树脂板构成的1/100模型，并测定了应变和变形。

（中田捷夫）

［参考文献］
1）「東京カテドラル聖マリア大聖堂」『建築文化』1965年6月号，pp.101～117
2）「東京カテドラル聖マリア大聖堂」『近代建築』1965年6月号，pp.99～116
3）「東京カテドラル聖マリア大聖堂」『建築』1965年6月号，pp.35～53

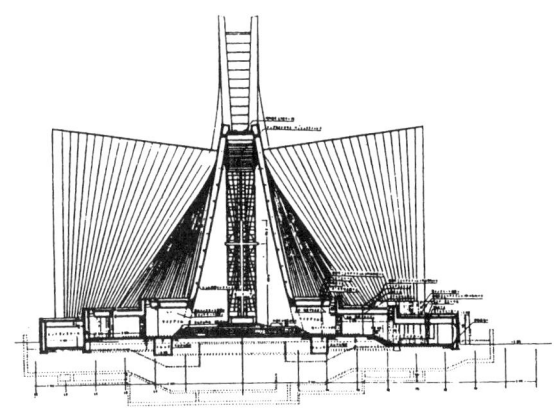

图2　剖面图

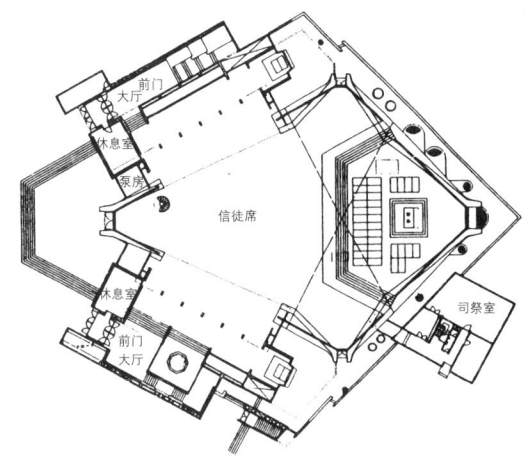

图3　一层平面图

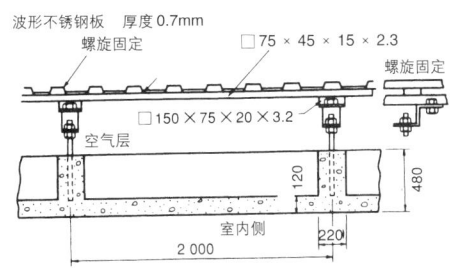

图1　壳体剖面及屋顶饰面图

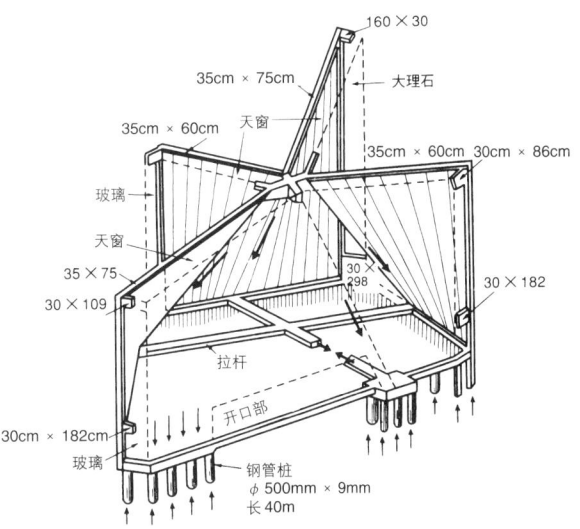

图4　结构示意图

022 船桥市中央批发市场售货棚

12根柱支承的大规模悬吊屋顶结构，屋顶面积22000m²

关键词 悬吊屋顶、钢管网架、平行钢丝绳束

照片1　外观　　　　　　　　　　　　　　　　　　　　摄影: 演播室

房屋建筑概要

〈建筑概要〉

地　　　　址:	千叶县船桥市宫本町1丁目
主 要 用 途:	批发市场
设 计 者:	日建设计 东京
结构设计者:	同上
施 工 者:	清水建设
钢结构工程:	川崎重工、(PWS)神户制钢所
建 筑 面 积:	22000m²
总建筑面积:	19200m²
檐　　　　高:	7.8m
竣 工 年 月:	1967年5月

〈结构概要〉

结构类别:	钢结构
结构类型:	悬吊屋顶结构
基础类型:	φ400mm、长30m的钢管桩及独立基础

1. 建筑规划

对于批发市场来说，在售货大棚里，各种车辆应能自由进出，不但要有宽敞的大空间，而且，还要设有柱子阻挡，此外，对售货大棚内的货物进出量能做到一目了然。过去的批发市场一直都是用钢桁架等来建造这种大型空间的，然而，这幢建筑物采用的却是空间网架，1个网架单元的尺寸为45m×42m，并由一根柱的柱头伸出的8根吊索支承，将12个网架单元连成一片，构成了一座22000m²的巨型悬吊式屋顶结构。相对如此巨大的屋顶面积，而支柱只有12根，不仅如此，稳定的网架单元结构为市场的扩建提供了极大的自由度，这些都是该市场建筑的突出特点。屋顶饰面是在云母大理石上加铺沥青防水层，外圈铺设预制混凝土板。

2. 结构规划及设计

(1) 屋顶板

屋顶板采用的是抗扭和抗失稳性能优越，而且给人以

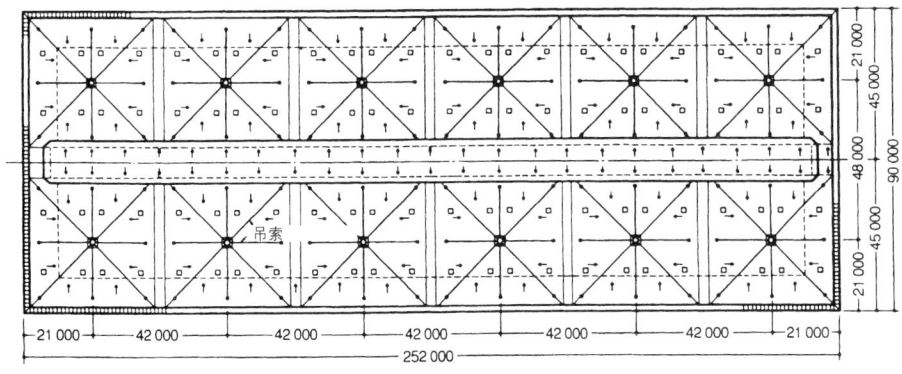

图 1　屋顶平面图

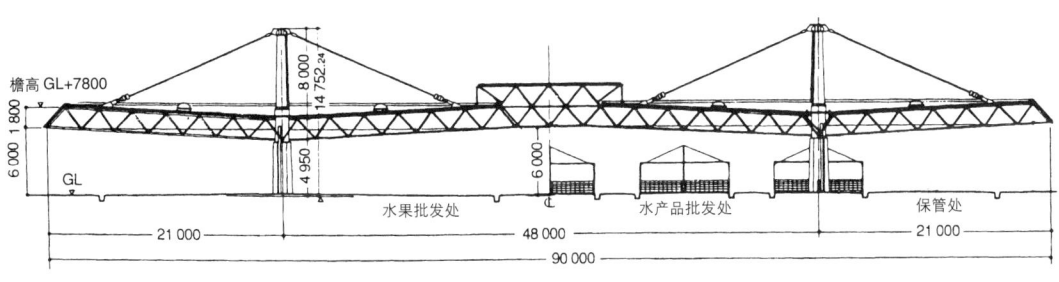

图 2　剖面图

美感的钢管构件，同时连接方式则采用能够充分展示钢管特点的相贯连接而构成的空间网架体系。

(2) 悬吊索件

悬吊索件采用的是由神户制钢厂开发的平行钢丝束（PWS）。这种 PWS 是将 5mm 的钢丝平行集束成的 6 边形截面，弹性模量大，断裂强度保证能达到单丝强度的 95％。此外，施工前，无须预张拉，施以厚层镀锌的表面，耐蚀性很强，这些优越性能足以证明它是适合建造悬吊屋顶的吊桥等的材料。悬吊索件的两端有注满高纯度锌的套管。PWS 有两种，分别由直径 85mm 和 50mm，钢丝根数 217 根和 75 根所构成。对直径 85mm 的这种 PWS 尚无实际施工经验，但在预备实验中，其安全性已经得到了确认。钢丝束的安全系数定为 5，以策安全可靠。

采用 PWS 时，要特别注意腐蚀问题。尽管钢丝事先已经镀有厚厚的锌皮，但是，经常处于大气之中，溶于雨水中的大气内的有害物质渗入钢丝束的内部，并在末端集聚。由于钢丝束的末端套管里的锌槽的存在，所

以，借助离子化现象，使钢丝束末端不受腐蚀，以期达到保证安全的目的，在距钢丝束末端 1m 的地方，压入润滑脂，然后再用沥青养护。钢丝束的全长上涂两道屋面涂料。

(3) 柱

柱是设置在 42m × 42m 的方格中央的，铅直荷载呈平衡状态。柱为钢管柱，而在网架上弦杆以下的部分充填混凝土。此外，在网架下弦杆以下的柱脚防腐部分做成劲性钢筋混凝土。作为钢丝索吊点的柱头顶端装有锻钢 SF50 制作的柱帽，其周围配置 8 个铰链支承板，并采用消耗电极型电渣焊焊接而成。

(4) 风荷载

对于悬吊式屋顶结构来说，风荷载是一个非常重要的问题。屋顶面接近于一个广阔的平面，而且大棚周围没有墙壁，处于全面开放的状态。考虑到存货等的障碍物的存在，并且，根据以往的实验结果，假定了如图 3 所示的向上和向下的风压系数。此外，关于屋顶周边的向上作用的

照片2 空间网架

摄影: 演播室

风荷载, 则是凭借铺设在屋顶周边的预制混凝土板的自重来平衡的。

(5) 内力分析

内力分析是利用IBM公司推出的空间结构分析程序FRAN进行的。按照网架、柱和悬吊索件构成的空间结构计算了内力。计算的节点数为252, 杆件数为739, 节点按铰接, 荷载则按作用在上弦节点上的集中荷载来考虑。

3. 施工概要

(1) 运输及安装

在生产工厂里, 将经过试装配后的运输单元实施正式焊接, 运到现场后, 再在现场的钢制平台上, 进行预装配, 待精度确认后, 再将各运输单元正式焊接起来。在焊接时, 要特别注意焊接顺序、操作的方便性和夹具的固定的正确性等问题。

(2) 钢丝束的张拉作业

张拉钢丝束的拉力是以设计时定下的值为依据的, 通过预先安置在钢丝束上的应变仪, 一边测量应力, 一边用杠杆加压千斤顶进行张拉。由于杠杆加压千斤顶的数量不够, 张拉是分四个阶段进行的。第一次张拉量为10%, 接着是30%、60%, 最后第四次为90%。张拉一定要与对面同时进行, 以免使柱子承受不平衡的外力作用。当张拉到90%的时候, 便撤去屋顶板的脚手架。最后, 采用微调的方法, 对屋顶周围的变形和张拉力进行调整。

4. 特色技术及其历史背景和变迁

(1) 与钢管构成的网架相关的焊接连接技术

当时能够胜任焊接有关钢管连接的钢结构制造厂只有一两个。尽管杆件的加工精度已经足够, 然而, 还曾发现过现场连接部位的焊缝有达不到标准之处。虽然, 相关焊接连接以外的网架连接形式已经开发出来了, 但是, 却不能用在如此大跨度的结构上。

(2) 在悬吊索件上使用平行钢丝束

平行钢丝束是当时神户制钢厂开发的新型索材。因此, 虽然在本工程中所使用的直径为85mm还没有施工的

照片3 鸟瞰全景　　　　　　　　　　　　　　　摄影：川澄建筑摄影事务所

先例，但是，已经通过预备实验，并确认了它的安全性后才使用的。这种索材与以往的钢丝索相比，其特点是，伸长小，接近钢丝强度。后来，这种索材曾在本四连络桥工程上有过大量应用。

(3) 关于内力分析时采用的 IBM 空间结构分析程序
— FRAN

当时，空间结构的分析程序还远没有达到普及的程度，况且，像该体系这样的多杆件、多节点的分析几乎是从来没人做过。那是一个算例就要花费 100 万日元的时代。

(4) 关于钢丝索的张拉方法

杠杆加压千斤顶的数量少，再加上这样的张拉作业几乎从来没干过，完全是摸索着干的。与最近的顶升施工技术相比，大有隔世之感。

（津田三知昭）

照片4 柱头部　　　　摄影：演播室

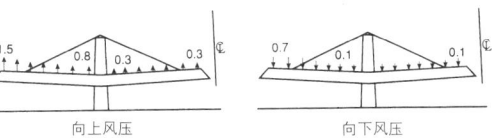

图3 风压系数

023 名铁公共汽车终点站

采用钢板加劲抗震墙的综合性大厦

关键词 结合性大厦、刚性结构、抖动现象、钢板加劲抗震墙、井字梁墙

照片1 外观

房屋建筑概要

〈建筑概要〉
地　　　址：名古屋市中村区笹岛町1丁目223番地
主 要 用 途：事务所、商店、公共汽车终点站、宾馆
设 计 者：总体规划及设计总监　谷口吉郎研究室
　　　　　　初步设计、施工图设计、监理　日建设计工务
　　　　　　(今日建设计)
结构设计者：日建设计工务(今日建设计)
施　　　工：鹿岛建设、清水建设、大成建设、竹中工务店、间组JV
建 筑 面 积：8862m²
总建筑面积：82740m²
层　　　数：地下2层、地上18层、屋顶楼2层
檐　　　高：64.15m(最高72m)
竣 工 年 月：1967年6月

〈结构概要〉
结 构 类 别：劲性钢筋混凝土结构及部分钢结构
结 构 类 型：框架剪力墙结构
基 础 类 型：板式基础，局部地区打混凝土桩

1. 结构设计

(1) 结构规划

　　该大厦是1964年设计的，长期遵循的建筑物高度限制在1963年被撤销了，一时显露出超高层大厦建设的曙光。该大厦是综合用途建筑的第一号，主要用途有事务所、商店、公共汽车终点站、宾馆等，此外，在商店层里还有电影院，而地下又有名古屋铁路的轨道通过，真是复杂得很，而且，大厦在平面上和剖面上，形状复杂，如图1、图2所示。

　　开始规划时，曾有过将高层部分作为当时的超高层建筑的主体，而建成高柔结构，或者是将其建成刚性结构等等，展开了各种各样的讨论和研究，最后才决定采用现在的刚性结构。理由如下：

- 作为一座功能多样的建筑，简单的框架结构是办不到的；
- 电影院等需要隔声的墙壁，所以，纯粹的柔性结构是难以做到的；
- 从建设用地的平时微震的卓越周期(1.7秒左右)和从名古屋采集的地震波等角度来看，很难说柔性结构就是有利的。

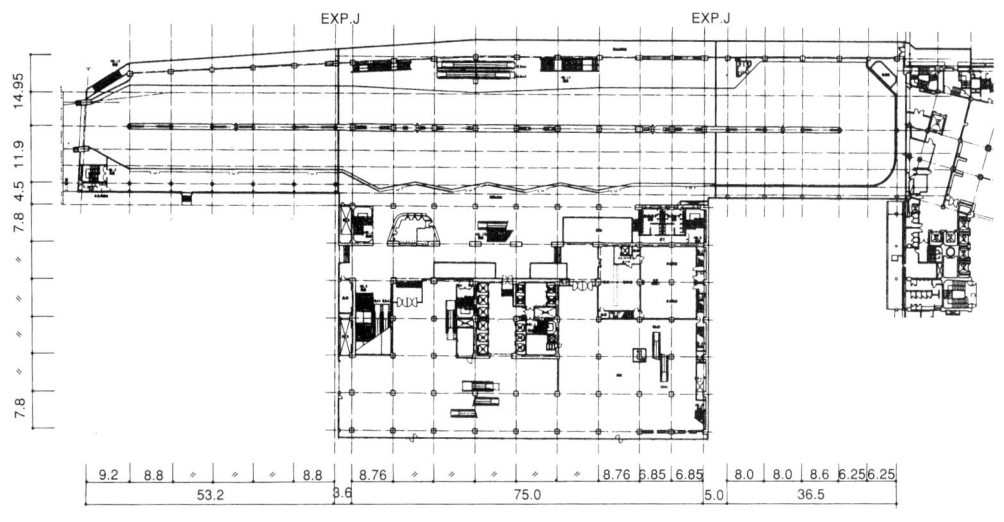

图1 三层平面图

另外，出于减轻建筑物本身重量的考虑，曾经拟将有可能实现简单明快的框架结构的十二层以上部分建成柔性结构(钢结构)，而将下部建成刚性结构，然而，从简单的地震反应分析结果发现，这个方案中，上部结构的抖动现象十分显著，同时，在结构构造上和建筑细部上，也都存在问题，最后，放弃了这个方案。

再者，就是关于低层部分的平面呈 T 字形(公共汽车终点站的部分)的布局问题，通过在 T 字形的左右两翼部分设置伸缩缝，使其与主体分开的方法，使框架变得尽可能简单明快起来。

为了达到最大限度减轻建筑物自身重量的目的，上部楼层使用的是天然骨料的轻混凝土。此外，为了确保钢框架中的梁、柱构件的承载力和延性，全部焊接构件一律加工成实腹型构件。大厦所用材料如下：

- 混凝土：七层以下楼板＝普通混凝土 Fc240，七层以上至十三层楼板＝大岛砂砾轻混凝土 Fc150，十三层以上＝浅间砂砾轻混凝土 Fc120。

- 钢材：主要是 SM50A，现场连接主要用 Ⅱ 类高强度螺栓。

(2) 高层部分的设计方针

1) 设计用地震力

地上 72m 的高层部分的设计用剪力系数基本上是采用按当时的建筑基准法规定的地震系数求出的地震力，再经置换而成的剪力系数值。但是，对于地上 38.8m 以上的建筑物形状急剧变化的部分，由于刚度和重量分布的急剧变化，出现了显著的抖动现象。为了解决这个问题，将设计用剪力系数急剧增大，以便增强刚度和提高强度，于

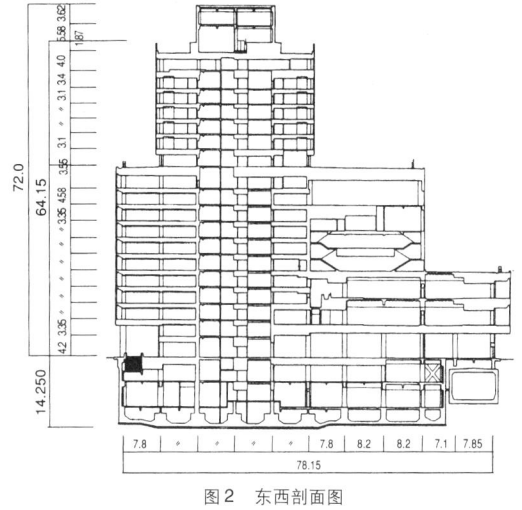

图2 东西剖面图

是，十二层以上取为 0.5，最高层取为 0.8，中间楼层按直线变化来确定。上述的剪力系数值，以最高层为例，可达通常值的 2.4 倍。

2) 抗震框架

抗震框架是在纯框架内的适当部位，均衡地加设抗震墙，用来吸收地震力的设计。地上楼层中所设置的抗震墙，其承受地震力的比例竟达到了 40% ~ 60%。

但是，由于下部楼层的用途是商店，不能设置很多的抗震墙，于是，采用核心筒式抗震墙是否更为有效，便成了值得研究的课题。因而，对以下几个方面进行了悉心研究。

从地下二层到地上二十层的连续抗震墙构成的连续核心筒，由于是增强了上部楼层的刚度，而提高了地震力的承受率，为此，在十一层及十二层和地下各层，将墙梁构

成井字形如图3、图4所示。这样一来，为使上方的井字形墙梁能够更加有效地工作，支承井字形墙梁端部的柱子采用管内填满混凝土的厚壁铸钢管($t=50$)，以减小柱子的轴向压缩变形。为了进一步增大核心筒式抗震墙的底部的固定度，设置这种井字形墙梁与没有井字形墙梁的情况相比，可以获得增强刚度的效果，上部楼层增加2~5成，而下部楼层则可以增大1~2成的程度。

这样一来，由于核心筒式抗震墙承受了更多的地震力，所以，对于该墙体来说，不但强度要高，而且，即使混凝土出现裂缝之后，承载力也不能降低，同时，还要有很大的变形能力。为此，决定采用了有钢板加劲的钢筋混凝土抗震墙(以下简称钢板加劲抗震墙)。在当时，不论是钢板抗震墙，还是这种钢板加劲抗震墙都缺少实践经验，以致它们的性状还没有弄得很清楚，所以，正如下边将要讲到的那样，制作了7个试件，在当时来说，算是进行了一次大规模的实验，确认了这种抗震墙的性状，并对设计进行了反馈。

作为计算机技术尚不发达的当时，仍然还是完成了这种设置了井字形墙梁的框架体系的分析，借助考虑弯曲、剪切、刚域，以及柱的轴向伸缩的挠角法，建立了76元的联立方程式，并求得了相应的解。

2. 振动反应分析

在着手设计的当时，所谓的振动反应分析业已问世，为了完善静态设计，在当时的日本国内，最大限度地利用了可以利用的振动反应分析技术，做了以下的研究和探讨。

在建筑物的模型化方面，将建筑物模拟为地下一层为固定端的共有21个质点的串联质点模型。振动系统以剪切系统为主，但为了考虑上部楼层的抖动的影响，以及电子计算机的容量限制，又将21个质点汇集成为5个质点组成的弯曲振动系统，并进行了弹性系统和弹塑性系统的分析。在分析过程中，由于当时电子计算机的数量极少，所以，5质点系统是借用东京大学的SERAC，而21质点系统则是借用建设省建设研究所的NEAC2230进行分析的。

在振动反应分析时，所用的地震波有EL CENTRO 1940NS、TAFT 1952EW、TOKYO 101NS、NAGOYA 306NS等四种。输入水平有150Gal、330Gal、500Gal三个档次。

反应分析结果确认，在150Gal时，墙及框架全是弹性，330Gal时，墙为弹塑性，而框架则是十二层以下为弹性，十三层以上为弹塑性。在输入为500Gal时，确认墙为弹塑性，而一部分框架也处于弹塑性范围，塑性率大抵不超过2.0。附带说明一下，该大厦的1次(基本)固有周期为0.88s，作为一幢高达72m的建筑物，可以说是足够刚性了。

3. 钢板加劲抗震墙实验

(1) 实验计划

实验的目的是考察钢板加劲抗震墙在剪力作用下的承载力、刚度和延性，以及钢板与混凝土的协同工作情况和累积性能，并确认钢板的加劲肋和钢筋中的拉筋对于在钢筋混凝土中的倍受约束的钢板失稳的效果。从而，为将来对钢板加劲抗震墙的利用开辟了前景。

考虑到试验机的能力，将试件做成实际建筑的4层墙体的1/5的模型，实际墙体的跨长7.8m，层高3.35m。试件的种类有钢板加劲墙3面，没有钢板的墙体1面，纯框架1面，预计将来使用的纯钢板墙体2面，共计7个试件。由于试验目的是探讨墙体在剪力作用下的性状，所以，是将试验墙体横置，然后在墙体中央和两端上下两方向交替

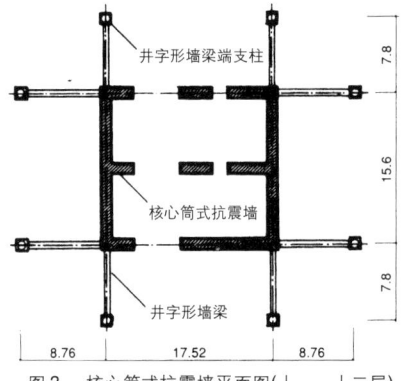

图3　核心筒式抗震墙平面图(十一、十二层)

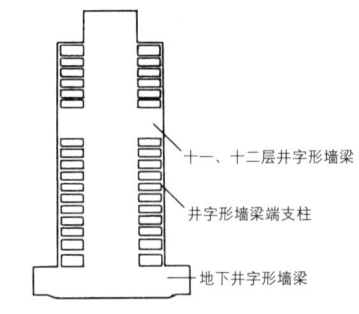

图4　核心筒式抗震墙立面图

加载，进行反复荷载试验。

(2) 实验结果

图 5 为纯钢板抗震墙(有加劲肋)和图 6 为钢板加劲混凝土抗震墙的荷载—变形曲线；照片 2、3 分别为两种试件的破坏状况。实验结果汇总如下：

- 钢板加劲混凝土抗震墙在达到其最大承载力之前剪切变形值很大，另外，达到最大承载力之后的承载力下降得极为缓慢，是一种延性极佳的抗震墙。
- 在达到最大承载力的 2/3 左右以前钢结构部分与钢筋混凝土部分几乎是完全协同工作的，叠加强度是成立的。
- 埋在混凝土中的钢板，在混凝土的斜向主拉力裂缝出现以前，没有发生折皱，说明拉筋的效果明显。
- 在混凝土出现滑移状的剪切裂缝之前，混凝土的裂缝分布是均匀的，而且裂缝宽度也不见增大。
- 一旦混凝土出现滑移状裂缝，钢板则出现折皱，混凝土的损坏加剧。
- 统观所有的试验墙体，全然没有出现因为局部应力集中导致的破坏。

4. 结语

以上所述是关于在超高层建筑初见曙光时代设计和建造的综合性建筑的结构设计要点。结构分析技术在飞速地进步，在有关地震知识不断深入的今天，回顾 40 年前的设计，从那里可以发现前辈们的智慧和所付出的巨大努力。在这幢大厦中采用的钢板加劲混凝土抗震墙和仅做了实验的钢板抗震墙对后来进一步确认其性能的研究是一个促进，致使它们作为优秀的抗震要素被为数众多的建筑所采用。有幸全面了解这早期工作的实况，不胜欣慰。

在那电子计算机还处于幼稚状况的时代，为完成这座大厦的结构设计所付出的劳力计有：结构设计 1500 工日(不包括绘图)；结构图约 600 张(全部手绘)；电子计算机使用件数约为 100，总时数为 120 小时。

(本乡智之)

[参考文献]
1) 高田十治ほか「名鉄バスターミナルの構造について」『日建設計技報』
1965 年 12 月

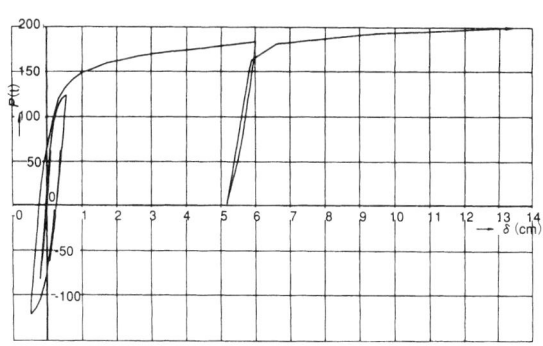

图 5 钢板抗震墙的荷载 - 变形曲线

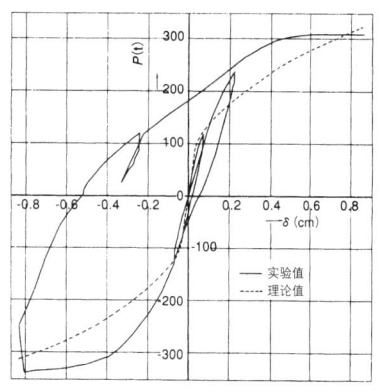

图 6 钢板加劲混凝土抗震墙的荷载 - 变形曲线

照片 2 钢板抗震墙的残余变形

照片 3 钢板加劲钢筋混凝土抗震墙的裂缝分布

024 霞关大厦

超高层建筑的曙光，日本最早的超百米的超高层建筑

关键词 狭缝式抗震墙、蜂窝梁、T形钢

照片1 外观

房屋建筑概要

〈建筑概要〉

地　　　址：东京都千代田区霞关 3-4
主 要 用 途：写字楼
设　计　者：三井不动产、山下设计 JV
结构设计者：山下设计、鹿岛建设、三井建设 JV
施　工　者：鹿岛建设、三井建设 JV
建 筑 面 积：3561.6m²
总建筑面积：153233.69m²
层　　　数：地上 36 层，地下 3 层
檐　　　高：147.0m
竣 工 年 月：1968 年 4 月

〈结构概要〉

结 构 类 别：三层以上＝钢结构
　　　　　　　地下一层至地上二层＝劲性钢筋混凝土造
　　　　　　　地下二层以下及低层部分＝钢筋混凝土造
结 构 类 型：三层以上＝框架结构＋狭缝式抗震墙
　　　　　　　二层以下＝框架结构＋抗震墙
基 础 类 型：直接基础

1. 时代精神及业主的决断

建于作为日本中心的霞关的这幢大厦是 1960 年开始规划，1968 年建成的，整整经历了 8 年的岁月。

1961 年，遵循当时的建筑基准法的有关规定，拟将这块建筑用地全部用来建造一幢 9 层(31m 高)建筑，而且业已完成了设计，建设单位也已认可，正当准备开工的时候，业主放弃建造 9 层建筑的方案，而决心建造一幢超高层大厦。

当时所处的社会形势是积极重建被第二次世界大战时的大空袭摧毁为一片焦土的东京，建设的号角吹得震天响。然而，由于都市规划不复存在，为了规避伴随人口向都市集中而出现的住宅问题、地价飞涨、都市过密化、交通堵塞等一系列的都市公害和都市功能的丧失等问题，都市再开发的重要性便提到日程上来了。

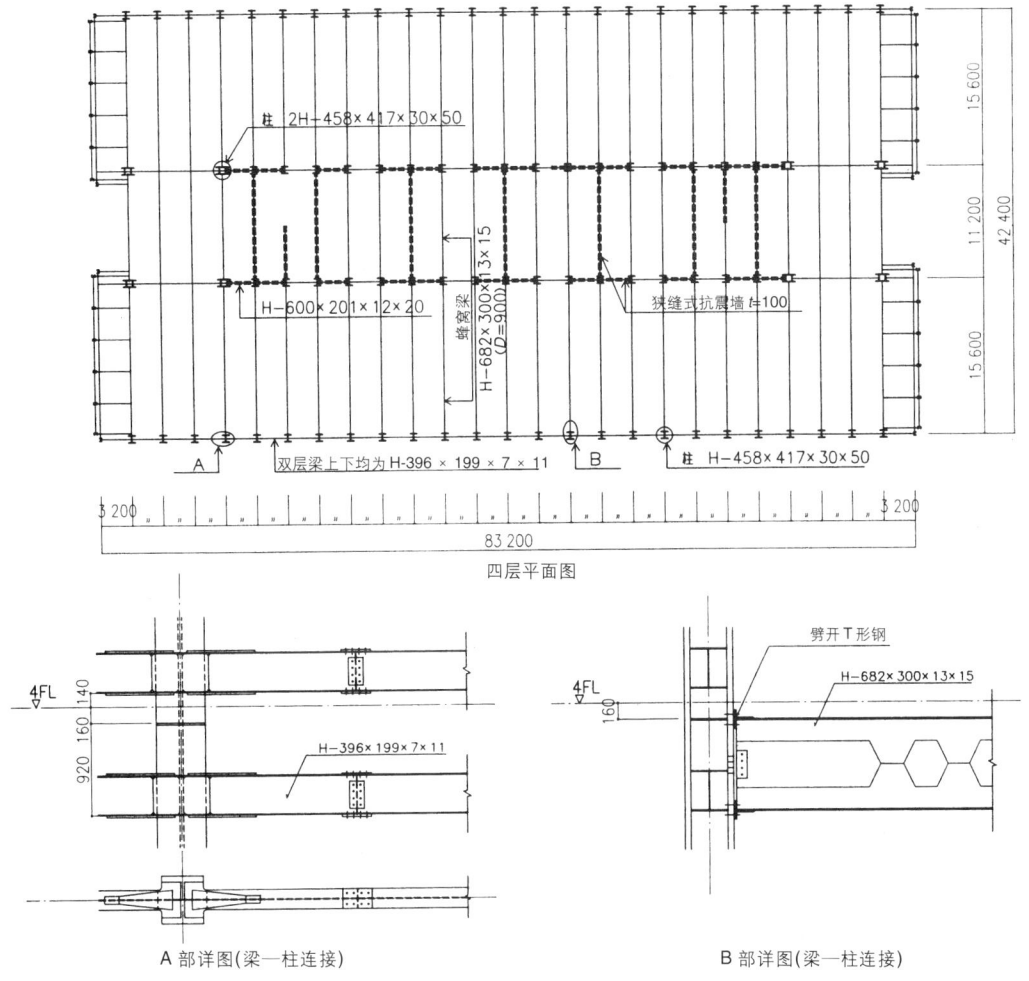

图1 四层平面图及尺寸详图

业主为了通过建造超高层大厦来恢复人性化的大都市面貌，决心除建大厦之外，将建设用地中的大约70%的土地开辟成广场，让绿色占据大部分空间。

2. 问题成堆

以往，建筑物的限高一直是31m(约100尺)，而今要想建一幢远远超过限值的大厦，必然面临法律问题，作为出租楼盘的经济问题、技术问题，以及将给社会带来什么样的影响和后果等的一系列的有待解决的课题。

关于法律上的问题，例如，在1962年，有一幢16层的建筑的设计都做完了，但是，没能取得政府的认可。1962年，在建设大臣的咨询之下，由日本建筑学会提出了废除高度限制和新增加容积制度等的建议。到了1963年，建筑基准法作了部分修订，废止了容积地区内的建筑物限

高。1964年完成了特定街区的36层规划，1965年向建筑审查会提出结构规划书，5个月后通过，立即着手基坑开挖工程。

作为出租楼盘，在经营上如何构成也是一个重要课题。从该超高层大厦的设计阶段起，力求平面及立面简单化、构件预制装配化、施工合理化和缩短工期，并且在规划的各个不同阶段还要算出造价，以便实现经济性的目标。此外，采用核心筒型平面布置，短边跨度定为15.6m+11.2m+15.6m，借助办公室内不设柱子的设计方案来达到提高办公室的使用效率的目的。此外，以1.6m为模数，力求结构构件、室内装修材料、外墙饰面配件的标准化，推行工业化施工，梁、柱采用H型钢，楼板采用模板变构件的压型钢板和减少地下工程等许多新技术新方法都是值得一提的。

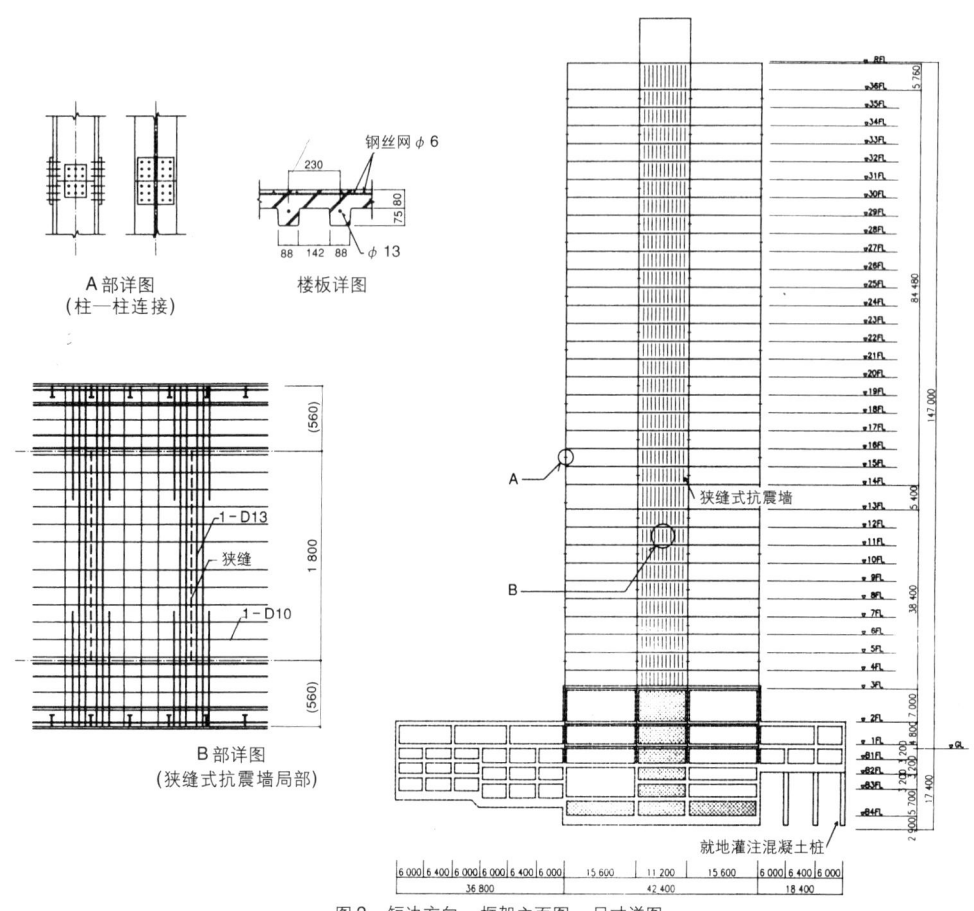

A部详图
(柱—柱连接)

楼板详图

钢丝网 φ6

230

75|80

88 142 88 φ13

(560)

1800

(560)

1-D13
狭缝
1-D10

B部详图
(狭缝式抗震墙局部)

A

狭缝式抗震墙

B

就地灌注混凝土桩

6 000 | 6 400 | 6 000 | 6 000 | 6 400 | 6 000   15 600   11 200   15 600   6 000 | 6 400 | 6 000

36 800   42 400   18 400

图2　短边方向　框架立面图　尺寸详图

3. 建筑技术上的精益求精

　　值此建造一幢日本最早的超高层大厦之际,为便于技术问题的顺利解决,特地成立了由业主、设计方和施工方等三方组成的高层委员会,或称之为建设委员会。此外,设计工作是在以抗震工程学权威武藤清博士为首,并在广泛敦请东京大学、京都大学、东北大学、东京工业大学等校的老师们,还有在都市规划、建筑规划、结构规划、防灾规划、抗风设计等众多领域中的领军人物参加之下进行的。

　　在电梯的数目和配置计划,以及安全运行规划方面,也都是经过了实况调查和相应的模拟之后,确认是万全的情况下,确定下来的。

　　为使大厦的外围墙体上的幕墙能够追随地震时的层间变位,而自由移动,将泛水做成双重密封,并在其间设置雨水槽,以便将渗入的雨水得以顺利排出楼外,类似的经过实验后实施的改进层出不穷。在抗风设计方面,进行了风洞实验,并确定了地上50m以上为360kg/m²,而下部则为300kg/m²。

　　至于室内装修材料,采用的是具有不燃性,而且还有对层间变位的随动性,重量轻又能隔声的材料。另外,又从预制装配化的观点出发,顶棚采用了轻钢骨架为基层,成型岩棉吸声板的饰面;在墙壁方面,将固定的走廊墙等做成轻钢骨架的基层,外铺石膏板并加以石膏饰面。这些都经过了针对层间变位和火灾的实验。

　　在防灾规划上,采用不燃的室内装修材料,防止起火;设置离子式烟探测器,以期早期发现火灾;安装专用逃难楼梯和阳台等逃难设施;设置语音型逃难指令装置和安装太平门上的逃难指示灯;消火栓和喷淋式消火装置,以实现早期灭火;设置应急用电梯和专用消火栓,供给消防队使用,以及成立进行信息收集和判断的防灾指挥中心等。

4. 结构规划(参阅图纸及照片)

(1) 地震反应分析

　　地震波采用的是 EL CENTRO, TOKYO(1965), SENDAI(1962),在330Gal时,设置在各层上的钢筋混凝

照片2 柱—柱连接

照片5 钢结构安装

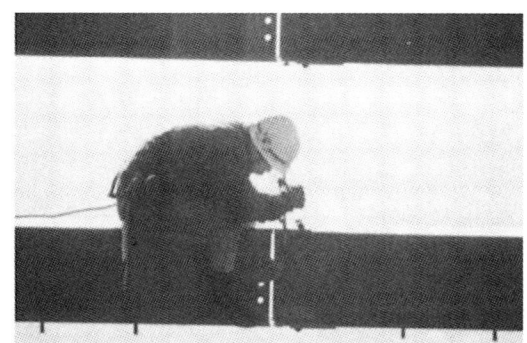

照片3 长边方向梁：梁连接处(外周)

照片4 梁—柱连接

照片6 铺设压型钢板

土狭缝式抗震墙出现了一些裂缝，但钢框架仍处于弹性范围之内。属于阻尼结构的做法。基底剪力系数为0.06。

(2) 柱、梁一律采用H型钢

柱子使用的是SM50A的最厚的H型钢400系列，柱—柱连接采用高强螺栓连接，一部分轴力通过直接抵承接合传力。短边方向的梁采用600系列的H型钢做成梁高为900mm的蜂窝梁，而梁柱接合则采用T型钢连接。长边方向的外周梁为400系列的双层梁，而内部的梁为600系列的单层梁；梁柱接合采用工厂焊接，然后，在现场用高强螺栓在梁中央连成整体。

(3) 实验

除进行了梁—柱连接、柱—柱连接、狭缝式抗震墙、压型钢板混凝土复合楼板等的实验之外，还进行了振动实验和风洞实验。

5. 结语

现在，超高层建筑已经并不稀奇了，当时，建筑物高度被限制在31m以下，一下子要建一幢超过约5倍的147m的大厦，这在一个地震国家里犹如做梦一般。来自各个不

照片7 地下工程(钻地施工的连续地下墙)

同领域的很多人热情饱满地汇集在一起，一直到项目完成后才散去，若将这种经验发扬光大，将对日本建筑界做出更大的贡献。

（下城次郎、冈本隆之祐）

[参考文献]
1)　冊子『霞が関ビルディング』三井不動産，1968 年
2)　「霞が関ビルの構造設計」『山下寿郎設計事務所技報』No.24
＊写真：図面は山下設計情報資料室の提供による。

025 千叶县立中央图书馆

预制井字梁形楼板体系

关键词 预制的、先张法、后张法、组件、模数

照片1 主入口处的外观

房屋建筑概要

〈建筑概要〉

地　　　　址：千叶县千叶市市场町26
主 要 用 途：图书馆
设　 计　 者：大高建筑设计事务所
结构设计者：木村俊彦结构设计事务所
施　 工　 者：户田建设
建设用地面积：5600m²
建筑面积：1977m²
总建筑面积：4533m²
层　　　　数：地下2层、地上3层
檐　　　 高：12.5m
竣 工 年 月：1968年7月

〈结构概要〉

结 构 类 别：预应力预制混凝土结构、部分钢筋混凝土结构
结 构 类 型：预制井字楼板
基 础 类 型：预制混凝土桩基础

1. 预制装配式井字梁形楼板

　　大自然创造出来的昆虫巢穴有着多种多样的结构体系。其中被结构学家木村俊彦关注的是蚂蚁、蜜蜂和蜘蛛。如果将土中的蚁穴想像为钢筋混凝土结构的话，那么，蜂巢便是排列有序，可以不断扩大的正六边形集合体系，而拉在树木之间的蜘蛛网，挂在空中，随风飞舞，宛如网架体系，或者是悬索结构。

　　为了实现想大则可以放长放宽，想小则可做得小，随心所欲地建造混凝土楼板的可能性，仿照蜂巢的结构体系，便想出了这种"预制装配式井字梁体系"。

　　将工厂生产的混凝土单元部件，在平面上自由排列开

照片2　千叶县文化会馆的外观

照片3　内景

来，便可构成坚固，而且耐久性很高的楼板。根据楼板各个部位受力的大小不同，准备若干种单元部件。因为这是建立在预制装配化的手法基础上的，所以，自然就会将结构、生产、施工三者巧妙地结合在一起。这是一种以预先准备好的网格(模数)为基础的结构体系，所以才称它为"预制装配式井字梁形楼板体系"的。

2. 结构及施工

本文所说的这种预制装配式体系的基本单元是V字形截面的十字形(两方向的长度均为2.4m，高度为60cm)预制混凝土部件。在工厂里，将各单元部件单方向连接成条，待施加先张法预应力之后，运往现场。在现场，将一条条的条状单元按设计要求排列开来，然后，再在垂直方向施以后张法的预应力，于是，以2.4m为基本尺寸的厚度为60cm的井字形梁(网格状)组成的楼板就完成了。

支承井字梁形楼板的柱有按不同层高制作的若干种类型及长度标准化的十字形预制混凝土构件。柱子借助位于柱头部位的被称之为柱托的十字形单元部件(与井字梁楼板厚度相同，为60cm)与2.4m的正方形网格密切嵌在一起，借助柱托与井字梁形楼板之间和柱托与柱子之间施加的后张法预应力，实现刚性连接。支承井字梁形楼板的柱子的间距取为2.4m的整数倍（2.4m、4.8m、7.2m、

105

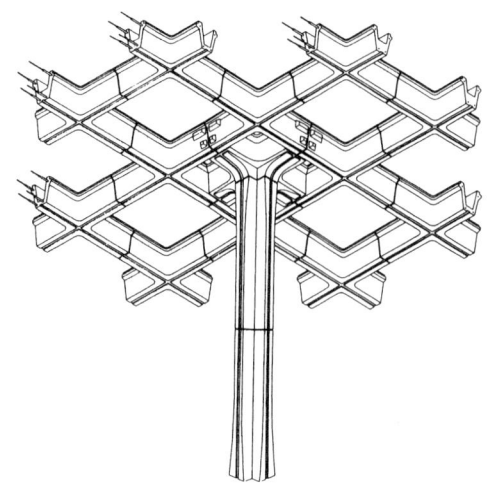

图1 预制装配式井字形楼板的构成图

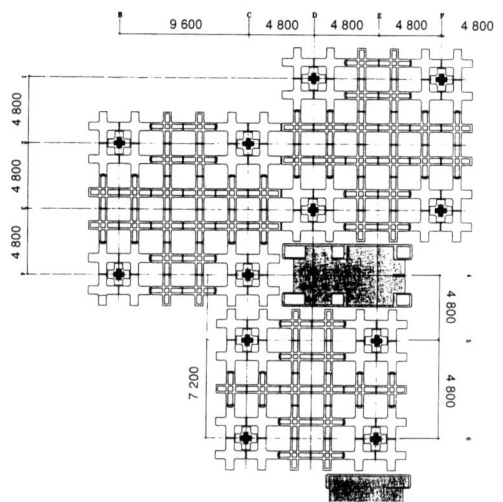

图2 标准层的预制装配式井字形楼板平面图

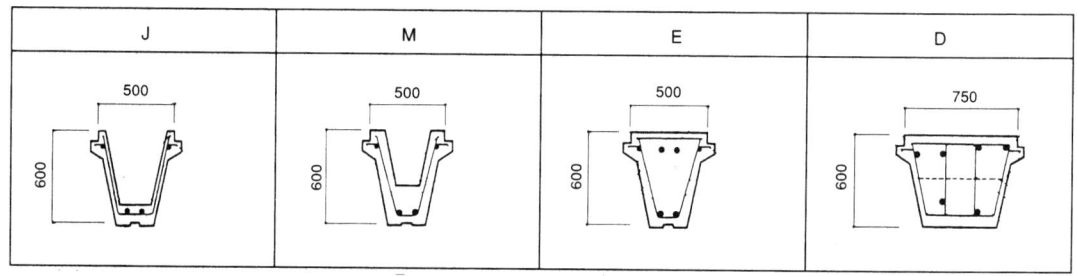

J: 一般部件的截面; M: 内力大时的部件截面; E: 柱头上的井字梁部件截面; D: 柱托部件截面
J、M、E 的外形及尺寸相同。D 为 E 的加宽型

图3 十字形单元部件的截面种类

9.6m……) 中的任何一种均可, 而且, 是两点支承, 三点支承, 四点支承无一不可。在这样的情况下, V字形截面的网格内的弯矩的正负号及其大小都会发生变动, 如果将V字形截面做成中空型、半中空型和实心型等三种, 同时, 各自的配筋和预应力值也分成三种的话, 那么, 就完全可以组成具有与各自内力分布相适应的强度的井字梁形楼板。同时, 外形是完全一致的。

因此, 对于这种体系来说, 它能够自由选择平面形状, 便于构成夹层楼板, 而且又能形成由工厂来生产高强度、高品质的混凝土结构的生产体制。

3. 预制井字梁形体系的推广

这种预制井字梁形体系是由建筑师大高正人和结构师木村俊彦协作开发, 并在千叶县立中央图书馆(1968年竣工)的工程中诞生的预制装配式结构体系。但是, 他们开发的这种体系是以其通用性为目的的, 并且, 是以能在形形色色的不同建筑中应用为前提的。

事实是, 在这二位的协作之下, 还有用这种体系建造的杰作, 其一是静冈市农协中心(1969年竣工), 井字形网格尺寸为1.8m, 截面形状只有一种, 只需一套钢制十字形组件的模板便可完成全部部件的制作。现场装配采用的是双向后张法施加预应力的连接方式。

另一幢则是大阪万博的中央门道(1970年竣工)的巨大的平屋顶结构, 井字形网格尺寸为2.546m; 南北门道和廊桥采用的是1.7m网格尺寸。在极短的工期之内, 建成了令人仰慕的美观的井字梁形顶板。

此外, 建筑师高桥靗一和内田祥哉联合结构师木村俊彦利用这种结构体系建成了佐贺县立博物馆（1970年

照片4　在工厂里施加先张法预应力连成整体

照片6　铺设楼板的面板

照片5　在垂直方向施工整体化的后张法预应力

照片7　叠置的预制装配式井字楼板

竣工）。井字形网格尺寸为2.0m，使用的是混凝土模板，而不是钢模板。一般来说，用钢模板生产混凝土制品大约可以周转使用50次左右，如果再多，精度就会逐渐下降了。然而，如果采用混凝土模板的话，制品的生产几乎可以长期进行下去。换句话说，混凝土模板可以大幅度降低模板费用。根据模板自身的刚度，需要适当改变脱模坡度，混凝土模板的侧面脱模坡度要大一些。

（渡边邦夫）

[参考文献]
1)『新建築』1968年10月号
2)『建築文化』1967年5月号，1968年10月号
3)『PS コンクリート』1968年10月号

026 广场大饭店

减震墙的起点

关键词 柔性抗震墙、预制装配式、狭缝型连接板

照片1 外观

房屋建筑概要

〈建筑概要〉

地　　　址：大阪市大淀区大淀町南2-2
主要用途：宾馆
设　计　者：大成建设一级注册建筑师事务所
结构设计者：同上
施　工　者：大成建设
建筑面积：4095.50m²
总建筑面积：50422.25m²
层　　　数：地下3层、地上23层、屋顶层3层
檐　　　高：77.00m、最高点88.00m
竣工年月：1968年9月

〈结构概要〉

结构类别：地下三层～一层＝钢筋混凝土结构
　　　　　地上一层～四层＝劲性钢筋混凝土结构
　　　　　地上五层～二十三层～屋顶层＝钢结构
结构类型：短边方向(低层部分)框架剪力墙结构
　　　　　(高层部分)框架
　　　　　柔性剪力墙结构
　　　　　长边方向(低层部分)框架剪力墙结构
　　　　　(高层部分)框架结构
基础类型：桩基础

1. 建筑规划

广场大饭店是与原有建筑物——朝日广播电台和大阪电视塔建在同一块建设用地上的。四周被道路包围的同一建设用地内，其面积约为1.67公顷，建筑总面积达到约80000m²的规模，营造出了被称为"ABC中心"的一个街区。

该大饭店由低层部分的4个楼层和高层部分的19个楼层构成，分为地面和基座两个高程，分别作为车辆通行的领域和供人来人往的不同领域使用。

对于地面，为了合理解决有秩序的交通及场地内的交通安排，将地面上与地下的汽车库设计成能够连环使用的一体化车库。低层部分的立面做成与原有的广播电台的室外罩面颜色相同的瓷砖饰面，这样便可与场地内的原有建筑群融为一体，并将低层部分建成结构所要求的基座，而基座上则最大限度地加以庭园化，以其幽雅宁静与喧闹的地面形成鲜明对比。

2. 结构规划

在结构方面，长边方向采用纯框架结构，而短边方向则采用框架加抗震墙结构，两个方向基本上都属于"柔性"设计。在短边方向，作为吸收地震力的手段，采用的是按新规范开发的柔性抗震墙结构。

这种抗震墙是利用客房之间的隔断墙，将厚度为150mm的预制混凝土板用8个连接板铰接在钢框架的梁、柱之间。这样做的结果可使大厦在出现发生频率较高的中小地震和强风时，其各部分的内力仍处于弹性范围之内，层间变位也会很微小，当出现发生频率低的强烈地震时，又能进入塑性范围，发挥其吸收地震能量的延性。因此，由于赋予了连接板以弹塑性特性，即使在发生大变形的情况下，墙板也不会开裂，只是导致梁柱与抗震墙板之间的柔性耐火饰面构件和连接板产生变位而已。

此外，在结构设计时，进行了振动分析，分析用地震波有EL CENTRO波(1940年)、TAFT波(1952年)、越前冲地震波(1963年)和模拟地震波等。

在地震最大加速度为200cm/s²的情况下，各层的反应

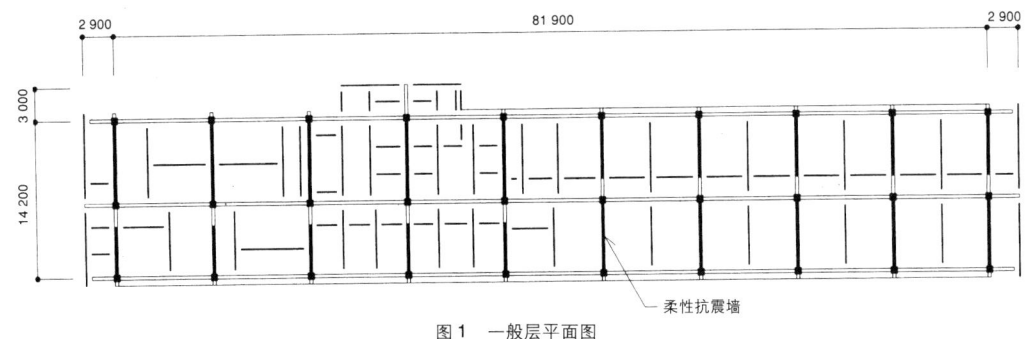

图1 一般层平面图

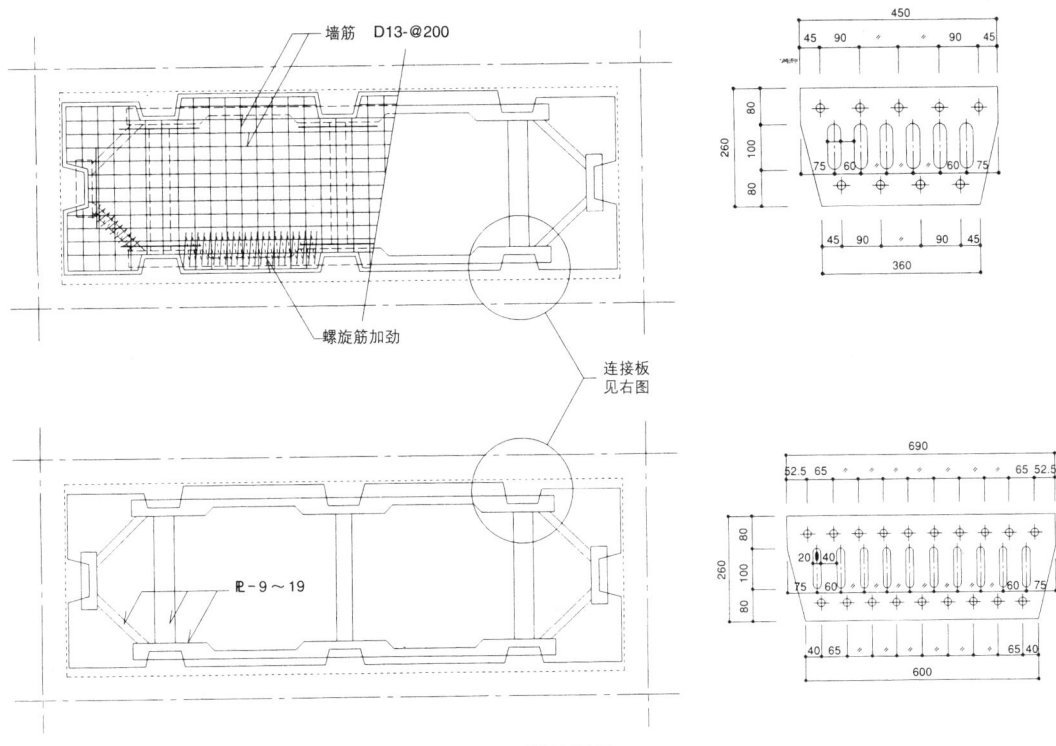

图2 柔性抗震墙详图

剪力一律都在层屈服剪力以下。在柔性抗震墙结构部分，当地震最大加速度达到120cm/s²的水平时，部分进入塑性领域，当达到200cm/s²时，最大塑性率可达2.0。层间剪切角小于1/300，显示了柔性抗震墙的有效性。

当地震最大加速度为300cm/s²时，进入塑性领域的构件增多，柔性抗震墙的最大塑性率可达3.0，最大层间剪切角则为1/150。

3. 施工概要

在施工方面，包括柔性抗震墙在内，最大限度地做到

了柔性化。此外，在基础施工中，采用大成建设开发的油压式井筒压入装置使总共90根的大口径深础桩(最大直径为3.80m)施工工期大大缩短。

4. 柔性抗震墙实验概要

(1) 概要

实验的目的在于获取有关柔性抗震墙在剪力作用下的刚度、承载力和塑性性能的设计资料。

作为实验对象的框架有全壁型(FULL WALL TYPE)和半壁型(HALF WALL TYPE)两种，属于拟建大厦可能

109

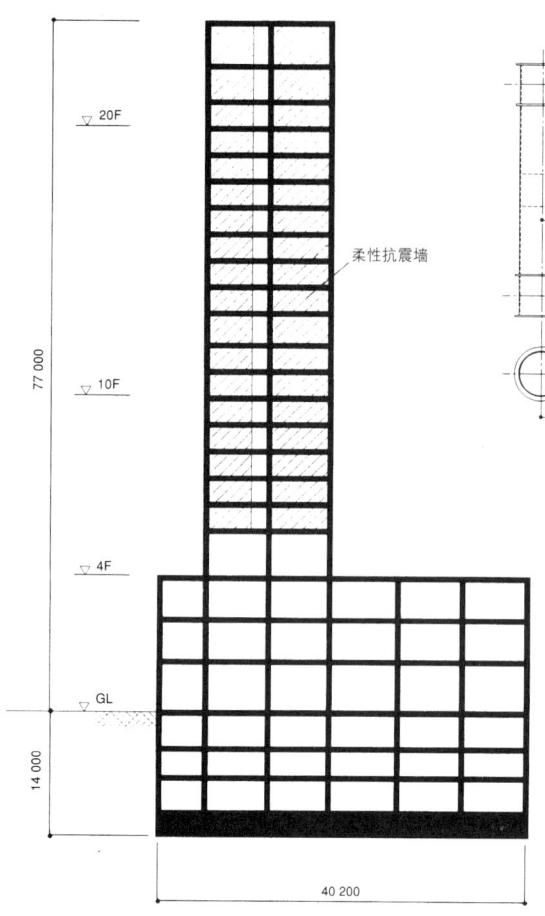

图3　框架立面图

图4　试件

表1　使用材料

	材种	强度及其他
框架	柱 STK400	钢管、混凝土 ALC21 填充
	梁 SS400	H 型钢
	高强螺栓 F9T	μ =0.46
连接板	钢板 SS400	喷砂加工 E=2.1 × 10^5N/mm², σ_y=245N/mm², σ_{max}=400N/mm²
	高强螺栓 F9T	μ =0.46
预制混凝土板	混凝土 ALC21	实验时 F=27.5N/mm², E=1.9 × 10^4N/mm²
	钢筋 SR235	ft=630N/mm²，伸长率10%
	钢板 SS400	

用到的范围，缩尺为1/2。

加力到显示明显塑性状态的点后，做一次正负反复加力后，层间变位约1cm(实际大小时的层间变位为2cm)。图4所示为全壁型试件的形状；表1所列为所用材料。

(2) 实验结果

1) TULL WALL TYPE

正荷载 P=300kN之前是弹性变形，以后继续加力，显示出变形增大的倾向。正荷载 P=460kN 时，没有出现裂缝。在负荷载 P=300kN之前，一直是弹性变形，当 P=400kN 之后，刚度显著下降，当 P=490kN 时，从中央连接板部分发生了斜裂缝。第二次正荷载作用时，比第一次时的刚度略有降低，但是，在 P=350kN 之前仍然处于弹性范围。P=160kN 时，出现斜裂缝。

当超过 P=400kN 时，刚度显著下降，当 P=490kN 时，虽然斜裂缝略有进展，但后来就停止而不再继续开展了。

加力虽然达到了 P=800kN($\delta \approx$ 1.0cm)，但是，预制混凝土板变化不大。这时，肉眼都能发现连接板的变形。图5所示为 P-δ曲线。

2) HALF WALL TYPE

在正荷载 P=200kN 之前为弹性变形，此后，刚度逐渐下降，明显出现屈服状态。当 P=440kN 时，从中央连接板开始出现斜裂缝。后来，斜裂缝随着加力而进展，同时又出现了与斜裂缝平行的很多裂缝。

当 $P \approx$ 500kN 时，连接部分出现多数不规则的小裂缝，当 P=500 ~ 600kN 时，预制混凝土板内预埋钢板与混凝土之间发生剥离。

在负荷载作用时，大致与正荷载的经历相同，也是在 P=550 ~ 600kN 时，预埋钢板发生剥离。

在第二次正荷载作用时，刚度明显下降，与第一次的最高荷载点时变形量基本相同。在后来的加力过程中，变

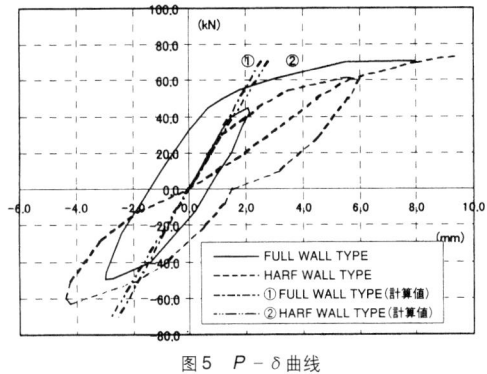

图5　P－δ曲线

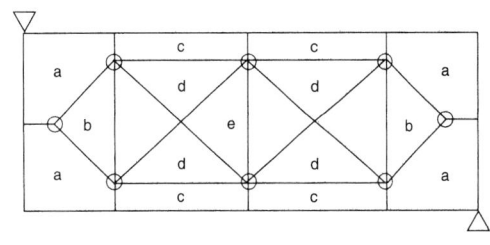

图6　FULL WALL TYPE 分析模型

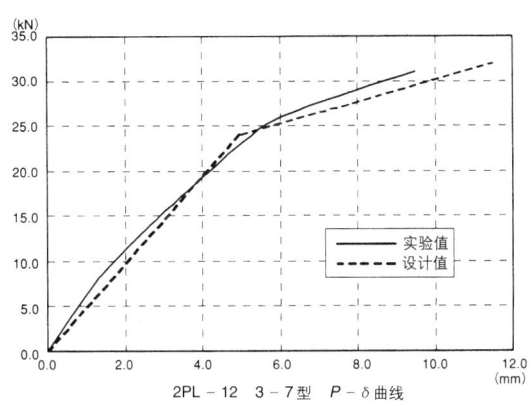

2PL－12　3－7型　P－δ曲线

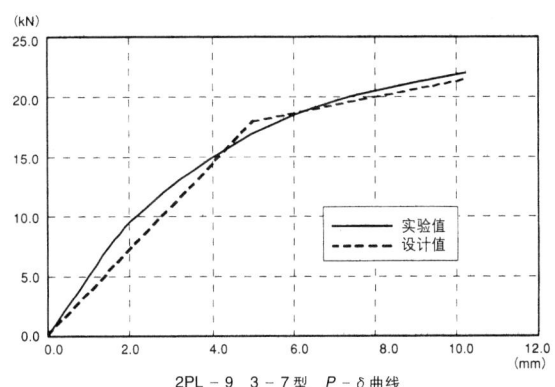

2PL－9　3－7型　P－δ曲线

图7　连接板 P－δ曲线

形显著增大, 当 P=840kN 时, $\delta \approx 1.5cm$。这时, 虽然荷载又有所变化, 但并没出现荷载的急剧下降的情形。图5所示为 $P－\delta$ 曲线。

(3) 柔性抗震墙的刚度

层间变位的 $P－\delta$ 曲线, 如图5所示, 图中虚线为计算值。计算值是基于下述假定求得的:

1) 将连接板置换成具有等效变形的受弯构件;

2) 将预制混凝土板置换成具有等效变形的超静定桁架;

3) 利用考虑弯曲、剪切和轴力的内力分析程序计算置换成等直构件的结构。

实验值与计算值在弹性域内相当一致, 但是, 屈服点的位置和屈服点以后的刚度下降有些偏离。

屈服后的延性是足够大的。

(4) 连接板

对柔性抗震墙的刚度影响最大的部件是连接板。所以, 合理确定连接板的弹性模量和屈服剪力是柔性抗震墙分析的关键。

在这次实验过程中, 事先对连接板局部做了单独的加力实验, 其刚度及屈服剪力按图7确定。

(小椋克也)

1970 ~ 1979

027

■经济界的事件
从高度增长走向稳定增长——环境问题深刻化

	经济界的事件	建筑结构界的事件
1970	1970 大阪万博 1970 日本的出口额第一，钢铁为 14.7% 　　　(1980 年以后以汽车为第一位) ·第三产业从业人口 46.5%(1970)→55.4%(1980)	1970 大阪万博：建筑技术博览会 1970 年代 普及使用气体保护电弧焊 1970 年代初 超过 200m 的超高烟囱
1971	1971 成立环境厅 1971/8 尼克松风波→日元升值(1 美元 =308 日元)	
1972	1972 罗马俱乐部建议：增长限界 1972 日本列岛改造计划	
1973	1973/2 推行汇率变动的市场制 1973/10 第一次石油危机 1973 钢铁生产 1.2 亿吨(历史最高，世界第 3 位)	1973 住宅建设户数达 190.5 万户(历史最高)
1974	1974/2 物价飞涨：基础年利率为 26.3% 1974 战后第一次出现负经济增长	1974 新宿新都心的超高层大厦(高度达 200m)
1975		1975 千代田报告：不良钢结构问题 1975 伪劣商品混凝土问题
1976		
1977	1977 普及率 = 彩电 98%，小轿车 55%	036　　037　　038
1978	1978/12 第二次石油危机，节能法开始实施	
1979	1979 1980 年代后半期日本经济力达世界第一	超高层住宅(1979 年芦屋滨，1980 年太阳城 G 栋)

028　　　　　　　029　　　　　030　　　　　031　　　　　032

■建筑100例展示的结构技术

033

034

035

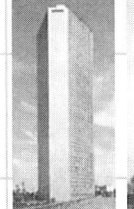     

039　　　040　　　041　　　　　042　　　　043　　　044

027 帝国大饭店主楼

日本最早的焊接箱形柱梁结构体系

关键词 钢框架结构、钢结构工程的高效性、焊接管理、焊缝缺陷、半自动焊

照片1 正面入口景观

照片2 朝日比谷公园方向的建筑立面

房屋建筑概要

〈建筑概要〉

地　　　址：东京都千代田区内幸町 1-1-1
主 要 用 途：宾馆(客房 900 间)
设 计 者：高桥建筑事务所 高桥贞太郎
结构设计者：武藤研究室 武藤清
施 工 者：鹿岛建设、清水建设、大林组 JV
建 筑 面 积：11414m²
总建筑面积：121833m²
标准层面积：4011m²
层　　　数：地下 3 层、地上 17 层
檐　　　高：61m
竣 工 年 月：1970 年 2 月

〈结构概要〉

结 构 类 别：低层部分 B1B2= 钢筋混凝土结构、1F～4F= 劲性钢筋混凝土结构
　　　　　　　高层部分 B3= 钢筋混凝土结构、B2～4F= 劲性钢筋混凝土结构、5F～PH= 钢结构
结 构 类 型：框架结构
基 础 类 型：低层部分 = 现场灌注桩、高层部分 = 板式基础

1. 建筑规划

自从 1886 年(明治 19 年)，帝国大饭店作为日本欧化政策的产物之一诞生以来，接待国内外要人，是一家跻身于国际上的外交舞台，具有光荣历史的宾馆。

设计者怀着尊重这一传统和格调的心情，在设计时，有鉴于通车不久的新干线和大阪万国博览会的举办等，力求规划成一家与时代相称的都市型大饭店。

建设用地三面临街。将饭店正门设在面对日比谷公园的西侧，为使内外交通顺畅，而且又能适应未来的变化，在总平面布局上，采取了将大厦周边全部设置入口通道的开放型规划方案(图 1)。遵循当时的行政指导意见，将檐高定为 61m，因此，为了高层部分的 778 间客房数，将高度定为 17 层高，并且平面为十字形(图 2)。另外，将周围的低层部分作为陪衬，设计成向四外扩展的，并结合周边环境，加以全面规划。

2. 结构规划

该大厦由中央的高塔式楼宇与周围的低层房屋构成。结构类别的选定，如图 3 所示，力求发挥各自的力学上的特点。

从抗震的观点出发，为减轻高层部分的自重，全部采

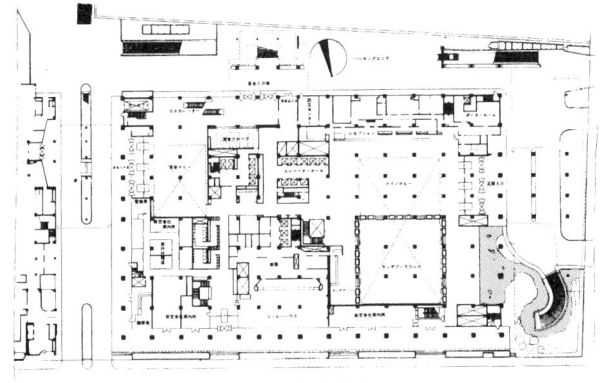

图1 总平面图

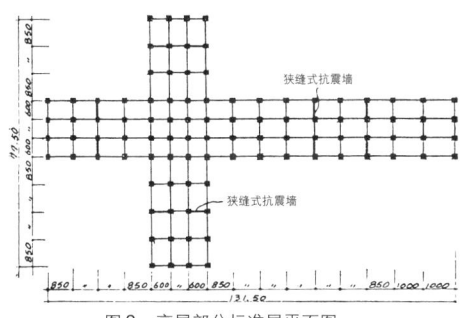

狭缝式抗震墙

狭缝式抗震墙

图2 高层部分标准层平面图

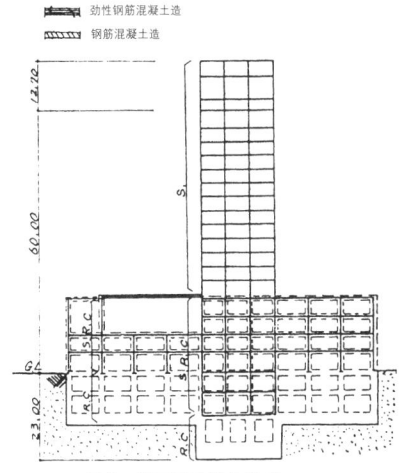

钢结构
劲性钢筋混凝土造
钢筋混凝土造

图3 剖面图及结构类别

用钢结构，而楼板采用宽波纹钢板加轻混凝土的复合楼板。此外，为了使钢框架在地震时，能够均衡地承受地震力的作用，充分有效地利用了狭缝式钢筋混凝土抗震墙。这种墙不仅抗震性能好，同时，在台风来袭时，还有抗风的功能，从而使客房的居住舒适性得以提高。为了赋予平面规划上的自由度。高层部分的柱截面采用箱形，低层部分则采用配有十字形型钢的劲性钢筋混凝土结构。

3. 结构设计

在进行这幢大厦的结构设计时，制定了下列设计准则，这些准则提前体现了后来于1981年修订的抗震规定和1998年制定的性能设计的思想：

(1) 确保安全性

- 水准Ⅰ：在经受数年一度的地震和台风侵袭时，框架处于弹性范围(地面运动加速度相当于100Gal)。
- 水准Ⅱ：在使用期间遭遇地震烈度为5度的地震作用时，允许装修材料等有轻微损坏，但是框架仍处于弹性范围（地面运动加速度相当于250Gal）。
- 水准Ⅲ：万一在使用期间遭遇了强烈地震时，结构不许倒塌，以确保人身安全（地面运动加速度相当于400Gal

以上）。

(2) 提高居住的舒适性

- 有效发挥狭缝式抗震墙初期刚度高的特点，当出现强风和小地震时，能给人们提供不产生令人不安的居住场所。

(3) 提高生产率和可靠性

- 大量使用焊接和高强螺栓
- 大力推行系统化和标准化，提高结构的生产率和可靠性。

4. 施工概要

大厦的建造工期是1968年3月开工，历时24个月。这是因为采用了下列施工技术，才达到目的的。

(1) 背撑施工法

背撑施工法在今天早已不是什么新鲜事了，但是，当时作为新的施工方法，备受人们关注。采用这种施工法的理由如下：

- GL-22m以上的土层为软弱的粉砂层，有20万m³需要挖掘。
- 在进行全面开挖时，防止对相隔9m的正在运行的地铁的影响，以及避免周围道路的下沉。
- 防止土压导致的变形和防止施工事故，稳定施工过程。

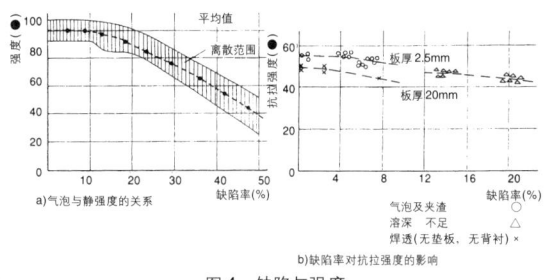

a) 气泡与静强度的关系

b) 缺陷率对抗拉强度的影响

图4　缺陷与强度

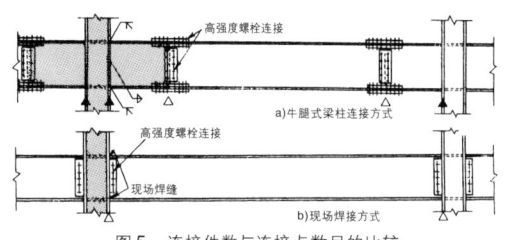

a) 牛腿式梁柱连接方式

b) 现场焊接方式

图5　连接件数与连接点数目的比较

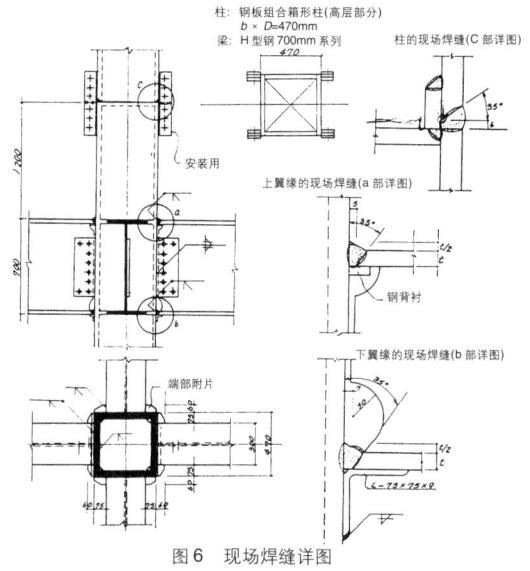

图6　现场焊缝详图

(2) 现场焊接施工

近年来，现场焊接技术在中高层建筑中的应用早已是司空见惯的了。在日本建筑中心审定过的高度达到60m以上的钢结构建筑中，采用现场焊接的占6成以上，总建筑面积几乎达到8成的普及程度。

然而，这在当时，可是日本以前从未有过的尝试，何况还有主张焊接必须在工厂车间内进行的反对者的论调存在。可是，在设计者展示他所主张的焊接质量管理的现场转移论和工厂制作构件数的减少给钢结构工程的生产合理化所带来的工程进度和造价上的好处后，终于获得了反对派的理解。

5. 现场焊接施工

(1) 工程概要

钢结构安装：1968年5月17日~1969年5月23日

总建筑面积：114791m²

钢材用量：13000t　SM50A，低层部分的梁腹板SS41

钢结构加工及焊接施工企业：东京钢桥、川崎重工、横河桥梁、汽车制造、宫地铁工

(2) 焊缝缺陷的容许程度

不论是工厂焊接，还是现场焊接，没有缺陷是不可能的。但是，如果完全站在连对结构承载能力没有妨碍的缺陷都不容许的立场上的话，那么，焊接结构就无法设计和采用了。这是一个关系到焊接连接的可靠性问题。

首先，为了弄清这一问题，从文献调查获得了原子能委员会NDT分委员会的报告"原子反应堆结构用钢焊缝的无损伤检查图像及其机械强度的相关性的研究"以及石

井勇五郎博士以题为"焊缝缺陷和强度"的论文，以及渡边正纪博士的相同论题的论文。这些论文使我们勇气倍增。那是因为在这些论文中，详细论述了溶深不足、夹渣、气泡等焊缝缺陷与焊接姿势和机械性质的相关关系(参阅图4)。这些焊缝缺陷是完全可以通过焊接的质量管理等途径加以防止的，幸好，我们的施工企业都有很高的技术水准，在实际操作中，完全可以解决。

(3) 提高生产效率及施工可靠性

如图5所示，为了对比，一并绘出了以往普遍采用的牛腿式焊接方法和这里采用的现场焊接法。

在现场焊接施工技术中，是将梁的腹板用高强螺栓连接在柱上，而上、下翼缘则采用俯焊的对接焊缝与柱子相连(图6)。由于现场安装只需腹板采用高强螺栓连接，劳动生产率显著提高。焊接时，考虑到收缩变形，在平面上，要划分区段，因为安装是从低层向高层进行，所以，焊接作业过程中，没有关键操作(图7)。

照片3　建设场面

116

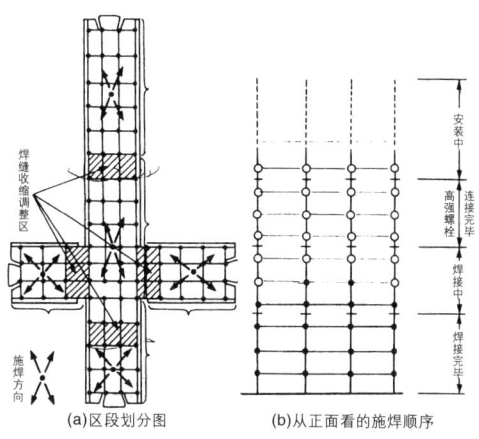

(a)区段划分图 (b)从正面看的施焊顺序

图7 施焊顺序

表1 现场施工监理表

1970年5月23日							
天　气　晴 风　速　8m/s 气　温　20℃ 湿　度　80% 作业时间　13:00-15:00 检查员姓名　上田升 监理负责人　佐藤邦昭				KEY PLAN			
1	2	3	4		5	6	7
部位	焊工姓名	焊前检查	焊中检查		焊后检查		备注

焊前检查: 板厚mm / 焊根间距 / 垫板缝隙
焊中检查: 首层焊迹 / A安培 / V伏特 / 焊道数目
焊后检查: 背面(焊迹 / 焊脚长度) / 表面(焊迹 / 焊脚长度) / 评价

| D-3
(W上) | 松下英二 | 25 | △ | ○ | △ | 410 | 29 | 12 | △ | 5 | ○ | 12 | OK |

记载要领
焊根间距: ○: 5mm以上 △: 3-5mm ×: 不足3mm
垫板缝隙: ○: 0-1mm △: 1-2mm ×: 超过2mm
焊　迹: ○: 无咬肉, 焊迹表面高低差为1mm以下
△: 咬肉0.5mm 焊迹表面高低差为2mm以下
×: 咬肉大于0.5mm, 有搭叠
有×号者要反工。
(3).(4)中被判为×号者要受超声波检查

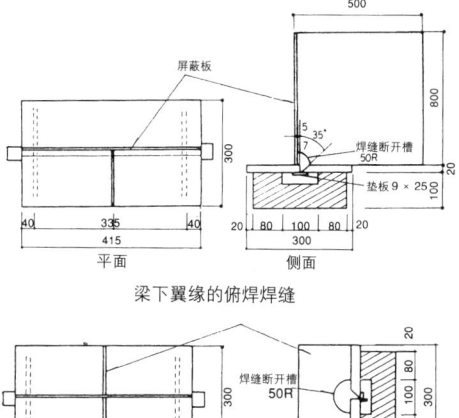

梁下翼缘的俯焊焊缝

柱的立焊焊缝

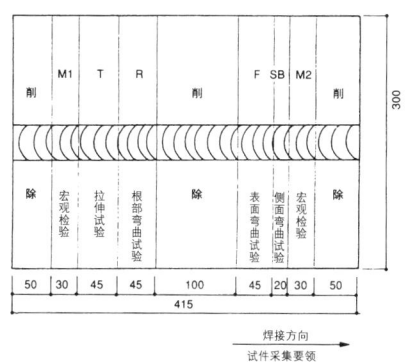

图8 确认技术水平用的试件形状及试件采集要领

(4) 焊接施工

人们了解到, 焊缝缺陷都集中在焊缝的根部, 所以, 二、三层以下采用手工电弧焊, 小心施工, 再往上, 则采用劳动生产率比较高的半自动焊。焊前预热是要进行的, 一方面为防止裂缝, 另外除掉水分也是目的之一。作为设计监理, 不能依靠事后检查, 应该实行过程管理。

(5) 焊接管理

设计者与施工者以实现过程管理为目标, 经协商, 确定了以下步骤:

● 对焊接技工的技术水平进行确认;

● 焊前检查: 坡口形状及焊根间距;

● 焊中检查: 从首层到二层、三层的外观检查;

● 焊后检查: 咬肉、焊珠外观;

● 施焊技工签字;

● 填写焊接管理表(表1)。

6. 结语

一般来说, 高层建筑中, 同一平面的标准层多为跃层, 因此, 施工作业多有反复, 若结构采取系统化的方式, 那么, 可以在生产技术上收到良好效果。

对于帝国大饭店来说, 与已往的牛腿式的现场安装方式比较; 可以节约钢材达20%, 加工工时的降低促使造价下降, 可以说, 达到了资源省、劳力省的设计方针所预期的目标。

本文主要是从下边的参考文献1)中转载的, 同时, 还参考了2)和3), 因此, 公司名称、术语和计量单位都沿用了当时的, 请谅解。

(佐藤邦昭)

[参考文献]
1) 佐藤邦昭『鋼構造の設計』鹿島出版会, 1971
2) 监修: 武藤清『超高層建築の溶接』武藤研究室, 1973
3) 『日刊建設通信』1970年3月7日付記事

028 EXPO′ 70 庆典广场大屋顶

向庞大空间网架的可能性挑战

关键词 空间网架、铸钢节点、顶升施工法、充气膜板、透明膜屋顶

照片 1 俯瞰外观　　　　　　　　　　　摄影(1、4): 彰国社摄影部

房屋建筑概要

〈建筑概要〉

地　　　址: 大阪府吹田市千里丘陵
主 要 用 途: 日本万国博览会基干设施
设 计 者: 丹下健三十都市及建筑设计研究所
　　　　　　双星社竹腰建筑事务所
结构设计者: 坪井善胜研究室
　　　　　　川口卫结构设计事务所
　　　　　　平田建筑结构研究所
施 工 者: 大林组、竹中工务店、藤田组 JV
建筑面积: 27987m²
总建筑面积: 27987m²
檐　　　高: 37.748m
竣 工 年 月: 1970 年(1977 年遗迹地区利用规划改变时拆除)

〈结构概要〉

结 构 类 别: 钢管结构
结 构 类 型: 空间网架

1. 主要特点

①平面为100m × 300m的巨大双层平面的空间网架，6柱支点直接显露在外，荷载传递路线明确顺畅;

②这里的屋顶结构不同于一般的屋顶，在屋顶的怀抱中，还有一座2层的博览会陈列场。因此，不仅是规模庞大，荷载的密度也非寻常屋顶可比;

③为了合理解决强大的外力的传递，在空间网架的节点上，使用的是独自开发的球形铸钢节点。

④这种铸钢节点具有极佳的误差吸收功能，属于完全的机械式连锁。

⑤该工程项目的最大特点之一是，由于在设计阶段，该遗址地区的利用规划尚未最后敲定，所以，要求将结构设计成既可永久利用，同时又能在使用若干年后，将其解

体拆除。

⑥于是，设计出了只需将"建造"程序反将过来，便可方便"解体"的连接方法和建设程序。机械式连锁是最适合这一目的的，再加上，与顶升施工技术相配套的细部设计，所以，解体时，只需将这大屋顶下降到视线的高度，便可进行拆除。

⑦大屋顶的屋面是用大约270块10m×10m的充气透明膜板铺设而成的。这种用双向延伸的饱合聚乙烯薄膜来制作的充气膜屋面是世界上最早的大规模透明薄膜屋面。

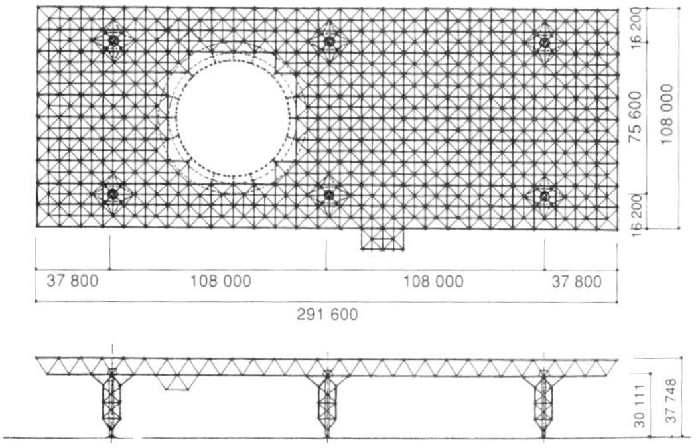

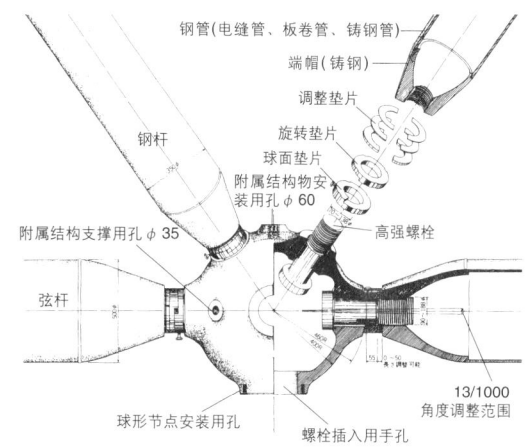

图1　结构简图

2. 结构概要

该庆典广场的大屋顶结构是宽为108m、长为291.6m、高为7.637m的空间网架，上、下弦面由10.8m见方的正方形网格组成，两个弦面之间用长10.8m的斜杆构成的三角锥相连，从而形成双层网状结构体系。大屋顶用6根柱支承在离地面30m的高度处(照片1，图1)。

屋顶结构的上下弦杆为外径500mm，斜杆为外径350mm的标准尺寸钢管，并由外径为800mm的中空铸钢球节点连接而成的整体，钢管与球节点是用嵌在球节点内的高强度的大直径螺栓连接起来的(图2、照片2)。大屋顶的支柱也是空间桁架状，由1800mm的主柱和4根侧柱(外径为600mm)，以及将它们连接成桁架的斜杆、横杆和支撑组成。柱与大屋顶为刚接，而柱脚为铰接。网架共有639个节点，杆件2272根，总重量4240吨，加上装修和活荷载后，为9300吨。

大屋顶结构全部在地面上组装成型，然后，顺着柱子顶升就位。就位后，组装侧柱，并与主柱连接起来，大屋顶支承在侧柱的柱头上。连接主柱和侧柱的斜杆是在现场焊接在主柱上的。在大屋顶网架与主柱的连接部位采用了满足屋顶顶升要求的特殊柱头节点(图4)。

大屋顶用专门开发的板状透明的充分屋面覆盖。透明薄膜所用材料为双向延伸的饱合聚乙烯薄膜。

3. 节点的机理及内力

在设计该大规模空间网架时，至关重要，也是最困难的问题是安装时的累积误差的处理。随着空间网架的组装的进展，各阶段的最前端的节点坐标在采用以往的固定不变方式的施工法时，误差累积的情况十分严重。在

图2　铸钢节点的机理

照片2　铸钢节点

这里，对于该网架体系，在设计上，赋予各节点坐标以独立性，并在节点处赋予了吸收毗连节点间的误差的功能，使误差不能积累。包括节点安装误差在内，赋予每个节点坐标以±10mm的公差作为坐标测定误差。关于角度误差，可借助球形节点与螺栓之间的球面移动，而关于长度误差则通过调整球形节点与杆件端帽之间的垫片厚度加以吸收(图2)。当节点处的调整工作完毕后，用风动锤旋动垫片加以紧固。

至于球节点的内力和变形是按开口有环形加固件的球形薄壳进行分析的，借助足尺实大模型实验(拉伸和压缩)，对球节点的弹塑性性状和极限承载力进行了确认。

4. 顶升施工

利用设在6根主柱上的千斤顶，将在地面上组装完毕的大屋顶结构顶升到距地面30m的高度。所用的千斤顶是当时具有最大起重能力的美制高压气压千斤顶(起重力为450t/台，空气压力为25kg/cm²)，每根柱上各两台，串联配置，一定不要使千斤顶的力偏心地作用在柱头上，为此，特地设计了机械式的均压器(均衡传递系统)加入力系之中(图3)。

顶升顺序如下：

0) 在地面上组装完毕；

1) 沿主柱顶升开始(照片3)；

2) 侧柱组装开始(柱脚加固)；

3) 顶升完毕，向主柱转移荷载，实现就位；

4) 柱完工，柱脚铰接化。

当顶升完成后，在相当于收藏在柱头节点内的斜向承力螺栓位置的主柱表面，从主柱内部用气割方法开出4个400mm×800mm的孔，然后拉出承力螺栓(φ175-4根/柱)，在主柱内的螺栓底座紧贴主柱内壁之后，卸下千斤顶的压力，解放千斤顶的夹持器，屋顶荷载便转移到了承力螺栓上。接着再旋动水平螺栓，再固定在主柱表面的承压板的位置上(图4)。

这样的荷载转移过程是柱头固定作业，要在6根柱上顺序进行，每一处需要6个人操作，耗时4小时完成。接着再进行其余的加劲桁架和斜撑的装配作业。当所有这些作业完毕后，切断主柱柱脚的固定板，使柱脚进入铰接状态，至此，顶升施工完结。

5. 透明充气膜板

大屋顶的屋面面积为27600m²，是用边长为10m的透明充气膜板243块覆盖着(图1、照片1)。充气膜板的剖面呈凸透镜型的剖面形状，上、下层都是由双向延伸的饱合聚乙烯薄膜制成(图5、6)。薄膜材料的最大宽度为1100mm，水平两个方向相互搭接起来使用。

薄膜材料在延伸方向的断裂强度为150N/mm²，断裂伸长率为200%，是一种具有出色机械性质的材料，算得上是供透明膜结构的好材料，在本设计采用这种材料之前，早已广泛用于衬衫领芯和磁带录音机的外壳。本设计中所采用的薄膜厚度视用途不同，为50～250μ(图6)。最外层的薄膜，不论上下，一律采用抗紫外线性能优越的高耐候性薄膜，此外，上层薄膜的下面采用的是真空镀铝的热反射薄膜。上下层的薄膜厚度总计只有2.2mm。

为防止充气膜板内部结露，经常充入干燥空气，平时的空气压力为50mmAq，台风来袭时，调高为100mmAq。薄膜的内力及变形通过非线性分析方法计算，并借助足尺实大实验加以确认。

到拆除为止的8年间，对实物的充气膜板的薄膜，分层切取试件进行老化检查。8年后的机械性质仍为断裂强度约为120N/mm²，断裂伸长率为100%，处于完全可保证使用的状况。

(川口　卫)

[参考文献]
1) 『建築文化』1969年11月号「特集：EXPO'70-1」
2) 日本鋼構造協会編『スペース・ストラクチュアーの設計と実例』鹿島研究所出版会，1971年

照片 3 顶升过程中的大屋顶

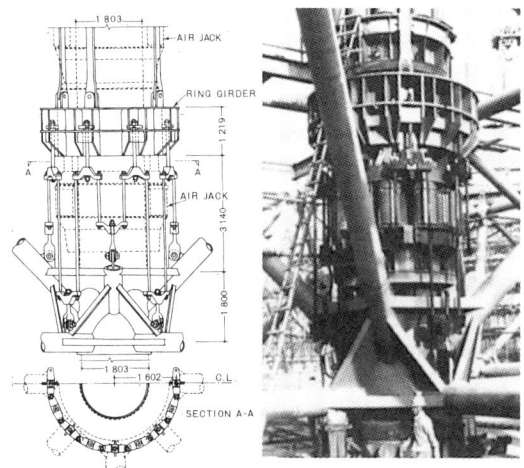

图 3 起重机构及均压器

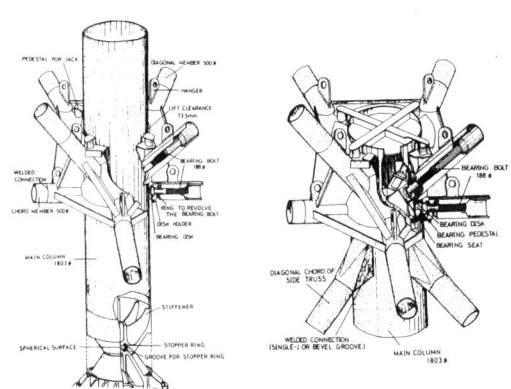

图 4 安装、解体两便的柱头节点

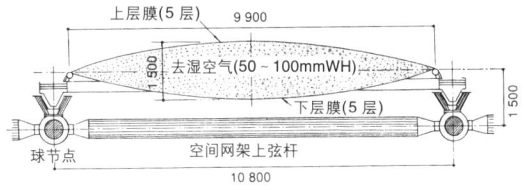

图 5 充气膜屋面剖面图

照片 4 仰视透明充气膜屋顶

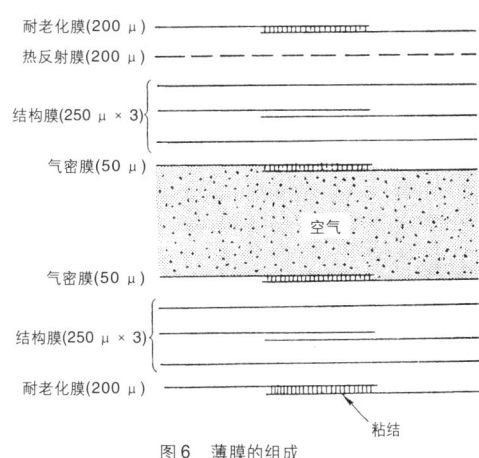

图 6 薄膜的组成

121

029 EXPO′ 70 富士集团馆

向管状充气膜结构的挑战

关键词 膜结构、充气膜、大阪万博、充气膨胀型结构

照片 1 外观

房屋建筑概要

〈建筑概要〉

地　　　　址:	大阪府吹田市千里丘陵
主　要　用　途:	展览馆
设　计　者:	村田 丰
结 构 设 计 者:	川口 卫
施　工　者:	大成建设
充气膜加工及施工:	太阳工业、小川帐篷
建　筑　面　积:	3369m²
总 建 筑 面 积:	3772m²
竣 工 年 月:	1970 年 1 月(1970 年秋, 万国博览会后解体)

〈结构概要〉

结 构 类 别:	充气膨胀型膜结构
平 面 长 度:	50m
最 高 高 度:	31m
中 央 高 度:	25m
软 管 直 径:	4m
内　　　　压:	平时 =800mmAq, 强风时 =2500mmAq
充 气 装 置:	多级蜗轮风机 2700mmAq, 115m³/min × 2 台
电　　　　机:	90kW × 2 台
基 础 类 型:	直接基础

1. 大阪万博 EXPO′ 70 以前的充气膜结构

利用空气压力使薄膜材料产生张力, 从而使具有一定刚度的充气膜结构技术得以确立, 从室内装饰到大空间结构, 现在已被广泛应用。说起来, 充气膜结构是受到气球的原理启发的, 实际上, 作为空中飘浮的结构物, 18 世纪的凡尔赛宫中的 Montgolfier 兄弟的热气球就是保存到现在的记录。后来, 1946 年美国的穹顶型雷达罩当属最先实现的充气膜结构的建筑物。此外, 1960 年美国原子能委员会的移动式展览馆(长 90m, 宽 38m, 高 15m)和 1962 年的 Frei Otto(德)等人的著作《Tensile Structure I Pneumatic Structures》推动了充气膜结构在全世界的流行。

日本是在 1960 年引进了这一世界性的技术的, 1963 年在茨城县鹿岛建起了直径 30m 的充气膜结构的穹顶型

雷达罩，1966～1967年，大阪滑冰场的屋顶采用了充气膜结构。1967年召开了第一届国际壳体空间结构学会会议（德国），明确了充气膜结构的发展方向和共同体制，并编辑出版了最早的有关充气膜结构的论文集。从那时起，充气膜结构可以说是进入了黎明期，远未达到如今这样明确的分为 air-supported structure(空气支承型结构)和 air-inflated structure(空气膨胀型结构)的状况。

在日本，关于充气膜结构的正式的研究、实验和开发是针对大阪万博EXPO'70进行的。结果，除了大阪万国博览会中的富士集团馆之外，还有美国馆、电力馆、蘑菇形房屋和庆典广场的大屋顶等，使得充气膜结构获得了广泛应用。

2. 富士集团馆的设计

富士集团馆的平面形状为圆形，直径50m。由截面直径为4m，长度相等(73m)的16个充气拱券所覆盖，从而，实现了净空很高的开放型的内部空间，此外，与马鞍形的独特外观相结合，使得该馆博得了好评。在构造上，每隔4m间距配置一条用帆布制作的宽为50cm的横带，将密排

的拱券连接成一体，成功地赋予其空间效应。这些横带相对于密排拱券的包络面而言，呈测地线状的位置排列，不仅形状上特点突出，而且在结构整体性的形成上，也算得上是一项睿智的设计。

由于这是一幢当时来说没有先例的大规模建筑物，所以，本项目的规划和设计完全是在独自研究和独家开发的情况下实现的。归纳起来，介绍如下。

(1) 形状决定问题

建筑师的定义是："将长度和粗细完全相同的拱群沿着圆形平面周边密接地排列起来，并使拱与拱之间形成连续的接触线。"为了按此定义来决定形状，首先就要使拱脚处的拱轴线与地面垂直，再加上，拱券长度一律相同，以及拱与拱密接排列的条件，于是，整个建筑的结构造型就自然定出来了。

(2) 膜材料的选择及开发和容许应力的设定

在挑选膜材料时，当时可供选择的充气膜结构的被膜材料有棉布、塑料薄膜、玻璃纤维加强塑料、玻璃布和金属板等共五种。根据刚度、强度、断裂伸长率、接合技术、工艺性能和吸收尺寸误差及加工精度而导致的安全性、使

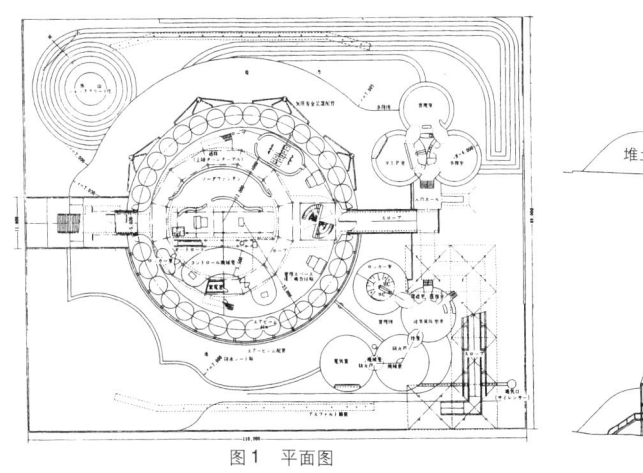

图1 平面图

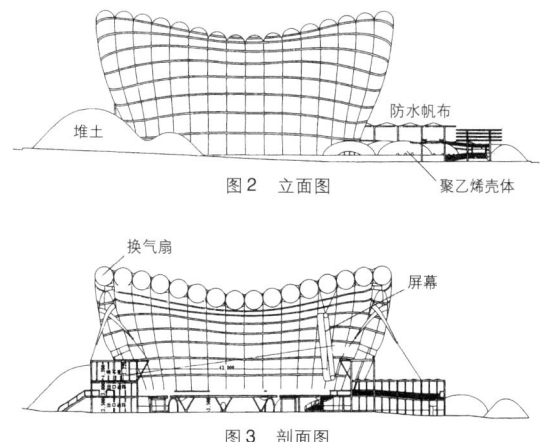

图2 立面图

图3 剖面图

表1 帆布的物理性质(单位: kg/cm)

使用部分	材质	单向公称强度	容许拉应力		弹性模量
			长期	短期	
充气梁本体	维尼龙布表面海帕隆加工	400×400	27	80	1700 单轴纬线方向
横带	维尼龙布表面海帕隆加工	600(×300)	60	160	2000 双轴纬线方向

用经验及技术上的积累等多方面的比较，最终选择了"布"。为满足作为充气膜结构重要性能要求的气密性，以帆布来承力，再与经过PVC加工的防水帆布粘结在一起，便可防漏气，外面再涂以氯磺酰化聚乙烯合成橡胶后，便开发出了高性能的膜材料。另外，在接合部再追加气密膜等，以便确保气密性。根据本设计进行过程中所做的实验得知，缝制强度为母材强度的80%～85%，而双向抗拉强度只有缝制强度的80%，这样一来，双向缝制强度只能按母材强度的60%来考虑，并将安全系数定为3，短期容许应力就这样定下来了。在将帆布用于充气膜结构时，在将来破损部位会产生撕裂现象和徐变现象，有鉴于此，将容许应力设定为断裂强度的1/15左右，以策安全。

(3) 充气梁的受力机制

充气梁是当时对其受力机制尚不十分清楚的"空气膨胀型构件"的一种，借助对充气梁的抗轴力、抗弯和抗剪的受力机制的了解和定型化，并用来对充气拱进行了分析。此外，为了确认分析结果的可靠性，还做了拱模型实验。根据实验，掌握了在抗剪和抗弯的临界承载力以后，还存在向张力场转移的承载力维持现象，并且确认了，在双向拉伸状态下，织布结构的约束效应对荷载——挠度曲线的滞回圈的影响。在高荷载的一侧，受抗弯刚度降低

的影响，导致理论值与实验值之间出现了误差。

(4) 基于理论分析的讨论(铅直荷载及风荷载)

以铅直荷载和风荷载作为研究对象，对整体模型进行了分析。拱在轴方向的滑移认为有摩擦力的约束，下边对水平拉结部件——横带的刚度加以评价。关于风荷载，有日本大学多治见宏研究室所进行的1/125模型在20m/s、25m/s及30m/s的三种不同风速下的风洞实验，求出的41点的风压分布，所得结果表明，风速不同，对风压系数的分布的影响是很小的。

此外，利用45节点的集约化模型，编制了考虑几何非线性的收敛计算程序，并进行了分析，可以说，设计是在驾驭当时最尖端的电子计算机技术的情况下进行的。

表2　设计荷载

铅直荷载		
拱券本体	5.0kg/m²	
连接铁件	1.0kg/m²	
落水管及横带	2.0kg/m²	
小计	8.0kg/m² →	100kg/m
其他		10kg/m
合计		110kg/m

风荷载	
速度压	$q=150 \cdot (h/10)^{(1/4)}$kg/m²(万博标准)
风压系数	使用风洞实验结果
风力系数	在表中风压系数上加室内压系数 ± 0.2

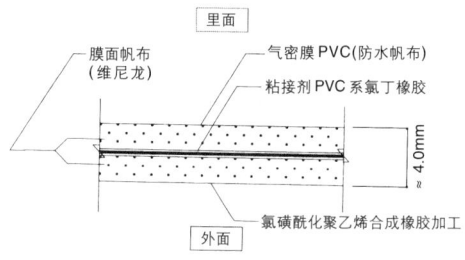

图4　膜布剖面图

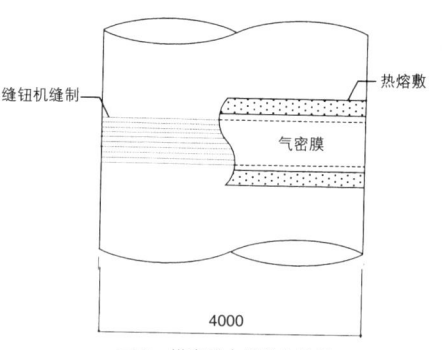

图6　拱券膜布的轴向接头

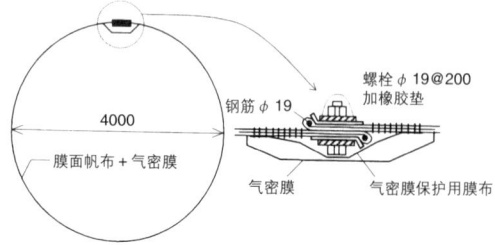

图5　拱券的圆周方向接头

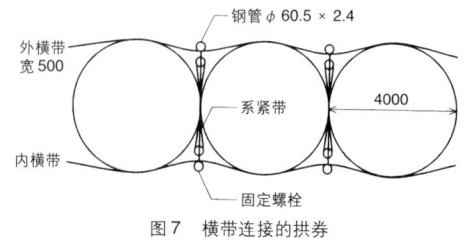

图7　横带连接的拱券

(5) 充气规划及安全装置(供气安全机构)

对于空气内压值相当高的这座充气膜结构来说，必须对充气规划的重要性有所认识，从而实现了高度安全的设计。一榀拱券的必需充气量为64m³(暴风时)，与此相对应，鼓风机的供气能力按230m³/min采用，于是，安全系数为3.6。此外，还制作了部分模型，用来做漏气试验，根据试验结果，求出实际的漏气速度，然后，制定具有充分余裕的充气规划。相反，对于不正常充气而导致爆裂的问题，采用了利用房屋周围的水池水压的独特的供气安全机构，并按拱券的内压相对于大气压力不得大于+0.25kg/cm³的条件加以规划。

(6) 施工规划及安装

充气拱券的安装程序是从中央向两侧一榀一榀地顺次装配，为了达到帮助拱券自立的目的，在拱券的中央拴上一条绳索，并挂在吊钩上起吊，一直到内压达到预定值，中央都要有支撑。每榀充气拱券的重量约为4tf。在固定拱券相互间的连接横带和安装披水板时，使用了用汽车起重机改装的移动式脚手架。

安装过程和大概的作业时间如下：

①将从工厂运来的膜布从馆舍地面中央向外，呈扇状铺开(1小时)。

②将膜布粘合成拱券状(3小时)。

③暴露在大气中的部分涂漆(1天)。

当初的规划是从运到现场到充气建成需时5天，但因天气等原因，实际花了一个星期。

3. 结语

作为圆管型的充气膜结构，在这座大阪万国博览会EXPO′70之后，在日本国内，还可举出一例，那就是1985年东京都内的网球场的屋顶(总面积为1690m²，跨度为45m)。这座富士集团馆的规划、设计、分析、实验、施工过程中的种种研究和探讨，对于包括单层薄膜结构在内的，以及今后的充气膜结构来说，都处于先驱的地位，它所起到的作用是非常巨大的。

(川口　卫，井上哲士朗)

[参考文献]

1) 川口　衞「富士グループパビリオンの構造設計」『総合建築』No.4, 創刊8周年記念号
2) 川口　衞,北村　弘「富士グループパビリオンの構造計画と施工」『カラム』No.33,1969年10月号
3) 北村　弘「富士グループパビリオン(施工)」『建築材料』1969年12月号

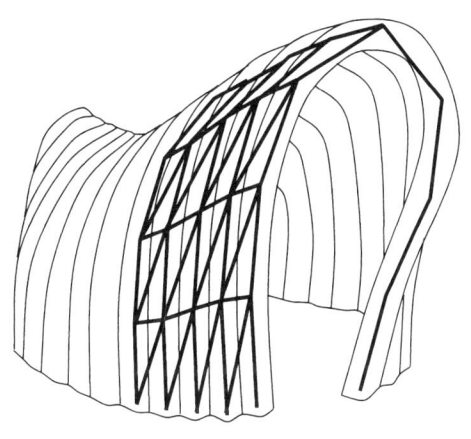

图8　结构分析用的模型

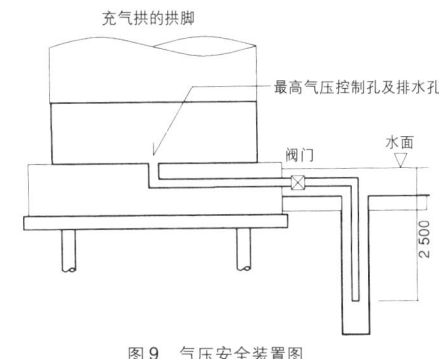

图9　气压安全装置图

照片2　充气拱券的安装作业

030 EXPO' 70 美国馆

向低矢高充气膜结构的挑战

关键词 钢索加固的充气膜结构、充气膜结构、膜结构、穹顶

照片1 俯瞰全景

房屋建筑概要

〈建筑概要〉

地　　址：大阪府吹田市千里丘陵

主 要 用 途：博览会展览馆(临时性)

设 计 者：L. Davis, S. Brody, I. Chermayeff,
　　　　　　T.H. Geismar. R Deharak

结构设计者：D. H. Geiger, H Berger

设备设计者：Cosentini Associates

施工图设计者：大林组

工程监理者：美国陆军工兵队(远东地区)

施 工 者：综合＝大林组
　　　　　　屋顶钢索工程＝神户制钢所、神钢钢线
　　　　　　屋顶膜工程＝太阳工业

建 筑 面 积：9440m²

总建筑面积：7991m²

层　　数：地上2层，地下1层

施 工 期 间：1969年2月～1970年3月(1970年拆除)

〈结构概要〉

结 构 类 别：膜结构

结 构 类 型：大空间屋顶为钢索加固
　　　　　　充气膜结构，内部有钢结构的2层展览厅

充气膜结构：长边142.0m，短边83.5m，屋顶高度6.5m

基 础 类 型：直接基础

1. 前言

在1970年，于大阪举办的日本万国博览会中的美国政府馆(以下简称美国馆)是世界上最早的充气膜结构的建筑物。由于这种结构类型是由盖伽先生首先提出，是一种只需将房屋内部的空气压力比外部气压略微提高，便可将偏平的屋顶支承起来的结构。采用能够透过太阳光的薄膜材料，再加上，为解决膜材料强度不足，而用分布在膜材料表面的钢索群将其加固的所谓钢索加固充气膜结构。几年后，由于耐老化性能优越的特氟隆(迪朋公司的商品名称)的问世，盖伽先生便以积极姿态将充气膜结构推向永久性建筑物，约10年后，便达到了在大规模体育场顶盖上也获得应用的程度。

本文主要介绍给结构历史带来变化的美国馆，盖伽先生规划了什么样的结构类型，以及阐述我们是怎样实施施工图设计和施工方案的研讨的，还有美国馆对这种大规模

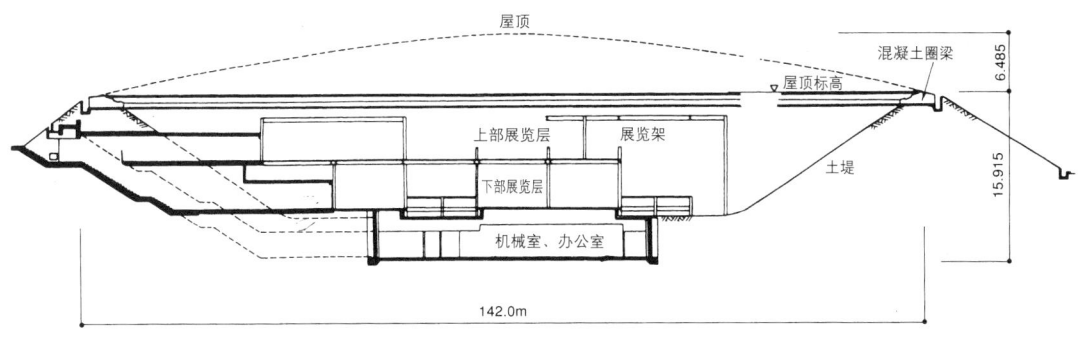

图 1 剖面图

屋顶
混凝土圈梁
屋顶标高
6.485
上部展览层
展览架
下部展览层
土堤
15.915
机械室、办公室
142.0m

照片 2　内景(登月舱)

照片 3　土堤部分

的穹顶的结构形式的发展带来了什么样影响。

2. 建筑规划

　　万国博览会美国馆的设计竞赛是在美国进行的,竞赛结果是采用了这种新型结构体系的钢索加固充气膜结构方案。如照片1所示,其外形宛如凌空而降的一个大圆盘一般,十分引人注目。

　　馆的内部,如照片2所示,在透光性能良好的顶棚(屋顶)下方安排的是展览场所,这是一处既非室内,也不是室外,完全是从未经历过的明快空间。此外,这又是一个看不到身影的空间,也是令人迷惑不解的地方。概括来说,走进这人工控制气候的巨大的室内空间中,令人大有置身于为未来都市而建造的示范性房屋之中的感觉。因此,当时曾有人提出过这样的提案,即在现实中,在像北极圈那样的无人居住的严峻气候条件的地区,可以利用大规模充气膜结构给那里提供可供人们舒适而又安全居住的空间。

　　1970年,美国的阿波罗11号曾创造了人类历史的奇迹——第一次登上月球表面,人们无不津津乐道。美国馆里,展出了从月球带回地球上的"月石"和登月舱等,吸引众多的人来参观。

　　因为美国馆是一幢临时性的建筑物,所以,设计时特别注意到,一旦实现了使用目的,应能使建设用地恢复原状。从建设用地取土,并用取出的土沿建设用地周边筑起一道土堤。将混凝土梁安置在该土堤的顶面上,然后,再将庞大的屋顶充气膜固定在混凝土梁的内侧,只需用鼓风机向膜内送气,一幢大跨房屋就会轻而易举地建成了。博览会一完,只需拆除屋顶充气膜和混凝土梁,土堤平掉,回填原处后,便全部结束。拆除复原既简单又快捷,是最适合临时建筑物的结构类型。

　　剖面图如图1所示。观众从隧道入场,一穿过隧道,就有一种闯入未来空间的强烈感受。

　　美国馆的初步设计是在美国完成的,但是,为了满足建筑基准法等的日本国内法规的要求和顺利通过特种结构体系的审查,施工图设计就委托大林组来承担了。

127

3. 结构规划

这部分的内容本应由盖伽先生来编写，现在由笔者加入自己的推测简介如下：

- **风荷载对策**: 当时的充气膜结构的代表作是穿顶型雷达罩，一般来说，大多数都是宽度小而高度高。在强风的吹袭下，风压使膜面产生很大的变形，致使与内部结构物接触而发生破坏的事故屡见不鲜。美国馆则如图2所示，将膜结构的矢高降低，此外，再扩大在风荷载作用下呈正压的土堤部分，从而，达到使充气膜屋顶经常处于风载下的负压领域之内。

- **雪荷载对策**: 由于充气膜屋顶的矢高低，会因积雪而发生局部下沉的现象，因此，在有积雪存在时，则增大内压以抵消雪荷载的压力。

- **钢索结构**: 由于矢高低，当时(现在也一样)的膜材料强度达不到要求，为此才利用钢索来加固，换句话说，就是由网状分布的钢索承力，而膜材料只起防止空气外泄的作用。

- **钢索的固定**: 在钢索的端部有强大的拉力作用，过去的办法是直接锚固在地基上。但是，对于这样规模的屋顶来说，直接锚固是不可想象的，所以，采取将钢索的端部固定在混凝土梁上的办法。这样一来，各钢索端部所产生的拉力的水平分力，便可相互保持平衡，再解决锚固问题就简单了。于是，钢索端部拉力的铅直分力(上拔力)则可由圈梁自重来平衡了。

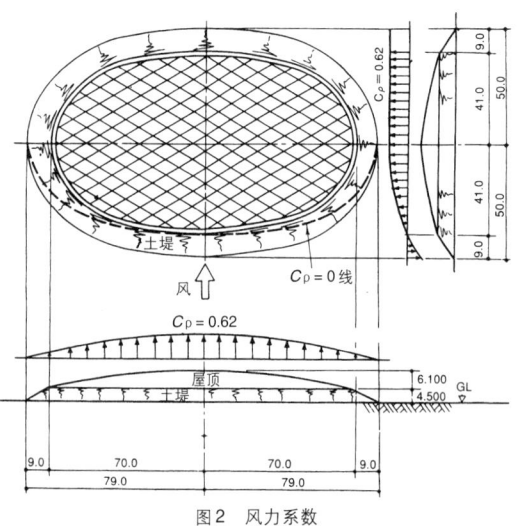

图2 风力系数

- **圈梁**: 按优化条件来设计圈梁，即在定常状态下，应保证圈梁只有轴力作用的情况下，确定钢索的拉力分布。此外，为使其平面形状接近长方形，采用了下式所示的特殊的椭圆曲线：

$$(X/a)^{2.5}+(Y/b)^{2.5}=1$$

笔者认为，如果按包括风荷载作用时的梁内弯矩为最小的条件设计，难道不是优化设计吗？

- **圈梁与土堤**: 在圈梁的下面和土堤的上面，分别包上镀锌铁板，即使圈梁产生了水平移动，也只能在土堤上面滑动，不会将水平力传到土堤的下部去。

- **安全对策**: 即使发生了意外事故，而使屋顶下沉，由于矢高低，钢索可将屋顶拉住，以确保观众的安全。

4. 结构设计

(1) 荷载

表1　荷载一览表

	荷载(kgf/m²)	内压(mmAq)
永久荷载	6	27
风荷载	风力系数见图2 速度压 =60√h	27
积雪荷载	36	63

(2) 索分析

考虑到采用大变形理论进行分析，受当时电子计算机能力的限制，将是很困难的。所以，采用了定常时和附加荷载时的两段分析法。

1) 定常时分析

根据结构的对称条件，取全体的1/4作为分析范围，未知量可以显著减少。未知量只有钢索的轴力的水平分量和钢索节点的铅直变位。这是因为将钢索看成了水平面内的直线，高跨比小，所以节点荷载的水平分量可以忽略，而只需考虑铅直分量的缘故。

2) 附加荷载时的分析

按两阶段方式进行收敛计算。首先，以节点的铅直变位和各条钢索的水平分量为未知量，进行分析；接着再根据这时的钢索的伸长量求出各节点的水平变位，并作为新的节点变位。以这里所求出的节点坐标为基点，再度从最初开始计算，一直到误差达到规定的容许值以下为止。

(3) 圈梁设计

定常时虽然只有轴力作用，然而，在风荷载出现时，由于钢索的拉力作用，而产生弯矩。圈梁截面则应按此时

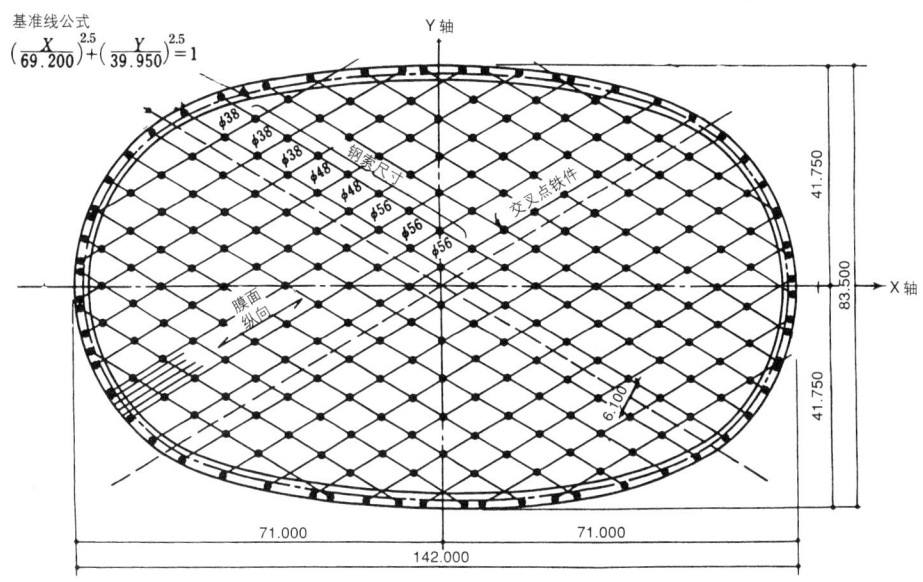

基准线公式
$$\left(\frac{X}{69.200}\right)^{2.5}+\left(\frac{Y}{39.950}\right)^{2.5}=1$$

Y轴

钢索尺寸

交叉点铁件

膜面纵向

X轴

41.750

83.500

41.750

6.000

71.000

71.000

142.000

图3　钢索布置图

的内力来决定，此外，还必须确保圈梁有足够的重量，以免风荷载产生的上拔力将整个屋顶刮飞。

圈梁截面为矩形，宽3.5m，高约1.0m。

(4) 膜的设计

膜材料是在贝塔玻璃纤维(直径为3μ)织成的基层上，涂以聚氯乙烯涂层而成的，也就是现在的C类膜材料。分析时，由于膜材料有其方向性，所以，是按单向部件进行分析的。

5. 实物实验

由于这是一座世界上最早出现的同类结构物，施工中的钢索拉力、屋顶面膨胀时的形状测定、圈梁的内力及变形的测定等多种实验都一一地做过了。此外，在博览会闭幕后进行拆除时，还曾进行了火灾实验，并收集了实验资料。

钢索拉力实验是确认在定常状态下的设计值的正确性的实验，现在看来，应该认为是，计算虽然相当简略、粗糙，但却获得了高精度的分析结果。

还进行过定常时和屋顶膨胀过程中的屋顶形状的测定工作。在进行膨胀过程的测定时，是在钢索节点上，每隔10cm便佩带上一个彩色聚氯乙烯管，并将膨胀时的状况拍摄下来，然后再进行数据分析。尽管是一种非常简单的测定方法，但是，屋顶沿周边上拔状况却得到了确认。

在进行火灾实验时，是设想从屋顶的上方，飞来燃烧物时的情形，实际情况是，屋顶并未发生简单塌落。在室内的

火灾假想实验中，也没有看到膜材料燃烧蔓延的现象发生。

6. 后来的膜结构

在万国博览会的美国馆中所使用的技术有：①充气膜结构；②索结构；③膜材料利用。

当时的充气膜结构的利用情况是，在海外用于穹顶型雷达罩，而在日本国内，则是用在临时性结构物的体育中心，但其数量很少。

在美国，开发了在玻璃纤维的表面涂以特氟隆涂层的耐久性很高的新型膜材料，首先应用于1973年建成的拉班大学体育馆的屋顶，1975年朋迪亚克银色穹顶(39000m²)也是用充气膜结构建造的。后来，又有几座大规模穹顶建成了。

在日本国内，由于若不是不间断地供气，便不能确保其安全性，所以，在维持管理问题上，尚未获得法规许可，一直到"东京穹顶"建成后，才开始认可。大约比美国晚了10年。

在美国，由于充气膜结构在维持管理上太麻烦，又开发了不需要向室内供气加压的钢索型穹顶，曾于1988年汉城奥运会比赛馆首先采用，后来，在美国，又建成了圣匹塔斯拜克体育馆等。后来又进而向使用天然草坪的棒球场的开闭式穹顶方向发展。

最后，对向新型结构挑战，并积极向世界推广的已故盖伽博士表示感谢。

(升高　淳)

031 波拉五反田大厦

超框架构成的无柱办公空间

关键词 双筒体、大框架、大跨、电渣焊

照片1 外观   摄影(1、2)：彰国社摄影部

房屋建筑概要

〈建筑概要〉

地　　　址: 东京都品川区西五反田2丁目
主 要 用 途: 办公楼
设 计 者: 日建设计
结构设计者: 同上
施　　　工: 竹中工务店
建 筑 面 积: 1047m²
总建筑面积: 11720m²
最高点高度: 49.75m
檐　　　高: 44.95m
层　　　数: 地下2层、地上10层
施 工 期 间: 1969年4月~1971年3月

〈结构概要〉

结 构 类 别: 劲性钢筋混凝土造
结 构 类 型: 墙柱及墙梁构成的大框架
基 础 类 型: 直接基础

1. 前言

这幢建筑是日建设计所设计的一系列大跨度办公楼中的一幢，该系列包括帕雷斯赛德大厦、静冈县署、IBM总社大厦等作品。这幢几乎与IBM总社大厦同时施工的大厦采用了双筒体结构，这一点是它在结构规划上的一大特点。

当时，绝大多数的办公楼建筑都是采用单筒体或是中心筒体结构。山本学治说，当时的高层办公大楼多半就是两种类型。那就是"将筒体结构设在大厦中央，形成一个垂直中心轴，与环绕该筒体布置的柱子一起，构成一种有内核，又有外皮结构体系，核心筒体周围的无柱空间便是宽敞通畅的办公空间，这是一种类型，而另一种类型则是由等跨距等层高的框架构成的灵活自由的办公空间"。从这样一种倾向来看，双筒体显然会给人以非常新鲜的印象。这幢双筒体结构大厦同IBM总社大厦的不同点在于，设置在两侧的筒体是用与中间楼层同高的巨大墙梁相连，从而构成了由墙梁+墙柱组成的大框架。这种形式，后来日建设计又接着在几幢建筑中采用，NEC总社大厦等都是采用这种形式结构的例证。

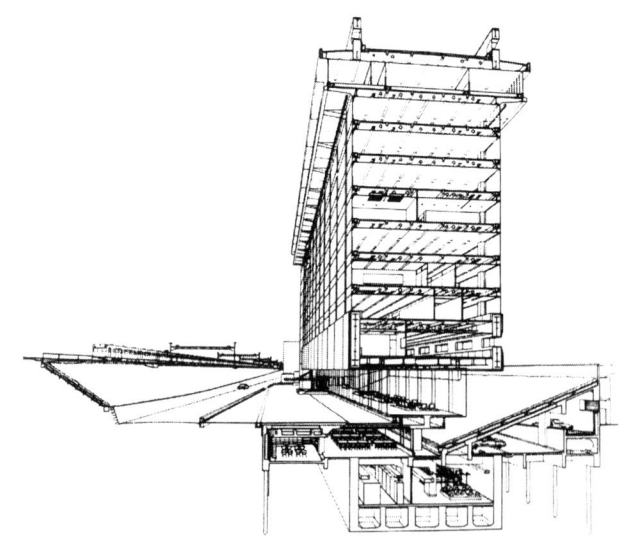

图1 剖面透视图

2. 建筑概要

该大厦的建设用地的正面为山手线铁路的路基,而后面则是民居和小饭馆之类林立的小街巷般的特殊地理条件。针对这样的条件,采用了设置南北贯通的首层门厅,再加上巨大的透明玻璃窗的设计手法,圆满地解决了周围环境的问题。从山手线那边可以透过前庭和门厅看到林木茂盛的斜坡式的庭园。

像这样具有通透特点的首层之所以能做到。全靠采用了这种双筒体和与其相连的墙梁所构成的大框架结构体系的缘故。顶层和二层两个楼层处两筒体相互连通,加上地下外墙和基础梁,共同构成一个日字形框架体系。二层的大梁的梁高为整个楼层的高度,作为一个大框架,一方面可以承受水平力,还能承受三层至九层传来的荷载,同时又可使首层的无柱空间得以实现。此外,塔一层楼板由屋顶大框架的大梁支承,因此,十层也可以实现无柱空间,通过向南北两侧外部悬挑,不仅可以确保电子计算机室所要求的面积,而且还成就了特色突出的外观造型。

标准层的两端为6.4m × 16m的一双筒体,筒体之间便是38.4m × 16m的无柱办公空间。这座办公室只有南北外墙间距3.2m的柱子,而在室内的16m跨度内,则是没有1根柱子的无柱空间,全部以3.2m为模数,那平坦光滑的顶棚加上空调送风室的通风换气形成了一个宽松而又舒畅的办公空间。

首层部分有用空心板铺设的门厅,穿过斜坡庭与地下食堂连成一气,形成一个完美的整体。

3. 结构规划

这里的结构规划的特点是两层为一跨的大框架。大框架承受标准层的长期荷载,不仅提供了宽松舒畅的办公空间,而且,还能作为抗震要素,承受长边方向的地震力。另一方面,作为短边方向的抗震要素,则由东西两个核心筒体来充当。由于不论是哪个方向的抗震要素都属于集约型纯框架形式,设计地震力都要按基准法增加50%,在构件设计时,也必须确保足够的延性才行。

筒体为劲性钢筋混凝土造,开口位置应尽可能开在对结构工作没有不利影响的部位,同时,还应在可能产生应力集中的部位配置加固钢筋。

筒内的柱中配有400系列的宽翼缘H型钢。二层的大

照片2 首层门厅

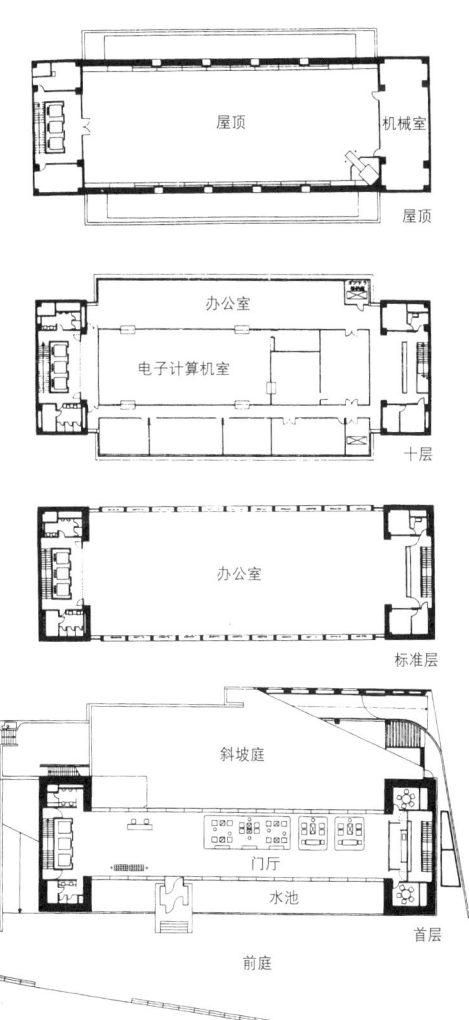

图2 平面图

131

梁为宽1m、高6m的劲性钢筋混凝土造，为了偏于安全，其截面按内力几乎全由钢结构承担的条件来设计。钢结构为桁高5.6m(外廓尺寸)，上、下配有660mm×700mm(最大板厚40mm，一部分配置22mm的加劲肋)的H形截面，并在它们之间用19mm的钢板相连。用间距为200mm的暗销焊在紧靠腹板的钢板上。这是为了防止混凝土与钢结构发生剥离而设置的，也是混凝土内的配筋措施。此外，在大梁与筒体的接合部，使用的是高5.6m、厚度为25mm的钢板(SM50A)，该钢板是预埋在1m厚的混凝土墙的正中央的。

由于大梁内的钢构件超过50m，所以，接合部采用了现场焊接。具体方法则采用的是熔嘴电渣焊，像这样将上下四面翼缘和两个加劲肋贯通一气进行电渣焊的情况，在当时是没有先例的。因此，曾四次进行足尺实大试验，对其可靠性做了确认。

构成筒体的墙壁的最大厚度为100cm，随着楼层的增高，厚度逐渐减少。

至于构成大框架的长边方向的墙体，其本身是劲性钢筋混凝土造的，三层以下内埋钢板，而四层以上则设置300系列的宽幅H型钢斜撑体系。

屋顶的大梁为内埋钢桁架的劲性钢筋混凝土结构，梁宽80cm、高度为4.5m。钢桁架与柱用斜撑体系连成一体。

作为本大厦标准层的三层至九层的办公楼部分为钢结构的，而间距为3.2m的立柱并不承受地震力，只是作为间柱使用，同时，又起到幕墙的立筋的作用。立柱的尺寸为500mm×200mm的H型钢，并施有耐火罩面。

跨度为16m的楼板梁是梁高700mm的蜂窝梁，楼板为混凝土和组合梁构成。完工后，做过振动实验，可以认为，作为楼板体系，其工作性能可靠。顺便提一句，楼板结构体系的频率为6.2Hz。

4. 基础规划

基础构造为直接基础置于东京砂砾的持力层上，长期容许承载力取为35t/m²。对于东京砂砾层来说，这个数值实在是太小了，但是，考虑到筒体一旦发生倾覆，则全大厦必将倾覆的特点，因而将地基接触压力定得低些是完全必要的。最大地基接触压力的长期值为31.7t/m²，而地震时，则为61.2t/m²。筒体为板式基础，为了尽量分散筒体传来的集中力，在最下部，沿筒体周边配置高刚度的墙体。

(小堀　彻)

[参考文献]
1)『建築文化』1971年5月号
2)『新建築』1971年5月号
3)『カラム』45号

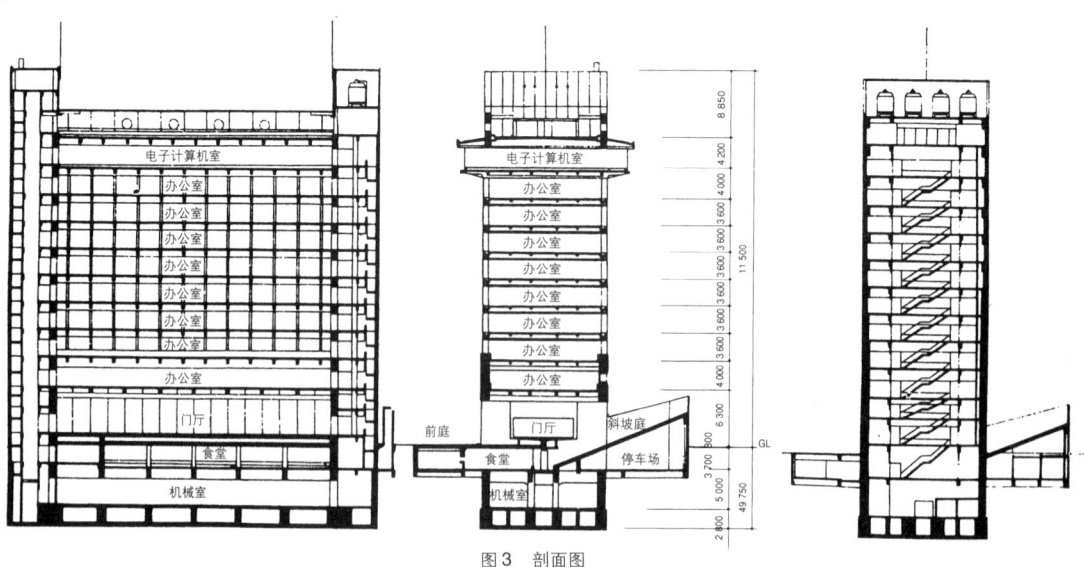

图3　剖面图

照片3　钢结构安装

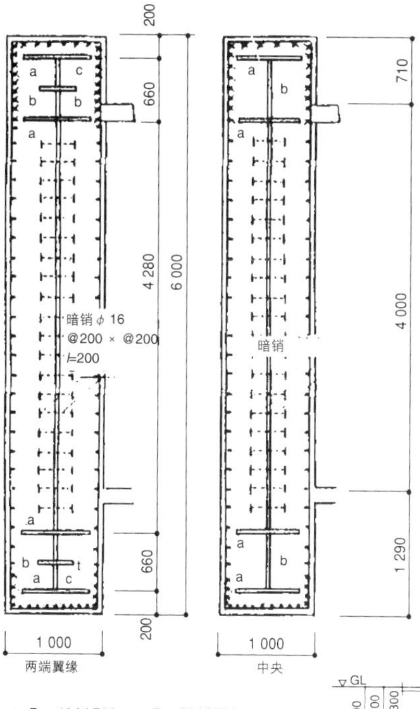

a 凡－40×700　　a 凡－30×700
b 凡－40×150　　b 凡－30×580
c 凡－40×580
腹板
凡 -19
上端钢筋
20－D29　4－D19　16－D29　4－D19
下端钢筋
12－D29　4－D19　16－D29　4－D19
箍筋
D29@200　D19@200
辅助钢筋
46－D16

暗销 φ16
@200×@200
l=200

暗销

两端翼缘
1 000

中央
1 000

图4　二层大梁剖面图

图5　框架立面图

6 400　3 200　3 400　2 900　3 400　2 900　3 400　7 300　2 100
35 000

Ⓐ　Ⓑ　Ⓒ　Ⓓ　Ⓔ　Ⓖ　Ⓗ　Ⓘ　ⓀⓂ

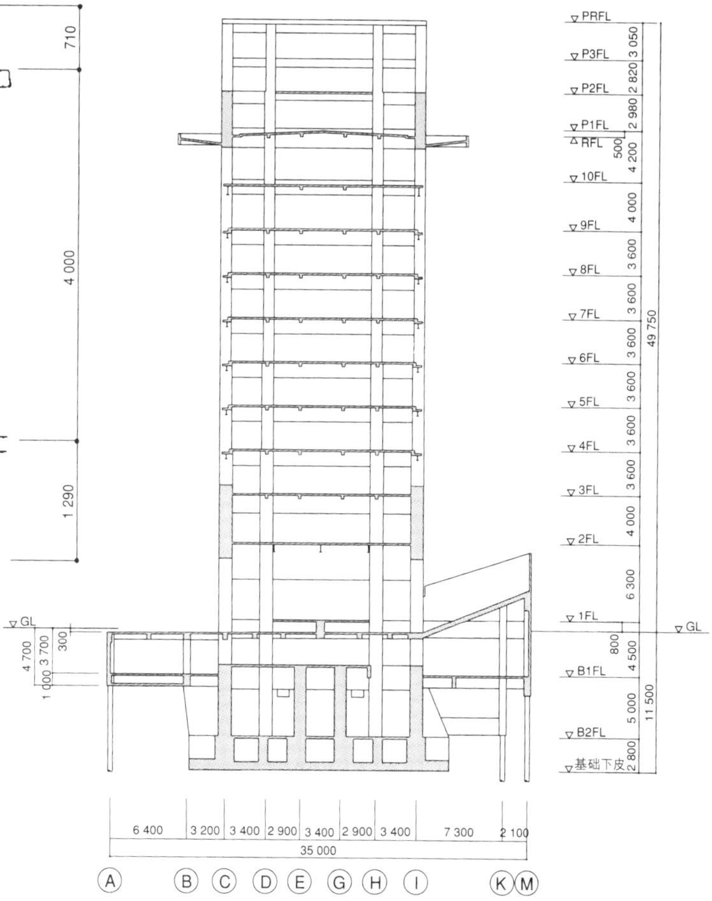

▽ PRFL
▽ P3FL
▽ P2FL
▽ P1FL
△ RFL
▽ 10FL
▽ 9FL
▽ 8FL
▽ 7FL
▽ 6FL
▽ 5FL
▽ 4FL
▽ 3FL
▽ 2FL
▽ 1FL
▽ GL
▽ B1FL
▽ B2FL
▽ 基础下皮

032 城南变电所

深层地下结构物

关键词 深层挖掘、地下连续墙、深基础、邻近施工、信息化施工

照片1　往深基础内插入钢管柱的情景

〈建筑概要〉

〈建筑概要〉
地　　　址: 东京都港区北青山1丁目
主 要 用 途: 超高压变电所
设 计 者: 东电设计
结构设计者: 同上
施 工 者: 间组
建 筑 面 积: 5780m²
总建筑面积: 26900m²
层　　　数: 地下5层(现在为地上13层、地下5层)
深　　　度: 板式基础下皮=GL-31.5m
竣 工 年 月: 1971年4月

〈结构概要〉
结 构 类 别: 劲性钢筋混凝土造
结 构 类 型: 框架剪力墙结构
基 础 类 型: 板式基础(按基础柱设计)

1. 前言

城南变电所是日本国规模最大的地下式超高压变电所(275kV),开工建造的时间是1969年1月。挖掘深度达31.8m,土方约为18万m³的这座地下结构物的建设工期只给了26个月,当属超短工期的工程。

当时,基槽开挖工程超过30m的先例是从来没有过的,此外,还由于施工是在与毗邻建筑物的地面距离只有20~30m的地方进行的,所以,成立了由资深专家组成的施工研讨委员会。在施工总体规划书中,规定的基本方针为"对于基槽挡土墙,采用伊柯斯(无振动无噪声地下连续墙)施工法,而建筑施工则采用非常规的施工方法"。

伊柯斯施工法是用于修建地下连续墙的施工法,1959年从意大利引进该项技术,引进后,日本对它有所改进,并在挡水墙和基坑防护墙等方面有过广泛的应用。此外,关于建筑施工采用的这种非常规施工法,应该说,东京第一生命总社大厦地下工程采用的施工法是它的原型。后来,从1960年代开始,在东京和大阪的深而且规模大的地下工程中,不断有所采用,使这种施工法得到了较好的发展。

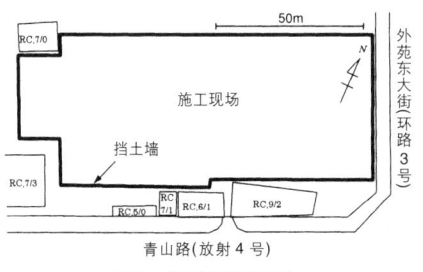

RC.7/0

50m

施工现场

挡土墙

RC.7/3

RC.5/0
RC.7/1 RC.6/1 RC.9/2

青山路(放射 4 号)

外苑东大街(环路 3 号)

图 1 施工现场平面图

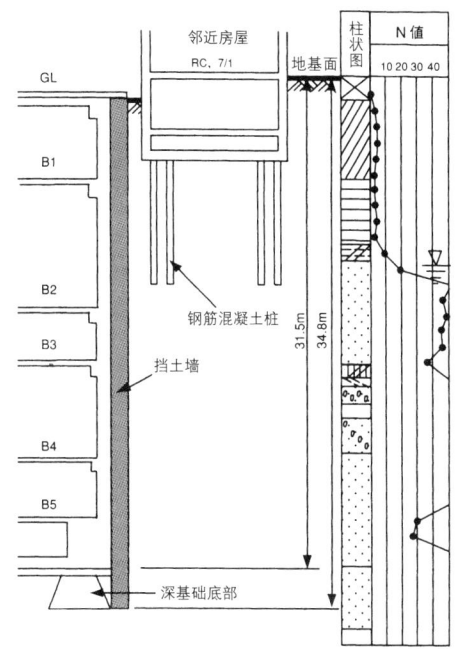

邻近房屋
RC.7/1

GL

B1

B2

B3

B4

B5

钢筋混凝土桩

挡土墙

深基础底部

地基面

柱状图

N 值
10 20 30 40

31.5m
34.8m

照片 2 挡土墙施工场景(预钻孔)

图 2 地质剖面及邻近房屋；地基概要

项 目	1969年(S44)												1970年(S45)												1971年(S46)			
	1月	2月	3月	4月	5月	6月	7月	8月	9月	10月	11月	12月	1月	2月	3月	4月	5月	6月	7月	8月	9月	10月	11月	12月	1月	2月	3月	4月
暂设工程																												
挡土墙工程																												
深基础工程																												
土方工程																												
钢结构																												
地下主体工程(楼板)																												
地下主体工程(墙体)																												
装修工程																												
设备工程																												

图 3 施工工序

2. 结构物及地基概况

图1所示为现场周边的平面状况，地下剖面和具有代表性的邻近建筑如图2所示。

邻近建筑全部是地上 5～9 层的钢筋混凝土结构，由钢筋混凝土桩支承，桩落在 GL-12m 附近的砂质持力层上。

在建筑现场的范围内，钻了 16 个孔，具有代表性的土质柱状图如图2所示。从上往下，由表土、关东垆坶层、涉谷黏土层、上下部东京层和三浦层构成，属于东京高地地带的代表性地质构造。

此外，在该工程开工之前，先施工两处该工程用的深基础，目的是对地基性状、地下水位和各种土壤试验等进行事先调研。然后，以这些资料为依据，确立基坑挡土墙的设计和地下施工规划方案。

3. 施工工序

工程施工工序如图3所示。以后各节就是对各工种的简要介绍。

4. 挡土墙施工

考虑到对周边地基和邻近建筑的影响，筑起了刚度大、阻水能力强的地下连续墙。关于阻水墙的设计，采用的是能够考虑支点变位并假定墙作为连续梁计算的"KANI法"。由于当时电子计算机还不发达，所以，采用的是手算方法计算的。

所谓伊柯斯施工法，就是利用特殊的钻头预先进行钻孔，并以其作为导孔，进行戽斗挖掘。由于先行钻孔是利用特殊钻头的自由落下进行开孔的，所以，能使挡土墙的施工做到铅直性绝佳的地步，迄今已经做过不少的工程。

挡土墙的各项施工内容如表1所示，而所用机械则如表2所列。

5. 化学溶液灌注施工

在挡土墙施工完毕后，出于下述几种考虑，实施了化学溶液灌注施工：

①为了防止挡土墙根因渗水而导致涌砂，在挡土墙根部的黏土层以外的砂层部分，即在挡土墙根部以深约4m区

135

表 1　挡土墙施工内容

名称	数量
钻孔	276 个 (ϕ 760mm，L33m)
部件	98 件
墙面积	12000m²(墙厚 0.8m)
混凝土量	9370m³
钢筋量	1450t

表 2　所用机械

使用机械	数量
钻土机	7 台(特殊钻头式 5 台)
斗式挖掘机	17 台
起重机类	4 台(320H、430TC)
膨润土搅拌机	3 台

表 3　深基础各项内容

名称	数量
深基础直径	ϕ 2.8～4.0m
基础底直径	ϕ 3.6～5.2m
个数	104 个
深度	约33m
土方量	28000m³
基础底部混凝土	3400m³

照片3　钢管柱在工厂试装配的情景

间进行灌注；

② 为防止从挡土墙构件接合处发生漏水，为保证安全，防止从接合处出现洪水泛滥事故而进行灌注；

③ 防止周围结构物的差异沉降，作为消除挡土墙周边地基的松弛而导致周边结构物的承载力下降的方法之一，而实施灌注。

6.　深基础施工

这里所说的非常规施工法就是在构筑建筑物地下墙体的同时，又将墙体作为基槽的支护墙加以利用，土方开挖与墙体构筑反复交叉进行施工的方法。因此，在施工的过程中，支承结构主体的重的支柱便成了必不可少的了。在本大厦这项工程中，支柱就是正式的钢管柱，所以在土

方开挖之前，先要进行深基础的施工。

深基础的布置如图4所示，深基础施工的各项内容列于表3之中。深基础施工采用的是人工挖掘，动工开挖最多时每天达22个，每天开挖的土方最多达400m³/日，总共104个深基础用了大约四个月完成的。

此外，在7个深基础内，还进行了平板承载试验，对所采用的2300～2800kN/m²(230～280tf/m²)的地基容许承载力作了确认。

每个深基础待其土方挖掘完毕后，立即浇筑混凝土础底，再将钢管柱(ϕ 700，t=40～70mm)竖立其中。由于钢管柱全长约为30m，所以，要分成三段安装，并在深基础的内部实施圆周水平自动焊接。照片2为钢管柱在工厂内进行试装配的情景，插入深基础里的钢管柱如照片3所示。

7.　土方工程

在挡土墙施工完毕后，就要进行第一次开挖，以便为深基础施工提供作业面，第一次开挖采用明挖方式。

在深基础施工完毕后，浇筑首层的混凝土楼板，第2～6次挖掘则利用表4中所列的施工机械进行。

开挖的土方量最多曾达到 2000m³/日的记录。

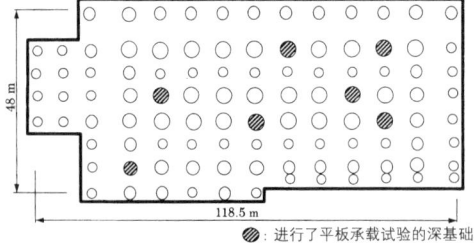

●：进行了平板承载试验的深基础

图4　深基础配置

照片 4　插入深基础内的钢管柱

8. 主体工程

主体工程的施工概要和工程量如表 5 所示。

9. 仪表监测管理

对于挡土墙、主体结构工程、周边建筑物等都进行了仪表监测工作，尽力做到信息化的施工方式。表 6 开列了各项仪表监测概要。

10. 结语

城南变电所的施工可以说集当时施工技术的大成了。当然，地基条件比较好也有一定的关系，是在对周边一切毫无影响的情况下，按时完工的。

这里所采用的非常规的施工技术对于大规模大深度的地下工程、不规则的地下工程、受周围环境限制的工程，以及以确保缩短工期和作业空间为目的的工程都是十分合适的。此外，现在对于这种施工技术中的关键技术又有了新的开发和进展，因此，今后定会有更大发展。

(菊地祐悦)

[参考文献]

1) 山内ほか「深い根切り工事における施工例について」『間組技術年報』1971 年版
2) 松吉ほか「青山地区における下部東京層と三浦層の地耐力について」『間組研究年報』1970 年版

表 4　土方施工内容

名称	数量
第 1 次开挖	25800m³(GL-3m，明挖)
第 2 次开挖	42300m³(GL-3～9m)
第 3 次开挖	43700m³(GL-9～16.5m)
第 4 次开挖	21150m³(GL-16.5～20.5m)
第 5 次开挖	31000m³(GL-20.5～26m)
第 6 次开挖	13700m³(GL-26～31.5m)
挖掘机械	反向铲土机：3 台(第 1 次开挖时) 固定式提土机：(抓斗式吊桶)：5 台 履带式起重机：2 台 反向铲土机：4 台
运土处理	自卸卡车：50 台左右／日

表 5　主体工程概要

工程名称	数量及施工方法
钢结构	4950t(SM50A) 柱：G 柱、梁：钢板组合 I 型 柱连接：无气保护自动焊 梁柱连接：摩擦型高强螺栓连接 钢结构安装：15t 桅杆式起重机 2 台
混凝土	48300m³ F_c21N/mm²，从上方注入
模板	110000m²(胶合板制) 吊在钢筋上的模板 楼板模板使用扁梁
钢筋	4000t(SD30、部分 SR24) 接头：压接法
施工缝砂浆	370m³ 向施工缝中充填 使用膨胀水泥砂浆、凸面及压入法

表 6　各种仪器监测一览表

测定内容		使用仪器	测定值
挡土墙	土压	土压计(卡尔逊型)	35
	水压	水压计	35
	墙内应力	钢筋计	100
正式结构物	柱应力	应变计	20
	柱沉降量	水准仪	20
	楼板变形量	钢卷尺	7
周边建筑物	倾斜量	倾斜仪	8
		下沉仪	12
周围地基	地基变位量	水准仪	12
其他	地下水位	电动水位计	15

033 日本航空成田第一飞机库

大空间维修工厂(大规模顶升施工法)

关键词 大空间结构、顶升施工法

照片1 全景

房屋建筑概要

〈建筑概要〉

地　　　址: 千叶县成田市(新东京国际空港)
主 要 用 途: 飞机维修机库
设 计 者: 梓设计
结 构 设 计 者: 梓设计、东京建筑研究所
结构设计顾问: 坪井善胜、仲威雄
建 筑 面 积: 25012.7m²
总 建 筑 面 积: 40242.6m²,飞机库=17206.9m²,附属建筑=23471.9m²
层　　　数: 飞机库1层,附属建筑4层
檐　　　高: 44.450m
竣 工 年 月: 1972年7月

〈结构概要〉

结 构 类 别: 飞机库=钢结构
　　　　　　 附属建筑=劲性钢筋混凝土造
结 构 类 型: 钢桁架
基 础 类 型: 钢管桩(φ508×9.5mm,长度28~30m)
　　　　　　 独立基础、预制混凝土桩、条形基础

1. 前言

这座建筑物的设计早在1970年以前就开始了。根据东京建筑研究所(设计者)的记录记载,邀请梓建筑研究所(梓设计)协助进行结构设计是从1970年开始的。如果从规划、初步设计,一直到施工图设计的经过都概括地描写出来,实在是件困难的事,加上篇幅有限,本文就不赘述了。关于这些内容,请参阅参考文献。

本文阐述的内容,包括图面和照片,大部分是参考文献中摘要编写的,不过,还加入了我本人的一些见解。

邀请坪井善胜先生和仲威雄先生作为结构顾问可能是为了继承传统吧,因为在设计"日本航空运营中心"时,已故清田文永先生(梓设计的创始人)就曾邀请已故武藤清先生协助。

当时,设计上的最大课题是,对于飞机的保养和维修

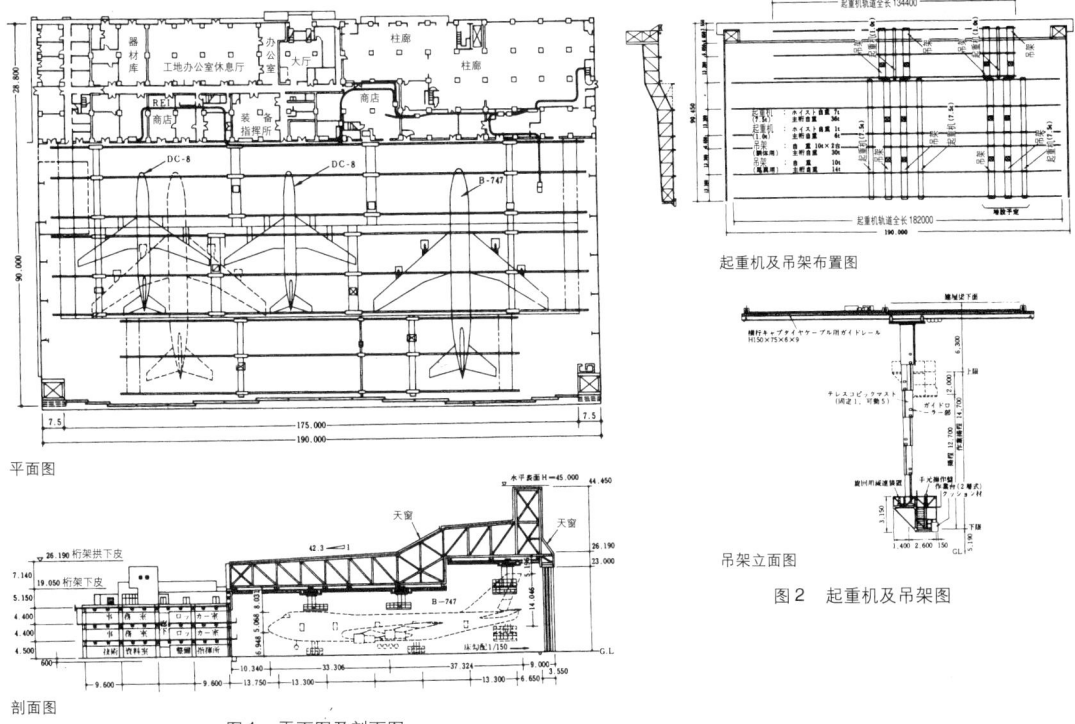

图 1 平面图及剖面图

图 2 起重机及吊架图

来说，能够满足将来需求的巨大空间，怎样才能以较低的造价加以实现。如图1所示，在这个巨大空间里，多数的保养和维修用的机器都是挂在顶棚上的，所以，通常的穿顶式建筑(能够承受屋顶荷载)结构是难以胜任的。

此外，从建筑造型的角度来考虑，一种部分为悬臂形式的轻型结构的可能性便被提出来了。

2. 关于设计

根据以往做过的几个机库设计的经验，关于结构设计上的重大事项就是正门的支承问题。假如，大门一旦倒了下来，损失是不可估量的。为了使大门稳定可靠，大门的上档(大门吊轨的承梁)的变位必须尽可能地小，所以，要在承梁上边设置一个刚性结构。此外，从经济性方面也还要精打细算才能将方案确定下来。

从初步设计时起，梓设计的小松藤喜雄先生代表他的单位就和我在一起工作。梓设计总社又派伊藤修二先生和秋山武夫先生共同交换建筑和设备上的设计思想，同时，负责造价的评估等方面的工作。小松——山口方案首先接受了是否与本单位的意向相一致的审查，在取得了成田春人所长和坪井先生的认可之后，便进行了下一步的设计工作。

关于正面大桁架(A桁架: 高16m)的形式问题一直没得到坪井先生的认可。也许觉得看上去不够美观吧，对此，很难一句话能说得清楚。小松和山口强烈主张他们的方案的合理性。

关于采用钢管桩的问题，秋山先生曾要求重新考虑，但因其可靠性(与经济性相比)高的理由才没有改变。

随后又充当工程监理的小松先生曾谈到，钢管桩的主张是正确的。

3. 关于顶升施工的问题

对于如此庞大的空间结构来说，结构体系的选择和施工程序的安排是十分重要的。合理的结构类型及安装简便也是重要条件。关于190m×90m的结构的架设方法，从构思阶段就曾作为课题之一而冥思苦想，然而，一直没得到令人信服的结果。由于想到某种顶升技术可能是有效的，所以，决定采取以前日航羽田航线的保养维修工厂的方式，即在正面桁架(A桁架)组装完毕之后，再将制作成安装单元的屋顶桁架(B桁架及C桁架)采用顶升技术就位。这样的施工方法的缺点在于、铺设屋面和安装装备在顶棚上的多种机器设备等后续作业都要在高空中进行。

这种整体顶升的施工技术在大阪万博会的庆典广场已经采用过了，也认为是很好的施工方法，但是，在设计图纸和说明书中却没有明确指出。理由之一是，担心我们的实力不够，另外，也可能还需要数额很大的暂设工程费用。

在施工图设计接近完成之际，日航当局召集我们，并征求意见。实际上就是关于大成建设提出的全面顶升施工的方案。我本人立即表示赞成。这是因为施工方的这个提案比设计方的方案更为经济的缘故。我完全赞成。

坪井先生批评道，大成建设方案完全是单方面的，对设计方的方案全无理会。难道不应该是在尊重设计意图的前提下，首先设定方案，然后再选出合用提案的吗?我想这个发言是出于维护我们的面子的考虑吧。

图5为顶升施工的简要说明图，结构构件的截面尺寸是在将施工时所增加内力考虑进去之后决定的。

还有，表1是在施工阶段测定的构件内力值（变形值），与研讨阶段所预测的值非常吻合。

这个结果完全是在大成建设的先生们协助之下才取得

的。特别是，在规划方面尽力的竹波正洪、小口昭平；积极推荐 VSL 千斤顶顶升的佐竹干弘；负责施工时的内力分析的铃木悦郎和北村弘等诸位先生的鼎力协助是不能忘怀的。

4. 结语

本文虽然是以下边罗列的参考文献为蓝本，但也参加了一些个人见解。此外，还有文中没曾提到的片冈正道和加藤幸三两位先生在建筑设计上的极大努力也是令人难忘的。

(山口昭一)

[参考文献]
1) 坪井善勝「吊構造」『カラム』47号
2) 『鉄骨工事中の風による災害防止規準』建築業協会
3) 諏訪部英彦「日本航空成田第1ハンガーの計画とその概要」『カラム』41号
4) 片岡正道，片岡幸三，秋山武夫，小松藤善雄「日本航空成田第1ハンガーの計画と設計」『カラム』44号
5) 成田春人，伊藤修二，北村 弘，村上陽一郎『日本の鋼構造3 日本航空成田第1ハンガー』鋼材俱楽部
6) 成田春人「日本航空成田第1ハンガー」『建築構造設計シリーズ5 大スパン建築』丸善

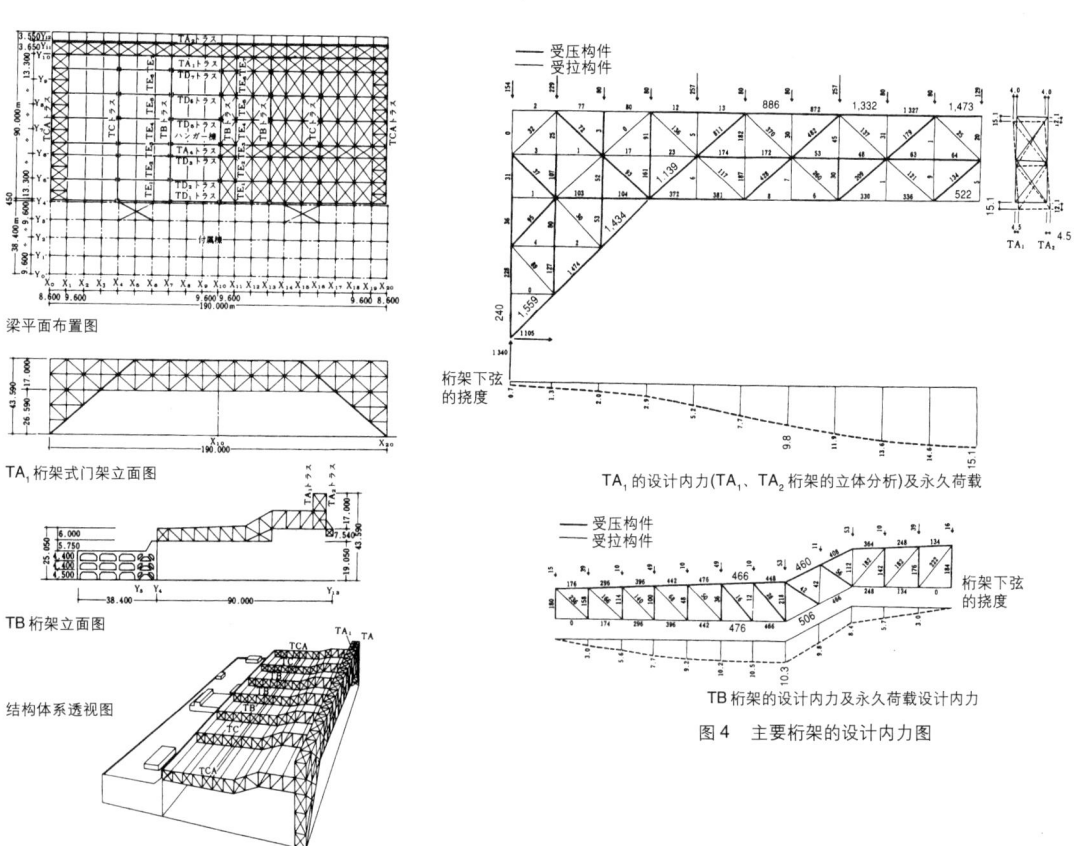

梁平面布置图

TA₁桁架式门架立面图

TB桁架立面图

结构体系透视图

图3　主要结构图

TA₁ 的设计内力(TA₁、TA₂桁架的立体分析)及永久荷载

TB桁架的设计内力及永久荷载设计内力

图4　主要桁架的设计内力图

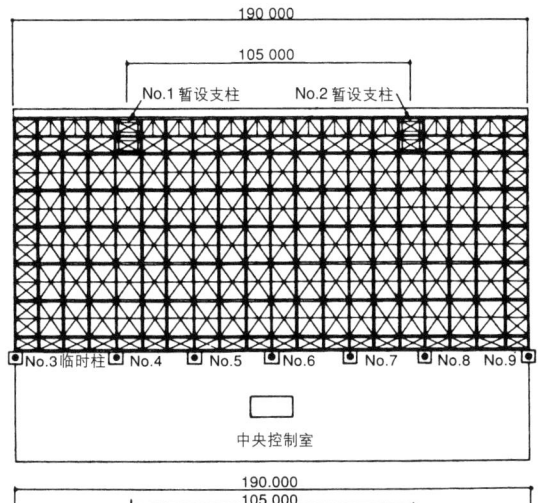

暂设支柱 No.	千斤顶台数	吊点荷载(t)
No.1	400t×8	1 600
No.2	400t×8	1 600
No.3	250t×1	190
No.4	400t×1	290
No.5	400t×1	280
No.6	400t×1	280
No.7	400t×1	280
No.8	400t×1	290
No.9	250t×1	190

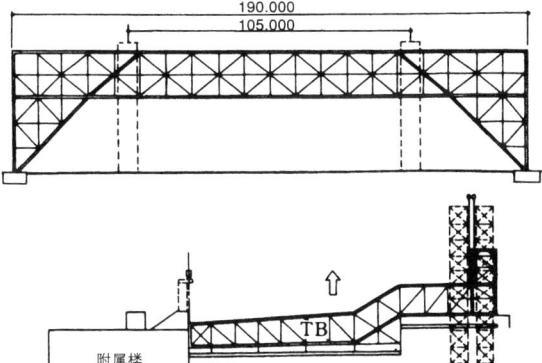

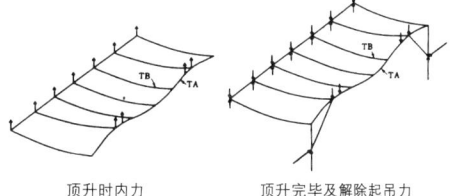

顶升时内力　　　　　顶升完毕及解除起吊力

暂设支柱及千斤顶位置

图5　顶升规划图

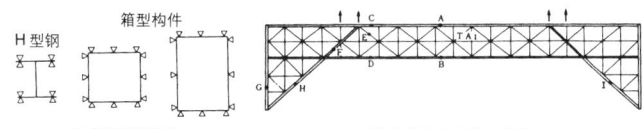

应变片贴敷位置　　　　　TA框架的内力测定位置

表1　主要构件的内力测定值

桁架名称	测点及代号	构件截面	截面积(cm²)	顶升时轴力计算值(t) 空间桁架内力值	最后就位时轴力计算值(t) 空间桁架内力值	测定结果(1)		
						试顶升时轴力	正式顶升时轴力	最后就位时轴力
TA₁桁架	A	□-800×1 200×36	1 388.0	−434.7(0.31)	−1 481.(1.07)	−233.2(0.17)	−256.5(0.18)	−1,320.(0.95)
TA₁桁架	B	□-800×800×19	593.6	316.7(0.54)	242.3(0.41)	997(0.17)	87.3(0.15)	17.5(0.02)
TA₁桁架	C	□-800×1 200×25	975.0	159.2(0.16)	−748.9(0.77)	86.0(0.09)	124.9(0.13)	−829.2(0.85)
TA₁桁架	D	□-800×800×14	440.2	−110.0(0.25)	−128.8(0.30)	−132.2(0.30)	−140.5(0.32)	−203.4(0.46)
TA₁桁架	E	□-400×800×12×22	357.4	383.0(1.07)	272.7(0.76)	257.4(0.72)	266.4(0.75)	198.9(0.56)
TA₁桁架	F	□-800×1 200×40	1 536.0	417.0(0.27)	−1 255.(0.82)	409.7(0.27)	429.0(0.28)	−1 658.(1.08)
TA₁桁架	G	□-800×800×14	440.2	—	−131.4(0.30)			−13.9(0.03)
TA₁桁架	H	□-800×1 200×40	1 536.0	—	−1 799.(1.17)			−1 796.7(1.17)
TA₁桁架	I	□-800×1 200×40	1 536.0	—	−1799.(1.17)			−1 883.8(1.23)
TB桁架	中央部的上弦杆(7Y-9间)	□-500×600×28	584.0	−446.2(0.76)	−468.0(0.80)	−376.9(0.64)	−374.6(0.62)	−375.7(0.65)
TB桁架	中央部的下弦杆(7Y-9间)	□-500×600×32	663.0	443.2(0.67)	457.8(0.69)	398.2(0.60)	355.0(0.54)	364.8(0.55)
TC桁架	中央部的上弦杆(7Y-9间)	□-500×700×28	640.6	−513.9(0.83)	−533.0(0.83)	−431.0(0.67)	−448.0(0.70)	−457.4(0.71)
TC桁架	中央部的下弦杆(7Y-9间)	□-500×700×32	727.0	538.4(0.74)	538.4(0.74)	484.0(0.67)	470.2(0.65)	458.0(0.63)

034 大石寺 正本堂

大规模车轮型半刚性悬索屋顶

关键词 车轮结构、曲梁、拉力环、三角锥网架、倒圆锥壳、预应力混凝土空心梁

照片1 外观

照片提供(1~3)：联合设计社

房屋建筑概要

〈建筑概要〉

地 址：	静冈县富士宫市上条
主要用途：	寺院
设 计 者：	联合设计社 横山公男
结构设计者：	青木繁研究室 青木 繁
指 导：	坪井善胜(东京大学)
	山门明雄(法政大学)
	田治见宏(日本大学)
施 工 者：	大成建设、大林组、鹿岛建设、清水建设、竹中工务店、户田建设JV
建 筑 面 积：	39368m²
总 建 筑 面 积：	35155m²
层 数：	2层
檐 高：	79.2m
竣 工 年 月：	1972年10月(1998年拆除)

〈结构概要〉

结构类别：	钢结构、劲性钢筋混凝土及预应力混凝土结构
结构类型：	车轮型半刚性悬索屋顶结构、倒圆锥壳、预应力混凝土空心梁
基础类型：	直接基础

地处富士山麓的大石寺正本堂是广大信徒顶礼膜拜的场所。作为一所宗教建筑，必然应该拥有纪念碑般的风格，祈愿其永久存在的可能性，力求坚固耐久。

以鹤翔空中的造型和厚重的形态作为追求的目标。

穿过宽敞通透的前庭(佛庭)，步入高高的大门(圆融阁)，进入殿内后，便是宽阔的前室(思逸堂)，将人们引导到空间庞大的神殿(妙坛)。

在前往神殿的引路上，建有5个独立倒圆锥排成一列的牌坊，前室的屋顶由并排的预应力混凝土空心梁构成，而位于中心位置的空间庞大的神殿屋顶则为车轮型半刚性悬索屋顶结构。

为了实现大规模的新颖建筑造型，在进行严密的分析和大量的数值计算的同时，还做了大量的结构实验，以便确保其万无一失的结构安全性。

除进行了整体模型的铅直荷载和水平荷载实验和振动实验之外，还做了倒圆锥壳体、预应力混凝土空心梁、曲梁、铸钢铰链等多种结构单元的大量结构性能的试验。

施工是由日本六家最大的建筑业巨头企业共同承担

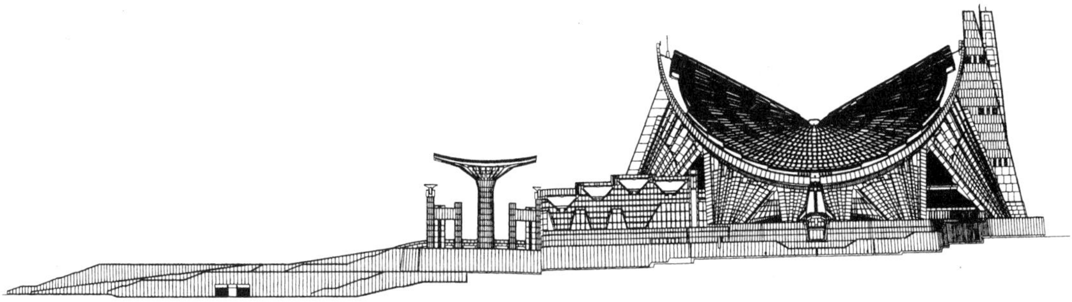

图1　立面图(1)

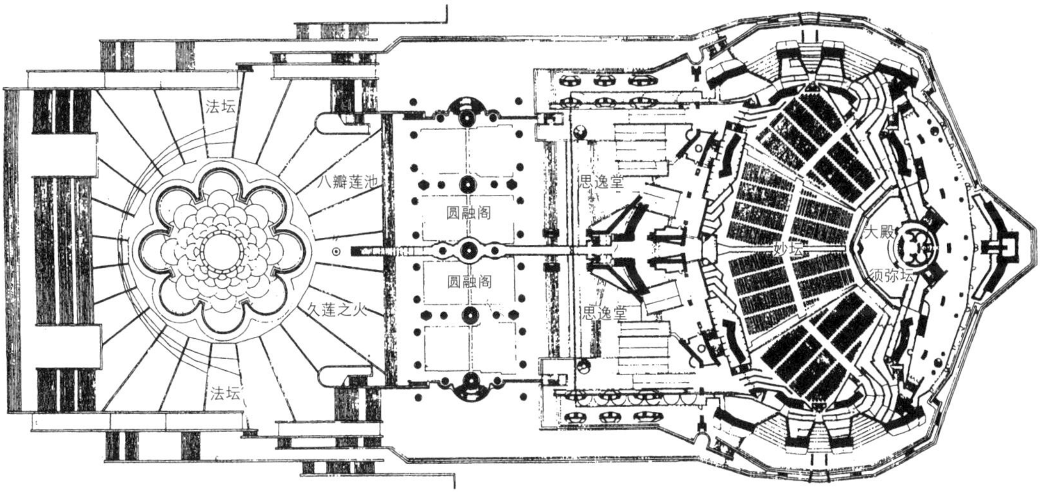

图2　平面图

法坛
八瓣莲池
圆融阁
圆融阁
久莲之火
法坛
思逸堂
思逸堂
大殿
须弥坛

的。积极采用1960年代当时的最新技术成就,1972年10月,全面竣工。

除现场的施工技术之外,令人不能忘怀的还有数不尽的专门从事结构技术研究的众多人士的真诚合作才得以达成的事实。

但是,这座建筑,由于宗教上的理由,已被拆除,非常遗憾,现今已不复存在了。

1. 车轮型半刚性悬索屋顶结构

这是一处可以容纳信徒6000人集会的广阔的大空间结构,造型是将其想像成为翱翔于太空中的仙鹤的雄姿来决定的。

平面呈正椭圆形,长径为110m,而短径为82.5m,覆盖在这巨大空间之上的屋顶由棱角分明的折叠曲面所构成,屋面中央的高度为30m,椭圆短径上的最高点的高度为60m。

椭圆形平面的中央上方30m高度处设有异形拉力环,并在椭圆形边界线的上方设有弯曲的边梁。在这两者之

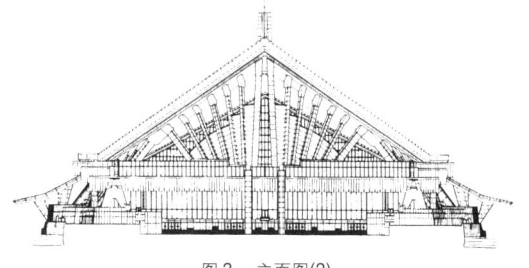

图3　立面图(2)

间,有36根弯度不大的钢曲梁按投影面10°的间距呈放射状架设在那里。

基本上就是采用车轮型结构,因为是用具有一定的抗弯刚度的弯曲钢梁作为受拉构件,所以,才能实现车轮型半刚性悬索屋顶结构。

曲梁是由同心圆状布置的小钢梁相互连接起来的。

周边的边梁相互间呈接近直角倾斜,并位于交叉的两个平面内,由于是弯曲的,所以,呈放射状布置的受拉构件是无法承受拉力的。

此外,屋面离地面很高、总重量很大,所以,当地震

来袭时，承受地震力的下部结构如何构成便成至关重要的问题。

为了约束周围边梁的变形，同时又能成为有效的抗震结构，在椭圆边界线的上方安排两个顶点，从各顶点顺次呈下降状架设三角锥形的空间网架，并作为屋面的支承体系。

在钢制的曲梁上，密铺预制混凝土板，这样就在构造上构成了屋面，为了防水，预制板上再铺以铸铝的大型板材，使其呈现出瓦屋面的外表。

室内顶棚采用铝板吊顶，总共有三层铝板，层与层之间有检修用的通道，屋顶的设计荷载很大，为640kg/m²。

呈放射状布置的曲梁是为了将屋面荷载传给周边的下部结构而设置的，其跨度在38m到48m之间，工字型截面，梁高统一都是120cm，用铸钢制的铰链安装在周围的边梁上。

连接曲梁的同心圆状布置的小梁虽然是起着将屋顶荷载提升，并传给棱线的作用，同时还向布置在椭圆长径方向的曲梁传递荷载，以及因为曲率而产生的拉力。

曲梁中的拉力以地处最高位置的梁为最大，约有700t，并随着位置的降低而逐渐减小，估计最小值约为100t。

设在中央的拉力环是该结构体系的关键部件，是一个直径约为10m，重量达300t的庞然大物，受屋顶曲面形态所限，不得不做成弯曲的异形环，因为主要承受从各曲梁以各自不同的倾角作用的拉力，除圆周方向的拉力之外，还有垂直和水平方向的弯矩，以及剪力和扭矩。

因此，利用厚钢板制成箱形截面的圆环，用来确保充足的截面面积、抗弯刚度、抗扭刚度，此外，再加设放射状的加固构件贯穿环梁。

估计圆周方向的张力约为500t，放射状的加固构件中的最大轴力为1530t，水平方向的弯矩为540t·m，垂直方向的弯矩为250t·m，在设计荷载下的垂直变形值为4.4cm。

周围的边梁内全部产生轴向压力，在椭圆长径的最低点处为820t，并以此为起点，逐渐增大，在最高点处，达

1840t，在边梁折弯点附近，出现最大弯矩值，水平方向的弯矩为1590t·m，而垂直方向的弯矩则为3690t·m，扭矩最大值为310t·m。

作为下部结构的三角锥形空间网架，在力学上，属于极其稳定的结构体系，但由于这里所用的三角锥的尺寸很大，以致由网架构件本身的自重引起的弯矩比较大，使得网架各顶点支承的边梁支座之间的距离也变得很大。

为了克服这一缺点，在组成三角锥的主柱与位于主柱之间的呈扇状分布的副柱上设置将各个杆件连成一条的横向连接壁板，用来提高下部结构的刚度。

三角锥形空间网架内产生的内力除在配置于最高的三角锥外侧的主柱群有890t的拉力之外，全部处于受压状态，这意味着，垂直荷载分量对屋顶荷载产生的水平推力的影响有所遏止。

关于抗风设计，通过模型的风洞实验设定了风压系数。虽然，值得注意的风压系数是0.4~0.5的吸压力和棱线附近的局部吸压力为0.8~0.9，但是，若将室内压也考虑在内的话，并计及屋顶自重时，则尚不致造成设计上的问题。

关于抗震设计，据弹性振动分析的结果表明，该结构为短周期的结构体，再加上良好的刚硬地基，所以，设计地震系数定为：高的部分取为0.45；而低的部分则取为0.25。

2. 截面为三角形的预应力混凝土空心梁

与引导信众进入大空间集会场所的前室并排设置的是预应力混凝土空心梁。

梁的截面的上面宽度为9.9m，下面宽为2.75m，梁高为3.575m，壁厚为18cm，呈空心状。采用现场张拉的后张法施工，预应力钢丝的锚固采用的是SEEE专用锚固技术。

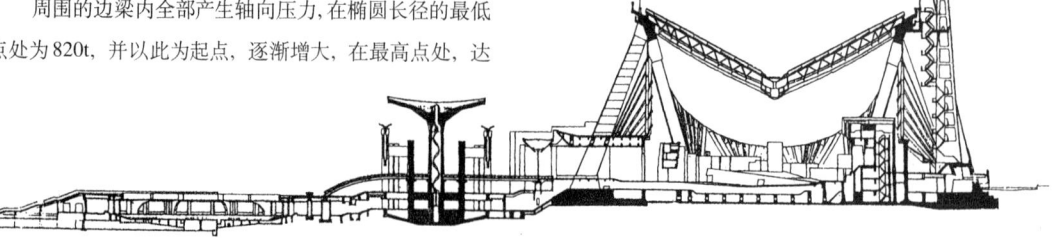

图4　剖面图

最前排的梁是外端为辊轴支承，而中间各跨分别为44m、11m、11m、44m的连续梁；其他的梁是外端为辊轴支承，而内端为固定，呈左右对称布置的梁，跨度分别为44m、33m、22m，各梁都有距外端支点8～11m的悬壁端挑出。

外端的辊轴支承是为了应对施加预应力时的变形和在预应力作用下产生的徐变变形，并在徐变变形接近终了的数年后，使混凝土浇筑形成一体化而设置的。

在这中间，还备有钢制的抗剪键，作为传递地震力之用。当发生变形而出现缝隙时，钢键就会借助自重跌落到缝隙中。

3．倒圆锥形壳体

在从前庭进入大殿的入口处，有五个倒立的伞形圆锥壳呈一字形排列着。

作为顶盖的圆锥壳体是四边垂直切断，边长分别为30m和22m。

在壳体的表面设有放射状和同心圆状的肋板，目的是使力从壳体能够顺畅地传给柱子。

柱子内部的主要结构元素是用厚钢板焊接而成的圆柱状钢管，在柱头的部位，装有构成壳体曲面，其截面为Ⅰ字形并呈放射状布置的梁。

柱属于内藏钢管的类型，由厚度为90cm的圆筒状劲性钢筋混凝土所筑成，其柱头部位的外径为3.96m，柱脚处的外径为4.58m，柱高距地面为25.6m，壳体最高点的高度为28.8m。

决定柱子刚度大小的直径的数值是通过支承920t重的壳体屋顶的单质点振动系统的地震反应分析求得的内力和变形确定的正确值。

在抗震设计上，从柱的柱头过渡到圆锥状壳体的部位的构造细部是最关键、最重要的了。

4．结构与施工

这座建筑物的规模庞大，而且形态特异，在施工时，有许多需要解决的问题，一定要预先做好充分的准备。

为此，在施工时，在协作的企业中，设立了一个技术委员会，驾驭当时能够想到的一切最新技术，以便应对数量众多的疑难问题。

特别是，厚钢板的约束焊接、三维钢构件的制作、空间结构的装配方法、保证施工精度的测量方法、高强混凝土和大质量混凝土的生产和浇筑，等等，都必须精心研究和开发。

此外，车轮型半刚性悬索屋顶结构、预应力混凝土空心梁、倒圆锥形壳体等的大型模型的结构实验和异形拉力环及曲梁等的弹塑性实验，以及大质量混凝土的温度测定及空间结构的变形测定等的实施无一不是在难以计数的众多的研究人员和技术工作者们的热情洋溢的大力协助下进行的，还有在直接参与现场施工的庞大队伍长达4年的奋斗下，工程才得以完成，如此壮举在建筑业中是史无前例的。

（青木　繁）

［参考文献］
1）青木繁研究室編『正本堂構造設計篇』正本堂記録編纂委員会，1972年5月
2）Y. Tuboi and S. Aoki "Space Flame Structure of Half-Rigid Beams" Proc. IASS Pacific Symposium Part-2 1972, Architectural Institute of Japan

照片2　预应力混凝土空心梁

照片3　倒圆锥形壳体

035 日本银行总行营业所新楼

设计中采用了正规的动态设计

关键词 SERAC、深层地下、人工轻混凝土、梁柱连接实验

照片1 外观　　　　　　　　　　　　　摄影：大塚守夫

房屋建筑概要

〈建筑概要〉

地　　　　　址：东京都中央区日本桥2-2-1
主　要　用　途：银行
设　　计　　者：松田平田坂本设计事务所(今松田平田设计)、
　　　　　　　　柳町研究所(空调设计)
结 构 设 计 者：松田平田坂本设计事务所(今松田平田设计)
动态分析指导：梅村　魁(东京大学)
施　　工　　者：大林、鹿岛、清水、大成、竹中JV
建　筑　面　积：9128.183m²
总 建 筑 面 积：92443.44m²
层　　　　　数：地上10层，地下5层，屋顶楼2层
檐　　　　　高：50.150m，最高点58.850m
设　计　期　间：1962年5月~1966年7月
竣　工　年　月：1973年3月

〈结构概要〉

结　构　类　别：劲性钢筋混凝土造
结　构　类　型：框架结构
基础类型及持力层：板式基础及下部东京持力层(黏土层)

1. 设计经过

　　1896年(明治29年)由辰野金吾博士设计的主楼竣工，后来又有长野宇平治博士设计的1、2、3号馆与主楼毗邻，陆续建成，迄今已经历了25年。为了业务的顺利开展，在与原有建筑毗连的建设场地上建设新馆的计划，在银行方面又筹划定案了。

　　拟于1962年开始的设计正在立案和研究各种规划的过程中，根据1963年修订的建筑基准法，了解了建筑高层化的可能性，研究探讨的结果，找到了能够更好地满足各种条件，而且使用方便，在结构上也是十分稳定的结构体系，此外，又出于压低整个工程费用的考虑，决定新馆采用高层建筑。以该规划为依据，展开了新馆的总体规划、初步设计和施工图设计，并于1966年完成设计工作。

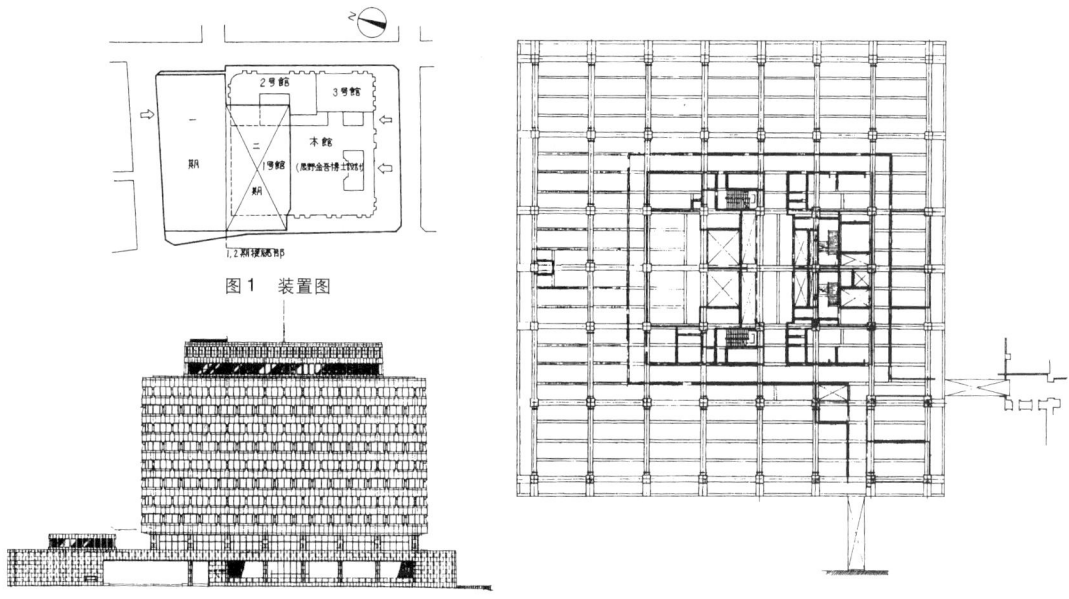

图1　装置图

图2　北侧立面图

图3　地上三层楼板平面图

此外，该规划确立后，采纳了1号馆一定要拆除这一设计方的提议，于是，决定将拆除工作也包括在内，施工分两期进行。

2. 动态分析的时代背景

在1963年的建筑基准法中，撤销了建筑高度的规定，这要归功于当时的抗震设计理论第一人的武藤清博士。关于这个问题，让我们引用竹山谦三郎博士的著作《日本建筑结构百年史》中曾明确阐述的如下的一段话："武藤清博士回答了'要建30米以上的高层建筑'这一社会呼声很高的希望和要求。他将过去记录下来的地震波借用过来，并作为作用于拟建的建筑物的假想地震波输入电子计算机，并对超高层建筑进行分析和计算。这就是他所创造的具有划时代价值的动态分析模式。武藤清先生是继佐野利器先生之后，持有将刚性结构向着柔性结构转变的观点的人，尽管人们并没有详细地直接请教过他的动机，但是，他说，只要是超高层建筑，那么，刚性结构就是不合理的，这是武藤清先生独到的扭转乾坤的技术洞察力。与此同时，电子计算机的利用也可以说是受这一天才的理论洞察力推动的。我想是这样的……"。在武藤清博士超凡的理论支持下，修改了日本的建筑基准法。

在建筑基准法修改的两年前，根据以武藤清博士为委员长的"强震反应分析"委员会的计划，在东京大学工学部综合试验所内装备了一台由东洋人造纤维(今东纤)科学技术助成研究所开发，并由日立制作所制造的模拟电子计算机(简称SERAC)。该机的分析能力是用于弹性分析时，可以是8质点，而在进行弹塑性分析时，则可以是5质点的质点系。

3. 建筑规划

这幢建筑的地下各层是停车场、机械和电力有关的各种房间，地上3层以上的楼层平面形状接近正方形，中央有一个核心筒体，筒体周围则是各种事务的自动机械处理和办公室间，四面都设有兼作逃难通道用的阳台。

楼层高度是一层7.2m，二层6.0m，而标准层为4.35m，标准层的顶棚高度则为2.9m，这样的建筑是完全能够适应未来几十年内，可能出现的技术革新和各种设备更新的需求。在外观上，将悬挑式的阳台宽度随着高度的增高而向内缩进，以增加稳定感。在外装修上，则是包括阳台前端列柱在内，都采用花岗石贴面的预制混凝土板，以期取得与原有馆舍的规模和风格的协调一致。

4. 结构规划

根据建筑规划所描述的楼层构成，对于地下各层来说，是以有利于安排车辆进出路线为目标，而地上楼层则是以确保能够充分应对未来的空间为目标，与此同时，还要尽量使平面规划呈XY两方向跨度均等的态势。在剖面构成上，将大梁做成加腋型梁，原则上，将设备管道等的横断梁一律在梁下通过。

至于结构类型，地下各层采用框架剪力墙结构，而地

照片 2 接合部实验情景

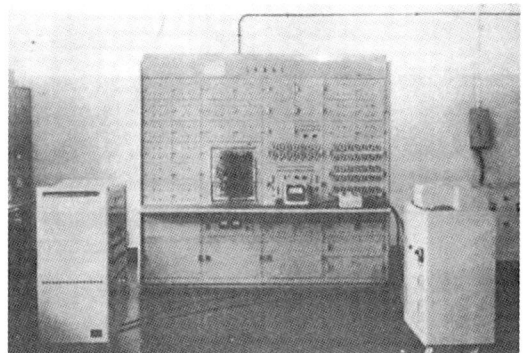

照片 4 SERAC 全貌

照片 3 试件(加载后)

照片 5 SERAC 正面

上楼层则采用的是纯框架结构。

5. 结构设计

在结构设计上最值得一提的给定条件则是可以将接受设计委托时的建筑基准法中所规定的地震系数增加 5 成后,进行抗震设计。根据修订后的基准法,对于高层建筑物来说,实施动态分析是这类建筑设计的义务,如果仍然按照当初增加 5 成的方针的话,那么,分析用的地震波输入值将比一般建筑要大。从 1964 年到 1965 年期间,对各种建筑的动态分析几乎以每星期一次的频率在东京大学综合试验所里使用 SERAC 上机。在进行数据输入时,限于 SERAC 这种计算机的能力,需要将 12 层的建筑物按 2、3 层为 1 质点,并将楼层换算成各质点的质量和弹簧常数,为了做到这一点,在那连计算器都还没问世的时代,可以说是动用了算盘、手摇的机械式计算机、计算尺等一切计算工具才完成的。此外,地震波输入也是模拟的(在胶片上描绘的加速度波),在解读模拟表达的输出数据和将其数值化等仍然是手工作业的。当设计工作进入最后阶段时,由于数字式电子计算机已经开发出来,又进行了以一层为一质点的弹塑性分析。当时所做的弹性分析采用了双直线型(Bi-Liner 型)——钢材的屈服强度为 3.3t/cm² 和理

想弹塑性型——钢材的屈服强度为 3.6t/cm² 的两种模型。对于给定的地震力的情况,两种模型都得到了只有部分楼层进入了弹塑性领域,而大部分楼层仍处于弹性领域的结果,于是,所做的分析和设计的正确性便得到了验证。

分析采用的地震波是 EL CENTRO(NS) 及 (SW),OLYMPIA(EW),此外、还使用了专为本设计而设置在主楼地下层的地震仪和设置在地面和地下的地震仪记录到的地震波,与此同时,还对建设用地和周围地基的平时微动(80 处)进行了记录,以掌握其振动特性,并考察了这一切与建筑物之间的关系。

分析结果表明,沿 X 轴方向的固有周期为 1.44 秒,沿 Y 轴方向为 1.42 秒,层间角变位在 450Gal 作用下,各楼层均为 1/200 左右。设计用层间剪力系数: 首层是 0.27,而顶部是 1.0。

在使用材料方面,钢材采用当时强度为最高的 SM50(材料名称为当时通用,以下同),钢筋采用的是 SD30、SD35、SD40。为了尽量减轻主体结构的重量,地上楼层一律采用轻混凝土,而地下各层则采用普通混凝土,强度全部为 210kg/cm²。结构类别是这样的、次梁为劲性钢筋混凝土,主梁为组合截面钢梁,基础采用板式基础,由于地基反力很大,所以基础梁也采用劲性钢筋混凝土。

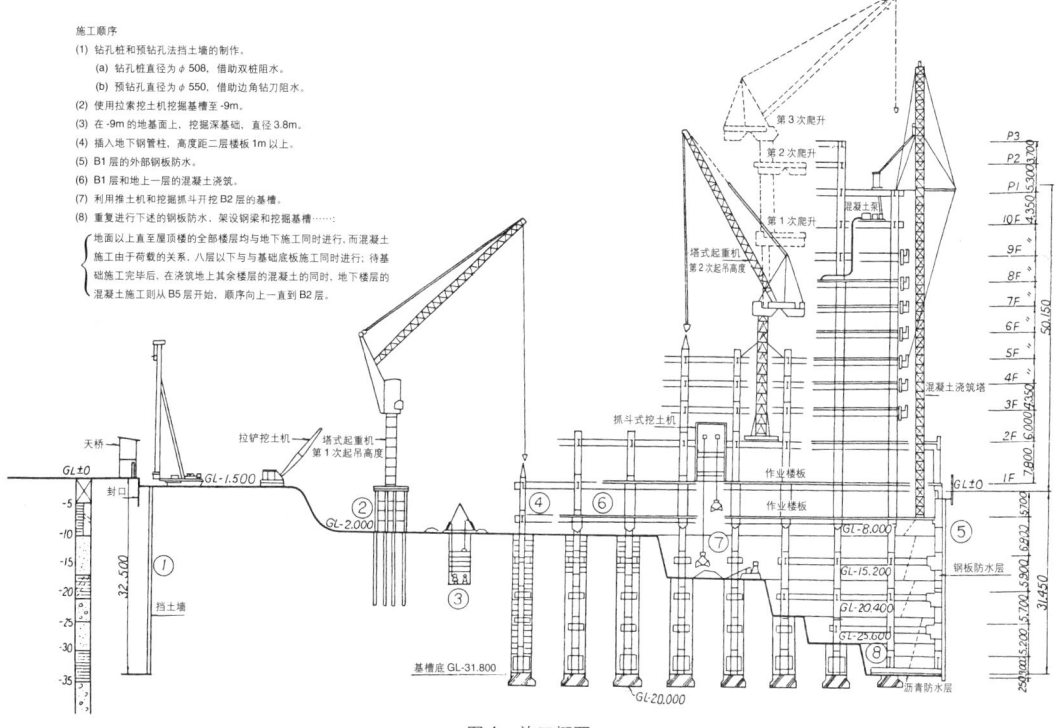

施工順序
(1) 钻孔桩和预钻孔法挡土墙的制作。
　　(a) 钻孔桩直径为 φ508，借助双桩阻水。
　　(b) 预钻孔直径为 φ550，借助边角钻刀阻水。
(2) 使用拉索挖土机挖掘基槽至 -9m。
(3) 在 -9m 的地基面上，挖掘深基础，直径 3.8m。
(4) 插入地下钢管柱，高度距二层楼板 1m 以上。
(5) B1 层的外部钢板防水。
(6) B1 层和地上一层的混凝土浇筑。
(7) 利用推土机和挖掘抓斗开挖 B2 层的基槽。
(8) 重复进行下述的钢板防水、架设钢梁和挖掘基槽……；
　　地面以上直至屋顶楼的全部楼层均与地下施工同时进行，而混凝土
　　施工由于荷载的关系，八层以下与基础底板施工同时进行；待基
　　础施工完毕后，在浇筑地上其余楼层的混凝土的同时，地下楼层的
　　混凝土施工则从 B5 层开始，顺序向上一直到 B2 层。

第 3 次爬升
第 2 次爬升
第 1 次爬升
混凝土塔
塔式起重机
第 2 次起吊高度

P3
P2
P1
10F
9F
8F
7F
6F
5F
4F
3F
2F
1F

混凝土浇筑塔
抓斗式挖土机
作业楼板
作业楼板

天桥
GL±0
封口
GL-1.500
拉铲挖土机
塔式起重机
第 1 次起吊高度
GL-2.000
挡土墙
GL-8.000
GL-15.200
GL-20.400
GL±0
钢板防水层
GL-20.000
基槽底 GL-31.800
沥青防水层

图 4　施工概要

　　为了确认劲性钢筋混凝土柱与组合截面钢梁的接合部的性能，曾做了 0.7 倍模型的实验，结果表明，接合部的延性和承载力都获得了验证。

6. 施工概要

　　该工程的最突出的特点之一是在基槽深度达到 31.45m 的高深度的地下施工。在施工方法上，采用的是地上与地下工程齐头并进的非常规的施工技术。

　　在进行如此深度的工程施工时，抗氧化措施是最紧要的课题，因此，一定要对周围环境进行调查和分析，然后，采取相应的措施才能做到安全无事故的施工。

　　由于包括钢结构在内的地上楼层重量很大，柱子则以一个楼层为一节，采用现场焊接接头，并且还要对焊接技工进行技术水平的测试。关于工厂焊接质量，应以施工说明书为依据，在制作之前进行接合部和柱身的足尺实大的焊接工艺性试验，以便确认使用材料的可焊性，以及用于焊接结构钢材的焊条材料和所采用的焊接方法的适用性。

　　混凝土全部用的是商品混凝土，由于在进行一期工程施工时，还没有有关轻混凝土的 JIS 规格标准，所以，做了配比设计和试搅拌，以便确认是否能够确保要求的质量。由于在一期工程施工时，混凝土泵车和人工轻骨料的开发

尚在进行之中，所以采用了利用塔吊进行垂直运输，而用泵车实施水平运输。然后，待进行二期工程施工时，性能良好的新型混凝土泵车已经生产出来，同时，人工轻骨料也已开发成功，所以，只用泵车便可进行混凝土浇筑了。

（坂井吉彦）

[参考文献]
1) 日本銀行共同企業体編『日本銀行本店営業所増改築工事・工事記録』
2) 東京大学工学部建築科梅村研究室『日本銀行本店営業所新館増築工事鉄骨構造試験体応力傳達状況調査報告書』
3) 『SERAC Report』No.1 & 2，強震応答解析委員会
4) 竹山謙三郎『物語　日本建築構造百年史』鹿島出版会

照片 6　钢结构安装

149

036 全国勤劳青少年会馆　太阳广场

综合用途的高层建筑

关键词 扭转振动、轻质高强混凝土、膨胀水泥、架空泵压送

照片1　外观　　　　摄影：彰国社照像部

房屋建筑概要

〈建筑概要〉

地　　　址：东京都中野区中野4-5-28
主 要 用 途：礼堂、会议室、办公室、宾馆、游泳池、保龄球场
设 计 者：日建设计东京事务所
施 工 者：大林组、富士工业、佐藤工业JV
建 筑 面 积：4632m²
总建筑面积：51009m²
层　　　数：地上21层、地下2层
檐　　　高：92m
竣 工 年 月：1973年3月

〈结构概要〉

结 构 类 别：劲性钢筋混凝土造
结 构 类 型：框架剪力墙结构
基 础 类 型：深基础施工法及钻地施工法施工的墩台基础、
　　　　　　独立底脚基础

1. 建筑规划

全国勤劳青少年会馆是供劳动青少年集会用的综合性设施。其中设有大礼堂、保龄球场、游泳池、商店街、宾馆、餐厅、结婚礼堂、会议室、多功能大会议室、讲习室、圆形会场、职业研究所、停车场，以及配备有大量相关设备的各种房间，等等。内部的丰富多彩和前所未有的规模当属史无前例的综合性建筑。在对这样一幢大型的综合性建筑进行规划时，下述各项事宜不容忽视：

①在大型综合性建筑的规划中，只有建筑上的思考是不够的，必须加上都市的概念；

②不但要追求平面构成的合理性，而立体构成也不能忽视；

③从设施方面来说，全国勤劳青少年会馆是消遣娱乐的去处，最好是具有举办庆典和祭祀的能力；

④多数人集会的场所和设施宜接近地面，而供少数人活动的设施可以设在高层部分；

⑤这座大厦与其他建筑相比，不仅在功能上是特殊的，而且还要在外观上表现出来，能在街景构成上显示出自己的特点，此外，形态本身也能惹人注意才好；

⑥建设用地地处公园附近，而且面对地铁中央线中野车站候车厅，从这个角度来看，其外观也应该对人们有吸引力才行。

在空间构成上就是本着上述这些想法构思的，作为结果，在最终的设计方案中，是将两个核心筒体分别置于东西两侧，楼内进深充分地大，并且，自下而上逐渐收缩，向空中发展。

2. 结构规划

正如建筑规划中所描述的那样，对于本大厦来说，周围的现有环境、建设用地条件，以及使用目的和性质，尤其是，与其他的高层建筑不同的用途和内容上的丰富多彩等一系列条件都应得到充分的反映和满足。于是，其总体造型，如照片1及图1呈三角形的剖面构成。

从结构的角度看，应该采用哪种结构才能适应这些内容的要求？另外，选择什么样的结构才能与建筑造型相匹

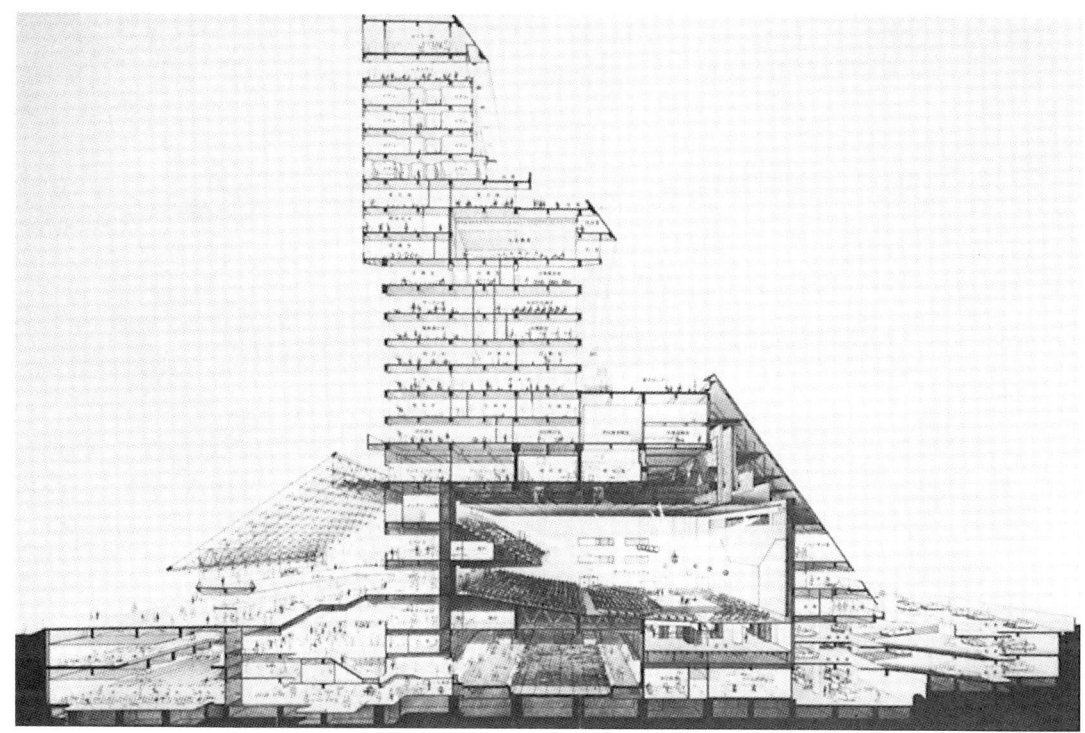

图1　南北剖面透视图

配，还要不乏结构上的合理性，着实费了不少的功夫。下边阐述思考的方方面面。

（1）主体结构

1）由于整个大厦在南北方向的形状呈三角形，因此，其重心与刚度中心之间是楼层越低，二者偏离得越远，在地震力作用下，整个大厦就会产生扭转振动，于是，主体结构必须能够承受这样的外力作用。

在平面布置上，采取了在东西两侧设置核心筒体的方案，将环绕筒体的南北方向的墙体做成抗震墙，用来抵抗扭矩的作用。也就是说，将抗震墙设置在对抵抗扭转最有利的部位上。此外，在东西两面设置抗震墙的目的是为了使礼堂在音响上与其他部分隔离，而在其四周用钢筋混凝土墙体将其包围起来，起到一箭双雕的作用。

2）所选用的结构不仅要能抵抗扭力的作用，而且还要尽量避免扭转振动的产生才行。

基本方针是使令大厦的刚度中心最大限度地靠近其重心。具体来说，就是适当改变各道抗震墙的厚度和在结构刚度不需要墙壁的周边留出缝隙的方法。将东西方向的框架两个边跨的抗震墙都稍加改变，然后计算刚度，并据此求出整幢大厦的刚度。通过若干次重复运算便可将

偏心率控制在预定的范围之内，具体来说，对于较大楼层控制在15%以内，其余绝大部分楼层则控制在10%以内。当然，这样的刚度验算，必须在保证各排框架承载力的前提下进行。此外，扭转影响的消除还要经过动态分析加以确认才行。

3）包括礼堂在内的32m的大跨度梁是由10个楼层的柱子支承着的。

这样的先例迄今是从未有过的，由1跨和1层高的大梁和大柱构成的具有超刚度的大框架可以用轻混凝土作为减轻自重的手段加以解决。这表现在建筑规划上就是将核心筒体设置在礼堂的两端，并将梁高为一个楼层的大梁之间安排为机械室，也就是说，通过建筑与结构一体化的手法实现的。

4）游泳池、礼堂范围内的下部大框架要与上部结构之间在刚度上保持连续性。

这个要求是通过在东西方向的两个边跨，也就是在筒体内设置抗震墙来解决的。此外，如前所述，这面抗震墙对调整刚度中心的作用是很大的。另一方面，这面抗震墙的尺寸属于细长型，所以，上部楼层的弯曲变形大时，作为抗震墙的作用就会发挥不出来，于是，如图2所示的东

西方向框架剖面图的那样, 在五层和十二层, 用插入的支撑桁架将左右两侧的抗震墙连接起来, 而在二十一层则是借助插入墙体来控制弯曲变形。

5) 确保构件的延性。

一般来说, 钢筋混凝土的建筑物的抗震设计中, 延性是至关重要的, 特别是在这幢大厦里, 东西方向和南北方向都是框架结构和框架剪力墙结构组合而成的结构体系, 因此, 要想使它们形成一体而共同工作的话, 延性就是必不可少的。为了达到这样的目的, 柱和梁都要采用实腹型式的劲性钢筋混凝土, 并且, 还要加密配置箍筋和吊筋。此外, 对于抗震墙来说, 加设楼板的框架使其约束性足够强劲, 并考虑墙板可能发生的滑移型破坏, 将墙板内的配筋加密, 以期达到分散裂缝的目的。

6) 地震时, 楼板内的剪力不得过大。

由于南北方向的结构是刚度非常大的框架剪力墙结构与刚度较小的纯框架组合而成的, 所以, 必然会想到, 发生楼板介入传力的问题。于是, 进行了考虑楼板变形的并列模型的振动分析, 从而确认了楼板是按抗剪安全进行设计的, 同时还确认了楼板为绝对刚性的假定是成立的。

7) 框架采用劲性钢筋混凝土。

在考虑十五层至二十层的框架时, 究竟是采用钢结构, 还是采用劲性钢筋混凝土结构曾是讨论的焦点问题, 对于现时情况来说, 在可以设计成劲性钢筋混凝土造的时候, 往往是比采用钢结构要来得经济。尤其是对于这幢大厦更是这样, 因为地处低层的礼堂有隔声的要求, 需要采用钢筋混凝土墙体。这样一来, 劲性钢筋混凝土便成为有利的了。

此外, 凌驾于礼堂上方的大框架是刚度非常大的, 可是与这大框架接续的上部结构不可以是过去那样柔性的。在这样的情况下, 采用劲性钢筋混凝土的话, 不仅经济, 而且又能调节刚度。另外, 大厦的总体构成呈三角形状, 所以, 特别容易产生扭转。这样一来, 有效抵抗扭转的抗震要素就成为必不可少的了。对于本大厦来说, 东西两面充分设置抗震墙的做法, 要比在钢框架内填入预制混凝土板的做法来得经济得多。综合考虑上述种种条件, 并经过反复的讨论, 最终做出采用劲性钢筋混凝土的决定。

(2) 基础

本大厦是建在距地面约18m深的东京砾石层上的, 高层部分为采用5m深、直径为1.2~3.2m的深基础施工法打造的墩台基础; 低层部分则是采用钻地施工法浇筑的墩台基础, 深度为5m, 直径为0.8~1.4m。此外, 对于钻地施工法, 还采用了清除墩台基础底下的软泥的办法进行了确认。

● 动态分析

设定了以下3种振动系统模型:

1) 每个楼层设定为一个质点的21质点串联模型;

2) 研究楼板的面内变形对南北方向的影响而设定的7层 × 4排 =28质点并联模型;

3) 研究扭转的7质点扭转模型。

此外, 对于线性反应采用剪切型弹簧系统, 对于非线性反应则采用换算剪切型弹簧系统, 至于恢复力特性, 采用的是计及抗震墙和框架的弹塑性性质的三直线型模型。此外, 在反应分析所采用的阻尼常数为0.05(对应基本周期), 并按内部延性阻尼系统进行。

● 反应分析结果

在进行线性反应分析时, 对于长边(南北)方向, 作用的是最不利的HACHINOHE(NS), 达到楼层设计剪力值的地震加速度值为215Gal, 而短边(东西)方向则是在EL CENTRO(NS)的作用下, 为234Gal。层间剪切角在换算成加速度值250Gal时, 长边方向为1/400以下, 而短边方向则为1/250以下。

在非线性反应分析中, 在EL CENTRO(NS)最大加速度400Gal时的抗震墙最大塑性率: 长边方向为3.2(十七层), 而短边方向(十六层)为3.8; 框架的塑性率在屈服前, 假定为弹性时, 小于1.2。

从并联模型获得的最大剪应力值在最上层的抗震墙之间为最大, 当地震加速度为250Gal时, 剪应力值为11.2kg/cm², 其余各楼层大体上为4.0kg/cm²左右。

3. 施工概要

地上21层, 地下2层的劲性钢筋混凝土造的大厦用了28个月的工期就竣工了。为了缩短工期, 混凝土的浇筑是在钢结构安装之后, 从底部向上和从五层楼板向上分两段同时进行。混凝土浇筑量约为4万 m³, 总共用了1年多的时间。

下边再对混凝土工程中的人工轻混凝土略加阐述。

人工高强轻质混凝土的泵送施工

轻混凝土的设计强度为240kg/cm², 单位体积重量为

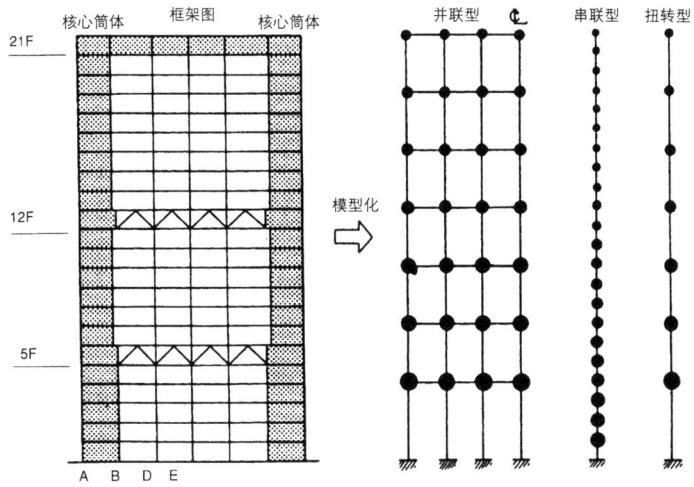

图2　振动模型

1.7t/m³，外墙体还使用了防止收缩裂缝的膨胀性水泥添加剂—电化CSA。在混凝土浇筑的施工中，由于劳动力不足和工期短的原因，采用了泵送浇筑。由于人工轻混凝土在向高处压送的过程中，会导致质量恶化，所以，规定了换算水平压送距离要不超过200m左右，以后只能采用混凝土塔进行垂直方向的运送，而水平方向则是采用固定式混凝土泵压送。

另一方面，在使用膨胀水泥添加剂CSA时，一定要确认养护条件导致的膨胀性能的改变和受约束条件的影响而导致的抗压强度的变化。测定结果综述如下：

①由于压送的原因而导致人工轻混凝土的抗压强度降低达30kg/cm²左右，导致强度降低的原因可以这样来推测，即原来被压入骨料里的水分又被压力挤出和伴随混凝土在压送过程中的温度升高，致使骨料孔隙内的空气膨胀将水分挤出造成的。

②坍落度和空气含量要比在工厂里搅拌时的值低5%～10%，而单位体积重量则增加30～40kg/m³。

③压送距离(换算水平值)为100m左右时，压送所导致的强度降低比较少，但是，当距离达到200～300m时，强度降低非常显著，而且离散性也要增大。

④材龄4周的人工轻混凝土钻取的混凝土圆柱体试件的强度低于模型制作的试件的强度，而长期材龄时的强度也有相同的趋势。

⑤添加膨胀水泥的混凝土在防止开裂上是有效的。此外，在减少单位水含量、加密墙体内的配筋的措施配合之下，由于对容易出现裂缝的部位起到了进一步加固的作用，这种效果可以成倍增长。

4. 技术特点及历史背景

①实现了综合性的高层建筑

由于结构上的复杂性,分析技术的开发远未达到成熟的程度。内力分析仅限于平面框架，缺少立体的分析手段，扭转振动分析不过是刚刚起步，质点数目实在太少。

在这样的情况下，设计之所以能够完成，一方面是因为时间充裕，再就是受惠于政府支持的体制了。

②人工高强轻质混凝土的采用及其泵送

当时，人工轻混凝土还是刚刚采用，240kg/cm²的质量水平从未达到过。此外泵送人工轻混凝土的工程实践极其缺乏，虽然在保证质量上付出了代价，但是，对后来的应用还是大有裨益的。

③利用膨胀水泥减少混凝土裂缝

利用膨胀水泥作为减少混凝土干燥收缩裂缝的做法在当时是绝无仅有的。本大厦的实践使它的效果得到了证实。

(津田三知昭)

[参考文献]

1）天野、津田「勤労青少年センターの設計」『季刊カラム』NO.42

153

037 东京海上大厦

H型钢柱构筑的双筒式框架筒体结构

关键词 框架式筒体的渐近解放、热轧厚壁H型钢的脆性破坏、美观争论、旧楼拆除时的实验

照片1 外观 摄影: 畑 拓(彰国社)

房屋建筑概要

〈建筑概要〉

地　　　址: 东京都千代田区丸之内一丁目2番地
主要用途: 办公楼
设计者: 前川国男建筑设计事务所
结构设计者: 东京建筑研究所、横山建筑结构设计事务所
设备设计者: 前川国男建筑设计事务室、井上宇市研究室(早稻田大学)
技术顾问: 梅村 魁(东京大学)、仲 威雄、加藤 勉(东京大学)、
　　　　　金井 清(东京大学地震研究所)
施工者: 竹中工务店、鹿岛建设、大林组、清水建设 JV
建设用地面积: 10206m²/2(建设时)
建筑面积: 4112m²
总建筑面积: 高层馆43090m²
　　　　　　低层馆20046m²
层　　　数: 地上25层、地下4层(部分地下5层)
檐　　　高: 99.7m
最高高度: 108.1m
施工期间: 1971年11月~1974年2月

〈结构概要〉

结构类别: 地下四层以下＝钢筋混凝土造
　　　　　地下三层~地下二层＝劲性钢筋混凝土造
　　　　　地下一层~地上层＝钢结构、部分劲性钢筋混凝土造
结构类型: 高层部＝H型钢构筑双框筒(外壳＋内壳)
　　　　　结构体系(无柱办公空间)
基础类型: 以GL-20.7m的东京砾石层为持力层的平板基础

1. 前言

本文中所介绍的内容的大部分是文末引用文献的一部分，特别是其中的1)。由于要点主要是来自那篇文章，所以，特别注意避免有重复原文。

因此，本文中所描述的内容多数是对所引用文献的补充，敬请原谅。

将引用文献1)中的房屋建筑概要(1)设计的变迁的部分内容引用如下:

"本设计是秉承当时的高木社长、水泽前会长和山本会长等人希望将这幢总社大厦建成不愧为未来半个世纪的标志性建筑的意图，并将积极体现从建筑容积分区制的实践中引进的都市规划新理念作为基本方针的情况下完成的。这是为了继承"东京海上火灾"的先人曾在三菱原址上建成了日本国内最早的高层建筑的遗志才这样做的。

在设计开始一年后的昭和41年(1966年)末，曾完成了一幢标准层楼面面积为1688m²的地下5层、地上30层，高度达122.2m的超高层大厦的设计，并经建筑中心的高层建筑物结构审查会(当时的会长是武藤清先生，而执行部会长为久田俊彦先生)审查完毕，而且，又在昭和42年(1967年)1月，根据有关高层建筑结构的建筑基准法第38条的规定，向建设大臣提请认定和办理了东京都建筑主事的确认手续。

该设计规划是否是符合现行建筑基准法暂且不说，正像下边将要提到的那样，尽管是满怀为丸之内地区积极创造大家所期望的未来形像的意图，然而，由于以"美观辩论"而发起的阻止丸之内地区建筑高层化运动的政治力量的介入，使得整整3年的宝贵时光白白浪费掉了。

也就是说，一旦建设用地认定问题被否定，可以通过东京都的建筑审查会(会长为二见秀雄，时任东京工业大学名誉教授兼东京理科大学教授)的裁定加以解决，建设大臣没有理由不给保留。

经过业主与设计方的长年不断的努力和忍耐之后，决心改变设计，将高度降为100m以内，从地上30层退到25层，终于获得了建设大臣的认可。那时已经是昭和45年

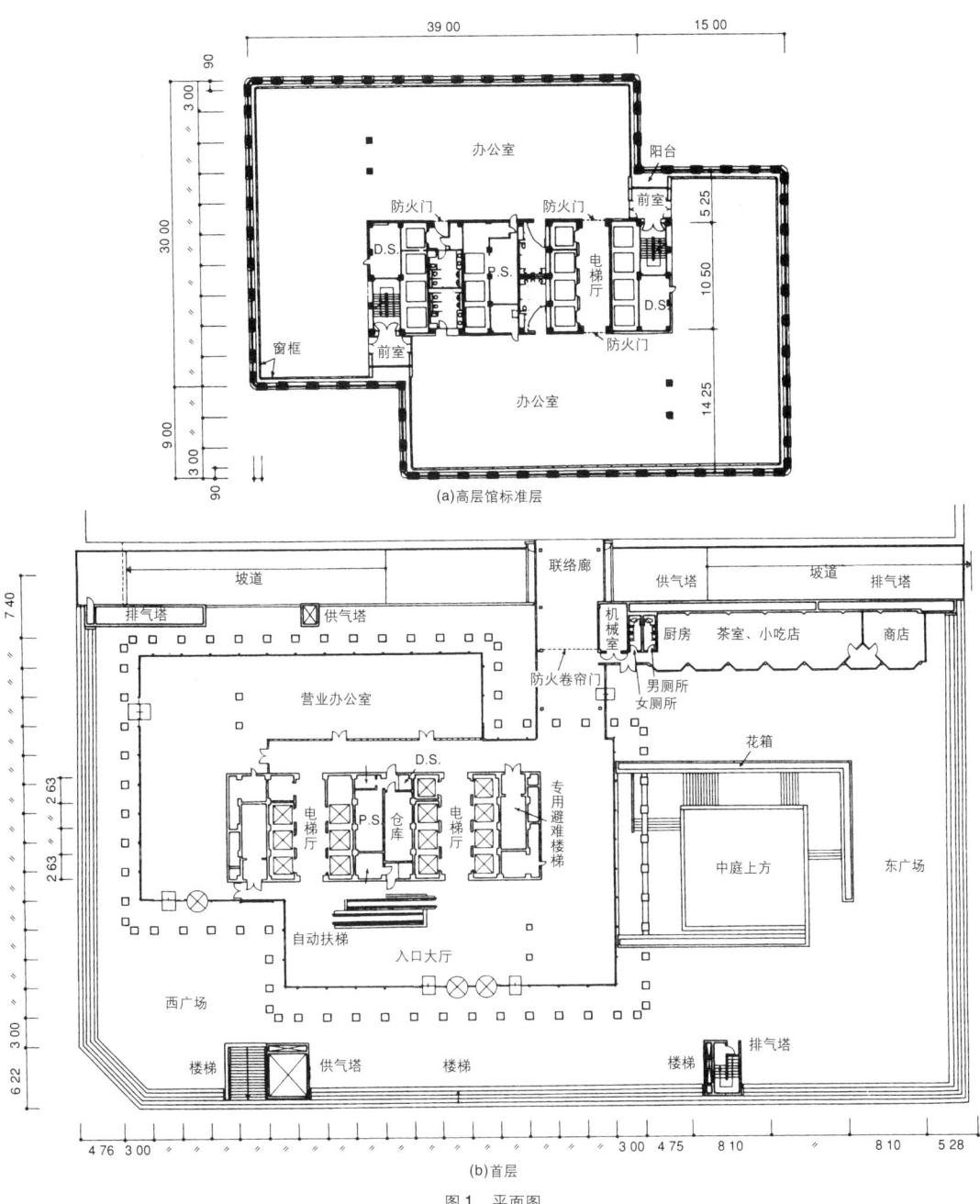

图 1 平面图

(a)高层馆标准层

(b)首层

(1970 年)9 月了，最后确认的获得是在该年的 12 月。"

所谓的"美观辩论"和"建设用地认定问题"是当时的有关人员最关注的问题，应该作为一个历史小插曲记载下来。

与这些情形相类似，我本人有幸在大约10年的期间里，通过与以前川国男先生和田中诚先生为首的前川事务所的众多人士共同工作，获益匪浅。与横山建筑结构设计研究所以前也有过交流，对于我来说，事务所的前辈和同事对我的亲切感和在工作上给予我的帮助，都应该表示感谢。

2. 在设计上

关于高层馆的标准层平面布局和层数的确定，要从质

155

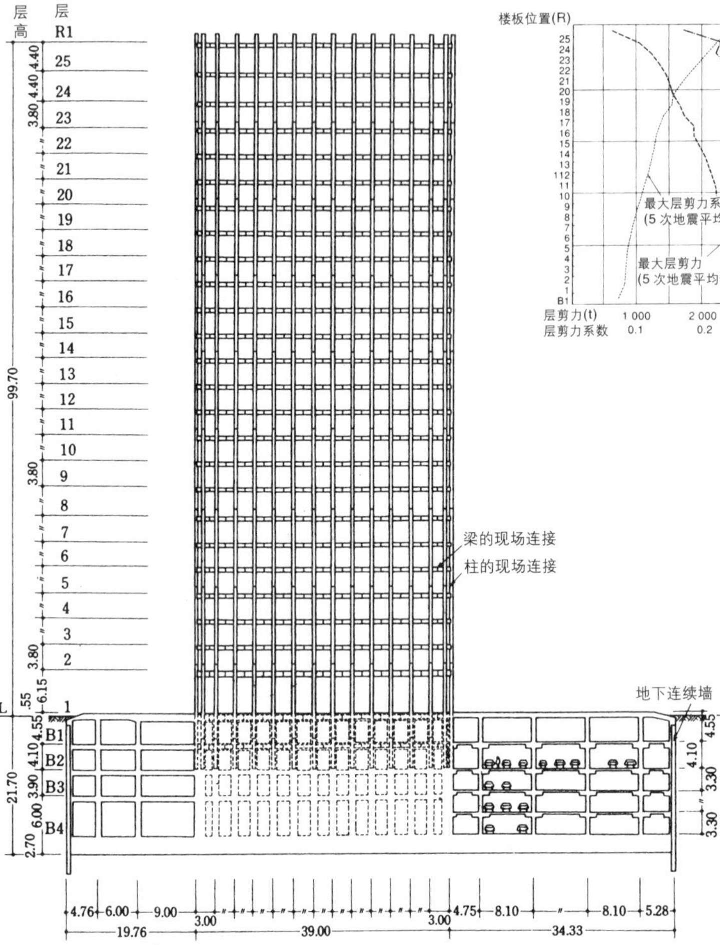

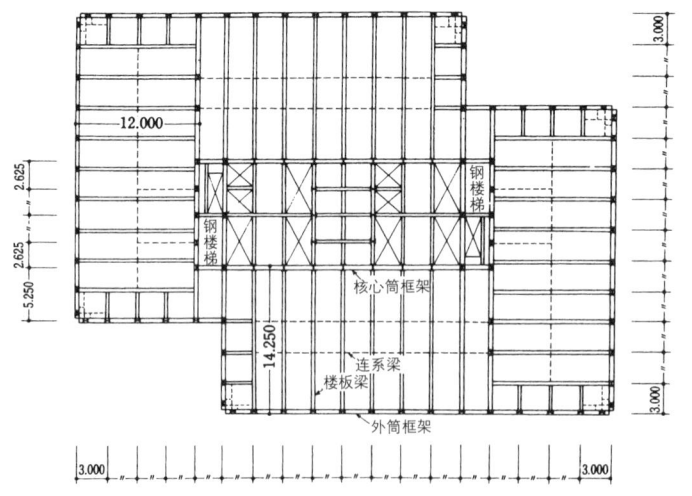

图2 钢结构立面图

层高 层R1

25 4.40 4.40
24 3.80
23
22
21
20
19
18
17
16
15
14
13
12
11 99.70
10 3.80
9
8
7
6
5
4 3.80
3
2
1 .55 6.15
GL
B1 4.10 4.55
B2 3.90 4.10
B3 21.70 3.30
B4 6.00 2.70 3.30

梁的现场连接
柱的现场连接

地下连续墙

4.76 6.00 9.00 3.00 39.00 3.00 4.75 8.10 8.10 5.28
19.76 34.33

图3 标准层钢地板梁平面图

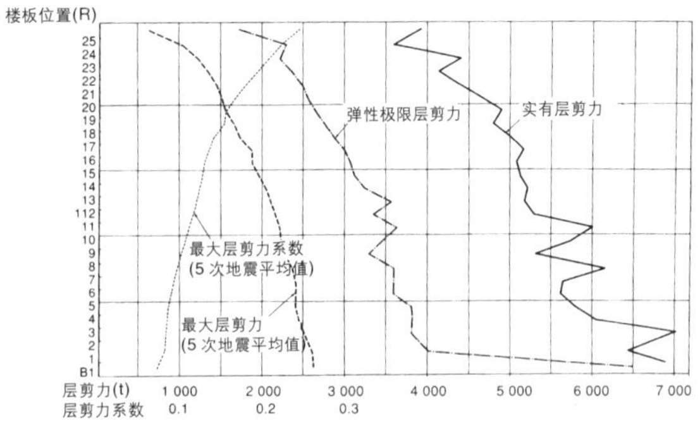

3.000
2.625
2.625
2.625
5.250

12.000
14.250

钢楼梯
钢楼梯
核心筒框架
连系梁
楼板梁
外筒框架

3.000
3.000

楼板位置(R)

25
24
23
22
21
20
19
18
17
16
15
14
113
112
111
10
9
8
7
6
5
4
3
2
B1

弹性极限层剪力
实有层剪力
最大层剪力系数
(5次地震平均值)
最大层剪力
(5次地震平均值)

层剪力(t) 1 000 2 000 3 000 4 000 5 000 6 000 7 000
层剪力系数 0.1 0.2 0.3

图4 最大剪力

(a)第1次试验，实验状况

(b)第1次试验，破坏面

(c)第2次试验，试件B1全貌
(实验完毕后)

(d)第2次试验试件A2
(同时进行预制混凝土耐火罩面板的
随动试验，荷载状态 P=90t)

照片2 结构试验

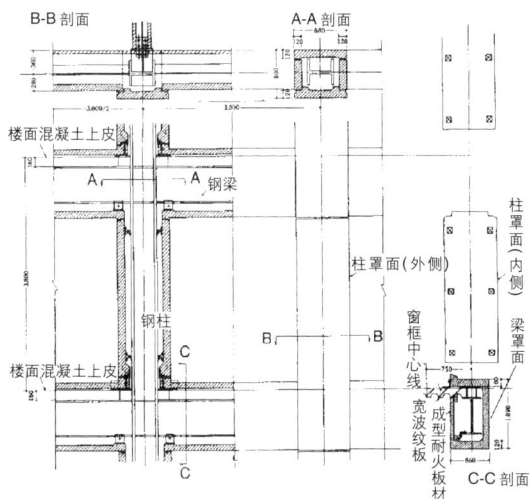

B-B 剖面　　A-A 剖面

楼面混凝土上皮

钢梁

钢柱

柱罩面（外侧）

柱罩面（内侧）

窗框中心线

梁罩面

楼面混凝土上皮

宽波纹板

成型耐火板材

C-C 剖面

图5　外筒框架的预制混凝土构件的罩面

优，而且在面积利用率上又合理的无柱办公空间的方面谈起，按我们当时的分析能力，对削去两个隅角，略呈反对称的平面形状是难以理解的，简单的矩形平面曾是第一方案。但是，从未来的双塔造型和各层都由彼此独立的两个办公区构成(有利于防灾)，以及应急楼梯能够直接面对户外等角度来看，这样的平面格局可以说是绝无仅有的，针对前川事务所的这一设计意图，如果采用框架式筒体结构的话，那么，即使平面上有一定的凹凸，也完全可以按照近似于矩形的抗震体系来考虑的。

此外，在平面上的凸角处，设置双柱的做法可以说是上述思想的延续，也是前川先生所极力主张的。

外柱列要显得粗壮有力。出于对室内的柱影、防灾、维修的考虑，将外侧的窗框要向内侧缩进（形成小阳台）。业主(设计委托方)曾有过："如果将窗框安装在紧贴外墙面的话，可以增加室内可以利用的面积，为什么不那样做?令人费解"的困惑，而前川先生径直在我们这些结构设计人员面前对此进行解释的情景，令人难忘。即使是框筒体系的分析，手算也是难以完成的，一定要用电子计算机。承蒙设计委托方(业主)的好意，允许使用当时的IBM的通用电子计算机，并进而开发用于结构分析的计算机程序。从静态的框架分析，一直到框架的动态分析。可以说，设计上所需要的全部数据资料都是利用新开发出来的电算程序获得的。分析组的负责人是横山晶好先生，几乎是他一个人在奋斗。

另一方面，利用壳体结构的近似解法—— Shear-lag-Analogy研究了求解的方法。这项工作是由富泽稔先生和小西义昭先生负责的。大厦采用的这种筒体结构在当时正在施工中的WTC大厦(纽约世贸中心)也有采用，并曾以它为师，作为参考。不过，隔角部分的楼板构造两幢大厦是截然不同的，乍一看，好像是缺了点什么似的，不整齐，可是，这样的形状正好可以设置一榀框架，起到与内筒连接在一起的作用，是一种合理的楼板构造体系(这样做的结果使得所说的无柱空间生出了2根柱子，但是，由于办公室空间是分片构成的，在使用上并不造成障碍)。

WTC大厦于去年的9月被撞毁而完全倒塌了。若是我们这幢大厦也遭遇同类事件，只要一想起就是一身冷汗呢。

不过，这幢大厦的高度只有WTC的1/4，被看成是平面上的缺口的内外筒体间的框架连接，以及恰当的防灾区划措施等，所有这一切都会使得，即使发生倒塌，情况也会大不相同。

照片1所示为厚壁H型钢的一系列实验。这里有一个很大的问题，在H型钢上加焊上了肋板，当作为简支梁加力于其上时(实际上是从梁翼缘向柱上加力)，由于钢材的延性未能发挥出来，在伴随着巨大响声的同时，H型钢断裂了。关于这个问题，在文末的参考文献3)中，有详细论述。在X型的试验中，没有出现这种现象(但是，使层间变位达到1/30程度的加力)。使我们了解了厚壁型钢和焊接的难度。

3. 其他

前川先生对包括我本人在内的年轻人笑着说："不要说抗震设计有多伟大，因为地震是太厉害了，能将地面搞得如波涛一样涌动、隆起"(先生在1923年关东大地震时，在本乡经历过)。

我还有关于设计及监理费和结构设计及监理费，以及监理费的考虑方法等的非技术性的很多议论，留待以后有机会再谈吧。

（山口昭一）

[参考文献]
1) 成田春人，横山不学「東京海上火災本社ビルディング」『建築構造設計シリーズ4 超高層建築』丸善，1973年
2) 横山不学「東京海上ビルの構造設計」『カラム』43号
3) 仲 威雄，加藤勉ほか「高張力鋼の⊥型溶接強度について」『日本建築学会論文報告集』41年度

038 鹿岛建设椎名町公寓

钢筋混凝土造超高层住宅的先驱

关键词 超高层、高强度混凝土、高强度粗钢筋、混凝土质量管理方法、施工体系

照片1 外观　　　　　　　　　　　　　　　　摄影：川澄明男

房屋建筑概要

〈建筑概要〉

地　　　址：东京都丰岛区南长崎
主 要 用 途：集合住宅
设 计 者：鹿岛建设
结构设计者：同上
施　　　工：鹿岛建设
建 筑 面 积：360m²
总建筑面积：6863m²
层　　　数：地下1层、地上18层
檐　　　高：47.7m
竣 工 年 月：1974年2月

〈结构概要〉

结 构 类 型：钢筋混凝土造
结 构 类 型：纯框架结构
基 础 类 型：墩台基础

1. 建筑规划

由于这幢大厦是用钢筋混凝土建成的超高层建筑，所以，是以具体应用研究为目的、以社员公寓的名义建成的。平面布置采用一般办公楼等也可以采用的均匀网格型式，社员公寓的规格为有15坪左右的2DK(餐厅兼厨房)的户型，每层安排5户的核心型公共住宅。

2. 技术开发

对于钢筋混凝土建筑，由于其抗震性能的问题，一直以6层作为这类建筑的限高。鹿岛建设抓住这类结构的良好的施

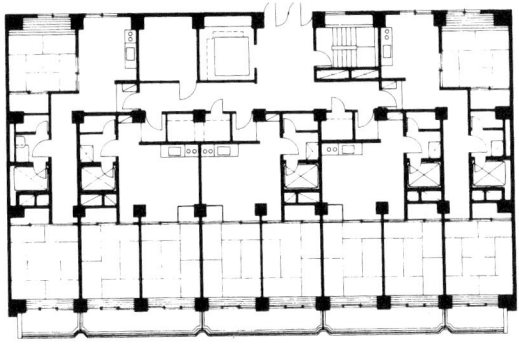

图 1　标准层平面图

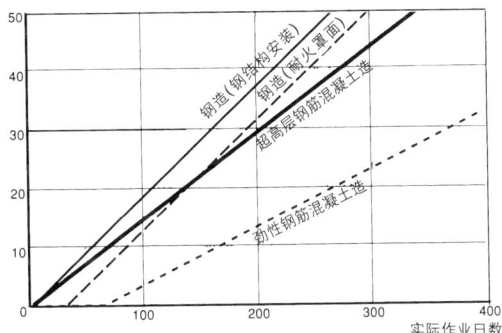

图 2　地上主体结构及施工方法比较

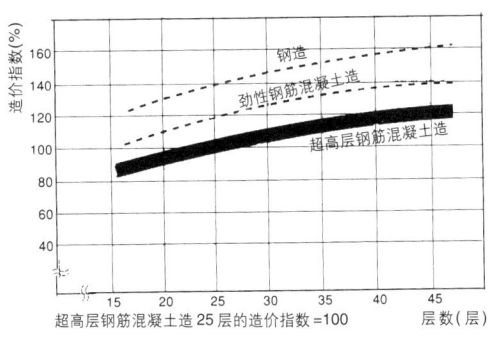

图 3　地上主体结构的造价比较

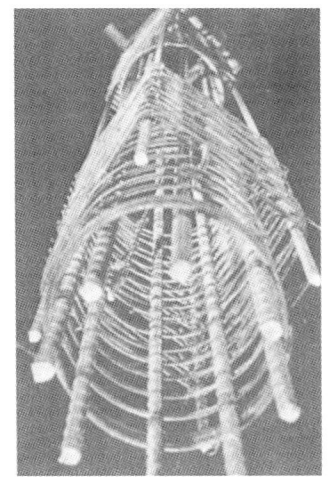

照片 2　鹿岛螺旋箍筋柱

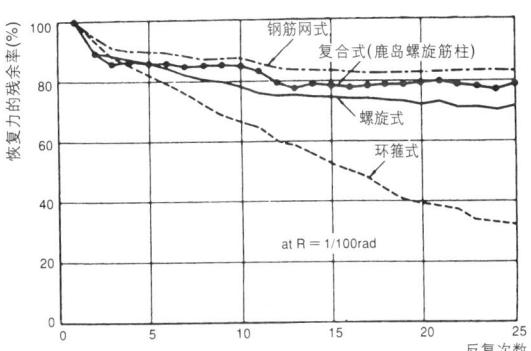

图 4　不同箍筋类型防止承载力下降的效果

工性和经济性，反复开展了多项研究，使得开发延性好、抗震性能卓越的钢筋混凝土结构获得了成功，从而，建成了取代以往的钢结构超高层建筑的新型的钢筋混凝土造的超高层建筑。

图 2 为不同类别结构的施工进度比较，而图 3 则是造价的概略比较，高度超过 20 层的建筑以钢结构为最有利。在过去，钢筋混凝土结构的柱子很容易发生脆性破坏，而且，现场作业也很复杂，因此，通过设计方法和施工方法的系统研究和改进，终于开发出了"鹿岛螺旋钢筋柱"、梁的 U 型锚固法、粗钢筋连接法、采用大型模板和混凝土的分段浇筑法等，在当时，都是作为划时代的新技术而被大量应用。

照片 3　U 型锚固法

鹿岛螺旋筋柱是采用螺旋型箍筋和环箍型箍筋相结合的柱配筋法。这种钢筋混凝土柱在反复荷载作用下，承载力不会降低，由于可以构成延性好的框架，从而提高了建筑的抗震性。

3. 结构规划

该大厦采用的是纯框架结构。外墙为预制装配式幕墙，户与户之间的隔断墙为混凝土砌块墙，属于非承重墙。图5所示为长边方向框架的立面图。图中右侧给出的是所使用的混凝土设计强度。在外周柱内配有预应力钢筋，并施加了预应力，作为强震时的抗拔措施，反过来，又可以在压力增大时，作为增加混凝土的抗压强度的手段。

图6所示为梁、柱的标准截面。尽量减少构件的体形对居住空间的影响，同时还要在设计阶段就对其施工工艺性加以充分考虑，并力求构件截面统一化，以期做到作业简单化和合理化。

4. 结构设计

结构设计的流程如图7所示。结构设计是按照静态设计确保框架还须具有的延性，而按照动态设计则是确认其在强烈地震时的变形性能，二者缺一不可。为了确认钢筋混凝土构件的恢复力性质，实施了足尺实大试件的结构实验，并将实验结果反映在理论分析中。

5. 施工概要

为了达到建造钢筋混凝土结构的高层建筑的目的，就必须有能够建成高质量、高精度的主体结构的施工技术和方法，同时，还要在经济性上和工期上做到无可挑剔。本着这一目标，从钢筋混凝土结构的施工基点出发，彻底改革常用的施工方法，以期做到施工合理化。

本大厦的全部钢筋混凝土梁、柱和楼板一律采用现场浇筑，为了达到将主体结构建成为质量稳定，具有高强度、高精度的混凝土结构的目的，将短边方向梁的外端处的上下主筋按U型锚固法进行锚固。这种U型锚固法的锚固性能极佳，而且，又可使梁、柱混凝土的分段浇筑和钢筋的预制装配化成为可能。长边方向的梁外端处则采用锚固板法进行锚固，锚固板是在现场组装的。

对于高强度混凝土的浇筑，为了使高质量的混凝土能

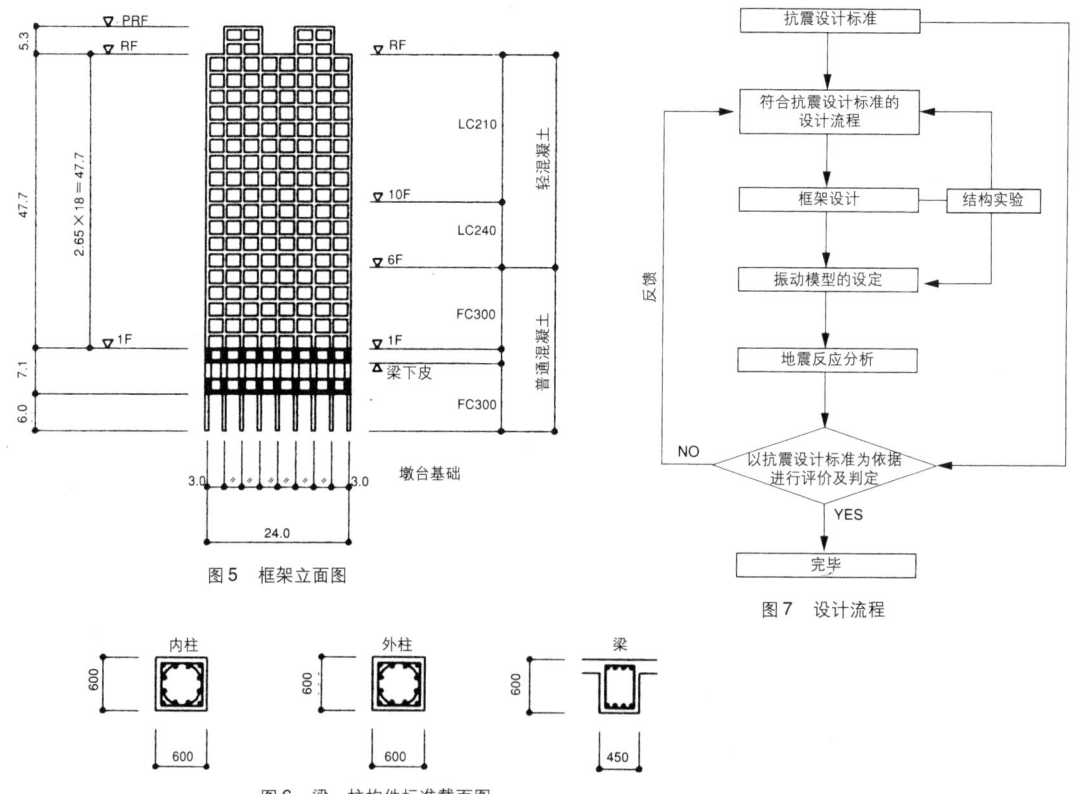

图5 框架立面图

图7 设计流程

图6 梁、柱构件标准截面图

够密实填充，垂直构件和水平构件一律采用戽斗分段浇筑。在模板方面，应尽量使用大型模板，以便提高浇筑质量。钢筋加工采用工厂预制化，工地进行组装。异型粗钢筋一律采用角焊缝的焊接接头。

（前田祥三）

[参考文献]

1）K.Muto.et.al,"Earthquake Resistant Design of a 20 Story Reinforced Concrete Building"5 WCEE,1973

照片4　结构实验

照片5　施工情景

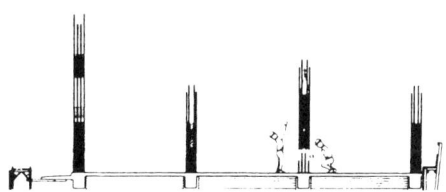

①预制化的柱钢筋的架立及新法施工的钢筋连接

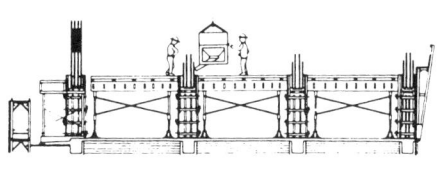

④使用低坍落度的高强混凝土用柱式塔吊戽斗浇筑

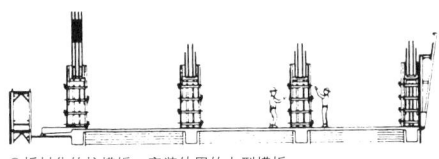

②板材化的柱模板、安装外周的大型模板

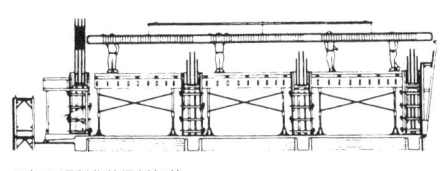

⑤架立预制化的梁板钢筋

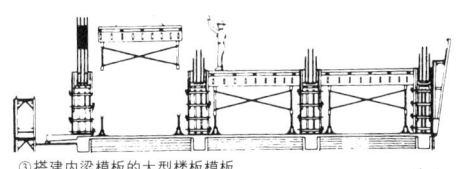

③搭建内梁模板的大型楼板模板

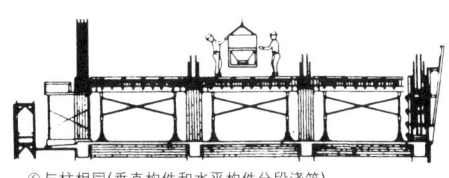

⑥与柱相同(垂直构件和水平构件分段浇筑)

图8　主体结构的一个循环的作业顺序

039 新宿住友大厦

按速度评价的输入地震波及第一座200m框筒结构超高层建筑

关键词 日本第一幢200m高层建筑、简体结构、楼面板、输入地面运动的速度评价、人工地震波、二维地震波反应、空气不稳定振动、摇动的容许值、102kg/m²的用钢量、29个月的短工期

照片1 外观 摄影: 畑 拓(彰国社)

房屋建筑概要

〈建筑概要〉

地 址:	东京都新宿区西新宿2-6
主 要 用 途:	办公楼
设 计 者:	日建设计
施 工 者:	鹿岛建设、竹中工务店、住友建设 JV
建 筑 面 积:	3440m²
总建筑面积:	172443m²
层 数:	地下4层、地上52层
檐 高:	200m
最高点高度:	212m
施 工 期 间:	1971年11月～1974年3月

〈结构概要〉

结 构 类 别:	地上＝钢结构
结 构 类 型:	简体结构
基 础 类 型:	平板基础(GL-20.5m)

1. 前言

作为都市大振兴的一部分，在新宿西口的淀桥自来水场的旧址上，建起了包括东京都厅大厦在内，为数众多的超高层建筑。新宿住友大厦为了在这高楼林立的建筑群中，避免窗户及墙面之间的相互面对而选择了三角形，其平面形状独特，中心部分是空腔的，以便能够饱览窗外景观和中心部分的自然采光。这幢日本国内最早的高达200m的超高层建筑选用简体结构使这种独特的平面形状得到了很好的利用。设计用地震地面运动是根据速度评价来设定地面运动强度的，对于一般设施，首次采用人工地震波进行抗震研究，是执行现行规范的地震外力的先驱。

2. 设计用地震地面运动

抗震设计要求，即使发生关东大地震同等级地震也是安全的，并在抗震性能评价的基础上，设定设计用地震地面运动，从根本上加以反馈，并展开考察和研究。

(1) 全面掌握地基特点

在开发新宿这一东京都的新中心的时候，在地层的综合性调查方面，不仅限于对本地区，而且也有助于更广阔的地区采取抗震措施，因此，建筑中心和东京都都派人参加了本地区的地主协议会的工作，并根据建设规划的缓急等的情况，对北部的四个街区横断面展开了调研(图1)。调研中，首先成立了有从事地震、地质、土壤、结构工程等理、工学科的研究专家参加的委员会，分别从各自的专门领域展开了学术上和技术方面的研究和探讨。调研包括深度150m的地下，利用炸药爆炸测定弹性波；深度达165m处则利用钻探做物性调查、贯个试验和钻孔壁的物理检验；从深度80m和140m取土样，并进行动态的三轴试验。这些都是研究和探讨超高层建筑的抗震安全性所不可或缺的重要资料。

根据上述资料，以S波在625m的地震基岩多次重复反射而在地表的放大率和在建设用地以长周期为观测目的所观测到的平时微振特性，如图2所示。设定从基岩到地表之间增幅放大的周期为1.4秒和4秒左右的长周期。由于设计建筑的周期约为5秒左右，所以，以计及长周期成分的地震地面运动为对象，并根据重复反射时所用资料，编制了考虑了地基特性的假想地震波。

(2) 输入地面运动的强度

根据金井清、小林启美、镜味洋次等人的研究，假设关东大地震时该建设用地的地震地面运动在地表处的加速度为400～500Gal。

(3) 假想地震波

将地基的振动特性考虑在内的地震波的编制是将从十胜冲地震时记录下来的八户波的NS成分记录波，在消除地基特性之后，输入给基岩(GL-625m)，然后，再经过S波的重复反射，便可得到出现在地表的地震波。若设定该地面运动的最大速度为60kine，则最大加速度则为421Gal，最大振幅为36cm，可以认为这就是与关东大地震相当的地震强度。

(4) 研讨用地震波

为了使研讨用的观测地震波与设定的地震波的强度水平彼此一致，如果是利用加速度使二者的强度水平相互吻合的话，可以将拟建大厦的周期按5秒来考虑，但是，容易受短周期成分的加速度影响，是很难获得正确结果的。因此，本设计中，是按不易受到短周期成分影响的加速度来设定强度水平的，地表处的速度则按40kine、60kine和80kine三个阶段的强度来设定。40kine是局限于弹性范围的地震(现行标准的水准1)；60kine相当于关东大地震(现行标准的水准2)；80kine则相当于特大的地震时情况。表1中列出了研讨用的地震波的最大速度和最大加速度。速度是根据周期为15秒的摆振动反应求得的。

3. 抗风设计

关于作用于大厦的风荷载按风洞实验设定，在充分了解大厦在自然风吹袭下的动态性状来确定。

(1) 风力系数

由于大厦的形状是削去三顶角的三角形，所以，风力系数是利用1/500的模型在匀速气流中，测定北、南、西三个风向的风压分布，测定值如表2所列。设计时，对于受压面积为最大的北风，采用1.2的风力系数，应该是足够安全的取值。

(2) 空气动力不稳定振动

产生跳跃现象的风力是因为涡流导致的共振现象而使风速增大造成的，京都大学防灾研究所曾利用1/500的模型确认了因涡流而导致共振的临界风速。实验结果如图3所示，北风时，在 $V/f_0D=5.5$ 时，出现共振；西风时，在 $V/f_0D=8.0$ 时，出现共振。根据这些实验资料，得出实际大厦的($T_1=5.0$秒)的共振风速：北风时，为82m/s；西风时，为100m/s，并按 $V_0=30$m/s 求得大厦顶部的设计风速

图1 地基调查范围

表1 地震波的最大速度及最大加速度

地震波 ＼ 强度	40cm/s	(关东地震级)60cm/s	80cm/s
EL CENTRO （NS）	285 gal	430 gal	570 gal
EL CENTRO （EW）	230	345	460
HACHINOHE （NS）	266	400	532
HACHINOHE （EW）	220	330	440
设定地震波 （地表）	281	421	562

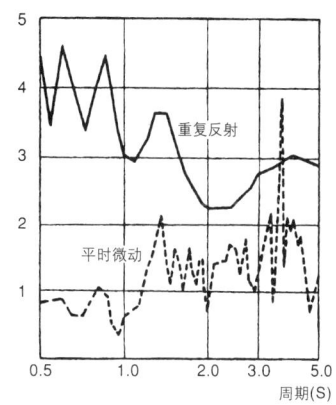

图2 建设用地的地基特性

表2 风力系数的测定值

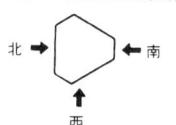

风向	$z/H=7/8$	$z/H=3/8$
北	0.96	0.72
南	0.75	0.75
西	1.25	1.19

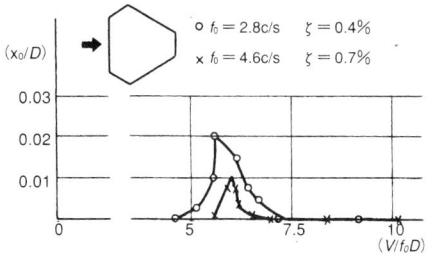

图3 北风涡流产生的振动

163

V_{200}=63.5m/s，明显小于共振风速，所以，可以确定，不会由于自激振动而导致不稳定振动。

(3) 关于随风摇摆容许值的设定

为了确认置身长周期的高楼大厦内，对摇摆的感受，采用图4中所列的绳长，分4秒和5秒的两个阶段改变的秋千所构成的实验装置，求出了感觉极限值和容许值(图4)。当周期为4秒时，感觉极限值为2cm，而在周期为5秒时，为3cm，与法政大学山田水城教授的实验结果完全吻合。容许值：在周期为4秒时，为10cm，而在5秒时，则为12cm，与CHANG的提案一致。当大厦在发生烈度Ⅲ的地震时，其顶部的变形为2.6cm，而当风速为20m/s时，其顶部变形为3.3cm，这样的数值与感觉极限值相比略高，超过的不多，所以，可以确认，对居住舒适性不致有很大妨碍。

4. 筒体结构

(1) 结构概要

主体结构是由平面框架组成的封闭型的三角形或者称之为六边形框筒，框筒柱的间距为3m(图5)，其中包括B、C、D三层框架组成的框筒。不仅在抗剪刚度，而且在抗弯刚度和抗扭刚度上，都处于最有利位置的框筒D的梁、柱采用的全是大型的H型焊接组合截面，由于筒壁上形成不大的洞口，框筒结构由此得名，85%的水平力(图6)由框筒D来承受。B、C两框筒都是由400系列的热轧H型钢制成的纯框架。这种结构体系不要求各组成框筒的面外刚度，楼板部分一方面用来承受铅直荷载，同时还是能在大厦受到水平荷载作用时，保持大厦原有的平面形状的结构，并具有不需要专门设置大梁的优点。通过这种做法，可以认为，大型楼板技术是本大厦的特点。在结构构件的设计上，是以考虑结构体系进入屈服状态为前提的，而在考虑柱和梁的均衡性上，则是使梁先于柱达到屈服状态。

(2) 框筒的弹塑性实验

框架D在承受铅直荷载作用的同时，又受到水平力的作用时的行为是借助4层梁柱截面实验再现的(图7)，目的是详细掌握一直到出现面外失稳、局部失稳和破坏时的延性，以及在正负反复荷载作用时的恢复力特性。柱子的轴力是按长期轴力和与水平力成比例的附加轴力的总和施加的，而对于梁则是施加剪力（不考虑 $P-\delta$ 效应的影响）。实验结果(图8)与设计时按照计算公式的计算结果没有多大差异，最大的延性系数在 P/P_y=2/3时，为14，从而，确认了大厦结构具有非常高的延性。

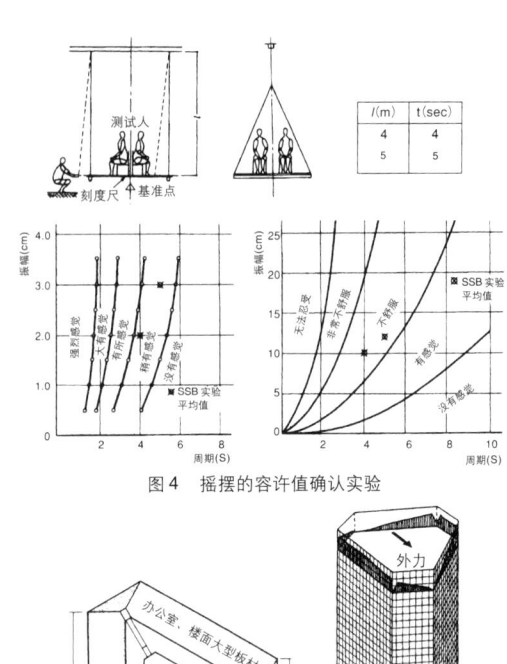

图4 摇摆的容许值确认实验

图5 高层部分的平面

图6 D框筒的柱剪力

图7 D框筒的试件

4层柱、梁净截面
柱：2尺-25 × 440
W尺-19 × 900
肋板尺-16 × 210.5
(以上为 SM50)

梁：2尺-22 × 250
W尺-19 × 1056
水平加劲肋
2尺-22 × 150
(以上为 SS41)

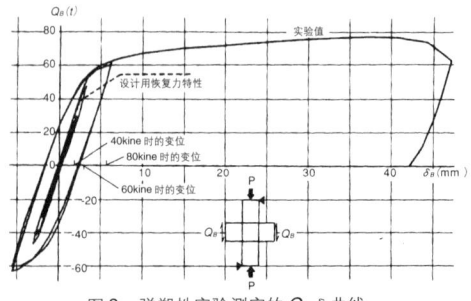

图8 弹塑性实验测定的 Q-δ 曲线

(3) 抗震性

一般来说，分析时，最好是对 X 轴和 Y 轴两个方向分别进行考虑，但是，对于这种筒体结构，不论是受到来自哪一个方向的水平力作用，总是由整个结构来承受，所以，必须针对两个方向同时发生的地面运动进行分析。此外，结构在弹性范围之内工作时，重心与刚度中心是一致的，所以，不会发生扭转振动，在遇到强烈的地震时，由于部分结构进入了塑性状态，致使刚度的平衡遭到破坏，为了考虑因此而产生的扭转振动，必须进行包括两个方向的地面运动导致的扭转振动在内的弹塑性分析，才能完全确认结构的抗震性能。不考虑扭转的单方向地震，当速度为40kine时，全部结构都处于弹性范围，而60kine时的反应分析结果则如图9所示，不论是针对哪一种地震波，塑性系数都是很小的，不超过1.4。此外，同时输入ELCENTRO波的NS及EW两个方向的60kine地面运动，外框筒各侧面的层间变位与重心的层间变位的比较结果，如图10所示，扭转的影响为0.5%～1.5%，于是，可以确认，即使将塑性化所导致的扭转也考虑在内，都不会对振动性状产生不利的结果。

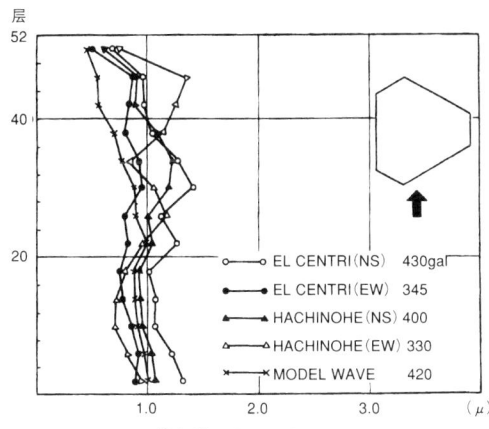

图9　单向地震波反应结果(60kine 时)

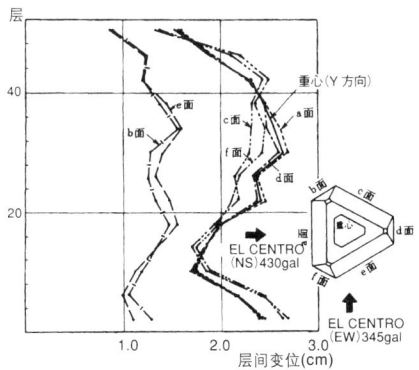

图10　双向地震波反应结果(60kine 时)

5. 施工性及经济性

(1) 楼板的大型板材

为了确保标准层的办公室部分的楼板具有必要的铅直和水平刚度，同时，还要尽可能地减轻重量和便于施工，采用了钢骨架大板材的新技术(图11)。这种板材是在高400mm的焊接轻型钢梁的下面用 2mm 或 3.2mm 厚的薄钢做底面，而梁的上面则用高为25mm的宽翼缘波纹板做罩面，并在工厂制作成3m×11m的大型板材(钢结构单位重量为54kg/m²)，而在现场则是在安装主体结构的同时，安装就位(照片2)。这种钢制大型板材既可作为临时楼板、材料堆放场，又可作为浇筑楼面混凝土用的模板使用。在其上铺好焊接金属网后，便可浇筑厚度为6cm的轻混凝土楼面。至于楼板的振动性能，其基本固有周期12c/s，并通过振动感觉试验确认了它的居住舒适性。在楼板的下面再喷涂上耐火层，从而构成复合型的耐火构造，在做耐火试验的同时，又按假想的火灾荷载作用下，进行了结构的耐火计算，求得的安全系数为1.7以上，并依据基准法第38条，取得了建设大臣的认定。大型板材与顶棚之间为排烟通道。

(2) 经济性

在当时，日本的超高层建筑还很少，由于多方面的理由，都对该工程提出强烈的经济性要求。调和了安全性与经济性之间矛盾之后，包括楼板在内的单位面积用钢量为102kg/m²，29个月的短工期居然成就了如此低造价的大厦，全靠全员同心协力，朝着同一目标，共同奋斗的结果。

(水津秀夫)

[参考文献]
1) "DESIGN OF THE SHINJUKU-SUMITOMO BUILDING" National Conference on the Planing and Design Of Tall Building Tokyo, Japan,1973
2) "EARTHQUAKE RESISTANT DESIGN OF 52-STORIED SHINJUKU-SUMITOMO BUILDING" 5th WCEE, Rome, Italy, 1973

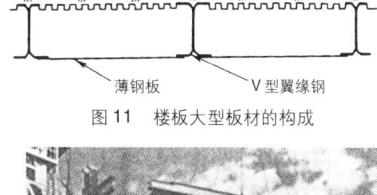

薄钢板　　　　V 型翼缘钢
图 11　楼板大型板材的构成

照片 2　楼板大型板材的铺装

040 新宿三井大厦

6层为一组的大型斜撑式框筒结构体系

关键词 斜撑缀合结构、开放式核心筒、刚度调节、框筒结构

照片1 大厦外观　　摄影: 新建筑社

照片2 框筒外观　　摄影: 翠光社

房屋建筑概要

〈建筑概要〉

地　　　　　址:	东京都新宿区西新宿2-1-1(新宿新都心内)
主 要 用 途:	办公楼
设 计 者:	三井不动产、日本设计
结 构 设 计 者:	日本设计(规划、初步、施工图设计和监理)、武藤结构力学研究所(初步及施工图设计)
施 工 者:	鹿岛建设、三井建设 JV
建设用地面积:	14449m²
建 筑 面 积:	9591m²
总 建 筑 面 积:	179671m²
标准层楼面面积:	2469m²(每6层2689m²)
层 数:	地上55层, 地下3层, 屋顶楼3层
最 高 檐 高:	GL+211.6m
最 高 高 度:	GL+225.4m
标 准 层 层 高:	3.68m
施 工 期 间:	1972年4月~1974年10月

〈结构概要〉

结 构 类 别:	高层部分=钢结构+预制混凝土抗震墙(狭缝墙) 低层部分=劲性钢筋混凝土
结 构 类 型:	短边方向=框架+预制混凝土抗震墙 长边方向=框架+预制混凝土抗震墙
基 础 类 型:	平板基础型直接基础

1. 前言

新宿三井大厦地处新宿新都心的中心区, 楼高212m, 地上55层, 是一幢超高层办公楼, 在其竣工的当时, 是日本国内最高的建筑。

继作为超高层建筑先驱的霞关大厦之后的这幢代表三井不动产形象的大厦是按照"不论从哪个方面, 都必须超过霞关大厦"这一命题设计的建筑。

2. 建筑规划

新宿三井大厦的高层部分的标准层的平面构成包括两个平面呈长方形的办公用空间, 面积都是900m²左右和一个筒体夹在二者之间。在追求"超越霞关大厦"的平面形状上, 虽然也采用了与霞关大厦类似的中心筒体型, 但是, 不论是在建筑规划, 还是在结构规划上, 都取得了更为合理和功能更全的结论。

除了要展示作为新宿新都心地区的地主们聚集一堂的新宿副都心开发协议会(SKK)关于"创造欣欣向荣的人文空间"这一共同形象之外，同时还要兑现若干具体协定。其中之一则是"地区性的供暖供冷(DCH)"，给该大厦的规划设计带来了重大影响。

由于是地区性供暖和供冷，所以，集中设置在中间楼层的机械设备间就完全不需要了，在中心筒体两侧的贯通6个楼层的空间设有台架，只需将小型的机器设备置于其上，一种划时代的新型空调系统就实现了。采用了这种空调方式，那种导致结构上的荷载和层高不规则变化的楼层不见了，与此同时，在设备上却可获得周到的空调服务。

这种设备核心位于走廊的尽头，当灾害出现时，还可以作为避难空间使用。一方面是设备的设置空间，同时，在防灾时，与外界相通，从而，"开放型核心"由此而得名。

正是由于有了这样的开放型核心的存在，才使得这种侧壁上有大型斜撑、造型独特的框筒结构成为现实。

3. 结构规划

在这幢新宿三井大厦的规划设计进入具体操作的时候，由于大型电子计算机业已出现，使考虑轴向变形（结构整体弯曲）的复杂的空间结构分析得以在短时间内完成，同时，结构规划的可能领域也可以大大地拓宽了。真是生逢其时，本规划就是仰仗这项高科技手段才做到了结构造型的最优化，曾提出过近50种的不同造型，做到了多角度、大范围的探讨。

在着手规划超高层建筑的结构时，确保在地震和台风来袭时的充分安全是理所当然的重要目标，除此之外，还

有三个必须重视的条件，那就是："居住舒适、振动性状好和经济性好"。

舒适性的好与坏完全取决于建筑物的刚度。能够使得入住的人感觉不到地震和台风导致的摇摆晃动的不安的"刚度调节"是至关重要的。尺寸较大的长边方向是刚劲有余的，而短边方向则往往是较为柔性的。关于短边方向的宽度 D 与高度 H 的比值，霞关大厦为 $H/D=3.5$，而本大厦则为 4.5。长细比相对比较大的短边方向的刚度是通过反复试算的方法加以确定的。这种大斜撑的创意就是在既要确保结构刚度，又要顾及经济性的情况下想出来的。

像本大厦这样，采用大斜撑体系的实例还可举出美国的约翰考克中心大厦和亚尔考阿大厦等的超高层建筑。研究结果表明，这种沿整个结构表面采用大间距的斜拉撑的做法，用钢量确实是大大地减少了。然而，当受到水平力作用的时候，因为斜撑与柱的连接点处的刚度大，致使变形曲线凸凹特别大。由于这种不平滑的振动性状，必定会造成抗力和延性两方面出现问题，这一点是再清楚不过的(图1)。

于是，就要寻找既能发挥斜撑的有利之处，又能在振动性状上取得上、下各楼层的均衡性的结构体系。最终取得的解决方案是，在结构体系的侧面的两端采用短跨度的框架相连，而中央的开放式核心部分则每6个楼层为一个节间，采用大型斜拉撑连接的框筒结构。以层间变位为指标的振动曲线形状如图3所示。作为一个整体来看，可以说其振动性状是很好的。不过，图3是以5个楼层为一个节间的大斜拉撑框筒体系的振动曲线，是该采用方案前一步的探讨预案。

由于采用了这样的结构体系的结果，与采用同样的中

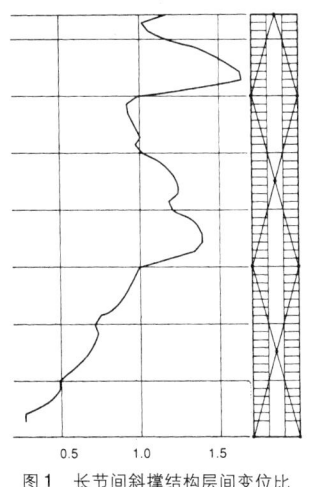

图1 长节间斜撑结构层间变位比

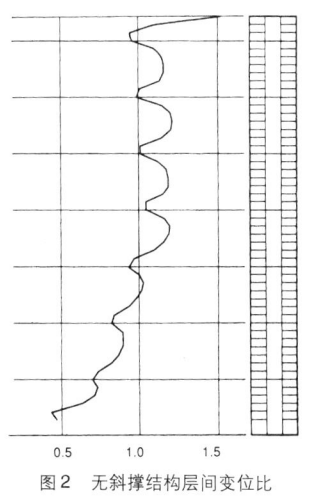

图2 无斜撑结构层间变位比

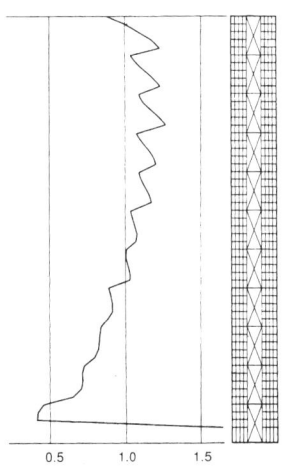

图3 斜撑缀合结构层间变位比

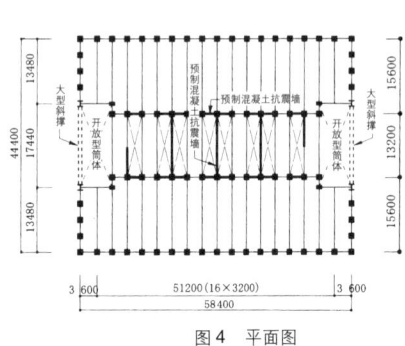

图4 平面图

表1 固有周期(单位: s)

	短边方向	长边方向
1次	5.08	5.18
2次	1.54	1.69
3次	0.80	0.93

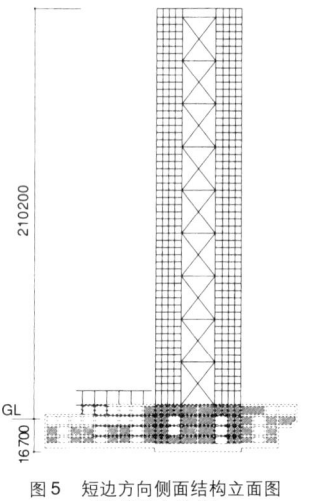

图5 短边方向侧面结构立面图
(斜撑缀合结构)

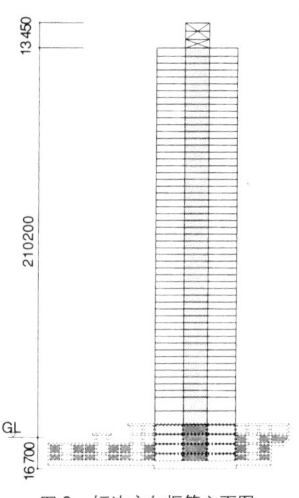

图6 短边方向框筒立面图

央筒体结构形式的霞关大厦比较起来，在层数上多出了19层，高度上，高出了64m，尽管如此，二者的每单位面积的用钢量几乎相同，可见收到了显著的经济效益。

由于外观上很像高筒型皮靴，大厦被命名为"斜撑缀合结构体系"的独特的超高层建筑充分满足了居住性、振动性和经济性这三大条件。

4. 结构设计

(1) 高层部的结构

标准层短边方向的大部分是由跨度为15.6m+13.2m+15.6m的三跨框架，共15排组成。侧面有两侧写字间部分的间距为3.2m小跨度框架和中央的开放式核心筒部分，用跨度为17.44m及高度为6个楼层的22.08m呈X形交叉的斜撑缀合连成为一体的结构构成。

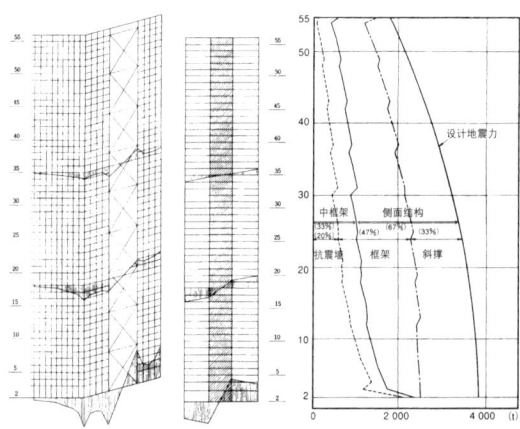

图7 短边方向地震时柱轴力　　图8 短边方向地震力分担图

长边方向的框筒结构是由外侧2面的3.2m框架，共18跨，加上内侧2面的3.2m框架，共14跨，一共4面的框架结构构成的。此外，在核心筒部分，有预制混凝土的抗震墙(狭缝型)在电梯井的背后呈I字形均衡布置。

包括侧面的大型斜拉撑体系在内，加上短边方向和长边方向的外层3.2m小跨度框架构成外框筒，当有水平力作用时，便可起到筒体结构的作用。

此外，大厦的基本固有周期是沿短边方向为5.08秒，而沿长边方向则为5.18秒，这与作为刚度目标值所设定的$T_1=0.1N$(N为层数)非常接近(表1)。

(2) 框筒结构的内力

短边方向所承担的设计地震力的比例如图8所示。图中清楚表明，力从高层到低层的传递极为顺畅。从承担比率来看，侧面平均承担67%，中框架为33%，如果从结构类型来看，大型斜撑的分担比率为33%，框架为47%，而抗震墙为20%。

(3) 大型斜撑的设计

在细部设计中，最伤脑筋的是大型斜撑的接合部。对力传递的顺畅性和在施工的稳定性，曾做了反复多次的慎重研讨，是在淘汰了好几个试行方案后，才选定了最终的实施方案的。

大型斜撑杆件的截面是500mm见方的箱形组合截面，在与柱相接合的部位做成同高、等宽的H型组合截面，在从箱形截面向H型截面过渡的截面采用侧面钢板连接的细部构造。中央的交叉部位也一样，采用H型的组合截面(图9)。接合部共有8处，这是根据运输长度的限值确定的。

在中央交叉点处的翼缘板间的相互焊接采用的是电渣焊(图9),主要是为了确保斜撑杆角度的精度,效果很理想。

5. 结语

关于新宿三井大厦,以赋予大厦独具特点的6层为一节间的大型斜撑型结构体系为中心,进行了概要的阐述。这些斜拉撑从建筑造型上来说,也是匠心独运的创作,将"力的美"形之于外,构成了一种特别的立面装饰。斜撑里边的核心筒体将建筑规划上的防灾及避难设施兼容并蓄了起来,尤其是,在设备上,以6个楼层作为一个单位的空调方式的采用,当属划时代的尝试。

作为新宿三井大厦结构体系而采用的这种斜撑缀合结构是建筑、设备、结构规划三位一体的杰出创造,经历了近30年的岁月后的现在,仍然给人们以一种满足感。

(真喜志 卓)

[引用文献]
1) 村田義男, 真喜志卓, 八卷昭ほか「新宿三井ビル・構造設計の経過と施工管理」(図1・2・3・7・8・9),『カラム』50号

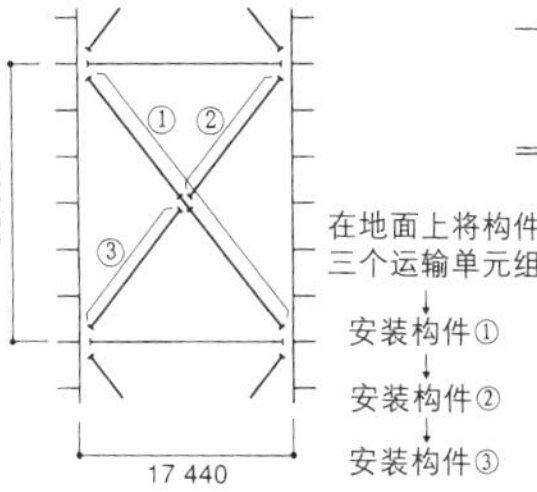

照片3　6层为一节间的大型斜撑及开放式核心筒

图10　大型斜撑安装顺序

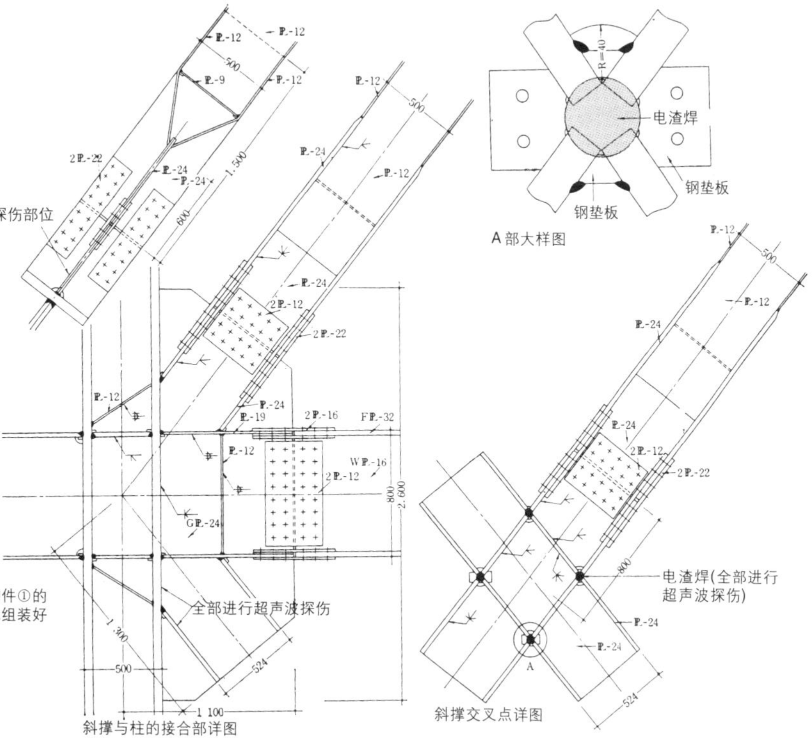

图9　大型斜撑详图

041 池袋副都心再开发规划办公楼 (阳光60)

具有代表性的超高层建筑

关键词 超高层建筑、重建事业、狭缝式墙、安装精度、狭缝焊

照片1 鸟瞰全景

房屋建筑概要

〈建筑概要〉

地　　　址：东京都丰岛区东池袋3-1-1
主 要 用 途：办公楼、商店
设 计 者：三菱地所一级注册建筑师事务所(今三菱地所设计)
结构设计者：三菱地所一级注册建筑师事务所(今三菱地所设计)、
　　　　　　武藤结构力学研究所
施 工 者：鹿岛建设、清水建设、东急建设、大成建设、竹中工务
　　　　　　店、大林组、富士田工业、西武建设JV
建 筑 面 积：38575m²(全部)
总建筑面积：585895m²(全部)、203694m²(办公楼)
层　　　数：地下3层、地上60层、屋顶楼3层
檐　　　高：226.2m
竣 工 年 月：(全部竣工)1980年3月

〈结构概要〉

结 构 类 别：钢结构、劲性钢筋混凝土结构
结 构 类 型：地上　钢框架＋预制混凝土抗震墙
　　　　　　地下　劲性钢筋混凝土框架＋抗震墙
基 础 类 型：直接基础(平板基础)

1. 前言

池袋副都心位于过去以巢鸭监狱闻名于世的东京拘留所旧址，拟通过集结各行各业，引进文化功能和扩大商业功能，为附近居民提供都市型的服务，于是，将其按照24小时都市的规格，进行了再开发。1974年8月开始动工，度过了世界性石油危机之后，于1978年4月建成办公楼，全部竣工是在1980年3月。

在长边约330m、短边约181m的约5.5公顷的矩形街区里，建起了设有当时日本最高的瞭望层的办公大楼、宾馆，设有水族馆及天象馆的百货大楼和设有剧院及博物馆的文化会馆楼。此外，还开辟了占地0.6公顷的都市规划公园及设在地下的大范围变电所、地区性的供暖供冷设施、公共停车场和与首都高速5号线相衔接的公共汽车终点站等等，可以说是一处包罗万象，公共性极强的综合性重建事业区。

办公大楼(阳光60)是其中最高的，高240m、共有60

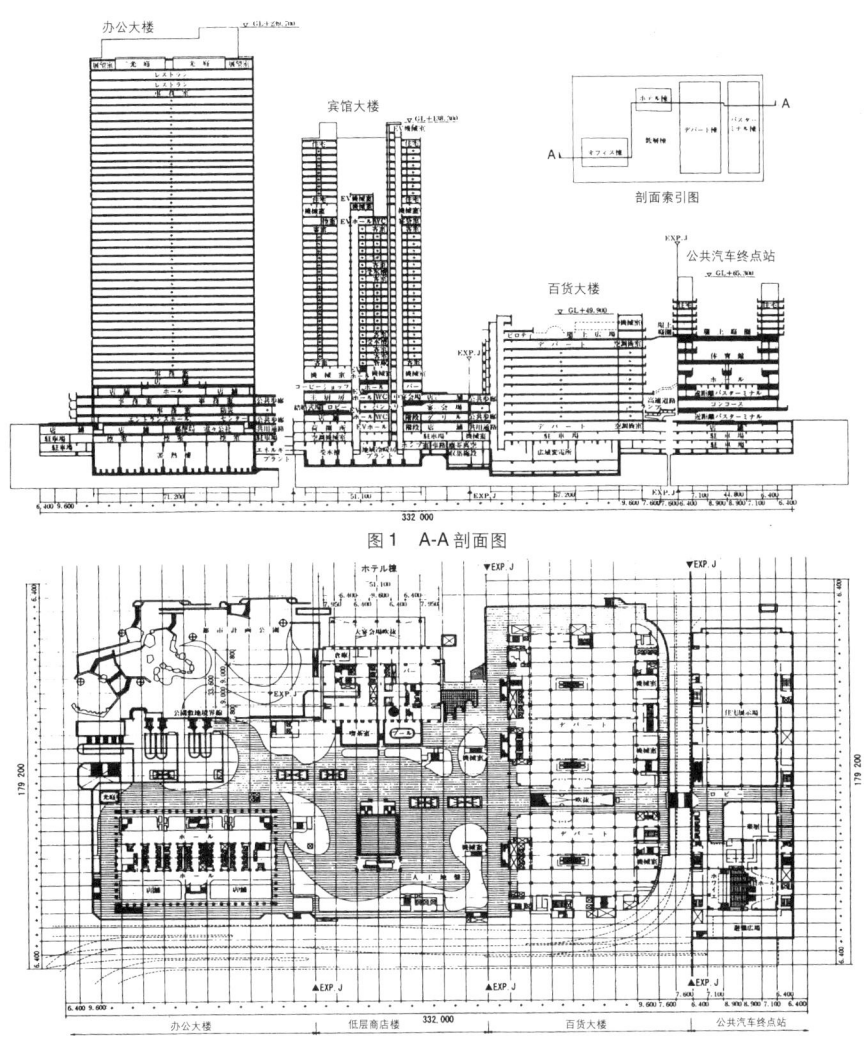

图1 A-A剖面图

图2 四层平面图

层的这座大厦是当时日本第一高的超高层建筑,现在依然作为池袋地区的标志性建筑,为世人所仰慕。

2. 结构设计

(1) 总体规划

　　整个街区占地5.5公顷,在这广阔的建设地区里,在4层的人工地基上,建造了4幢高楼。因此,为了避免由于混凝土收缩和热应变问题和地震来袭时各楼宇之间的相互作用,以及建设如此规模大的工程项目而产生的各种问题,将全部结构物划分成五大片,每一片都用直达基础的伸缩缝彻底分隔开来。此外,每幢大厦的设计都采用统一的设计准则和规格标准。还有,除这幢办公大楼外,还有两幢办公楼也认定为高层建筑。

(2) 办公大楼的结构设计

　　办公大楼的平面形状为矩形,短边长度为43.6m,长边长度为71.2m,属于中心筒型的事务所型建筑。檐高226.2m,最高点高度达239.7m。为了确保其抗震和抗风的安全性,不仅具有充分的承载能力和足够的延性,同时,还必须能够避免通常的地震和飓风造成的摇摆,因此,一定要有足够的刚度,并将其基本固有周期控制在0.6秒以下。为了做到这一点,围绕着核心筒体,设置便于刚度调节和滞变性能良好的狭缝型抗震墙。此外,四层以下采用加设抗震墙的劲性钢筋混凝土构造的刚性结构。

　　基础为直接落在GL-23.3m的东京砂砾层上的平板基础,长期地耐力为100t/m²(图5)。高层部分的柱子为550mm见方的焊接箱形截面的钢柱($t=50\sim12$),梁采用的是梁高

171

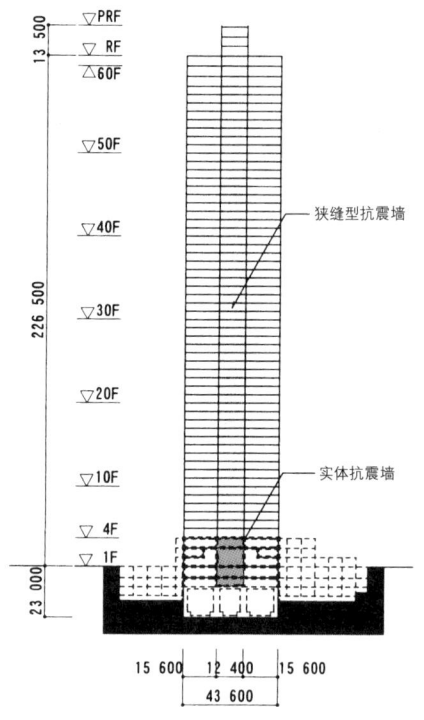

图3 短边方向结构立面图

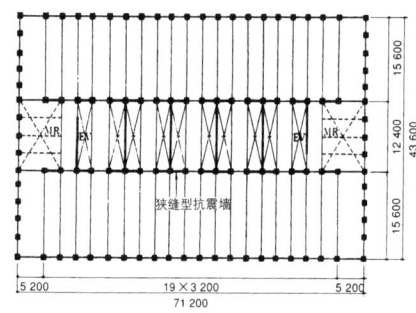

图4 标准层平面图

为800mm的蜂窝型H截面和焊接H型组合截面。四层以上采用1类轻混凝土(Fc210)，四层以下采用普通混凝土(Fc240，Fc270)，而狭缝型抗震墙采用的是1类轻混凝土(Fc300)。钢结构使用的钢材为SM50A和SS41。

在抗震设计中，四层的设计剪力CB=0.05，而长边和短边两面外围结构承担15%，由抗震墙承担30%，剩余的则由内框架承担。此外，根据250Gal的弹性反应分析和400Gal的弹塑性反应分析，确认了大厦的安全性。基本固有周期是，长边方向为4.59秒，而短边方向为5.97秒，完全落在目标值的范围之内。图6及图7所示为弹性反应分析的结果。

抗风设计是遵照建筑基准法施行令的修订案（建研案）进行的，此外，还进行了以风洞实验结果为依据的反应分析，从而，安全性也得到了确认。

3. 施工管理

在钢结构的施工过程中，很难避免由构件制作误差、施工过程中的弹性压缩应变和焊接收缩变形等所导致的安装误差。特别是，像这幢大厦这样的超高层建筑，即使是已经将各构件和各节间的误差控制在容许误差的范围之内，但是，也不容许出现由于这样的误差积累，而产生的大误差。为了达到这一目标，必须做到设计、制作和施工等部门精诚合作，设计出不易出现误差的细部，精准的变形预测和现场测定，并即时向制作部门进行反馈。这幢大厦综合运用十多年来从事超高层建筑建设所积累的经验，为提高安装精度，采用了以下的做法：

①大力统一构件的种类和尺寸，同时，还要减少制造厂数目，进一步降低制造的分散性。

②钢梁沿跨度方向的现场连接，其翼缘采用焊接，而其腹板则采用高强螺栓的连接方式；沿进深方向，由于连接部位多，为避免焊缝收缩变形，一律采用高强螺栓连接。

③逐段预测柱在安装时所产生的压缩变形，并将其值反馈到钢构件的制作尺寸中去。

④减少柱子的现场焊接部位，将4层做成一节。

⑤厚壁柱(板厚30~50mm)的接头采用狭缝焊技术(焊根缝隙12mm)，以便降低焊缝收缩导致的累积误差。

⑥在制作现场焊接的跨度方向的梁的时候，考虑翼缘的焊缝收缩，应将梁腹板上的高强螺栓间距加大(0~+3mm)。

⑦尽量降低制品检验和现场测定等各阶段的误差，同时还要将结果反映给下一道工序。

⑧在柱脚就位时，锚栓采取"后期安装法"，同时，还要使用高程调节螺栓，以确保柱子的水平精度和第一节柱子的标高精度。

图8和图9所示为柱子的水平方向和高度方向误差的实测值。无一不是远远低于当初设定的目标值，可以确认，精度有保证。

4. 结语

参与设计和施工的诸多人士大多数都是活跃于各大学和其他部门的知名人物。因此，本文的参考资料反映的诸

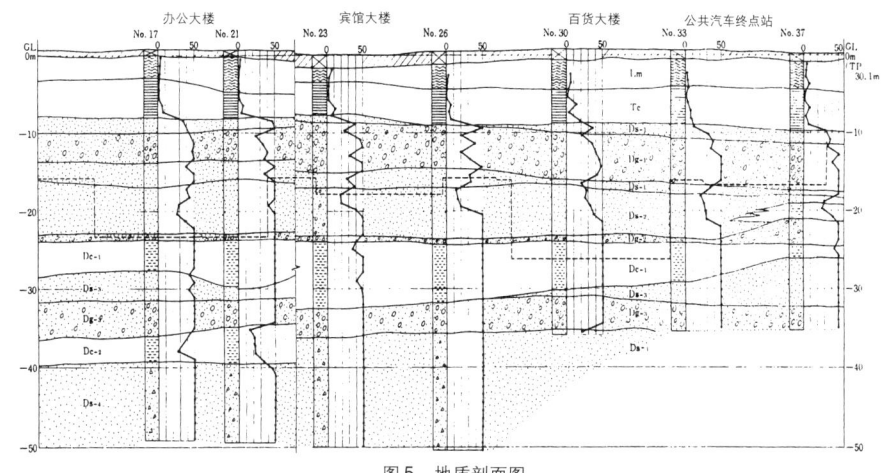

办公大楼　宾馆大楼　百货大楼　公共汽车终点站

图5　地质剖面图

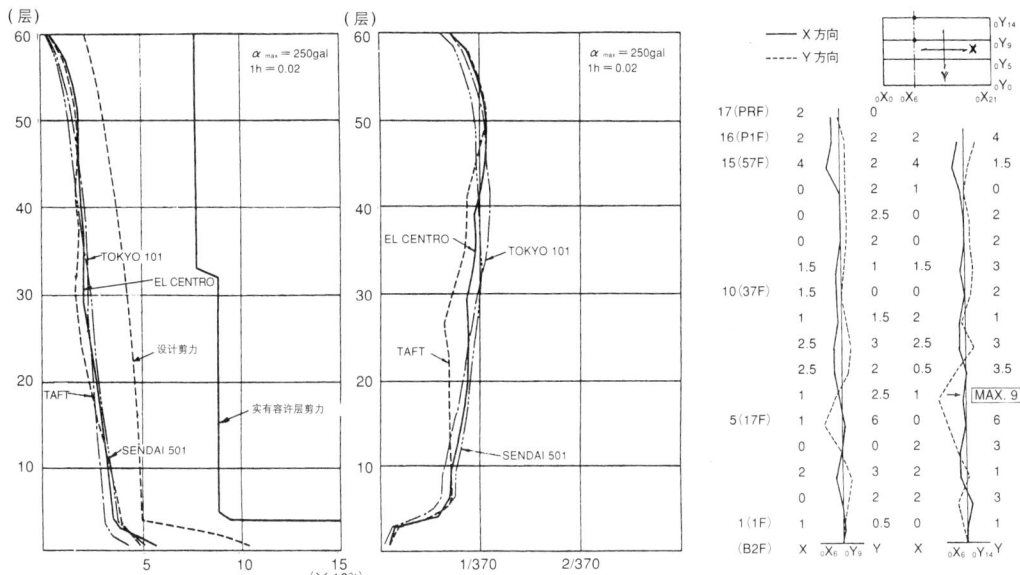

$\alpha_{max} = 250gal$
$1h = 0.02$

TOKYO 101
EL CENTRO
设计剪力
实有容许层剪力
TAFT
SENDAI 501

$\alpha_{max} = 250gal$
$1h = 0.02$

EL CENTRO
TOKYO 101
TAFT
SENDAI 501

—— X 方向
---- Y 方向

图6　设计剪力和最大反应层剪力　　图7　各地不同地震波的反应最大层间变位　　图8　柱的水平方向误差的实测值

位前辈的业绩这里大量地被引用。在此表示深切谢意。

　　阳光60在后来实施的顶楼瞭望层的开放和地区供暖设施等的改建，作为一幢最先进的超高层办公大楼，发挥了其应有的功能，同时，又与文化商业设施一起，成为促进这一带发展的重要因素。

（塚谷秀范）

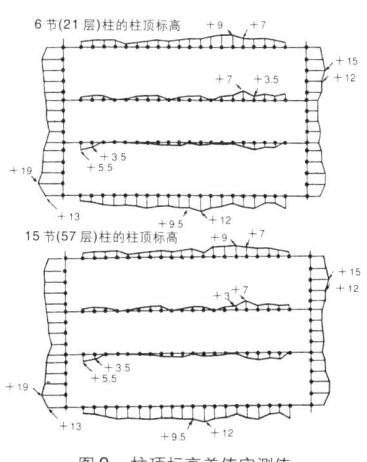

6 节(21 层)柱的柱顶标高

15 节(57 层)柱的柱顶标高

图9　柱顶标高差值实测值

［参考资料］
1）竹尾恒熙，中島昌信，須藤祥夫「池袋副都心再開発計画」『カラム』No.58，1975 年
2）三菱地所池袋新都市建設室，武藤構造力学研究所，東京建築研究所「池袋副都心再開発計画各棟の構造設計」『カラム』No.58，1975 年
3）「池袋副都心再開発事業－オフィス棟－の構造設計」『武研情報』1975 年1 月
4）武藤清，本村　勇，山田周平，佐藤邦昭，安達守弘，君島玄郎，稲木昂「鉄骨建て方の精度管理」『JSSC』Vol.15，No.166，1979 年10 月号

042 | 4万吨熔渣囤仓

规模最大的巨型囤仓

关键词 巨型囤仓、预应力、滑模施工技术、温度荷载

照片 1　外观

照片 2　外观

房屋建筑概要

〈建筑概要〉

地 址:	埼玉县熊谷市大字三个尻 5310
主要用途:	贮藏熔渣的囤仓
设计者:	鹿岛、建筑设计工程本部
结构设计者:	同上
施工者:	鹿岛、建筑本部
贮藏容量:	40000t
外 径:	34.5m
建筑面积:	909.5m²
檐 高:	34.7m
竣工年月:	1979 年 3 月

〈结构概要〉

结构类别:	基础＝板式基础、底板＝钢筋混凝土造 筒体＝预应力混凝土造、筒顶＝钢穹顶
结构类型:	圆柱形壳体结构
基础类型:	直接基础

1. 建筑规划及结构规划

发包方提出了有关 4 万吨的熔渣贮存囤仓的建设规划。建设如此巨大的熔渣囤仓有以下几个目的:

① 为了使水泥窑能够按计划长期连续运行,提高生产率,而不受需求的季节性变化的影响;

② 提高水泥的品质;

③ 确保稳定的产量。

不过,像这样巨大的囤仓在当时的日本国内,从未有过。对 4 万吨这样的规模是否经济,还有,在技术上是否存在问题等一系列问题展开了讨论。经过一番关于采用一座 4 万吨的,还是采用二座 2 万吨的比较论证,在造价和传送机械费用上,以采用一座 4 万吨的囤仓较为经济,结果决定采用一座 4 万吨的。

根据囤仓底板与筒身接合部的受力状态和溶渣引起的温度应力情况,筒身采用预应力混凝土结构。此外,关于

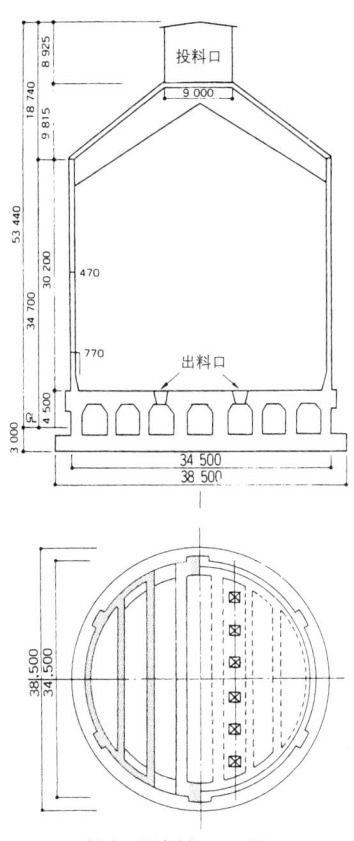

图1 囤仓剖面图及平面图

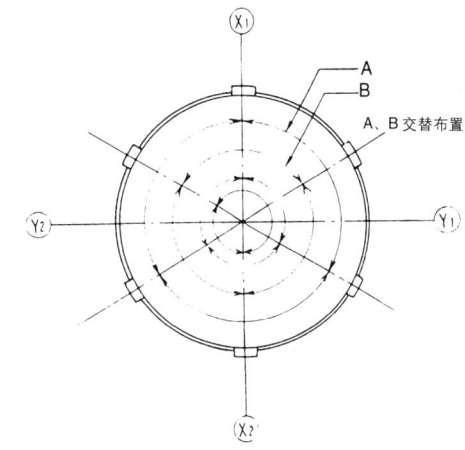

图2 预应力钢绞线的布置

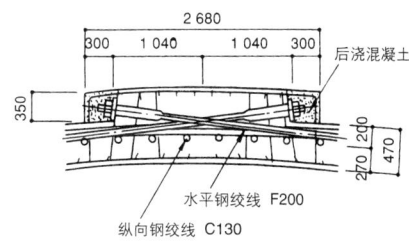

图3 水平钢绞线的锚固

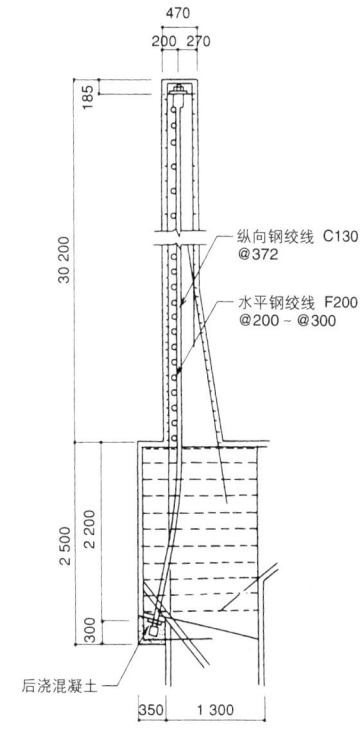

图4 纵向钢绞线的锚固

筒身与底板的接合方式虽有辊轴、铰链或固定等三种类型可以考虑,但是,出于对安全性和施工性的重视,最后采用了固定型接合方式。

仓顶采用的是钢结构的穹顶,其与筒身的接合则采用了沿径向的松孔连接。囤仓的形状和尺寸如图1所示,预应力钢绞线的布置如图2~图4所示。

2. 结构设计

这是一座超大型的熔渣囤仓,由于贮存于其中的熔渣温度高达130℃,这就给设计带来许多问题。因此,在着手设计时,采用了以往的研究成果,并本着下述的方针,进行了认真的设计。

(1) 关于地基的分析

关于地基是否是足以承受如此规模巨大,而又沉重的结构物的地层,以及地基下沉将给囤仓本体带来什么样的影响是首先必须研讨的。实施了地基钻探, PS检层和荷载试验。确认地基深处有超过100m深的砂砾层, 地基承载力对于支承这座囤仓绰绰有余。依据实测的剪切波的传播速度设定的各土层的弹性模量, 并通过斯塔因布莱纳近似解法求得了地基的下沉量。

(2) 熔渣压力及温度应力

关于设定用于筒身设计的熔渣压力和温度应力的问题, 由于当时在日本尚无相关的设计规范, 所以, 设计者在设计时, 参考了实测的囤仓资料和一些外国的设计规范。设计用熔渣压力参照德国规范(DIN), 而温度应力则是根据按温度平衡方程式求得的仓内空气温度与仓外大气温度之间的温度差求得的。

(3) 囤仓筒体的内力分析

在进行囤仓筒体的内力分析时, 采用的是将地基作为弹簧对待的FEM分析模型, 求得其在各种不同荷载作用下的内力。

(4) 筒体的剖面分析

由于筒体是处于高温状态, 所以, 要将徐变系数设定得大些, 取为0.4, 而干燥收缩应变则定为 30×10^{-5}。针对温度应力和地震应力, 采取局部预应力措施, 而针对混凝土的拉应力, 则用钢筋来加固。

3. 施工概要

表1所示为这座囤仓的施工程序和设计要点。

(1) 混凝土质量

设计要求的质量　设计标准强度　　400kg/cm²
　　　　　　　　施加预应力时的强度　340kg/cm²

施工要求的质量　坍落度　　　　　12 ± 2.5cm
　　　　　　　　空气量　　　　　4 ± 1%
　　　　　　　　早期强度　　　　0.4kg/cm² 以上
　　　　　　　　单位水泥量　　　450 kg/cm³

确保早期强度是很重要的, 为使搅拌温度达到20℃左右, 所以采取了将搅拌用水加热的措施。

(2) 浇注和压送

为了压送低坍落度的混凝土, 采用了活塞式压送泵, 并利用设置在屋顶上的溜槽进行浇注。

(3) 混凝土的质量管理和养护

在混凝土卸料时, 需要进行坍落度、空气量和温度等的测定。此外, 对于进行滑模施工的混凝土早期强度, 要利用混凝土试块来确认浇注后3、4、5、6小时的强度。浇注后, 还要进行保温和洒水养护。

(4) 筒体底部加宽部分的施工

在筒体底部与底板接合的部分是固定边, 所以, 要将壁厚加大。为此, 筒壁的内部模板是固定不动的, 只有外部的模板进行滑升施工作业。

(5) 滑模施工时的水平预应力钢绞线的安放

在实施滑模施工时, 有一个必须认真探讨的问题, 那就是, 水平预应力钢绞线的安放问题。曾提出过下述两种方案进行比较, 经过综合评判后, 决定采用第1方案:

第1方案: 将套管和预应力钢绞线一同插入到滑模中去的方法;

第2方案: 先插进套管, 然后再在滑模脱模后插入预应力钢绞线的方法。

为了实现第1方案, 又开发出了将套管与预应力钢绞

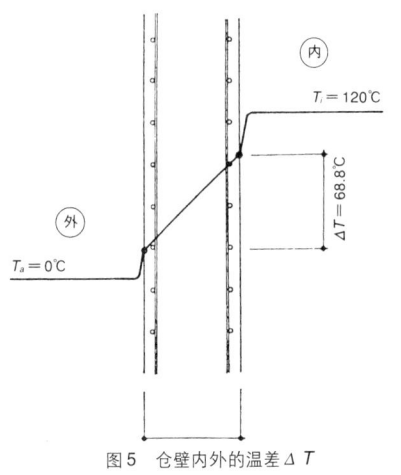

图5　仓壁内外的温差 Δ T

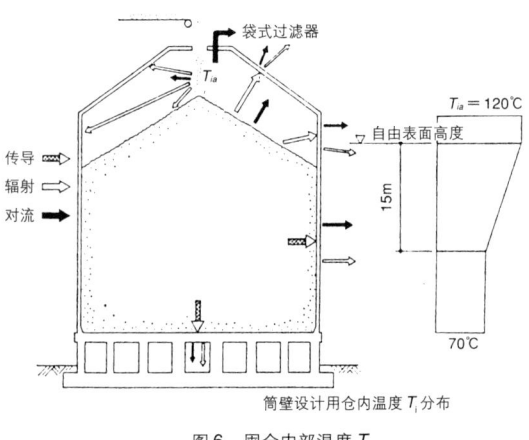

图6　囤仓内部温度 T_i

线作为一个整体插入的系统。这个系统中包括新开发的插入装置、滑升机械，在实验厂中，用钢筋做了多次施工实验后，又进行了某些改进，才在实际施工中采用。

(6) 屋顶钢结构的顶升

钢筋架立和混凝土浇注，以及插入预应力钢绞线等作为滑模施工的绝大部分作业都是将钢结构屋顶当作操作台来进行的，但因屋顶坡度很大，所以，呈放射状布置的构成屋顶结构的18根钢梁要在筒体的内侧起吊提升，待滑模脱模后，再就位在筒壁的顶端。

(7) 施加预应力及灌浆

考虑到操作的安全性，纵向钢绞线从上部插入筒壁，并在下部张拉。准备2台千斤顶，在筒体的平面内，分别安置在相对的位置，并朝向同一方向，隔一根，张拉一根，对钢绞线实施张拉。2台千斤顶绕了一圈之后，便可全部张拉完毕。水平钢绞线的张拉使用了6台千斤顶，将6台千斤顶分别放在三个壁柱的同一平面的部位，同时张拉便可施加一圈预应力。随着千斤顶沿着壁柱逐步升高，便将

预应力从下往上，一直到筒顶，施加在筒壁上了。然后，再将这6台千斤顶转移到其余的三个壁柱上，重复上述作业，便可将预应力逐步地、均匀地施加到了筒壁上。至于预应力钢绞线的锚固，采用的是SEEE锚固法，锚固端为螺旋方式。对于灌浆材料的性能要求，一般来说，有砂浆流下时间、强度、膨胀系数、泌浆率等。由于是冬季施工，再加上纵向灌浆存在高低差的问题，所以，还应加以综合考虑后，采取相应对策进行施工：

① 作为冬季施工的对策，应确保搅拌温度，以防冻结，所以，采用热水搅拌；

② 纵向灌浆的高差达30m，所以采用高压泵送，并在注入口周围采用耐压密封和耐压管。另外，还要采取防止砂浆沉淀措施。

(藤村　博)

[参考文献]
1)『建築技術』No.344，1980 年 4 月号

表1　工序及施工要点

工　序	施工要点
围仓底板下部结构	大体积混凝土
筒身下部加厚部分	内侧固定模板及外侧滑升模板
钢结构安装	利用千斤顶将其与滑模同时提升
筒壁滑模施工	将屋顶当作操作台用，借以将水平预应力钢绞线及套管和纵向钢绞线置于指定位置
纵向钢绞线插入	利用水平钢绞线用筒管
提升屋顶	屋顶为斜坡型，要用千斤顶升到筒壁顶端
张拉纵、横预应力钢绞线	缓慢施加预应力
纵向预应力孔道灌浆	防止沉淀、端头密封、用耐高压管
纵向预应力孔道灌浆	使用耐高压管及大量的砂浆
端部保护混凝土	用喷射水泥砂浆短期成型

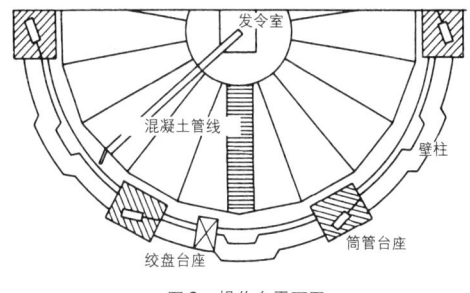

图8　操作台平面图

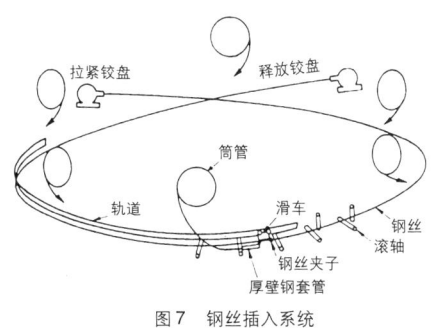

图7　钢丝插入系统

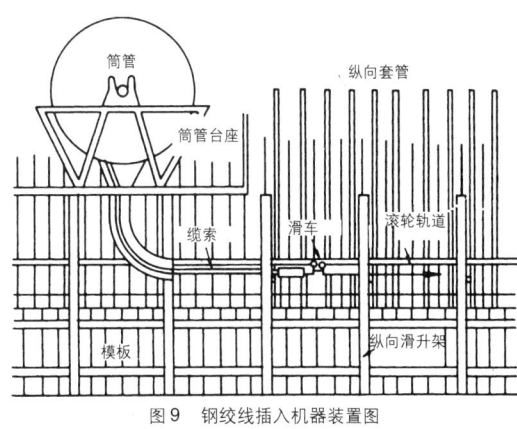

图9　钢绞线插入机器装置图

043 新宿中心大厦

设置减震墙的超高层建筑

关键词 缀合梁、减震墙、超高层建筑、逐层施工法

照片1 外观

房屋建筑概要

〈建筑概要〉
地　　　址：东京都新宿区西新宿1-25-1
主 要 用 途：办公楼
设 计 者：大成建设一级注册建筑师事务所
结构设计者：同上
施 工 者：大成建设
建 筑 面 积：3666.97m²
总建筑面积：183063.79m²
层　　　数：地下4层、地上54层、屋顶楼3层
檐　　　高：216.0m，最高点223.0m
竣 工 年 月：1979年10月
〈结构概要〉
结 构 类 别：地下一层~地下四层=劲性钢筋混凝土造，
　　　　　　　地上一层~五十四层=钢结构
结 构 类 型：减震墙型框架结构(框筒结构)
基 础 类 型：直接基础

1. 建筑规划

新宿中心大厦位于距日本国铁新宿站西口约500m处，成为高层建筑林立的东京的门面。

从规划到竣工共计花了约8年的时间，根据新宿新都心开发协议会(SKK)的基本理念，并按超高层办公大厦进行规划设计的。大厦高达223m，竣工当时，是全日本最高的建筑，对东京都的副都心构想做出了巨大贡献。

地下部分环绕着高层部分向四周扩展，置身这人工地基的绿色园地里，不仅给人带来美感，而且又能使高层部的脚下规整有序。地下设有商店街，街头面对巨大的露天空间，并作为开放的广场供人们利用。

该大厦在其规划阶段就接受了"石油危机"的洗礼。因此，"节省能源"、"节省劳力"和"防灾"也就自然成了总体规划的主题。同时，本着SKK的"创造一个令人陶醉的人文空间"基本理念，而动手规划。

2. 结构规划

大厦的高层部分平面形状呈削角的长方形，短边长度为42m，而长边则为63m，环绕中央核心筒体的办公室部分虽然不是对称布置的，但是，主体结构的平面却是二维对称布置的，如图1所示。

柱网布置是这样的，即沿短边方向，中央跨度为11.2m，其两侧的跨度都是15.4m，该侧面的柱距一律为3.0m；沿长边方向有两排中框架和两排外框架，柱距都是

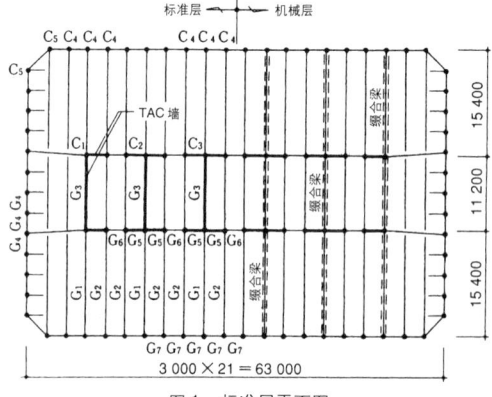

图1 标准层平面图

3.0m，只有中框架两端的柱距为9.0m。

梁和柱全部为钢造，在大厦的中心区的电梯井筒的周围，对称配置TAC墙(Taisei Aseismatic Curtain 大成减震墙)，作为抗震要素。在短边方向，按等间距在中心区的各跨度内，配置6面TAC墙，而沿长边方向的两排中框架中，共配置20面TAC墙。此外，在短边方向配置TAC墙的框架结构中，在沿高度约四等分的部位的中间层(十四层、二十七层和四十层)及最高层，设置梁高与层高相等的桁架梁(中间层的梁称为缀合梁，而最高层的梁则称之为封顶梁)，以期提高大厦的刚度。

以3.0m为模数的外层框架柱是以其所围成的框筒体系的形式工作的，而削去棱角的平面形状又将力的传递变得更加流畅通顺。

配置在核心筒体周边的TAC墙是一种具有一定可弯性的抗震墙，它由强度很高，而且具有变形能力的预制混凝土板构成。

在短边方向，将这种TAC墙组装在框架中央部位的6排框架属于主体框架结构，承受绝大部分的水平力(图2)。在这6排框架结构上，沿其高度方向设有一榀封顶梁和三榀缀合梁，使得由水平荷载而产生的强大的倾覆力矩，以轴力的方式传递给外层框筒的柱子，从而起到了阻止整个大厦的变形的作用。在设置封顶梁和缀合梁的楼层一律作为中间层和最顶层的机械设备层使用。从设备的规划方面来说，这也是非常需要的，因为大约每隔13层左右就应该设置具有整个楼层高度的机械设备层了，另外，能在整幢大厦沿高度方向约四等分的部位设置这样的楼层，也非常符合结构上的要求。这些楼层的层高较大，使

得这些桁架梁的刚度十分巨大，这一点在经济上也是很有利的。这样看来，尽管在整个大厦的结构体系中引进了桁架梁，但是，在空间功能上却没造成任何损失，所有这一切，可以说，设计满足了各个方面所要求的条件。

3. 基础规划

本大厦的基础规划是这样的，即将高层部分和周边部分分成两部分，并且采用直接基础。高层部分下方的地基在GL-27.5m处，N值大于50，地基承载力达100t/m²以上，属于稳定的东京砂砾层，所以，高层部分的基础设计成直接基础。周边部分的GL-16.8m地基持力层属于上部东京层的硬质黏土层。土壤试验的结果表明，该土层已经有过先行荷载42.2t/m²的过度固结，只要是建筑物的重量不超过它本身的排土量，就绝对不会导致持力层以下的一直到东京砂砾层之间发生有害的沉降，于是，做出了周边部分的地基持力层是具有足够的承载力的判断。

4. TAC墙

一般来说，作为抗震要素的钢筋混凝土墙是具有很高的强度和很大的刚度，而且又是很经济的墙体，然而，美中不足的是它缺少变形能力，很容易发生突然的脆性破坏。TAC墙克服了这一缺点，这种墙是为了其能在高层建筑物中作为抗震墙来使用而开发的，它是将一面用高强螺栓固定在上、下梁上的预制混凝土板的中央拉开一条宽缝，使其分成两块(图3)，在这条宽缝里有呈梳状密排的粗钢筋，将一分为二的上下两块墙体连接成一个整体。至于作为一面抗震墙所需要具备的强度和刚度只要通过调

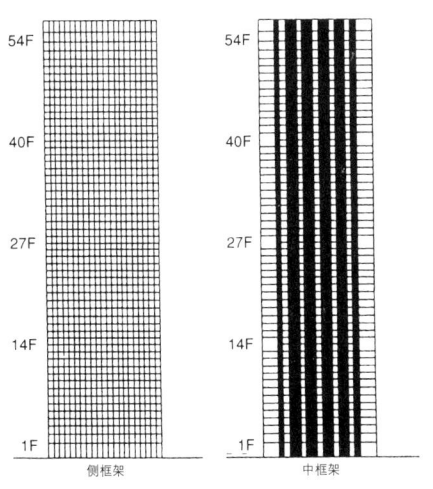
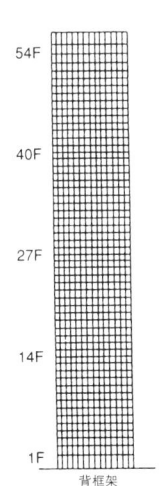
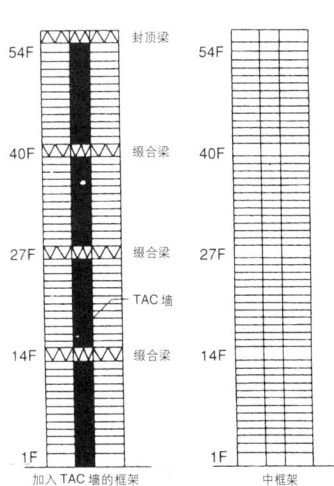

图2 框架立面图

整预制混凝土板的厚度和这些连接钢筋的材质、直径、长度，以及根数便可获得。

当轻微的地震和强风来袭时，预制混凝土板与TAC钢筋连成一体，以其巨大的刚度控制大厦的变形。当发生罕见的大地震时，TAC钢筋受弯屈服，从而吸收地震能量，并可一方面追随着所出现的较大层间变位，又能发挥所要求的承载能力。此外，TAC墙的恢复力特性非常稳定，可以说，作为高层建筑物的抗震要素所必需具有的各种功能，它都具备。

框架分析结果表明，TAC墙的水平力分担率为长边方向占30%，而短边方向则为40%~60%。

5. 关于地面运动的分析

关于地震力的动态分析(振动分析)，其实就是借助过去曾经记录下来的大地震的加速度记录和在该建设场地埋设的地震仪记录下来的中小地震的加速度记录，将其扩大成有可能发生的大地震，并进行在这样的大地震出现时的地震反应分析和计算，从而确认建筑物的安全性。分析时，首先是将建筑物置换成以其首层地面作为固定端，由31个质点构成的串联型质量——弹簧系统的等效弯剪型模型和等效剪力型模型，然后再进行反应分析和计算的。

在进行反应分析和计算时，所采用的地震波共有4种：EL CENTRO(NS)、TAFT(EW)、HACHINOHE(NS)和SCB(EW)。SCB波是在本建设用地记录下来的最大加速度为70Gal的地震波。地震力的大小全靠地震波的最大加速度来评定，弹性反应用的输入值为250Gal，而弹塑性反应用的输入值则为500Gal，对于HACHI-NOHE波，其最大速度定为52kine，而最大加速度采用的是350Gal。

分析结果：弹性反应时的层间变位角如图4所示。最大层间变位角：长边方向为1/228，而短边方向为1/250；弹塑性反应时，长边方向为1/154，而短边方向为1/141。此外，建筑物的基本固有周期为长边方向5.36秒，而短边方向5.64秒。

还有，当地震力斜向作用于建筑物时，在隅柱内将产生非常大的内力，为此，将地震力的输入方向与建筑物之间的角度设定了几种情况，并分别进行了反应分析，确认了安全性。

6. 高层钢结构的设计

标准层的梁柱平面布置如图1所示，主要梁柱构件尺寸列于表1，连接详图如图5所示。

柱全部采用箱形截面，其中有500系列的万用箱形截面和钢板焊接的组合箱形截面。材质为SM490A

$(C_{eq}=0.43\%$以下)，最大板厚为65mm。

大梁为热轧H型钢H-700×300系列和焊接组合H型截面同时并用。材质为外框筒梁和短边方向的一部分梁采用SS400，其余全部采用SM490A。

柱、缀合梁和固定TAC墙的梁确保其在地震输入达到500Gal时，仍为弹性。

7. 施工规划

高层部分正下方与周边部分的交界处要在施工过程

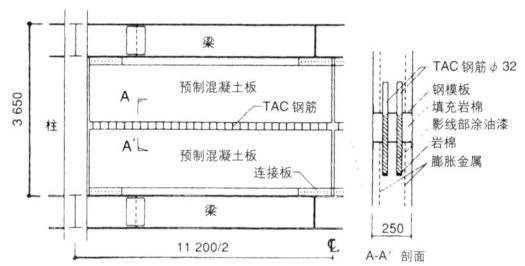

图3　减震墙(TAC墙)

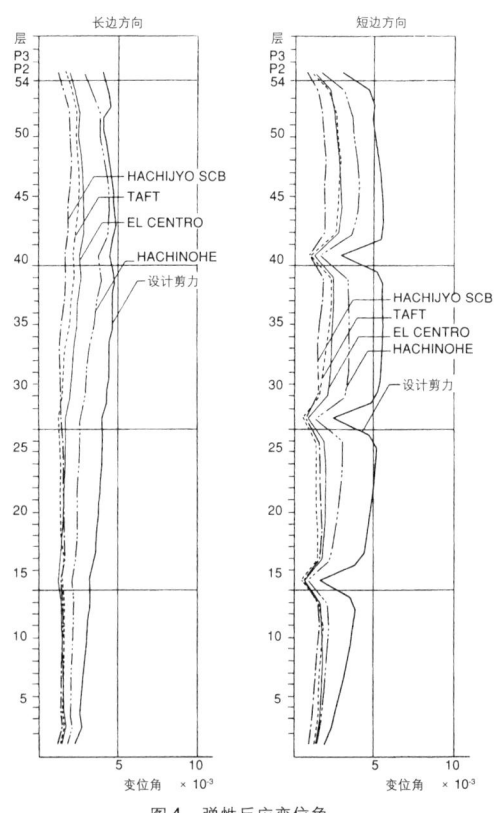

图4　弹性反应变位角

中，一边勘查，一边注意地基变位对框筒结构的影响。伴随开挖基槽时所出现的回弹量，高层部分为44.5mm，而周边部分则为27.5mm。通过定点观测获得的沉降测定值如图6所示。图中表明，随着工程施工的进展，差不多是沿着回弹线退回的。

在施工技术方面，在原来的逐层跟进施工法的基础上，开发出一种"单元楼面施工法"。这个方法是将钢框架梁与楼板的宽波纹钢板事先在地面上组装在一起，并实行单元化，然后，与主体钢结构同时进行安装。一个单元是6m×15m的大型组件，相当于过去的预制混凝土楼板的6~10块之多。在结构安装前，将设备部件全部组装在单元化的组件内，可以减少起重次数，而且能够缩短工期。此外，地面作业越多，既可以充作高层部分的早期作业平台，又能提高施工的安全性。

（高桥克治）

［参考文献］

1）『新宿センタービル計画・実施記録』大成建設

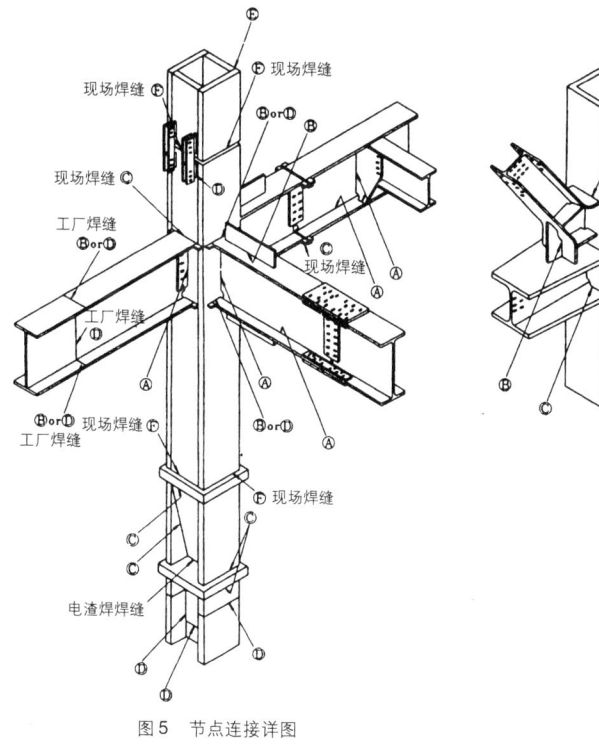

Ⓐ 角焊缝
Ⓑ L形对接焊缝(铲根)
Ⓒ L形对接焊缝(垫板)
Ⓓ K形对接焊缝
Ⓔ 完全及部分熔透焊缝
Ⓕ 现场焊缝

图5　节点连接详图

表1　主要构件表

柱表		
层	C₁	C₂,C₃
51	□-476×476×13	□-476×476×13
41	□-488×488×19	□-482×482×16
31	□-506×506×28	□-500×500×25
21	□-530×530×40	□-514×514×32
11	□-550×550×55	□-530×530×40
1	⊢⊣-750×550×65	⊢⊣-750×550×50

梁表		
层	G₁，G₂	G₃
52	H-692×300×13×20	BH-700×250×19×16
42	〃	
32	〃	BH-700×300×22×25
22	〃	BH-700×300×25×25
12	〃	BH-700×300×32×22
2	BH-900×300×16×19	BH-900×300×28×19

* 号代表材料为SS41，其余为SM50A

封顶梁及缀合梁表

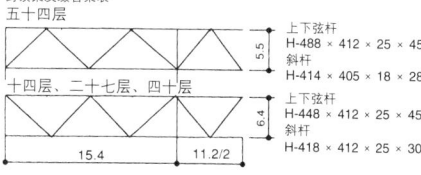

图6　回弹量及沉降值

181

044 芦屋滨高层住宅街　ASTM

日本最早的钢结构超高层工业化住宅

关键词 工业化、钢结构、超高层、兵库县南部地震、箱形柱的脆性断裂

照片1　鸟瞰全景

房屋建筑概要

〈建筑概要〉
地　　　址: 芦屋市若叶町2~7丁目, 芦屋市高滨町2~9丁目
主 要 用 途: 集合住宅
设 计 者: ASTM联合企业、兵库县住宅供应总社、芦屋市
结构设计者: 竹中工务店、新日本制铁
施 工 者: ASTM企业共同体
建 筑 面 积: 32285m²
总建筑面积: 262960m²
层数(栋数): 14层(21栋)、19层(17栋)、24层(11栋)、
　　　　　　29层（3栋）, 共计52栋
檐　　　高: 40.58m、54.18~55.53m、69.04~69.96m、84.39m
竣 工 年 月: 1979年11月
〈结构概要〉
结 构 类 别: 钢结构
结 构 类 型: 桁架式框架结构
基 础 类 型: 桩基础

1. 建筑概要

以开发质优而价格适中的住宅为目标, 于1972年, 开展了"采用工业化施工技术的芦屋滨高层住宅项目设计竞赛"。主办单位有建设省、兵库县、芦屋市、日本住宅公团、兵库县住宅供应总社和日本建筑中心, 这次竞赛是一次从住宅及生活相关设施的规划, 一直到设计、生产、销售、维持和运营管理, 内容广泛, 而且规模庞大的大会。1973年8月, ASTM联合企业提出的方案被推为首选, 从1975年11月开工起, 历经3年零7个月的施工, 于1979年7月, 在芦屋滨这一海滨城市的中心区建成了总户数为3384户的住宅群(参阅照片1)。

该方案的特点是, 针对6种户型的基本平面, 采用了能够适应工业化施工的900mm的模数化网格为基本单位, 将各户型的开间按6格或7格, 而进深则按10格到15格之间加以变化。这样一来, 既可适应户型的变化, 同时又能达到使部件和细部标准化的目的。它在结构上的特点则是将楼梯间当作框架柱, 又将每隔5层有1层的公用层作为框架梁而形成的"大框架", 再加上, 将混凝土预制板

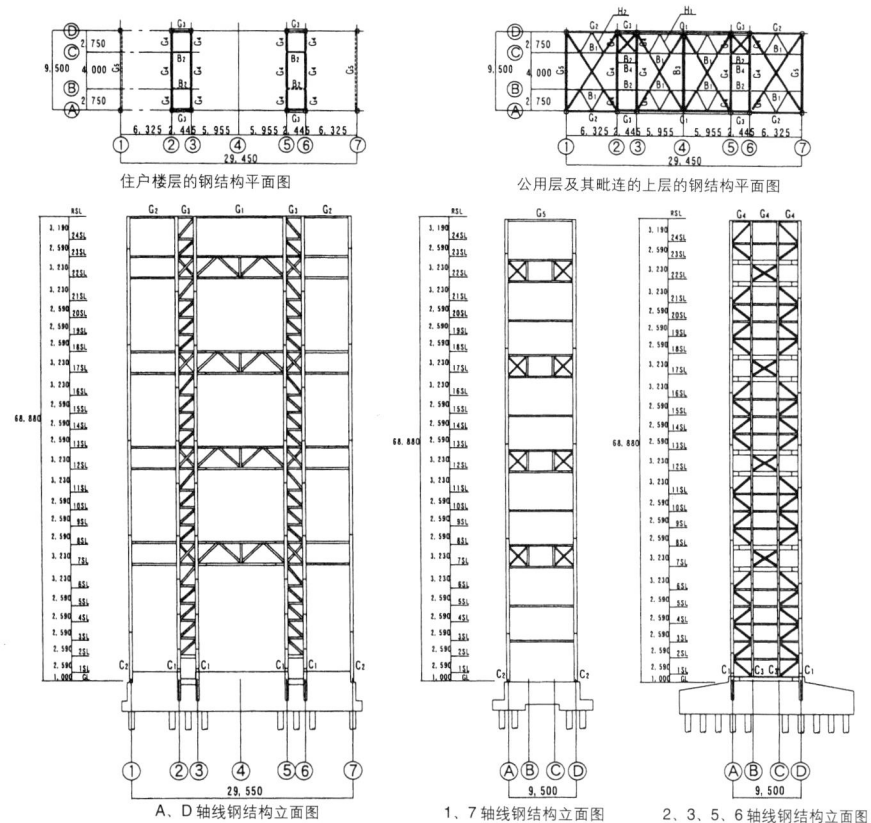

住户楼层的钢结构平面图

公用层及其毗连的上层的钢结构平面图

A、D 轴线钢结构立面图

1、7 轴线钢结构立面图

2、3、5、6 轴线钢结构立面图

图1　24层楼宇的钢结构平面图及立面图

作为分割户型的结构部件便可实现批量生产的工业化建房的目的。

图1所示的24层住宅建筑的钢造大框架平面图和立面图。沿开间方向安排2榀由刚性接合的桁架构成的组合梁和组合柱组成的大框架作为抗震结构；而在跨度方向则有4榀刚性接合的框架布置成楼梯间。为使上述这些框架能与承受铅直荷载用的端面框架协同工作，在公用层的上、下楼面布置了水平支撑体系(图1)。作为这些钢结构中使用的构件类型，柱子用的是万用箱形截面，而梁和斜杆则采用热轧H型钢，至于端面框架的斜杆采用的是钢管。这里所说的万用箱形截面指的是那种将"]"形截面的两个热轧型钢截面用埋弧焊焊接而成的箱形截面构件。关于H型钢，凡是超出日本工业标准(JIS)规定形状之外的，则采用ASTM标准的宽翼缘型材。

每个住户都是由预制混凝土楼板和预制混凝土墙板组合而成的。这些部件只是作为承受长期荷载之用，而不参与抗风和抗震方面的机制。长期荷载是从预制混凝土楼板传给预制混凝土的墙板，并由公共层的组合梁承受总共有4个楼层传来的这样的长期荷载。当有水平荷载作用时，在开间方向，借助住户前面墙及后面墙与横隔墙之间的密封部件的变形随动性将所发生的层间变形加以吸收，而在跨度方向产生的层间变形则要由楼板与横隔墙或户际隔断墙之间的特氟隆面的滑移加以吸收。

这里的建设用地属于填筑陆地。填筑土层的厚度为11～15m，属于N值小于10的松散砂层，因此，作为防止地基液化的措施，对居民楼正下方及其周围的填筑层实施了地基加固，采用的方法有振动填实砂柱法和振浮压实法。桩端持力层地基土壤处于超固结状态，属于被认定在承载力和沉降两方面都没有问题的洪积砂质土层(GL-31～39m)。桩有两种，一种是直接打入的钢管桩，直径为609.6～1117.6mm，另一种是贝诺托式大口径现浇混凝土桩，直径为1000mm和1200mm。

关于基础，由于上部结构的跨度方向呈细长形状，为确保其倾覆的稳定性，配置了宽度超过建筑物，并突出建筑物外的梁高为3～6m，而且是刚度很大的基础梁。

2. 关于兵库县南部地震发生后的对策

由于1995年1月17日兵库县南部地震，造成芦屋滨高层住宅的箱形截面钢柱的脆性断裂，使得建设者们大吃一惊。钢柱断裂的具有代表性的状况如照片2、3所示。两张照片分别展示的是在首层柱的柱脚处，距现场焊缝上方约0.3m的部位发生的断裂和由于柱子的断裂而导致斜杆发生破坏的实例。不过，经过加固的地基的周围建筑没有发现任何砂基液化现象，可以断定，地基加固起效了。

地震后立即进行的调查结果表明，当时最急需的是对受地震损害最严重的居民楼究竟还能够经得住多大的余震，而不致倒塌作出判断。根据静态分析得知，楼宇中的任何一个结构构件达到其在短期荷载作用下的容许应力值时的层剪力被换算为相当于120Gal的地震输入加速度的地震震级，并做出了，余震的烈度只要不超过Ⅴ度，就是安全的判断。自1月17日发生主震以后，的确连续发生了多次余震，但是，所观测到的最大余震不过为Ⅳ度左右，所以，住户大众的不安就解除了。

在进行了修缮作业之后，接下来的工作便是经过修缮的建筑物的抗震性能的鉴定问题。修缮的目标是定在与遭受地震损害之前的结构性能基本相同的水平上的。在各种

震害当中，发生断裂的箱形截面柱属于大框架的组成杆件，其所受内力是以轴力为主的。对于这些柱子的修缮，采用的是如图2所示的方法，即用与柱截面面积等的8块连接钢板分别焊在两个柱翼缘面上(各4块)。但是，在进深方向的首层部分，由于有通往楼梯间的出入口，没设支撑，所以，首层柱子中，除轴力之外，还会产生很大的弯矩和剪力。因此，对于这些柱子通过在连接板上焊接相当于腹板的加固件，使其与柱形成一个整体，以便抵抗弯矩和剪力的作用。在修缮这类柱子的时候，要采用在断裂部位的柱翼缘上刨出槽来，然后再进行焊接，方法虽然是很简单，但因柱子有一面与住户毗连，要想再次进行焊接就办不到了，所以在柱的修缮时，出于使其能够承受长期轴力的作用的理由，才采用了如上所述的纵肋加固的修补方案。为了探讨采用连接钢板加固和修补柱子局部产生的内力情况，曾利用图3所示的3种应力分析模型进行了有限元法的弹塑性增量分析。图中，从左向右，分别为二层以上的断裂柱中没有横裂缝的和最大裂缝达50mm的柱，以及首层的断裂柱，对各个断裂柱分别考虑其形状和荷载的对称性，分别设定了1/4和1/2的分析模型。此外，在断裂面处，还曾假定上下柱间没有内力传递。对于前两个模型来说，是以

照片2 首层柱的脆性断裂

照片3 柱及斜杆的断裂

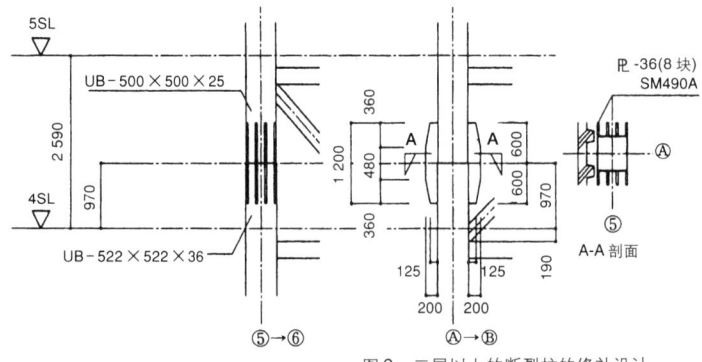

图2 二层以上的断裂柱的修补设计

在其柱端施加均匀轴力为条件的。两个模型都因增加了连接钢板而使截面面积增大，所以，修缮后的柱子的轴向刚度在弹性领域内要比原来箱形截面柱有所增强，而修缮后的柱子的屈服强度由于受连接钢板的端部附近和中央部位的应力集中现象的影响，而有所降低，大约为原来的箱形截面柱的95%。此外，对于第3种模型的首层修缮柱的情形来说，完全可以确认，无论是刚度，还是承载力都能达到与原设计的箱形截面柱同等以上的性能。至于其他的梁和斜撑，原则上都是在损伤部位刨出槽沟，然后再进行焊接修补，若是原来的钢板出现了意外变形时，首先是将变形的部分用气割切断，然后再进行更换和修补。

接着，便是确认经过修缮的建筑物是否具有与灾前的建筑物同等的抗震性能的问题了。分析用的结构模型与进行余震分析时所采用的一样，也是以首层柱的柱脚为固定端的空间框架模型。24层楼宇的静力分析模型和地震反应分析模型如图4所示。地震反应分析模型是一个以基础为固定端的质点系模型，各楼层被模拟为质点和具有正规Tri-linear型滞变特性的剪切型弹簧。阻尼常数采用频率比例型，基本频率的阻尼常数取为2%。根据进深方向和跨度方向最大速度振幅0.25m/s及0.50m/s时的代表性地震波和从

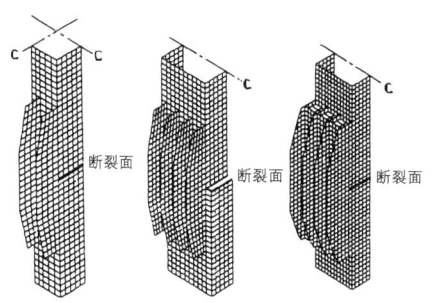

图3　修补加固柱的应力分析模型

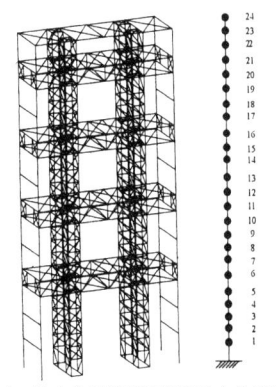

图4　静力分析模型及地震反应分析模型

六甲岛记录下来的地震波的反应分析结果了解到，在最大速度振幅为0.25m/s时，两个方向都是在输入EL CENTRO波和八户港湾波时的地震反应最大，而且是最大层间变位角发生在十层，其值可达1/170的程度。层剪力反应则是全部楼层都低于弹性极限承载力。此外，当最大速度振幅为0.50m/s时，在输入标准性地震波的情况下，层剪力反应值低于结构的实有水平承载力。然而，当输入六甲岛波时，楼宇在两个方向都得出中间层的反应层剪力高于实有层剪力的结果。各种类型楼宇的首层与强度相关的特征值如表1所列。新的抗震设计法中规定的对应于基本周期的设计用层剪力系数C_1和必需的实有水平承载力系数C_{UN}是在考虑了该幢楼宇的实际情况的条件下，分别取地域系数$Z=1.0$、第3类地基$Fc=1/0.8Hz$、形状系数$F_{es}=1.0$、结构特性系数$D_s=0.35$等各值进行计算的。从表1中的与C_1及C_{UN}对应的弹性范围的承载力系数C_{EX}、C_{EY}和实有水平承载力C_{UX}、C_{UY}值的大小关系可以做出，该幢楼宇的结构性能完全可以满足新抗震设计法所要求的抗震性能的判断。

3. 结论

由于地震而使高层钢结构建筑中的箱形截面柱发生受拉断裂的情况尚属世界首例。结构类型相同，而层数各异的52栋高层钢结构建筑都不同程度地发生了这样的破坏。这批建筑的设计和施工在当时可以说在技术水准上是超一流的。这个建筑群拥有符合1981年制订的新抗震设计法要求的抗震性能，以震灾为契机，实施了修缮工程，希望这批楼宇能在今后得以长久使用。

(藤村雅彦)

[参考文献]

1）阪神・淡路大震災調査報告編集員委員会編『阪神・淡路大震災調査報告』建築編－3，p.142～161

表1　4种类型楼宇的首层有关强度的特征值

层	C_{EX}	C_{EY}	C_1	C_{UX}	C_{UY}	C_{UN}
14	0.38	0.33	0.19	0.54	0.56	0.33
19	0.29	0.28	0.16	0.42	0.42	0.27
24	0.24	0.24	0.12	0.37	0.36	0.22
29	0.22	0.22	0.10	0.34	0.32	0.18

C_{EX}，C_{EY}：进深方向及跨度方向的弹性范围内的承载力系数
C_{UX}，C_{UY}：进深方向及跨度方向的实有水平承载力系数
C_1：对应基本周期的设计用层剪力系数
C_{UN}：必需的实有水平承载力系数

注：C_{EX}，$C_{EX} > C_1$；C_{UX}，$C_{UY} > C_{UN}$

1980 ~ 1989

045　　　046

■经济界的事件
从稳定增长转入泡沫经济

1980	1980　日本进口额第一位：原油及粗制油为 38% 1980　汽车产量世界第一 　　　(1100 万台，出口额的 18%)

■建筑结构界的事件
多样化时代

年份	经济界的事件	建筑结构界的事件
1980	1980　日本进口额第一位：原油及粗制油为 38% 1980　汽车产量世界第一(1100 万台，出口额的 18%)	
1981		1981　新抗震设计法 1981　结构师恳谈会成立
1982		
1983		1983 ~　隔震及减震(1983 八千代台尤尼契卡，1986 千叶港塔，1989 京桥成和大厦，1990 水晶大厦)
1984		
1985	1985　市场平和：日元汇率进入 1 美元 =120 日元时代	
1986	1986　半导体产量超过美国 　　　市场占有率为 50%(1988) 1986　前川报告"日本经济向内需主导型转变"	·微振动控制工厂
1987	1987/1 ~ 3　日本人均 GDP 超过美国(美元结算)	
1988		1988　大规模薄膜结构问世 1988 ~　大规模木造穹顶问世(1988 小国町，1990 秋田，1992 白龙) 1988　建筑开工面积中，钢结构及木造增多
1989	1989/4　开征消费税(3%) 1989/12　日经平均股价为 38916 日元(最高值)	1989　空中都市 1000(立式都市设想)方案

■建筑 100 例展示的结构技术

047

048

049

050

051

052

053

054

045　太阳城 G 栋(钢筋混凝土造超高层建筑，25 层)，1980

055

056

057

046　八千代台尤尼契卡式隔震住宅(日本最早采用的层压橡胶型隔震结构)1983

047　世界纪念馆(世界最早的渐缩型穹顶结构)1984
048　藤泽市秋叶台文化体育馆(两条大龙骨构成的大空间)1984

049　千叶港塔(最早采用 TMD 减振的塔)1986
050　国立国会图书馆新馆(深层的地下建筑)1986

051　预应力混凝土核反应堆容器(日本最早的预应力混凝土的核反应堆容器)1987

052　东京穹顶 巨蛋(日本最早的充气穹顶体育场)1988
053　小国町民体育馆(大规模木造空间网架结构)1988

054　海洋博物馆(层板胶合木构成的混合结构体系)1989
055　KSP　神奈川科学园(无粘结支撑结构体系)1989
056　京桥成和大厦(世界最早的主动减震建筑)1989
057　幕张会展中心(庞大的空间结构体系)1989

045 太阳城G栋

具有代表性的钢筋混凝土造超高层住宅

关键词 超高层、高强度混凝土、高强度粗钢筋、混凝土质量管理方法、施工系统

照片1 外观　　　　　　　　　　　　　　摄影: 川澄明男

房屋建筑概要

〈建筑概要〉

地 址: 东京都板桥区中台3-1237
主要用途: 集合住宅
设计者: 鹿岛建设
结构设计者: 同上
施工者: 鹿岛建设
建筑面积: 896.32m²
总建筑面积: 20740.36m²
层 数: 地上25层
檐 高: 71.370m
竣工年月: 1980年7月

〈结构概要〉

结构类别: 钢筋混凝土造
结构类型: 纯框架结构
基础类型: 贝诺托钻孔灌注桩

1. 建筑规划

在保留着武藏野往昔面貌的丘陵地带，于1981年建起了有1872户居民居住的民间集合住宅区(太阳城)。位于这座太阳城居民区中心的标志性塔楼—G栋是当时东京都内最高的超高层集合住宅，总层数为25层。

这幢住宅楼采用了由鹿岛建设研究开发的HiRC技法，设计中，充分发挥了这种技法的效能。实现了超一流的抗震设计和高度安全的防灾设计是不容置疑的，此外，还因为这种纯框架结构允许随意设置隔断墙，所以，同时具有居住性优越的平面布置和拥有变动户型的自由度，而且，各住户都能获得充足的日照和采光，以及开阔的视野和不受外界干扰的清静环境等一系列的优点。外墙采用蒸压轻质混凝土板，各住户间的界墙则采用钢纤维混凝土做成的干式墙。

这幢居民楼后来成为钢筋混凝土结构的超高层住宅的标准楼盘了。

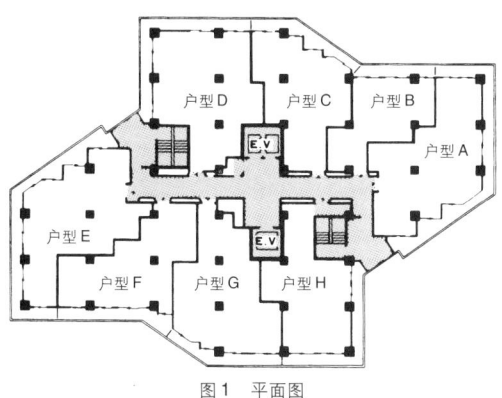

图1 平面图

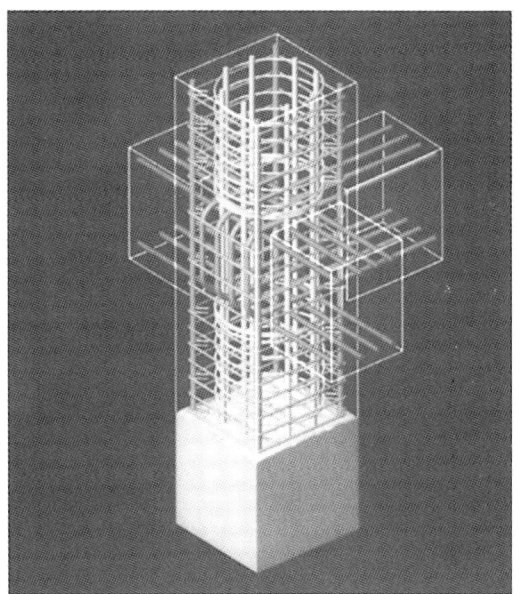

图3 U型锚固

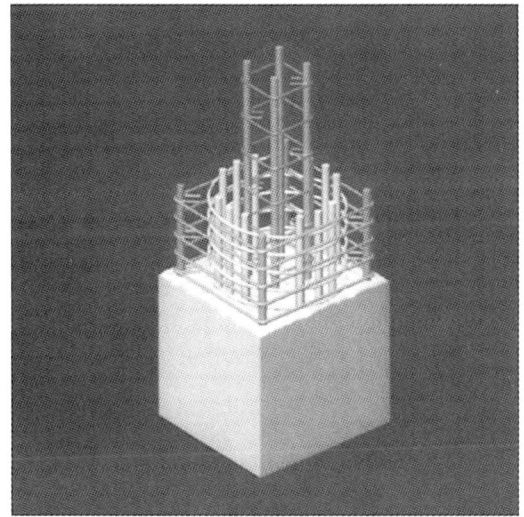

图2 鹿岛式螺旋箍筋柱

2. 新技术开发

这里采用了鹿岛螺旋钢筋柱，这种柱有主筋16根，环绕主筋配有螺旋形箍筋和方形箍筋。这种柱在反复荷载作用下，承载力下降少，同时，可以构成延性很高的框架结构，能提高楼宇的抗震性能。

为了降低外围柱内的拉应力，在侧柱和角柱分别利用预应力钢绞线给前者施加50~100t及给后者施加70~280t的预应力。

边柱上的梁端上下主筋采用U字型连续锚固法。这种U字型锚固法的锚固性能优越，还便于梁、柱混凝土分别浇注和钢筋的预制装配化施工。

与椎名町公寓相比较，楼宇高度增高了，跨度也增大了，因此，理所当然地要采用强度更高的材料。于是，开展了新型结构的开发实验，并对其性状加以确认。

柱子的主筋用的是SD40的ϕ41的大直径钢筋，钢筋与钢筋的接头采用了现场施工的压接法钢筋接头技术。

照片2 结构实验

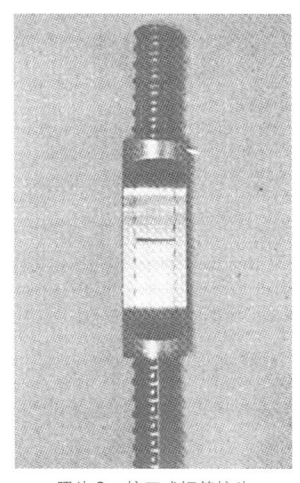

照片3 挤压式钢筋接头

3. 结构规划

这幢居民楼的结构是短边方向为4.0m，而长边方向为5.9m的等跨框架体系。标准层的层高为2.83m和2.78m，楼宇高度为GL+71.8m。在首层，为达到抗震的目的，均衡地布置了抗震墙。地基基槽深度为GL-6.0m，基础梁呈井字形布置，上下铺设2层底板。直径为2m的贝诺托钻孔灌注桩分别配置在每根框架柱的下方，并直达GL-22.5m附近的东京砂砾的持力层上。

梁、柱的标准截面如图5所示。构件截面尺寸力求对居住空间的影响降至最小，并尽量实现标准化。

4. 结构设计

该居民楼采用的是钢筋混凝土造纯框架结构，设计的重点放在了具有高度抗震性能的延性极佳的框架上。

抗震设计的基本方针是确保框架的抗震安全性，并借助地震反应分析加以确认，图6给出了分析的流程图。

这幢居民楼的框架结构设计的重点是使其能够以足够的延性承受400Gal的地震输入，并且又在静力计算中，除采用了容许应力设计法之外，还进行了基于极限承载力的静力设计。后者称为二次设计，其重点在于，在确保框架构件强度的同时，还要确保其塑性范围的延性，此外，又参考了以往的实验研究结果和美国的ACI(美国混凝土学会)标准等。

在进行地震反应分析时，将输入地震分为两个等级，并分别设定了相应的准则。具体来说，就是在发生最大加速度达到了250Gal左右的大地震时，结构构件的应力和应变都不得超过容许值(层间变位角 $R < 1/200$)。当最大加速度为400Gal的强烈地震来袭时，允许部分梁出现屈服，但是框架绝对不能倒塌。分析采用的地震波有EL CENTRO 1940(NS)、TAFT 1952(EW)、TOKYO 101 1956(NS)、SENDAI 501 1962(NS)等4种。地震反应分析结果如图8所示。

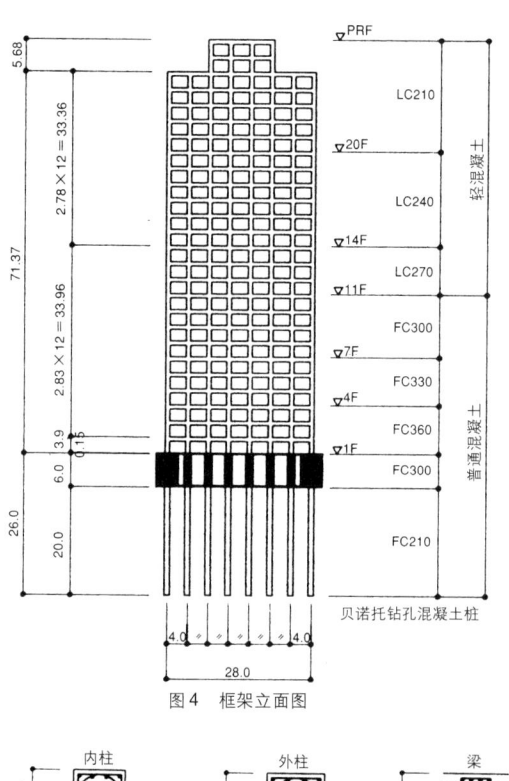

图4　框架立面图

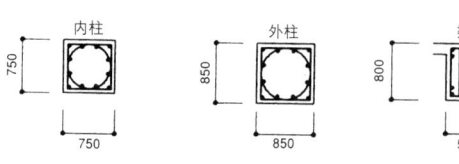

图5　标准截面

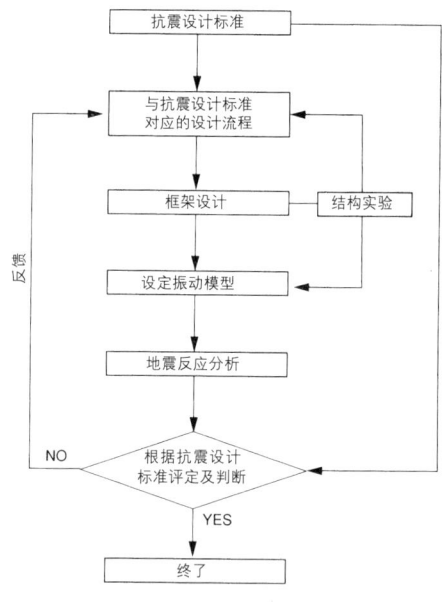

图6　动态设计流程图

5. 施工概要

该居民楼的梁、板、柱一律为现场浇筑的钢筋混凝土造。为了获得质量稳定，精度高的高强度混凝土结构，从设计阶段便十分重视构件的施工性，构件截面力求划一，并尽可能地做到作业简单化和合理化。

模板和钢筋竭力推行预制化，充分发扬重复作业特性，以便达到提高施工精度和作业的准确性的目的。$\phi 41 \sim \phi 32$ 的柱钢筋接头采用压接法钢筋接头工艺，而 $\phi 32 \sim \phi 22$ 的柱筋则采用加压气焊法。梁钢筋的接头一律设在梁的跨中，并采用加压气焊法。

采用低坍落度的混凝土垂直与水平构件分开浇筑，确保高质量混凝土。

图9为主体结构施工的工序，充分利用了高层建筑的特点，用人数固定的工人来进行重复作业，8天即可竣工一个楼层。

(前田祥三)

[参考文献]
1) 武藤ほか「高層鉄筋コンクリート建物の耐震設計法（サンシティG棟の場合）」『第5回日本地震工学シンポジウム論文集』, pp.849～856

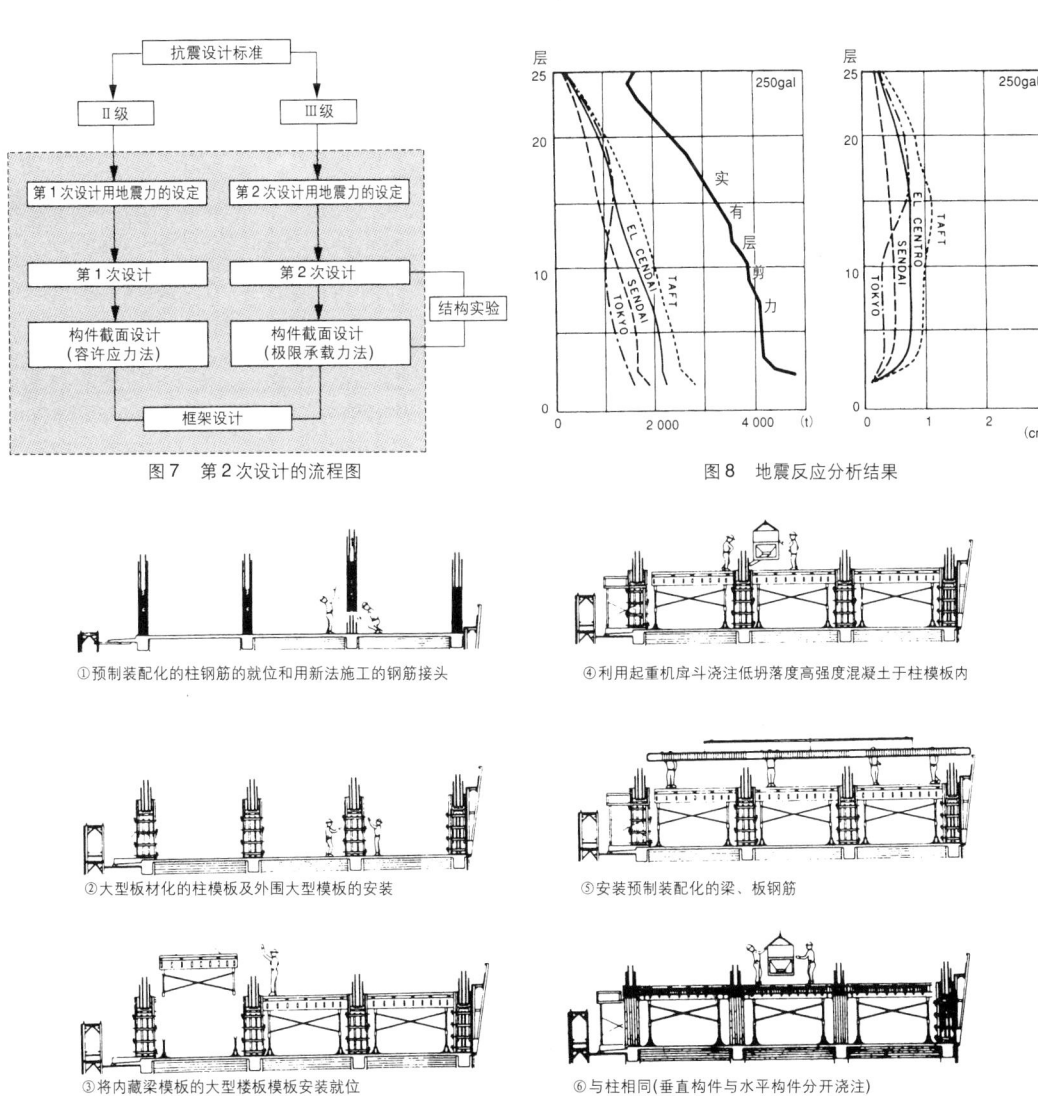

图7 第2次设计的流程图

图8 地震反应分析结果

①预制装配化的柱钢筋的就位和用新法施工的钢筋接头

②大型板材化的柱模板及外围大型模板的安装

③将内藏梁模板的大型楼板模板安装就位

④利用起重机吊斗浇注低坍落度高强度混凝土于柱模板内

⑤安装预制装配化的梁、板钢筋

⑥与柱相同(垂直构件与水平构件分开浇注)

图9 主体结构施工的作业顺序

046 八千代台尤尼契卡式隔震住宅

日本最早采用的层压橡胶型隔震结构

关键词 隔震构造、层压橡胶隔震器、建筑基准法第38条的大臣认定(隔震)第1号

照片1 外观

照片2 基础

房屋建筑概要

〈建筑概要〉

地　　　址：千叶县八千代市
主要用途：住宅
设　计　者：尤尼契卡(不动产部)
结构设计：东京建筑研究所、多田英之(福冈大学)
施　工　者：尤尼契卡
建筑面积：60.18m²
总建筑面积：114.39m²
层　　　数：地上2层
轩　　　高：6.5m
竣工年月：1983年4月

〈结构概要〉

结构类别：钢筋混凝土造
结构类别：框架剪力墙结构加上基础隔震构造
基础类别：亚黏土层上的板式基础
隔震构件：天然橡胶层压板、摩擦型阻尼器
(在主体结构完工及全部竣工时，曾进行过利用起振器的强迫变形及瞬间割断等振动试验[注(1)]和自由振动试验。)

1. 规划的经过

(1) 背景

在震灾面前，可以说，无人不想千方百计地加以防护。隔震系统作为一种措施是很自然会被提出来的。

在文献上提出的这类方案可以追溯到1890年代，而且，每逢重大地震灾害发生之时，这类方案就更多。

我的老同学多田英之君是最先注意到法国CAPEC系统(一种隔震系统)，在尤尼契卡(株)公司的协助下，全力以赴地展开了正规的隔震系统的开发工作。那时大约是在1979年前后吧。笔者曾是他的热心支持者，也是帮他实现理想的人。

1981年尤尼契卡(不动产部)决定建设一幢使用层压橡胶的隔震器的第1号隔震型住宅。翌年，即1982年2月，以尤尼契卡八千代台隔震型住宅的名义提出了建筑确认申请(当然，必须取得建筑基准法第38条的特许)。

(2) 设计过程

要想使隔震构造有所进展，纸上谈兵是很受局限的，所以，出于应该实际试建这样的房屋的考虑，确定建造具体建筑的方针，哪怕是规模很小的房屋。在这方面、在尤尼契卡任职的已故老同学北泽勋君曾做出了重大贡献。

有关这幢试建房屋的介绍已经有了很多书面论述，本文就不再赘述了，这里主要是谈谈人们常说的背景情况。因此，难免存在个人主观成分，敬请谅解。

正如从房屋的外观照片、平面图和立面图中所见到的那样，这是一幢在当时来说是标准型的单户独立住宅。尤尼契卡公司曾希望以这幢房屋为杠杆，为公司开辟一项新的业务。

首先面临的问题是怎样来实现这种隔震型的建筑物。值得庆幸的是当时的(财团法人)日本建筑中心的"混凝土造低层建筑结构评定委员会(部级会议)"受理了这项开发的技术审查申请，于1982年3月13日，该委员会召开了第一次会议，到同年4月26日，共召开了四次会议。委员有村上雅也、野村设郎、西川孝夫等三位，当时的混凝土分部的会长则是园部泰寿先生。分部方面得出了"很感

照片 3　自由振动实验的强迫变形装置

照片 4　设于屋顶的起振机

(a) 南立面图　　　　　　　　　(b) 东立面图

(c) 一层平面图　　　　　　　　(d) 二层平面图

图 1　平面图及立面图

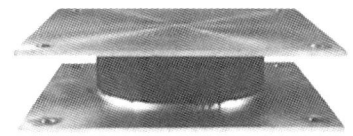

隔震器（6台）	（每台） 橡胶：天然像胶　5 × φ300(12层) 钢板：SUS 304　夹层芯板尺 -2 × φ300(11层) 　　　　翼缘钢板尺 -22 × 500 × 500 　　　　SS41(JIS G3101 2类) 底板　尺 -9 × 500 安装螺栓：高强螺栓　F10T(JIS B 1186) m20
阻尼装置	摩擦型阻尼器是利用遮挡采光井用的PC板和侧墙顶端之间的摩擦力(作为实验用的有(a)弹塑性弹簧型、(b)粉粒体型和(c)摩擦型的阻尼装置)

图 2　隔震器

照片 5　各种阻尼器

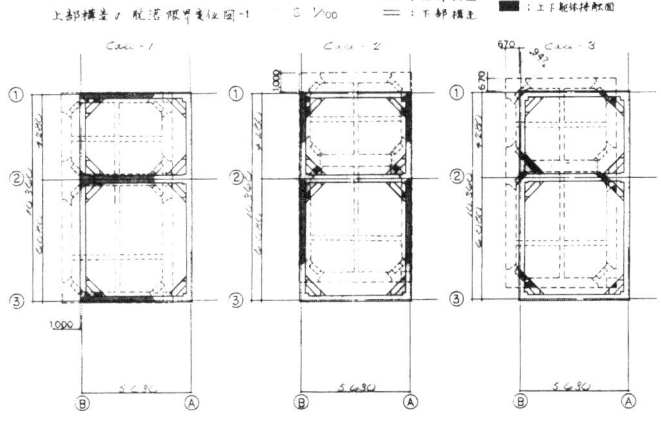

图 3　上部结构的脱落极限

兴趣"的评价，可以说是一切顺利。作为隔震构造，若用现今的观点来看，隔震器的变形量太小，而且阻尼作用也显得不足。与此同时，如果隔震器的水平变形过大，就会出现下沉。实际情况是，1层梁与基础梁之间的间隙设计为12mm，此外，还借助于在平面上的搭接设计，即令发生了50cm的相对水平变位，而荷载也能照常传递(软着陆)(参阅图3)。由于上部结构中，墙壁很多，足以承受1Gal的水平力的事实，证明它所具有的抗震安全性。

设计中，还有一个值得研究的课题，那就是它的耐久性。

关于耐久性的问题，(财团法人)日本建筑中心所属的耐久性委员会(委员长为已故岸谷孝一)给出了评定(BCJD013)讨论内容及结果如下：

1) 材料品质及其耐久性

　①耐老化性

　②耐徐变性

　③耐疲劳性

　④耐臭氧性

　⑤温度引起的物性变化

　⑥耐热性

　⑦耐化学侵蚀性

2) 隔震器的使用环境及耐久性

　①设置场所

　②隔震器周围的防护层

　③检修的方便性

3) 维护保养计划的施行

只要是遵照上述有关制作、施工、以及维护保养计划来使用，便可得出，不但耐久性上，特别是，可以放心使用的结论(这种隔震器迄今已经经历了20年，而因徐变引起的下沉接近于零)。

评定做完了，文件在原建设省内传来传去之后，没多久就处于冻结状态了。也许是存在行政上的为难之处吧。其中的缘故我们是不得而知的。

1982年11月建设大臣的认可批下来了，旋即着手开工。

批准建设的条件是因为进行了有关结构安全性的实验。虽然这样的实验本来就是计划内的事，然而，为了打造出必要的客观性，在(财团法人)日本建筑中心的内部成立了"隔震住宅实验方法研讨委员会"，待到第二年的

1983年3月完成了报告书之后，便解散了。关于报告书中提出的实验方法和结果已经在日本建筑学会大会论文集等刊物中有所详细阐述，本文摘录一部分如下。

照片2~5和图4、5是部分实验的情景。

该住宅房屋是4月份完工的，安装强震仪进行了地震观测和实施了居住舒适性的观察。观测一直持续到现在。

(3) 施工过程

如前所述，施工是在进行各种构造的振动试验的同时进行的(尤尼契卡公司自理工程，由天羽信也负责施工)。

虽然施工没有出现什么困难，但是，在下述的几个方面还是费了不少心思的。

①煤气和上下水管道等的可动接头(与现在所使用的接头基本相同)。

②入口的细部构造。

③隔震器的徐变变形和变形过大时的上部结构的软着陆。

④隔震器的更换要比想像的简单。房屋重量的测定结果表明，比设计预期的230tf轻了将近15tf左右(刚好与多田君的计算相吻合)。

在实验方面：

①将起振机安装在屋顶上，实施强迫振动，在接近8Hz时，发现邻居的隔断墙有明显的振动。

②由于动力不足，以致房屋没有发生过大振幅的振动。

③通过自由振动试验发现，室内的餐具柜等的状况与预想的一样，然而，悬吊型的照明器材发生了共振现象，玻璃灯罩掉下打碎了。

④在各种阻尼装置的试验中，由于是想要确定各自的性能，其中，粉粒体(砂垫层)阻尼的成绩没有想像的那么好。

承蒙寺本隆幸先生的厚意，取得了3M的粘弹性体的试样。手感非常好，投入试验后，由于粘结不牢(没找到适当的粘结方法)而以失败告终。

(4) 后来的进展

利用纪念"日本国内最早的层压橡胶型隔震构造"成功应用的机会，又开始了应该称之为第2号的隔震建筑"伊丽莎白太阳宫泽田美喜纪念馆"的设计(1984年8月)。

在这之前，多田君就特别希望进行隔震构造的动态的(模拟实际的地震)加力实验，即常说的"丰桥实验"。

在行政方面，考虑到以后的隔震建筑的申请，成立了隶属(财团法人)日本建筑中心的隔震构造研究委员会。

现在从委员名单上也能看到,同众多的了不起的老师们愉快的合作。令人不时地想起各位老师讲学的情景。在此,对他们的贡献表示感谢。

关于隔震构造的要点和相应的举措(设计手法),虽然是基本明确了,但是,地震导致的地面运动存在非常大的不确定性,所以,到现在为止,仍然是要随着设计思路的变化而改变。

2. 结语

通过隔震建筑的设计,至少为社会提供了回答:"建筑物抗震性为何物"这一问题的契机。

但是,关于想像出来的地震波是否会带来错误的担心,的确是不时地涌上心头。"尽人事而听天命"也许能够代表设计者的心态吧。

(山口昭一)

[参考文献]
1)「基礎絶縁による免震構法」『Structure』NO.8,1983 年 10 月号
2)J.M.Kelly,山口昭一,蓮田常雄訳「免震構造の歴史と現況」『Structure』No.20(免震特集),1986 年 10 月号
3)対談:多田英之・渡部 丹 司会:山口昭一「免震構造の魅力と問題点」『Structure』No.20(免震特集),1986 年 10 月号
4)日本免震構造協会編『初めての免震建築』オーム社,2000 年 9 月

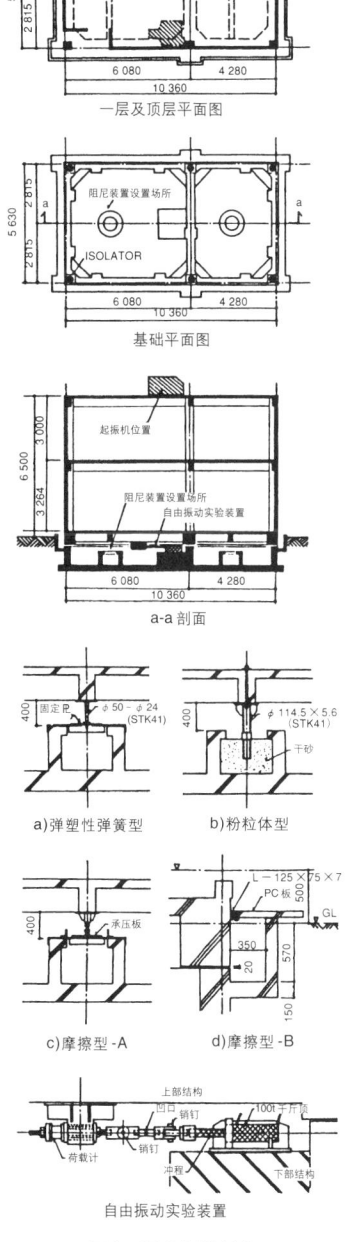

一层及顶层平面图

基础平面图

a-a 剖面

a)弹塑性弹簧型　b)粉粒体型

c)摩擦型 -A　d)摩擦型 -B

自由振动实验装置

图 4　振动实验计划图

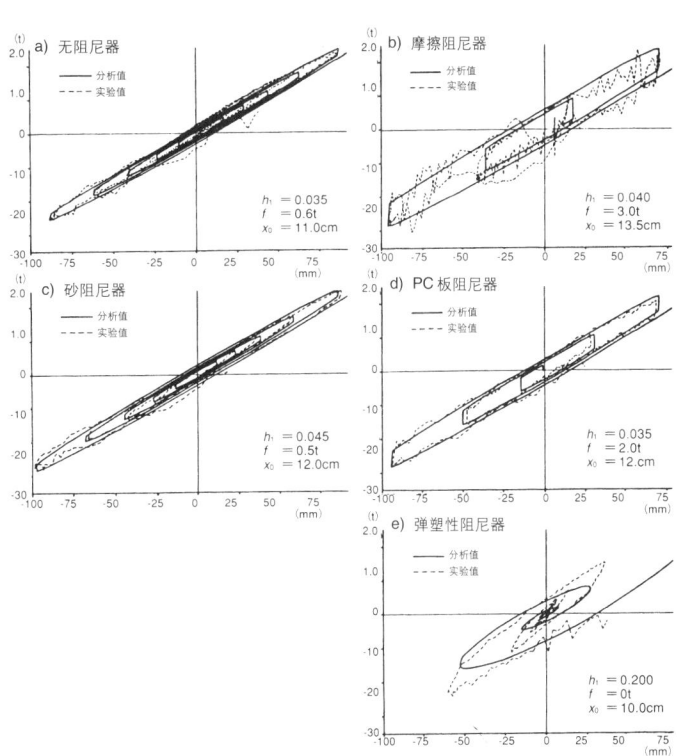

图 5　阻尼测定及近似模型

195

047 世界纪念馆

世界首例整体褶合顶升式穹顶结构

关键词 焊接结构、WEL-TEN-50、钢板梁、疲劳系数、容许挠度

照片1 外观　　　　　　　　　　　　　　　　摄影：名执一雄

房屋建筑概要

〈建筑概要〉

地　　　址：神户市中央区港岛中町6丁目
主 要 用 途：体育馆及多功能大厅
设 计 者：神户市住宅局营缮部、昭和设计
设 计 指 导：川口卫(法政大学)
施 工 者：建筑工程　竹中工务店
　　　　　　电气设备工程　明和、三星、朝日、早水JV
　　　　　　空调设备工程　大气社
　　　　　　给排水卫生设备工程　长村商令
建 筑 面 积：7739m²
总建筑面积：13287m²
层　　　数：地下1层，地上3层
建 筑 高 度：GL+38.57m
竣 工 年 月：1984年7月

〈结构概要〉

结 构 类 别：钢结构＋钢筋混凝土结构
结 构 类 型：大屋顶＝球节点网架
基 础 类 型：钢管桩(φ650～φ812.8mm)

1. 建筑规划

该馆的跑道周长达160m，各种竞技设施齐备，还可以召开国际级的大会，此外，还可供举办放映、展览、演奏会、讲演等多种目的使用。

在造型上，该馆与毗邻的港湾人工岛体育中心的锐角外形形成鲜明对比，呈稳重而又朴实的外观形状。

2. 结构概要

该会馆的看台和各管理部门的房间的大部分都设置在这穹顶状的大屋顶所覆盖的空间中。看台和各管理科室为地下1层和地上3层的钢筋混凝土结构，结构型式为框架剪力墙体系。

穹顶由长40.8m的半圆筒再加上两端的半径为34m的1/4球体所构成，除了下部结构、全是采用球节点的网架结构。网架结构以四角锥体为基本单元，网架高度为

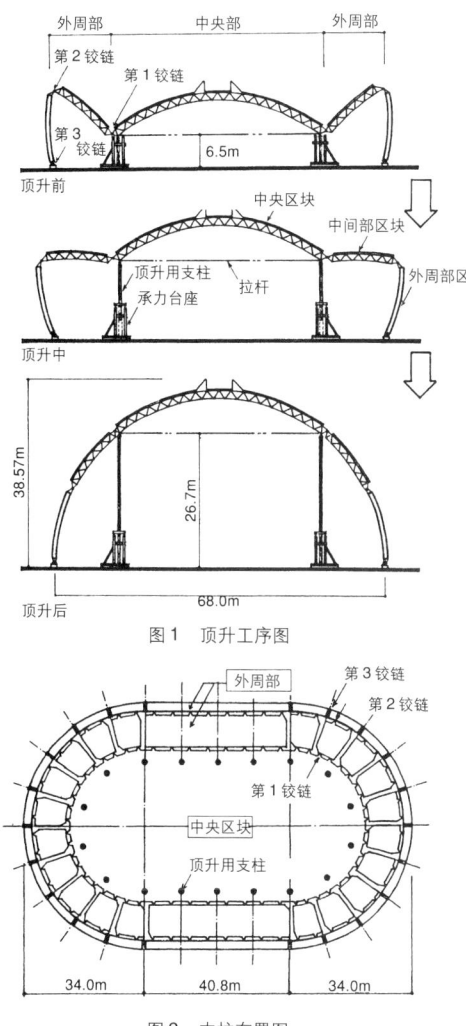

图1 顶升工序图

外周部 中央部 外周部
第2铰链
第1铰链
第3铰链
6.5m
顶升前

中央区块
中间部区块
顶升用支柱 拉杆
承力台座
外周部区块
顶升中

38.57m
26.7m
68.0m
顶升后

外周部
第3铰链
第2铰链
第1铰链
中央区块
顶升用支柱

34.0m 40.8m 34.0m

图2 支柱布置图

顶升前

顶升中

顶升后

照片2 顶升工序

1.5m，标准网格为 2.5m × 2.5m。

3. 施工概要

在进行穹顶的施工时，采用了由法政大学教授川口卫先生提出的"整体褶合顶升式穹顶施工法[1]"，这种方法当时在世界范围内尚属首次使用。如图1所示，这种施工方法是在穹顶结构上安装铰链，并在施工现场地面上使其处于褶合状态，然后再采取顶升的步骤，将整个穹顶建成。

因为穹顶的架设需暂时解除穹顶的环箍作用，而使其处于褶合状态，所以，必须将整个穹顶式屋顶划分成几个部分。具体来说，就是将屋顶划分成中央区块和环绕中央区块的共22块中间部分和外围部分。

顶升时使用的是沿着中央区块周边设置的18个顶升支柱。顶升施工耗时约两个星期，将大约20m的顶升高程分成6次，边加高支柱，边进行顶升。

当时，对于穹顶的施工，一般都是采用满堂红脚手架的施工方法。这种方法需要高空作业、工期又长，而且还要花费高额的暂设费用，而该会馆的穹顶施工法竟将所有这些问题一揽子全解决了。

(田中三郎)

[参考文献]

1) 川口衞「伏せたドームが立ち上がった」『日経アーキテクチュア』1984
年2月27日号

048 藤泽市秋叶台文化体育馆

双龙骨式大空间结构

关键词 拱、龙骨桁架、大空间、不锈钢、体育馆

照片1 鸟瞰全景

照片提供：间组

房屋建筑概要

〈建筑概要〉

地　　　址：神奈川县藤泽市远藤向原 3172 番地
主 要 用 途：体育馆
设 计 者：藤泽市建设局、槙文彦＋槙综合规划事务所
结构设计者：木村俊彦结构设计事务所
施 工 者：间组
建 筑 面 积：6737m²
总建筑面积：11099m²
层　　　数：地下1层，地上3层，屋顶楼2层
檐　　　高：12.5m
竣 工 年 月：1984年9月

〈结构概要〉

结 构 类 别：钢筋混凝土造、钢结构、劲性钢筋混凝土造
结 构 类 型：钢结构桁架拱
基 础 类 型：混凝土预制桩、支承桩

1. 建筑规划

这座体育馆是作为国家文化园构想的藤泽市秋叶台运动公园规划的核心设施进行建设的。在公园的规划中，企图将全市性广泛参加体育的思想发扬光大，并进而设计和建造一座与之相匹配的大型建筑。

其中包括作为体育殿堂的大型体育设施，那就是，由主赛场馆及附属赛场，以及将二者有机联系起来的长廊及出入口大厅组合而成的这座体育馆。堪称是一处富于变化的多彩空间的集合体的设计。

尤其是那幢巨大的主赛馆，它那特色独具的外观形象和明快通畅的动线格局令人叫绝。

平面规划上的特点是二楼上配有供2000人使用的固定座席，并且从户外有直通这里的人行通道，在一层则配

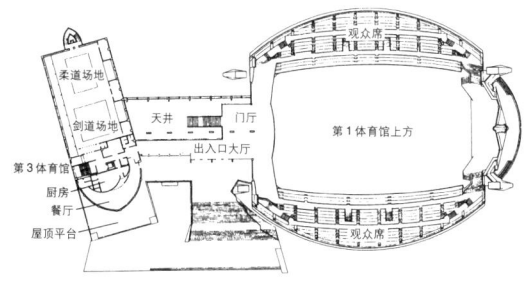

图 1　二层平面图

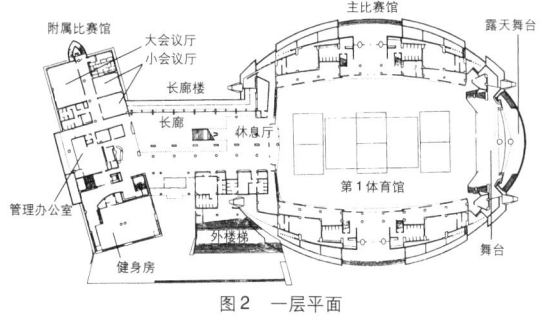

图 2　一层平面

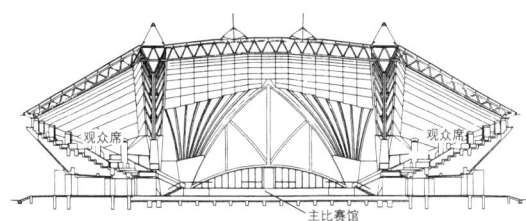

图 3　剖面(东西)

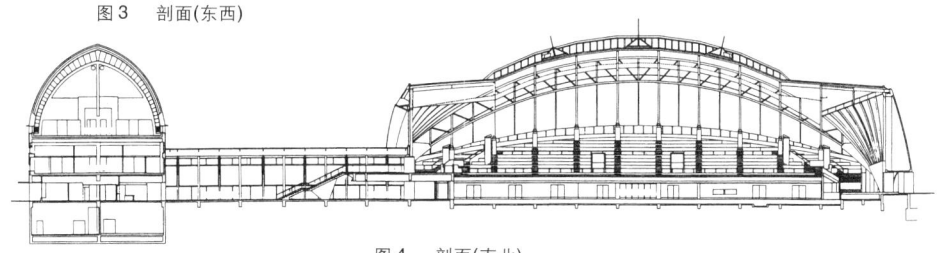

图 4　剖面(南北)

有附属设施,贯穿一、二两层的大厅与馆外的宽敞的阳台相通。此外,赛馆内部的座席是按最便于观赏体育运动的最佳平面布局——圆形平面布置的。

支承主赛馆的宏伟外观和庞大的内部空间的结构是两榀互相平行布置的平行弦桁架拱。宛如两根巨大的龙骨将这庞大屋顶高高撑起。不仅使主赛馆的屋顶形成流畅的曲面形状,而且,又使得内部进行体育运动的空间显得特别出色,与众不同。

还有,铺设在体育馆屋面上的清一色的不锈钢饰面又给该馆增添了一个特色。银光闪烁的金属光辉抵消了建筑的厚重感,不锈钢材料所具有的给人以现代感和展望未来的魅力,使得体育馆的外在形象显得更加轻快悦目,同时也充分显现出了建筑技术的先进性。

凡是参观和利用过这座体育设施的人们无不印象深刻,同时,对它作为一处群众性公共建筑的美轮美奂都赞不绝口,不愧是一幢代表该地区的象征性建筑。

2. 结构的规划及设计

支承主赛馆大屋顶的那两根龙骨是由两榀平行弦的桁架拱构成的。两根花骨位于比赛馆的中心部位,二者间距

照片 2　东侧外观

摄影: 村井修

199

为34m，相互平行配置。两榀桁架拱的跨度为90m，拱矢高为22m。桁架拱的截面为倒三角形，系由三榀平面桁架组合而成。

桁架拱截面的高度与其受力状态相适应，跨中截面为最大，有3.5m高，越向两端高度越小，所以，上、下弦杆的曲率是不同的。

由于桁架拱在体育馆内是抬头可见的露明结构，所以它的主要杆件用的是H型钢。

在桁架拱的拱脚部分，从二层楼板算起的4m高度采用劲性钢筋混凝土，这同时也是为了考虑耐火罩面的需要。此外，拱脚的水平推力则依靠设在拱脚间的钢筋混凝土的水平拉杆中施以预应力的方法来解决。

在观众席上方，由大屋顶构成的曲面和比赛场地上方的曲面是靠配置在桁架拱上，与其正交的小桁梁支承的。这类小桁梁是以桁架拱作为其中间支点的贯通的连续梁，端支点则在观众席的外端。该支点沿小桁架梁的轴线方向为辊轴支座，为应对铅直荷载作用时和地震等水平荷载作用时所产生的变形而采用了松孔连接。

此外，在支点之间设置连系梁，并形成水平拱，与桁架拱的拱脚相连。观众席上方的曲面屋顶的变形就是利用这种办法约束的。

桁架拱的拱脚间(南北端)的屋顶由圆柱状曲面组合成了扇形三角形屋顶，在规划设计这些屋顶时，应根据它们的具体情况来设定支点或支座的约束条件。

观众席的结构为钢筋混凝土框架体系，与比赛场地上方屋顶的小桁架梁的布置(间距为6.3m)相互对应地加以规划，并作为小桁架梁的支座。观众席的外围是从下方的圆弧形曲面墙挑出来的，最长的悬挑长度将近6m，并施加了预应力。

全部的结构分析都是按自己开发的计算机程序进行的三维空间结构分析，像这样的由多种曲面构成的大型空间结构的设计一定要根据结构的具体规划进行详细分析才行。

3. 技术特点及其历史背景和演变

对于这座体育馆的结构规划来说，其具有代表性的技术特点当然还是那两根龙骨般的桁架拱了。

拱的原始形态本来都是砌筑的坻工结构，关于拱的应用，可以追溯到公元前。后来，在古罗马时代以圆弧拱等的石砌建筑为基本结构类型而有了更大的发展，并在伊斯兰建筑和哥特式建筑的寺庙或教堂中，获得了广泛的应用。

在19世纪的后半期，由于钢铁的出现，轻巧的拱在钢结构的建筑物上，尤其是在那些大型建筑中，有了大量

照片3　馆内的比赛场地　　　　　　　　照片提供：间组

照片 4　钢结构安装

照片 5　钢结构全景

应用。其中，作为早期的具有代表性的建筑当属 1889 年的巴黎万国博览会的机械馆了。

随着建筑材料的发展和力学上的分析技术的进步，钢结构的拱也出现在原本为钢筋混凝土造的大型拱形建筑中了。

拱结构的基本特点在于拱券内经常处于压缩与弯曲的组合作用之下，而拱脚处则永远有水平推力的存在。

在上边曾经提到过的寺庙和教堂建筑中，这项水平推力是靠设置扶壁(墙垛)的办法来承受和解决的。

在大空间建筑物中，可在拱脚处设置支墩(基础或框架)，也可以在地下设置水平拉杆来吸收水平推力。

在大空间的结构中，拱曾作为一种曲线的结构要素加以定型和应用，应该说，是近年来才盛行起来的。

这座体育馆所采用的拉杆式桁架拱大型结构堪称带有开创性的代表建筑。

从那以后，一直到今天的大跨结构建筑来看，不乏采用类似结构的建筑实例(例如，足球世界杯的运动场建筑)。

4. 施工概要

这座体育馆建筑设计了好多的曲线和曲面，其中的主比赛馆还采用了不锈钢的薄板(不锈钢板厚度为 0.4mm)作为屋顶的饰面，因此，桁架拱的安装精度则对包括整个体育馆建筑的质量在内的装修和饰面的影响是非常之大的。施工规划设计面临的重大课题显然就是如何确保结构曲面的精确度。

有鉴于此，规定了如下的施工规划的基本方针，并在施工实践中，照章执行：

①设计方面

各部分的曲面不是凭感觉就能构成的，而是按三维的空间坐标求出的曲线和直线构成的。同时，借助这些计算

结果才解除了各个构件的制作尺寸的计算和确定现场的安装部位的困难，使得高精度的饰面施工成为可能。

②构造方面

极力避免钢结构安装时的变位和变形的集中，必须采用能将这类变位和变形均匀分散在全体结构的安装顺序和构造方法。

这里采用的安装方法称为临时支墩式架设法。

③施工方面

应尽最大可能来扩大工厂制作的范围。此外，在现场施工方面，还要极力采取作业方便的地面组装方式。

在精度控制上，要严格实行计测管理。

在具体施工的过程中，首先要充分掌握拉杆型桁架拱及下部的看台主体结构的特点，以及与其他部分施工之间的关连性，并在实施充分的预先研究的基础上，进行施工。

现场施工的要点列举如下：

①钢结构的安装顺序应为两榀桁架拱先行建起，然后，安装两侧看台上方的小桁架梁和比赛场地上方的小桁架梁。

②对于每个部分的施工，都必须均衡地从两端开始，并对称地进行才行。

③在安装看台上方的小桁架梁之前，必须完成看台主体结构的预应力施工和脚手架的拆除工作。

④在拆除位于跨度中央的临时支墩之时，一定要在确认拱脚处围固基础的混凝土强度超过设计强度之后才可以进行。

(津田佳昭)

[参考文献]

1)『建築雜誌』1985 年 7 月号，日本建築学会

2)『建築文化』1984 年 11 月号，彰国社

3)『技術年報』1985 年版，間組

049 千叶港塔

减震结构的先驱

关键词 观光及瞭望用塔、质量调节型阻尼器、涡流激振、风洞内振动实验、地震及风的观测

照片 1 外观　　摄影：和木通(彰国社)

房屋建筑概要

〈建筑概要〉

地　　　　址：	千叶县中央港 1 丁目
设　计　者：	日建设计
结构设计者：	同上
施　工　者：	竹中工务店
建 筑 面 积：	1680.4m²
总建筑面积：	2307.5m²
塔身高度：	125.15m
施 工 期 间：	1984 年 12 月 ~ 1986 年 3 月
启　　　用：	1986 年 6 月 15 日

〈结构概要〉

塔身结构类别：	钢结构
塔身结构类型：	斜撑式框筒结构
基 础 类 型：	厚 4.5m 的钢筋混凝土墩台基础、钢管桩基

1. 前言

千叶港塔是为纪念千叶县的人口突破 50 万大关，特以高高耸立的尖塔为标志，而建设的。由高达 125m 的瞭望塔和海洋展览馆两部分组成。由于这座高塔是过去从未有过类似的玻璃塔，其迎风面积大，同时，塔的内部是空心的，重量又轻，所以，这种塔对强风劲吹时的摇晃是很敏感的。因此，抗风强度设计便是首要的了，同时，还必须将确保瞭望室在平常风时的舒适性纳入设计主题。对于这一主题，采用以风洞内的风振实验为手段，建成了这座日本国内第一个选择了减振构造的高塔。

2. 主体结构的设计

(1) 结构概要

塔的高度距地面为 124.5m，首层为塔基，往上依次为中空段、3 层的瞭望室和塔顶间 2 层。平面是由以边长为 6.5m 的正三角形基本单位组成的菱形，其对角线长度分别为 15m 和 25.98m。

图 1、图 2 为该塔的结构平面图和立面图。

为了减轻基础的负担，塔身采用钢结构。塔身结构的中段为中空部分，在其中的菱形平面中央的六边形各顶角处布置主柱，六边形的各边分别布置横梁和斜撑，从而构成一个六边形的筒体结构。位于菱形锐角顶点处的柱子只承受平时的重量。这样做的目的是要使六边形筒体结构的水平方向的刚度没有方向性，同时，还能提高抗扭刚度和空气动力稳定性。考虑到位于塔的上方的瞭望层眺望方便，塔的外壁不设斜撑，而在平面内部增设抗剪柱，同时，在该柱的一段上设置斜撑，以确保塔身结构的刚度和承载能力，并保持与下方的中空部分之间的连续性。

主柱为焊接钢管，其最大截面为 $\phi 700 \times 60mm(SM50B)$，全塔的用钢量约为 1100t，外装修材料不算在内。

(2) 抗震及抗风设计概要

该塔的抗震设计与通常的高层办公楼设计中所采用的动态设计方法没什么不同。但是，因为风荷载对设计起着主导的作用，所以，即使地震达到了水准 II 的 50kine 的程

度，结构仍处于弹性状态。塔身的基本固有周期，在X方向为2.25秒，而沿Y方向则为2.70秒，扭转为0.89秒。

抗风设计法是首先根据模型的风洞实验测得的风力系数和根据建筑基准法计算速度压公式$120\sqrt{h}$求得的静风压进行结构分析和构件设计，其次则是进行针对该塔的空气动力特性和建设地点的风力特性的风洞内振动反应实验，最终确认反应值不超过塔结构的承载能力范围，于是，抗风安全性便得到了确认。

说到静力风荷载，其中要同时考虑风压（沿风向作用）、浮力（垂直于风向作用）及空气动力矩(环绕水平面的扭矩)。风向分别按风向角 θ 为0°、30°、60°、90°等四个方向考虑。在X方向和Y方向的设计风荷载作用下，塔基底的水平剪力分别为地震达到水准Ⅰ时的25kine所产生的基底剪力的4.6倍和1.8倍。

此外，塔在强风作用下的层间变位角的容许值是以谢绝进塔为前提的，再加上，以塔的装修材料等不被损坏的要求，确定为$h/120$以下。塔的玻璃罩面采用了橡胶密封垫圈，并通过实验确认，当塔壁发生$h/70$的局部变位角时玻璃罩面能够随动，而不破坏。

3. 借助风洞内振动反应实验判断抗风安全性

(1) 实验概要和实验结果

实验是在埃菲尔型鼓风式紊流边界层风洞中进行的，测试部位的风洞口径为2m×2m。实验用的模型缩尺为1/300的单质点2自由度的摇摆振动模型、用以再现铁塔的基本振动性状。模型的固有频率是根据与实物的相似准则确定的。实验时的气流是模拟海风和市区风的吹袭，分别实验了平均风速铅直分布、紊流强度的铅直分布、边界层高度和平均流方向的紊流比例。阻尼常数以$h=0.017$为中心，变动范围为$h=0.004\sim0.04$。

下边简要叙述影响较大的海风吹袭时的振动反应实验结果。

图3所示为风向角和作用的风力；图4为风向角与倾覆力矩的关系曲线；当风向角为60°时的塔顶振动轨迹则如图5所示。

从图4可知，当风向角为60°～90°时，将激起垂直于风向的最大倾覆力矩。虽然，这是由于涡流激振引起的振动，但是，对铁塔的影响巨大。后来的福冈塔的三角形平面和秋田塔的四边形平面的实验表明，这种菱形平面塔的涡流激振现象最为显著。

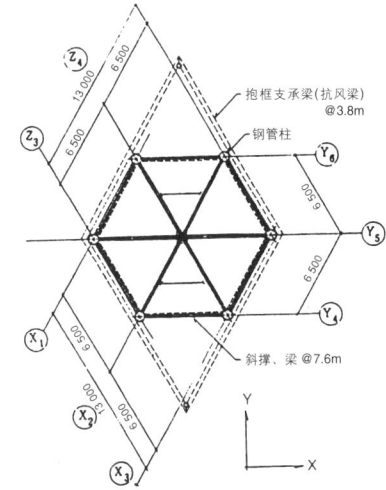

图1　铁塔的中空部结构平面图

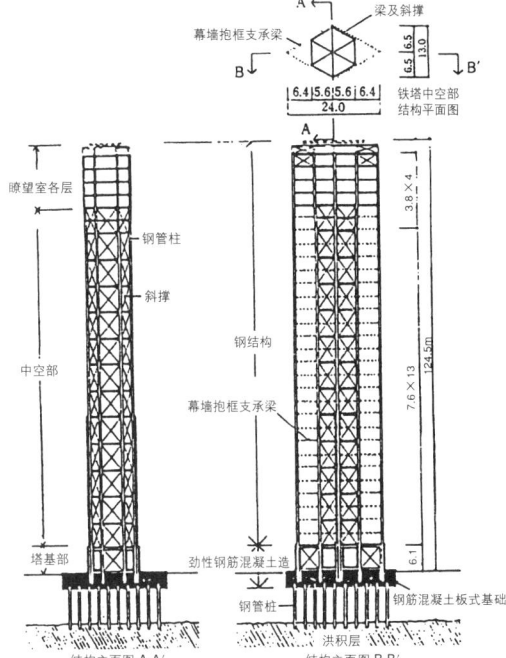

图2　结构立面图

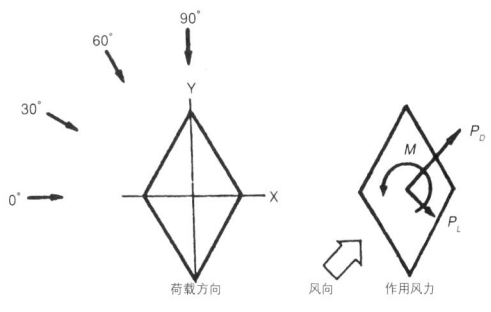

图3　风向角及作用风力

此外，从图6所示的实际风速与倾覆力矩之间的曲线关系可以了解到，倾覆力矩是在风向角 θ =90° 时，而实际风速 V=33.9m/s(相当于地面以上10m处，千叶港100年重现期的风速期望值)左右时，出现一极端峰值。该反应峰值当阻尼常数为1.7%时，如用实际换算倾覆力矩来表示，则为 MX_{max} =85000t·m，与当风向角为0° 时的静力风荷载下的倾覆力矩值大体相当。

(2) 抗风安全性的验证

关于反应实验值和对安全性的评价，主要是看最大倾覆力矩值的情况，如图7所示，利用静力抗风设计的数值求出与设计荷载、相当于构件短期容许应力值的荷载、相当于构件极限承载力的荷载等相对应的倾覆力矩包络线，将实验反应值拿来与其比较，便可验证抗风安全性。

仍然可以从图7中获得验证的是，若将前述的以100年为重现期的风速期望值 V=33.9m/s的反应结果绘制成曲线，那么，当 θ =0° 和30° 时，反应值不超过设计值；当 θ =60° 和90° 时，反应值虽然大于设计值，但仍处于短期容许值的范围内，所以，在安全性上，是可以保证的。

4. TMD 的开发和建设后的观测

(1) TMD 装置概要

在探讨关于瞭望室在平时风的摇摆下的居住舒适性问题时，平均风速是按15～20m/s来考虑的。摇摆的惊恐度是按照日本建筑学会编《建筑物的抗震设计资料》的P.364中的数据，选择"对行动几乎没有影响"这一中间领域(加速度为14cm/s²)加以设定的，设计的结构实体就是以满足该条件进行确认的。

综上所述，其实设计工作至此已经告一段落，但是，在居住舒适性验证方面，不仅缺乏有关高空居所内人的感受性领域的研究成果，而且在抗风强度设计上，有关在涡流激振引起的共振现象的峰值领域中的建树，也是欠缺的。

于是，通过采取搭载 TMD(质量调节型阻尼器)的办法，给铁塔提供一个减振系统，从而，提高了居住的舒适性和抗风性。关于这种TMD系统在建筑物上的应用，在设计的当时，只有纽约的 Citicorp Center 及 Sydney Tower 两个先例，因此，该系统的开发任务是由东京大学生产技术研究所藤田隆史研究室会同三菱制钢株式会社承担的。

下述各种条件为该系统的开发目标：

● X 和 Y 两个方向可以分别设定各自的周期，在平面上，对于振动是全方位有效的。

● 即使是在重现期为一年的平时风，也要开动，以期提高居住的舒适性。

● 当强风和大地震来袭时，系统将连续开动，以期取得减振的效果。不论环境条件如何，系统都不能成为在振动上的不利因素。

● 维护管理简单方便，同时造价应控制在建设费的1%以下。

实际应用的具体规格如下：

● 系统的质量由于受到空间和成本的限制，应为铁塔在基本周期下有效质量的1/100左右。

● 系统的容许最大振幅为±1.0m，这样不致导致强风时与大地震时发生冲突。

● 系统的阻尼设定为7%左右，这样可以保证在平时风时顺利开动。

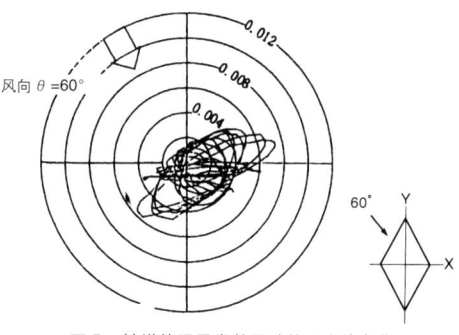

图 5　铁塔的阻尼常数导致的反应值变化

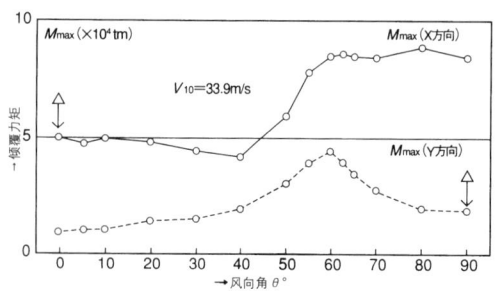

图 4　换算最大倾覆力矩及风向角

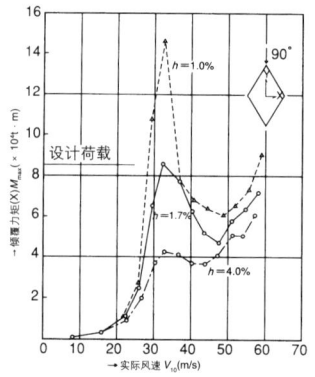

图 6　塔顶的振动轨迹

这里所开发的 TMD 系统如图 8 所示。在构造上，有供 X 及 Y 方向动作的两榀机架交叉重叠在一起，在平面上，构成全方位的自由振动系统，也就是，周期可调的螺旋弹簧和在 X、Y 两个方向分别设置的阻尼装置。为降低摩擦影响，滑动机构则采用安装滚球轴承，并在轨道上滑行的方式。

(2) 振动观测结果及 TMD 系统的效果

在千叶市曾获得烈度为 V 度的地震观测纪录，那是在 1987 年 12 月 17 日发生在千叶县东方冲的地震。如图 9 所示，该记录与 TMD 系统未开动情况下的分析值进行了比较。结果表明，铁塔在地震时的振动状况在振动初起的大变形时，两者之间的最大位移并无多大差别，但是，在平息主振动上，只要是开动了 TMD 系统，那么，阻尼效果立即表现出来。

在关于风的观测结果中，如图 10 所示，将 1987 年 10 月 17 日的 17 号台风 10 分钟的平均风速为 30.9m/s 的结果(TMD 固定不动时)与 1988 年 2 月 5 日的季节风时的平均风速为 28.4m/s 的结果进行了比较。两者的风向角都是南风。在观测的风速范围内，由于借助 TMD 的开动，使得摇摆的加速度降低到 40% 的程度。

此外，通过观测，又同时搞清楚了，在感受性上，当人们置身于高处的瞭望室中时，被风摇摆的加速度应控制在 5° /s² 以下。从这些结果来看，假如没有这种 TMD 减振系统的话，那么，每逢强风来袭就不得不闭馆谢客了，也只能以失败的塔设计告终了。

5. 结语

这座铁塔最后成了风振下的正式设计课题的先驱建筑物。因此，风洞内的振动实验和 TMD 系统的开发，在当时的结构设计领域中，尚不为人们所熟知。通过千叶港铁塔的建设，在建筑结构设计工作中，又增加了一项关于降低风振摇摆的有效减振构造的选择手段，显著提高了设计的自由度。

（木原硕美）

[参考文献]
1）寺本隆幸, 木原硕美, 木村晋一郎「千葉ポートタワーの構造設計」『ビルディングレター』1985 年 2 月号
2）寺本ほか「千葉ポートタワーの風観測 その1～3」『日本建築学会大会梗概集』1988 年 10 月
3）阿部ほか「千葉ポートタワーの地震観測 その1～2」『日本建築学会大会梗概集』1988 年 10 月

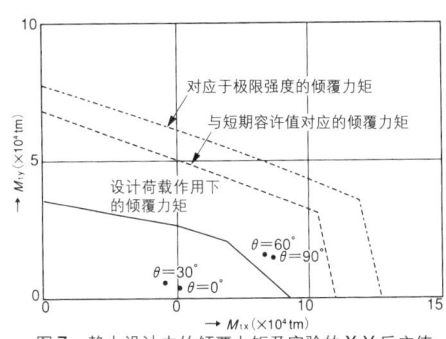

图 7 静力设计中的倾覆力矩及实验的 X-Y 反应值

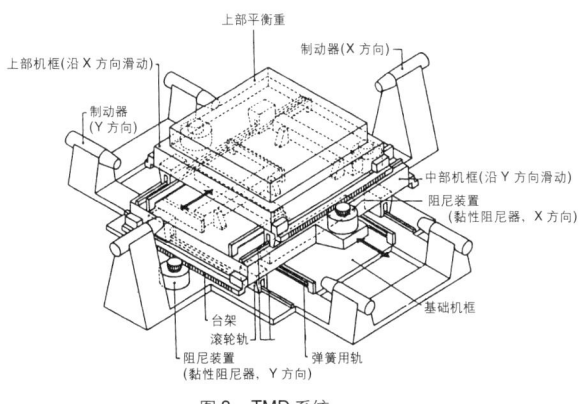

图 8 TMD 系统

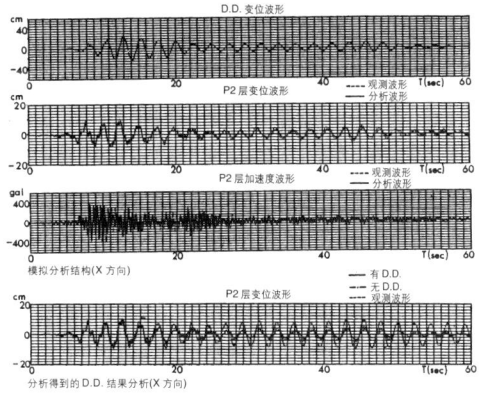

图 9 分析得到的 D.D. 效果分析

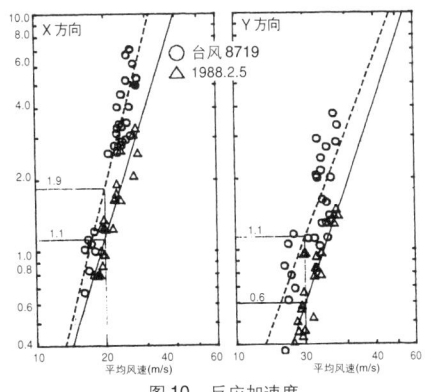

图 10 反应加速度

050 国立国会图书馆新馆

深层地下建筑

关键词 深层地下建筑、钢筋混凝土连续墙、双层柱、坑壁支护工程、外防水

照片1 外观　　　　　　　　　　　摄影(1、2): 和木通(彰国社)

房屋建筑概要

〈建筑概要〉
地　　　址: 东京都千代田区永田町1-10-1
用　　　途: 图书馆
设　计　者: 前川国男建筑设计事务所+MIDO，合伙人及中田准一
结构设计者: 建设大臣官房官厅营缮部
施　工　者: 清水、钱高、安藤JV
建筑面积: 6181.69m²
总建筑面积: 71917.63m²
层　　　数: 地上4层、地下8层
檐　　　高: 24.3m
地下深度: 30.13m
竣工年月: 1986年9月

〈结构概要〉
结构类别: 劲性钢筋混凝土造及钢筋混凝土造
结构类型: 框架剪力墙结构
基础类型: 直接基础

1. 建筑规划

国立国会图书馆坐落于霞关的中央官厅街的一角，马路对面的南侧有国会议事堂，而北侧便是日本最高法院，该图书馆恰好位于这两座具有象征性意义的建筑之间。原有的旧馆为一座正方形的建筑，三者间保持着恰如其分的间距，呈现出一种均衡和谐的景象。拟建的新馆的总建筑面积要求达到72000m²的规模，如果要在地面上建设的话，势必建成一幢庞大的建筑，那时，官厅街的原有景观将遭到严重的破坏。因此，拟建一座平面呈L形的新馆，环绕在正方形的主楼外侧，而将约50000m²的书库几乎全部设于地下。

地上共有4层供读者和实现图书馆的运作功能之用，地下为8层的书库，界线分明。为了使图书馆在供阅览和运营的空间能够适应时代的变迁，对于布局的灵活性，特别重视。于是，就将书库全部安排在了地下，使得地上各楼层在布局的灵活性上有了最大限度的保证。

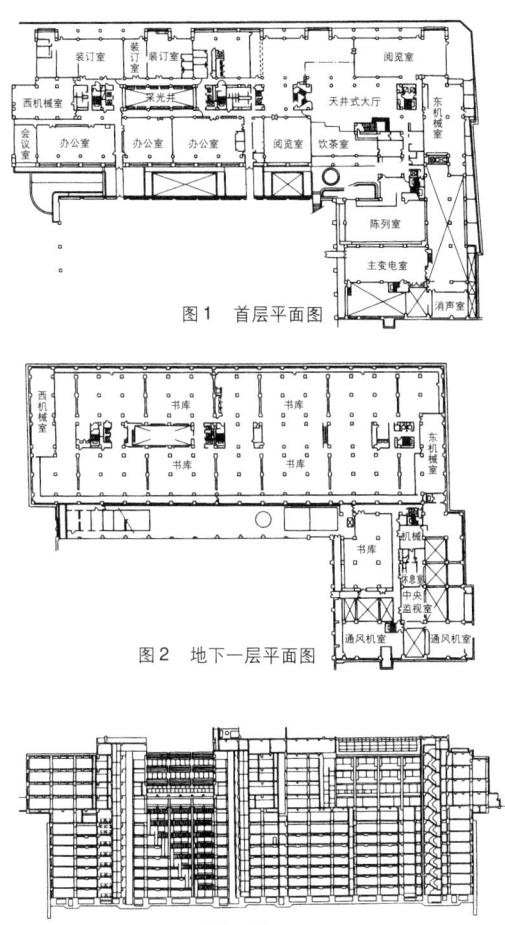

图1 首层平面图

图2 地下一层平面图

图3 剖面图

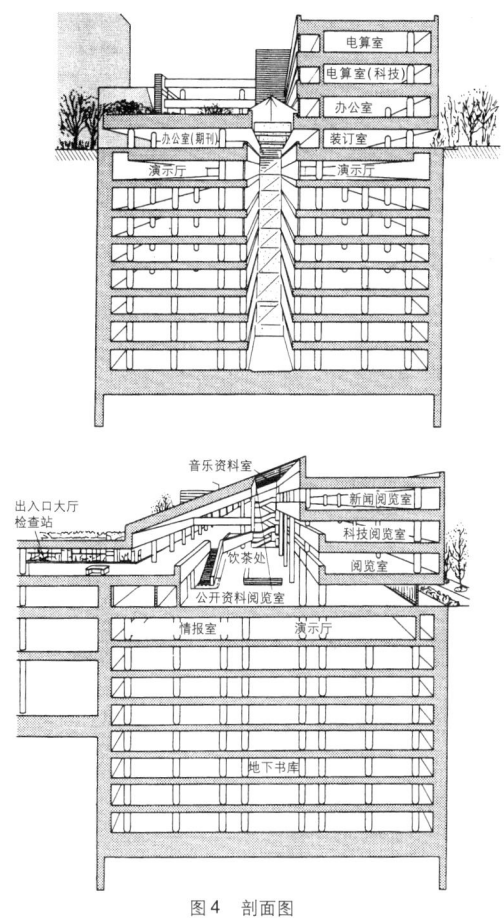

图4 剖面图

L形书库的长边部分设于地下,长方形平面的尺寸为135m × 42.5m。由于书库位于深层的地下,于是,将户外阳光引入最下层地下室内的采光井便成了书库的突出特点。采光井可使活动在地下室的人们明察秋毫。此外,书库是处于深层的地下,必须对地下水和潮气采取有效防护措施,所以,书库的主体结构外围有外防水层包裹着。在地上部分的阅览室的入口附近,有一个贯通4个楼层高的巨大的天井式大厅,使得读者一踏入馆内,便能在瞬间将阅览室的全貌尽收眼底。

2. 结构规划

对地上各层的阅览室及办公室和地下各层的书库来说,它们对空间的要求各不相同。对于地上楼层,首先要有阅览室布局的灵活性,因此,实现这一可能性是最优先的课题,另一方面,地下各层不仅要能便捷地传递书库的巨大活荷载,而且还要最大限度地减少土方量,为此,就

要将主体结构的高度降至最低和尽可能缩小各层的层高。东西两侧都是以大规模的贯通若干楼层的天井式空间为中心构成的。在结构的规划上,曾经探索过既强调了这种天井式空间的共同性,同时对地上楼层和地下楼层又都适合的结构设计方案。

对于地上各楼层,采用了所谓"双柱式"的结构体系。这种双柱结构体系就是用刚度很大的横梁与两根柱子连接而成的劲性钢筋混凝土造的框架结构,主要用于L形平面的短边方向。两柱之间的劲性钢筋混凝土造的横梁以承受铅直荷载为主,而且可以根据需要任意设置。实际上,双柱式结构是一种独立核心,因为它的刚度不随跨度的长短和天井式空间的形状不同而变化,所以,不仅可以确保空间的任意性,而且又可使整个建筑具有均匀的刚度。此外,天井式空间的屋顶大梁采用箱形截面的钢梁。

地上楼层的双柱式结构直接延伸到地下各楼层,并在大跨度部分加设中间柱,分别构成地下层的框架体系,同

照片2 俯视地下部分

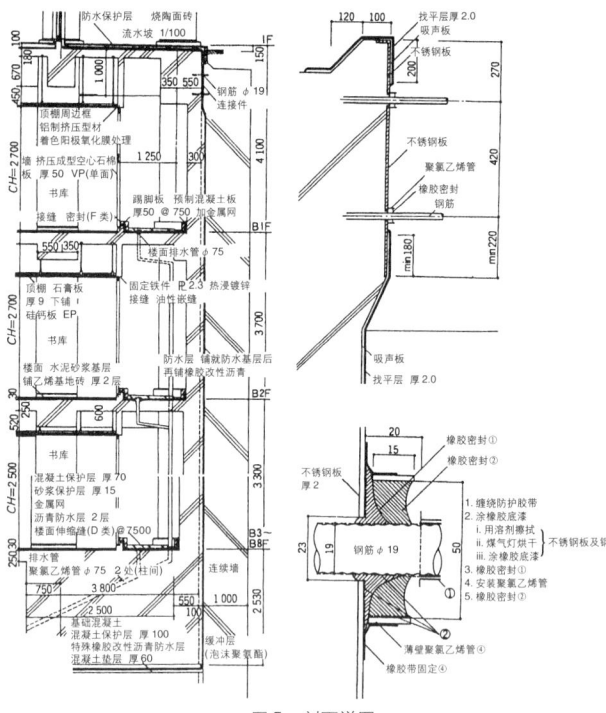

图5 剖面详图

时，每隔3榀框架加设一面抗震墙。双柱式结构之间不设抗震墙，使其形成洞口，在内侧作为通道之用，而在外侧则作为主风道的空间使用。

对于地上楼层来说，双柱式结构的功能在于提高建筑物的刚性和承受水平力的结构成分，而其在地下楼层则是作为洞口部分，而不当作抵抗水平力结构使用，这种地上与地下的相反功能可以说是该馆结构的又一特点。从施工的方便性和经济性的观点出发，地下部分采用钢筋混凝土造，由于书库的活荷载有800kg/m²之多，所以，将跨度变小，而将钢筋混凝土梁的梁高设计成600mm，楼层高度采用3.3m。

3. 地下结构及基础的规划

该图书馆所在地这一带属于所谓的台地地形，而新馆的建设地址恰好位于台地的切割冲积层上。地表以下21m的深度处为填土和冲积层，其下有厚达2m的东京砂层，厚度为3m的黏土层和3m厚的东京砾层，而再往下，又是东京砾层。冲积层一般都是黏性土与砂层的交互地层。

基坑底面的高程为GL-30.13m，由于基础底面的持力层位于东京砾层上，因此，地基的容许承载力是足够的，很明显，这种深层地下建筑物的主要问题是关于侧压

力及土压力的设定和构筑相应的抵抗机制。依据地基调查获得的地下水位资料如下：在GL-(10～15m)附近的砂层水位为GL-7m；在GL-20m附近的东京砂砾层水位为GL-16m。如果按GL-7m的地下水位考虑，基础底面的水压为23t/m²，建筑物有被浮起的危险，然而，根据不同深度处的砂层之间是被连成一片的不透水层分隔开来的，所以，可以认为水压是分别独立作用的，基础底面的水压只有14t/m²左右，这样的水压水平也就不需要专门采取应对浮起的措施了。

至于建筑所承受的土压和水压都是由周围的厚达1m的钢筋混凝土连续墙和建筑物本身的外墙来承受，因而构筑了强度、刚度很大的地下外墙。在贯通数层的天井式空间的部位，来自两侧的土压和水压是靠周围的楼板形成的抵抗机制解决的，而天井式空间的形状则是越向深度方向发展，变得越小，与结构的情况是完全一致的。在连续墙与后来浇筑的外墙之间铺设防水层。借助首层楼板梁处的钢筋实现整体化。这部分也需要赋予防水层的功能，所以，采用了不锈钢板穿过钢筋的特制细部构造措施。

4. 施工规划

在深层地下施工是本工程的基本特点，而且，楼板数

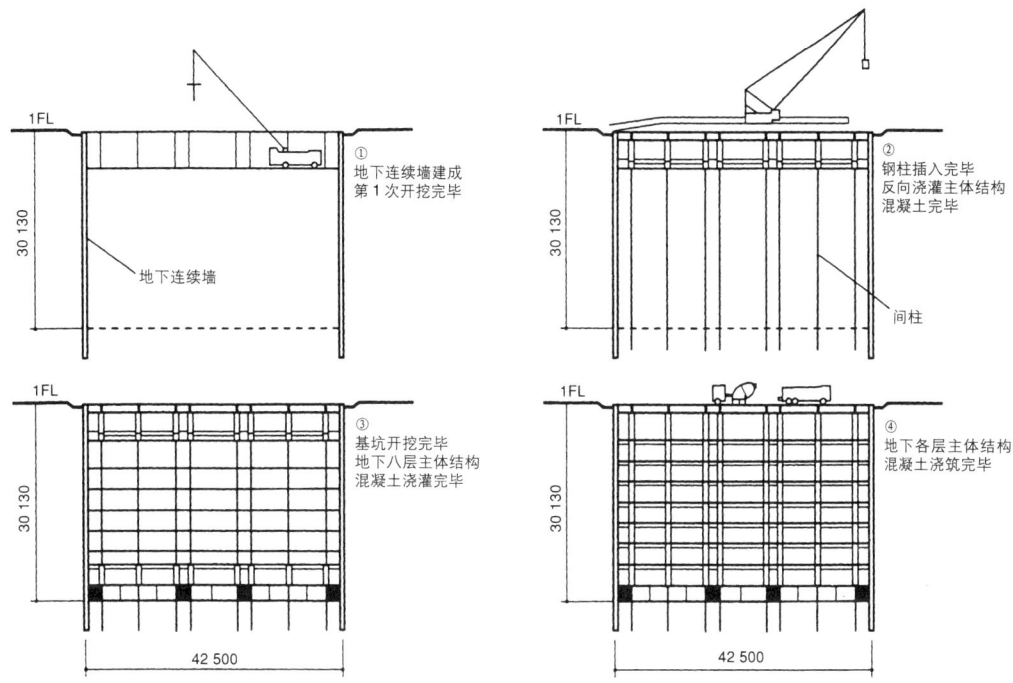

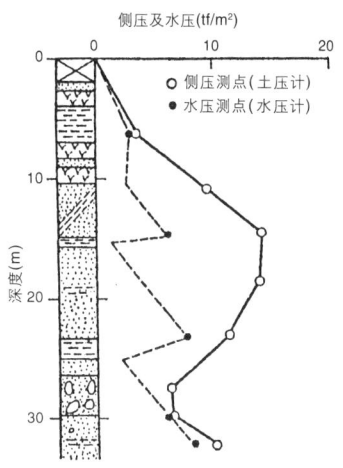

① 地下连续墙建成
第1次开挖完毕

地下连续墙

② 钢柱插入完毕
反向浇灌主体结构
混凝土完毕

间柱

③ 基坑开挖完毕
地下八层主体结构
混凝土浇灌完毕

④ 地下各层主体结构
混凝土浇筑完毕

30 130

42 500

图6　施工顺序

目比较多, 层高低也是施工所面临的特殊条件。根据这些情况, 采取了上部2层先行构筑的方式进行施工, 以期施工安全而又能缩短工期。第一步是构筑周围的厚度达1m的钢筋混凝土连续墙, 然后, 开挖一个楼层的基坑。接着, 插入钢柱, 并以其作为支柱, 在其上浇注首层楼板和地下1层楼板的混凝土。然后, 再用一般的坑壁支撑施工法将基坑挖至基础底面, 并从地下最低层开始构筑主体结构。这种施工方法综合了反向施工法的安全性和顺序施工法的快速性两方面的优点。由于上方的两个楼层是先行构筑的, 所以, 能够有效地限制地下连续墙的顶部变形, 从而增大了安全性。此外, 无需设立暂设操作平台也是这种施工方法的一个特点。

在施工过程中, 不仅要不间断地测定挡土墙的变形, 同时, 还要测定土压和水压。水压的测定结果如下: 在GL-(10～15m)附近的砂砾层为GL-7m; 在GL-(16～23m)附近的砂砾层为GL-14m; 在GL-27m以下的砾层及砂砾层为GL-22m, 并确认了这三处不同深度的砂砾层的水压之间是相互独立的事实。与此同时, 还确认了侧压在与 N 值的关系表达的静土压公式一致, 最大也只有15t/m², 比较说来, 在如此深层的基坑中, 算是很小的侧压值了。

(金箱温春)

侧压及水压(tf/m²)

侧压测点(土压计)
水压测点(水压计)

深度(m)

图7　开挖基坑前的侧压及水压实测结果

[参考文献]

1) 大島和義, 牧野昭一ほか「実測例にみる砂地盤の山留め側圧－国立国会図書館別館工事－」『土と基礎』1984年6月号
2) 中田準一「手の跡――国立国会図書館新館」『新建築』1986年11月号
3) 中田準一「国立国会図書館新館」『建築文化』1986年11月号
4) 中田準一「国立国会図書館からのメッセージ」『ディテール』No.92, 1987年
5) 寺本栄治, 金箱温春「国立国会図書館新館」『構造パースペクティブ』日本建築学会, 1994年

051 预应力混凝土核反应堆容器

敦贺 2 号堆、大饭 3、4 号堆、玄海 3、4 号堆

日本采用的预应力混凝土核反应堆容器

关键词 PWR4 环线、1000t 级预应力钢绞线、无粘结的、高强度混凝土

照片 1 施工中的外观

房屋建筑概要

	敦贺 2 号堆	大饭 3、4 号堆	玄海 3、4 号堆
所有者	日本原子能发电⑭	关西电力⑭	九州电力⑭
所在地	福井县敦贺市明神町 1	福井县大饭群大饭町大岛 1 字吉见 1-1	佐贺县东松浦群玄海町大字今村
输出功率	116 万 kW	118 万 kW	118 万 kW
反应堆类型	压水型轻水堆		
反应堆容器主要设计者	三菱重工业、大林组		
反应堆容器圆柱状部分内径 高度 圆柱状部分壁厚 穹顶部分壁厚	43m 65.6m 1.3m 1.1m		3 号堆 约 100m × 约 57m 4 号堆 约 100m × 约 78m
反应堆厂房基础板平面形状	约 80m × 约 75m	约 100m × 约 72m	
基础标准厚度	8.0m	11.1m	9.8m
基础类型	平板基础	平板基础	平板基础

1. 前言

当前，日本的 40% 的电力是由核电厂发出的。轻水堆是日本核能发电的主流堆种，轻水堆大致分为两种类型：压力水型及沸水型。

对于发电量较小的压力水型核电厂来说，以采用钢制的反应堆容器，再加上包围在外侧的用于屏蔽放射线的钢筋混凝土圆筒的双层构造者居多。但是，如果发电量增加到 100 万 kW 的时候，反应堆容器则必然要大型化，在这方面海外有很多应用，而日本原子能发电(株)敦贺 2 号堆（照片 1）则是在日本首先采用具有屏蔽放射线功能的高强度混凝土造的预应力混凝土反应堆容器(PCCV)。这种容器在关西电力(株)大饭 3、4 号堆和九州电力(株)玄海 3、4 号堆也有采用。

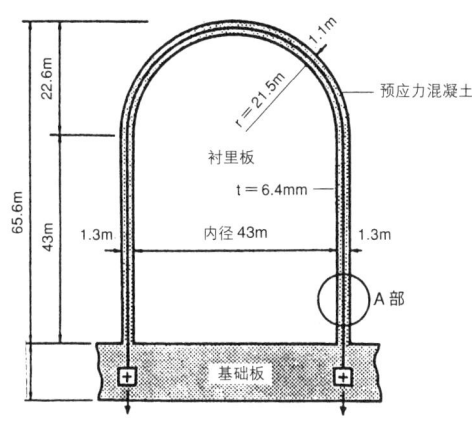

图 1　PCCV 的形状尺寸

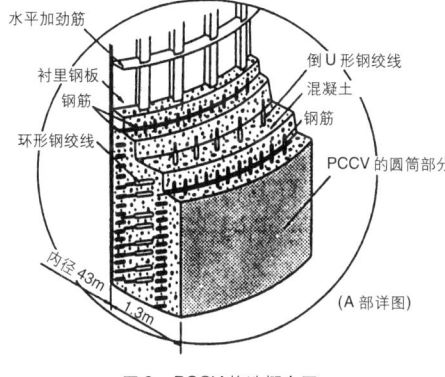

图 2　PCCV 构造概念图

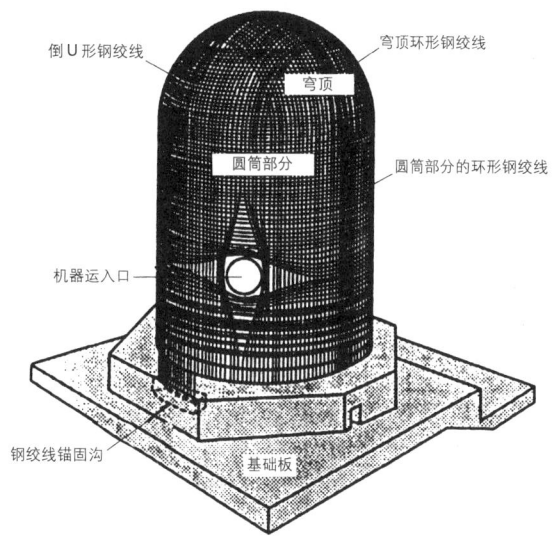

图 3　预应力钢绞线的布置

表 1　锚墩数及锚固方法

	锚墩数	锚固方法
敦贺 2 号堆	3	BBR
大饭 3、4 号堆	2	VSL
玄海 3 号堆	3	BBR
玄海 4 号堆	2	BBR

2. PCCV 的构造概要

PCCV 的形状及尺寸如图 1 所示。

容器内壁有厚度为 6.4mm 的钢板内衬。内衬的作用一方面是可以防止泄漏，同时，在浇注混凝土时，还可以当作模板使用。钢筋配置在混凝土筒壁的内外表面附近，而预应力钢绞线则是配置在混凝土筒壁的中央(图2)。预应力钢绞线是插在预埋在混凝土筒壁中的直径约为 15cm 的钢套管里的。钢套管内注有油脂，一方面是为了防止钢绞线受到腐蚀，同时又可以检查正常使用中的钢绞线的张拉力。钢绞线是 1000t 级的。

如图3所示，有沿圆周方向配置的环形钢绞线和沿铅直方向配置的倒 U 形的钢绞线。

环形钢绞线的锚固墩有 2 处和 3 处的两种情况，3 处的是一根环形钢绞线按相距 240° 锚固；2 处锚固时，环绕一周之后，又锚固在同一锚墩上。

倒 U 形钢绞线的布置是从平面上看上去呈正交的网格状，而钢绞线则分成两组，每组均为 45 根，并锚固在设于基础板内的钢绞线锚固横沟内。

锚墩数目及锚固方式如表 1 所列。

通过对这许多的钢绞线的张拉给混凝土施加预压力。当容器承受高于设计内压 $4kg/cm^2$ 的 1.2 倍的内压时，即使扣除了由于混凝土徐变等等导致设备在运行中的松弛变形，预应力钢绞线的配置和数量都是以膜应力保持受压状态为前提来确定的。

3. 设计

作为一个代表，以敦贺 2 号堆为例阐述如下。

(1) 荷载及荷载组合

在 PCCV 的设计中所考虑的荷载包括发电设备在运行中实际作用的各种荷载，以及预计可能出现的荷载。荷载的种类及其说明如表2所示,而荷载组合则列于表3中。

(2) 内力分析

PCCV由壳体部分(穹顶和圆筒部分)及其基础部分构成,在圆筒部分上,有用来锚固钢绞线的锚墩和大小将近200个的贯通孔,以及支承小型动臂起重机的起重机托座。

因此,对于总体设计,按180°的根部固定模型(图4)和圆筒根部及基础板的360°模型,而对于局部设计来说,则是分别按机器搬运口周围、人员出入口周围和起重机托座周围等局部模型,全部采用空间有限元法进行内力分析。

4. PCCV的确认试验

为了获取涉及PCCV设计的必要资料,早在20世纪60年代就开始利用大型缩尺模型试件进行抗震性(静态的及动态的)、耐压性和有关预应力钢绞线的摩擦系数的结构验证试验。此外,还进行了混凝土的材料试验和混凝土的施工工艺性的试验。

关于预应力钢绞线的摩擦系数,根据美国的资料,贝克泰尔公司在设计中采用了 μ =0.14/RAD及 λ =0.001/M。为此,曾建造了供做足尺实大模型试验的试验台,利用与实体相同的容器测定了预应力钢绞线的摩擦系数,结果是 μ =0.12, λ =0.000075,可见设计所采用的数值是相当保守的。

5. 建设

表4中列出了5座PCCV的动工、临界、营业性运行的年月。

敦贺2号堆的PCCV的施工流程如图5所示。在从基础底板动工起,一直到燃料装载为止的42.5个月中,PCCV施工就占了25个月,而这中间的17个月是钢筋混凝土施工。当时,用于PCCV的是首次应用的420kg/cm² 的高强度,同时坍落度只有8cm的混凝土。

在施工中,曾在现场利用实物大小的部分模型进行试验,在其工艺性得到确认后,才进行浇注的。

对于环形预应力钢绞线,利用6台千斤顶将3根预应

表2 荷载的种类

荷 载		摘 要
恒载	(D)	混凝土壳体重量加衬里重量之和约28300t
活荷载	(L)	动臂式起重机重量按880t考虑
预应力	(F)	保证40年后仍有效的张拉力,相当于设计内压(4.0kg/cm²)的1.2倍以上的外压值
运行时温度荷载	(T_1)	夏季内: 49℃ 外: 28.2℃ 冬季内: 40℃ 外: 1.2℃
L 事故时压力(设计内压)	(P_2)	1次冷却剂流失事故(L事故)所导致的PCCV内部升高的压力: ·事故后1小时〔$P_{2(1)}$〕4.0kg/cm² ·事故后24小时〔$P_{2(24)}$〕0.64kg/cm²
L 事故时温度荷载	(T_2)	与压力相同,事故时PCCV内部的温度升高 最高空气温度为144℃(事故后10秒)
J 事故时荷载	(J)	管道破坏时喷射出来的高温高压射流作用着的力及射流喷射反力
试验时压力	(P_0)	运行开始前实施的耐压试验压力为设计内压的1.125倍
S_1 地震荷载	(K_1)	按原子能安全委员会的抗震设计审查指针中规定的标准地震地面运动 S_1, S_2 采用
S_1 地震荷载	(K_2)	

表3 荷载组合

荷载状态	荷载名称	应力状态1	应力状态2	设计方针
I	正常运行时	$D+L+F$	$D+L+F+T_1$	长期荷载下的容许应力设计
II	试验时	$D+L+F+P_0$	—	
III	S_1 地震时	$D+L+F+K_1$	$D+L+F+K_1+T_1$	短期荷载下的容许应力设计
	L 事故时	$D+L+F+P_{2(1)}$	$D+L+F+P_{2(1)}+T_2$	
	L 事故 +S_1 地震时	$D+L+F+P_{2(24)}+K_1$	$D+L+F+P_{2(24)}+K_1+T_2$	
IV	L 事故时	$D+L+F+1.5P_{2(1)}$		极限强度设计 其中,应力状态2中的温度荷载不计入
	J 事故时	$D+L+F+J$		
	L 事故时 +S_1 地震时	$D+L+F+P_{2(1)}+K_1$		

荷载状态 I: 正常运行状态
荷载状态 II: 考虑气象荷载的正常运行状态和试验时的状态
荷载状态III: S_1 地震时或发生 L 事故的状态
荷载状态IV: 反应堆容器的安全评价时的预计状态

力钢绞线，而对于倒 U 字形的预应力钢绞线，利用 4 台千斤顶将 2 根预应力钢绞线分别同时从各自的两端进行张拉。在张拉时要实施确保实测的钢绞线伸长不超过估算伸长的 10% 的施工管理。当张拉和锚固作业完毕之后，便是注入油脂的工序。注入前，应将油脂加温至 90℃，然后，再用油泵加压到 5 ~ 8kg/cm² 之后，进行注入。

6. 结构性能的确认试验

在 PCCV 竣工后，有义务进行以超过设计压力的 1.125 倍的耐压试验。加压时，实施变位、变形等的计测和观察混凝土表面的裂缝，以便对容器的可靠性进行确认。

7. 运行中的检查

在运行开始后的第一年、第三年、第五年要各进行一次张拉力的确认试验、预应力钢丝的强度试验、油脂的化学试验、有无油脂泄漏的确认和锚具的目视检查等工作。

8. 结语

自从 1987 年敦贺 2 号堆开始营业性运行以来，一直到现在，5 座 PCCV 都以其可靠的抗震性、气密性，以及对机器设备的支持功能在工作。

在 PCCV 的研究、设计和建设的关系单位中，有学者、经济产业者、日本原子能发电(株)、关西电力(株)、九州电力(株)、三菱重工业(株)、贝克泰尔公司(株)、大林组、清水建设(株)、大成建设(株)、(株)竹中工务店、PS 混凝土(株)。

(伊庭　力)

[参考文献]
1)『プレストレストコンクリート』「特集：原電敦賀 PCCV」第 28 巻特別号（通巻 161 号）1986 年 12 月

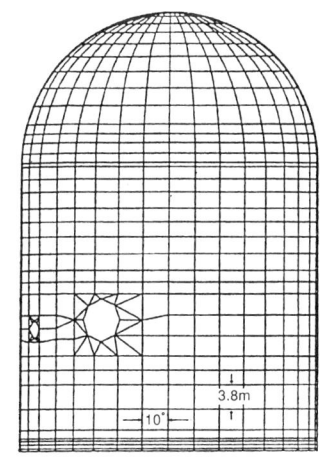

图 4　180° 底脚部固定模型

表 4　5 座堆的开工、临界、营业性运行日期

发电厂	开　工	临　界	营业性运行
敦贺 -2	1982.4	1986.5	1987.2
大饭 -3	1987.5	1991.5	1991.12
大饭 -4	1987.5	1992.5	1993.2
玄海 -3	1985.8	1993.5	1994.3
玄海 -4	1985.8	1996.10	1997.7

图 5　实际工序

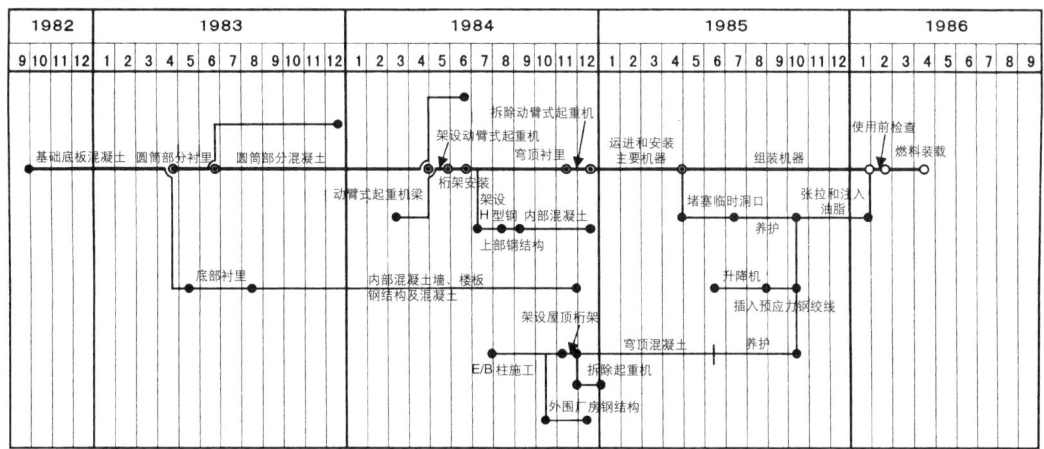

052 东京穹顶 巨蛋

高科技充气膜结构之花

关键词 低矢高钢索加固充气膜结构、初期形状分析、几何非线性分析、超椭圆形(Super-Ellipse)、钢索节点扣件、充气及排气、内压控制系统

照片1 外观　　　　摄影：篠泽 裕

照片2 内景　　　　摄影：三岛 叡

房屋建筑概要

〈建筑概要〉

地　　　址：东京都文京区后乐1-3
主 要 用 途：棒球馆及会场
设　计　者：日建设计(东京)、竹中工务店东京一级注册建筑师事务所
结构设计者：同上
施　工　者：竹中工务店
建 筑 面 积：45570m²
总建筑面积：115221m²
比 赛 馆：容积1240000m³、场地面积13000m²
高　　　度：最高点高度56.19m、距场地地面60.70m
　　　　　　檐高：15.9~35.9m、距场地地面GL-5.5m
层　　　数：地下2层、地上6层
容 纳 人 数：棒球赛时共50000人、开大会时共56000人
施 工 期 间：1985年5月~1988年3月

〈结构概要〉

屋 顶 结 构：屋顶形式＝低矢高钢索加固充气膜结构
　　　　　　膜材料＝聚四氟乙烯树脂玻璃纤维布
钢　　　索：正交布置、结构用钢绞线
加 压 设 备：有限负荷型鼓风机36台
边 缘 结 构：压力环＝劲性钢筋混凝土造
　　　　　　环支承框架＝钢结构
下 部 结 构：结构类别＝劲性钢筋混凝土造；部分钢筋混凝土造、
　　　　　　结构类型＝抗震墙及斜撑型框架结构
基 础 类 型：地基＝现浇混凝土桩及连续地下墙桩地基

1. 前言

自从低矢高钢索加固充气膜结构在1970年作为大阪万国博览会的美国馆建筑问世以来，随着后来开发出来的耐久性好的聚四氟乙烯树脂涂膜玻璃纤维布的出现，又有了进一步的进步和发展，美国的盖伽巴伽公司开始了作为永久性设施的设计。其中有1975年的朋泰阿克银色穹顶、1982年的梅特罗穹顶、1983年的斑克巴体育馆和1984年的印第安纳波利斯体育馆。

在日本，尽管早就有这类结构的建设实践，可是，由于作为结构的最基本特性的结构稳定性过分依赖于机器设备及其配套系统，严重背离建筑基准法的固有体系的缘故，受建筑行政壁垒的阻碍，致使这类结构的发展有所滞后。但是，进入20世纪80年代之后，社会需求日渐高涨，各个建筑公司迎来了大举开发这种技术的时代。

由于这一机运的到来，待到20世纪80年代中期，行政方面也逐渐有所理解，在日本建筑中心的内部成立了"大型低矢高钢索加固充气膜结构研讨委员会"，着手建立设计方法和完善技术标准工作，经过派遣官方、学者和产业部门相结合的考察等团体赴海外考察，终于出现了实际工程项目认可的可能性。在这一时期出现的工程有后乐园球场的改建规划。建成后的这座体育设施可以说是倾注了日本的全部尖端建筑技术设计出来的，是一座全天候型的室内球场，并命名为"东京穹顶巨蛋"。

这座东京穹顶是以更新旧有的球场为目的，而在毗邻的地段建起的。屋顶是透光性良好的薄膜，并由很小的空气压力所支承的所谓"充气穹顶"，用作体育场馆是再合适不过的了。

2. 建筑规划概要

东京穹顶的建设地点位于日本国铁的山手线环状铁路的中心地带，交通极为方便。该馆的主要用途是可供50000人观赏棒球等的体育活动。

图1为二层平面图；图2为剖面图。

比赛场地的面积为13000m²，看台环绕在球场的周围，球场两翼长100m，中锋长122m，在内野一侧建有高达3层的多级看台，看台高层化的目的在于增加视野良好

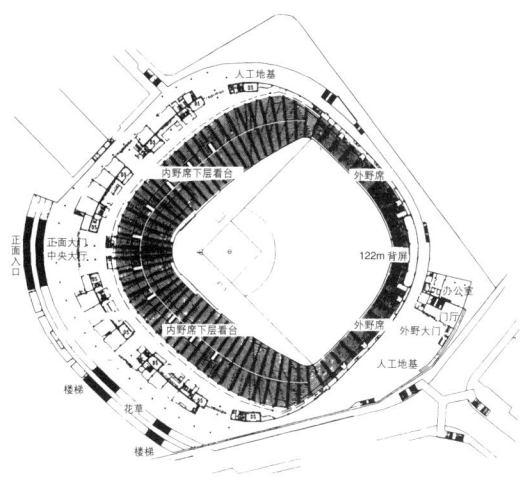

图 1　二层平面图

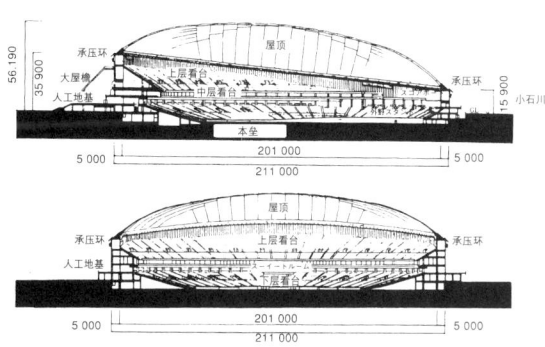

图 2　剖面图

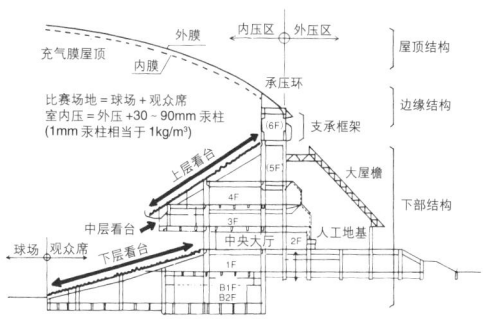

图 3　内野侧看台剖面图

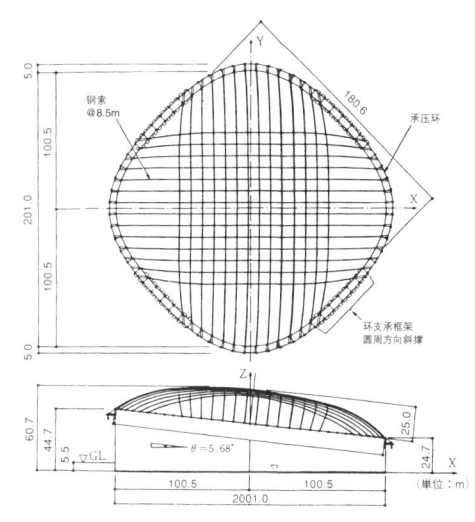

图 4　屋顶构造

的观众席的比率。此外，还设置大约有 1000 个可以活动的坐席，以便应对除了棒球以外的其他体育项目的比赛和举行各种大会之用。图 3 所示为内野这边的看台剖面图。

比赛场地的净空高度为 60.7m，这样的高度主要是考虑在职业棒球赛中，通常的击球轨迹不致于受阻。

再者，在外观上，出于对西侧毗邻的后乐园花园这一环境条件的考虑，将屋顶以总体高度的十分之一的坡度向西倾斜，使西侧檐高降低。

3. 结构设计概要

(1) 设计课题及其解决方法

充气膜结构除了耐久性的课题之外，其基本原理早在万国博览会的美国馆中就已经明确了。后来的美国等国家中的一些永久性设施上也有所应用。但是，东京穹顶采用的这种充气膜结构需要解决的设计课题列举如下：

①与许多先例工程相比，这里处于大约两倍的风荷载的环

境之中，必须降低屋顶重量。

②屋顶有约 1/10 的坡度。

③重型承压环(以下简称环)的功能还兼有抗震性能。

④假如屋顶的重量很大的话，平时的内压一定要提高设定，这样做，不仅降低了使用功能，而且还会导致设备维持费用的增高。解决这一问题的办法之一是，在对风荷载的评估上，应用概率的方法来求得大面积屋顶上作用的平均荷载，并依据建筑基准法，将作用荷载值降下来，从而降低了钢索的重量；另一办法则是，根据屋顶的重量与内压作用力之间的对比，将屋顶的初期形状设计成最佳形状和钢索的最优配置方式，极力减小钢索节点的滑动力，从而减轻扣件的重量。

⑤当屋顶为倾斜时，屋顶的初期形状就会与符合屋顶重量分布的形状有所偏离，需要开发出能够解决符合屋顶重量分布的最佳初期形状的分析方法。

⑥对于承压环及其支承结构来说，虽然已经圆满解决了应

对风荷载和温度应力这两种性质不同的荷载作用的机制，但是，在日本，还要在这两种荷载之外，再加上地震力的作用，使外力的作用更加复杂，而且其力度更大。解决办法请参阅本文的(2)中的3)节有关"边缘结构"的论述。

(2) 上部结构

1) 屋顶的构造及其结构体系

如图4所示，屋顶为低矢高钢索加固充气膜结构。平面呈超椭圆形，内接边长为100m的正方形，其对角线长度为201m。这种超椭圆形平面最适合狭小的建设用地了，当钢索呈正交布置时，在承压环内引起的弯曲内力为最小。此外，整个屋顶呈约1/10的倾斜，在承压环的平面内，矢高与跨度之比为0.124。

钢索沿屋顶的对角线方向各14根，总共布置了28根。钢索的间距在兼顾下部结构的柱距和膜强度的条件下，取为8.5m。但是，为了使钢索与屋顶周边的边缘结构的连接的间距不变，以及尽量使屋面上的钢索拉力均匀，并且减小扣件的滑动力，将钢索端部布置成曲线。

理想的屋顶曲面形状应该是在平时的内压或分布自重的作用下，各部分的拉力分布是均匀的。为追求这样的屋顶曲面形状而进行了分析，并将分析所得的结果作为初期假定曲面。

这里采用的钢索是其单丝经过镀锌处理的结构用钢绞线，直径为80mm。膜材按耐久年限为25年左右考虑，采用0.8mm厚的聚四氟乙烯树脂涂膜的玻璃纤维布，这是一种不燃材料。现在将其称为A类膜材料。从美观的角度来考虑，各膜块的形态应在强度允许的条件下，尽量减小跨高比，正方形膜块取为0.10，而长方形膜块则取为0.11。在该膜块的内侧有用薄当的玻璃纤维做成口袋状的装饰物悬挂其间，并以它们作为防眩、保温、融雪系统之用，使屋顶形成双层构造。双层膜的透光率约为6%。

借助鼓风系统使屋顶的充气状态在日常的情况下，保持室内气压比户外气压高出一个大气压力的0.3%左右，即30mm汞柱左右。由于屋顶加上悬挂物的平均重量只有14.2kg/m²，很轻，如果取30mm汞柱的内外气压差，则有相当于30kg/m²的力的作用，这表明，室内空气是以屋顶重量的2倍的力支承着屋顶。

屋顶在这样大小的常时内压的条件下，只要平均风速不超过10～12m/s，就不会产生过大的变形，而保持稳定。对于强风，只要将内外气压差最高升至90mm汞柱(与风速的大小相适应)便可保证屋顶成为具有足够刚度的系统。为了应对风荷载，而进行升压，会使钢索和膜材料的

拉力增大的不利现象出现，但是，这同时也是控制屋顶摇晃幅度所不可缺的。升压使屋顶刚度增大，不仅可以抑制屋顶的静变形，同时，可使屋顶的固有周期朝着短周期的特性转化，这样一来，又可以抑制阵风造成的共振现象。在内压为30mm汞柱时，屋顶的垂直方向振动的固有周期为4.15秒，而当内压为60mm汞柱时，则为1.80秒。

当屋顶积雪时，可以利用融雪系统从承压环部位向双层膜内输送热空气，除了罕见的特大雪之外，一般都可将积雪融化。但是，当融雪能力超过积雪融化的需要时和一旦融雪系统发生故障时，应能使内压增大和具有保持屋顶稳定的必要的鼓风能力。

这样，原则上可以做到，不论是强风和积雪时，都能使屋顶保持充足的内压，处于充气膨胀的状态，但是，万一屋顶发生减压，而处于瘪缩状态时，一定要有安全措施，以确保4m以上的净空高度，以免屋顶接触比赛场地和观众席。

2) 屋顶各部分的设计

①钢索及膜块的设计

在风荷载作用下，钢索及膜材料将产生最大内力。钢索的设计速度压采用210kg/m²(为设计施行令的70%)，而膜材料则采用220kg/m²。风力系数根据刚体模型的风洞实验确定。由于屋顶为软体结构，所以，在进行内力及变形分析时，采用了几何非线性的分析方法，即按构件在变形后的位置及状态下的力的平衡关系来考虑。

按断裂强度为554t计算，钢索的拉力应为234t。

膜材料的拉力，按经线方向断裂强度为15t/m，纬线方向为12t/m来计算，并将长期使用导致老化和膜边缘的锚固效应考虑在内，设计时，分别采用2.84t/m和1.70t/m。

②钢索节点扣件

考虑到形态上的因素和外力分布的影响，在钢索交叉的节点处，有微小的滑动力产生。滑动力的大小与钢索拉力成比例，同时，还有越靠近屋顶周边越大的趋势，因为那里与测地线方式布置的误差最大。节点扣件是靠高强螺栓的夹紧力产生的摩擦阻力来承受该项滑动力。借助在扣件板间增加榫舌的办法可使扣件抗滑力成倍增大，减小扣件长度，并可收到减轻重量的效果。

③膜边缘的固定

膜边缘与钢索之间的固定方法是首先将膜边缘卷在树脂制的塑料绳索上的边缘加工，然后，再将加工后的膜边缘夹持在铝合金制的扣件内，并用螺栓固定，最后，将铝合金扣件与钢索用U型螺栓连接起来。

④钢索的锚固

借助铸钢制的套管和销钉将钢索在其延长线上装配后拉索，再将后拉索锚固在边缘结构上。这些零部件的承载能力都高于钢索的断裂承载力，另外，在屋顶从尚未充气的状态经过充气到达膨胀状态的过程中，钢索和套在钢索上的套管应能圆滑地转动才行。

3) 边缘结构

对于边缘结构来说，确保其在各种外力作用下的强度是自不待言的。此外，确保其具有足够的刚度也十分重要。为了确保边缘结构的刚度，将边缘上的承压环用劲性钢筋混凝土来制作，重量达到圆周长每米为11t，与膜屋顶部分的重量相比，是相当沉重的了。至于作用于屋顶及其边缘结构的强大地震力(换算地震系数：内野侧为0.87，而外野侧为0.63)是通过支承承力环的沿半径方向设置的钢制门形框架和沿圆周方向设置的钢制轴面斜撑等这些抗震构件，传给下部结构的。在充分考虑了超椭圆形承压环的力学性质的条件下，所有这些构件都按不使承压环的地震时内力和温度应力过大来加以规划和设计。但于承压环直线部分的门形框架应设计成具有足以承受来自半径方向的地震力的刚度及强度的巨大框架，而位于承压环隅角部分的门形框架，由于承压环自身形成的环拱效应将地震力传给了轴面斜撑，所以，就变成了仅承受承压环重量的承重框架。轴面斜撑设置在对承压环的温度应力来说，约束最小的环的直线部分。

承压环的内力图如图5所示。轴向内力的最大值发生在风荷载作用时，而弯曲内力的最大值出现在地震力作用之时，强度设计要针对这些内力值留有余裕地做出。

4) 充气增压设备等

充气增压设备乃是膜屋顶的重要支承体系的组成部分。

内压的设定值是凭借风速计、降雪计、屋面变位计和出入口关开传感器等自动调定的，为了保持调定的内压需要用增压充气机、压力调节器和屋顶排气调节器来控制。充气机共有36台，设置在边缘结构处。

内压的控制范围视风、雪等的自然条件，以及火灾避难等事故发生时的情况不同，取为30～90mm汞柱。由于比赛场地全部采用旋转门以保证其气密性，所以，用2～3台充气机即可将内压维持在30mm汞柱的日常状态之下。

这些机器设备再加上配套的电力系统分成4个区域，不论哪个区域的控制系统发生了故障，其余区域仍能维持所需要的内压。

(3) 下部结构

下部结构在比赛场地的周围呈环形配置。看台的构成是从内野这边向外野那边逐渐改变其高度和宽度。对于屋顶和边缘结构来说，下部结构的连续性是非常必要的，因此，下部结构不设置伸缩缝，设计成完整的环状。但是，由于下部结构各层楼板的刚性假定不能成立，因此，抗震设计时，是按各区块分别承受地震力，并且以确保它们的刚度都能达到层间变位近似相同，作为抗震规划的基本原则。

由于将下部结构建成整体的了，所以，对于混凝土的干燥收缩和温度变化引起的裂缝，必须采用充分有效措施加以解决。

4. 结语

东京穹顶自从竣工以来已经经历了将近15个年头了。在这期间，未曾发生过任何大的事故，每年都有约10000人利用这座馆舍进行活动。这种充气膜结构虽然初期投资较低，然而，包括运营人工费在内的日常维持费还是比较高的。继东京穹顶建成之后，日本各地建造的是些结构类型不同于充气膜结构的穹顶。一想到这些，不由得令人感到"东京穹顶选择了充气膜结构的确是占了天时、地利和人和"了。天时指的是充气膜的潮流，而地利和人和指的是建设地点的条件优越和业主的高明的经营能力使得这样一个体育设施拥有非常高的使用率，从而，成了相对地减轻维持费这项负担的因素，说明选择充气膜结构是成功的决定。

（木原硕美）

[参考文献]

1) 阿部宏正、木原碩美、浅井浩一、矢野忠弘「後楽園エアドームの構造設計」『STRUCTURE』No.17，1986年1月
2) 平井　堯、木原碩美十竹中工務店「東京ドーム」『スペースデザインシリーズ8　現代の大空間構造』新日本法規，1994年10月

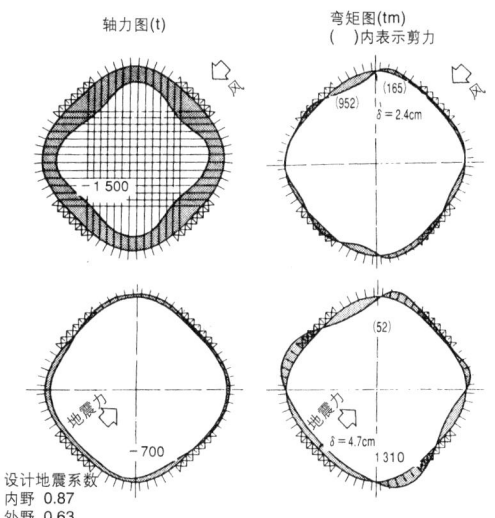

图5　承压环内力变形图

217

053 小国町民体育馆

用疏伐木材建造的第一座大空间

关键词 用疏伐木材建造的网架结构、日本第一个大规模木造建筑、加压注入环氧树脂、持久的共同体

照片1 内观   摄影(1、2): 冈本公二

房屋建筑概要

〈建筑概要〉

地　　　址: 熊本县阿苏群小国町大字宫原字宫之向 214-2
主 要 用 途: 体育馆
设 计 者: 叶设计事务所　叶 祥荣
结构设计者: 松井源吾＋浮来工作室
施 工 者: 桥本建设＋太阳工业＋小国町森林组合
建 筑 面 积: 2835.07m²
总建筑面积: 3215.64m²
层　　　数: 地上2层
檐　　　高: 7.2m
竣 工 年 月: 1988年5月

〈结构概要〉

结 构 类 别: 主体结构＝钢筋混凝土造屋顶＝木网架
结 构 类 型: 木结构
基 础 类 型: 钢筋混凝土造
其　　　他: 获得基准法38条认可

对于日本的林业来说，现在仍然是不容忽视的重大问题就是疏伐材，于1985年，通过实验和计算，首次确认了，将其作为结构用木材的安全性。

由于日本的建筑基准法明文规定禁止大规模的木造建筑，又根据该法的38条规定，木结构审查委员会在盈进学园(早稻田大学的克莱斯特法·亚历山大及松井源吾教授)连续召开会议，向建设大臣提出申请，在大臣审定过程中，先行建造了3处相同材质和相同施工方法的木造建筑，并且还进行了木材干燥工序和竣工时的现场调查。

在1985年以前没有任何实验资料积累的日本，在筑波林业试验场，还有早稻田大学松井源吾研究室开展了特定树种和产地的木材足尺抗拉强度试验。

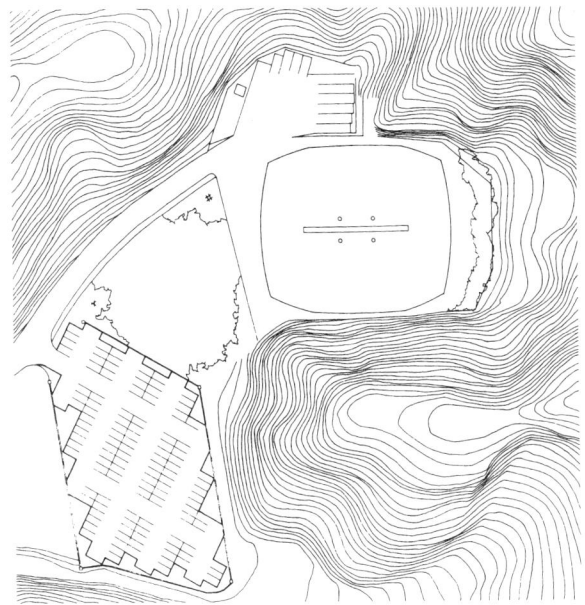

图 1　总平面图

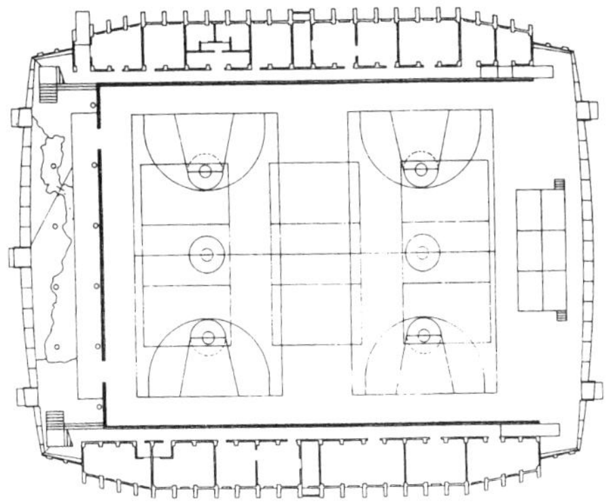

图 2　一层平面图

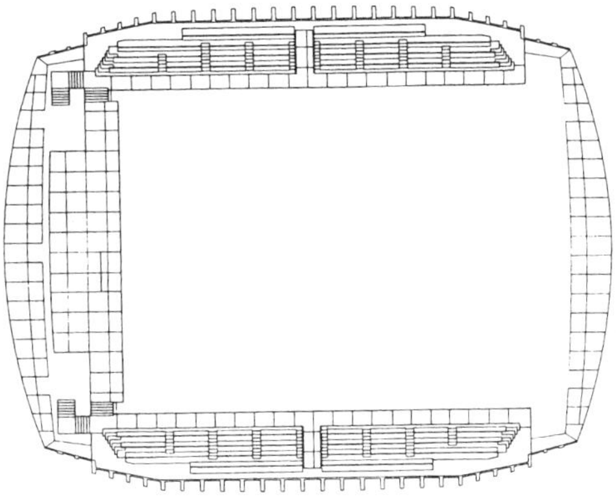

图 3　二层平面图

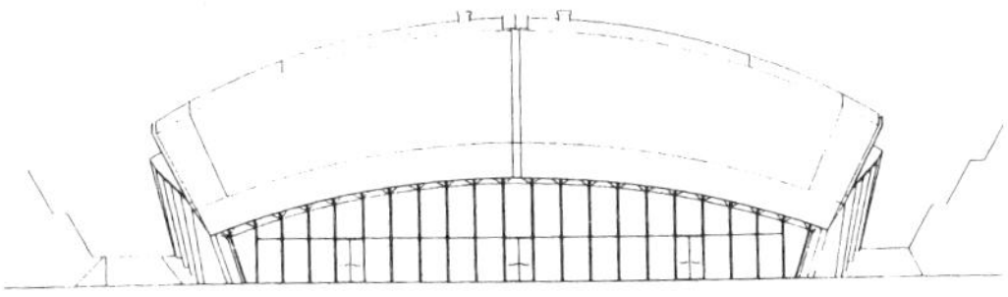

图 4　北侧立面图

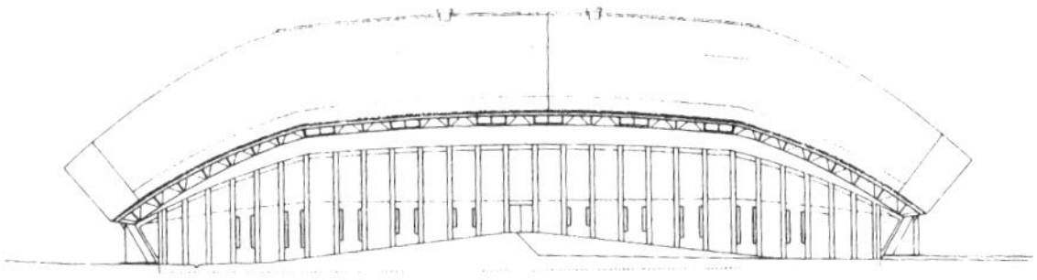

图 5　西侧立面图

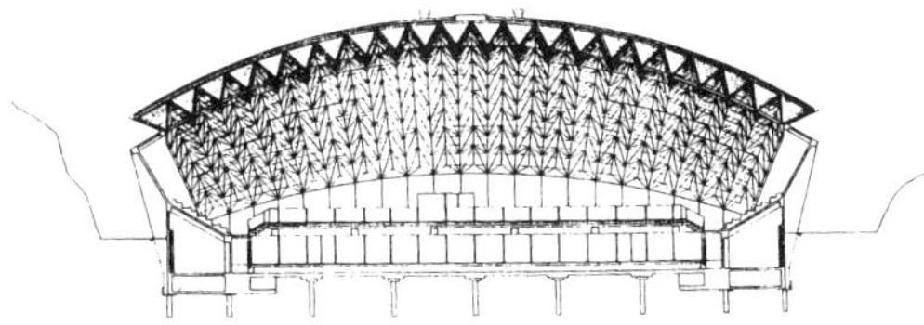

图 6　东—西剖面图

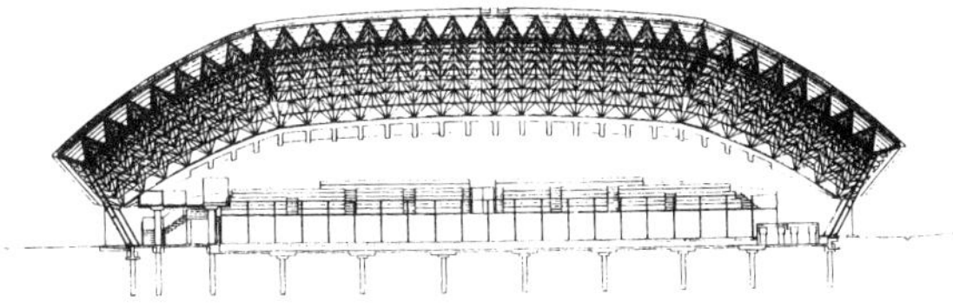

图 7　北—南剖面图

照片2　屋顶构架详图

松井研究室通过研究确认了采用加压注入环氧树脂的方法来防止木材特有的接合部的横纹挤压下陷的有效性。

由于是小直径的含有芯材的构件，所以，没有发现木节这一公认的木材缺陷的影响，又因网架构件的轴力(顺纹受压和受拉)的两个方向是相等的，所以，起控制作用的是受压时的长细比，计算结果，只有实有截面积的一半。此后，还曾进行了双向悬挂式屋顶的只承受拉力的大型木结构建筑(1989　广岛　海与岛的博览会，日大教授斋藤公男指导)。

与重量轻，各向异性的木材相比较，竹材及其纤维的优异性在后来的唯一被基准法38条认可的邮局建筑中，得到了体现，等于做了一次竹材的实用性实验(1989　福冈亚细亚太平洋博览会)。

因为木材是一种时效变化很厉害的材料，所以要每隔3年进行一次开裂、腐朽和变形的调查，不过，在过去的14年以来，修补之类的事情却是极少的(这是因为设计者及施工者都对安全性做过保证)。

这样一来，已经被钢管网架取代了的木造网架的可靠性，由于时效变化减小了而有了提高。

由6000根疏伐材构成的结构作为与人口只有万人的小小街区的形象相比，可以看作是资产阶级社会学所说的依地域而结合的共同社会一样，二者相互支持，相辅相成。虽然它能否使必须世代坚持的森林疏伐工作得到了促进这一点还没有明确，然而，作为人与自然共存的共同

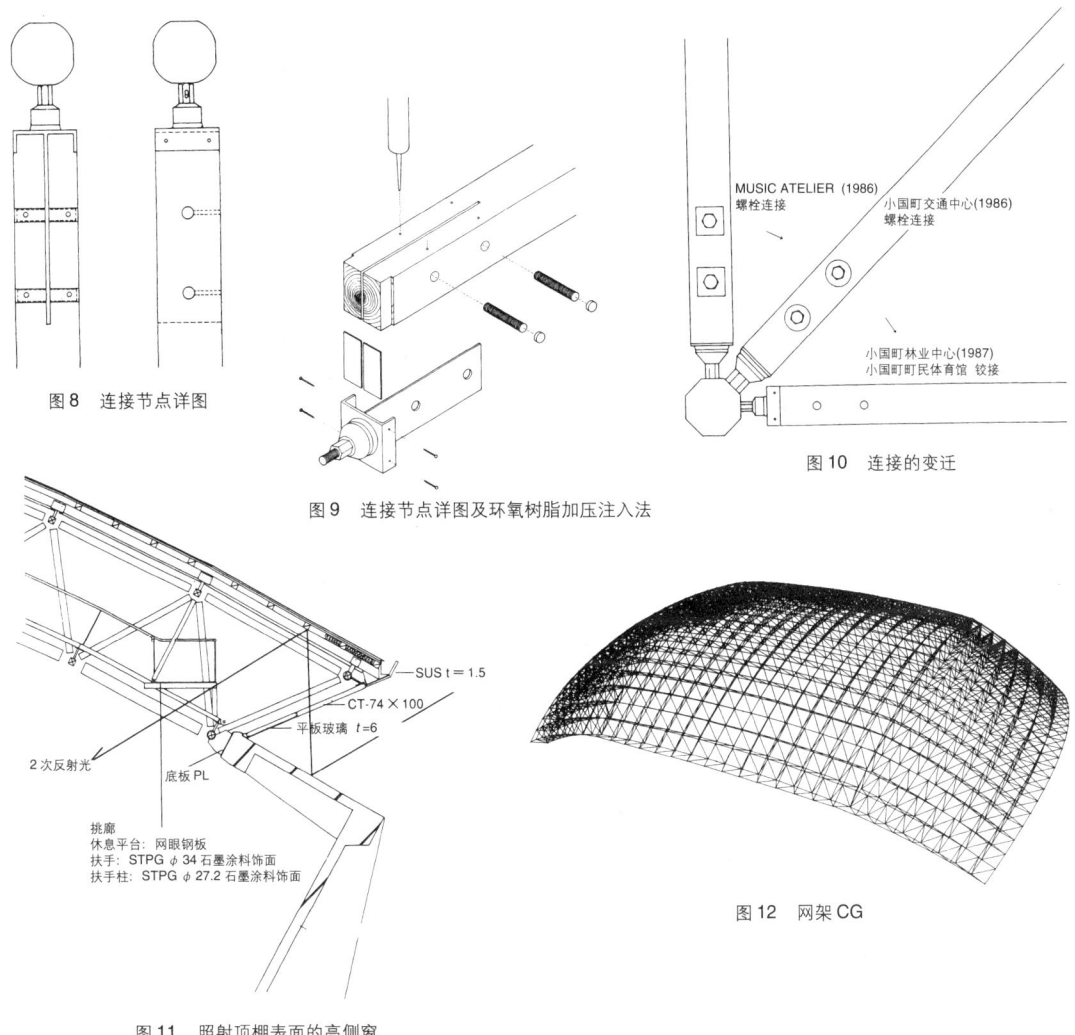

图8　连接节点详图

图9　连接节点详图及环氧树脂加压注入法

MUSIC ATELIER (1986)
螺栓连接

小国町交通中心(1986)
螺栓连接

小国町林业中心(1987)
小国町町民体育馆　铰接

图10　连接的变迁

SUS t = 1.5

CT-74×100

平板玻璃 t=6

2次反射光

底板 PL

挑廊
休息平台: 网眼钢板
扶手: STPG φ34 石墨涂料饰面
扶手柱: STPG φ27.2 石墨涂料饰面

图11　照射顶棚表面的高侧窗

图12　网架CG

体、在这16年间，人口真的未见减少。

即便有大规模的结构可以提供充分利用疏伐材的可能性，然而，由于大尺寸的木料和工程用木材的大量使用，从而大量进口外国木材和已经具有很高的商品价值的80年生杉木胶合材，必将使日本的林业面临不断衰落的局面。

此外，在按基准法第38条的防火评审当中，虽然其安全性业已获得充分的确认，但对于消防设备，由于必须重视它的心理作用，与美国华盛顿州的塔考玛穹顶一样，因为二者都属于第一座大规模木造建筑，还是安装了自动喷淋防火装置。

小国町的这一系列木造网架建筑曾获得日本建筑学会作品奖和小国町宫崎俊町长颁发的特别作品奖。曾发表在IAKS(国际体育业余设施)的"金牌"、法国的"LE BOIS AVANCE"、德国的"HOLTZBAU ATLAS ZWEI"等杂志上。2001年，芬兰曾派小直径有芯木材利用规划小组来访，由此可见，低加工木材利用的落后是世界性的。

(叶 祥荣)

[参考文献]
1)"Holzban Atlas Zwei"('91，ドイツ)
2)"Le Bois Avancce"('92，フランス)

054 海洋博物馆

混合结构体系

关键词 预制预应力混凝土、层板胶合材、传统的连接方法、混合结构

照片1 外观   摄影(1-3)：石元泰博

房屋建筑概要

〈建筑概要〉
地　　　址：三重县鸟羽市浦村町大吉 1731-68
主 要 用 途：博物馆
设 计 者：内藤广建筑设计事务所
结构设计者：构造设计集团(SDG)
施 工 者：库房＝鹿岛建设、陈列馆＝大西种藏建设
场 地 面 积：18058m²
建 筑 面 积：库房＝2173m²，陈列馆＝1487m²
总建筑面积：库房＝2026m²，陈列馆＝1896m²
层　　　数：库房＝地上1层，陈列馆＝地上2层
竣 工 年 月：库房＝1989年6月
　　　　　　陈列馆＝1992年6月

〈结构概要〉
结 构 类 别：库房＝预制预应力混凝土造
　　　　　　陈列馆＝起脊框架＋拱＋网架
基 础 类 型：库房及陈列馆＝直接基础

1. 设计主题

该博物馆建筑群地处伊势志摩湾的深邃而又恬静的丘陵地带，屹立在面临大海的半山腰上。收藏渔民们的传统性生活用具、渔船、捕捞工具和从事渔民文化的研究。至于对这一切加以展出则更是建设博物馆的目的所在。

在库房的建设上，必须获得当时的文化厅的资助和其他设施的建设必须由财团来出资。由于建设预算极为有限，所以，博物馆建筑群的最大设计主题是设法实现最节俭的建设。

2. 预制混凝土的库房

由于是贮存贵重的文化遗产，其寿命应能达到200～300年。于是，该馆的设计基本方针就变成了如何能够实现经济性和耐久性这一极为简单而又困难的问题了。

建在海边的这座馆舍，如何防止盐的危害？强台风来

照片2 库房的预制混凝土混合结构

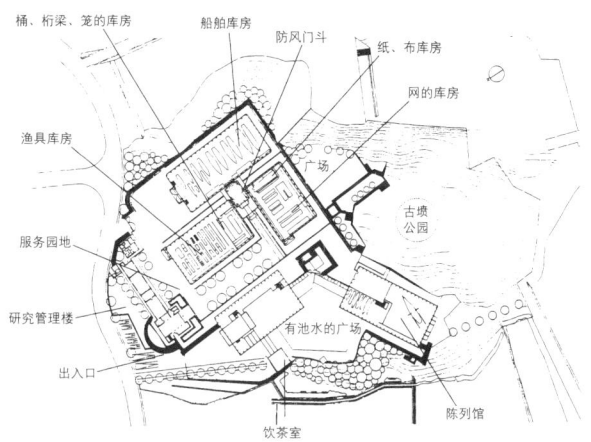

图1 总平面图(左上为3栋库房，右下为2栋陈列馆)

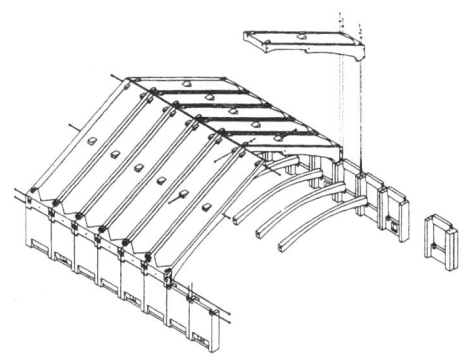

图2 预制混凝土框架装配图

袭和发生地震时，怎么办？怎样来保持室内有一个稳定的气候条件等都是屋顶结构必须考虑的问题。建筑师内藤广将这屋顶结构的研究课题交给了我(本文作者渡边邦夫)。

毕竟只是屋顶的问题，据内藤先生的调查结果，具有讽刺意味的是，尽管今天在技术上已经是相当进步的了，然而，其结论却是说，传统的日本瓦屋面是最合适的。这是因为流水坡度适当的日本瓦屋面在长期的使用过程中，是最耐风雨的了。将屋檐尽量向外伸得远些，便可很好地保护外墙面。

至于支承这种瓦屋面的下部结构，应使用质量稳定的高强度混凝土制品和预制混凝土构件。在工厂里，利用钢模板生产高密度的混凝土构件，然后，运到现场进行装配。各构件的现场连接则采用后张法预应力的压接技术，即所谓的预制装配式施工法。

由于希望内部空间能够最大限度地开阔，将柱子和墙

体集中于房屋的外侧，这样，既可以由外部环境来保护内部空间，又能够做到合理地承受各种不同的荷载作用。

与屋面瓦所要求的坡度相匹配，将框架设计成起脊的形式，这样便可将整个屋顶的设计从根本上搞定了。起脊框架的弱点在于其两肩处有很大的水平推力使框架向两侧外扩，为此，只需在框架的两肩处增设左右成双的水平系杆，便可确保框架的几何不变性。但是，这种水平系杆的设置对于室内空间沿高度方向的利用是不利的，所以，曾有过将系杆略向上偏斜设置的研究方案。可是，水平系杆哪怕是向上倾斜一点点，其效果就会减半，必然导致起脊框架的截面尺寸的加大。

因此，对于这里的结构来说，如果将系杆改成系拱，便可将起脊框架的弱点克服，不仅可以获得稳定的结构体系，而且还可以将系拱的设置位置向下降半格，从而避免各构件的连接位置的重叠。

将柱与墙板制成整体型制品,将屋面板与框架肋制成一个整体。由于墙壁和屋顶这样做了以后,结构承载力和连接的细部构造也相应地确定下来了。

由于下降半格的系拱和起脊框架这二者同时存在,一方面显示出了预制装配化技术,同时又使得室内空间变成令人感到置身于舟底的美丽幻想的空间之中。

3. 层板胶合材建成的陈列馆

对于这幢建筑来说,应该成为正在学习历史上的渔民生活的中、小学生,以及普通的参观者们的集会和互相交谈的空间。这里应该与库房建筑相反,以明亮和华丽见长才好。

陈列馆决定采用木结构来建造。不过,考虑到普通的锯制木材存在干燥收缩的问题,对于18m的跨度来说,在材料的稳定性上意味着隐患。有鉴于此,这里才决定采用层板胶合材,除了木结构之外,还要最大限度地应用日本传统的木构架技术。我反对使用大截面的层板胶合材,并在连接节点处夹上钢板,再用螺栓连接起来的那种最近流行的层板胶合材建筑的做法。那样做的结果是,完全丧失了木材那宝贵而又华丽的材质感,再加上用很多的螺栓胡乱地连接在一起,那还不如一开始就用钢结构了呢。一个创造木构架的现代美感的主题浮现在了我的脑海里。

结果,决定采用现在的这种由三种类型结构搭配而成

的混合结构。一种是瓦屋面的起脊框架,但是为了提高屋面的水平刚度,框架不是完全平行布置的,而是将在屋面的部分呈V字形布置。框架下方再配以木拱并用短柱将二者连接起来,这样一来,屋面荷载便可分散在两种结构上了。在屋脊处,再用双层的空间桁架将框架与木拱沿垂直方向连通起来。这样又可以将作用力沿房屋的纵向分散开来,从而,使结构得以实现从平面体系向空间结构的转变。空间桁架的顶部镶嵌上玻璃,又可作为天窗和换气窗加以利用。

采用这样的混合结构体系的目的是为了使各类构件的内力尽可能的小、构件(层板胶合材)截面也小,这样一来,构件之间的内力传递的量也就会小,它们之间的连接就会变成紧凑,从而传统的榫接合也就可以实现了。进而,才能够获得完美的木造空间。

将拱券设计成整体时,制作和运输都有困难,因此,必须设置现场接头。全拱设置两处现场接头,将拱券分成三段,两端的两段是相同的,中段是单独的,现场接头采用盖板螺栓接合,很简单。木拱与位于其外侧的起脊框架之间只有短柱相连,所以,两种结构体系相互独立,互不相关,但是,假如二者之间除了短柱之外,再设置斜杆的话,便可构成桁架结构,这样一来,又可形成完全不同的力学性状。曾经探讨过以桁架为对象的方案,采用这一方案时,构件尺寸只需木拱和起脊框架中任何一种的构件的

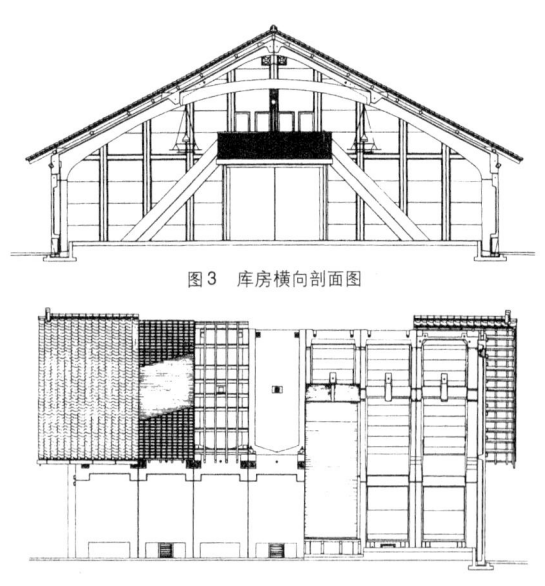

图3　库房横向剖面图

图4　库房纵向剖面说明图

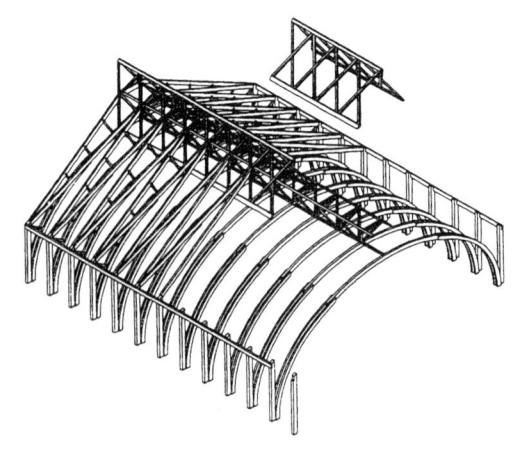

图5　层板胶合材框架装配图

照片 3　陈列馆的层板胶合材混合结构

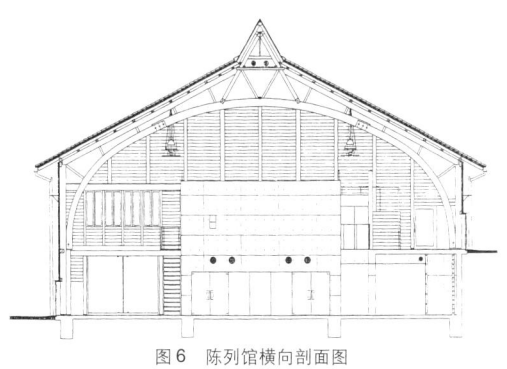

图 6　陈列馆横向剖面图

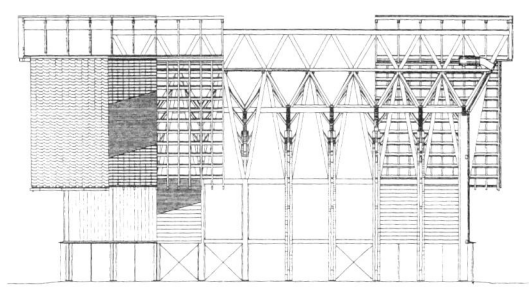

图 7　陈列馆纵向剖面说明图

一半就可以了，不过，待制作模型一看，才发现，这样的屋顶结构看上去显得很寒酸，的确，虽然每根构件都很小，然而，其整体构造就显得太琐碎了。

类似的情形还有沿纵向设置的空间桁架，由于这里的跨度大，以采用平面桁架为最合适，但是，这时的构件连接有困难。尽管平面桁架的节点连接可以采用铁件来解决，但是，铁件必然沿每个构件外伸，并将层板胶合材夹持起来，再用螺栓将其沿垂直方向固定，这种常规的老一套的节点连接方法会搞得桁架上铁件泛滥，完全违背了采用传统木构件的接合方式的初衷。所以，受压斜杆采用了抵承接合，而受拉构件则采用螺栓接合的方式。

倾斜的起脊框架和木拱，以及架设在二者纵向的空间

桁架这三种结构的相互配合、协同工作，形成了覆盖整个空间的混合结构。

（渡边邦夫）

[参考文献]

1)『新建築』90 年 7 月号，92 年 11 月号，99 年 4 月号
2)『日経アーキテクチュア』90/06/25　93/02/22　94/11/07
3)『新建築臨時増刊』木の空間
4)『建築文化』90 年 7 月号，98 年 8 月号
5)『JA』94 年 2 月号
6)『SD』93 年 4 月号
7)『GA JAPAN』93 年 3 月号
8)『建築技術』93 年 6 月号，94 年 1 月号
9)『日経デザイン』92 年 11 月号
10)『建築東京』92 年 9 月号
11)『建築設計資料』60 「構造計画」、建築資料研究所

055 KSP 神奈川科学园

无粘结支撑的开发

关键词 减震构造、无粘结支撑、压屈约束支撑、连体型高层建筑

照片1　鸟瞰全景 　　　　　　　　　　　　　　　　　摄影:(株)银总

房屋建筑概要

〈建筑概要〉

地　　　址:	神奈川县川崎市高津区坂户 100-1
主 要 用 途:	研究设施
设 计 者:	日本设计事务所
结构设计者:	同上
施 工 者:	飞岛建设横滨支店,飞岛—鹿岛建设
建设用地面积:	55379m²
建 筑 面 积:	15800m²
总 建 筑 面 积:	146335m²
各 楼 概 要:	创新西楼(总建筑面积约35000m²):劲性钢筋混凝土+部分钢结构,地下1层,地上10层,L形平面的综合大楼,有画廊、会议室、商店、事务所、宾馆等
	: 创新东楼(总建筑面积约10000m²):劲性钢筋混凝土造,地下1层,地上6层,规则平面的实验研究楼,有开放型试制室、测试实验室、产业孵化室等
	: R&D 商业园楼(总建筑面积约100000m²):劲性钢筋混凝土造+部分钢结构,地下1层,地上12层,楼间2层,十字形平面的研究开发型企业借用的研究设施,檐高52.65m,标准层层高4.3m
施 工 期 间:	1987年6月~1989年7月
总 经 费:	约540亿日元

1. 前言

　　这座KSP是在日本国内最早以科学园(以研究和开发为主业的概念)形式出现的设施,系符合民生法的首例建筑物。外观上尽管不太引人注意,但是,作为一座都市型的研究设施,却是功能齐全的建筑群,曾获得BCS奖、阿卡狄亚建筑奖、日经优秀作品奖等若干种奖励。

　　上边的照片1为即将竣工交付使用前的景象。请看,眼前的这幢平面形状为十字形的庞大建筑物(R&D商业园楼)的结构设计,特别是,当时所开发的,后来被很多的超高层建筑作为减震手段来使用的无粘结支撑系统将为本文的主要阐述对象。

　　此外,将要重点阐述的内容还有关于这幢大厦所采用的由几栋建筑通过连系部件连成一体的"连体型高层建筑"的建筑类型,以及为提高研究所建筑的抗微振性能和抗震性能所涉及的内容。

2. 连体型高层建筑

　　如图1所示,R&D商业园楼是由四栋形状基本相同

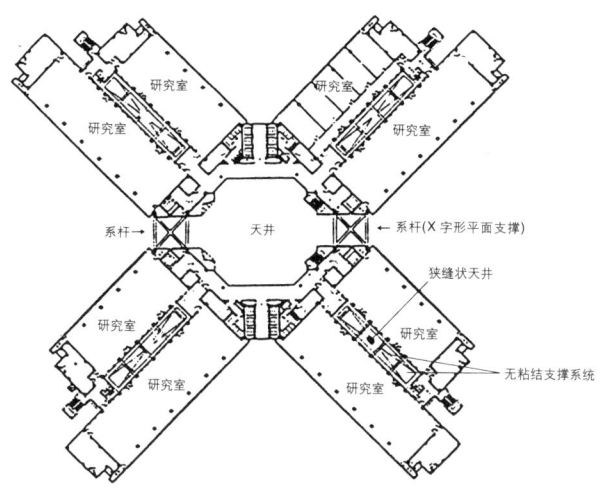

图1　R&D商业园楼的标准层平面图

照片2　狭缝内配置的无粘结支撑系统

照片3　装有支撑的框架的反复加载实验

的分支建筑环绕中央的中庭,呈十字形配置的,其中,两栋平面呈L形布置的分支建筑有X形平面支撑将二者连接起来。

各分支建筑的居室(研究室)部分的大跨楼板梁为钢梁,其余的梁和柱一律采用劲性钢筋混凝土造,属于混合结构体系。两端的核心筒体部分设有钢筋混凝土造的抗震墙。除此之外,如照片2所示,在各分支建筑的中央部位设有没有屋顶的狭缝状天井,其中装有无粘结支撑系统(沿短边方向)。这种狭缝状的天井式空间一方面可以用作大型管线的配管空间,同时,还可借助自然风力和温度差所产生的缓慢上升的气流作为研究室的排气用和地下停车场的换气等的大规模自然换气空间,并美其名为"呼吸狭缝",这应该算是本大厦的特点之一。

另外,在连体型大厦之间设置刚度适当,而且具有一定强度的连系构件之后,各分支建筑中,不论哪一支由于某种原因发生振动时,分支之间便会因连系构件的支撑作用而产生减振效应,从而提高了大厦的抗震性能和抗微振性能。这时,如果能使各分支建筑的短边方向与长边方向

的固有周期相差不大的话,根据耦合振动反应分析可知,连系构件内所产生的内力是很小的,而无粘结支撑系统可使各分支建筑的短边方向的刚度增大,并可用来调节固有周期与长边方向相等。

大厦竣工后,曾进行了强迫振动实验(在屋顶上设置2台起振机,并在大厦各个部位装置了48个传感器同时测定),大厦具有优越的振动性能的事实得到了确认。

3. 无粘结支撑系统的开发

我们开发的这种无粘结支撑系统虽然是为了提高钢材的耐久性能和防锈性能,以及防止压屈现象的发生,而在构件表面包裹了钢筋混凝土的罩面,但是,在两构件之间有聚乙烯薄膜隔离,彼此间不会产生粘结力。属于特殊构造的支撑系统,是与承担施工任务的飞岛建设(株)共同开发的。这种想法虽然以前就有,然而,其性能的实验认定和在理论上对原理的阐述,以及建立设计公式等却是我们完成的。

照片3所示为结构实验的情形,实验取得了预期的结

果，在"世界领先"的赞叹声中，新日铁集团也曾做了同样的实验(只是形式有所不同)。百忙之中，抽暇写成论文，并发表于《日本建筑学会论文集》中，并曾取得了这样的评价："该论文不仅论述了无粘结支撑系统的加劲效果的确实性和实用性的方法论，而且，在压杆稳定问题的应用方面也有新鲜的内容，意义深刻。"

(1) 不失稳的细长支撑

支撑系统可使抗震性能得到提高，但是，在压力作用下构件就会发生失稳问题。因此，在设计支撑构件时，通常的做法就是尽可能地降低构件的长细比和同时将其所承担的水平力尽量调整得低些，但是，长细比小的支撑构件，其刚度必然增大，所以，这种调整是很难进行的。

为了解决这一难题，便着手开发所谓的"不会失稳的细长支撑系统"。

(2) 实验

图2所示为以方钢管(□-100 × 100 × 6 × 6, SS400)为芯材，外包32mm厚的钢筋混凝土(外形尺寸为164mm × 164mm)罩面的长细比为80的单根构件的试件。图3及图4所示为对两端铰接的单根构件施加反复荷载所得的实验结果：荷载一变形曲线的一部分，罩面材料的效果显示得非常明显。图3为型钢支撑，而图4则为无粘结支撑，二者的差别非常清楚。对于图3所示的型钢支撑来说，当压力荷载达到 P_y(芯材的屈服轴力)之前，发生整体失稳，承载力降低了。进而，再施以拉伸屈服—失稳的循环反复荷载时，每经一次循环，刚度和承载力都有所降低。另一方面，图4所示的无粘结支撑，则是在以6δ_y的变形(换算成平均轴向应变时，则相当于1.5%，若换算成通常的建筑物的层间变位角时，则相当于1/50的大变形)反复加载时，在接近失稳之前，却呈现出稳定的纺锤形恢复力特性。从滞回圈内的累积面积所反映的能量吸收能力的比较来看，图4所示的无粘结支撑要比图3的型钢支撑优越得多。

当将无粘结支撑安装在结构中时，曾有过将方钢管支撑的端部换成H型钢的情形，通过结构实验，结果证明，这样的无粘结支撑具有非常优越的抗震性能(照片3)。

这种支撑构件的最重要之处是要搞清楚在充分发挥芯材的良好性能的前提下，外包罩面必须满足的是哪些条件。为此，制作了以罩面的主筋配筋量、箍筋量、混凝土强度、芯材的长细比以及宽厚比为参变量的试件系列。虽然众多试件的极限状态类型是多种多样的，然而，试件轴向裂缝、垂直于试件轴线的裂缝和斜向裂缝等的发生机理引人注目，发现这类裂缝是导致罩面刚度下降和加固能力降低的主要因素。此外，还搞清楚了与需要刚度和需要承载

力有关的问题。

(3) 分析

当芯材在压力作用下，将发生失稳时，如图2所示，芯材受罩面阻挡，使罩面产生横向变形，赋予芯材以阻止其失稳的加劲力，从而使芯材与罩面之间获得相互挤压作用。这项加劲力的存在，提高了试件的整体压屈抗力，增大了芯材的屈服轴力 [式(1)]，此外，由于加劲力的存在，又使罩面产生了能够承受罩面内力的强度 [式(2)及式(3)]，这些都是无粘结支撑能够具有足够的塑性变形能力的条件：

$$P_{cr} \geqslant P_y \qquad (1)$$
$$M_{req} \geqslant M_0 \qquad (2)$$
$$Q_{req} \geqslant Q_0 \qquad (3)$$

式中

P_{cr}：试件的整体压屈荷载

$P_y(A_s \cdot \sigma_y)$：芯材的屈服轴力

A_s：芯材的截面积

σ_y：芯材的屈服强度

M_{req}：试件的需要抗弯强度

M_0：罩面内产生的最大弯矩

Q_{req}：试件的需要抗剪强度

Q_0：罩面内产生的最大剪力

芯材虽然在其全部截面都处于屈服平台情况下，仍保持屈服轴力，但是，对于抗弯刚度和抗弯强度为零时，则是在包括高阶模式的加劲力分布的假定的条件下分析的。这就好像在细长的圆筒里装满一串钢球，然后，从筒的两端推挤钢球，使圆筒破裂的条件一样。

引进了罩面的应有刚度和强度的关系，实验中出现的多种破坏模式才得以解释和说明。

(4) 设计、制作和施工

除了与罩面的刚度和强度有关的要件之外，还建立了早期不发生局部失稳的芯材要件设计公式，以及实现罩面端部所要求的性能的细部和与周边结构连接节点的要件等的设计公式。此外，还制订了有关构件的制作和施工要领，并应用于实际的建筑中去。

4. 减震构件

开发每根构件具有承受超过300t水平力的强度和充分的塑性变形能力的构件成为了可能。虽然当时所谓(滞变型)减震构件的名称还没出现，但是，其抗震性能极佳的事实完全满足了，在理论上已搞得十分清楚的"刚柔结合结构"[7]中的刚性结构的条件。

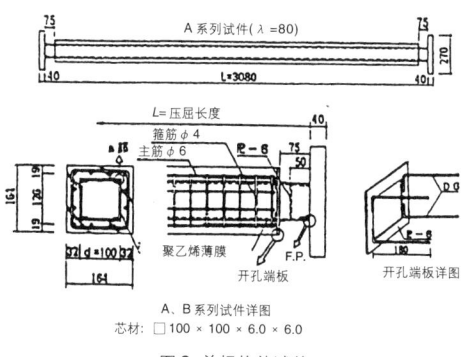

图2 单根构件试件

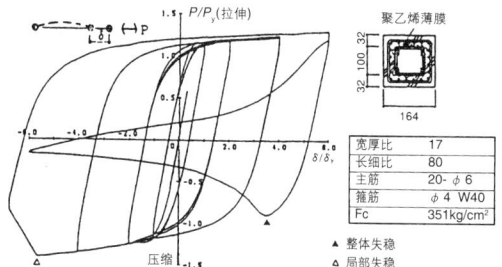

图4 无粘结支撑构件的荷载—变形曲线

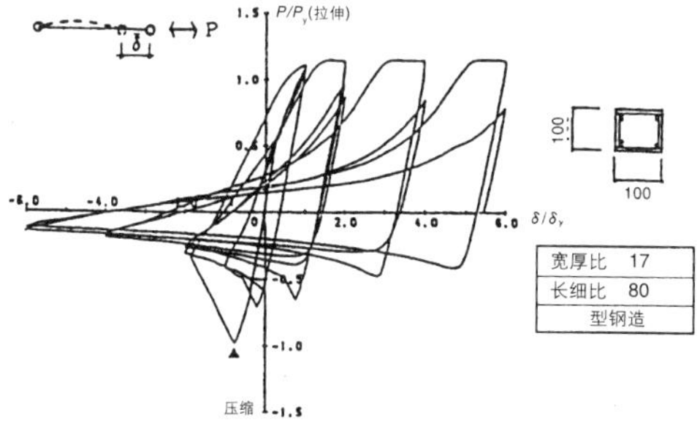

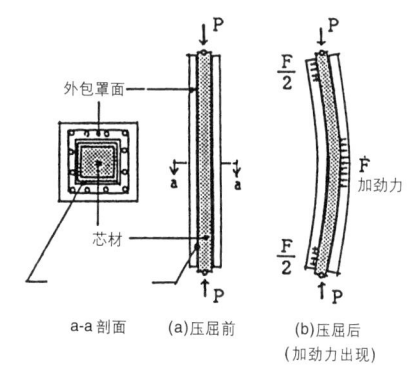

图3 型钢支撑构件的荷载—变形曲线

图5 芯材及外包罩面的相关性

因此，一般来说，已经可以用于高层建筑上了，使得新的抗震设计成为可能。明确了端部的加固要领和有关接合部的注意点等具体问题，在这幢神奈川科学园之后，又在小野田大厦、日钢大厦、健康广场大厦、TBS大厦和阿克特城大厦等众多的高层建筑中得到了应用。

这种构件是由芯材、罩面构件和无粘结构件构成的，由于构造原理清楚明确，所以，出现了很多种类的无粘结支撑系统(后来，又曾提倡失稳约束支撑系统这一名称，从原理上说，也许更确切)。关于外包罩面构件，有的是用了填充水泥砂浆的钢管、螺栓连接的预制混凝土板、圆钢管及方钢管、纤维加强混凝土等；此外，在芯材方面，有的用钢板、H型钢、钢管等多种形状和低屈服点的钢材。还有，由于能够用于对原有的支撑系统实施加固，所以，也被用于抗震加固工程中了。

5. 结语

关于说明无粘结支撑系统的力学，人们至今仍然很感兴趣。后来一想，原理是很明白的，一直到意识到为止，需要花费时间的是"开发"问题。

然而，对于推广来说，重要的是编制产品目录和品质保证等的商业性运作，在这方面的努力恰好是我们这些人所欠缺的。正是因为这个缘故，采用钢筋混凝土作为外包罩面的无粘结支撑系统，虽然简单易行，却没有得到普及和推广。实在是令人很遗憾的事。

(长尾直治)

[参考文献]
1) 長尾，松本ほか「アンボンドブレースの耐震性能に関する実験的研究」『日本建築学会大会梗概集』(その1～4) 1988年10月，(その5～7)，1989年10月
2) 長尾，高橋「角鋼管を鉄筋コンクリートで被覆したアンボンドブレースの弾塑性性状」『日本建築学会論文報告集』(その1) No.415，1990年9月，(その2) No.422，1991年4月
3) Nagao and Takahashi, "Development of Reinforced Concrete Encased Steel Brace with High Ductility Capacity", 10th WCEE, 1992.7, Madrid
4) 長尾，南ほか「繋ぎ材で連結された十字形平面を有する高層SRC建物の振動性状 (その1～6)」『日本建築学会大会梗概集』1990年10月
5) 長尾，三輪ほか「水平材で繋がれた十字形平面を有する高層SRC建物の振動性状 (その1～2)」第8回日本地震工学シンポジウム，1990年12月
6) Nagao, et.al., "A study on inter-building coupling behavior with link-members", 10th WCEE, 1992.7, Madrid
7) 秋山 宏ほか「混合型の復元力特性を持つせん断型多層骨組の損傷集中特性」『日本建築学会論文報告集』No.303，1982年8月

056 京桥成和大厦（今京桥中心大厦）

世界首幢主动减震建筑

关键词 世界首幢主动减震建筑、附加质量型、AMD系统、地震及强风观测、控制效果

照片1 外观

房屋建筑概要

〈建筑概要〉
地　　　址：东京都中央区京桥2-12-20
主 要 用 途：办公楼、商店(首层)
设　计　者：A&A建筑研究所
结构设计者：鹿岛及其结构设计部(结构)
　　　　　　鹿岛及小堀研究室(减震)
施　　　工：鹿岛及其东京支店
建 筑 面 积：43.34m²
总建筑面积：423.37m²
层　　　数：地下1层、地上11层
檐　　　高：32.80m
标 准 层 高：2.75m
高 宽 比：9.5(短边方向)、5.3(长边方向)
竣 工 年 月：1989年7月

〈结构概要〉
结 构 类 别：地下部分＝劲性钢筋混凝土造
　　　　　　地上部分＝钢结构纯框架(双向)
基 础 类 型：现浇混凝土桩(BH施工法)
　　　　　　基础底板厚2000mm钢筋混凝土造
　　　　　　地基锚柱4处，240tf/根
减 震 装 置：主动减震AMD系统附加质量4tf(平移)1tf(扭转)、
　　　　　　油压式促动器、油压泵、储能器、控制盘

1. 20世纪实现的主动减震

过去每逢大地震发生过后，便不断修订结构设计方法的日本抗震设计法曾在1981年全面修订了建筑基准法抗震规定，这些规定反映了自从霞关大厦竣工以来累积起来的动态设计法的内涵，此外，又在各类结构的施工技术开发方面也给人以告一段落而到达了为与地震奋斗了约100年，画上了终止符的时期的印象。

突然一改前述状况的事件发生了。那就是1985年9月的墨西哥地震。据说这次地震死了一万人，准确数字到了今天仍不得而知，真是一场悲惨的大震灾。我本人也曾参加了这次地震灾害的调查工作，从社会性背景的角度来看，这种情况应该发生在设计方法保证不了的国家，对于那个时期里在抗震设计标准远比日本超前的国家来说，实在是一次重大灾难。亲临现场调查的专家曾谈到，受灾状况十分严重，这样惨状在日本无论如何也不能让它发生。

然而，当时，给人们的印象是，抗震结构总是有其一定的限度，倡导创造某种超越结构本身的抗震手段的人是小堀铎二博士，那就是减震结构[1]。墨西哥地震是一个契机，将减震结构的实用化这一重大课题开始列入"减震结构研究开发团队"主攻任务当中的那一年就是1985年的12月。于是，一幢虽然规模不大，但是世界首例装备了主动减震的"ADM系统"的建筑——京桥成和大厦(现名为京桥中心大厦)于1989年7月竣工了，时年距阪神—淡路大地震为5年半，而距21世纪的到来也只剩下了10年多一点。

2. 减震结构及AMD系统

与抗震结构应能基本上以其强度来承受设计假定的地震力作用的前提相反，减震结构则是借助建筑物的主体结构，再加上特殊的部件和装置来吸收地震力，从而使时时刻刻都在变化的地震力减低下来的结构，具有更大的安全性和合理性。所谓减震结构，从其原理上讲，可分为附加阻尼法和非共振化法两大类，如果从结构上来讲，所谓附加阻尼就是附加能量吸收机构和附加质量机构；而对于非共振化来说，乃是附加可变刚性机构。假如将隔震结构看

照片 2　减震装置(AMD1)

照片 3　AMD 模型的振动台实验

作是减震结构的一部分的话，那么，它也属于非共振型。此外，按实施反应控制时是否要求供给外部能量来分，又有主动型和被动型两种。为了进一步提高被动型的控制效果，还有将主动型与被动型组合在一起的混合型和半主动型的(表1)。

AMD 系统属于主动型的附加质量机构，该系统是在建筑物的顶端等处安装相当于建筑物重量的1%左右的附加重锤，又在建筑物各个不同部位设置传感器，并按照传感器传来的信息，由电子计算机的实时计算来控制信号，再将信号传给 AMD 系统的驱动装置将重锤驱动，重锤的反力作用在建筑物上，从而使建筑物的振动得到抑制。以前，曾经采用过的被动型的 TMD 系统(调谐质量减振器)是通过使附加质量机构的重锤的振动周期与建筑物周期谐调的办法，不用驱动装置而给建筑物施加控制力，但是，有时因为装置的摩擦等原因而不能发挥预期的作用，同时，为了使其达到减振要求的振幅需要经过较长的时间，要想达到与 AMD 系统相同效果时，则必须将重锤加大，鉴于上述一系列的缺点，所以，不适合用它来控制建筑物的

表 1　减震结构(反应控制结构)分类

原理	机构		类型	系统及装置
增加阻尼	能量吸收机构		半主动	AVD、ON·OFF 控制油压缓冲器
			被动	钢制、延性、粘弹性等
	附加质量机构		主动	AMD
			混合	HMD、ATMD 等
			被动	TMD 等
非共振	可变刚度机构		半主动	AVS
	隔震机构		半主动	层压橡胶、可变缓冲器
			被动	层压橡胶、滑动·转动支承等

地震反应。在这样的情况下，AMD(主动质量控制)系统作为应对地震和强风二者都有效的主动减震系统的实用化开发便启动了。

首先是从探讨适合建筑物的振动控制的控制手段的开发开始的，反复进行了以小型加振器作为 AMD 模型的振动台实验(照片3)，在获得控制方式的要领之后，于1987年进入了研究开发实用装置的阶段。由于所有的一切都是白手起家，所以，从系统的总体构成、驱动装置的类型、传感器的选定、控制用电子计算机的类型和安全装置的设计方法等都要一一分别调研开始，一直到系统的耐久性等问题为止，无一不是必须探讨的项目和内容。

3.　京桥成和大厦及 AMD 系统

1987年规划建造一幢象征当时经济状况的办公大楼。那就是建于东京京桥的京桥成和大厦(现名为京桥中心大厦)(照片1)。在不足60m²的建设用地上建成的是地下1层、地上11层，正面宽度为4m、进深12m、短边方向的高宽比为9.5的所谓的"点楼"[图1(a)]。为了建成这幢大厦，有几个结构上的重要课题是必须解决的，它们是：

● 确保大地震时的刚度和强度；

● 防止大地震时发生倾覆的措施；

● 防止发生频率高的中、小地震和台风等的强风时产生令人不安的摇晃的措施。

在本大厦的抗震设计时，反复进行了通常这种类型的楼宇并不进行的地震反应分析，确认了以假定构件建成的建筑所需的刚度(表2)；在有关基础倾覆的措施中，首

先将基础做成 2m 厚的高刚度平板，并以 GL-40.6 处为锚固端，以及 4 根有效张拉力达 240tf 的地基锚桩作为抵抗倾覆的措施 [图 1(b)]。

剩下的课题就只有如何解决发生频率比较高的中、小地震及台风等强风时导致的令人不安的摇晃问题了。在结构设计中没有采取应对措施的这一课题是由 AMD 系统解决的，当时，正好赶上这一系统刚刚达到实用化阶段。旋即由"减震构造研究开发集体"着手设计。作为基本条件的控制对象和控制目标，设定如下：

- 烈度不超过 4 度的中、小地震；
- 重现期 10 年以下的强风出现时，不得产生令人不安的摇晃。

具体说来，相对于没有控制的情况将加速度控制在 1/3 以下。

最后，京桥成和大厦的 AMD 系统构成如下(图 2)。

施加控制力的重锤设置在十一层，共有两台。位于中央的 AMD1 (重量为 4t，相当于建筑物重量的 1% 左右) 主要控制短边方向的平动，而设置在端部 AMD2 则控制扭转。输出控制力的驱动装置采用的是油压促动器；AMD1 和 AMD2 共同使用两种油压泵，开动时，由大泵提供油压，而在平时，则用小泵将油压贮存在促动器内，以便地震来袭时能够瞬间起

动、同时也可以降低平时的电力消耗(图 3)。此外，为了为减震系统提供保护，除了设置各种安全回路之外，万一发现对建筑物产生有害影响的加振相位时，还要能够自动停止，并通报给管理人员。

AMD 系统从 1988 年到 1989 年期间曾不间断地在工厂进行试验，最后又在大型振动台上进行了实际系统的性能确认试验，然后才安装在建筑物里。于是，于 1989 年世界首幢采用主动减震装置的大厦便应运建成了。

4. 地震及强风观测和控制效果

由于这种主动减震系统是第一次在京桥成和大厦中应用，所以，作为开发人之一的我，有责任对其效果进行认证，并将认证结果公诸于世，并在竣工后实施地震及强风的观测。为了达到上述目的，建筑的特性及装置的性能等资料是不可或缺的，为此，在大厦竣工之前，进行了以促振器为驱

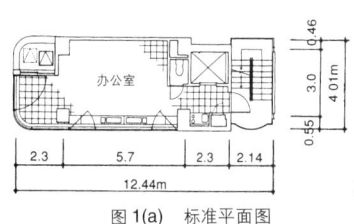

图 1(a)　标准平面图

表 2　主要截面尺寸及固有周期

部位	材质	构件
柱	SM50A	□-450×450×19～28
梁	SM50A	H-400×300×16×22～28

建筑重量　393tf(地上部分)
固有周期　0.94S(短边、基本)
　　　　　0.54S(扭转、基本)

图 1(b)　框架立面图

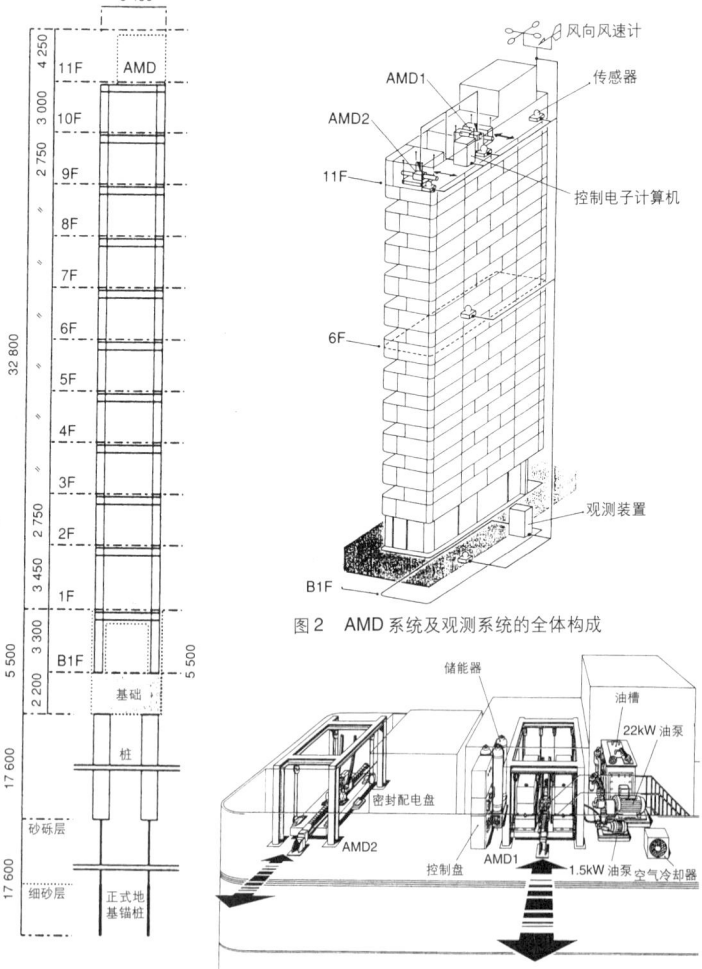

图 2　AMD 系统及观测系统的全体构成

图 3　AMD 系统的机器构成图

动装置(最大促振力为250kgf，2台)的强制促振实验。实验结果刊载了参考文献1)中，关于建筑本身的特性、装置的控制力的大小和安全回路的工作特点等都得到了确认。

地震和强风观测系统的构成如图2所示，记录下了地下一层、地上六层及十一层的10个加速度分量和AMD1和AMD2的重锤加速度及变位，以及距十一层9.5m处的风向、风速等共计16个分量的具体数值。大厦竣工后的第二年正好11号台风来袭，使控制效果立刻得到了确认。在台风吹袭的过程中，分别采集了有控和无控两种状态下的记录，并用人的体感进行了确认，取得了预期的控制效果，从人的体感来说，也是有控制时的毫无感觉，而无控制时的那种令人不安的摇晃，两者之间的差别真是泾渭分明(图4)。此外，1992年2月2日发生的震源在东京湾的地震，东京的烈度达到了Ⅴ度，这是大厦竣工后发生的最大地震记录。正像图5中所记录的那样，在这种中等规模地震下的控制效果也得到了确认。另一方面，这也表明，这样的中等程度的地震刚好在控制目标的范围之内。后来，不断积累观测资料，并适时地在主要会议上发表，并作为信息进行通报。

5. 减震结构的普及和推广

综上所述，建成和运作着的第一号主动减震大厦——京桥成和大厦并非是依靠引进国外技术，完全是自主开发，并达到了实用化程度的。1990年，在由日本建筑结构技术工作者协会创立的第一届JSCA奖颁奖大会上，曾获得下述的好评："在京桥成和大厦的结构设计中，……开发了一个跨越多种技术门类的综合系统，又在结构设计者们的努力之下，实现了实践主动减震的世界首例大厦。不仅在结构设计上开辟了实现安全而又舒适的建筑的新途径，而且还使得结构工程师们的技术开发领域有了拓宽，对于这项通过技术手段向全社会做出贡献的成果，授予第一届JSCA奖，以表彰其功绩"。

到目前为止，从主动减震到被动减震的应用已经超过了500件之多，由以日美为中心的国际结构控制学会牵头仍在继续推进研究开发和交流，此外，为了确保普及和推广中所带来的设计质量问题，在日本的JSCA技术委员会中，设立了反应控制部，并出版了包括隔震内容在内的《反应控制结构设计法》，以便确保今后在性能设计上的要求不断提高的减震结构得以正确运用，设计出更加合理和高度安全的建筑，希望减震结构能在下一次的大地震来袭时，发挥出更大的减低灾害的效用。

(坂本光雄)

[参考文献]
1) 小堀鐸二『制震構造、理論と実際』鹿島出版会，1993
2) 小堀鐸二、坂本光雄ほか「アクティブ・マス・ドライバー（AMD）システムの実用化研究（その1）～（その4）」『日本建築学会大会学術講演梗概集』1990年10月，pp.849～pp.856

照片4　控制盘

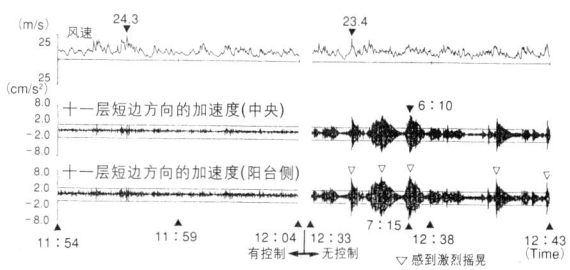

图4　强风时的控制效果(1992.2.2 地震)

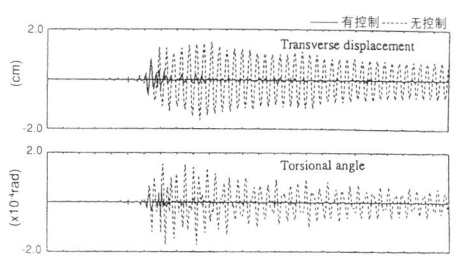

图5　地震时的控制效果(1990年11号台风)

057 幕张会展中心

大型空间体系和悬挂结构

关键词 球形壳、网架、空间桁架、圆筒壳、截锥壳、梭形桁架

照片1 鸟瞰全景 摄影：新建筑社

房屋建筑概要

〈建筑概要〉

地　　址：千叶县千叶市美滨区中濑2-2
主 要 用 途：集会与展览
设 计 者：槙综合规划事务所
结构设计者：结构设计集团(SDG)
设备设计者：综合设备规划
施 工 者：国际展览馆＝清水建设JV、集会大厅＝大林组JV、
　　　　　　国际会议馆＝大成建设JV、北大厅＝清水建设JV
建用地面积：Ⅰ期工程105114m²，Ⅱ期工程43900m²
总建筑面积：Ⅰ期工程131042m²，Ⅱ期工程33412m²
檐　　高：Ⅰ期工程30.49m，Ⅱ期工程35.0m
竣 工 年 月：Ⅰ期工程1989年9月，Ⅱ期工程1997年9月

〈结构概要〉

结 构 类 别：劲性钢筋混凝土造、钢筋混凝土造、钢结构、
　　　　　　预制混凝土造
结 构 类 型：Ⅰ期工程　球形壳、网架结构、空间桁架、圆筒壳、
　　　　　　　　　　　截锥壳、梭形桁架
　　　　　　Ⅱ期工程　悬链状桁架、波浪状桁架、悬索结构、
　　　　　　　　　　　后拉索方式
基 础 类 型：HPC桩基础、部分现浇混凝土桩

该设施是建于千叶县千叶市幕张新市区的庞大的供国际性集会和展览用的场所。日本话叫作"展示场"，英语称为"Convention Centre"，而德国人则名曰"Messe"，其实指的都是同一种的功能，这里取名为"幕张会展中心"应该说是最符合国际惯例的了。

幕张会展中心作为人、物资、信息汇聚于一堂的空间和媒介，在占地17公顷的建设用地上，规划建设了一处集大规模的国际展览馆、多功能的集会大厅、国际会议馆等大型场馆于一体的综合性会展中心，总建筑面积达13万m²。此后，1997年秋，为了扩大展览馆，又增设了北大厅。

这处会展中心不以单纯追求使用效率为目标，力求建成一座不论是在空间上，还是在形态上都是引人注目的。

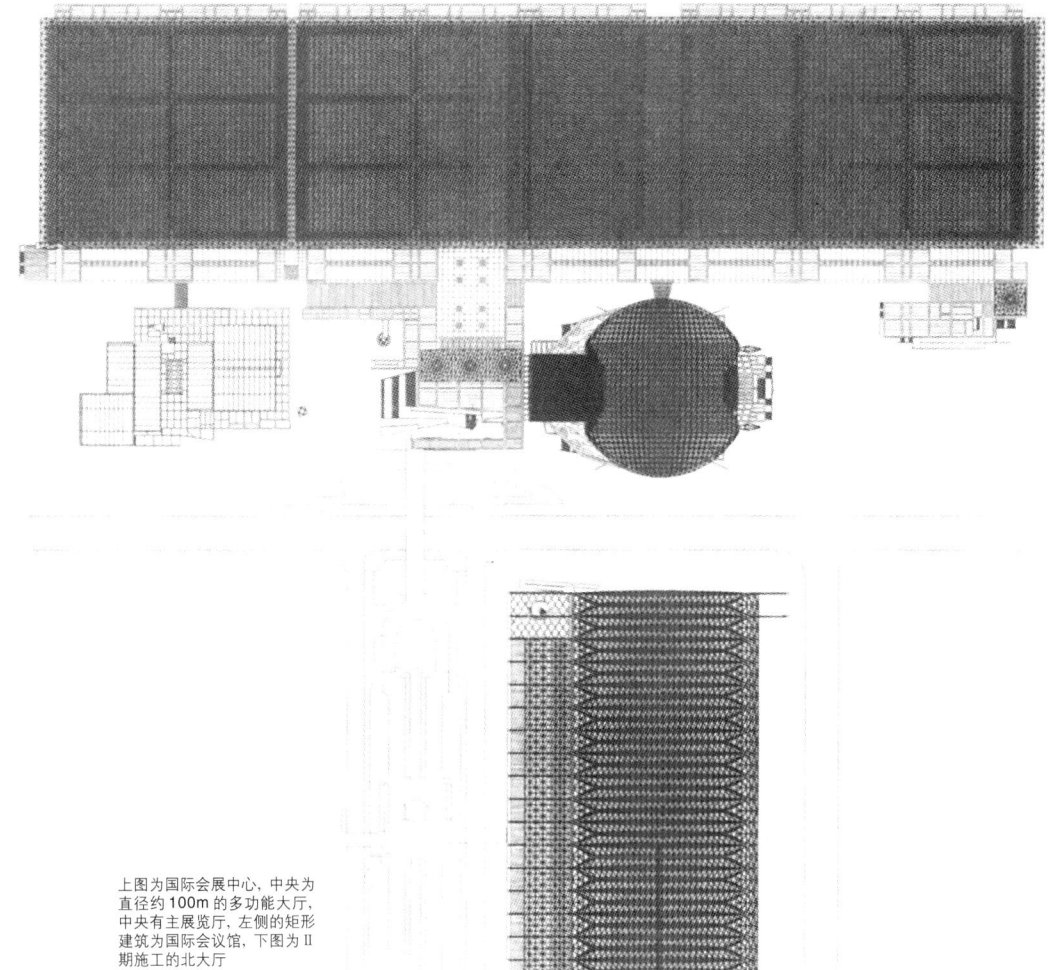

上图为国际会展中心，中央为
直径约100m的多功能大厅，
中央有主展览厅，左侧的矩形
建筑为国际会议馆，下图为Ⅱ
期施工的北大厅

图1　屋顶平面图

通过引进都市生活的多种乐趣，做到使其成为只要来过一次，便久久不能忘怀的场所。

如同飞机两翼状的国际展览馆、复合穹顶的集会大厅、平面为矩形的国际会议馆、波浪般起伏的北大厅，以及广场和层次分明的屋顶、雨棚等令人眼花缭乱，目不暇接，千姿百态，俨然构成一处魅力无比的小街区。

当人们走进其中时，展览大厅那由舒展自然的拱形曲面网架结构覆盖的空间被透明的屏幕隔断起来，从天窗射入的阳光透过网架洒落下来。来到这里观摩的人们首先被引导到二层，然后一边居高临下饱览展示演出的热闹场面，一边向下进入展览大厅。通过这样的动态的空间构成手法，使人们感到一种置身展览馆的冲动。这项设计方针是由槙先生想出来的，他曾给我做过精辟的说明："迄今

为止，世界各地已有的大型展览中心都是将观众进馆的出入口大厅搞得既华丽又开阔，而最主要的展览厅却搞得像一座宽敞有余的大仓库一样。我认为，恰恰应该反过来，让前厅的空间适可而止，而一旦迈入展览大厅便豁然开朗，一个连续、华丽的空间呈现在观众眼前"。作为笔者的我，连忙称是。

如此庞大的空间怎样才能实现呢?我是从将结构方案设计得越简单越好的思路开始的。将国际展览馆、多功能集会大厅、国际会议馆，以及附属的形形色色的设施统统放在一起考虑，将它们分成三大基本构成要素：①地面构造；②大屋顶结构；③地面与大屋顶之间的支承结构。这三大部分的每一部分都必须分别采取综合性的技术措施加以解决。

235

照片2 主入口的通道

照片5 展览大厅

照片3 华盖的球形扁壳

照片6 位于国际会展中心中央的通道廊

①指的是关于在构筑于软弱的填筑土地上的地面和复杂的室内地面的构成上，采用了预应力混凝土的做法。这里所采用的预应力混凝土既有先张法，也有后张法，目的是加大跨度，保证质量，注重提高生产率和工艺性，其最大优点则在于具有高度的承载能力，非常适合作为会展中心室内地面的结构材料。

②是指全部屋顶采用了形态多样，功能和力学性能各异的钢结构来建造，并且以所谓的空间结构体系为主，所以，这里的设计编织出了钢材应用的多样性。

③则是关于支承这些屋顶的各类柱子的特点，以及位于不同部位和如何适应其所支承的屋顶的类型、力学上的特点，并在分析和明确其必要性上，有针对性地实行了个别设计。因此，柱子在其形状、尺寸、材料、材质、构造

照片4 主入口大厅

照片 7　展览馆内部

照片 9　多功能大厅的外观

照片 8　展览馆外观

照片 10　多功能大厅的大屋顶支柱

等方面出现了多样性。

　　108m×516m的展览大厅有时会像日本汽车展一样，将整个大厅作为一个展厅来使用，但是，通常还是分隔成几个展厅和会场来使用的。幕张会展中心是按照可以将全场划分为8个分馆来规划的。因此，在结构规划上，就要找出全场作为一个展厅和分成几个展厅时的二者通用的设计。

　　覆盖整个会展中心的大屋顶结构为具有半径1200m的平缓曲率的拱形空间桁架，系由梭形桁架、半梭形桁架和屋顶桁架三个序列构造而成。桁架厚度分别按3层、2层和单层加以变化，起到明确划分等级的作用。桁架的基本尺寸在平面上是以约3m的网络，高度方向2.1m的网格为模数，安排起来，十分方便。

　　梭形桁架沿长边方向排成四列，以便加强大屋顶的面外刚度，并得以构成60m跨度的连续结构，按其作为屋顶安装时的定位结构来设计，完成后，可将其作为通风、采光和维修通道等来利用。

　　半梭形桁架按每60m为一展览单元；沿短边方向设置，其上安装雨水排水槽，而下面则作为安装隔断墙的玻璃之用。

　　屋顶桁架被命名为"空间桁梁"结构体系，其组成构件属于单向"连通"的。换句话说，空间桁架的构件不是采取节点连接的方式，而是采取了上弦杆和下弦杆全部都是沿着一个方向为连续的，而沿与其正交的另一方向则采用一段一段的不连续的构件。这样做的结果，可以提高构件的选择自由度，便于实现节点连接，而且可使结构安装更为顺畅和快捷。

（渡边邦夫）

[参考文献]
1)『新建築』1989 年 12 月号，1998 年 1 月号，1999 年 5 月号
2)『建築文化』1989 年 12 月号
3)『日経アーキテクチュア』1989 年 11 月 27 日号，1989 年 2 月 16 日号
4)『建築技術』1998 年 1 月号

1990 ~ 1994

058

059

060

■**建筑结构界的事件**
大规模及复合化的时代

1990	■**经济界的事件** 泡沫经济崩溃	·超结构的超高层大厦(1990 日本电气总社大厦、东京都新官署；1993 横滨标志性大厦) ·穹顶建筑(1988 东京；1990 秋田、前桥；1992 出云、白龙；1993 福冈；1996 长野；1997 名古屋；2000 埼玉；2001 札幌)
1991	·1991~1992 年　泡沫经济崩溃	1991　缺陷钢结构问题
1992	1992/6　生活大国五年计划(目标实际增长率为 3.5%) 1992/8　综合经济措施(200 年后，10 次总额及事业规模为 136 兆日元)	
1993		·大规模综合大厦(1986 阿库希尔茨；1993 横滨标志性大厦；1997 京都站；2000 名古屋站楼) 1993　日本隔震结构协会成立
1994	1994/6　日元汇率战后首次超过 1 美元为 100 日元的格局	

061

062

063

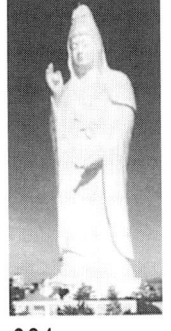
064

065

066

067

068

069

■建筑 100 例展示的结构技术

058　日本电气总社大厦(典型的超框架结构的超高层建筑)1990
059　秋田空中穹顶(屹立于雪原的拱架式薄膜结构)1990
060　前桥绿色穹顶(大规模弓形梁体系)1990
061　水晶大厦(日本最早的减振结构)1990
062　大阪东京海上大厦(4 根组合柱建成的超高层结构)1990
063　东京都第一官署(超结构体系的超高层建筑)1990

064　天道白衣大观音像(钢筋混凝土造的观音像，高度为 128m)1991

070　　　　071

065　新横滨普林斯大酒店(超级液体减振器〈SSD〉)1992
066　出云穹顶(层板胶合木 + 薄膜 + 钢材建成的混合结构)1992
067　第一生命府中大厦(大规模基础隔震构造)1992
068　江户东京博物馆(采用大规模竖向减振楼板系统)1992
069　白龙穹顶(层板胶合木钢索薄膜结构体系)1992

070　梅田摩天楼(顶部连通的超高层大厦，顶升施工法)1993
071　福冈穹顶(日本最早的屋顶开启式体育场)1993
072　横滨标志性大厦(日本最高的超高层建筑 296m)1993

072　　　　073

073　静冈媒体大厦(减振效果获好评的减振建筑)1994
074　关西国际空港旅客候机楼(在下沉地基上建起的建筑物)1994
075　基因斯总社及研究所大厦(采用 CFT 的双框架结构)1994

074

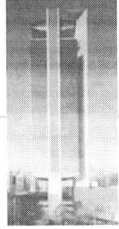
075

058 日本电气总社大厦

典型的超框架结构体系

关键词 超框架、组合柱、组合梁、超厚钢板H型构件、耐碳化断裂钢、连接试制试验

照片1 外观　　摄影(1、2): 和木通(彰国社)

照片2 外观

房尾建筑概要

〈建筑概要〉

地　　　址：	东京都港区芝5丁目Ⅶ番地15号
主 要 用 途：	办公楼
设 计 者：	日建设计
结构设计者：	同上
施 工 者：	鹿岛建设、大林组JV
建 筑 面 积：	6400m²
总建筑面积：	145272m²
层　　　数：	地下4层、地上43层、屋顶楼1层
楼　　　高：	180m
竣 工 年 月：	1990年1月

〈结构概要〉

基　　　础：	高层部分下方=钢筋混凝土造、平板基础 停车场下方=钢筋混凝土造、独立基础 现浇混凝土桩基
结　　　构：	高层部分地上=劲性钢筋混凝土超框架 高层部分地下=劲性钢筋混凝土造 停车场楼=钢筋混凝土造

1. 前言

　　日本电气总社大厦与以往所见到的那种箱子型的楼宇完全不同。这幢大厦的外形是沿高度分成三截，越向上越窄，形态独特，与众不同，就是从远处看上去，也不会认错。这样的外形借助立面宽度的明显收进与设在中间的透风口相结合的效果，还可以达到将大厦风对周边地区的影响降低到最低限度的目的。

　　为了缓解大厦风，通常采取的办法有：

①扩大大厦的低层部分的宽度，用来遮挡吹在高层部分的风向下吹，从而使行路的人得到保护；

②将大厦的隅角削平，使被大厦的棱角吹过的强风范围缩小；

③借助防风网和栽植高大树木来保护与步行人身高同高的部位；

④在大厦的墙面上开洞，给风提供通道，从而缓解大厦侧面的强风。

　　上述方法早已为人们所熟知。为了证实以上这些方法对实际大厦的有效性，曾做过8种模型的预备性风洞实验，如图1所示。实验结果表明，大厦风造成的影响最小的是圆柱形大厦(模型H)，而影响最大的是以往的箱形大厦(模型A)。此外，如果建筑物上开了洞，将使风速增大

的周围范围减小，而且，还发现，洞口越集中，其效果越
显著。

根据上述预备实验的结果，全面考虑该大厦的功能性
和它的社会地位等因素，决定以效果好的模型E和模型F
为基础，并略事修正，最终采用了这样的航天飞机形的外
形。除了选用这种环境保护型的形状之外，又在大厦的周
围，密集地栽植了高达8m的高大乔木，进一步维护了大
厦建筑前的风环境。

2. 结构规划概要

(1) 超框架

超框架是伴随建筑功能复合化而出现的复合型框架结
构体系，其构成要素有大型组合式框架柱和大型组合式框
架梁。由于超框架本身是承受绝大部分的铅直荷载和水平
荷载的基本承重体系，所以，那些不属于组成超框架的组
合柱和组合梁范围内的空间成为了人们可以自由支配和布
置的空间是这种结构体系的一大特点。作为自由支配和布
置的空间，借助附加的副框架来安排多层办公空间、贯穿
几个楼层的天井式空间和宽敞的大厅，而本建筑物的风洞
也正好设置在这个空间的延长线上。超框架的形态有口字
形的和日字或目字形的不等。这种超框架的结构类型在日
本有据可查的有，波拉五反田大厦(1971年竣工，高43.9m，
大型组合梁的跨度为38m)、全国勤劳青少年会馆(阳光广
场，1973年竣工，高89m，跨度为36.8m)等，而1990年
竣工的本大厦当属这种类型结构在超高层建筑中的应用和
合理延续。后来还有在利用高性能的60kg钢材来进一步
追求合理性的建筑就是日本国铁东日本总社大厦。

(2) 结构概要

1) 高层部分的结构

沿高度分三层向内收进的大厦外形，同时又在低层部
分的屋顶设置了44m(宽) × 16m(高)的透风口都是为了
使这幢超高层大厦能够更有效地承受铅直荷载和水平荷载
作用为其结构规划的目标的。

分析结果表明，采用超框架体系的目的在于它的合理
性和钢材用量上。所谓超框架就是将通常的柱和梁用斜撑
连接起来构成组合柱和组合梁，从而组合成超大型的框
架，对于这幢大厦来说，是每隔11个楼层用一幢桥梁桁
架作为横梁，并与位于大厦两边的组合桁架柱一起构成超
框架，作为承受包括大厦自重和地震力在内的主体结构。

X方向框架为包括4幢平面框架（I、J、K、L四轴线）
的目字形超框架，除十六层以上的每10层的办公室楼面
铅直荷载由其组合式桁架梁来承受之外，同时，又要将荷

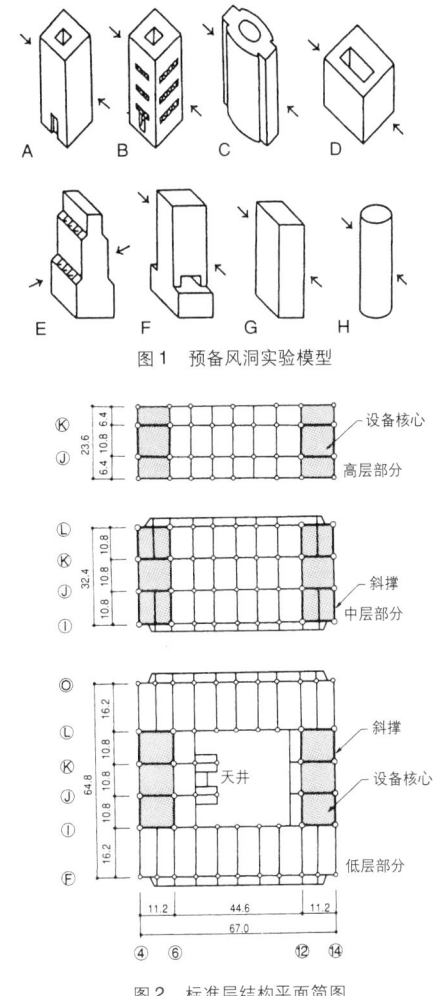

图1 预备风洞实验模型

图2 标准层结构平面简图

载传递给位于核心部位的组合式桁架柱，此外，还要具有
承担地震时的水平力和确保足够刚劲的性能。

Y方向的超框架由沿核心的东西方向配置的4幢平面
框架(4、6、12、14四轴线)构成，形成横向宽度较窄的
目字形，目的是赋予整个结构体系以箱形结构的功能，并
将其在十三层至十五层处构造成有45°坡度的突胸。

超框架的组合式桁架柱的宽度为X方向为11.2m，而
Y方向为10.8m，而腹板是由斜撑构成的。斜撑的布置呈
K字形，当柱整体受弯时，斜撑内不产生轴力，仅当承受
剪力作用时，才起作用。由于组合式桁架柱的一部分在各
个楼层是作为楼宇中央的电梯厅出入口之用，所以，层高
较小的楼层则采用K字形偏心斜撑。在超框架沿纵向排列
的4幢平面框架与沿进深方向排列的4幢平面框架的交点
处集中设置的分立柱有16根，这些柱子是承受大厦的中、

241

高层部分全部重量的大型构件，因此，采用的是在迄今为止的日本国内建筑中，从来没有采用过的厚度为100mm的超厚钢板焊制的焊接钢柱。

作为超框架的组成构件的组合式桁架梁，其梁高为6.5m，由上、下弦和腹杆组成，在 X 方向的超框架中，每隔7.2m设置的副框架柱为该组合式桁架梁的竖杆。

在超框架之间的补充框架和位于超框架周围的框架称之为副框架，全部都是纯框架。

中、高层部分的副框架柱的主要作用是将各层楼板的重量传给超框架的组合式桁架梁。因此，为使铅直荷载的传递路径更加明确，在施工规划上做出了将二十六层和三十七层的副框架柱的设置，放在了楼板混凝土浇注完毕之后。

大厦的基本固有周期在 X 方向为3.51秒，而 Y 方向为3.44秒。一般来说，钢结构的超高层大厦的基本固有周期 $T=0.025H$（H 为大厦高度）左右，而本大厦则约为 $0.020H$，这是因为超框架的强大刚度起了作用的结果，从而，可以在抵御风振导致的摇晃上，发挥作用，提高居住的舒适性。

2) 高层部分的地下结构

高层部分的地下结构采用的是劲性钢筋混凝土，目的是为了使地上的钢造主体结构与钢筋混凝土的基础之间的内力顺畅传递。另外，从地下一层一直到地下二层设有劲性钢筋混凝土造的桁架，这是作为超框架的基础梁加以规划的。

3) 基础构造

高层部分楼宇的正下方为平板基础，安置在GL-24m

以深的坚硬的泥板层上。高层部分楼宇的基础底面的平均接地压力为38t/m²，而核心部分的正下方由于超框架的原因，荷载比较集中，接地压力最大，达72t/m²。

3. 构件设计

(1) 超框架

超框架的钢结构组合柱的单肢为1000mm×1000mm，组合柱的斜杆为500mm×500mm，桁架梁的弦杆及腹杆为1000mm×900~600mm的SM50级的大型焊接 H 型截面，这些构件在水准 2 的地震时(60cm/s)都不会出现超过其极限强度的情况。

构件的长细比必然是较小的，因为全都属于重型构件。组合柱及整体柱为20左右，而桁架梁的弦杆及腹杆则为15左右，均属于在不会出现弹性失稳的范围之内。斜撑及腹杆的安全系数要比组合柱及桁架梁的上、下弦杆的安全系数来得大，目的是，防止斜撑及腹杆出现失稳而发生滑移状的大变形。

组合柱与桁架梁的接合部如图4所示。该图的左右方向为 X 方向，而 Y 方向的构件则用虚线表示。

左右超框架安全性的因素不仅在于其构件的大型性，而且还取决于形状、尺寸所导致的构件集中部位的节点连接的传力效率。

对于超框架来说，它在 X 方向的45m跨度的组合式桁架梁承受着很大的长期铅直荷载，并以很大的弯矩及剪力的形式传递给组合柱。在这部分，借助柱与桁架梁的弦杆及腹杆所采用的焊接H型截面构件全部按照强轴朝向面外安置的办法，而使构件内力的大部分在翼缘的平面内得

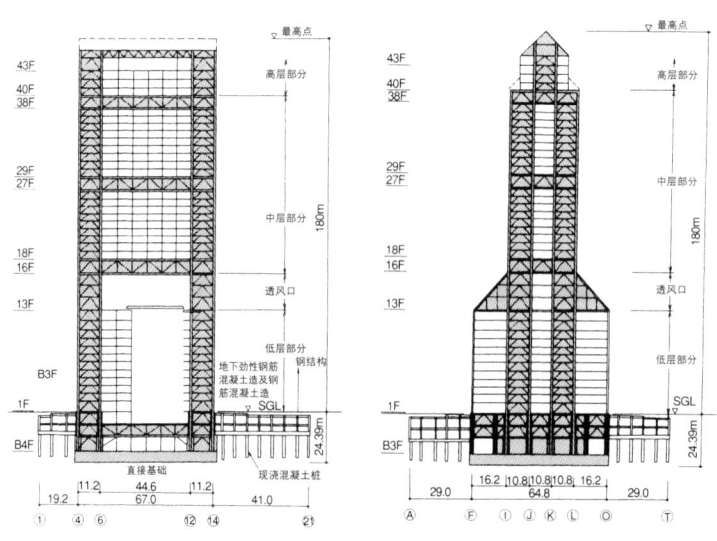

图3　X 方向(左)及 Y 方向(右)结构立面图

以顺畅地而且是有效地传给接合部。此外，由于所采用的H型截面属于开口截面，所以具有便于厚板的焊接操作和将焊接接头部位设置在由于构件集中而导致应力集中的位置等优点。

在这各种主要内力集结的翼缘汇交部位所采用的连接板是经过 FEM 法受力分析后，决定的能够缓和应力集中的形状。

(2) 副框架的构件设计

低层部分的副框架柱采用 600mm × 600mm，板厚22mm 的焊接箱形截面，而中、高层部分则采用的是 500系列的翼缘厚度为 30mm 的热轧 H 型钢。低层部分的框架梁采用高度为 850mm 的焊接 H 型组合截面，而中、高层部分则采用高度为 700mm 的热轧 H 型钢。采取以十字形对接焊缝的方式将梁端焊接于超厚钢板柱的翼缘上的目的在于，使沿超厚钢板的厚度方向作用的内力得到缓解。翼缘获得楔形加宽后，将使梁的屈服部位离开柱子远些。

4. 钢材的规格及钢结构工程的施工管理

钢材规格按板厚的不同，有下述几种：

- 板厚 40mm ≤ t ≤ 70mm 的钢材—JIS 规格 SM50B
- 板厚 80mm ≤ t ≤ 100mm 的钢材—JIS 规格 SM50B 及 WES3008 — 1981 规格 Z25

考虑到超厚的构件宜采用比较容易制作的 H 形截面，而板厚 100mm 应不超出 JIS 规格范围之外，板厚为 90mm 时，应为日本国内有过施工实践经验的，或者是在日本加工，并在海外建筑和海洋结构物有过应用经验的理由，所以，选用了 SM50B 钢材。对于厚度超过 80mm 的钢板来

说，除应该达到 SM50B 的规模之外，还为了确保 T 形对接焊缝的性能，应能具有 WES 规格 Z25 的耐碳化断裂钢的特性。此外，因为众所周知，100mm 已是连续铸造法的厚板制造限界，所以，铸锭在板坯初轧法中也有限定。对于以往的厚板材来说，在钢材强度及韧性特性方面，与 C 方向和 L 方向相比较，Z 方向(板厚方向)的特性是要差一些的，但是，在热轧之后，经过水冷和空冷，然后再加热，并进行均热的钢材，其强度特性，尤其是 Z 方向的强度特性便可得到改善。

在钢结构工程动工之前，对于实际应用的钢材进行了下述试验，一方面是为了详细拟定施工方法，同时，还要对钢材在力学性质上的安全性加以确认：

① 超厚钢板的基本性能确认试验(试验项目)

抗拉试验，抗弯试验，冲击试验及化学成分；

② 十字形及斜十字形对接焊缝性能试验

宏观试验，抗拉试验，冲击试验，硬度试验，超声波探伤试验；

③ 超框架接合部试制试验

焊接导致的收缩量，各部分的高度及翼缘的弯曲，预热温度的确认，制成后的残余应力，焊缝质量；

④ 梁、柱焊缝试验

超厚钢材的焊缝强度及变形性状的确认试验；

⑤ UT 适用性试验

对厚钢板使用超声波探伤试验法适用性的确认。

5. 结语

如今已经进入要求都市内的建筑物在空间的多样化和高级化，以及对环境的考虑等方面不断提高的时代。作为应对这些要求的解决办法之一，就是采用超框架的建筑物，本文所介绍的这幢大厦则是这类建筑的先驱。在其结构设计中，对在规模上没有先例的巨型框架和超厚钢板的使用，曾进行过分析方法、焊接技术、检验手段，以及当时可能采用的材料等多方面的综合研究和慎重分析。虽然，现在已经可以采用 60k 和 80k 的钢材，甚至还有 TMCP 钢等钢材了，有可能将结构设计得更加合理，然而，胆大心细地对待大规模结构物的设计的慎重态度，今后仍属必要。

(木原硕美)

[参考文献]
1) 寺本隆幸，内田三雄，木原碩美，常木泰弘「スーパーフレーム、日本電気本社ビルの構造」『ビルディングレター』1990年7月号
2) 寺本ほか「極厚鋼板を用いた柱はり溶接接合部の力学的性状に関する実験研究」『日本建築学会大会梗概集』1987年10月

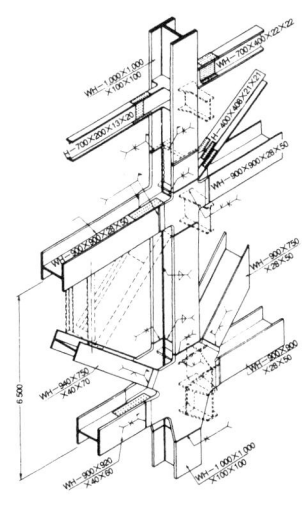

图 4 超框架节点详图

059 秋田县立中央公园有盖运动场 秋田空中穹顶

在雪原建成的拱架式薄膜结构

关键词 拱架薄膜结构、压屈分析、融雪装置、融雪及溜雪实验

照片1 外观

房屋建筑概要

〈建筑概要〉

地　　　　址：	秋田县河边群雄和町椿川字驹坂台地内
主要用途：	体育馆(英式足球、橄榄球、网球等)
设　计　者：	鹿岛建设建筑设计本部
结构设计者：	同上
施　工　者：	鹿岛建设东北支店
建设用地面积：	40000m²
建筑面积：	12123.61m²
总建筑面积：	12158.13m²
最高点高度：	32.2m
檐　　　　高：	4.9m
屋　　　　顶：	聚四氟乙烯涂层玻璃纤维布
外　　　　墙：	露明面混凝土
开　口　面：	聚碳酸酯大型卷帘
室内地面：	泥土铺面
竣工年月：	1990年1月

〈结构概要〉

屋　　　　顶：	钢管拱充气结构
下　　　　部：	钢筋混凝土造
基础类型：	现浇混凝土桩

1. 建筑概要

这幢秋田县立有盖运动场"秋田空中穹顶"是一个规模庞大的空间薄膜建筑，南北方向约100m，东西方向约130m，高32m。作为一座以增进县民健康为目的的设施，希望建设在能够提供冬季积雪时仍然明亮，而夏季又凉爽的开阔的体育空间的地点。

1986年(昭和61年)10月曾由秋田县出面举行了有6家著名建筑公司参加的设计竞赛，现在的方案是选出的最优秀的参赛作品。这次的设计竞赛是一次向多雪地区建造薄膜结构的挑战，也是一次向当选施工单位委托施工重任的夺标竞赛。随后，在(财)日本建筑中心内成立了"秋田穹顶建筑技术指导委员会"，曾四次召开委员会会议，研究探讨了融雪系统的效果、系统的运用方法和耐雪设计方针等。委员会的见解是："在降低积雪荷载方面，原本是指望融雪装置充分发挥融雪作用的，可是，当时并没有实践资料作为依据，因此，这次所采用的积雪荷载仍应按照建筑基准法采用，具体说来，就是采用秋田县行政指导值的积雪深度150cm，积雪荷载450kgf/m²。"

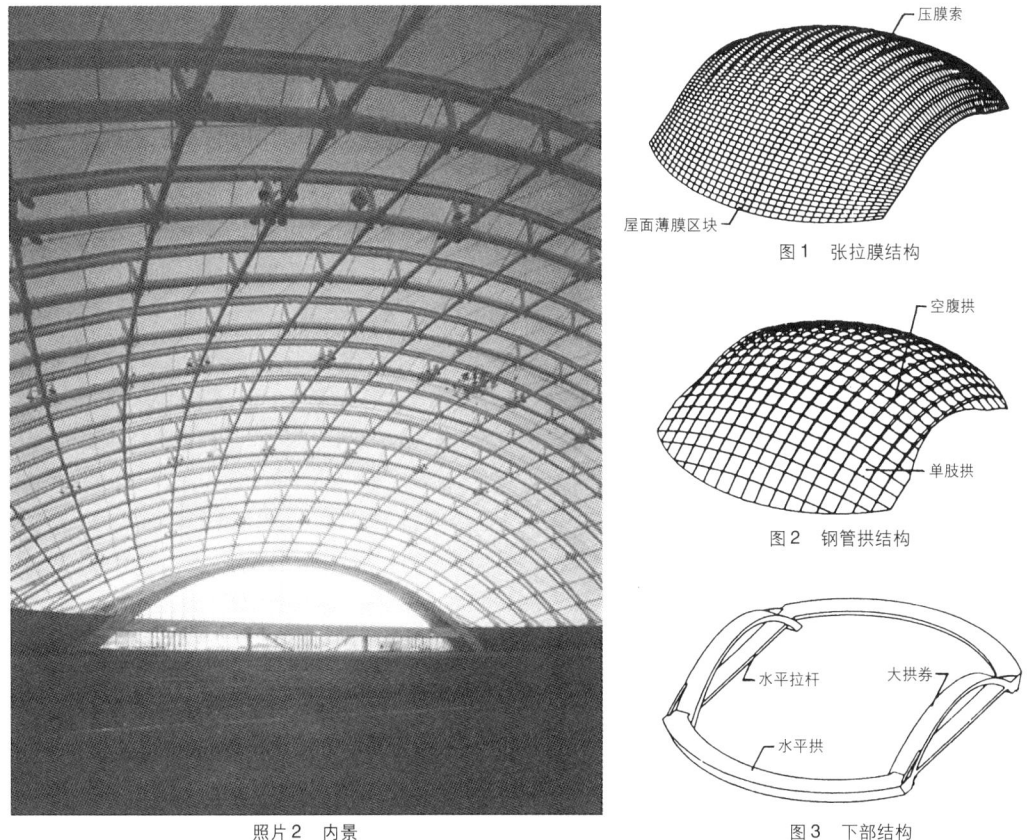

照片 2　内景

图 1　张拉膜结构

图 2　钢管拱结构

图 3　下部结构

1987 年 12 月，向日本建筑中心提请评审、在结构及防灾两方面同时接受审查，1988 年 3 月评审完毕，同年 5 月获得建设大臣批准。

2. 结构规划概要

该建筑物由充作屋顶的张拉薄膜结构和能够承受积雪重量的坚固刚劲钢管拱结构，以及下部位于屋顶界面的下部结构构成。各组成结构的特点分述如下。

(1) 张拉薄膜结构

膜面由宽约 6m 的带状单元构成，在各单元的中央配置钢索，张拉后形成 V 字形。在屋顶的中央，V 字形的沟最深，越往屋顶的周边发展，沟越浅，其形状宛如竹叶一般。V 字形在冬季积雪的时候能够起到溜雪沟的作用。

(2) 钢管拱结构

支撑薄膜的钢管拱结构，其形态与屋面薄膜的形态略有不同，依据承受沉重的积雪荷载在力学上的合理性的观点，采取了部分球面的几何形状。虽然是由单层交叉拱构成的网格体系，但是，薄膜屋面的溜雪沟方向却是双层拱中间用竖杆连接而成的空腹拱，这样一来，在力的传递上就变成了各向异性。拱的组成构件一律采用钢管，拱与拱之间全部采用刚性连接，以便构成没有支撑和斜杆的大块（约 6m × 6m）槽扇式的形态。

(3) 下部结构

钢管拱结构随着其拱脚处的水平支承刚度的不同，拱内轴力与弯矩的比值的变化是极为显著的。因此，应尽可能地将支承拱脚的边缘结构设计成接近完全刚性的。在这幢建筑中，在距地面 5m 的位置处，架设了一个很宽的钢筋混凝土造的刚性水平环，环的下方设置用途不同的各种房间。此外，这个刚性水平环就支承在这些房间的钢筋混凝土的隔断墙上。

这种下部结构的另一特点是它的室内与室外的连通性，也就是它的开放性。将屋顶球面的两端削平形成巨大的出入用洞口，这部分的边缘结构又构成一个垂直于刚性水平环的钢筋混凝土造的洞口大拱。

(4) 基础构造

在洞口大拱的下方设置了 4 个巨大的基础。桩基采用的是钻土施工的现场浇注的混凝土桩，支承在N值超过50的坚实砂岩持力层上。

3. 结构设计概要

(1) 抗震设计

该建筑的抗震设计是遵循日本建筑基准法中，对抗震性能的有关规定进行的。具体来说，就是按照包括积雪荷载在内的屋顶永久荷载来设定地震时的层剪力系数值，并对各个构件内的应力是否已控制在短期容许应力之内的问题，加以确认。包括积雪荷载在内的屋顶总荷载约为4000tf，而积雪荷载既考虑其均匀分布，也考虑其偏载分布。

(2) 抗风设计

速度压是根据日本建筑基准法施行令及其告示设定的。至于风压系数则是在风洞实验的基础上，在平均风压系数上再适当增大内压系数后，最终设定的，对于整个屋顶来说，上吸的风力起控制作用，最大风压系数$C = -0.9$。

(3) 耐雪设计

积雪荷载的计算过程包括根据建设地区的积雪资料来了解建设用地的积雪状况，然后，求得地面最大积雪深度的50年重现期的期望值以及以往的地面最大积雪深度。根据建设地区的资料求得的重现期为50年的积雪深度期望值为170cm，以往曾经出现过的最大积雪深度为昭和48年(1973年)的196cm。此外，根据"建筑物荷载规范及其说明"(日本建筑学会)所提供的计算方法，将170cm的地面最大积雪深度换算为屋顶积雪深度时，其值等于114cm。换言之，屋顶积雪荷载为342kgf/m²。该建筑中安装了后边将要提到的融雪溜雪系统，其能力是按过去情况最恶劣的1973年来运行，将屋顶最大积雪深度定为70cm。但是，根据技术委员会的意见，设计时采用的积雪荷载却是450kgf/m²(屋顶积雪深度为150cm；单位重量为3kgf/m²cm)。

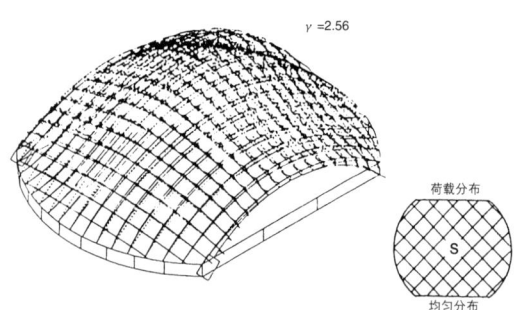

图4　稳定性分析结果(均匀分布积雪荷载下)

此外，长期积雪荷载为设计雪荷载乘以0.7，而计算地震荷载用的积雪荷载为设计荷载乘以0.35。

4. 结构分析

结构的内力分析是分为膜面部分和钢管拱结构部分分别进行的。

对于膜面的分析，分别进行了膜面区块的初始形状分析和内力变形分析，并对各种荷载分别进行了不超过容许应力的确认分析。分析计算一律采用考虑几何非线性的有限元法。

在实施包含边缘结构在内的钢管拱的内力分析时，是将各个构件先做线性变换之后，进行了三维空间框架分析。在钢管拱的组成构件中，受力最为不利的构件是在中央处于偏载时的1/3跨度附近。钢管的分叉接头处的最大内力也出现在同样情况下的相同部位的竖杆中，构件的实际内力约为屈服强度的65%。屋顶顶部的最大变位约为25cm。

此外，对于钢管拱结构还进行了各种积雪偏载情况下的整体稳定性分析。分析结果表明，压屈安全系数λ与压屈临界荷载值相比较，关于拱结构的整体稳定，十分安全。

5. 结构实验

在进行这幢建筑的结构设计过程中，曾实施了下述各种结构实验：

①钢管的T形分叉接头荷载实验[1]

实施的荷载实验是支管与干管二者口径接近的T形分叉接头抗弯性状实验。提出了关于抗弯刚度及抗弯强度定量计算公式。

②确定风压系数的风洞实验

建筑物的整体形状为流线型，实验研究目的在于了解屋面膜块凹凸不平的这座建筑的风压性状。测得的平均风压系数值最大为0.7左右。

③积雪风洞实验

这里进行的实验包括积雪的偏载状况和溜雪下滑状态的模型实验。首先明确的是，屋顶中央的雪完全被风吹走，并无积雪。此外，屋顶积雪分布偏载不大，设计预定的偏载分布的妥当性获得了确认。

④薄膜固定的强度实验

实施经过改进的夹紧铁件式的膜材装配实验。实验证明，夹紧铁件可靠。

⑤薄膜材料性能实验

由于地处积雪寒冷地带，薄膜材料性能必须进行实验验证。在冻融反复变化的条件下，没有发现明显的强度退化。

6. 融雪溜雪系统

(1) 融雪溜雪装置概要

由于薄膜容易传热，所以，从室内一侧供热时，可使膜面上的雪融化。在提供热风时，可用钢管拱结构本身作为热风管道使用。在钢管上开出大量口径很小的送风孔。由于利用的是结构本身，所以就不需要另外设置专门的风道了。这与利用喷嘴从下面供热的方式相比，其在供热途中的热损失少，且膜面又可以达到均匀受热。将膜面的顶部和下部各分为两部分，并根据四个部分的积雪状况，分别进行融雪。

本热风供给系统的目的，并非是将大量热能用于融雪，而是促使屋顶所积存的雪发生溜雪，因此需要在建设地点进行实验，以便确定运作方案。此外，将变位计分别布置在薄膜屋顶的10个部位，这样一来根据膜面的变位就可以掌握积雪状况了。当出现豪雪，且积雪厚度达50cm时，热风体系即可自动启动供热。在最恶劣条件下（1973年，豪雪时，可不计太阳能融雪，也不考虑溜雪和落雪）进行积雪模拟实验时，尽管屋顶积雪超过70cm，却没有积存现象发生。

(2) 融雪溜雪实验概要

为了处理屋面的积雪问题，需要对装置的运行方式进行确认，于是，实施了模型建筑的融雪落雪实验，模型的薄膜屋顶是搭建在8m×8m的房屋上，而且屋顶的角度是可以调整的。实验结果表明，在屋顶出现积雪后，向屋顶送入热风，使贴近膜面的雪融化，然后停止送风，在膜面与积雪之间便可形成薄薄的冰层，这样就能够人为地在适当时机实现屋顶溜雪和落雪。

本建筑物在其竣工后，在出现实际积雪时，曾采用这种方法实施了屋面溜雪，证明是成功的。这种屋面溜雪方法不需要整日地运转热风装置，总共运行4～6小时左右便可，可以大幅度降低运行成本。

7. 结语

这幢建筑在竣工后，又经过一段试用和调整期，便投入使用了。作为一处位于积雪寒冷地区的大型体育设施，备受秋田县人民珍爱，获得广泛的利用，成为供地区居民休闲健体的重要场所。

（黑川泰嗣）

［参考文献］
1）Y.Kurokawa, S.Ban, T.Yamada, and J.Suzuki："AKITA SKY DOME Part 1 General function, Structural design, and Construction", Proceedings 2 on IASS Symposium Spatial Structures 1990, Dresden and Cottbus, p.331-p.340
2）S.Akiyama, T.Saeki, H.Tsubota, and A.Yoshida："AKITA SKY DOME Part 2 Analyses and Tests for Structural Design", Proceedings 2 on IASS Symposium Spatial Structures 1990, Dresden and Cottbus, p.341-p.350
3）播、佐野、尾崎「あきたスカイドーム」『SDS』第8巻「現代の大空間構造」p.104～p.109，新日本法規，1994年

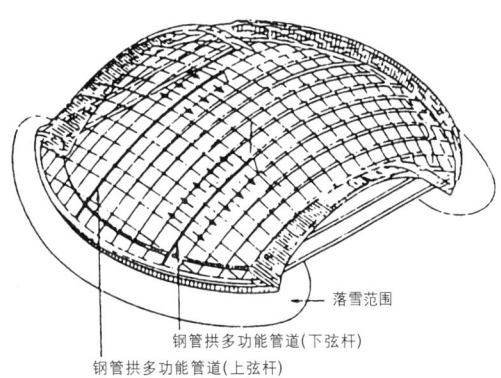

落雪范围
钢管拱多功能管道(下弦杆)
钢管拱多功能管道(上弦杆)

图5　融雪溜雪系统

照片3　溜雪情景写真

060 前桥公园体育馆　前桥绿色穹顶

大规模弓形梁建造的大型屋顶

关键词 低矢高的大屋顶、钢造的结构美、最佳拉力及最小变位、全体同时张拉

照片1　外观　　　　　　　　　　　　　　　　　摄影：北岛俊治

房屋建筑概要

〈建筑概要〉

地　　　址：前桥市岩神町一丁目 10 番 1 号
主 要 用 途：体育馆
设 计 者：松田平田坂本设计事务所(今松田平田设计)
　　　　　　清水建设
技 术 指 导：斋藤公男(日本大学)
施 工 者：清水、佐田、关电工、大和设备、三洋关东 JV
建设用地面积：4626.7m²
建 筑 面 积：2384.80m²
总 建 筑 面 积：59693.142m²
层　　　数：地下 1 层、地上 6 层(中部 5 层)—法定 7 层，屋顶间 1 层
建 筑 高 度：檐高=30.975m，最高点=41.207m
室 外 装 修：屋面=ALC 板基层上铺钢板，外墙=PCF 板(瓷砖罩面)
施 工 期 间：1988 年 9 月～1990 年 5 月

〈结构概要〉

结　　　构：屋顶=弓形梁结构(钢拉索 JSS1104)，
　　　　　　主体结构=柱 劲性钢筋混凝土造，梁 钢造，
　　　　　　看台 预制混凝土板，基础 承载基础

1. 建筑规划

这座前桥绿色穹顶属于前桥市整治利根川沿岸的"前桥公园建设构想"的中心设施，为了达到与周围环境和景观上的协调一致，选用了低矢高的大屋顶的造型。大屋顶结构采用的是弓形梁结构体系，大屋顶下方设有巨大的开口部分，看上去大屋顶给人以飘浮感。大屋顶笼罩的内部空间规划作为多功能和多用途的比赛和集会大厅之用，明亮而又宽敞。平面呈椭圆形，长边方向为 189m，短边方向为 144m，直线部分为 6 层，用作主看台和后看台，而圆弧部分为 4 层，用作侧看台。

2. 结构规划

为了使大屋顶实现低矢高的形态而采用了具有下述特点的弓形梁结构体系，在主梁及次梁的形状、梁间距的安排和钢索锚固端等的设计上，以及由屋顶中央环形梁及钢索所构成的空间的那种洗练感等都属于追求钢结构的结构美感的尝试。

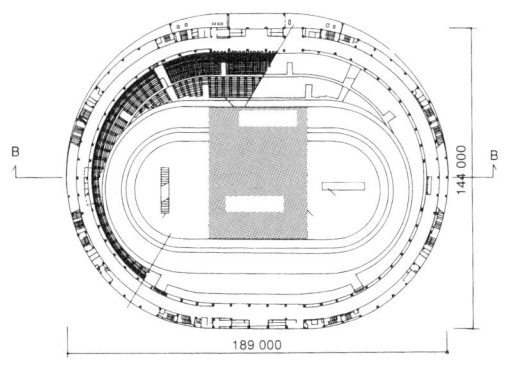

图1 四层平面图

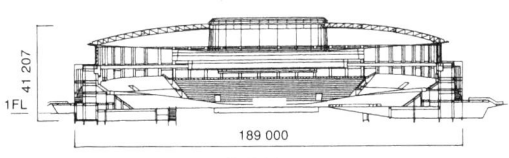

图2 B-B剖面图

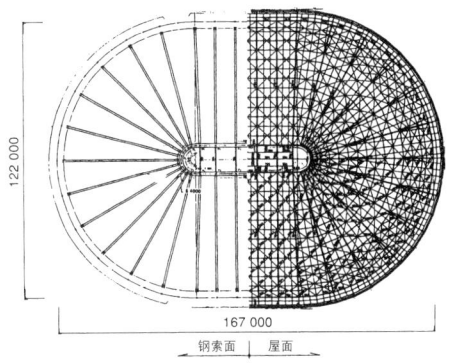

图3 屋顶结构图

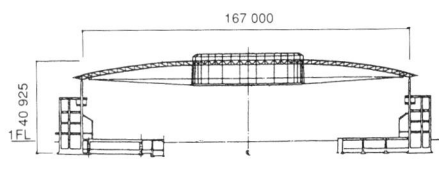

图4 长边方向剖面图

弓形梁结构体系的特点

- 属于自平衡型，支座处不产生水平力。
- 下部结构由于不受水平力的作用，从而为设置大型门创造了条件，使得成就明亮而又开阔的空间成为可能。
- 与其他结构类型比较起来，更便于实现低矢高的大屋顶（这里的大屋顶矢跨比只有0.057）。
- 结构形式简单，便于钢材加工。
- 借助钢索的张拉可以有效控制主梁的内力和变位，为实现结构合理化提供了手段。

3. 结构设计

(1) 设计概要

该圆穹形建筑的构成包括具有椭圆形平面（长边167m，短边122m）的钢结构大屋顶和支承大屋顶的由劲性钢筋混凝土建造的6层高的下部主体结构。大屋顶的结构为椭圆形的弓形梁体系，由6榀平行布置的弓形梁和22榀呈放射状布置的弓形梁，再加上十分刚性的中央环梁所构成。弓形梁由2.5m高的H型钢构成的圆弧形平行弦桁架和2条并列布置的钢索（结构用钢绞线：平行布置的梁中为ϕ84；放射状布置的梁中为ϕ72），再配以腹杆（钢管ϕ267.4）构造而成。在弓形梁之间布置呈同心圆状排列的次梁，宛如树干截面的年轮一般。

(2) 下部结构的设计

下部结构为椭圆形的钢筋混凝土造的框架抗震墙体系，

里圈柱（柱距为9m）的柱顶支承着大屋顶。柱为劲性钢筋混凝土造，而主梁则是二层以下为劲性钢筋混凝土造，从三层起，上部为钢结构，抗震墙一方面充作沿圆周方向的外墙和内场与观众看台间的界墙之用，而另外沿放射方向布置的抗震墙则用作楼梯间周围及各房间的隔断墙。

(3) 屋顶荷载的传递

由最高层的独立柱支承的大屋顶在其屋面铺装完毕之前，采用水平滚轴支座，以便为张拉钢索实现主梁的内力及变位提供条件。待屋面施工完毕后，再设置制动器，一方面可以缓解温度应力对下部结构传到支座上去。此外，关于水平力，曾进行了将五层柱脚以下的柱刚度和屋顶总体结构及其支座状态考虑在内的空间受力分析，以便充分掌握水平力向下部结构的传递路径。

照片2 内景 摄影：和木通（彰国社）

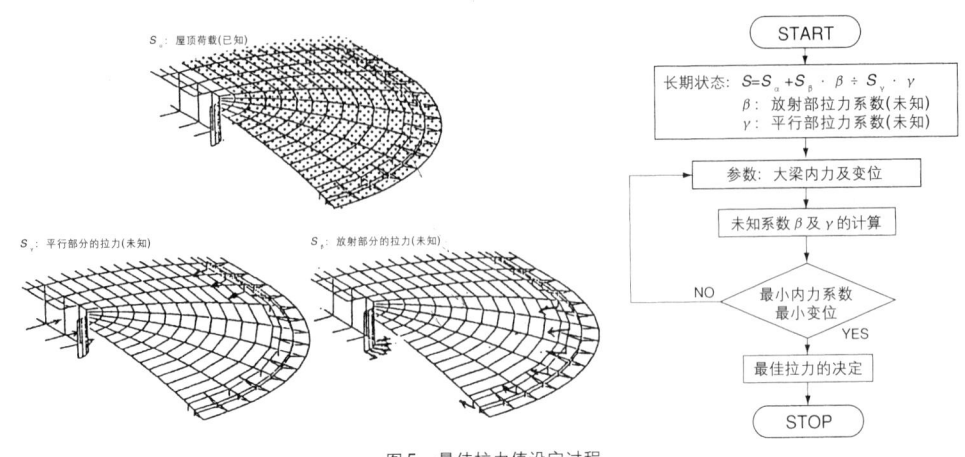

图5 最佳拉力值设定过程

表1 振型比较

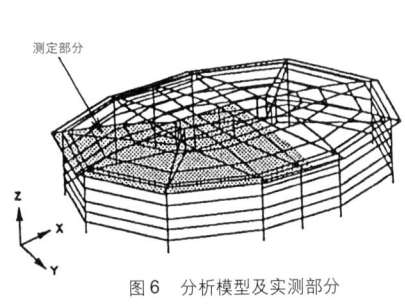

图6 分析模型及实测部分

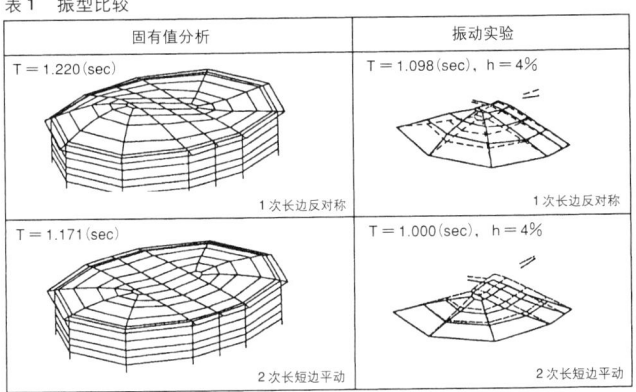

(4) 弓形梁屋顶结构体系的设计

从弓形梁结构的形态来说，为了既能确保室内比赛场所必需的25m以上的净空高度，而且又能最大限度地压低屋顶的最大高度，就必须深入探讨预定跨度与矢高和垂度之间的关系，然后，再决定进行验证屋顶结构的整体稳定性问题。

椭圆形弓形梁结构体系的钢索最佳拉力值应为这样的值，即当作为控制设计的长期荷载作用时，能使位于平行布置和放射状布置部位的主梁内力达到最小值，与此同时，变位也为最小时的拉力值。计算分析的结果，平行配置部位的索拉力值为385/2tf，而放射状配置部位的索拉力值为245/2tf。

关于屋顶结构体系的内力分析，由于在不同荷载作用下和在不同的支承条件下是各不相同的，因此，针对屋顶整体模式和部分模式进行了空间受力分析，最后，屋顶结构体系的安全性得到了确认。

(5) 抗震设计

对于下部结构抗震设计的输入水准，在1次设计时，标准剪力系数取为 $C_0=0.2$，而在2次设计时，则取为

$C_0=1.0$；至于屋顶结构体系的地震层剪力系数，根据结构主体振动分析的结果，水平方向为0.5，而垂直方向为0.2。此外，关于抗震性能的设计准则是这样规定的：在1次设计时，下部结构的构件应力不得超过容许应力值；2次设计时，结构的实有承载能力必须超过抗震要求的承载能力，同时，屋顶结构的所有构件内的应力均不得超过容许应力值。此外，通过振动分析，又确切地掌握了大屋顶的振动特性。并与竣工后的振动测定结果进行了比较。

4. 关于施工技术的探索和测定结果

(1) 施工程序

在伴有张拉钢索的弓形梁结构的施工中，需要探讨的施工内容有下述几个方面：①张拉钢索的时间；②张拉钢索时的施力大小；③张拉钢索用的千斤顶的能力及台数；④支撑构件的约束产生的影响；⑤施工暂设台架的刚度等等。关于上述内容，在施工过程中，通过模拟分析，一一进行了研究，最后确定了屋顶施工工序。此外，还对屋顶平面形状为椭圆形和关于钢索张拉的可靠性及其程序也都

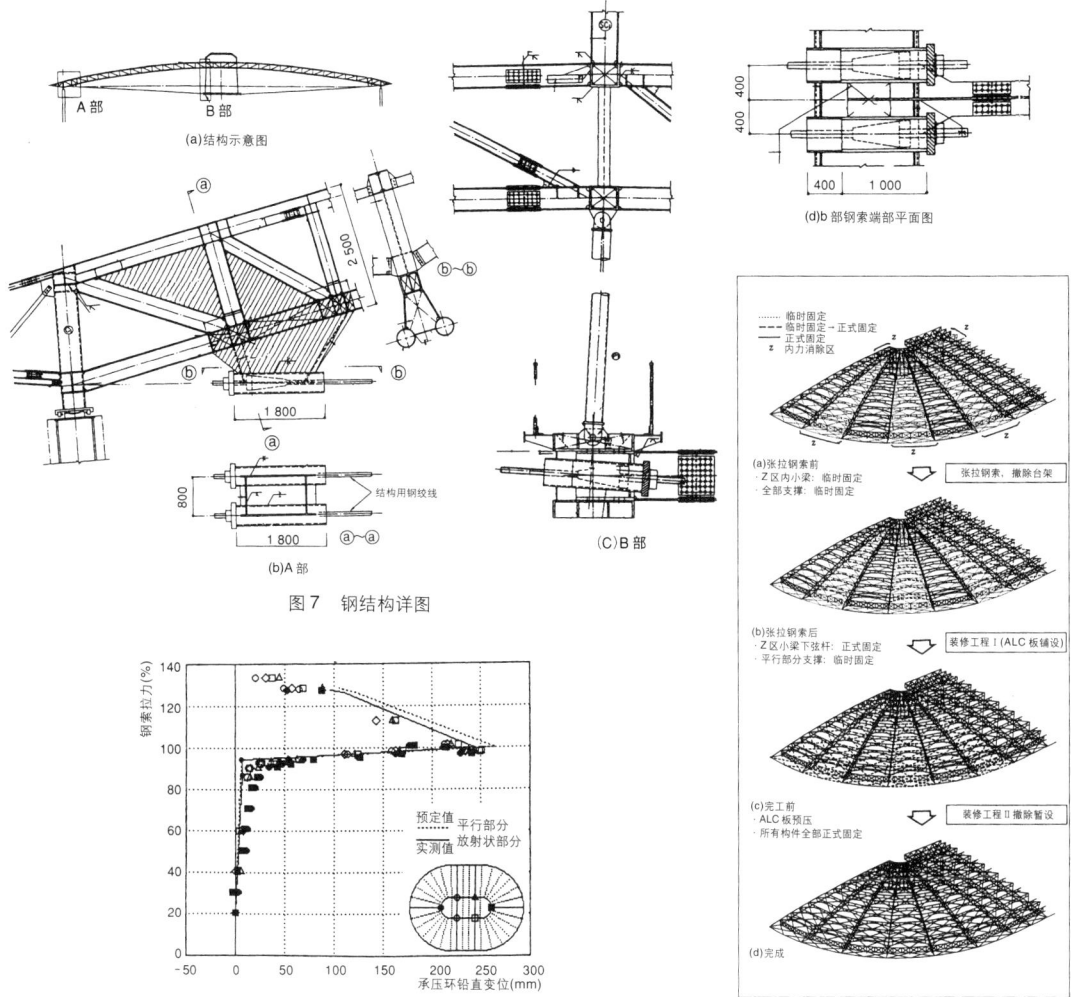

(a)结构示意图

(d)b部钢索端部平面图

图 7 钢结构详图

图 9 钢索拉力与承压环铅直变位的关系

图 8 屋顶施工顺序

做了仔细的考虑，张拉使用的是杠杆加压千斤顶，共 68 台，以便同时张拉 68 根钢索。

(2) 施工时的测定结果

在张拉钢索施加拉力时，是一边测定施加的拉力值和变位大小，一边张拉的。

1) 钢索拉力

在钢索张拉完毕时，18 台数字型荷载计全部 100% 地将拉力值显示出来。这时发现，荷载计显示的实测值与预定值之间的误差为 - 0.5% ~ 3.1%，精度很高。

此外，为了对钢索拉力的全面均衡性加以确认，采取的是振动法测定所有钢索的自振频率，然后换算出钢索拉力，并以荷载计的测定值为基准，加以校准，最后再与预定值进行比较，得到的误差为 - 4.8% ~ 3.7%。

综上所述，钢索的同时张拉系统的精度很高，而且钢索拉力的均衡性也得到了很好的控制。此外，在蒸压轻质混凝土板铺设施工完毕时的误差为 0.7% ~ 6.7%，而在屋顶施工完毕时的误差为 - 3.6% ~ 0.6%，显然，实测值与预定值相当一致。

2) 钢索拉力及变位

屋顶中央的承压环的铅直变位是随着屋顶结构体系脱离中央暂设台架之后，而急剧地朝设计预定值增大，然后，屋顶重量随着装修工程的进展而不断增大，承压环也不断向下位移。实测值与预定值在整个施工过程中，一直保持着一致。

(坂井吉彦)

[参考文献]

1)「長円形張弦梁屋根架構を用いた前橋公園イベントホールの構造設計概要」『鉄構技術』1990 年 1 月号

2)「張弦梁構造によるグリーンドーム前橋の大屋根施工」『建築技術』1991 年 1 月号

3)「長円形張弦梁構造の構造計画について等（グリーンドーム前橋の研究報告 1〜6」日本建築学会大会（中国大会）1990 年 10 月

061 水晶大厦

日本最早的超高层减震结构

关键词 风摇减振、振子式 TMD、冰蓄热槽、形状比 6、工业化手法

照片 1 两侧外观

房屋建筑概要

〈建筑概要〉

地　　　　址：大阪市中央区城见 1 丁目 2-27
主 要 用 途：办公室、商店、健身俱乐部
设 计 者：竹中工务店
结 构 设 计：同上
施 工 者：竹中工务店
面　　　　积：建筑面积 =3062m²，总建筑面积 =85994m²，
　　　　　　　标准层面积 =1850m²
层　　　　数：地下 2 层、地上 37 层、屋顶间 2 层
高　　　　度：檐高 =150.0m、最高点 =157.0m、标准层层高 =3.9m、
　　　　　　　标准层净空高度 =2.8m
竣 工 年 月：1990 年 8 月

〈结构概要〉

结 构 类 别：地下 = 钢筋混凝土造及劲性钢筋混凝土造
　　　　　　　地上 = 斜撑式框架结构、现浇混凝土扩底桩
　　　　　　　地下层周围为钢管混凝土桩
建筑物质量：44000t(地上)
设计自振周期：EW(长边)方向 =4.4s、NS(短边)方向 =4.7s
T M D 装 置：使用冰蓄热槽的振子
T M D 质 量：EW：180t、NS：360t
振 子 长 度：EW：3.2m、NS：4.4m
T M D 周 期：EW：3.9s、NS：4.4s
T M D 阻 尼：EW=1.2kN·s/m、NS=2.4kN·s/cm(油阻尼器)

1. 标志性大厦的结构体系

坐落在大阪城公园北侧的大阪商业园是一条有溪水也有绿地的高层建筑街区。大厦的南北侧面有潺潺溪水流过，东面与公路干线毗邻，而面对公路的西侧矗立着一座水晶般的高塔，这就是作为街区象征的 37 层办公大厦。1990 年建成的这座大厦正像它的名字一样，全楼清一色为蓝色玻璃罩面，在大阪市中心的超高层的建筑中，不论从东西南北哪一个方向都能远远地看到大厦的全貌。这幢水晶塔般的楼盘自然称得起是大阪商业园区的标志性建筑。大厦东西面的高宽比只有 6，所以是相当细高的形状，而其南北面则与周边环境相辅相成，溪水绿荫，相映成趣。

该大厦属于偏心筒型结构体系，沿长边方向的外墙为两排纯框架结构，而在接近大厦中央的地方，还有一排属于核心筒体的一侧有斜撑的内框架，在结构布置上并无偏心。沿短边方向的外墙也是两排纯框架结构，再加上在核心筒体的两侧对称布置的 4 排斜撑型框架。在核心筒外侧的斜撑型框架的中间层和屋顶层上，加设两层高的桁梁，

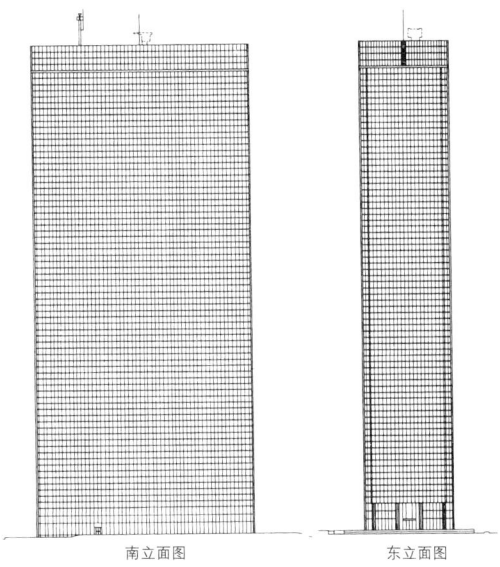

南立面图　　　　　　　　　　　东立面图

图1　立面图

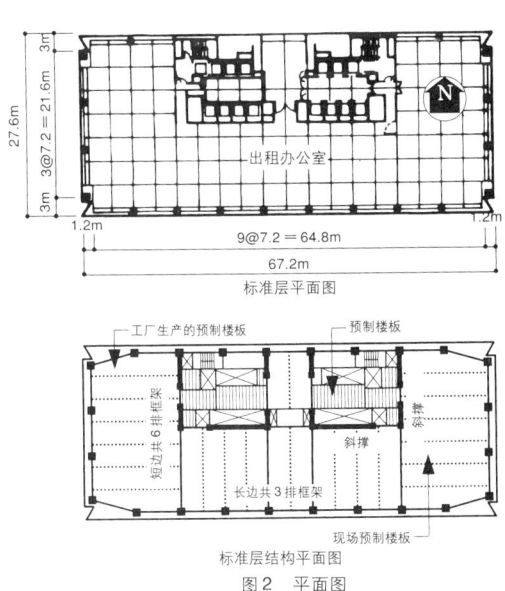

标准层平面图

标准层结构平面图

图2　平面图

用来约束大厦的水平变形。地面以下的地下各层采用无梁楼板结构，用以加大主体结构的重量，还可收到减小基槽深度的功效，并显著增大了大厦抗倾覆的安全度。从施工的角度出发，各标准层的楼板实施预制装配化，地下各层无梁楼板结构的柱子一律采用工厂制作的钢筋混凝土圆柱，并兼做现浇混凝土施工时的暂设支柱之用，总之，全部按照能够实施工业化施工来设计的。

2. 超高层建筑的风振减振装置

对于建筑结构的振动学来说，从单质点振动直接就进入了多质点系振动，但在机械振动的领域中，关于2质点

从大阪中之岛看到的水晶大厦的雄姿。右侧看到的是大阪城石垣的一部分。

照片2　西侧外观

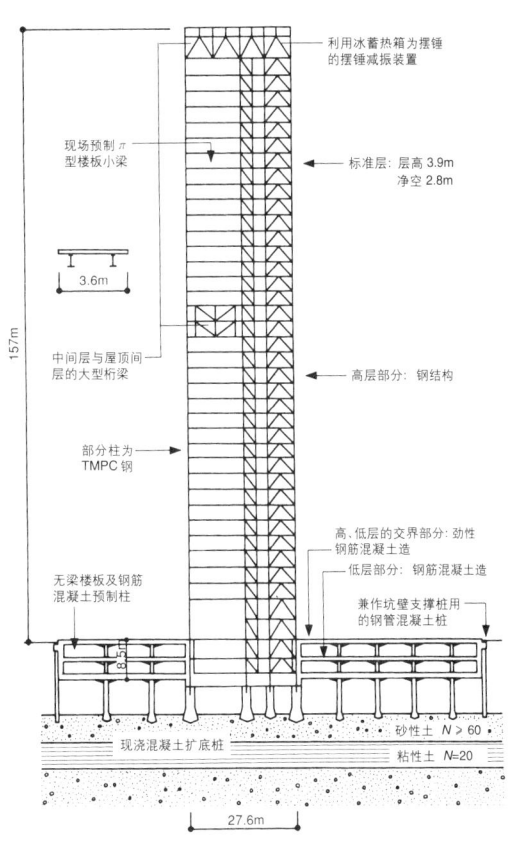

图3　结构概要

系振动的阐述十分详尽，对摆锤阻尼装置(TMD)的理论也有很多论述。从根本上来说，TMD 减振系统原本属于机械振动学领域的古典理论范畴，就是在日本国内，也早在 1930 年代就用于战斗机上了。一直到 1970 年代的后半期，建筑领域才将这一机械振动学中的质量阻尼装置的理论应用到超高层建筑上去，用它来减低高层建筑由风导致的振动现象，在 Citicorp Center(美国纽约，279m)和 John Hancock Center(美国波士顿，241m)中，首先出现。日本国内的建筑减振系统的应用是从 1980 年代开始起步的，而这座 1990 年的水晶大厦，作为超高层建筑，是首先采用 TMD 装置的。

对于被动型 TMD 减振来说，从重锤与建筑物规模的比例上看，实在太巨大了，因此，这种装置因其运行上和设置场地的问题，而很少在超高层建筑中得到应用。TMD 装置不容易被接受的理由主要是它所占据的面积(视野最开阔的最高层)，而非因为基本建设费用，尤其是在那些以出租为目的，容积率规划得满满的超高层大厦。

对于这幢水晶大厦来说，由于需要配备新型空调系统的缘故，给大厦的屋顶上增加了相当于一个楼层重量的足足超过 1000t 的设备荷载条件。这样一幢细细高高，而又有些头重脚轻的超高层大厦的抗风振措施便成了结构设计的重大课题了。该大厦这里所采用的抗风振装置的方案是利用设备水箱的摆锤式 TMD 系统。将设置在大厦屋顶上的设备水箱(冰蓄热箱及高架水箱)作为 TMD 的质量使用。最大的优点在于不需要为了减振而附加额外重量和空间。

一般来说，冰蓄热箱的容量以每一空调对象面积(1m²)需要 0.01～0.02m³ 的标准来计算的话，水晶大厦内的面积约为 50000m² 的空调楼面约需 720m³ 容量的冰蓄热箱。由于钢结构的超高层建筑的重量约为 0.7t/m²～0.8t/m²，若按空调对象面积为总建筑面积的 70% 来计算，则冰蓄热箱重量与大厦重量之比为：

$0.7 \times (0.01 \sim 0.02)/(0.7 \sim 0.8)=1/100 \sim 2/100$。于是，在采用冰蓄热箱的空调系统的建筑物中，其冰蓄热箱重量为建筑物总重量的 1%～2%，所以，将冰蓄热箱作为减振用的摆锤来使用是完全可行的。此外，由于冰蓄热箱是分成若干个分别设置的，所以，又能做到分别按照两个方向的平动和转动来设置。

此外，设备水箱与建筑物相连的管线一律采用软管，所以，TMD 的变形只要不超过一定的数值(例如 25cm)是完全允许的。有了这项变形限制，使得本水晶大厦的抗风

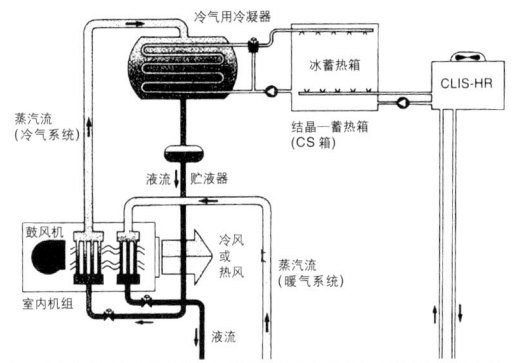

利用冰蓄热箱内的冰激淋状的冰将冷媒冷凝。液化后的冷媒靠其自重流入室内机组作为空调用冷气使用。与室内空气进行热交换后，蒸发了的冷媒气体凭借比重差上升，再度冷凝后，构成一个自然循环，如此反复进行。冰蓄热箱一定要设在建筑物最高处，为了最大限度地利用价廉的夜间电力，冰蓄热箱的容量特别大。

图 4　采用冰蓄热箱的空调系统

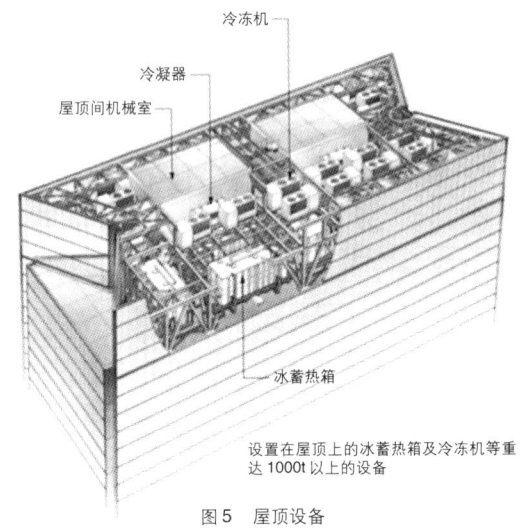

设置在屋顶上的冰蓄热箱及冷冻机等重达 1000t 以上的设备

图 5　屋顶设备

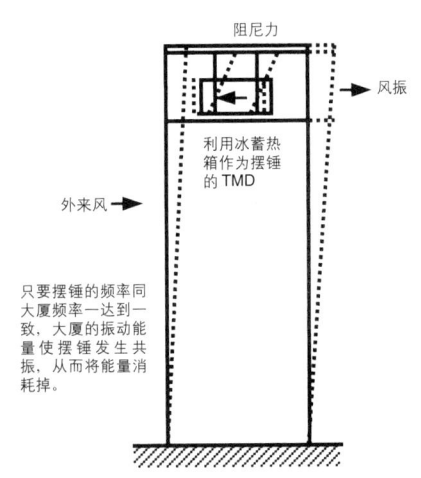

图 6　利用冰蓄热箱作为摆锤的 TMD 系统

减振就被限定在20～30年期望值以下的强风范围之内了。这样一来，一种全新的减振结构从此诞生了，那就是这里的积极有效地利用对结构不利的设备荷载的装置。可以说，由这幢水晶大厦首先采用的"用设备水箱作为摆锤的减振装置"是一种极其完美而又独特的减振装置，不论是在建筑、结构、还是设备方面，所有条件都得到了满足。

在水晶大厦竣工后，一直在进行关于地震和强风的观测。就台风观测而论，摆锤式TMD装置的机构简单，摩擦阻力小，而且能在建筑物的屋顶加速度超过1cm/s²时，那个总重量达540t的摆锤便可启动，与分析结果比较后，得知，大厦的风振差不多降低了1/2的事实得到了确认。虽然本大厦的TMD装置是针对强风时导致的风振而设置的，然而，由地震观测记录中发现，超高层建筑在地震后的长时间连续摇摆也能得到有效抑制。

在风振的减振方面，截至现在为止，已经采用过的减振装置有被动型的、主动型的和半主动型的，以及附加阻尼器型的，多种多样，不一而足。当前，在日本国内的超高层建筑中，已经出现了标准型的抗风振装置。此外，在1995年的地震之后，隔震和减震装置也都达到了通用化的程度。隔震及减振技术大有代替迄今为止广泛采用的抗震建筑设计的趋势，进而出现了一种新型的建筑设计方法的可能性。希望今后仍能从以结构为中心的"隔震减振结构"继续朝着正规的"隔震减振建筑"的方向迈进。

（长瀬　正）

［参考文献］
1）Nagase, T. and T.Hisatoku, " Tuned Pendulium Mass Damper installed in Crystal Tower " The Structural Design of Tall Building, Vol.1, 1992, pp.35-56

按照摆锤状悬吊的水晶大厦冰蓄热箱。与大厦是用胶管连接的。冰蓄热箱上方装有冷冻机。

照片3　冰蓄热箱构成的摆锤

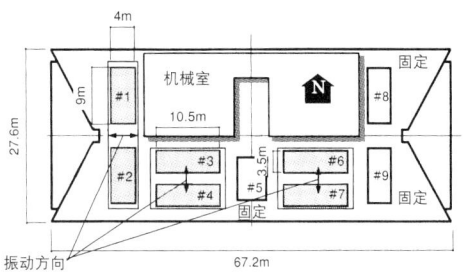

每台各重90t的冰蓄热箱安装了9个。其中，4个用于短边方向，2个用于长边方向的减振。各水箱的振动方向均为单一方向的。

图7　减振装置的布局

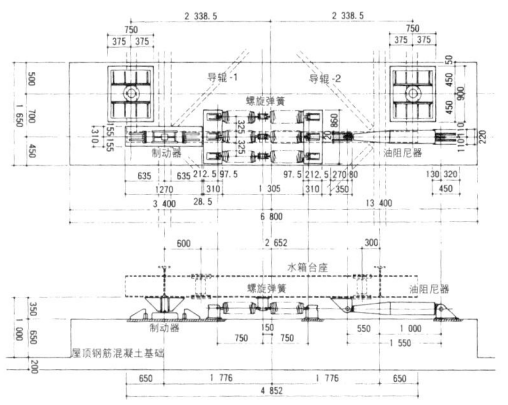

在冰蓄热箱的下边设有周期调节用的螺旋弹簧、减速用的油阻尼器、单向约束摇动的导辊和摇动一旦超过25cm时，使装置停止工作的制动器。

图8　减振装置部分详图

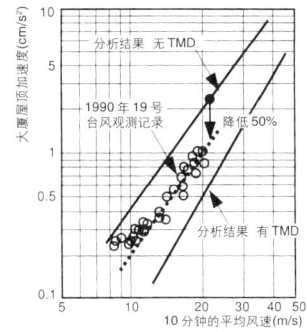

在1990年第19号台风来袭时的记录：大厦顶部的最大瞬间风速为39m/s，10分钟的平均风速为22m/s，根据与基于风洞实验进行的分析结果的比较，以及根据观测记录进行的等效阻尼的分析，确认大厦摇摆降低近半。

图9　由台风观测记录获得的TMD效果

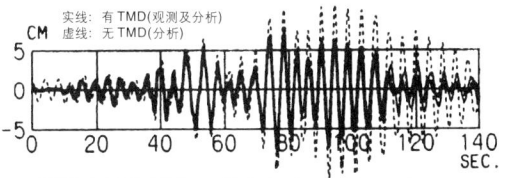

屋顶东西方向的变位波形。TMD使最大反应值降低了约2～3成，不过，抗风的TMD对地震的效果并未使最大反应值下降，但最大反应的后续部分的降低值得关注。

图10　2000年在鸟取县西部地震时的观测记录

062 大阪东京海上大厦

4根组合柱的超高层结构

关键词 组合柱、鸡腿式、扒梁、风振预测、耐火设计

照片1 外观

房屋建筑概要

〈建筑概要〉

地　　　址：	大阪市中央区城见2-2
主要用途：	办公楼(办公室及商店)
设计者：	鹿岛·建筑设计工程本部
结构设计者：	同上
施工者：	鹿岛·关西支店
建筑面积：	3142.01m²
总建筑面积：	68837.72m²
层　　　数：	地下3层、地上27层、屋顶间3层
檐　　　高：	107.05m²
竣工年月：	1990年11月

〈结构概要〉

结构类别：	地上柱、梁＝钢结构 地下 柱＝劲性钢筋混凝土造、 梁＝钢结构及劲性钢筋混凝土造
结构类型：	框架结构
基础类型：	现浇混凝土桩

1. 建筑规划及结构规划

承担这个项目的建筑师所追求的是建造一幢悬在空中的超高层建筑,其中包含27层的宽阔通畅的无柱空间,同时,又将大厦的底层大胆地设计成鸡腿状的式样。空中飘浮的设计手法在这幢大厦之前,我在香港上海汇丰银行等建筑中曾经见到过,但是,这里采用的手法不是毛利元就先生的"3支箭",而采用的是"4根组合柱"。

大厦平面的几何形状极其简单,是一个短边为10个模数,而长边为31个模数的矩形。大厦的底层为由成排的组合柱支承的架空式样,形象称之为"鸡腿式样",柱高贯通三个楼层。

在结构规划上,这幢大厦周围设置了飞拱式的宽2.7m的开放空间,隔角处按5个模数为一个的比例,共设置了14根组合柱,而每根组合柱都是由4根单肢柱与短跨梁(2.7m)连接而成。各组合柱又与大梁刚接而构成超框架。为了使下层的贯通空间的节奏感更加明快,大厦外围的大梁为每隔3层设置一榀,形如脱离开大厦的悬空梁。在组合柱内,加设X状平面斜撑,以便确保水平外力的传递和组合柱抗扭能力。此外,为了实现底层的鸡腿柱必须垂直的设计意图,将与组合柱相连的短跨梁改成X形梁。

2. 组合柱的力学特性

(1) 铅直荷载的传递路径

从楼板面积的范围内传下来的荷载,从表面上看,似

照片2 内景

乎全然不传给作为外柱的组合柱，而是将楼面荷载一股脑地全部集中传到了内柱上，这是多么不合理的力的传递路径呢，其实不然，由于组合柱受短跨梁的刚接约束，只要一想到高层建筑中的柱子的轴向变形，就会发现，不管其所负担的楼板面积是多少，4个分肢柱的轴向力差不多是均等的。

在设计过程中，曾进行了将施工程序考虑在内的受力分析，力的传递路径得到了确认。从弯矩图中可以清楚地看到，铅直荷载通过短跨梁从内柱传到外柱的传力路径，从而，使内外柱内的轴向力差不多是均等的(图1)。

(2) 框架的塑性化特性

在中、低层的框架中，如果其中使用了与其他各跨相比，跨度最短的梁，那么，由于刚度比的差异，内力必然向该最短梁内集中，在荷载水平较低时，短梁端部先于其他的梁出现塑性铰。然而，在高层框架中，在水平力的作用下，因受柱子产生的轴向变形的影响，短跨梁内产生相反的内力，反而使内力集中得到了缓解(图2)。

在本大厦的框架体系中，塑性铰是在长跨梁的端部首先出现的，而不是首先在短跨梁的端部。为了求出框架的弹塑性恢复力特性而进行的静态增量施力弹塑性分析结果表明，几乎整个楼层的长跨梁端部都出现了塑性铰，而且，即使是在相当高的荷载水平之下，组合柱的短跨梁上也不会出现塑性铰。这个事实正是为什么在大地震时，组合柱也会安全无恙，同时保持充分的延性(图3)。

3. 鸡腿式大厦底层组合柱的稳定性

本大厦的一层至三层为由框架支承的鸡腿式底层，14根组合柱一个个以其12.9m的柱高分别屹立着。对于这部分的柱子来说，短梁起着将构成组合柱的4根分肢柱连成一个整体的作用，因此，出于对短梁在设计上的要求，将其在平面的布置形状由口字形改成十字形。

为了确定组合柱的整体扭转失稳现象和在计算柱截面时所需要的柱压屈长度，针对组合柱的这种特殊形态，并假定其在长期轴力作用下，利用NASTRAN程序，进行了弹性稳定分析。呈十字形布置的短梁截面采用的是箱形截面，因为这种截面要比H形截面的约束效果来得大。根据分析结果，获得了如下认知：

a. 1阶及2阶压屈形态与通常的框架一样，是朝着框架方向平移的；

b. 组合柱的整体扭转失稳现象是以较高的3阶形态出现的，因此，设计上不成问题。

下边来讨论柱的压屈长度，由于很难从压屈形态直接决定压屈长度，所以，采取以梁按口字形布置时的框架

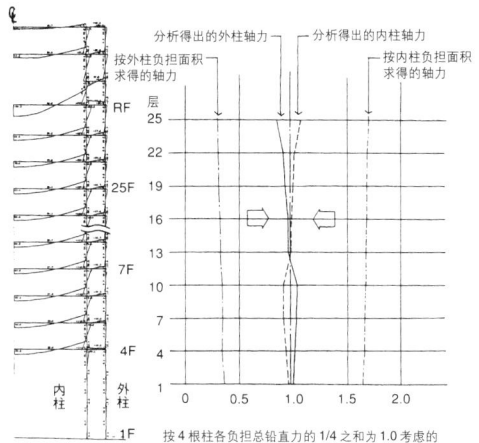

图1　组合柱内铅直力的传递

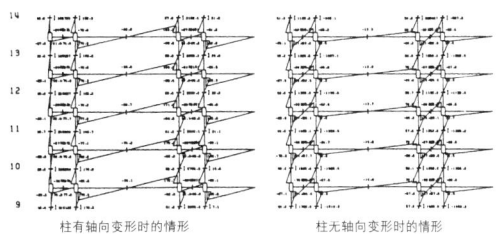

图2　地震时的内力图

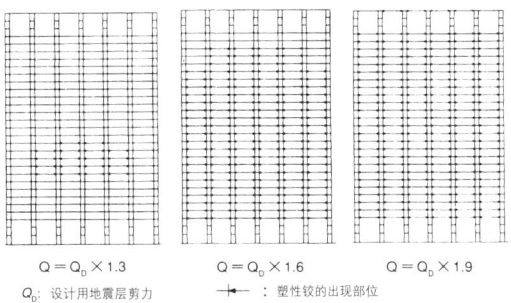

图3　塑性铰的出现情况

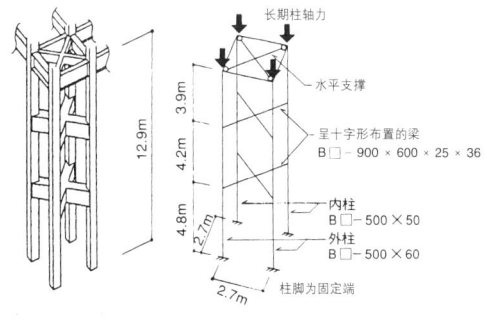

图4　组合柱的稳定分析模型

257

（即通常的框架）在发生同样的压屈形态的情况下，经分析后，决定其等效梁截面，然后，再按照"钢结构塑性设计指针"中提供的计算方法，并当作通常框架的框架柱，求出其压屈长度。该等效梁截面为BH-900×200×22×36时，压屈形态的一致性非常好。

4. 长跨梁在地震时的性状

本大厦的抗震设计是按容许应力法进行的，静态设计剪力是在取基底剪力系数 $C_B=0.08$ 时求得的。动态分析法中采用了已有的4种地震波，进行了水准1（输入速度为25cm/s，弹性反应）和水准2（输入速度为40cm/s，弹塑性反应）两种不同水准的地震反应分析，并完全确认了框架的安全性。

- 所用的地震波：EL CENTRO　　NS　　1940；
　　　　　　　　　TAFT　　　　　EW　　1952；
　　　　　　　　　OOSAKA 205　　EW　　1963；
　　　　　　　　　SENDAI TH-038　NS　　1978。

此外，由于短边方向的框架是具有21m长的大跨度梁的框架，所以，还进行了包括水平方向的地震地面运动分析和垂直方向的地震地面运动的二者同时输入时的反应分析。

分析所采用的模型为从短边方向取出的一榀框架作为

平面模型，并在长跨梁的中间设置3个质点，以便进行梁振动的评估。地震输入的水准与水平地震相同，也采用2种不同的水准，并且是按照原波的最大加速度的水平／垂直之比来计算（图6）从固有振动的振型来看，在相当于垂直的1阶振型的整体5阶振型中，清楚显示出，在由于柱的伸缩引起的框架整体的垂直振动与长跨梁的振动之间的耦合现象。

分析结果表明，在垂直方向的地面运动的情况下，长跨梁内产生了相当大的弯矩值，而且其值还有楼层越高、越显著的趋势。但是，在以25kine的输入水准的情况下，即便是将垂直方向的地面运动导致的内力增大也考虑在内，构件的内力也不会超过容许应力值。当输入为40kine时，在垂直方向的地面运动的影响下，在长跨梁的梁端首先出现屈服现象，这样一来，由此而导致的水平恢复力特性的改变是令人担心的，但是，正如从层剪力——层间变位的滞变回线所见到的那样，并未发现有任何影响，所以这种担心完全是不必要的。出现这种情况的理由可以这样来考虑，即便是在垂直方向地面运动的影响下，出现了塑性铰，但因垂直方向的振动周期短，很快又恢复了弹性的缘故（图7）。

5. 抗风设计

大厦的平面形状尽管并不特殊，但是，为了确切掌握

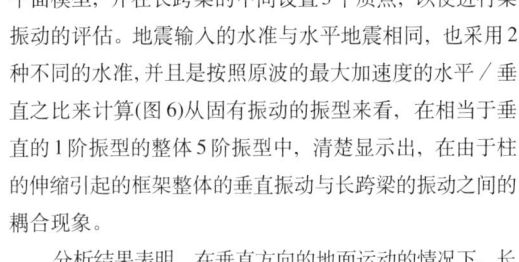

图5 失稳形式

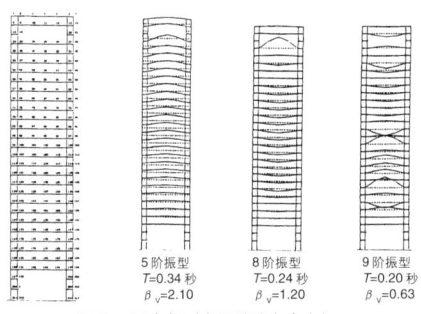

图6 固有振动振型（垂直方向）

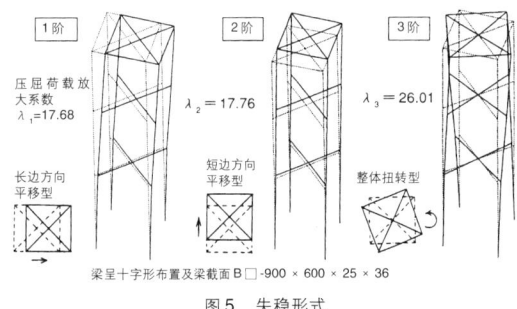

图7 层剪力及层间变位的滞变回线

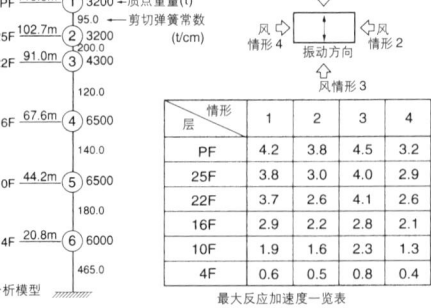

图8 风反应振动模型及最大反应加速度

258

大厦周围外露框架的影响(迎风面积及表面粗糙度)，还是进行了风洞实验。另外，大厦的振动周期(短边方向)为3.95秒，是迄今为止所建设的同等高度大厦中的周期较长的一幢，因此，又对风导致的大厦摇摆进行了预估，并对居住的舒适性进行了确认。

(1) 风荷载

利用由风洞实验获得的风力系数 C_y=0.87，并按照日本建筑学会《建筑物荷载规范及其说明》(1981)提供的方法求得的风荷载，相当于基底剪力系数为0.073，只有设计用地震力的91%。此外，同时还测定了玻璃幕墙的设计用风压力值，并未发现一般大厦隅角部产生的巨大风压力。可以认为，这是因为受外部框架导致的所谓"树丛效应"的影响而扰乱了风的流动，所以才没有产生显著的剥离流的缘故。

(2) 风振的预测

在风洞实验中，使用了被称为多歧管的均压器，同时测定每一楼层的风力变化的时间历程。将大厦简化为6质点系振动模型，并对6质点实施了换算成10分钟的15m/s(重视期为5年)波动风力的多点输入，进行了时间历程的反应分析。分析结果如最大加速度一览表所示，高楼层(二十五层)的最大加速度为4Gal左右，这时，即使有人感到摇晃，但并不觉得不舒服(图8)。

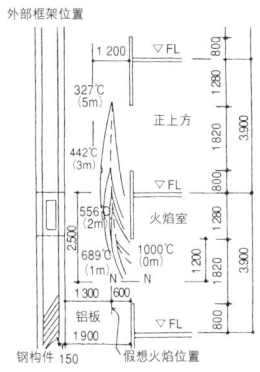

图9 喷出火焰预测分析模型

照片3 仰望外观

6. 耐久设计

包括暴露在外的框架在内，根据设计说明书的规定，视楼层高度的不同，分别要求具有1、2、3个小时的耐火性能，必须施以必要的耐火罩面。然而，出于对本大厦的外部结构遭受火灾的危险非常小的考虑，将它们耐火罩面适当减薄，并进行了下述各项的分析和研究，同时还接受了日本建筑中心防灾性能评审委员会的审查：

    a. 办公室内火灾旺盛期的性状；

    b. 从办公室门窗洞口向外喷出的火焰温度分布；

    c. 喷出火焰导致的外部钢材的温度升高；

    d. 火灾发生时，关于内柱轴力满负荷的分析。

根据上述各项的研究结果判明，对于外部钢构件来说，采用导热系数 λ =0.12kcal/(m·h·℃)左右的耐火罩面材料，将构件包裹10mm厚时，便可保证火灾时的安全性。经审查后，建设大臣认定，对于外部的钢构件来说，全大厦按上述标准施以耐火罩面是完全可行的，符合建筑基准法第38条之规定。这里采用的耐火罩面为以硅矾土为原料的陶瓷类材料，并在钢构件制作工厂内采用喷涂工法实施罩面涂层的。

(村松清一)

[参考文献]

1）Earthquake-and Wind-resistant Design of the Tokyo Marine Building（Second Conference on Tall Buildings in Seismic Regions, Los Angeles, California）

照片4 远景

063 东京都第一官署

超结构体系

关键词 焊接结构、WEL-TEN-50、钢板梁、疲劳系数、容许挠度

照片1 外观全景　　　　　　　　　　　摄影：和木　通(彰国社)

房屋建筑概要

〈建筑概要〉

地　　　址：东京都新宿区西新宿2丁目8番1号等
主 要 用 途：政府大厦
设 计 者：丹下健三都市建筑研究所
结构设计者：武藤综合事务所
施 工 者：大成、清水、竹中等 JV
建 筑 面 积：11042m²
总建筑面积：195567m²
层　　　数：地上48层，地下3层
檐　　　高：241.87m
竣 工 年 月：1990年12月

〈结构概要〉

结 构 类 别：钢结构(部分劲性钢筋混凝土及钢筋混凝土结构)
结 构 类 型：框架结构(超结构)
基 础 类 型：直接基础

1. 建筑规划

都政府新馆舍包括新宿新都心内的三块建设用地，西侧面对新宿中央公园，地处原有的高层建筑的包围之中。在新宿新都心的中心，建有广场和都议会大会堂，都政府第一馆舍位于广场对面，并与第二馆舍毗邻(图1)。

第一馆舍是一幢地上48层，地下3层，高达243.4m，总建筑面积为195567m²的容量极大的超高层建筑。因此，为了协调周围的超高层建筑和消除压迫感，将大厦的中部设置在轮廓鲜明的石材饰面的基台上，而上方呈双塔分立的造型。从外观上来说，采取了日本传统门窗的处理手法与集成电路的形象相结合的表现理念。

在平面规划上，采用3.2m的模数，并以32m的正方形为一个区块，每个区块有6.4m的方形核心配置在4个隅角处，一直到32层都是这样安排的。再往上，各楼层

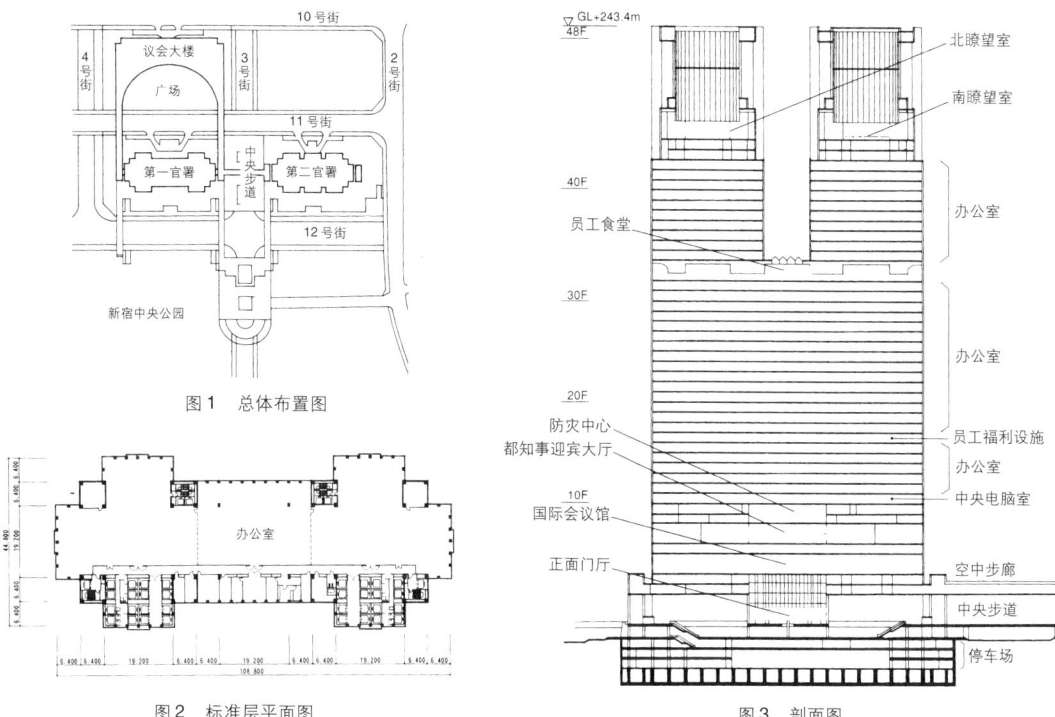

图 1　总体布置图

图 2　标准层平面图

图 3　剖面图

便没有了中央区块，而且左、右两个区块也分别独立存在了，这就是该大厦的平面布局(图2、图3)。

2. 结构规划

丹下健三先生在参加设计竞赛时，曾得到已故的武藤清先生的协助，他曾作为结构设计的搭档与丹下先生共同设计了旧都官署。武藤先生是日本的超高层建筑之父，他曾设计建造了以霞关大厦为首，以及新宿三井大厦、阳光60大厦等众多的超高层建筑。

结构规划的目标是希望做到，在超高层大厦中能够灵活布置使用空间，而又不需设置便于OA化的柱子；既能与周围环境保持协调一致，同时又具有象征性和独特性；安全性高，可以作为防灾的据点。大厦的高层部分的平面变化多，而且复杂，形成了极其细高的建筑设计，尽管如此，为了在结构上能够最大限度适应充分表现建筑规划的巧妙构思，所以，在结构规划上，一定要做到尽量简单，而且明快。于是，结构上，首先采用了由4根分肢柱组合而成，最后决定采用由超大梁和超大柱构成的超结构（超框架）。超大柱是由4根分肢柱和斜撑式缀条连接成的一个具有正方形核心的组合柱，核心边长6.4m，而超大梁则是纵跨上下两层，并用作机械室及贮藏室层，用斜撑式腹杆连接而成的梁，梁高达4.0m，跨度达19.2m(图4)。

由于采用了这种所谓超结构的结构规划，所以，有条件使大厦的重量全部集中在外侧的超大柱上，确保在地震和强风来袭时的抗倾覆安全性，同时，又可使高宽比超过7的短边方向的变形得到有效的控制。此外，在长边方向，可以确保下方楼层中的那些数层贯通的天井式空间的刚度，以及作为上方双塔型的高层部分的基底，这些都是超大梁发挥其有效作用之处。

结果，大厦内实现了 19.2m × 96.0m 的无柱空间和层高4.0m内的2.7m净空的室内空间，使得便于实施OA化和具有布置灵活性的室内空间成为了现实。此外，本大厦与此前的超高层建筑有所不同，这里可以在大厦内部实现不受结构限制的贯通几个楼层的天井式空间，以及任意安排出入口大厅和专用的集会场所等。

从超结构的主框架悬挑出来的部分是越向高层方向发展，则变得越复杂，甚至最后有可能导致结构平面规划的改变，对此，采取了将其整合成半框架的方法，保证超结构的主框架一直到最高层都是一样的结构规划，毫无改变。

(1) 主体结构

大厦主体结构的地面二层以上楼层为钢结构，首层及地下各层为劲性钢筋混凝土结构（部分为钢筋混凝土结构），超大柱的底脚固定在刚度很大的抗震墙上，与基础及地下墙体形成一个整体。

261

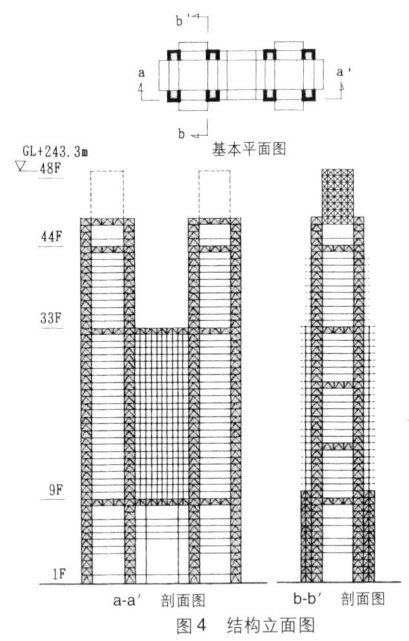

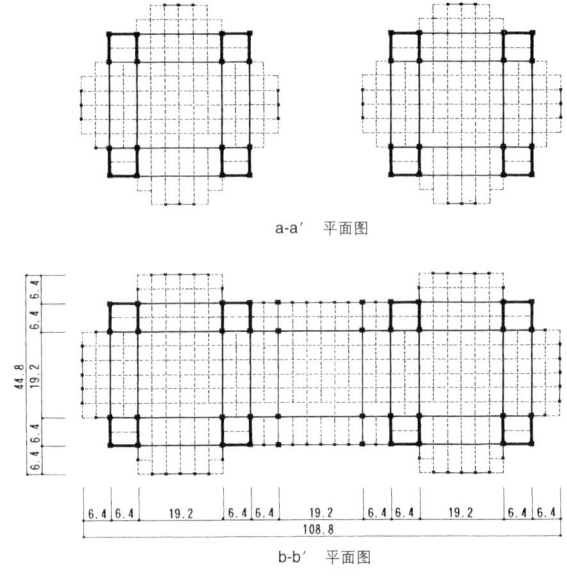

图4 结构立面图

图5 楼板结构平面图

跨度以3.2m为模数，集中统一采用6.4m及19.2m两种尺寸，结构构件也是一样，超大柱一直到最高层统一采用1.0m方形；超大梁的梁高取为1.0m；K型斜撑式腹杆也是全部楼层一律采用300mm和350mm的H型钢。

梁、柱、斜撑的材质：50mm以上者为SM50B（TMCP钢），小于50mm者为SM50A。构件连接：柱—柱及柱—梁的翼缘为现场焊接，而柱—梁的腹板及斜撑则采用摩擦型高强螺栓连接。在柱与超大梁的节点部位，由于要切实传递巨大的轴力，所以，采用梁贯通型的连接细部(通常是采用柱贯通型)。这样一来，构件的种类减少了，结构设计简单化了，不仅容易识别和了解，而且，还提高了生产和施工效率。

(2) **基础构造**

建设场地位于人称淀桥台的洪积丘陵地带的北边缘，大约在GL-20m以下的地下深处为层厚2～6m的N值为50以上的东京砂砾层和与之相连的由密实细砂构成的江户川层。

基础结构为直接置于以东京砂砾层为持力层上的直接基础，地基的长期容许承载力为100t/m²。

(3) **抗震设计**

在综合考虑预备振动分析和重要性等因素之后，决定取基底剪力系数为0.06，并将沿高度的分布确定为Ai分布。通过静态地震内力分析得知，全部构件的地震应力全部小于容许应力。至于地震反应分析，采用的是EL

CNTRO(NS)、TAFT(EW)、TOKYO(NS)、SENDAI(EW)、HACHI NOHE(NS)等5种地表波型。分析结果表明，当输入的最大加速度为30kine时，构件应力全部在容许应力以下，而层间变位角也都不超过1/200。当输入为50kine时，虽然长边方向的超大梁的一部分进入了塑性域，但是，短边方向仍处于弹性范围之内，而且并未见有过大的变形产生，全部满足预先设定的设计准则。

(4) **TMCP钢的应用**

由于超大柱承受集中作用的内力，因此，钢板厚度最大用到了80mm厚。在用这种超厚钢板制作焊接组合箱形截面柱时，为了确保必要的强度和延性，对于余热控制和焊接方法等的选择，必须充分注意。为此，决定采用当时已经开发出来的碳素当量低，既可确保设计要求的强度，又具有良好可焊性的TMCP钢。在大厦全部的结构中，凡是50mm以上的钢板一概使用TMCP钢，在全部用钢量的77000t中，这种钢占了10000t。

(5) **屈强比的设定**

对用于主要钢结构的钢材都规定了抗拉强度的上下限，而对于屈服强度则只规定了下限值。因此，即使是同一钢种的钢材，它们的屈服强度也会有很大的离散性，最终可能导致过高的屈强比的倾向出现。这样一来，在实际的框架设计中，就会出现与设计设定的屈服状况有所不同的情形，由于构件的变形性能降低了，对于框架总体的塑

照片2 钢结构安装

照片3 楼板的安装组件

照片4 900t·m塔式起重机

性变形性能就很难确保完全符合设计所预期的状态了。

于是,为了不使主要结构构件的屈强比过大,设定了屈强比的目标值和上限值(表1)。

3. 施工概要

虽然是48层,但大厦高达243m,实际上,相当于60层的建筑,而且,要在33个月的工期之内建成,于是,施工规划必须以短工期内实现为其策划目标,但是,当时正值泡沫经济的初期,技术工人不足的社会问题初露端倪,因此,在施工过程中,必须大力推行节约劳动力的技术措施。

于是,在地下的主体结构施工中,实施了梁、板的预制化。基坑的支护采用的是锚拉挡土墙施工法,再加上,动用了当时起重量最大(起重能力为900t·m)的塔式起重机,使预制装配化得以顺利进行。由于实现了预制装配化,不仅工期显著缩短了,而且,即使是在施工最热火的期间,模板工人只有1/3左右已经足够。

至于地上部分,由于有效地发挥了大型塔式起重机的作用,顺利地实现了组件式楼板施工法。它将主梁、次梁及宽波纹钢板装配成6.4m×19.2m的巨大组件,然后再装入各种设备管线和通风道便完成就了这种"组件式楼板"(照片3)。采用了这种施工方法之后,结果与通常的施工方法相比较,每层楼板可以缩短工期1.5日,在预定的33个月的工期内,按期竣工。

4. 结语

东京都政府大厦由第一官署、第二官署和议会大楼三者组成,是一个总建筑面积达381400m²的大型工程项目。其中,特别是第一官署曾是当时日本国内最高的建筑,类似这样的建筑在灾害发生时应能维持其正常功能才行。

正是出于这种考虑,在进行结构设计时,为了切实保证大厦的安全性,才采用了这种超框架的结构体系,并运用最先进的分析方法进行测算,从而使其抗震安全性也得到了充分的确认。

(林 幸雄)

[参考文献]

1) 安達守弘、長田正至「東京都新庁舎」『ビルディングレター』(日本建築センター) No.267, 1991年7月号

2) 安達守弘、林 幸雄、深田良雄 "Structural Design and Steel Work of New City Hall of Tokyo (Stahlbau)" 1991.8

3) 「東京都新庁舎」『日経アーキテクチュア』1988年6月, 1991年9月

表1 所用钢材规格

板厚(t)及使用部位	材质及要求性能
t < 50mm、柱、大梁、斜撑	SM50A
	屈强比:上限值0.8,目标值0.75以下
t < 50mm、柱	SM50B 及 TMCP 钢
	屈强比:上限值0.80,目标值0.75以下 碳素当量:0.40%以下

064 天道白衣大观音像

钢筋混凝土造的巨大观音像

关键词 观音像、壳体结构、自由曲面、梳形模板、FEM

照片1 全貌

房屋建筑概要

〈建筑概要〉

地 址：宫城县仙台市泉区实泽宇中山南 31-7
主 要 用 途：观音像(包括内部瞭望及展出设施)
原 型 制 作：雕塑家 镜 恒夫
设 计 者：川崎制铁一级注册建筑师事务所
　　　　　川铁工程一级注册建筑师事务所
　　　　　熊谷组一级注册建筑师事务所
监 理 者：川崎制铁一级注册建筑师事务所
施 工 者：总承包 川崎制铁
　　　　　熊谷组 东北支店
建筑面积：1020.72m²
总建筑面积：1509.44m²
高 度：最高点 GL+100.0m，一层地板高度 GL+3.0m
施工期间：1988年9月~1991年2月

〈结构概要〉

结 构 类 别：主体结构＝钢筋混凝土造
　　　　　　台座龙头部＝钢造，喷涂树脂水泥砂浆
基 础 类 型：直接基础
审 定：日本建筑中心高层建筑物结构审定 BCJ-63-H562
　　　　(1988年3月14日)

〈饰面概要〉

外 观：白色氟树脂涂层
内部(壁)：喷涂砂浆

1. 前言

1991年9月1日，仙台市杜都举办天道白衣大观音像的开光法会，从此，高达100m的大观音像诞生了。

以前建造的大观音像和大佛像虽然曾经采用过钢筋混凝土造、钢造和铸铁等各种各样的结构类型，但是，这里的钢筋混凝土造的观音像在规模上，是日本最大的。

对于钢筋混凝土造的观音像来说，早在1936年建成的高崎白衣大观音(高42m)是采用的框架结构，复杂的佛像外形是用曲面的大型砌块与外模板相结合的混凝土浇筑法浇注而成的，精巧的造型充分显示出当时参与建设的人士的高度智慧和满腔热情。

观音像的建造无非是将雕塑家制作的小观音像(高2m)原型放大成高达100m的大佛像而已，但是，这项任务的关键所在是无论如何不能给佛像所具有的那种美感造成些许损害。

为了做到这一点，在结构形式上，决定采用钢筋混凝土壳体结构，将主体结构就做成观音像的形状。这样一来，便可得心应手地做出任何优美的曲面，又因佛像体内没有梁、柱等物，虽然有宽绰的空间可供利用，但是，另一方面，这里的壳体结构与由规则曲面构成的壳体完全不同，哪怕是将佛像台座的莲花瓣去掉，也难以构成相同的曲面，因此，不论是在设计上，还是在施工上，都是一项既复杂而又困难的工作。

在熊谷组建造加贺观音像(钢筋混凝土造，高73m，于1988年3月建成)的过程中，曾开发出 [K-DACS]，这是一种设计和施工任意形状建筑物的支持系统(造型设计、结构设计和施工的支持系统)，实现了电子计算机的有效应用。

在这次建设天道白衣大观音工程中，汲取了他们的经验，并加以进一步的改进，使得在设计和施工两方面的质量都有了很大提高，并加快了完成任务的效率。

2. 观音像概要

观音像是由台座和立姿佛像两大部分组成，仿照盘龙形象的台座为圆形，其直径达33.75m。

立姿佛像部分具有接近椭圆形的平面，不算台座，仅立姿佛像的高度就有92m。托着净瓶和虚握宝珠的双手巨大，而又伸出体外，立像体内的中央为电梯井，周围设有螺旋上升的楼梯，沿楼梯可达最高层的瞭望室。

3. 结构设计概要

对于观音像的设计，第一步是要确切掌握作为原型的佛像(高2m，比例为1/50)的形状。

在测定三维模型时，有两种方法可供选择，其①是机械式针触法，②是利用CCD照相机的光学测定法，由于方法②虽然能够进行自动测定，但因阴影部分的数据无法获得，所以，最终还是采用了机械式针触法。

测定前要对佛像进行形状的数字加工，首先按照佛像的实际尺寸，沿着垂直方向，每隔30cm(形状复杂的部分为15cm)设一测点，测点总数达到了12万点以上。

将测定所得的形状数据输入设计及施工支持系统——[K-DACS]中，并变换成形状模型和结构设计用的数据，然后，再自动生成分析模型和计算各分析数据。对于分析结果，还要进一步强化图解功能，以便从视觉上全面把握。

4. 抗震安全性的验证

类似这种观音像的由任意形状曲面构成的结构物，在结构设计上普遍存在下列问题：
①确切掌握任意形状曲面的具体形状和内力；
②应对颈部、头部等截面突然变化部位的应力集中的措施；
③隐蔽和不易看到的部位的混凝土质量分布不均的影响；
④截面变形等所导致的曲面壁局部破坏。

为了解决上述这些问题，曾进行了符合分析目的的质点系模型和有限元法的模型分析。

抗震设计所采用的基本地震反应分析模型（设计模型）为由33个质点串联而成的弯—剪型质点系模型，近似椭圆筒截面，并考虑了轴线弯折和隐蔽部分质量分布不均匀的影响。地震地面运动的程度设定了两个水准，即水准1和水准2，佛像的抗震安全性得到完全的确认。

5. 关于立像的特异形状的分析

为了在设计中能够反映出观音像的特征，除了进行设计模型的分析之外，还进行了关于前述①～④项所示的应力集中、局部变形和扭转的分析。

(1) 有限元法分析

用有限元法分析了在设计模型中没能充分反映的局部性刚度突变的影响，壁及底板等平板和楼梯的梁单元等。分析结果表明，并未出现截面变形现象，平板单元也是面内应力起控制作用，原来认为因截面突然变化而导致的面外弯曲应力也只在佛像下部和颈部略有发生。

(2) 变形能换算刚度模型的分析

有限元法模型是忠实于佛像的模型化方法，可以认为，佛像的动态性状也是非常接近真实反应的，因此，以变形能作为变换尺度的有限元法模型置换成弯—剪型质点系，并进行了地震反应分析。

颈部和头部的等效刚性虽然小于设计用刚度，但是，就总体而言，还是相当一致的。不论是地震反应分析结果，还是振型和最大反应值也都是一致的。

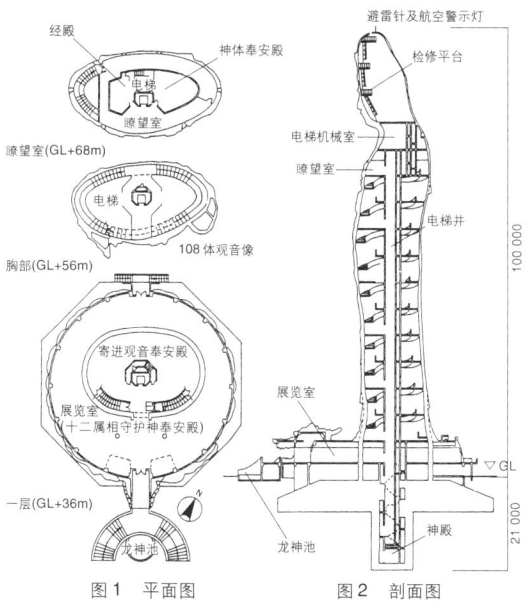

图1 平面图　　图2 剖面图

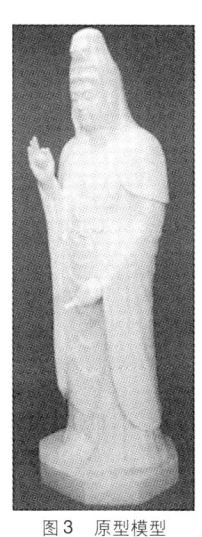

图3 原型模型

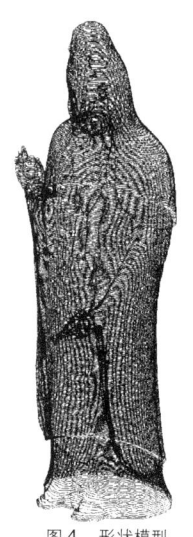

图4 形状模型

(3) 考虑隐蔽部位的模型分析

对于隐蔽部分来说，还进行了不仅考虑质量分布，同时也考虑刚度分布的模型分析。视部位的不同，初期刚度有的增大了2倍以上，虽然在水准1的反应分析中的反应值有所增大，但并未超过屈服强度。

(4) 考虑扭转的模型分析

为了考虑观音像的两手突出部分及头部的倾斜等所导致的质量偏心产生的扭转影响，曾进行了三维6自由度的地震反应分析，对扭转的影响进行了深入研究。

观音像绕铅直轴的最大反应旋转角发生在左、右手的部位，不过，完全没有达到成问题的水平。

(5) 考虑铅直震动的地震反应分析

观音立像的轴线是有弯折的，因为，在铅直地震运动之下，轴线弯折的部位不仅产生铅直的地震力分量，而且，还会产生水平地震力分量，所以，对佛像的截面尺寸又进行了铅直震动与水平震动同时输入的反应值的核算。

6. 施工概要

在设计及施工支持系统中，发挥主力作用的是在施工方面，尤其是，在精度要求特别高的外模板工程方面。作为能够确保忠实体现出佛像的美感，同时又能确保曲面精度及混凝土表面的修饰的施工方法，采用的是胶合板梳子形模板。

但是，对于需要重复使用的台座莲花瓣部分的模板和与实物尺寸相同的模型(用来确认佛脸表情的佛像头部)却采用了玻璃纤维增强塑料。精细而又复杂的龙头部分采用的是树脂水泥砂浆喷涂工法。

(1) 外部模板足尺大样图的绘制

在以前建造加贺观音像时，形状资料全靠宫师傅在放大样的场地作画，然后，再照相制成胶片，既要求熟练技工，又非常费工费力。这次是在K-DACS中，编制出一段一段的形状模型(混凝土浇筑段落 H=3m)，只需输入模板分割线，便可求得各块模板的纵、横肋板状的最经济取

照片2 头部足尺模型

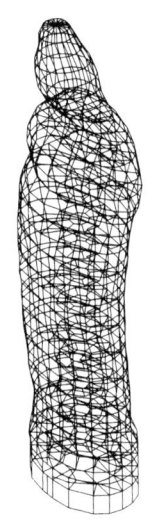 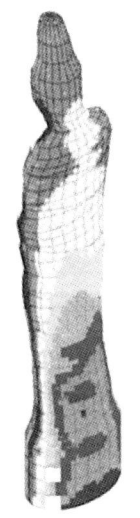

图5 分析(有限元法)模型 图6 分析结果

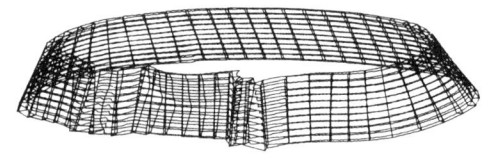

图8 计算模板用的形状模型

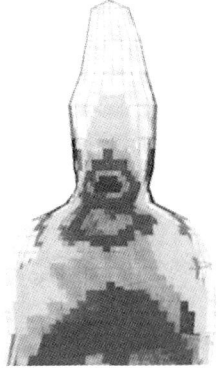

图7 头部应力分析结果

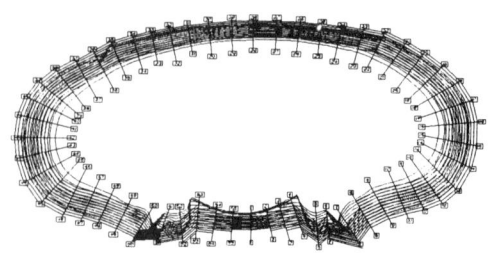

图9 模板下料图

材，最后，输出足尺大样图。

(2) 外部模板的制作

外部模板的制作包括下列程序：

①在肋板上放样、锯板、加工顶面；

②将纵、横肋板装配成梳子状骨架；

③将各梳子状骨架再按照贴于放样台面上的足尺大样图进行装配，在对曲面的连接、上、下的接缝加以确认后，进行最后调整；

④在梳子状骨架的表面贴敷板条，形成粗糙曲面，经过精加工后，再贴上薄胶合板，最后制作出生动逼真的曲面模板来。

(3) 像身工程

立像的主体工程的施工顺序：架设内、外部脚手架⇒打墨线⇒组装外模板⇒绑扎钢筋⇒组装内模板⇒浇注混凝土⇒脱模。

根据需要将混凝土浇注于复杂部位，以及压送到高达

100m 高位等的具体条件，采用了流动性混凝土，并通过试搅拌来确定配合比。对于浇注大体积混凝土的部位，还进行了温度分析，研究浇注计划和养护计划。此外，在混凝土的冬季施工时，还借助温度分析加以确认，采取苫盖与加热相结合的养护方式。

(4) 台座的龙头部

超出立像底部平台部分的龙头，因其形状复杂，凹凸起伏很大，采用钢造，采用以钢筋骨架上喷涂树脂水泥砂浆的方法制作。龙头部分也是采用 K-DACS 系统构筑形状模型，然后，再绘制钢筋骨架的加工大样图。

(田中　晃)

［参考文献］
1) 河端ほか「ベニヤくし形を使ったコンクリート打放し観音像の型枠製作」『熊谷組技法』第43号
2) 黒木ほか「曲面を有する任意形状構造物の設計・施工支援システム」第12階情報システム利用技術シンポジウム

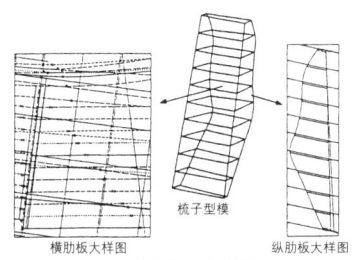

图10　大样图

照片3　梳子型模制作

照片4　贴敷板条(粗糙曲面加工)

照片5　梳子型模组装

照片6　安装外模板

照片7　施工状况

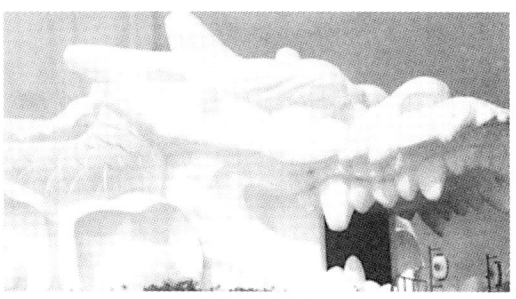

照片8　龙头部

065 新横滨普林斯大酒店

使用液体减振器的筒中筒型超高层建筑

关键词 环形平面的圆柱形超高层、表面突起的外装修材料(铝板)、组件化施工法、用水来抗风的措施

照片1 空中拍摄的全景 摄影：三岛 睿(日经BP社)

房屋建筑概要

〈建筑概要〉

地　　　址：横滨市港北区新横滨3丁目4番地
主要用途：酒店、商店、停车场
设　计　者：清水建设一级注册建筑师事务所
结构设计者：同上
施　　　工：清水建设
建筑面积：11340.1m²
总建筑面积：127194.2m²
层　　　数：地下3层、地上42层、屋顶间1层
大厦高度：檐高145.15m，最高高度149.35m
竣工年月：1992年3月

〈结构概要〉

结构类别：高层部＝钢结构(B1层～P1层)、劲性钢筋混凝土造
　　　　　(B3、B2层)
　　　　　低层部＝梁：钢造、柱：劲性钢筋混凝土造(B1层以上)、
　　　　　钢筋混凝土造(B3层～B1层楼板梁)
结构类型：高层部＝筒中筒结构
　　　　　低层部＝钢框架—抗震墙结构
基础类型：现浇混凝土扩底桩基础

1. 建筑规划

横滨是一座朝着国际信息文化都市的建设目标迈进的城市。在那里，规划建设了一座与"21世纪未来港"齐名的"新横滨普林斯大酒店"作为新横滨地区整合开发的核心建筑。

这是一幢将购物作为主要设施引进的大酒店，兼营住宿、宴会、餐饮、商店、停车场等设施一应俱全的复合性商业设施。大厦的高层部的地下3层和地上42层以住宿和餐饮为主，而环绕高层部的周边低层部的地下3层和地上10层则以宴会、餐饮、商店、停车场为主(图1)。

高层部是世界第一幢内部中空的圆筒形超高层建筑。环形平面的42个楼层，其中有1002间客房和餐厅设在筒中筒结构中(图2)。此外，为了提高舒适性，用水作为抗风振动的手段，除安装超级液体减振器之外，还在大厦外装修材料上，采用了能够降低风压力的建筑细部。

在有效利用自然能量方面，还采用了利用内筒中产生的"自然上升气流"的排气系统。

2. 结构规划

本大厦由高层部与其周围的低层部共同组成。高层部和低层部以首层的楼板开始是用伸缩缝分开的。

高层部分的平面形状为环形，外筒直径为38.2m，而内筒的直径为17.5m。内筒是从首层一直到最高层的42层是中空的(图3)。

主体是从地下一层柱以上为钢结构，由内筒与外筒共同构成的筒中筒结构。内筒及外筒沿各自的圆周分别为15跨和30跨的框架结构，并由15榀呈放射线状布置的梁将内筒与外筒连成一个整体，梁与内、外筒的连接节点除最高层和地下一层之外，全部为铰接。从地下三层起一直到地下一层楼板为劲性钢筋混凝土造，目的是要使钢结构的上部结构的力能够顺利地传给钢筋混凝土基础。同时，为了使刚度很大的低层部与地下一层以下能够形成一个整体，做到刚度分布均衡，沿地下一层楼板以下的内筒圆周方向布置了钢筋混凝土抗震墙。

在赋予大厦抗震性能时，是以在水准2的地震地面运

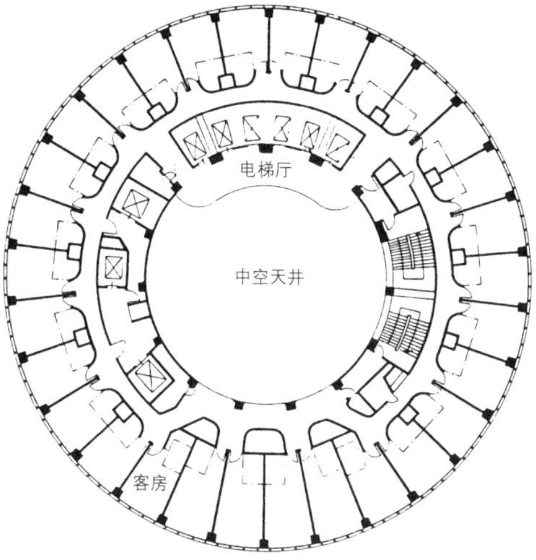

图2　标准层平面图

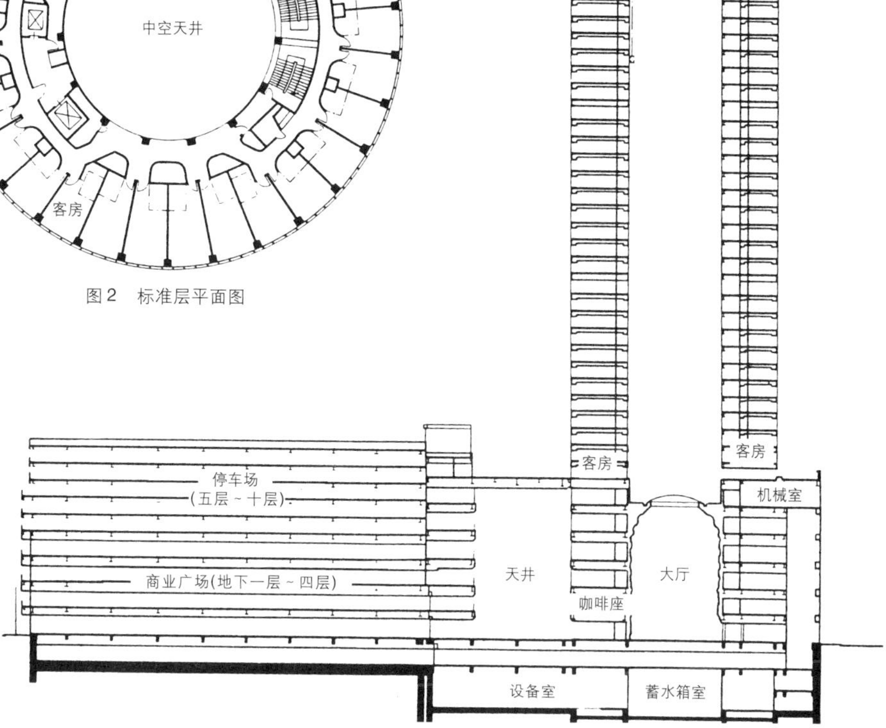

图1　剖面图

动之下，仍能处于"弹性范围之内"为设计目标。

为了使筒中筒结构体系在地震时的行为出现"各自为动"的状况，将两筒连在一起的楼板的作用是极其重要的。在从事大厦的规划设计时，对于穿过楼板的电梯井、通风管道和上下水管道等的位置，必须慎重选择。

3. 结构设计

(1) 抗震设计

设计用地震力是根据地下一层为固定的初步地震反应分析和建筑基准法施行令确定的。地下一层及最高层的设计用剪力系数分别为0.058及0.237。

规划设计时，外筒与内筒的剪力分担比是按80：20的目标来考虑的，因为内筒的抗弯刚度较低，而且楼层越高，分担的比重越小。

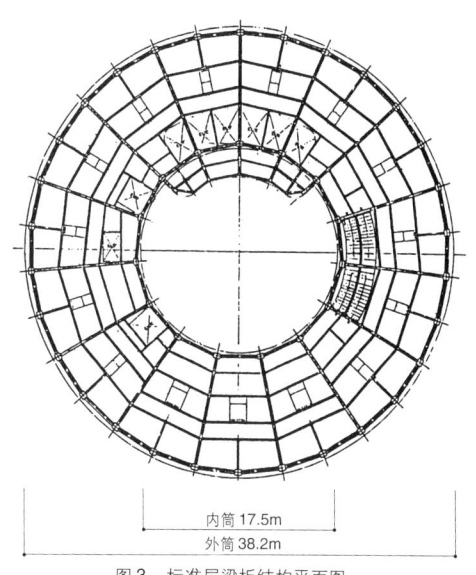

内筒 17.5m
外筒 38.2m

图3　标准层梁板结构平面图

(2) 抗风设计

1) 框架结构

关于框架结构的设计用风荷载是以建筑基准法施行令为依据，按风力系数 C 为 0.7(圆筒形)求得的。风压力产生的层剪力的最大值为按地震确定的设计用层剪力的88%(1层)。

2) 外装修材料

外饰面层的材料是本大厦的一大特色。饰面层采用的是大型铝板材，其表面上，每平方米有25个尺寸为55mm × 160mm × 27.5mm(高度)的鼓包(照片2)。这是针对大厦的圆筒形的形状，而采取的抗风设计的结果。

对于矩形的大厦来说，风在其隅角处被剥离之后，会向大厦下方贴进。在剥离点与向下的重新贴进点之间将产生滞留涡旋，可使大厦外饰面层的设计用风压系数最大值达到 - 15。

另一方面来说，围绕圆筒形大厦的风的流动，在雷诺系数支配下，变化微妙而复杂，当风向为0°～40°左右时，为正压，而风向大于40°时，则为负压，到了90°时，达到最大值。风洞实验结果表明，当圆筒形的表面光滑而没有凹凸时，风压系数为负值，约为 - 2.1 的样子，可达矩形的1.4倍。另外，风压的最大点是随着风向的不同而变化的，因此，本大厦的外饰面层按全面风压系数为 - 2.1 进行设计是完全有根据的。

圆筒形建筑物与矩形的相比较，当二者包围的面积相等时，外饰面层的材料的用量可以达到最低限度，然而，风压力则比矩形全面增大，所以，不能说，圆筒形就一定是有利的形状。

为了解决这一问题，本大厦的外饰面层采用了有鼓包的大型铝制板材。一般来说，圆筒形的风压系数取决于其表面的平滑度。表面越粗糙，发生在外饰面层上的风涡旋越容易产生剥离，作用于其上的风压力就有减小的倾向。

风洞实验的结果证明，这里采用的表面小鼓包使得最大风压系数从 - 2.1 降到了 - 1.2，降低了60% 左右。

4. 施工概要

施工上的最大问题是如何保证精度。筒中筒结构是只在圆周方向为框架结构，而连接内外筒的放射线状布置的梁却是铰接的。必须与楼板连接成一体时，其形状才能保持稳定。此外，环形的平面与矩形平面相比，确定位置的基准点是很困难的。看上去时，形状很对，然而，不知道什么时候，却发生了扭曲。

要想确保装配精度，首先，必须很好地利用支承沿中空的中心向上攀升的塔式起重机的支座(2 组正三角形的定型梁)来规定内筒的形状；第二，力求采用梁板组件化的施工方法；放射方向布置的主梁和次梁，以及宽波纹钢板及各种管线等要在地面上装配成组件，再将这装配精度得到确保的组件，并利用 SKUF 施工法安装就位。

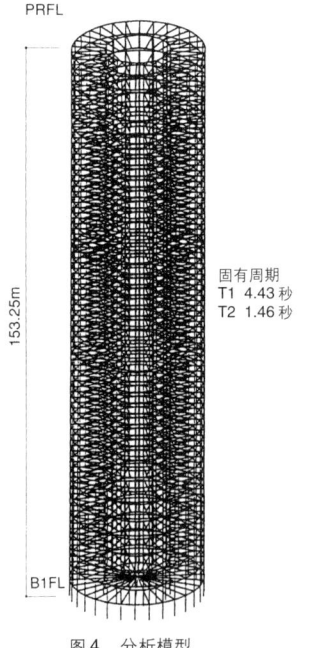

图4　分析模型

照片2　外饰面铝制大型板材

5. 超级液体减振器(SSD)的设置

本大厦的基本固有周期为4.43秒。根据风洞实验模拟风振水平的结果表明,当风速达20m/s时,为1.3Gal左右,而当风速达25m/s时,则为2.0Gal,都超出了人的感知极限。

为了提高舒适性,作为抗风措施,采用了称之为SSD的减振装置。这种减振装置是利用液体的液面晃动现象的调谐液体阻尼器(Tuned Liquid Damper)。

SSD装置安装简单,与机械类的减振装置不同,几乎是不需要维护和修理。同时,正如本大厦那样,不分强轴与弱轴,可以全方位均等地应对振动特性,而且,还能适应长周期的情形。

在设计SSD装置时,可以将调谐周期在小振幅时的非结构性构件的刚度贡献考虑在内,按分析结果的20%折减后的周期——3.5秒来设定,于是,SSD装置需要的附加质量的总重量为80t。

水箱是用玻璃纤维加强塑料制作的,是用9层直径为φ 2000mm,高205mm(水深98.5mm)的容器叠置而成(照片3)。同样的水箱有30个,沿屋顶层的外墙均匀布置。图5所示为SSD水箱的构造,而图6所示则为它们的布置图。

在设计时,为了预测SSD装置的减振效果,曾利用由风洞实验获得的风外力时间历程,进行了SSD装置与结构体系联合反应分析。分析所得的平均风速与反应加速度之间的关系如图7所示。

分析结果表明,在相当于日常风速水平的风速20m/s左右的情况下,可以收到60%~70%的减振效果,此外,即便是在15m/s的较低风速的情况下,甚至可以达到80%的减振效果。

竣工后的实测结果充分证明了分析的正确性(图8)。

作为超高层大厦的抗风振措施的SSD装置,它的减振效果、安全性和维护的方便性都得到了实证。后来,在2000年6月开张的高达155m的东京穹顶大酒店中也得到了应用。对于东京穹顶大酒店来说,其屋顶平台上设置了用于控制平移振动的22座,而用于控制扭转振动的4座,它们的效果也获得了证实。

(杉本裕志)

[参考文献]
1)『ビルディングレター』No.289,日本建築センター,1992 年
2)『Structure』No.38,日本建築構造技術者協会,1991 年

照片3 屋顶上设置的SSD装置

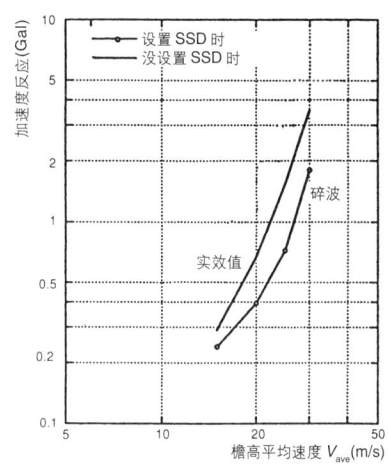

图7 平均风速与反应加速度的关系

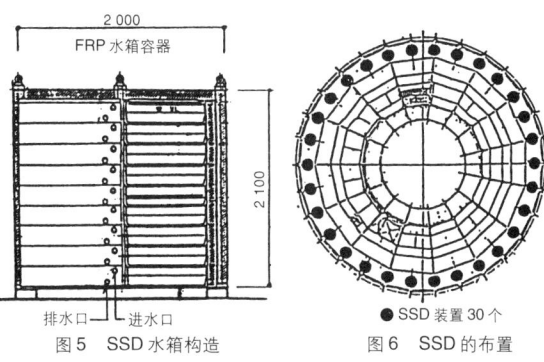

图5 SSD水箱构造　　图6 SSD的布置

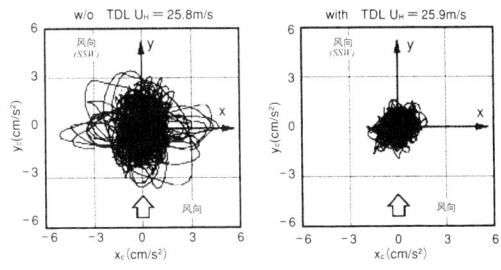

图8 SSD设置前后的加速度反应测定结果的比较
(平均风速26m/s)左:设置前,右:设置后

066 出云穹顶

层板胶合木 + 薄膜 + 钢材建成的混合结构

关键词 结构用大尺寸层板胶合木、薄膜、混合结构、拉杆拱型空间结构、顶升施工法

照片 1 外观　　　　　　　　　　　　摄影(1、2)：和木　通(彰国社)

房屋建筑概要

〈建筑概要〉

地　　　　址：岛根县出云市矢野町地内
主 要 用 途：体育馆兼娱乐场
设 计 者：鹿岛设计
结构设计者：鹿岛设计 + 斋藤公男(日本大学)
施 工 者：鹿岛 广岛支店
建 筑 面 积：16277m²
总建筑面积：15742m²
层　　　　数：地上 2 层
檐　　　　高：6.3m
最 高 高 度：48.9m(最高点 53.9m)
竣 工 年 月：1992 年 3 月

〈结构概要〉

结 构 类 别：屋顶 = 拉杆拱型空间木结构
　　　　　　　下部 = 钢筋混凝土结构
基 础 类 型：高强度预制空心混凝土桩

1. 建筑规划

这座出云穹顶建筑是作为建市 50 周年纪念的"出云健康公园筹建项目"的一环而规划和兴建的。设计的基本理念是要在这以古代的最大木造建筑——出云大社而闻名于世的出云市，以当代的大型空间结构来弘扬日本的传统文化中的木造建筑。在球形的穹顶中，呈放射状布置的层板胶合木的骨架和精致的折面构成的半透明屋面，使其室内空间的压抑感和封闭性得到了缓解。此外，层板胶合木的构件加上钢索构成的混合结构不但表现出了木材本身所特有的那种材质的柔美感，而且又不失空间应有的轻巧性，同时，还能实现情感与技术相融合的大型木造穹顶结构建筑。

穹顶结构是以直线构件为基础的折面构成的，在薄膜屋面上，那粗壮的拱骨若隐若现，在景观上，与平坦的田园和背后的山峦相映成趣(照片 1)。V 形的屋面沟是为了

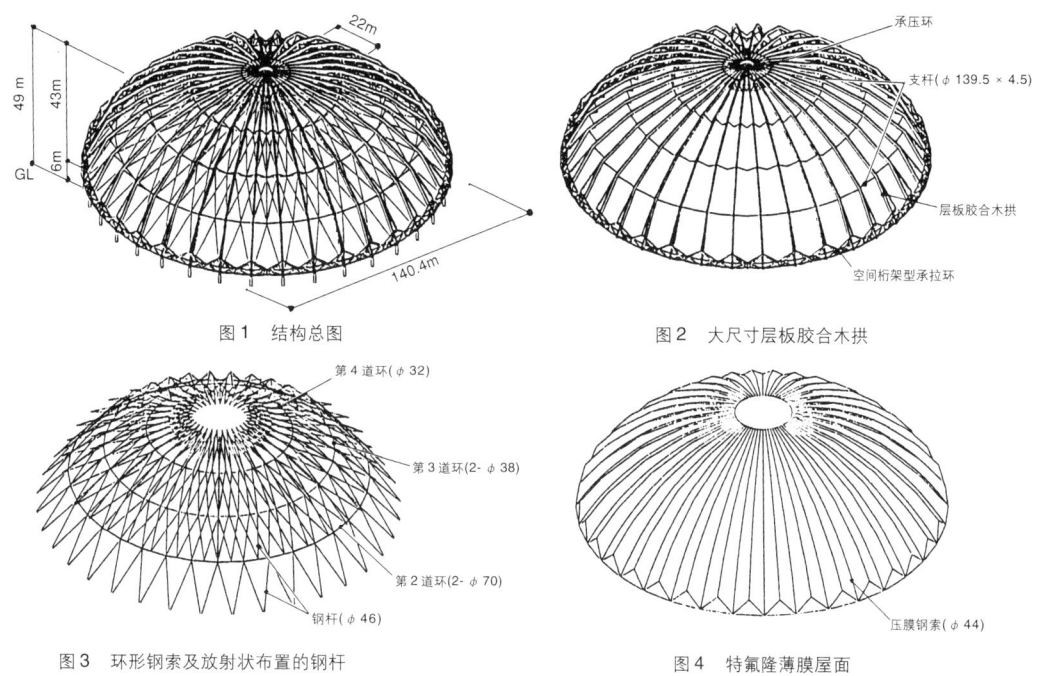

图 1　结构总图

图 2　大尺寸层板胶合木拱

图 3　环形钢索及放射状布置的钢杆

图 4　特氟隆薄膜屋面

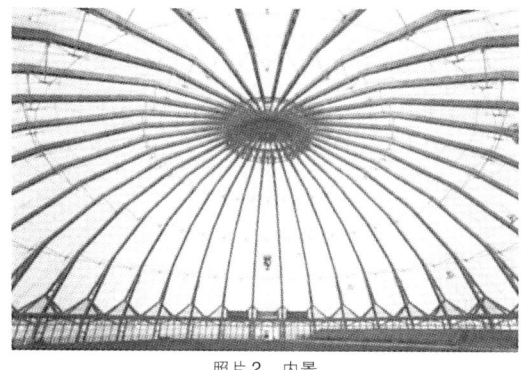

照片 2　内景

积雪自然滑落而设计的。此外,有冷热风、照明、换气和悬挂装置等,以及室内环境控制及演出所用的装置等全部集中安排在"穹顶心"的中央承压环内,并与结构构成一个整体。维修及使用都很方便。

内部空间十分明亮和舒适,是该市市民从事体育文娱活动的极佳设施(照片 2),冬季可以不受风雪袭扰,夏季可以坐在树荫下享受和欣赏体育运动的乐趣。

2. 结构规划

这幢出云穹顶在结构上的最大特点是它的综合性,有木,有钢,还有塑料薄膜(图 1 ~ 图 4)。然而,说到底,在结构设计上,起主要作用的是木材和塑料薄膜,而钢材的主要功能只是被用来编织成空间造型的连接而已。从内部空间来看,最大限度地利用了薄膜的透光性,36 榀层板胶合木拱呈放射状展现在头顶,而外观上的那种折板状的薄膜屋面所形成的有明有暗的景观与周围环境十分协调。之所以采用了这种没有横向连接部件的穹顶结构正是为了达到上述目的。经过再三的研究和探讨之后,才决定设计成现在的这种以拉杆拱为基本结构的空间体系。长达 80m 的层板胶合木拱充分发挥了它的自身抗压性能的优势,而钢材作为抗拉见长的材料,在这里起到了控制拱券失稳和变形的作用。薄膜屋面铺在拱券之上,并在拱与拱之间用钢索压紧,使薄膜形成 V 形折面。这里的压顶钢索除了起到屋顶造型作用之外,还可以将风所产生的使屋顶向上的吸压力直接传到穹顶底部的边缘结构上去,从而,可以有效地防止拱券受到过大的拉力作用。当人们走进穹顶的内部时,那些环形钢索和呈对角布置的拉条给人以宛如编织在一把大伞的伞骨之间的细网的印象,达到了建筑意匠与结构上的合理性相互融合的境界。

下边详细解读各种结构部件的要点和为了解决施工上出现的问题,而在不同材料构件之间的连接上所做的努力。

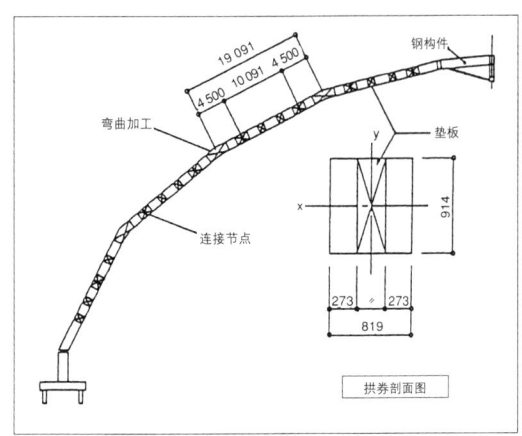

图5 拱券剖面形状及连接节点位置

· 放射状布置的大尺寸层板胶合木拱

每隔10°布置一榀的呈放射状布置的36榀拱，每拱都是用长约19m的4根直线构件呈折线状内接于球面而构成的，上、下两端分别支承在半径11m的中央顶点的钢结构承压环和高度约为6m的分布在穹顶周围的钢筋混凝土柱上。木拱截面如图5所示，是由2块273mm×914mm的主要板材与1块同尺寸的实腹板构成。这样的组合构件可以确保弱轴的抗弯刚度。在拱的折角部位，为了能够实现11.5度角度，采用了经过弯曲加工的层板胶合木。

· 用钢索构成的承拉环

环形钢索是借助从拱券上伸出的支杆架设在穹顶内侧约4m的位置处。环形钢索共有3道(第2、3、4各环)，其功能在于控制拱券向外侧扩张的变形，此外，也可以起到约束拱券发生出平面失稳的作用。

· 钢承压环及支杆

在半径为11m的穹顶顶部范围内，设有一个刚度很大的钢结构圆环，用来承受来自各拱券的压力及弯矩的作用。此外，在各拱券的折弯点上，设置V字形的钢制支杆，借助这类支杆来安装承拉环。

· 预应力钢拉杆

钢拉杆呈放射状布置，并沿拱券呈网状铺开，与拱券一起共同构成下撑式桁架，起着承受非对称荷载作用下的支撑作用。

· 特氟隆薄膜屋面

将薄膜铺设在层板胶合木拱之间，并在其中央用钢索将薄膜向下压紧，形成V字形状，使屋面薄膜保持足以承受外力作用的稳定形态。钢索将承拉环压向穹顶内侧，由于不存在横向拉结拱券的构件，所以，这种形态得以实现。

· 穹顶底部及下部结构

在穹顶底部设有与层板胶合木相连的钢制承拉环，承受屋顶结构传来的拉力，使穹顶成为自平衡的结构体系。下部结构是从基础向外伸出的36个钢筋混凝土独立柱，用来支承各个拱券。基础用环状的基础梁相连，在各柱的下方一直打到GL-63m处的预应力高强混凝土桩支承，而桩是落在N值为50以上的砂砾层上的。

· 木件与钢件的连接(图6)

半径为11m的钢承压环与拱券端部的连接，当采用顶升法施工时，应为铰接，而在安装就位后，必须成为刚接。因此，在施工过程中，仅上部用枢轴连接，待顶升就位后，再立即将下部的枢轴插进，使节点变成刚接。由于

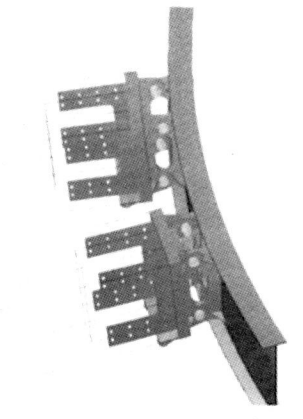

图6 承压环与层板胶合木的连接节点

图7 预应力钢杆及钢索的连接节点

是2组拱券作为一个组件转动，所以，节点板不是按放射方向固定，而是平行于安装组件中心线的方向固定的。

·预应力钢筋与钢索的连接(图7)

要想使环形钢索充分发挥作用，在结构安装完毕后，不得有任何的松弛和下垂。为此，在环形钢索上采用了能使其沿圆周方向张紧的细部构造。首先，将一个中央开孔的圆盘型铁件安装在钢索上的画好证号的位置，然后，再利用千斤顶将其推到规定的位置上去。

3. 施工计划

对于大型空间结构的施工，困难之大是可以想象的，所以，设计出一套方法合理的施工方案便成了重要课题。通过方方面面的分析和探讨，开发出了能够最大限度利用木结构的轻巧性，当今世界从未见过的大规模顶升施工法。这种方法是首先在地面上将穹顶放平，并装配起来，然后，再利用千斤顶将穹顶整体顶升至预定的高位，并进行固定(照片3及4)。

为了确保顶升时的拱券的稳定性，从2榀拱券组成一个组件，组件内的支杆、预应力钢杆和薄膜等一概在地面上安装就位。此外，在拱券的折弯点处，为提高由组件组装起来的拱券的刚度，加设了临时的横向连接构件。在拱券的顶端和底脚之间，安装宛如弓弦的临时拉索，以便控制拱脚的变形。

由于各组件间在拱脚处要比安装就位后长出约5m的样子，因此，支杆、预应力钢杆和薄膜都无法在地面上装配上去。这样一来，组件间的18块薄膜只能在顶升就位后进行铺设，支杆及预应力钢杆也一起携带上去，尽量减少高空作业，并力求缩短工期。

4. 结构安全性的确认

由于这是一幢规模特大的层板胶合木造结构物，因此，对于层板胶合木的材质特性和连接的性状，进行了安全性的实验验证。

一般来说，大型空间结构物在其抗震性能上，抗垂直地面运动要比抗水平地面运动的问题更大，但因本穹顶结构的总重量较小，所以，积雪荷载和风荷载便成了关键所在。此外，还因为使用了不能承受压力的钢索和预应力钢杆，又在失稳安全性方面做了大量的深入探讨。

(吉田　新)

[参考文献]
1）斎藤公男，播　繁，坪田張二，吉田　新ほか「集成材とケーブルによるハイブリッド・ドームの開発その1～その9」『日本建築学会大会学術講演梗概集』1991年，1992年
2）Saito M., Ban S., et al "Structural Design of the Izumo Dome" Part 1, Part2, I.A.S.S., 1992

照片3　地面组装

照片4　顶升就位后

067 第一生命府中大厦 (C-1 大厦)

大规模基础隔震构造

关键词 隔震构造、大规模、地震安全性、信息中心

照片1 外观　　　　　　　　　　摄影：工艺美术

房屋建筑概要

〈建筑概要〉

地　　　　址：东京都府中市日钢町
主 要 用 途：信息中心、办公室
设 计 者：日本设计(建筑及结构)
　　　　　　　松田平田(机械设备及电气设备)
结构设计者：中川 进、川村 满、人见泰义
施 工 者：清水建设、鹿岛、藤田、三井建设 JV
隔震装置制作：奥依雷司工业
建设用地面积：19615m²
建筑面积：7225m²
总建筑面积：45379m²(隔震部分为37846m²)
层　　　　数：地下1层、地上7层
檐　　　　高：37.0m
最 高 高 度：41.4m
层　　　　高：电算室及办公室为4.7m
竣 工 年 月：1992年8月(主体工程)

〈结构概要〉

结 构 类 别：劲性钢筋混凝土造
结 构 类 型：框架－抗震墙结构
基 础 类 型：直接基础

1. 项目的缘起

第一生命府中大厦(C-1 大厦)地处府中市的原日本制钢所东京制作所旧址(18 公顷)的一角。该旧址被命名为府中智能化园区，而实施总体规划，1988 年，这幢大厦开始了它的总体设计。在结构上，采取了当时成为热门话题的隔震构造，1990 年 8 月开始动工，1992 年 8 月底主体工程竣工后，又用了约 1 年半的时间，进行机器设备的安装施工。

2. 设计的关键词及隔震构造

这幢大厦在设计上的命题是"作为高度信息化社会所对应的主力电算业务中心，因此，它的安全性、可靠性和扩充性都必须得到充分保证。此外，出于保密的考虑，必须采取拒绝外援的建筑设计"。

本着上述命题，单从"安全性及可靠性"这一侧面来说，要求 24 小时和 365 天无障碍的高标准，电力及通讯要有第二通路，还要为电力热源及防灾装备配备备用系统的两手措施。作为其中具有巨大特点的当属为抗震而采取的隔震构造。此外，在"扩充性"方面，根据随着新型事业的开展，从业人员和电算室空间的扩充速度等的需要，决定在电算馆采用了隔震构造。

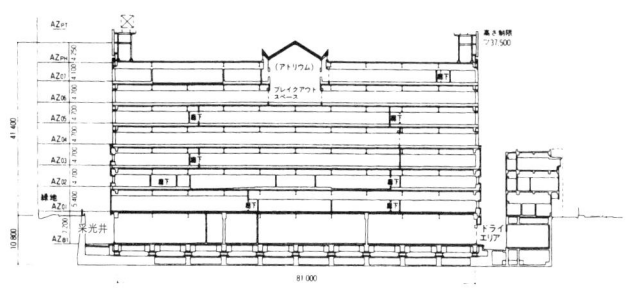

图 1　剖面图

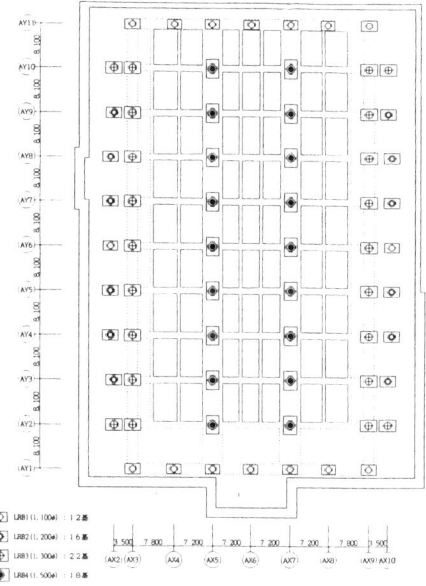

照片 2　隔震层

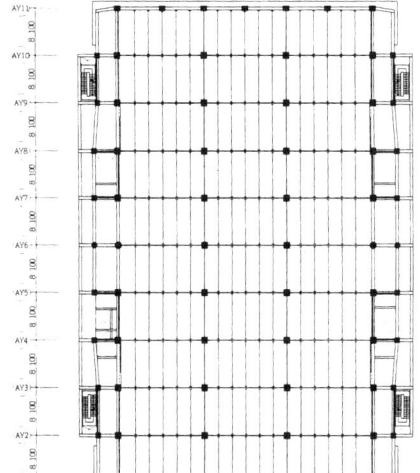

图 2　基础层结构平面图

图 3　隔震装置布置图

这里采用隔震构造来确保安全的决定被认为是开创了后来在防灾据点、医院、住宅等采用隔震构造的先例。

3.　在采用隔震构造之前

如前所述,该大厦十分关注人和信息器材的功能的保护,采用了能够达到一级以上安全标准的隔震构造,在探讨阶段,曾进行了以下各项工作:

- 与已往的抗震结构(基础固定型)的地震反应和造价进行比较;
- 探讨设计和施工的日程安排;
- 分析隔震装置的可靠性;
- 预测地震发生的期望时间,并与业者反复讨论,以取得他们的理解。

4.　隔震构造的评定及批准手续

当时,为了取得隔震构造设计人的资格,首先需要接受日本建筑中心隔震构造研究委员会的审查(需时约 6 个月);然后,需要取得该中心关于具体建筑物的隔震构造的评定(需时 2 个月);1990 年 3 月在取得了按建筑基准法第 38 条的大臣批准(需时约 1 个月)之后,办理了核准手续。

在当时,该大厦所取得的隔震构造审查编号为 BCJ-免 45。那时,隔震建筑物尚寥寥无几。

5.　大规模的隔震建筑

全楼采用隔震构造的电算馆作为一幢隔震的建筑物,在当时,是全世界规模最大的超一流的隔震建筑,至少在当时是这样。此外,在那隔震建筑为数很少的时期,能够建成规模如此之大的隔震建筑的事实,对于隔震结构来说,可以说是向前迈进了一大步,也是取得了业主赏识的结果。

这次的业绩可以认为是,隔震构造应用到今天这样的超高层隔震大厦中去的首创之作。

6. 隔震装置设计

本大厦的隔震装置是由设置在地下一层楼板梁与基础之间、内部插入铅芯的层压橡胶垫(LRB)构成的。层压橡胶垫的直径为1100mm、1200mm、1300mm和1500mm。

在选择隔震装置时，考虑到施工上和将来维修方面的种种因素，决定采用阻尼器型层压橡胶垫，其中的LRB是当时具有面压高(长期面压为68～98kg/cm²)和可信度高的使用经验的。

在针对地震进行设计时，隔震层的屈服层剪力要设定得低些为好(阻尼器的屈服剪力系数为0.035)，因为这样一来，不仅能在发生大地震时，发挥其隔震功能，而且在发生中、小地震时，也能起到隔震作用。地震反应模拟分析结果表明，由于采用了隔震构造，标准层的反应加速度与一般的经过抗震设计的结构相比，降低到其1/5以下的程度。

7. 隔震构造与建筑设计

隔震的建筑物的基本特征是建筑物的本体与地面联系被切断了，于是，接踵而至的则是设计上如何应对的问题了。

此外，与没有隔震装置的卫生福利馆之间是用两座廊桥将二者在结构上切断了联系，但在功能上仍保持着联系。在廊桥里，有一种扶手，乍一看好像玩具"智能圈"似的

(隔震扶手)。设置这种扶手的本意是保护人们在地震时，不致因为伸缩缝的移动而受到伤害的安全装置，可是，却变成了为了具体体现它本身在地震中的动力移动的设计了。

8. 施工计划

在制定施工总体计划时，考虑到大厦的平面宽阔，而没有标准层，拥有复杂，而又高档的装修，所以，采用了次梁的预制装配化及劲性钢筋混凝土柱的钢筋预组装施工法，并在钢结构的安装上，采取组件化等工业化的手段，以期防止主体工程工期的拖延。结果，工程终于在预定的工期内顺利完工，投入使用。

9. 关于隔震装置的施工精度

出于确保隔震装置的性能和钢结构的精度的考虑，对于隔震装置有关部位的施工，必须慎重研究和充分注意。

对于隔震装置底部的锚固板来说，一方面要使用能够调节固定位置的螺栓，同时，还要在浇筑基础混凝土的过程中，采用仪器测量的方法来保证施工的精确度；另外，在填充砂浆前，还应进行试施工，以便确认施工方法的可靠性。隔震装置顶面的锚固板和金属面顶紧接合的钢板面必须经过切削加工，以确保接触面的光滑度。至于隔震装

照片3 隔震装置别置模型

照片4 加力试验情况

照片5 安装情景

照片6 出入口

照片7 隔震扶手

置本身，也要对其上下翼板和装置躯体之间的螺栓固定方式进行开发性的研究。

本文所讨论的施工方法等的一系列有关问题在后来的隔震构造中都有所反映，并且为以后的定型设计提供了借鉴。

10. 维护与管理

大厦竣工后，由大厦的所有者、设计者和施工者共同制定了维护与管理的原则合同书，在所有者的理解和配合下，迄今为止，已经进行了竣工后的第一年、第二年和第五年的检查，并预定于2002年进行第十年的检查。现在看来，隔震装置及其安装固定部分一切正常，另外设置的专供试验的装置(ϕ500mm的缩小模型3个，按实际工作状况施加面压，并设置在隔震层内)的性能试验表明，其性能上的变化全部在容许范围之内，没有任何问题。

11. 地震观测

在大厦内，为了验证隔震装置能否在实际地震来袭时，不折不扣地发挥其设计预计的作用，在建筑物中，隔震层和地下都安置了地震仪，并建立了测定记录的系统。自从这些观测系统开动以来，尚未发生大地震，所以，尚未获得实际验证资料。

12. 隔震构造的未来

对以往的抗震结构来说，只能做到大地震来袭时，不致倒塌，而结构发生某种程度的损伤仍属在所难免，完全在设计预计的范围内，而且，居住空间也要经受剧激的摇动。与此相反，隔震结构(广义来说是减振构造)则是保护建筑物内部的人、物和房屋的应有功能，而且，在设计上，也是以建筑物在大地震来袭时，仍能照常使用为目标的。

本大厦建成以后，又有为数不少的隔震建筑物相继设计和建设完成，尤其是，在阪神—淡路大地震以后，其数量又有很大增加。可以设想，今后仍然会不断出现新的设计和形形色色的新思路的隔震及减振建筑物，并且更加符合来自多方面的要求。

(川村 满)

[参考文献]
1) 中川進ほか「府中C-1ビル」『MENSHIN』N0.6、日本免震構造協会，1994年
2) 日本設計免震構造作品集「府中ビルディング」『日本工業新聞』1996年12月11日
3) 中川進ほか「第2回日本免震構造協会賞2001」『MENSHIN』No.33、日本免震構造協会，2001年
4) 中川むほか「大規模免震構造に関する研究」『日本建築学会大会梗概集』1991年9月
5) S.Nakagawa et al. "Aseismic Design of C-1 Building"（Post SMiRT11 Seminar）1991.8

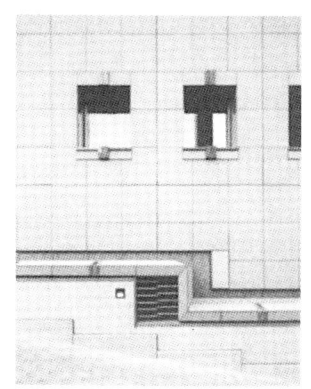

照片8 台阶部位

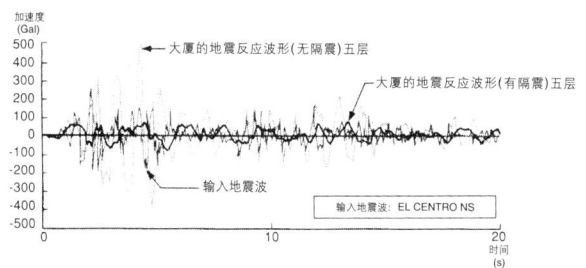

图4 隔震建筑与以往的建筑的地震反应比较

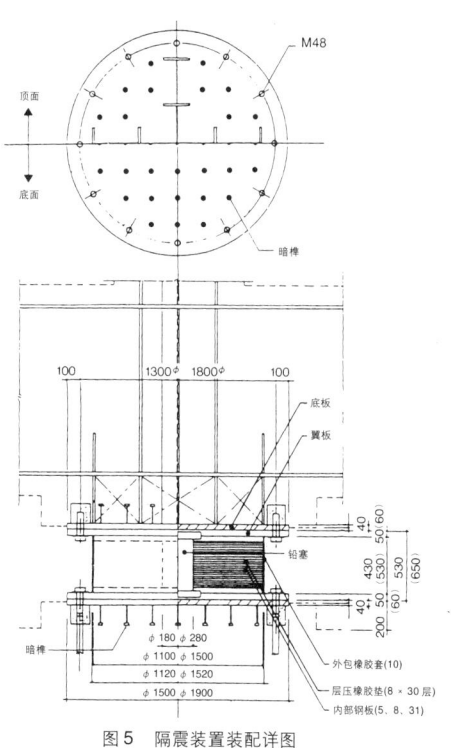

图5 隔震装置装配详图

068 江户东京博物馆

大规模竖向减震楼板系统的应用

关键词 高位楼板博物馆、竖向减震系统、大型钢框架、大空间、悬挑式

照片 1　外观　　　　　　　　　　　　　　　　摄影：彰国社摄影部

房屋建筑概要

〈建筑概要〉
地　　　　址：东京都墨田区横纲 1-4-1
主 要 用 途：博物馆及多功能厅
设　计　者：菊竹清训建筑设计事务所
结构设计者：松井源吾 +O.R.S. 事务所
施　工　者：鹿岛、铁建、钱高、村本、松村、东亚、坂田、井上、冈本建设 JV
建设用地面积：29293.29m²
建 筑 面 积：17304.91m²
总 建 筑 面 积：48000.53m²(容积率内楼面面积)
层　　　　数：地下 1 层、地上 7 层、屋顶间 1 层
最 高 高 度：62.16m
竣 工 年 月：1992 年 11 月(建筑工程)

〈结构概要〉
结 构 类 别：钢结构、部分劲性钢筋混凝土造、钢筋混凝土造
结 构 类 型：大桁架 - 大柱构成的框架结构
垂直地面运动：在从五层向长边方向两侧悬
减震楼板系统：挑楼板上，每侧安装 126 台，共计设置 252 台
外 部 装 修：高层部为氟树脂涂饰的 CFRC 幕墙
　　　　　　　低层部为露明混凝土面细菌琢纹
基 础 类 型：钢管桩 φ 800mm，长 23.5m，共 1129 根

1. 世界首例高架式博物馆的建成

渡过墨田川，一幢光辉夺目的白色建筑映入眼帘。那就是与两国国技馆毗邻的江户东京博物馆的雄姿(照片1)。属于纪念江户幕府建府 400 周年的纪念性建筑物，这是一座高架式博物馆，由 4 根巨大的柱子支承着日本国内规模最大的展览空间，其高度达 62m，与江户城天守阁的高度差不多相同。看上去宛如日本民宅的那种大屋顶和神殿加谷仓的形象独特外观，当属设计者长年积累的设计构思之大成。来此参观展览的人们通过博物馆内收集的展览品，不仅可以了解江户、东京所传承下来的日本传统文化，而且，还可以在三层的向广大观众开放的公众活动场所，集会、聊天和休息，以及开展各种活动。这项匠心独运的设计是在运用最新的结构技术的情况下，才得以建成的。

在建设过程中，从初步设计开始，包括结构规划、设备设计、工程的施工管理，一直到展出空间的室内设计等的全部环节，无一不是对新事物的挑战性尝试。本文中，则是从结构技术这一层面出发，以位于五层的展览层楼面所采用的垂直地面运动减震系统为中心，进行介绍。

2. 构成悬挑达40m的大型空间网架结构

该博物馆建筑规模为地下1层、地上7层，屋顶间1层，最高高度达62m，平面为158.4m × 64.8m的长方形，其上有4根宽度达14.4m的H型截面劲性钢筋混凝土造大柱子呈对称形式屹立在大厦的中心部位，柱轴线间的跨度为长边72m，短边36m。大柱子从三层的会场，一直穿过四层的贮藏库，直接支承五层以上的高层部分的大网架。沿长边方向，从四、五层的大柱子的中心线起，向两侧的外端各有一个跨度达43.2m的悬臂大梁，大梁借助斜拉杆支承在大柱子上。为了确保悬臂网架具有足够的刚度，以及能够传递其上的铅直荷载，在其端部架设了一幅反拱。跨越高达约26m无柱空间的主展览厅的五层楼板大梁与钢结构的屋顶网架相连，构成一个完整的空间网架体系。基础由打入GL-25m以下的密实砾石层内的1129根钢管桩所支承(图1及照片2)。

3. 垂直地面运动的减震楼板系统开发经过

(1) 引进减震系统的经过

对于建筑的整体抗震能力来说，必须经过静态分析和地震反应分析，使其抗震安全性得到充分的确认。然而，这幢博物馆属于经常有不确定人数的观众来访的建筑，因此，除了结构上的安全性的确认之外，还要再加上，对来馆观众的安全性和展品的保护要求，力求最大限度地降低结构的振动。

一般来说，建筑物楼板被激励起来的垂直方向振动是在向建筑物输入了垂直方向的地面运动后，仅出现于跨度的中央，然而，本博物馆建筑由于其结构类型的特殊性，却是在有水平方向的地面运动输入的条件下，大柱被激励发生弯曲变形，因而，使悬挑部分的端部附近产生垂直方向的加速度，所以，这里所开发的减震系统是针对这种特殊情况的(图2)。

(2) 开发条件

开发中设定的条件，主要有下列几条：

- 设定建筑物的固有频率为2Hz左右，而弹簧在垂直方向的固有频率应在1Hz以下；
- 对于参观者的群体行动和展品的展出方式的更迭等所造成的活荷载的变化来说，楼板应能自动调节高低，以保证楼板不出现不平整的情况，同时，还应保证人们走在上面能有良好的步行感觉；
- 垂直方向的最大行程在一次设计水准(输入250Gal时)时，应确保为18cm；
- 水平方向的力应能直接传给正下方的楼板结构上。

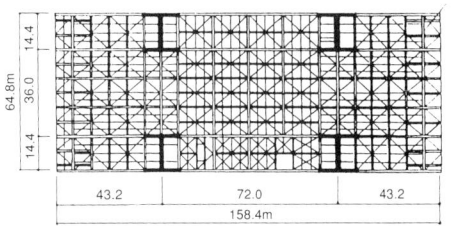

图1 框架形式

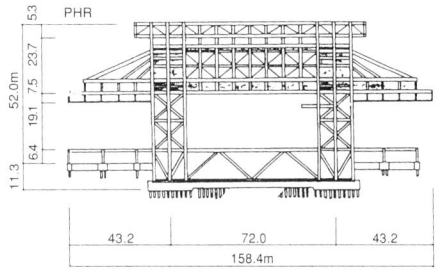

照片2 钢结构安装工程

图2 结构整体的振型

开始曾认为螺旋弹簧和空气弹簧有可能是满足上述条件的竖向弹簧，但是，从多种视角进行研究的结果，最终决定采用了空气弹簧，因为它不仅不受上部活荷载的影响，可以适应大振幅，低固有频率，同时又能自动调节高低。

4. 系统的要点和在建筑物内的设置

这个系统由空气弹簧、油压阻尼器、高度调节装置、抗剪构件、空气压缩机等构成(图3及照片3)。减振楼板系统是利用该博物馆的五层楼板悬空部分(约2800m²)的双层楼板下方高1.6m的空间内。在其东、西两侧分别安装126台，共计252台减震楼板系统(照片4)。正常楼板与减震楼板之间是用气密型伸缩缝相互连接的(图4)。减震楼板系统的主要装置及其功能如下：

①空气弹簧：承受减震楼板上的荷载和降低减震楼板的地震反应；

②油压阻尼器：借助油脂的黏性阻力，提高日常的步行感觉，以及当地震来袭时，使共振点附近的垂直振动反应有所减小；

③高度调节装置：当减震楼板上的荷载发生变化时，空气弹簧内则有空气压入或排出，使减震楼板的高度保持不变。当地震来袭时，借助延迟控制，在不实施给、排气的情况下，保持空气弹簧的刚度；

④抗剪构件：一方面将作用在上方的减震楼板上的水平力传递给结构楼板，同时，又确保空气弹簧沿垂直方向自由移动；

⑤空气压缩机：向空气弹簧内压送压缩空气，以便实施高度调节。

5. 系统的性能试验

为了确认系统的性能，进行了振动模型的模拟分析和实施了旨在确认各种性能的试验研究。

(1) 地震反应分析模型

以整个建筑物的主体结构为对象，将其模型化为具有水平2方向和垂直1方向的3自由度的质点系模型，将4根大柱子置换成弯剪构件，而将三层以下的低层部分置换成等效剪切型弹簧(图5)。通过对该分析模型进行的各种模拟，确认了系统的降低地震反应的效果(图6)。

(2) 性能确认试验

1) 空气弹簧的动态荷载试验

为了验证作为本系统核心装置的空气弹簧的动力特性，实施了以正弦波和实际地震波作为输入的荷载试验，固有频率接近设计值的0.8Hz，与变位幅度及作用荷载的变化几乎不发生任何关系，同时，还确认阻尼系数是很小的，只有不足3%。

2) 振动台上的振动试验

首先制作一台由4个足尺实大的空气弹簧，再加上由

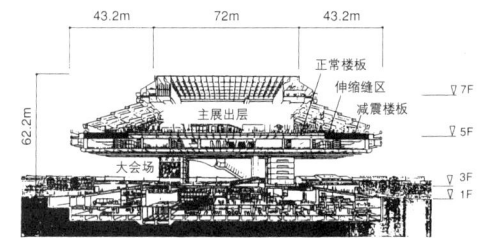

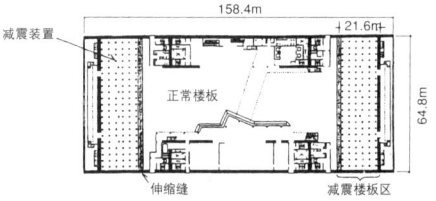

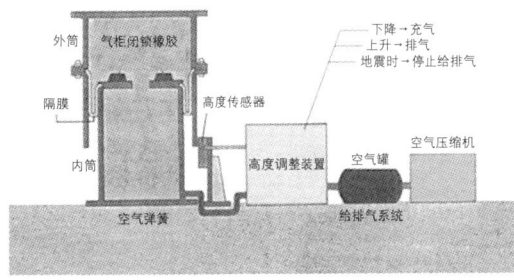

图3 系统的构成(略去抗剪构件)

图4 减震楼板系统的设置范围

照片3 系统的概貌

照片4 系统在楼内设置施工

楼板、油压阻尼器、抗剪构件、高度调节装置等构成的试件，然后，利用振动台进行了地震反应降低效果的确认试验，地震反应的降低效果显著，达 1/2 ~ 1/3 之多(照片 5)。

3) 减震楼板的施工程序确认试验及步行试验

按照实际的施工程序，在 9 台足尺实大的减震装置上，浇筑混凝土楼板，并对其施工过程和步骤进行了确认。特别是，与通常的楼板的频率相比较，在 1Hz 以下的低频率的情况下，步行于其上是否有一种脚踩松软地面的感觉，曾是人们所担心的事情，但通过假想荷载变动的自动高度调节装置的性能试验，结果表明，即使在步行环境方面也完全符合建筑学会规定的等级标准，而且是非常出色的楼板系统。此外，在博物馆建筑内，安装了减震楼板系统后，又实施了与展品和有多数的人走动而发生的移动荷载作用下的荷载试验。

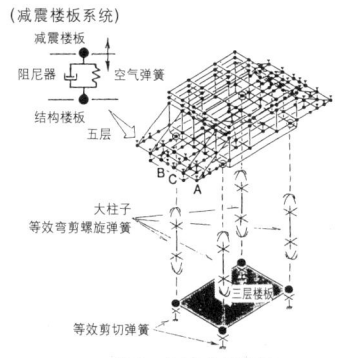

图 5 振动分析模型

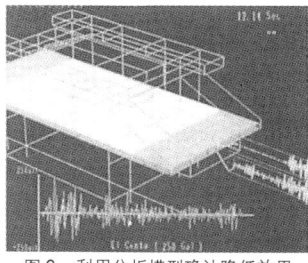

图 6 利用分析模型确认降低效果

照片 5 利用振动台的荷载试验

6. 通过地震观测对性能的确认及维护管理

在减震楼板、结构楼板和博物馆建筑的其他结构上的主要部位都安置了地震仪，从竣工后，一直到现在，不间断地进行着地震观测。尽管属于中、小地震，在这 10 年有余的时间里，曾观测到 100 多次的地震记录，建筑物各部分的反应性状和减震楼板对地震反应的降低效果等，都得到了完全肯定的答案。降低的程度是振幅越大，效果越好。即使在小振幅的情况下，也可获得 2 ~ 4 成的降低效果(图 7)。此外，为了使减震装置能够可靠地工作，除了每年 2 次的定期检修之外，还规定要在大地震发生后和展品的大规模变更展出方式时，必须进行临时性的检修。

7. 结语

在众多的参与这项工程的人士的独到的创意和高见的推动和在他们创造性的努力下，一座史无前例，当今世界从未见过的高台式博物馆问世了。本文介绍的系统是这里的挑战性尝试中的一项。当人们走进这座博物馆时，总想走到五层展览大厅东侧楼面的小窗处，向下窥视一番。在那里可以看到暗藏的减震装置。不管什么时候有大地震来袭，减震装置便可发挥设计预计的功能，确保人们的生命安全和保护贵重的文化遗产。

(宫村正光)

[参考文献]

1) 松里征男，鈴木孝夫，沼田 淳，小松一彦，松島潤，秋浜繁幸「スーパー柱で支える大架構」『施工』1992 年 11 月号

2) 松里征男，鈴木孝夫「東京都江戸東京博物館」『建築技術』1993 年 7 月号

3) 宮村正光，小堀鐸二，神田克久，箭野憲一，上村隆一，松島潤，林英雄，越田洋，鈴木孝夫，松里征男ほか「大規模上下動制震床システムの開発（その 1 ~ その 5）」『日本建築学会大会梗概集』1992 年 8 月

4) 辻 泰一，神田克久，宮村正光，鈴木孝夫「大規模上下動制震床システムの研究」『構造工学論文集』Vol.40B，1994 年 3 月

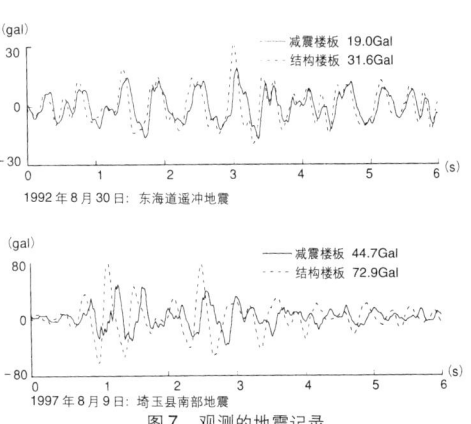

图 7 观测的地震记录

069 白龙穹顶

层板胶合木钢索薄膜结构体系

关键词 层板胶合木、大型梳齿状接头、钢索网、膜、现场胶合施工

照片1 外观

房屋建筑概要

〈建筑概要〉
地　　　址：广岛县贺茂群大和町大字和木
主　要　用　途：室内体育馆
设　计　者：竹中工务店
结 构 设 计 者：同上
监　理　者：松村建筑研究所、竹中工务店
施　工　者：竹中工务店
建设用地面积：6821m²
建 筑 面 积：2620m²
总 建 筑 面 积：2910m²
层　　数：地上2层
建 筑 物 高 度：最高高度19.5m
施 工 期：1991年11月～1992年11月

〈结构概要〉
结 构 类 别：悬索型膜结构(钢索网＋大尺寸层板胶合木结构)、
　　　　　　下部＝钢筋混凝土结构

1. 前言

　　白龙穹顶位于广岛县大和町的白龙湖村体育园区内、与广岛空港毗邻，是按照室内体育中心实施规划兴建的。拟在其中举行正式的篮球、排球和柔道、剑道等各种赛事。

　　设计的基本构思是以地缘为前提，"白龙湖"这一地名象征着一条"白龙"腾空而起，预示所在的街区将有更进一步的腾飞。体育馆内、借助层板胶合木与膜材料的相互配合，旨在营造一个融于温暖柔和的大自然中的室内空间。

　　为了实现这一构想、开发出了一种新型结构体系——胶合木钢索膜结构，它由大尺寸的结构用层板胶合木、钢索网和薄膜材料组合而成。

　　体育馆建筑由比赛馆和柔、剑道馆组成，并分别单独进行设计。比赛馆的平面规模为50m×47m，而其屋顶则是由中心区的层板胶合木造的葱头形拱券和架设在周围的钢筋混凝土框架上的钢索网膜结构构成的。钢索网由从拱

照片2 内景

券向外框延伸的单侧共10根悬索和与其呈正交方式布置
的单侧共7根的压顶钢索构成。索网的网格呈正方形，大
小约50cm，其上有涂膜玻璃纤维布覆盖。

2. 结构规划

比赛馆的平面尺寸为50m×47m，其屋顶如图1及照
片3所示，是所谓的"胶合木的索膜结构"，其中，支承
穹顶索膜结构的大尺寸层板胶合木拱券，是日本国内首次
采用现场胶合的大型梳齿状对接接头的杰作。

3. 大型梳齿状对接接头的施工

大尺寸层板胶合木的大型梳齿状对接接头是首先由欧
洲开发出来的接头方法，早在德国的DIN(工业标准)中就
已经标准化了。不过，那里的胶合工艺都是在工厂里实施
的，从来不曾有过现场胶合的事例。因此，对于大型梳齿
状对接接头的加工，则是向素有加工经验的德国厂家发
包，由他们承做，而对于现场施工，则是起草了"现场胶

照片3 结构模型

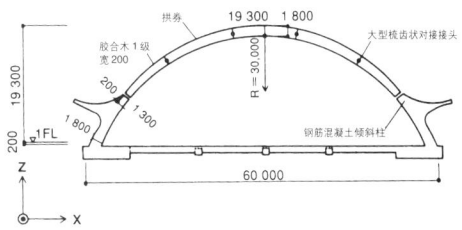

图1 拱券结构立面图

合施工管理要领"，并追随施工流程，实施检查和管理。在实施胶合作业之前，要进行温度等有关操作环境和管理，涂胶前的接头尺寸及精度管理，含水量测定及胶合剂检验，涂胶时的木材胶合技术实施的检查，胶合剂的可用时间管理，涂胶后的压紧及养护管理等等。照片4展示的是，工人用金属模具在检查接头的尺寸及精度的情况，而照片5则展示利用拉紧螺栓进行拉力测定的压紧工序管理的情形。将长约10m的弯曲成型的层板胶合材扁放在地面上，通过现场胶合工艺拼接成跨长约50m的2榀拱券。然后，再利用4台起重机将这2榀拱券吊起，并按照片6中所示的样子安装就位。

4. 钢索网的施工

在由悬索(ϕ 34 单侧共 10 根)和与其正交的压顶索(ϕ 40 单侧共 7 根) 构成的索网中，施有初拉力。初拉力的设定条件应为，在可预见的外力（风、积雪及积雪偏载）的作用下和层板胶合木拱发生侧向变形和徐变变形，以及温度变化时，索网中的钢索拉力为零。

这两种钢索的端部采用只能沿铅直方向自由转动的铰接。悬索按设计尺寸制作，而压顶索则要在设计尺寸的基础上，再加上200mm。在加长了的压顶索的两端交替张拉，使钢索产生拉力。由于采用了这样的张拉方法为钢索施加拉力，钢索端部铁件就可以设计成较为小型(照片 7)。

在钢索网上方约50cm处，铺设着涂膜的玻璃纤维布。悬索与系结铁件之间留有60cm的间距，目的是要将膜布所承受的荷载传递给钢索网(照片 8)。

5. 结语

这种"层板胶合木悬索膜结构"的轻快造型是借助层板胶合木、钢索网和膜材的相辅相成而获得的"新型结构体系"。

这个体育馆项目是技术与设计相结合的产物。同时，也是由于采用了大型梳齿状对接接头的层板胶合木的结果。

今后，在町民更有效地发挥这座穹顶式体育馆的作用的情况下，大和町的发展也将必将是指日可待的。

(松井英治、最上公彦、木村　卫)

［参考文献］
1）松井英治、最上公彦、木村　衛「「集成材ケーブル膜構造」の開発と実施」『JSSC 鋼構造論文集』日本鋼構造協会，1994 年 9 月

照片4　大型梳齿状对接接头精度检验

照片5　大型梳齿状对接接头的压紧管理

照片 6　层板胶合木拱的安装

照片 7　钢索张拉工程的施工状况

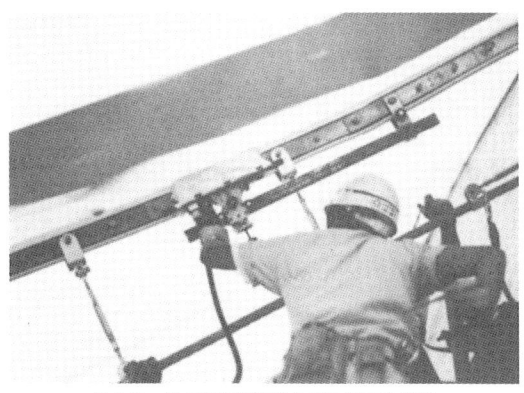

照片 8　膜与钢索的连接方法及膜固定状况

照片 9　白龙穹顶的透视画

070 梅田摩天楼（新梅田都市开发规划）

超高层的顶部连通结构和顶升施工法

关键词 连通超高层、空中庭园、预制装配式楼板、顶升施工法、钢索、动力阻尼器

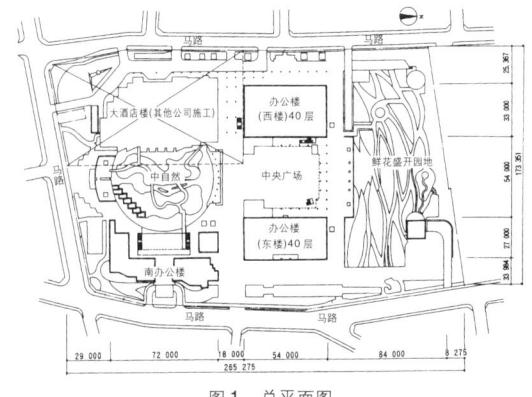

照片 1　鸟瞰全景

房屋建筑概要

〈建筑概要〉
地　　　址：大阪市北区大淀中 1 丁目 1-80
主 要 用 途：办公室、商店
设 计 者：原广司＋工作室、费建筑研究所、竹中工务店
结构设计者：木村俊彦结构设计事务所、竹中工务店
施 工 者：竹中工务店、大林组、鹿岛建设、青木建设 JV
建 筑 面 积：9831m²
总建筑面积：158856m²(仅办公楼)
层　　　数：地下 2 层、地上 40 层、屋顶间 1 层
檐　　　高：GL+166.20m
竣 工 年 月：1993 年 3 月
〈结构概要〉
结构类别：钢结构、钢筋混凝土造
结构类型：斜撑式框架剪力墙体系
基础类型：平板基础、现浇混凝土扩底桩

图 1　总平面图

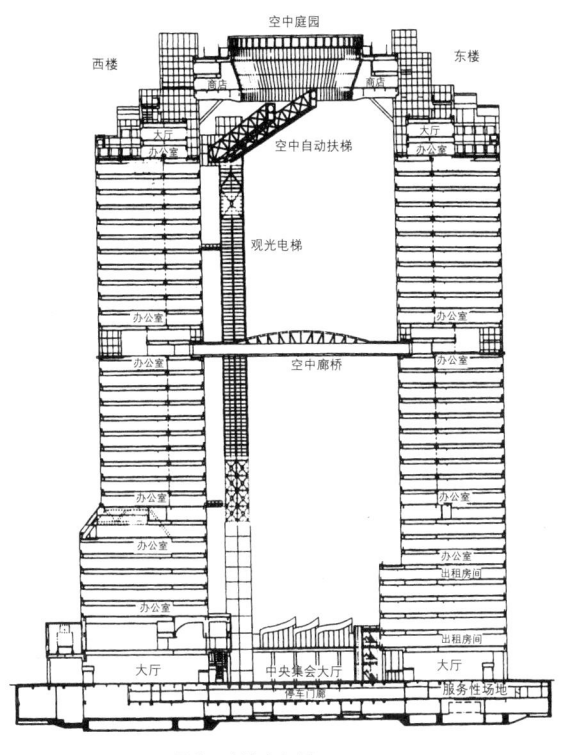

图2 连接方向剖面图

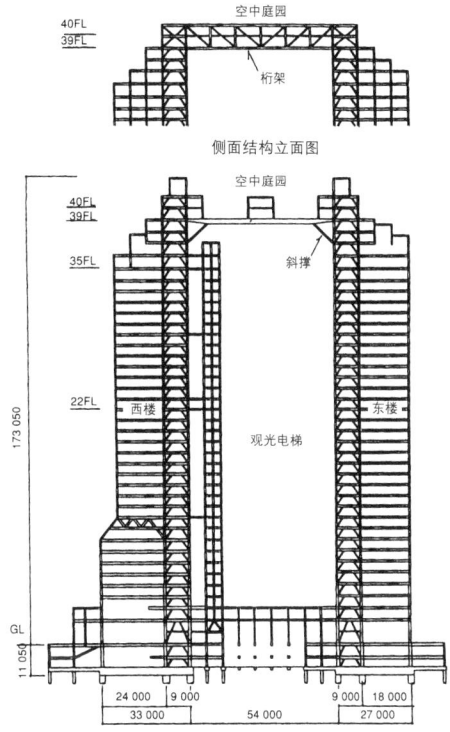

图3 连接方向结构图

1. 建筑规划

建于大阪市北区日本国铁梅田货运站西侧的这幢梅田摩天楼是日本国内首座连通型的超高层大厦，两栋超高层大厦被2层高的结构物(空中庭园)刚性地连接了起来。在这个建设项目中，有效地利用了约4公顷的广阔建设用地，在综合设计手法的基础上，一方面将建筑物向高层化的方向发展，与此同时，又确保有一个宽敞的开放空间，并创造一个对于来访者和当地市民来说，喜闻乐见的外部环境。在梅田摩天楼的南侧，设有一处直径达70m的园林小品，命名为"中自然"，其中点缀着小丘、小溪、跌水和水池。大厦的西侧为大酒店楼，而东侧建有低层的房屋。北侧，设置了一处花园，宽大而又豁亮，四季繁花盛开，为久居都市的人们提供了接触大自然的去处。

梅田摩天楼除了位于三十九层至四十层的"空中庭园"之外，还有设于二十二层的"空中廊桥"，将东西两栋大楼连通起来。空中庭园可乘瞭望电梯直达35层，然后，换乘空中扶梯，便可走进另一栋里去。

大厦的半透明反射玻璃的罩面不时地将天空映入其中，好像将用大型铝板构成的空中花园送入了浩淼的天空一般(图1，图2)。

2. 结构规划

从结构的类别上来说，大厦的地上和地下都是钢结构，而且每根钢柱的下边都有一棵现浇混凝土造的扩底桩。标准层办公室的进深方向的跨度为18m。在西楼，从十层到十二层楼板之间的柱子设计成倾斜的，以便使十层以下的各个楼层的办公室或多功能空间的跨度达到24m。位于三十九层至四十层的空中庭园的结构由横跨东西两栋楼之间的高度为两个楼层的外墙桁架，再加上底部的斜撑构造而成(图3)。

在本摩天楼的结构体系中，空中庭园在结构上所起的作用首先是，当有水荷载作用时，实现两栋楼之间的力的传递，其次是，它对高宽比很大(东楼为6.2，西楼为5.0)的东西两栋楼的短边方向所产生的反弯作用。位于二十二层处的空中廊桥是两栋楼之间的联络工具，采用弧形桁架结构(基本固有周期为0.5秒)，廊桥内侧为玻璃围成的通道。这座空中廊桥的支座的支承条件为一端固定，而另一端为辊轴，目的是吸收两栋楼之间的相对变形(在风荷载作用下，相对变形的最大值可达12cm)。为了降低人们步行于廊桥内时的铅直振动，安装了减振用的动力阻尼器。

3. 结构设计

当两栋楼的顶部尚未连接起来之前，二者短边方向的基本固有周期分别为4.3秒和4.8秒，而顶部被连接起来之后，在连接方向的基本固有周期则变成了4.3秒，二次固有周期为1.9秒(图4)。在风荷载沿短边方向作用时，顶部连接的效果主要体现在大厦的顶端，与分别独立时相比，内力可降低到70%，而顶端的绝对变位值可减小50%(图5)。这是因为，作用于楼宇上部的风荷载(根据风洞实验的结果，当风作用楼宇下部时，四面全部为负压，基本上没有风荷载的作用)被两栋楼分担(借助空中庭园)，再加上，楼宇顶部的反弯作用所致。在这样的情况下，经过空中庭园传递的力大约有850t之多(全部风荷载为3581t)。由于顶部相连，大厦在地震反应方面也是颇见成效的，视地震波的不同，效果有所不同，但顶端的摇摆量都有显著的降低。

柱子为方形钢管柱，截面尺寸一般为650mm见方，最大板厚为55mm(十层以下的柱子为650mm × 800mm的方形钢管)。跨度为18m部分的大梁为H型组合截面，尺寸为800 × 400 × 9 × 32。桩主干部分的最大直径为2400mm，扩底部分的直径为3800mm，长期承载力为2700t，桩端置于N值为50以上的填满砂砾层上，GL-28m。

标准层楼板为在施工场地内的加工场生产的预制装配式楼板，平面为矩形，尺寸为5.6m × 8.8m，厚度为120mm。在预制板的侧面有预埋的外露钢筋，在钢梁之间铺设完毕后，将两侧外露钢筋焊接起来，然后，再在大梁的上部浇注混凝土，构成梁式组合楼板(照片2、3)。

4. 钢索提升施工法概要

空中庭园的钢结构安装和外墙，以及檐口装修部件的装配需要在地面以上170m的高空中作业。于是，以施工单位为首，组织了有关部门，对施工方法进行了分析和探讨，一种方法是利用塔吊，将钢构件一个个地起吊，并安装，然后，再进行装修，而另一则是在地面上将钢结构组装好，并将外墙及檐口装修部件全部安装就位后，再将空中庭园结构整体提升就位的施工方法。经过对此二种施工方法的安全性和作业效率的比较，最终决定采用整体提升的施工方法。在制定整体提升的施工计划时，首先需要确定的是吊点的位置。为了便于确保起吊过程中力的平衡和保持吊件的水平性，决定将吊点的位置设在空中庭园的4个隅角处。空中庭园的南北侧面的结构也是高度为两层楼高(8.4m)与主桁架相同的钢桁架。这两榀桁架在这次整体提升的施工计划中曾起到非同一般的作用。垂直于这两

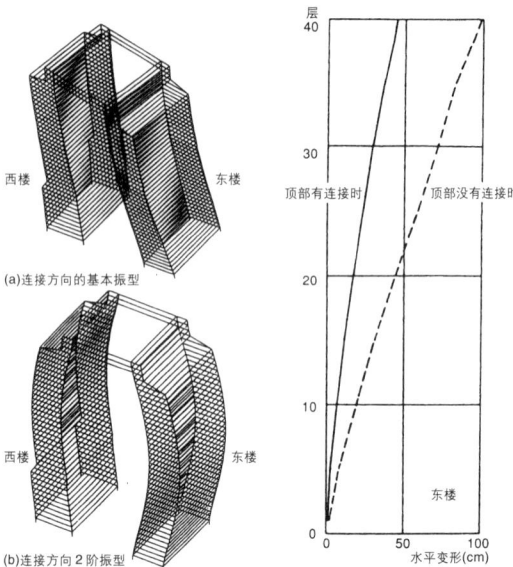

(a)连接方向的基本振型

(b)连接方向2阶振型

图4 固有振型图

图5 风荷载作用下的大厦水平变形(东楼)

照片2 吊装中的预制楼板

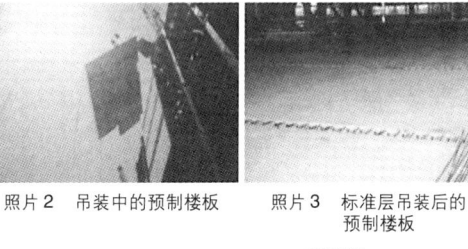

照片3 标准层吊装后的预制楼板

照片4 提升过程中的空中庭园

榀桁架，在斜撑的部位，安装两排安装用的临时性桁架，构成一个井字形的空间桁架，这样一来，51.2m × 54.0m的平面结构便可利用两榀正式的桁架端部的4个点起吊了(照片4)。

在地面进行组装，并整体提升的钢结构中，包括了空中庭园的三十九层楼板的全部钢构件和四十层及屋顶层的部分钢构件(图6)。四十层及屋顶层的钢构件还兼有防止四榀桁架的失稳和保持空中庭园的平面几何形状的功能。总加起来，提升的重量中包括钢结构800t、装修部件110t和安装工具130t(钢丝绳及滑轮等)，共计1040t。此外，为了消除空中庭园的自重而导致的挠度，在空中庭园的各平面部位，给钢结构施以反挠度，其值最大达到了13cm。

用4个吊点起吊1040t，每个吊点各为260t。如果每一吊点各用一根钢丝绳起吊的话，需要直径为150mm的钢丝绳和强大的驱动力，卷扬机也很难获得。假如不用钢丝绳，而改用钢杆时，面对148m高的扬程，提升作业不仅一天之内完不了，而且施工上也存在许多问题。有鉴于此，决定在东、西两栋楼的顶端设置滑轮，并且在安装于空中庭园上的滑轮之间，将一根钢丝绳往复折返12次，总共用24根这样的钢丝绳进行吊装(图7)。这样一来，钢丝绳所承受的拉力只有10.8t(=260t/24)，便可完成吊装作业，同时，吊装用的卷扬机的驱动力也不需要很大，就可起吊。此外33.5mm的细直径钢丝绳也可以胜任了(照片5)。钢丝绳的断裂荷载可达84.2t，安全系数为7.8。

在吊装过程中，需要特别注意的是，如何控制风所导致的摇摆。为了防止空中庭园在吊装过程中的摇摆，在两栋楼的外墙面上，分别架设铅直的H型钢，在提升过程中，H型钢起到了导轨的作用。吊装的那一天(1992年5月18日)恰值风速为10m/s以下的预计风速。提升速度为35cm/min，到达顶部所用的时间为13小时。在吊装就位后，立即在桁架的钢构件端部，并用高强螺栓进行临时固定(间隙约为20mm)，然后，再与楼宇结构焊接起来。三十九层的楼板大梁则是借助长度约为350mm的大梁尺寸调节用梁段与楼宇焊接在一起(照片6)。

在其余的钢构件安装完毕后，再进行三十九层、四十层和屋顶层各楼板的混凝土浇注和剩余的装修工程之后，总重量约为5000t的空中庭园就全部竣工了。

(奥本英史)

[参考文献]

1) 原 広司・木村俊彦・久徳敏治「新梅田シティ開発計画」『ビルディングレター』1990年7月号

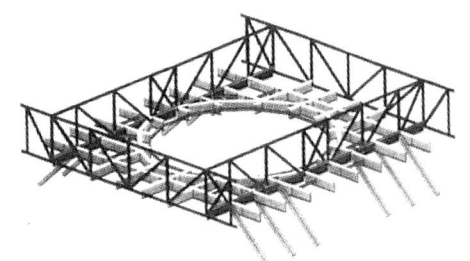

图6 提升施工前在地面上组装的钢结构
(屋顶层楼板钢结构没画上)

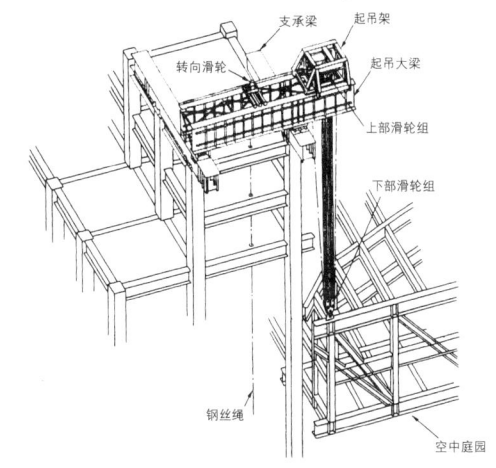

图7 提升施工法机构图

照片5 驱动卷扬机

照片6 空中庭园与三十九层楼板大梁的连接点

071 福冈穹顶

日本最早的屋顶开启式体育场

关键词 开启式屋顶、平行弦叠层桁架、焊接铸钢、减振器

照片 1 体育场内景(屋顶全开启状态)

房屋建筑概要

〈建筑概要〉
地　　　　址：福冈县福冈市中央区地行滨 1-29
主　要　用　途：(主)棒球场、(辅)多功能竞技场
设　计　者：竹中工务店、前田建设工业
结构设计者：同上
施　工　者：竹中工务店、前田建设工业
建　筑　面　积：72740m²
总 建 筑 面 积：178988m²
比 赛 场 地：净容积约 176 万 m³
高　　　　度：最高处高度 84.0m，檐高 40.8m
层　　　　数：地上 7 层
棒 球 赛 时：48000 人
开　会　时：52000 人
施　工　期　间：1991 年 4 月 1 日~1993 年 3 月 31 日(2 年)

〈结构概要〉
屋　顶　结　构：结构类型＝叠层钢桁架，
　　　　　　　　最大跨度 212.8m(高跨比 =0.2)
驱　动　装　置：开启方式＝独立型旋转移动式(9 种形式自动控制)
　　　　　　　　驱动方式＝电动自行式板车
下　部　结　构：结构类别＝劲性钢筋混凝土造、钢管混凝土造(部分钢结构)
　　　　　　　　结构类型＝框架抗震墙结构
基　础　类　型：地基＝现场浇筑钢管混凝土扩底桩
　　　　　　　　基础＝钢筋混凝土独立基础、平板基础

1. 前言

　　作为规模如此之大的拥有开启式屋顶的体育设施，首先应该提到的是，1961 年在美国的匹兹堡建造一座屋顶为分割成 6 块的旋转式开闭型市中心体育场(直径 127m，高 33m)。其后，在 1987 年，于加拿大的蒙特利尔，建造了一座拥有提升式膜结构的移动式屋顶的奥林匹克体育场。1987 年，在加拿大的多伦多市，又建起了规模更大的正规的开启式屋顶的多功能体育场，它有着最大跨度为 205m，高度为 86m 的高大穹顶。

　　谈过北美的动向之后，再来说说日本的情况，在日本，从 1980 年代后期一直到 1990 年代，以体育设施为中心，曾展开过关于开启式屋顶的许多技术问题的研讨和方案研究，同时，还建设了中小型的屋顶开启式的建筑。

　　福冈穹顶就是在这样的背景下，继东京穹顶之后，在日本国内，以 200m 的规模，在福冈市的滨海地区，建起了一座国内第一的大规模屋顶开启式的多功能体育场。

2. 建筑规划概要

福冈穹顶是直径222m的正圆形，其中包括能够容纳4万人的看台和运动场，此外运动场的对面还有体育酒吧等各种设施。运动场除了符合国际标准的棒球场之外，还有两翼的约3000席位的活动看台随时可以转换成足球场型的运动场。从运动场地面算起，看台高度为15.5m，一直达到四层，而四至六层则设有配置阳台的会员室共222间。

覆盖净容积约为176万m³，距运动场地面高达68m的屋顶被分成了三部分，其中，上方的两扇顶盖各自向相反方向转动，从而实现屋顶的开启和关闭(开启式屋顶的音乐厅: P.B.K.，W.Z.M.H.)。开启及关闭所需时间约为20分钟，在全开的状态下，在最下层的固定顶盖被形状相似的两扇顶盖完全覆盖，可以确保约60%的开口率。

3. 结构规划概要

(1) 屋顶结构

考虑到制作上的方便和3扇顶盖的重叠，屋顶的曲面形状采用了同心球壳。至于平面形状，一扇顶盖分成3块，其形状为120°中心角的扇形，在这样的情况下，屋顶反力明显向两端集中，分布是不均匀的。随着屋顶的开启和关闭，屋顶反力变成了移动荷载，又由于三扇顶盖重叠在同一位置的情形，对于支承屋顶的辊轮轨道和下部结构来说，应该尽可能地使反力分布得均匀，极力减少出现峰值的可能性，同时，对地震等的外力作用，也必须确保框架结构的稳定性。因此，平面形状采用了从中心呈扇形展开的角度不大于175°的扇形。

屋顶结构采用的是由放射方向和圆周方向的构件所构成的三角形作为基调的平行弦叠层桁架，每扇顶盖的桁架高度为4.0m，各扇之间的间距取为1.7m(弦杆中到中的距离)，上、下弦杆采用宽翼缘H型钢，而斜杆和竖杆则采用钢管制作，现场组装全部采用高强螺栓连接。此外，在放射方向与圆周方向桁架的交点上，平面上，最多有7榀桁架，如果将斜杆和竖杆包括在内，则最多有13个构件集结在一起，连接角度也很复杂。为了能够便于应对如此复杂的角度变化，同时又能使复杂的焊接节点简单化和提高钢结构制作阶段的生产效率，采用了圆筒状的铸钢节点(可焊铸钢SCW480)。

虽然，三层的屋顶顶盖在外力上是按各自独立承受来规划的，然而，对于各层屋顶的装修之间最小有效间距只

有约500mm而已，强震来袭时，特别是在振幅较大的顶部一带的装修之间存在发生接触的危险，因此，在屋顶顶端的回转中心部分安装减振用的油压阻尼器，以便防止相互之间的接触。

此外，关于屋顶的开启和关闭：当处于全关闭状态时，必须确保屋顶的气密和水密性能，当屋顶处于开启和移动过程中，各扇顶盖之间必须确保足够的间隙和可移动的密封机构。此外，对于密封机构来说，还必须具有跟随屋顶移动的追随性。为了做到这一点，在本穹顶结构中，采用了如照片4所示的那种有源密封方式，利用调节双层橡胶筒内的空气压力来实现控制。

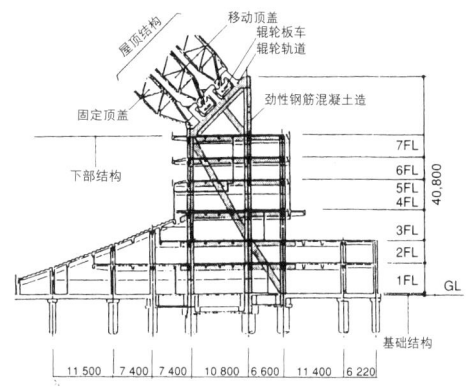

图1　结构的总体构成图

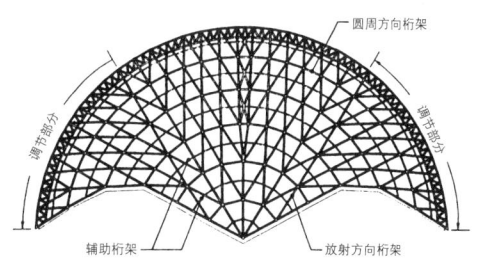

图2　屋顶钢结构平面图

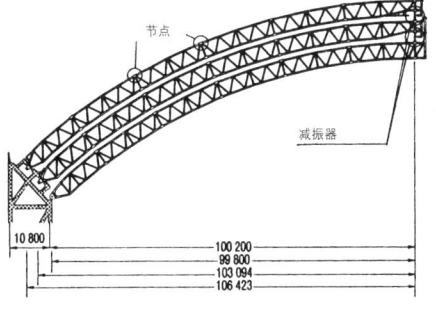

图3　屋顶钢结构立面图

(2) 下部结构

从总体上来看，下部结构呈圆环(同心圆)形状，为使屋顶结构和辊轮轨道的荷载顺畅地传递，所以，不设置伸缩缝，下部结构是一个连续的环形。由半径方向的框架和圆周方向框架构成的下部结构，为使支承着屋顶结构和辊轮轨道的约60000t重量的主要高层部分的构件具有足够的延性和刚度，一律采用劲性钢筋混凝土造，而比赛场内的阶梯状看台和外围的低层部分则采用钢筋混凝土造。

半径方向的框架按间隔为5°中心角排列，共有72列，其中有50列为各层连续直达屋顶，成为承受屋顶传下来的水平推力和地震等的水平力的主体结构。至于圆周方向的框架结构，其中8处均衡地配置了抗震墙，在规划设计上，保证了下部结构的水平承载力和建筑物的整体抗扭刚度。

(3) 驱动系统及辊轮轨道

在进行开启和关闭的上层和中层这两扇顶盖的底脚处，都有24台辊轮板车分别支承着。每扇移动顶盖的辊轮板车是由14台驱动板车和10台的从动板车构成的，为了确保驱动板车能有稳定的驱动力，将其主要设置在平时反力值较大的外圈底部，并分别安装相互独立，由电机和减速机组组成的驱动机组。

辊轮轨道是由倾斜45°的道板，再加上三根带肋的梁构成，剖面为槽形的钢筋混凝土造的环状结构，一方面用来承受伴随屋顶的开启和关闭而产生的强大的移动集中荷载，同时，还起到了将集中荷载分散传给下部结构的作用。此外，通过支承辊轮轨道的劲性钢筋混凝土造的桁架结构与下部结构构成一个整体。

辊轮轨道共有6条，具有承受屋顶的拱轴方向荷载的轨道2条(走行钢轨)和承受来自拱轴浮起方向荷载的轨道2条及在与其成垂直方向的左右各有1条轨道。

行驶在上述轨道上的辊轮板车是由箱形截面的钢构件组合而成的平面形状呈H型的结构，分别装有行驶用的辊轮4个，防止上浮的辊轮4个和水平辊轮4个，共计12个辊轮。

为了防止地震和台风来袭时，屋顶产生移动，在预定的停止位置，在行驶路的侧壁上，设置锁口，待辊轮板车走近时，自动地将板车的锁销插入锁口内。销销的端头装有油压减振器，当因温度变化等而产生轻微的移动时，能够毫无阻力地随动，而当地震来袭产生剧烈运动时，又能阻止移动和滑动。

4. 施工概要

在进行屋顶施工时，作为相似形(同心球体)的屋顶在处于全开状态时，明显显示出它那三层重叠的特点。在其全开位置，可以兼作暂设支架来使用，按下层→中层→上层的顺序一层一层地进行架设和安装。至于支承屋顶的看台框架结构，也是内野这边(即固定屋顶一边)先行施工，在开工后11个月，便可着手屋顶工程的施工，通过实施屋顶钢结构现场分段化、起重机高效化和确保比赛场的内、外野的作业场地等措施，使得总重约达9000t的屋顶钢结构安装仅用了9个月便完成了。

在解除支架部位的临时支座反力时，撤除千斤顶的顺序是与安装顺序相反的，即上层→中层→下层。在解除支座反力时，各支架支承部位的反力应以均等的比例，18个

照片2 屋顶桁架的铸钢节点

照片3 屋顶顶端的减振器

照片4 各扇顶盖间的有源密封

支承点同时卸载，这是一个重要原则。对于上、中层屋顶来说，在解除伴随支架反力的解除而使板车增加的反力时，要在一边使千斤顶回油，一边解除才行。卸载是依据实际操作步骤的模拟分析结果，并在反力与变位得到精确监管的情况下进行的。各层屋顶降下时的反力和变位的变化与分析结果基本吻合，同时，变位的实测值与分析结果的差异大体上都在10%以下。

在屋顶全部从暂设支架上卸下之后，于1993年1月，曾进行了屋顶开启和关闭的试运行，在确认了屋顶顺畅运行的同时，又使令以屋顶运行而导致支承结构变形为起因的屋顶自身的变位及反力变化也与分析值基本一致的情况，都得到了验证。

5. 结语

自从福冈穹顶竣工之后，以建筑空间的可变性为目的，开启屋顶就不要说了，就连规模相当大的看台和运动场等都能移动的建筑物也出现了不少。对于这类可移动的结构来说，它们技术上的课题受可动部分的结构体系的性质和合用的移动方式不同的影响，不仅是形式多样，而且，又各不相同。不过，在强大的力的传递的过程中，将机械系统参加进去这一点却是共通的。因此，在进行设计和施工上，建筑方面和机械方面对外力和耐久性的评价及维护管理，以及对彼此的设计体系之间的差异等问题，一定要取得共识则是至关重要的。

（丹野吉雄）

[参考文献]
1）丹野吉雄「福岡ドーム—構造と技術—」『空間構造　第1巻』坪井善勝記念講演会実行委員会編，1993年5月
2）『福岡ドーム』日経アーキテクチュア編，1993年11月

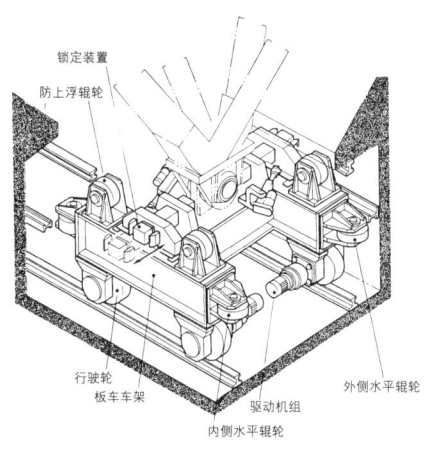

● 驱动板车
○ 从动板车

图4　辊轮板车布置图

照片5　驱动板车外观

锁定装置
防上浮辊轮

行驶轮
板车车架
内侧水平辊轮
外侧水平辊轮
驱动机组

图5　驱动板车构成图

照片6　屋顶钢结构安装情景

(a)

(b)

(c)

照片7　屋顶开闭状况

072 横滨标志性大厦

日本最高的超高层建筑

关键词 风荷载、筒中筒、空腹结构、分支管施工法、大型组件化、多级摆、SM570Q、大体积混凝土、超大型塔式起重机、减振

照片1 外观

房屋建筑概要

〈建筑概要〉

地　　　　　址：	横滨市西区未来港2丁目2番1号
主 要 用 途：	办公室、大酒店、商店、文化设施、停车场
设 计 者：	三菱地所一级注册建筑师事务所(今三菱地所设计)
结构设计者：	同上
基本构思及顾问：	休·斯塔宾斯及扎·斯塔宾斯联盟(美国)
施 工 者：	大成建设、清水建设、大林组、竹中工务店、鹿岛建设、间组、前田建设工业、地崎工业、飞岛建设、户田建设、东急建设、青木建设、三菱建设、藤田工业、熊谷组、东亚建设工业、山岸建设、奈良建设、红梅组、若筑建设、五洋建设、不动建设、增冈组、安藤建设、大丰建设、东海兴业 JV
建 筑 面 积：	23208.29m²
总 建 筑 面 积：	392791.73m²
层　　　　　数：	超高层部分＝地下3层、地上70层、屋顶楼3层
最 高 高 度：	296.0m
檐　　　　　高：	282.3m
层　　　　　高：	超高层部分：办公室＝4000mm、大酒店＝3550mm
竣 工 年 月：	1993年7月

〈结构概要〉

结 构 类 别：	超高层部分的八层以下为劲性钢筋混凝土造，九层以上为钢结构
结 构 类 型：	筒中筒结构
基 础 类 型：	直接基础(平板基础)

1. 建筑规划

这幢大厦地处东京湾近海区的新都市开发区——21世纪未来港地区之内。

高达296m的日本国内的第一高度是根据与羽田空港相关的航空法的有关内容决定的。

这是一幢包罗万象，内容丰富的日本超一流的综合用途的大厦，不仅有大型办公室、宾馆及超级购物中心，还有瞭望层和文化设施等，堪称各种功能齐备。

大厦由地下3层、地上70层、屋顶楼3层的办公室加宾馆的超高层部分和拥有地下4层、地上5层（部分为8层）的商店、宾馆宴会大厅、文化设施，以及停车场等的低层部分构成(图1)。

超高层部分由于是从地面直接拔起，因此，大厦以其标志性和象征性惹人注目。平面形状是从基底向上渐渐缩小的星形，不仅符合办公室和宾馆这两种性质完全不同的功能要求，而且，作为一幢超高层建筑，其外观形态与周

围环境十分协调。

低层部分的地下各层是将历史上遗留下来的旧横滨船码头的2号砌石船坞加以保留，并作为干船坞来使用。

2. 地基及基础

大厦建于从江户时代末期开始填筑的人工平坦地面上，设计 GL 为 TP+3.5m。地质结构如图2所示，GL-7m以下为固结粉砂层与砂层交互变化的土层，N 值超过50，平板基础直接设置于该持力层上，基础深度为GL-24m。平板基础的基础梁高为 1.5m，承压板厚度为 5m，长期最大接触压力为 89t/m²。

3. 结构规划

这幢标志性大厦是一幢形状独特的高层建筑，其平面基本上是正方形，只有4个隅角向外凸出，并从低层到高层，平面形状逐渐缩小，是一种稳定性很高的造型(图3)。

迄今为止，在日本国内建设的建筑物，其设计水平力全部由地震荷载控制，但是，这幢大厦却是风荷载略大于地震荷载。风荷载大，特别是导致振动的风荷载大，在结构规划上，则必须特别注意以下各点：

①为了减小大厦对风的反应，尤其是要使与风向正交方向

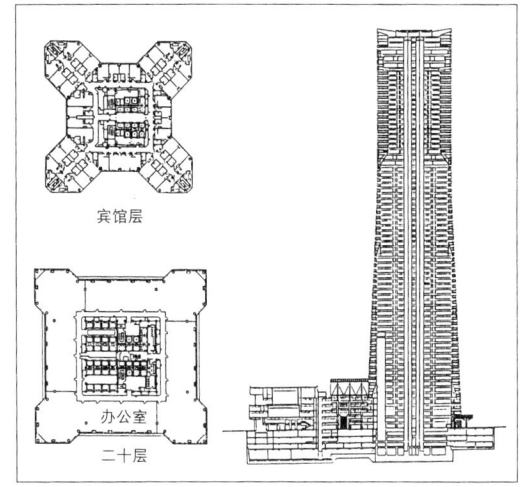

图1　平面图及剖面图

的反应减小，那么，大厦的固有周期一定要短；

②大厦结构的抗扭刚度一定要大，以减小风造成的平移与扭转的耦合振动的可能性；

③因为风导致的振动是由第1振型控制的，所以，必须确保有效抵抗倾覆的承载能力。

综合上述，根据下述的分析和研究的结果，决定采用钢结构的筒中筒体系：

①外筒各面的中央采用无斜杆的空腹结构，这部分的铅直

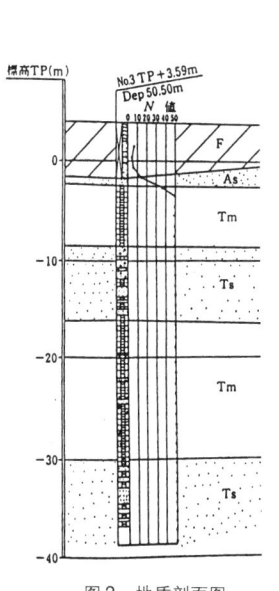

图2　地质剖面图　　照片2　结构模型

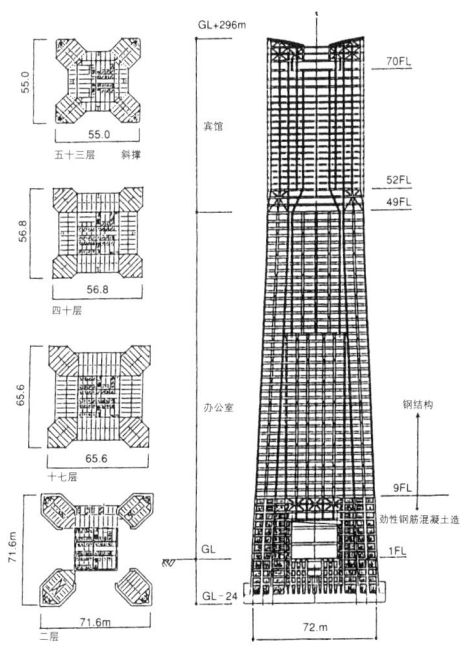

图3　楼板结构平面图及结构立面图

297

荷载直接传给各层的隅角部结构。由于荷载大量集结于隅角部，便可实现反倾覆的最大稳定性(图4)。

②大厦低层部分的周围结构只在隅角处才有，没有形成筒体结构。对于这部分来说，通过增大建筑物的水平刚度，而使固有周期缩短，从而降低了风振反应，以及作为镇压倾覆力矩所导致的上拔力的手段而采用钢筋混凝土造。

③在高层部分(五十二层至六十七层)的每个楼层有4处设置斜撑，将内筒与外筒连接起来。借助斜撑对弯曲变形产生的约束，可使高宽比约为11的内筒承担20%～30%的水平剪力。

4. 结构设计

(1) …Ë°∆∫…ÿ

一般来说，建筑物的固有周期越长，地震荷载越小，而风荷载则相反，是固有周期越长，其值却越大(图5)。这幢超高层大厦的固有周期为6秒，风荷载要比地震荷载来得大(图6)。这样一来，本大厦便成了一幢在日本国内首例，其主体结构的绝大部分是按风荷载决定的超高层建筑了。

关于本大厦的结构设计，分别采用两个水准进行分析研究：水准1，按大厦的使用年限内出现一次的设计预计外力和水准2，按使用年限内可能出现的最大外力进行设计(表1)。

此外，结构的设计准则如表2所示。

鉴于针对风荷载的弹塑性反应分析方法那时尚未确立，又因为塑性化的程度不断在进展，表现的固有周期在不断的拉长，甚至有达到退行性破坏的可能性，因此，针对风的作用，是不允许进行弹塑性分析的。

(2) ÷˜ÃÂΩ·ππµƒππº.Ωÿ√Ê

主要的钢结构构件的截面型式及尺寸如图7所示。

在135°的角度处，支承大梁的柱子，采用的是圆钢管。

空腹结构的梁、柱都是由高度为1.3m的大型构件构成的。

钢构件的最大壁厚：箱

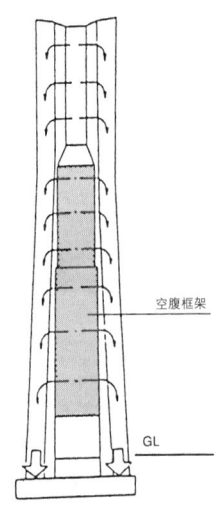

图4　铅直荷载的传递

形截面及H型截面的柱子为100mm；而钢管柱则为90mm。特别是在有强大轴力作用的大厦隅角处的柱子，使用的是SM570Q钢材。为了达到使最下边的9层柱子的柱脚能有更大的承载力的目的，在钢管柱和箱形截面柱的内部填满混凝土。

在制作各种钢构件之前，对于超厚的SM570Q钢材的性能，通过试验进行了全面确认。对于箱形截面柱和圆形钢管柱，还制作了足尺实大的试件，对其全部焊缝的基本性能都进行了确认，对于SM570Q这种超厚钢材来说，不论是母材，还是焊缝，其性能都十分可靠。

此外，各加工SM570Q钢材的钢结构加工厂也都进行了施工试验，并在性能及施工工艺性得到确认后，制定出相应的施工条件。

5. 施工概要

(1) ªïf¨Õ¡µfΩΩ◊¢

支承超高层大厦的直接基础的平板面积为5350m²，厚度为5m，可以说，是一体积庞大的混凝土实体，它的浇注采用的是无接缝连续浇注的分流管施工法(照片3)。作为防止混凝土龟裂的措施，使用了超低发热水泥，并采取了将搅拌用水的温度降至4℃以下的预冷却措施。

昼夜三班连续作业，大约用了40小时，将26700m³的混凝土浇注完毕。

大厦楼板用的轻混凝土是从地面直接压送到296m的高度处的。

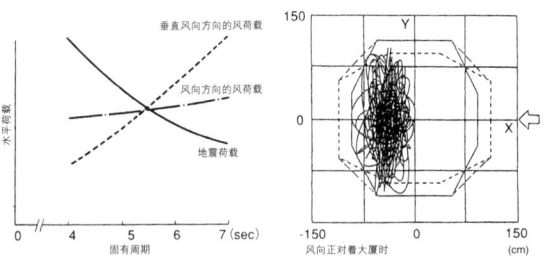

图5　地震荷载及风荷载　　图6　振动实验获得的大厦顶部变位轨迹

表1　外力水准

	地震	风
	地面运动的最大速度	大厦顶部的平均风速
水准1	25cm/s	60m/s
水准2	50cm/s	70m/s

表2　设计准则

	地震	风
水准1	构件内力小于短期容许承载力	同左
水准2	结构塑性率小于2.0	结构处于弹性范围之内

(2) 钢结构的安装

施工中，引进了日本最大的塔式起重机 —— 超大型塔式起重机JCC-1500H，通过采取构件安装大型化、组件化、单元化等措施，以39个月的短工期建造了这幢大厦。一共设置了4台塔式起重机，并分成4个工区进行施工，每个工区以12天为一个周期(3层/周期)实施结构安装。

组件化和单元化大体上是按下述做法进行的:

① 将钢柱及钢梁在地面上装配起来，并进行焊接，实施大型组件化施工(照片4);

② 将梁与宽波纹钢板在地面上装配成组件，并尽量将器材装载于其上后，进行起吊的大型单元化楼板安装法;

③ 设备的配套化和空调机的机组化安装，并实施配套安装，可以大幅降低越吊次数。

为了提高地面组装的精度和效率，还开发了架设用箱和柱子自动就位检测系统等。

6. 减振装置

由于四十九层以上是作为宾馆使用的，所以，为了提高宾馆客房的居住舒适性，开发了新型的减振装置(图8)，并在屋顶层的对角线上安装了2台。

减振装置是一种装有驱动 —— 控制系统的多级摆，多级摆的固有周期与大厦的固有周期(6秒)是经过调谐的。如图9所示，多级摆是以具有总长相等缆索的单摆和相同的固有振动周期的摆，目的是为了节省占地空间。

减振装置由3层框架组成，并且，只有最外层的框架是固定在大厦的楼板上的，3层框架的中央装有附加振子(170t)，用总长为3m的钢缆绳相互悬挂着。当风速为30m/s(相当于一年内出现若干次的风速)时，楼板的加速度降低约30%；当风速为43m/s(相当于重现期为5年的风速)时，则可使楼板加速度降低约40%。

(泽田升次)

[参考文献]
1)「みなとみらい21・25街区ランドマークタワー」『ビルディングレター』1990年7月号，日本建築センター
2)「横浜ランドマークタワー」三菱地所発行，彰国社制作，1994年12月
3)「複合技術を集積した70階建超高層ビルディング」『施工』1993年3月号，4月号

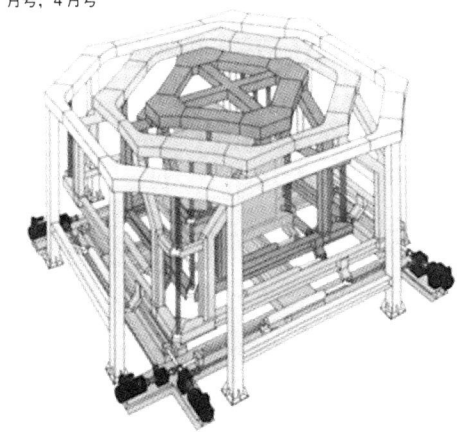

图8 多级摆减振装置

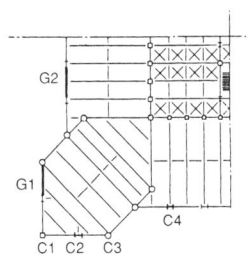

照片3 用分支管施工法浇注混凝土

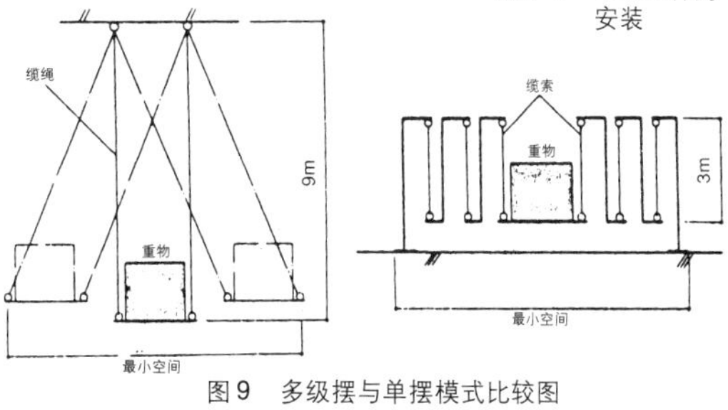

	柱				梁	
	C1	C2	C3	C4	G1	G2
48F ～ 9F	□ 800×800 ×36 ～ □ 900×900 ×100	H-1,300×500 ×40×50 ～ H-1,300×600 ×80×100	□ 850×60 ～ □ 900×90	H-1,300×450 ×32×36 ～ H-1,300×300 ×25×28	H-1,300×300 ×25×22 ～ H-1,300×300 ×25×28	H-1,300×450 ×25×40 ～ H-1,300×450 ×25×40

图7 主要钢构件的截面

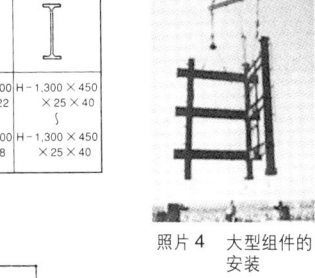

照片4 大型组件的安装

图9 多级摆与单摆模式比较图

073 静冈媒体大厦

第一幢减震效果获好评的结构减震大厦

关键词 减震结构、减震墙、延性阻尼墙、外墙减震器、控制地震反应

照片1 竣工时的外观(北面)

照片2 施工中(北面)

房屋建筑概要

〈建筑概要〉
地　　　　址：静冈县静冈市传马町 8-4、5、6、8
主 要 用 途：综合商业设施
设 　计 　者：田中忠雄建筑设计事务所(田中楯夫)
结 构 设 计 者：住友建设一级注册建筑师事务所(宫崎光生、水头一纪)
施 　工 　者：住友、木内、平井、市川建设联合企业
建设用地面积：1752.370m²
建 筑 面 积：1025.618m²
总 建 筑 面 积：11520.634m²
层 　　　　数：地下2层、地上14层、PH2层
轩 　　　　高：SGL+64.74m(最高处 SGL+78.60m)
竣 工 年 月：1994年3月

〈构造类别〉
结 构 类 别：地上钢结构
　　　　　　　地下钢筋混凝土造
结 构 类 型：延性阻尼墙构成的减震结构
减 震 装 置：地上层 延性阻尼墙(170面)
基 础 类 型：现浇混凝土桩
特 殊 外 墙：采用在预制混凝土墙板上安装超塑性橡胶阻尼器的辅助减震系统

1. 时代背景：隔震及减震结构的曙光

进入1980年代以来，以新西兰的威廉·克雷顿(William Clayton)大厦的竣工为契机，在新西兰、美国、日本等国不断兴建具有隔震功能的高层建筑。虽然，在上世纪80年代后半期一直到90年代前半期建造了一些隔震建筑，然而，日本国内的地震反应控制的研究已经开始朝着减振结构的方向转移了，待到几幢减振结构建成之后，尽管标榜其性能，不论是被动型、还是主动型都可以改善居住性能，然而，在大地震发生时，却未能使那强烈振动得到有效抑制。

在忽视隔绝输入的条件下，要想抑制地震地面运动的强烈随机振动的话，在支配反应的四大因素中，提高阻尼才是上策，问题是，怎样做，才能赋予结构物以足够而又可靠的强大阻尼。

这幢静冈媒体大厦是在设计上被赋予了阻尼性能，在人为地赋予了阻尼之后，当达到水准2的地震地面运动来袭时，也不至于使高层建筑受到损坏，作为减震结构，曾获得日本建筑中心的好评和日本建设大臣的认可(1991)，成为日本最早的一幢减震建筑物。

照片3 性能试验中的减震墙

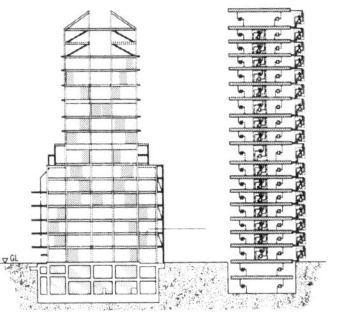
图1 主体结构(X方向)及分析模型

照片4 用于预制混凝土外墙上的超塑性橡胶阻尼器

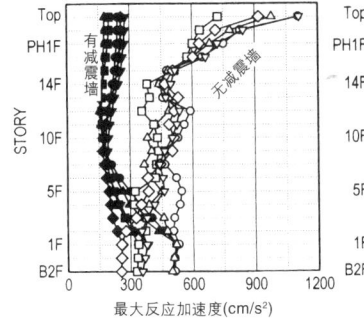

图2 有无减震墙的最大反应对比(水准2)

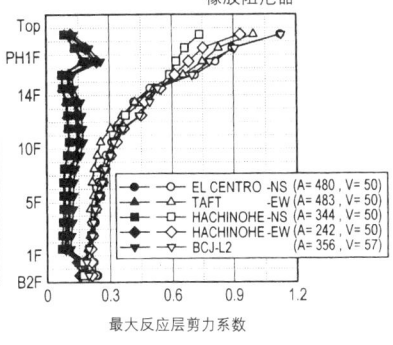

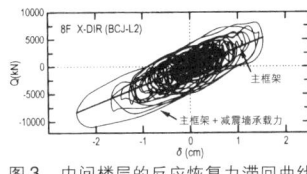
图3 中间楼层的反应恢复力滞回曲线

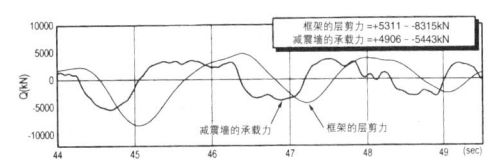
图4 框架承担的层剪力及减震墙的承载力

2. 规划概要

本大厦地处静冈市中心区的商业地带,旨在建设一个静冈地区的文化、信息的传播基地,承担着振兴和繁荣本地区的任务。

大厦是一幢高约80m的商业设施,其平面形状是低层部分为八角形,而中层部分为长方形,到了十层以上又变成了正方形,受建设用地的环境限制,沿大厦高度呈两级收进的形状。

地下各层设有餐厅、停车场;一至四层为商店,五至七层为剧场,八至十四层为餐厅和影院戏院等,由于这里是将各种不同用途的楼层一层压着一层的综合设施,因此,各层的层高和楼板重量的差异很大,再加上,低层部分和中间楼层还有数层贯通的规模很大的空间等等,所有这一切都给结构设计带来难以处理的条件,此外,大厦的建设地区属于预测可能出现大规模地震的静冈市,因此,在抗震设计上也必须加以特别注意。

3. 结构设计的思路

(1) 抗震设计目标

上边已经谈到在发生水准2规模的大地震时,是以无损伤作为设计目标的,为了做到这一点,必须将大厦建成"主体结构永远在弹性范围内工作,并且拥有 $h=20\% \sim 30\%$ 的阻尼性能的减震结构物"。

这种思路是与以往依靠结构损坏来吸收地震能量的抗震思想相反,主张"吸收能量原本就是应该以避免结构发生损伤和破坏"为目的。

(2) 结构规划方针

本大厦是由刚性要素(基础桩～整个主体结构)和阻尼要素(分散布置在各层的延性减震墙)两大类结构要素构成的,永久荷载由大厦的主体结构来承受,而对于地震和暴风等的动态反应,就要由这两大要素的共同工作才能抑制。至于阻尼要素,不仅是有水平方向的,在铅直方向施以振动阻尼时,可以收到双倍的效果。

在本大厦的规划中,最注意的问题是,怎样才能使主体结构与阻尼装置呈现出相辅相成的效果。阻尼装置已经不是 $+\alpha$ 的附加因素,而是完全处于抗震设计的对等地位,彻底

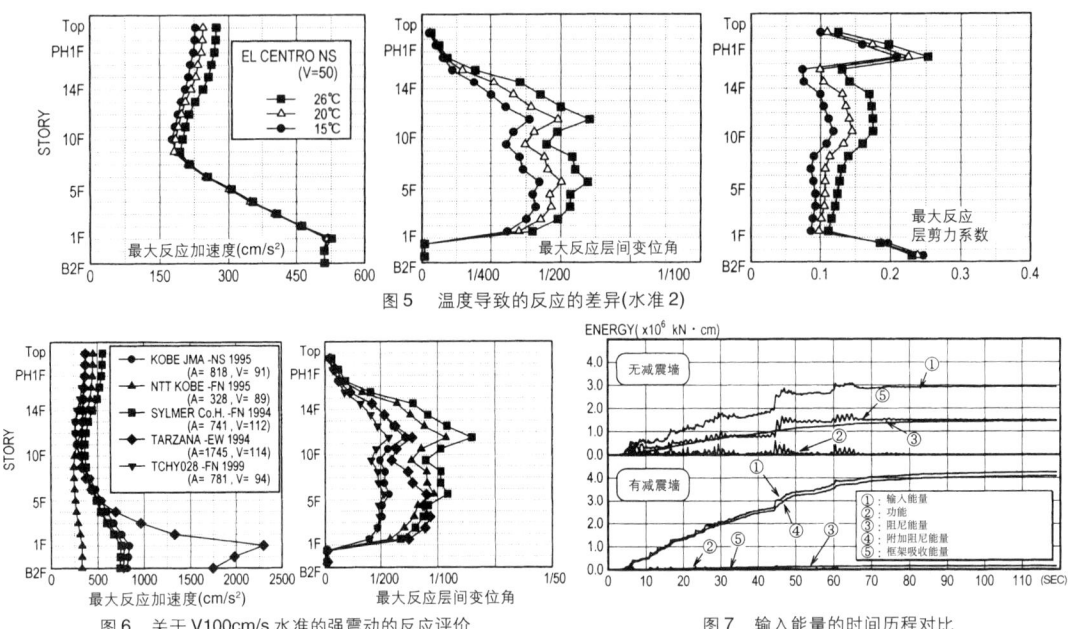

图 5　温度导致的反应的差异(水准 2)

图 6　关于 V100cm/s 水准的强震动的反应评价

图 7　输入能量的时间历程对比

摆脱了从前那种一味确保主体结构的抗震性能的设计理念。

4.　主体结构的设计

主体结构的构成是地下部分为钢筋混凝土造的框架抗震墙结构，而地上部分则采用钢结构框架体系，平面中央部分的数层贯通空间采用的是围成井字形的重型框架体系。

框架采用纯框架型式，加大柱子的轴向刚度，以期达到以水平剪切变形形式成为主导，从而提高阻尼装置的减震效果。对于层高特别大的楼层，则是利用增大梁的高度和柱子的刚域的办法来调整水平刚度。

地下部分全部凸出于上部结构之外，以求侧向支撑作用，从而达到稳定的目的，基础采用现场浇注混凝土桩支承，并加大外围混凝土桩的轴向刚度，借以达到抑制摇摆的目的。

设计层剪力系数：首层 =0.075，R 层 =0.15，都比建筑基准法规定的值小。

将梁因阻尼装置的存在而导致刚度增大的因素考虑在内，主体分析模型的基本固有周期约为 2.5 秒，要比一般的建筑物的固有周期略长一些。此外，不拘泥于塑性铰的位置是出现在梁上，还是在柱上形成，也不理会"弱梁强柱(Weak Beam Strong Colum)"原则，而是优先考虑发挥阻尼装置的效能，将主体结构设计成柱子的轴向刚度很大的剪切变形型的框架体系。

5.　阻尼装置的设计

阻尼装置：延性阻尼墙(以下称减震墙)是 1984 年开始开发的，在经过若干次试验性施工之后，这次在大厦中是首次正式应用。

(1)　减震墙概要

减震墙是由①固定于下层的钢制箱形外墙板；②固定于上层的钢制内墙板；③内外墙板间充填的高黏性流体(烃系高分子材料)等三大要素构成的双层壁板式延性阻尼装置。为了控制黏性流体的温度，贴敷保温和耐火兼备的罩面。

工作原理：将上、下层的层间速度差转换成面面相对的钢板间的速度差，促使黏性流体按其速度梯度的比例产生相应的阻力，可以借助黏性流体的黏度、壁板间的间隙和面积来调节其阻尼性能。

这种减震墙的性能业已全部掌握，具有关于速度的非线性性质和对温度的依赖性。将黏性流体在温度为 30℃ 时的黏度定义为"设计基准黏度"，在设计基准黏度及设计温度范围设定之后，满足本大厦目标性能的设计体系就算确立了。一般来说，标准黏度为 9 万 poise 的材料就可以了，可是，最初曾选择标准黏度为 10 万 poise 以下的材料。

(2)　减震墙的设计

根据静冈市的 30 年期间内的气象观测资料，减震墙的设计基准温度设定为 20℃；设计温度范围为 15℃ ~ 26℃；分析用温度范围设定为 10℃ ~ 30℃。甚至在大厦休馆时和客户更换时的空调停止运行，乃至部分空调停运也考虑在内，还包括在平面上，或在上、下楼层之间出现温度差时，也都可以获得极为稳定的地震反应性能的结果。

为了确保减震墙的阻尼性能能够达到目标阻尼性能的 20% 以上，取设计基准黏度 μ 30=60000(poise)，间隙

d_y=6.5(mm)，在减震墙的设置数量上，在高层部分的每个楼层，每个方向各为4面，而在低层部分的各楼层则为8～10面，整个大厦沿X方向为80面，沿Y方向为90面，共计170面。根据各层的设计阻尼系数换算得到的第1振型阻尼常数如下：在设计基准温度时，两个方向都是27%左右；在夏季设计温度范围的上限时的20%，在冬季设计温度范围的下限时的35%。

减震墙的设置位置：外墙以外的减震墙尽量沿外围设置；在立面上，则呈棋盘状的设与不设的相间布置。它减轻了框架梁和相邻柱所承担的反力，这是因为它保持了水平剪切型的变形的缘故。另外，也考虑到了其他因素，诸如建筑规划、设备规划和施工上的方便性等。

(3) 关于围护构件的辅助阻尼作用的利用

在本大厦中，在作为围护构件的预制混凝土外墙板的安装部位，装上"超塑性橡胶阻尼器"，使墙板在追随层间变化的同时发挥其吸收能量的作用。

利用这样的辅助阻尼装置至少可以增加 h=3%～5% 的减震效果，对于风振，这样大的减震性能已经是足够的了，达到了有效发挥围护构件作用的目的。

6. 地震反应性能

(1) 水准2地震时的反应性能

分析是按弹塑性等效剪切型模型(图1)进行的，大厦的阻尼按 h=1%，而减震装置则是按Voigt模型，并用各楼层的四大要素加以表现，同时，考虑速度上的非线形性。

在设计基准温度下，发生水准2的地震时的最大反应值如图2所示。在不设置减震墙时，发生损坏的可能性很大，而设置了减震墙后，最大加速度降至200gal左右，而层间变位则可控制在1/200以下。剪力系数直线上升，地震反应得到很好的控制。图4所示为反映减震墙存在时的分析结果。

(2) 温度变化对地震反应的影响

图5所示为在温度不同时，地震反应的变动情况。温度变化导致的地震反应的改变并不大，即使在设计温度范围的上限(夏季)的情况下，层间变位角仍可控制在1/200左右，十分安全。

(3) 发生超过水准2的强地震时的安全性

图6所示为对神户(1995)、美国(1994)、台湾(1999)的强震记录的地震反应重新评价的结果。在最大速度为100kine左右，最大加速度为800～1700Gal的强烈地震的情况下，层间变位角仍能控制在1/100以下，可见，安全性是有保障的。

(4) 减震结构的可靠性

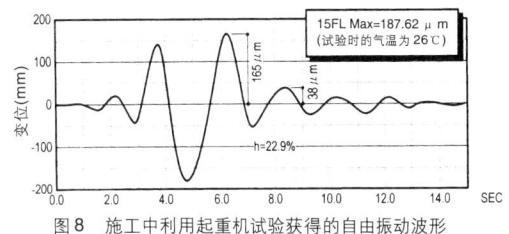

图8　施工中利用起重机试验获得的自由振动波形

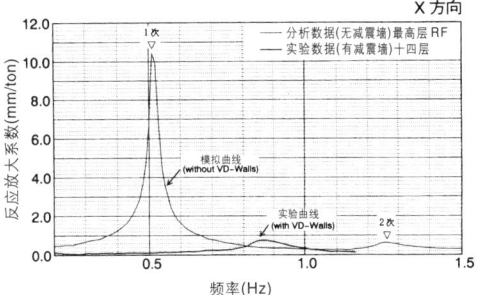

图9　起振机强迫振动试验所得共振曲线

图7所示为输入能量的时间历程曲线。当不设置减震墙时，假设阻尼 h=1%的总输入能量有一半被吸收了，相反，当大厦设置了阻尼机制明确的减震墙后，减震墙几乎吸收了全部能量，从而防止了主体结构的塑性化。

图8所示为施工过程中，利用起重机进行的自由振动试验结果，而图9所示，则为利用起振机进行的强迫振动的试验结果，都获得了设计预计的减震效果。

7. 结语

本大厦的减震装置是以"弹性范围内的20%以上的阻尼性能"为设计目标的，通过设置延性减震墙实现了这一目标，使本大厦成为真正的具有减震结构的大厦。h=20%～30%这一目标性能是以下述几个观点为依据的：①效果要显著；②对于性能变动，具有稳定的反应；③刚度与阻尼两大阻力要均衡。

以本大厦的设计为契机，结构设计朝着"刚度+阻尼的双管齐下"的方向迈进，使得能够应对大地震的减震结构进入了实用阶段。阪神大震灾以来，有很多的高层建筑试图采用减震结构，在这方面，本大厦如能提供哪怕是些许的帮助，实乃望外之喜也。

（宫崎光生）

[参考文献]

1) M.Miyazaki "Design of a building with 20% or greater damping"（10th. WCEE 1992, Madrid）

2) 宫崎「複合商業施設（制震壁を用いた建物）」『免震構造設計指針』第2版設計例10、日本建築学会、1993年12月

074 关西国际空港旅客候机楼

跟随地基一同下沉的建筑

关键词 长大建筑物、不均匀下沉、顶升系统、地基改良、填筑地基

照片1 俯瞰全景　　　　　　　　　　　　　　　　摄影：SS大阪

房屋建筑概要

〈建筑概要〉

地　　　址：大阪府泉佐野市等(大阪湾东南部，泉州冲约5km的海上)

主 要 用 途：飞机场、商店、餐馆

设　计　者：雷恩佐·皮阿诺·BWJ、巴黎空港协会、日建设计、日本空港顾问团JV

结构设计者：奥布·阿拉普及帕托纳斯(屋顶)、日建设计(下部及基础)

施　工　者：北工区=关西国际空港旅客候机楼北工区建筑联合企业、南工区=PTB·S-10建设联合企业

建设用地面积：453193.96m²

建筑面积：116572.56m²

总建筑面积：主楼=193879m²、两翼=100562m²，合计294441m²

层　　　数：主楼=地上4层、地下1层、两翼=地上3层

高　　　度：檐高=GL+23.97m，最高高度为GL+36.54m

平 面 规 模：主楼318m×153m，两翼=677m×42m，全长=1672m

外 部 装 修：屋顶=双层折板基层上铺不锈钢面层、外墙=铝制幕墙

竣 工 年 月：1994年6月

〈结构概要〉

结 构 类 别：钢结构、基础=钢筋混凝土造

结 构 类 型：纯框架结构

基 础 类 型：平板基础(直接基础)

1. 前言

作为关西国际空港的中枢设施的旅客候机楼，由有国际航线和国内航线的候机厅分设在楼上和楼下的主楼与从主楼向南北两侧延伸的两幢配楼组合而成，它那崭新的航空终端的理念和那潇洒流畅的外观设计，以及宽敞开放的巨大空间，等等，这一切都以其各自的特点和魅力展示在人们的面前，全长达1700m，总建筑面积约为30万m²，堪称规模庞大(图1)。

该空港设施的设计是通过设计竞赛优选出来的，全部房屋如同被一架滑翔机模样的大屋顶覆盖着，从出发和到达的中央大厅的大空间构成上，显示出它在建筑造型上的突出特点。

另一方面，建设地点是一处规模巨大，而且又是快速施工造成的填筑地基，在设计建于这样的人工地基上的设施的时候，对于沉降尚在不断进展的工程来说，不言而喻，充分考虑竣工后的沉降仍然是一项重要课题，尤其是对于平面宽阔而又庞大的旅客候机楼，设计时，必须对地基沉降加以特殊的考虑才行。

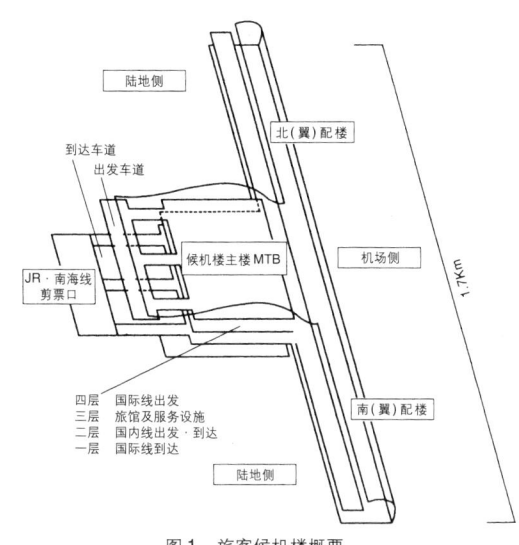

图1 旅客候机楼概要

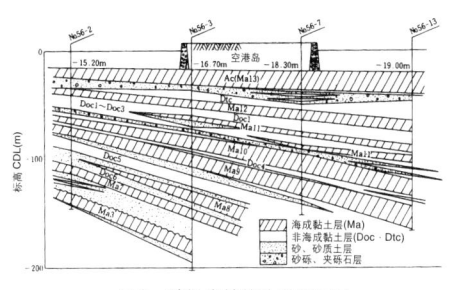

图2 建设海域的地质剖面图

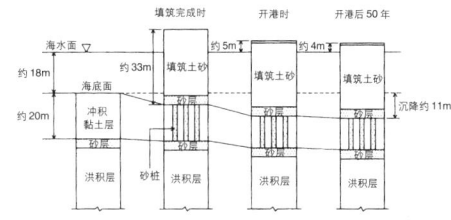

图3 空港岛全域的平均沉降的水位

日本国内的都市和产业基地的一大半是集中在软弱的冲积地基的沿海地区。那里的基础工程可以归纳为以下三种：贯穿软弱地层的桩基础；取土重量与建筑物重量平衡的浮筏基础；地基土层改良。伴随填筑技术的进步，大规模的人工地基应运而生，基础工程技术也有了长足的发展，为大阪南港和神户港湾人工岛的人工都市的形成提供了条件，至于关西国际空港的结构技术，则是在继承前辈的业绩的基础上，促其发展。

2. 地基概要

(1) 海底地基概要

空港候机楼位于大阪湾东南，距泉州冲约5km的人工填筑的空港岛的西北部。在空港岛的建设海域内，曾进行了地质调查，共钻了65个深达100~400m的钻孔，结果表明，建设海域的地层属于层序均匀，从海岸到海上一路倾斜的单斜构造。建设海域的具有代表性的地质结构断面如图2所示。地基的表层属于正常固结粘土的冲积黏土层，厚度约为20m，下边则是超固结比为1.5左右的洪积黏土层与洪积砂砾层交替堆积的地层。

(2) 填筑地基概要及沉降性状

空港岛是用了3年工期，投入了约1.8亿m³的大量土砂填筑而成的。

空港岛的填筑层厚度平均为33m左右，其上的荷载约达45t/m²。空港岛的面积宽阔广大，约为510公顷，除了护岸附近之外，在空港岛的范围内，就连洪积层的深处，应力也毫无分散的迹象，几乎处于一维的承载状态。

在填筑荷载的作用下，使得洪积黏土层中的每一土层都达到了正常的固结程度，预计最终的沉降量，包括冲积黏土层和洪积黏土层，总计可达5.5m[1]。

空港岛全体的沉降在设计阶段的进展情况，如图3所示。对于冲积黏土层，在空港岛的全岛范围内，采取了地基加固措施，所用方法为砂井加固法(砂井直径为 ϕ 400mm，间距为2.5m，正方形布局)，地基沉降在填筑后的9个月左右接近终止，这是通过实测认定的。

空港的旅客候机楼在建设过程中的沉降量为1~1.5m，而运营经过50年后，预计将还会再下沉1.5~2m左右。

3. 基础结构设计及其构造概要

对于性质如此特殊的人工填筑地基来说，在为建于其上的建筑物选择基础工程的施工方法时，曾经在承载力、沉降特性、抗震性、施工性、经济性等诸多方面，进行过详细而又周密的深入研究和探讨，结果，为建这座空港旅客候机楼选择了砂井加固地基的方法，借助这种方法对填筑地基的加固，便可以变成承托建筑物的直接基础的持力层。桩基之所以不是很适用的原因在于其没有明确的持力层。尤其是，因为填筑用的土砂的粒径大，所以施工难度高也是重要理由[2]。

至于基础梁则采用刚度大的钢筋混凝土造，其目的是为了减少由于填筑土层的不均匀性而导致的局部不均匀沉降。由于洪积层所导致的地基缓慢下沉的影响是全部由基础结构直接承受的，因此，在构件截面设计时，不仅要考虑到构件的最终变形状态，还必须顾及钢筋混凝土构件因为出现裂缝而有地下水渗入，为此，将位于地下水位以下的钢筋混凝土构件内的钢筋表面涂以环氧树脂，使其成为能够防止生锈的钢筋。

此外，考虑到抗震性，对不均匀沉降的顺应性，以及施工性，上部结构的主体结构采用纯框架型式的钢结构（部分为劲性钢筋混凝土造）。结构概略图如图4所示。

4. 考虑不均匀沉降的设计

如前所述，空港岛属于沉降进展型的填筑地基，由于预测在旅客候机楼开工后仍然还有好几米的残余沉降量，因此，如何应对不均匀沉降就变成了主要课题。作为应对不均匀沉降的措施，首先，必须设法最大限度减小不均匀沉降量，其次，一定要采取纠正不均匀沉降的对策。

(1) 减小不均匀沉降的对策

在进行设计和施工时，应该考虑以下三种导致不均匀沉降的原因：

①填筑施工程序的差异；
②荷载条件的差异；
③土质常数等的离散性。

其中，原因③是受不确定因素左右的，所以，要用概率统计的方法，对不均匀沉降量进行预测，并在设计时，在幅度上加以考虑。与此相反，对于原因①、②来说，在一定程度上，对它们进行定量预测和采取具体措施的可能性都是存在的。

事实上，在填筑的过程中，这类问题都是有所考虑的，水深的地方和黏土层厚的地方沉降量大，填筑要从海上顺序向岸边进行。此外，在规划建筑物的配置时，应沿着垂直于填筑展开方向布置，以期减小填筑历程对建筑物的影响。

但是，对于这里的平面规模庞大的旅客候机楼来说，从建筑结构规划的角度出发，必须采取下面提到的对策来降低前述原因①和②所导致的不均匀沉降。

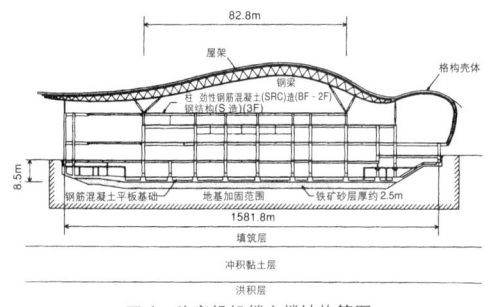

图4 旅客候机楼主楼结构简图

1) 关于用铁矿石置换降低主楼的不均匀沉降的措施

为了使黏土层的固结沉降均匀化，虽然，最大限度地确保建筑物重量与挖掘土方的重量相互平衡是结构规划的基本方针之一，不过，对于当前这座拥有流线型大屋顶和巨大内部空间的空港旅客候机楼来说，由于一定要将机械室设置在地下层，这样就可以尽量降低地下一层的层高，减少挖掘土方量，最后，挖掘取土重量(约17t/m²)比建筑物重量(约9t/m²)大出约8t/m²。另外，还由于平面规模大，约为150m × 300m，所以，这项荷载差的影响能够一直达到洪积层。如图5所示，可以预测，建筑物的沉降量将呈两端小、中间大的不均匀状态，随着时间的推移，而缓慢地发展。

因为已经预估出了50年后的差异沉降量将达到约40cm的程度，所以，如何降低这项不均匀沉降就成了重要课题，经过方方面面的探讨和分析，最后决定采取将基础下方的地基土用密度大的材料加以置换，以达到纠正不均衡重量约达4t/m²的目的。

至于密度大的材料的选择需要对其重量、充当地基土时的强度、对周围土质的影响、资源条件、成本、施工性等多方面进行调查和比较，最终选定了铁矿砂。在施工前，对这种作为重型路基材料的铁矿砂曾进行了室内试验，以确保其质量，同时，还对铁矿砂不同品质的配比进行过研究。此外，又通过施工试验，选定了能够获得所需重量和承载力的最佳施工方案[3]。

2) 使南翼超载的降低不均匀沉降的措施

候机楼的南翼的平面非常长，是超越了空港岛填筑工程的填筑范围建造起来的。从这部分建设用地的填筑时间历程来看，洪积层的沉降非常显著，仅就开始填土阶段(CDL-3.0m ~ +9.0m以前)来比较，南翼的端部要比中央一带约晚4 ~ 5个月。作为设计上的对策，设定了填土高度为3 ~ 6m的超载量，以期达到不均匀沉降能以约为1/1000的斜率(150m降低15cm)降低的目的。超载的概要如图6所示。

(2) 不均匀沉降的修正措施

尽管采取了种种的措施和对策，但是，仍然难免出现意料不到的不均匀沉降，为了解决这个问题，采用了用仪表监测不均匀沉降，并利用千斤顶来顶升建筑物，进行高度调节的措施。

1) 顶升系统

顶升工作是在上部结构物的底层，也就是旅客候机楼的主楼的地下一层及两翼部分的一层的位置实施的。在实施顶升时，虽然也有采用在底层楼板下设置顶升专用楼板的，这种做法合理，但是，对于有地下层的主楼来说，如果这样做，势必导致挖掘取土重量与建筑物重量之间的平衡被破坏，另外，对于低层而且建筑面积特大的两翼部分来说，在经济上是非常不利的，再说，底层是旅客基本上到不了的地方，根据以上这些理由，这里选择了在底层柱脚的位置的顶升方式。如图7所示，在进行调节时，应能装设配有台车的油压千斤顶，还要能在柱脚底板下用垫板的厚度来调节高低才行。

于是，如图8所示，针对主楼的周边部分的沉降比中央一带来得大，形成凸起状的不均匀下沉的情形，首先将建筑物中央部分的基础高度降低，并在基础构筑后，于柱脚下预先插入垫片，跟随不均匀沉降的进展，适时撤出垫板，便可以实现高度调节。这时的基础反拱量若是在预估的不均匀沉降量之内，周边部分的调节就可以不进行了。

由于顶升系统是在主楼底层柱脚的部位，势必导致底层的层高有所变化，所以，凡是位于底层的内外装修和设备管线等等，都应能追随层高的变化，而不致损坏才行。

2）不均匀沉降的检测系统

为了达到在不均匀沉降达到容许值之前实施高度调节的目的，在建筑物的全域的范围内设置能够高精度，而又实时地检测建筑物的下沉性状的仪器测定系统。这种检测系统的原理不过是简单的水准测量而已，其特点在于测定结果稳定和便于维护管理。

对于旅客候机楼及其南北两翼的配楼的检测是划分成22个区块进行的。每个区块的单边长度为80m左右，采用最大测定量为200mm的仪器，即便倾斜达到了1/400的程度也能精确测定出来。

5. 结语

关于以往从来没有经历过如此庞大的地基沉降的挑战，变成了关西国际空港旅客候机楼的设计和施工上的重大技术课题。将桌面上的预估和分析研究变成现实的过程，也就是说，施工过程中的沉降监测和适应各种顶升施工的结构细部的具体实现，以及顶升施工的实践，等等，可以说，这所有的一切都义无反顾，只有前进，绝无回头路可走的连续过程，绝不是夸大其词。只要有发包方、设计者和施工者三位一体的协作体制存在，再难的工程也一定能拿下。

（多贺谦藏）

［参考文献］
1）及川研、小松明、鈴木慎也、山懸延文「関西国際空港の埋立に伴う洪積層の沈下」第26回土質研究発表会，1991年7月
2）たとえば、古土井光昭、福井実、内田直樹、棚橋秀光「関西国際空港空港諸施設の基礎構造についての一考察」『STRUCTURE』No.15，1985年7月号
3）上原逸、荒尾和史、及川研、内田直樹、多賀謙蔵ほか「関西国際空港旅客ターミナルビルの構造設計と沈下管理」（その1～その8）『日本建築学会大会学術講演梗概集』1993年9月，1994年9月

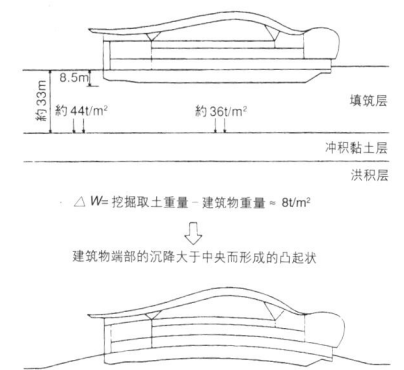

图5　主楼因取土不平衡导致的不均匀沉降

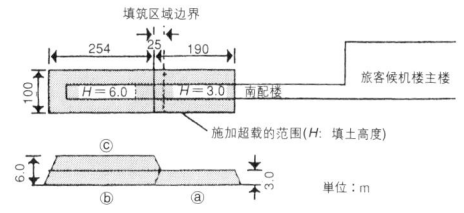

图6　施加超载范围及其剖面形状

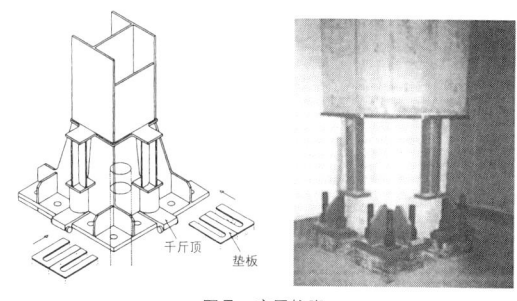

图7　底层柱脚

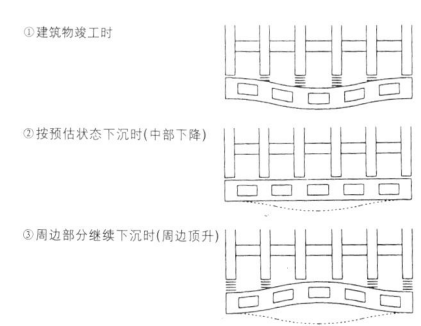

图8　应对主楼中央凸起状下沉的措施

075 基因斯总社及研究所大厦

采用 CFT 的双框架体系

关键词 斜构件、双框架、双柱、CFT 结构、高强度钢

照片1 外观　　　摄影：柄松 稔

房屋建筑概要

〈建筑概要〉
地　　　址：大阪式东淀川区
主 要 用 途：办公楼(总社大厦)
设 计 者：日建设计
结构设计者：同上
施 工 者：大林组
建 筑 面 积：1.721m²
总建筑面积：21633m²
层　　　数：地上21层、地下1层
檐　　　高：99.8m
竣 工 年 月：1994年7月
〈结构概要〉
结 构 类 别：劲性钢筋混凝土造
结 构 类 型：纯框架结构
基 础 类 型：现浇混凝土桩

1. 规划理念

这座建筑是从事尖端技术产业的总社大厦，规划之初，业主要求做到以下各点：

· 具有高度创造性的眼界开阔的执业环境；

· 深奥莫测的建筑造型。

作为一处培育创作灵感的舒适而又愉悦的环境，首先必须具备令人心情舒畅的生活环境，也就是说，那种大而且连续，在水平方向没有隔挡的窗面是必不可少的，因为，置身室内便可获得开阔的视野，自然就是办公执业的好去处。

此外，在外部，将大厦托离地面，使大厦的底部变成畅通的开放空间，既可以缓和高楼大厦给人们造成的压抑感，又可以达到融入周围街区的目的。

大厦底下的这部分空间有柱子加以划定，并借助将结构轴线绕建筑轴线旋转45°的手法，也就是采用所谓的"对角双框架"和"用双柱托起大厦"的结构形式。

2. 建筑规划

大厦为地上21层、地下1层和高达101.2m的超高层建筑。标准层的平面形式为外框筒状，办公室部分为边长25.6m的正方形，属于一大室可灵活分间的平面布局。此外，利用柱子集中于外墙中央的手法，使边长达11m的巨型窗面得以实现。外装修采用中空双层玻璃幕墙，旨在降低大厦的热负荷，支承玻璃幕墙的抱框采用悬臂体系，由于窗户处不用抱框，隅角窗就变成全景的了，于是，一幢有着日本建筑固有的视野开阔的水平连续窗面的高层建筑问世了。

此外，凸出在外墙外面的柱子和筒体被不加修饰地展现在外，使各方向的建筑立面呈现出不同的变化。

3. 为空间构成而选择的结构

(1) 隅角不设柱的对角框架(框架轴线旋转45°)

若将柱子都向外墙的中央集结，那么，大厦的主体结构就会变成几何可变的不稳定体系。因此，在采用尝试

法，经过多次试验后，决定选用对角双框架的结构形式。在大厦外墙的中央竖起"双柱"，然后，用由两根大梁组成的"双梁"将"双柱"连接成"双框架"，双梁与外墙成45°交角。大厦的隅角部分则是由沿对角线设置的对角线大梁的悬挑端支承。外装修构件的衬垫起着减振器的作用，使悬挑的这部分楼板的振动得到抑制。

由于大厦隅角没有任何遮挡，所以，视野开阔，最大限度地提升了大厦的开放感。

此外，组合双柱装配在外墙的外侧。这样的设计不仅可以获得看不到柱子的光洁整齐的室内空间，而且又可以增大框架的幅宽，成为抵抗地震和风力等水平力的结构形式。这种对角框架的幅宽约为25m，与大厦的幅宽大体相同。

尽管组合双柱使得大厦中央还存在某种外观上的紧张感，但是，在力的传递上却是流畅而又稳定的结构形式（采取45°的创意）。

(2) 托起大厦的组合双柱(内填外包的钢管混凝土组合柱)

集中设置在外墙中央处的组合双柱采用管内充填混凝土的钢管，以两根为一组，其外再用混凝土包裹，形状独特，成了大厦外观的一个突出特点。

此外，从室内来看，组合双柱又作为迎来送往的门厅存在，很有象征性。

充分利用组合双柱的强大刚度，将大厦高高托起。

"将大厦托离地面，腾出巨大的底部空间"这一创举，使得这座超高层建筑与周围环境相得益彰，意义重大。

首先是在视觉上的重要意义。超高层大厦周围的空间受其庞大身影阻挡，势必破坏街区的景观。如果将大厦托

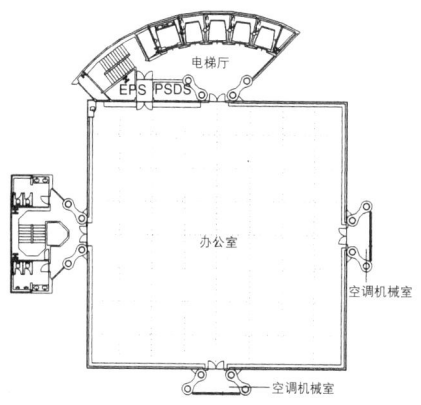

图1　标准层平面图

照片2　远景　　　　摄影：纳卡沙及帕塔娜茨

照片3　摄入室内的外部风景

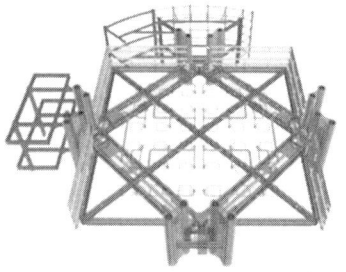

图2　标准层结构平面图(对角双框架)

摄影：SS大阪

照片4　宽达11.2m的隅角窗及横联窗的宽视野

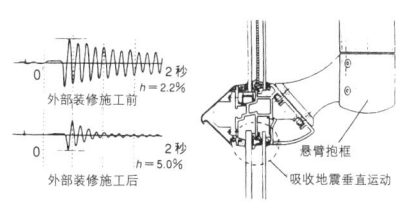

图3　外装修垫片抑制楼板的微振

309

离地面,人们的眼界开阔了,那种高楼大厦造成的压迫感便可随之消除了。

第二,托起大厦之后,使得周围的空间连成一片,正好可以满足业主"没有阴山背后的楼宇"的股切希望。

第三,可以改善风环境。由于大厦的底部是通畅的,所以,风可以无阻挡地吹过,可以缓解周围"高楼风"的发生。

该大厦离地约20m高,对于一般的街区高度来说,应该可以完全消除高楼大厦的压迫感。

4. 组合双柱的构造

在大厦外墙的中央,赋予大厦外观以特点的组合双柱是由内填外包型的钢管混凝土构件构成的。对于标准层,将 φ 660.4 的圆钢管之间用 H 型钢连接起来,并在管内填入混凝土,然后,再用混凝土将墙柱包裹在一起便可构成组合双柱。将组合双柱沿相互垂直的四个立面配置,并用 H 型钢梁将它们相互连接,于是,大厦的组合双柱的支承体系就形成了。钢管一律采用卷板钢管,接口处采用锻造环形隔板。对于底层的组合双柱来说,每组承受的轴力约为4000t。特别是,在水平荷载作用下,贯通区以下的外侧钢管柱的尺寸增大为 φ 914.4,钢管用的钢材为60kg高性能钢,最大板厚为50mm。

5. 组合双柱的制作

(1) 钢管制作

对于圆形钢管来说,在焊接时,采用自动焊是很方便的,所以说,是适合工业化施工的形状。在制作钢管柱时,接口部分采用工厂内的自动焊,此外,钢管柱的现场接口有一部分也是采用自动焊焊接的。

当柱子为圆形的时候,工厂焊接可以在使圆管边旋转、边焊接的情况下进行,这样可以永远保持俯焊的焊姿,不但效率非常高,而且又能保证焊缝质量。

在现场焊接上,圆形钢管也便于实施自动焊,这种采用机器人式自动焊为未来的施工快捷化开辟了途径,必将成为具有优势的施工手段。

(2) 填充混凝土

向钢管内填充混凝土的方法大致可分为两类:其一为压送法,其二为导管灌注法。对于管内填充的混凝土的填实与否是很难确定的,另外,也很难实施修补,因此,必须寻求能够确保填实的连接细部和可靠性高的混凝土注入

照片5 组合双柱的外观
摄影: 柄松 稔
摄影: SS 大阪
图4 组合双柱将大厦高高托起

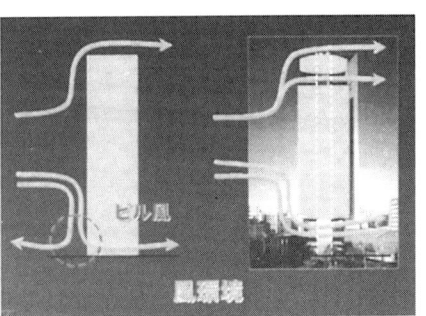

照片6 与周围连成一片的外部环境
图5 风从楼下穿过缓解大厦风

方法才行。

本大厦采用的是导管灌注法,钢管的灌注长度为每节约12m。

6. 主体结构的特点

作为将柱子汇集于外墙中央,并将大厦建成"鸡腿式样"的结构形式,还曾考虑过图7所示的构造方式。在这种做法中,出现了支承上方楼层的"结构转换层",另外,大厦建筑的幅员竟然超过了结构幅员。

对于本大厦来说,之所以采用现在的方案,主要是看中了结构幅员与大厦建筑的幅员几乎相等的特点,另外,还因为这个方案不需要所谓的"桁架层"。大厦的平面也不需要特别加大,就实现了建筑规划的意图。

通过新型组合双柱系统的开发,以及将框架旋转45°角的做法,大大拓展了室内环境的通透性,与此同时,它的建成又丰富了外部环境。

(陶器浩一)

[参考文献]
1) 内田直樹、花島 晃、陶器浩一「60キロ高性能鋼を用いた高層建築の設計」『鋼構造論文集』第1巻第1号、1994年3月、pp.111～118
2) Naoki Uchida, Hirokazu Tohki"Design of High-Rise Building using Round Tubular Steel Composite Columns" IABSE Conference, Innsbruck, 1997
3) 陶器浩一「キーエンス本社・研究所「コンピューター時代の構造設計と解析を考える」『建築技術』1999年7月号、pp.184～185

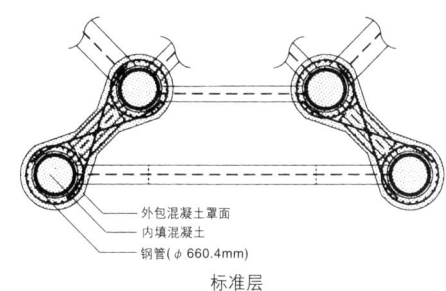

外包混凝土罩面
内填混凝土
钢管(φ660.4mm)

标准层

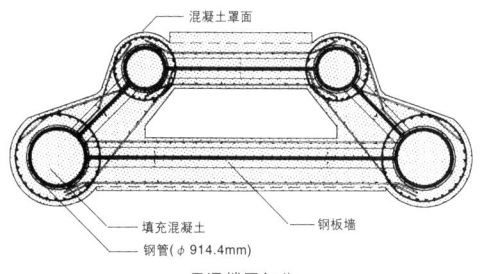

混凝土罩面

填充混凝土
钢板墙
钢管(φ914.4mm)

贯通楼层部分

图6 组合双柱剖面图

照片7 现场自动焊接的情形

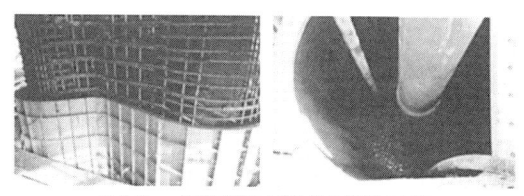

照片8 钢制模板(左)及填充混凝土(右)

照片9 架设标准层的组合双柱(左)及双梁安装(右)

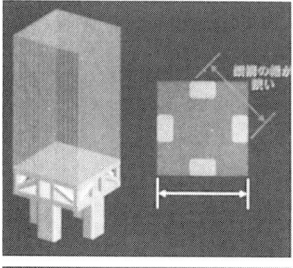

图7 上部为筒体,下部为四柱支承的结构方案
· 出现桁架层
· 在斜向力作用下,容易摇晃

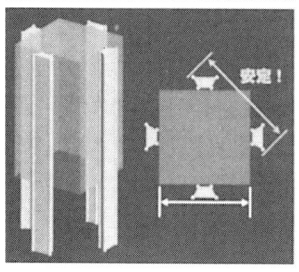

图8 对角双框架
· 组合双柱位于居室外侧
· 结构幅员宽广,结构稳定

076

077

078

079

1995 ~ 现在

	■经济界的事件 信息化的时代	■建筑结构界的事件 性能设计的时代
1995	1995　WTO(世界贸易组织)成立 　　　IT 革命开始	1995/1　阪神、淡路大地震 1995　有关促进建筑物抗震加固的法律法规
1996	1996　向住专投入税金	
1997	1997/4　消费税提到 5% 1997　金融危机(北海道拓殖银行及山一证券倒闭) 1997/12　采纳京都议定书	·隔震改造(1997大成汤河原研修俱乐部；1998国立西洋 美术馆；1999泽之鹤资料馆；2000上野图书馆)
1998		1998　修订建筑基准法(向性能设计的方向迈进) 1998　住宅总户数为 5026.4 万户，每户建筑面积为 　　　92m²(自宅为 123m²，租屋为 45m²)
1999	1999/2　日银零金利政策 1999　互联网普及率为 21.4% 1999　都市银行大合并开始 1999　经济社会应有的姿态和重振经济的方针政策	·大规模隔震建筑(高层、中间层、复合型) ·超级微振控制工厂
2000	·资产价值下降 　都心区商业地价：低于最高价的 1/3 　股价：低于最高价的 1/3 　建设物价：最高值的 2/3 ~ 1/2 2000　第三次产业从业人口为 64.1% 2000　65 岁以上的老龄人口比率为 17.4%	·向都心居住回归(1997 ~ 2000 年建设的超过 　100m 的超高层住宅为 63 栋)
2001	2001　行政机构改革(省厅重编 1 府 12 省厅) 　　　内阁决定关于今后经济财政运营及经济社会 　　　结构改革的基本方针 　　　政府(中央及地方)的债务余额与 GDP 之比 　　　为 126%	2002　迎接世界杯足球赛各地建设足球场

 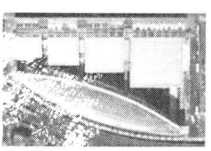    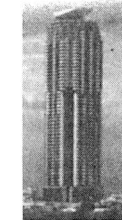

080　081　082　083　084　085

086　087　088　089　090

■建筑 100 例展示的结构技术

091　092

076　神户美利坚公园东方大酒店(为抗大地震实施深层地基抗液化方格型
　　　混合加固法)1995
077　DN 大厦 21(历史性建筑的大规模抗震加固)1995

078　大阪游泳馆(双层钢索网薄膜结构)1996
079　扎·西恩城北(挑战超高层的钢筋混凝土造的大厦，45 层)1996
080　大阪市中央体育馆(大跨度大荷载的预应力混凝土球形壳体结构)1996
081　东京国际会馆(钢与玻璃的尖端技术结合)1996
082　长野市奥林匹克纪念比赛馆(木造悬索屋顶结构)1996

093　094

083　大丸神户店(早期重建的地震受灾建筑物)1997
084　大成建设汤河原研修俱乐部(大规模中间层隔震装置的增设)1997

095　096

085　埃尔扎塔楼 55(CFT 建造的超高层住宅，55 层)1998
086　平城宫朱雀门重建工程(传统木建筑用现代技术重建)1998
087　国立西洋美术馆主馆(增设具有代表性的隔震装置)1998
088　三共新东京总社大厦(斜网格筒体结构，多元减震部件)1998
089　HEP FIVE(建于高层建筑上的观景大轮车)1998

090　仙台森大厦(18 层高层建筑的隔震)1999
091　索尼电脑游戏机厂 Fab1(消除极轻微振动的建筑物)1999

098

092　日本国铁中央大厦(大规模双塔式高层大厦)2000
093　埼玉超级竞赛馆(可移动的巨大空间)2000
094　饭田桥第一大厦(大规模的中间层隔震)2000
095　滨城 21 东方大厦Ⅱ(采用 FC100N/mm^2 的混凝土建造)2000
096　仙台梅地亚太克(管柱 + 无梁楼板)2000

097

097　临海副都心台阳地区 1 街区 1 号楼(连体型减震)2001
098　静冈体育场(悬索膜结构)2001
099　札幌穹顶(开启式穹顶及大规模可移动地面)2001
100　相模原市营上九泽住宅(隔震：从单体转为群体)2002

099　100

076 神户美利坚公园东方大酒店

网格型深层地基抗液化混合加固法

关键词 抗液化措施、方格型地基加固、深层混合处理、港湾建筑、阪神及淡路大地震

照片 1 外观

房屋建筑概要

〈建筑概要〉

地　　　址：神户市中央区波止场町地先
主 要 用 途：酒店、旅客候船厅
设　计　者：竹中工务店　大阪一级注册建筑师事务所
结构设计者：同上
施　工　者：竹中工务店、市建 JV
建 筑 面 积：4878.4m²
总建筑面积：52755.0m²
层　　　数：地上 14 层、屋顶间 2 层
檐　　　高：52.30m
最 高 高 度：59.97m
竣 工 年 月：1995 年 7 月

〈结构概要〉

结 构 类 别：地上楼层＝钢结构，基础＝钢筋混凝土造
结 构 类 型：斜撑型框架结构
桩 的 类 型：现浇混凝土扩底桩
基 础 类 型：独立基础

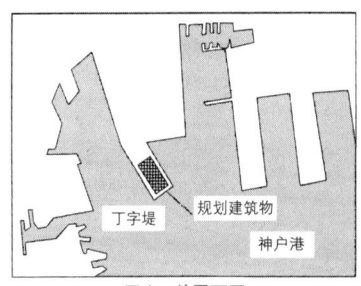

图 1　总平面图

1. 前言

这座以提升港湾设施的档次和以开发都市旅游区为主要目的的高层大酒店和旅客候船厅坐落于毗邻神户市的市中心，历史上的海滨美利坚公园地区，是在 1995 年 7 月开业的。

建设用地是在神户港内的人工填筑码头上(图 1)，属于地震时出现地基液化现象的高度危险区。因此，在着手这座大厦的设计时，作为控制地基液化的措施，采用了深层混合处理手法的网格型地基加固，这种加固地基的方法是首次在高层建筑上应用。

在大厦竣工的半年前的 1 月 17 日，神户地区发生了造成史无前例巨大破坏的阪神及淡路大地震，当时正处于施工建设过程中的这座大厦承受了地震烈度达到 7 度的强震。然而，并未发现地基曾发生过液化现象的痕迹，而且大厦基础仍完好无损，一切都是按原来的预计和安排，顺利竣工，并迎来了如期开业。

2. 建筑概要

大厦的建设用地位于神户港内突入海中的丁字堤内，该堤于 1934 年(昭和 9 年)筑成。宽约 90m、长约 260m 的

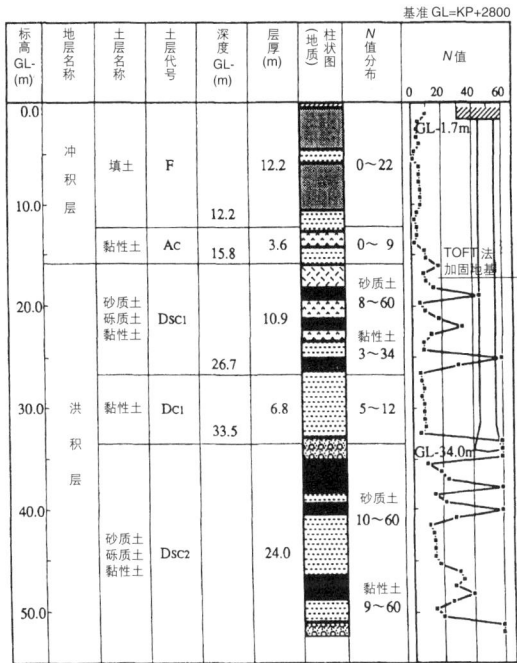

图2 地基概要图

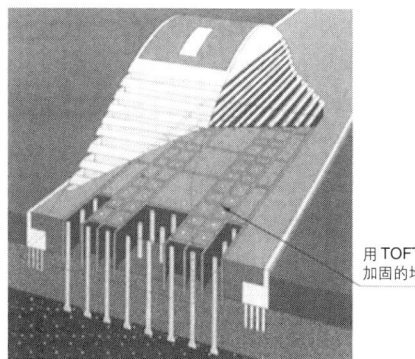

用 TOFT 法
加固的地基

图3 方格状地基加固墙体布置图

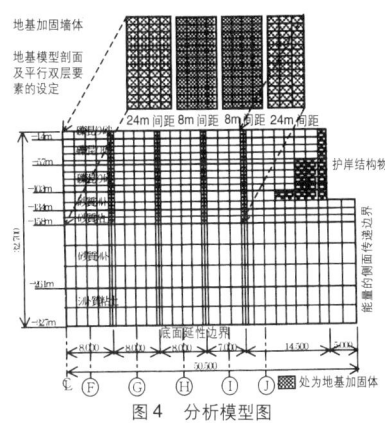

图4 分析模型图

丁字堤三面临海，在其前端修建的这座大厦的短边长69m、长边长134.4m。

主体结构为钢结构，柱子采用钢管混凝土结构，结构类型为斜撑式钢框架结构。基础结构置于现场浇注的钢筋混凝土造的扩底桩上，持力层为GL-33.5m以下开始的第二洪积砾质层。

3. 地基概要

地基地质概况如图2所示。从地表起一直到深达(2m的海底附近属于混有砾石的含砂填土层，其下便是厚约4m左右的比较薄的冲积黏土层。再往下有第一洪积层(Dsc₁)分布，从地表算起，向下33m深处分布着水平的第二洪积层(Dsc₂)，其中有砾质土与黏性土的两种土层交替分布着。地下水位与潮位一起变化，最高水位可升至GL-1.3m左右。据估计，距地表以下12～14m之间的填土层是液化可能性最大的土层。

4. 关于防液化措施的选择

在选择防液化措施时，重点应考虑，施工对周围环境造成噪声的影响和对附近的原有护岸的影响，以及施工性及其效果的可靠性等。此外，一旦发生液化现象，不但会顷刻丧失地基的水平抵抗力，而且还会由于护岸倾斜和崩塌而导致岸壁和建筑物底下的土层砂石流入大海，进而造成致命的灾害。因此，必须在防止液化的同时，还要采取防止土层砂石流入大海的措施，为此，采用了以深层混合处理法为手段的方格型地基加固法。

所谓深层混合处理法就是在原有的地基土层中掺入水泥基的固化剂，经过搅拌和混合，使其与原有土颗粒相粘结，提高地基的强度，并增大其抗剪刚度，从而达到加固和改良地基的目的的方法。将基础桩的周围用改性地基土包围起来，形成方格状，并连接成为一个整体连续的改性地下墙体。用这样的办法使方格内的地基在地震时的剪切变形得到控制，从而使过剩的间隙水压的上升也得到了控制，于是，液化现象也就得到了防止(图3)。

5. 改性地基土体的布局

酒店客房是安排在大厦的外围部分的，而连通数层的天井式空间位于大厦的中央，针对这样的平面布局，将沿大厦纵向布置的4排框架作为主要抗震框架来考虑。这些框架不但在长期荷载下的柱轴力大，而且，其下的桩径也很大。

桩的水平刚度随桩径的增大而增大，因此，地震时的水平力的分担比例也大。考虑到大厦的平面规模很大，假如一视同仁地全面加固建设用地的地基，显然是不经济的，因此，认定在水平力分担比例较大的基础桩上集中采取防止地基液化的措施，在抗震安全性方面是更加合理的。于是，便以这部分基础桩为重点采取了对策。对重点采取对策的桩是每根桩都用方格状加固墙包围起来，而非重点的桩则是按照其水平力的分担比例，以数根桩为单位用方格状加固墙包围。此外，为了保证未被加固的地基发生液化时砂不致流入大海，采取了沿外圈包围的布置规划(图3)。

加固墙体的厚度为1m，重点加固部分的方格间距根据离心荷载实验结果，设定为8m，从表层地基开始，一直到第一洪积层的12～19m的深度范围内实施加固措施。重点加固部分的桩占总桩数的41%，而它们的水平地震力的分担率却高达70%。

6. 设计时的液化安全性的分析

分析是针对液化条件最严重的丁字堤的宽度方向进行的，考虑到地基和结构物的左右对称性，采用1/2模型进行了分析(图4)。深度方向模型化到作为丁字堤和基础桩的持力层的第二洪积砾质层，考虑到振动能量的逸散效应，以底面作为延性边界。将7层的成层地基按平面变形状态加以模型化，分析方法采用的是二维的有限单元法，由于考虑了地基的材料非线性，所以是按等效线性化法进行的反应分析。输入的地震地面运动用的是TAFT1952(EW)的波形。地基输入振幅是按原有地基模型的地表最大速度振幅在水准1的地震时为20cm/s，而在水准2的地震时为40cm/s来设定的。地基常数则是依据地基勘查资料加以设定的。

按原有地基模型进行分析时，填土层的有效剪应变在水准1地震时，$\gamma=0.5\times10^{-3}$，液化安全系数 FL 为0.6～0.9，发生液化的可能性是极大的。与此相反，加固后的地

基模型，对于重点加固的部分来说，在水准1地震时，$\gamma=0.15\times10^{-3}$，只有原有地基模型的1/3～1/4。此外，地表的相对变位也是在水准1地震时，相对于海底平面为0.7cm，而相对于桩持力地基平面则为2.6cm左右，对原有的护岸和桩的影响都很小(图5、图6)。

7. 阪神及淡路大地震灾情调查结果

在阪神及淡路大地震时，当地的地震烈度估计相当于7度，附近地区的护岸大部分都发生了倾斜、移动，甚至是破坏，造成背后的砂石泥土流入大海，以及大面积的地面沉降到处可见。

就该大厦的建设场地来说，原有的钢筋混凝土造护岸也曾发生了约1.0～2.5m的水平方向的移动，护岸背后的地面也下沉了约有2.0m(照片2)。但是，根据灾后的测量结果，并未发现大厦本体有过倾斜、下沉和水平移动，一层地面的混凝土板部分确实有发生过下沉、开裂，以及砂或水喷出的现象的痕迹。

此外，为了确认方格状地基加固墙内部是否发生过液化现象，曾进入周围被基础梁包围起来的8处基坑内，进行了目测观察，这8处都毫无例外地没有发现过坑底回填土表面开裂和喷砂现象导致的积砂，以及液化现象造成的表土平坦化的迹象和大颗粒的砂砾下沉的现象。又如照片3所示，地震前竖立在基础梁侧面的钢筋截头和支承梁底模板的那些支杆，在地震发生时，竟都保持原来状态，没有一件被震倒。假使地震时发生了地基液化现象的话，可以想像，那些钢筋头和支模的立杆一定会倒下去，再不就是沉入回填土里去了。

此外，曾用手将方格状加固墙的交叉部位扒开了深约50cm的洞，并仔细考察了加固壁的震后情景，根据察看的结果，加固墙体上没有发现裂缝、表面剥离和剥落，甚至在搭接和交叉部位也都没有发现任何异常的情况。

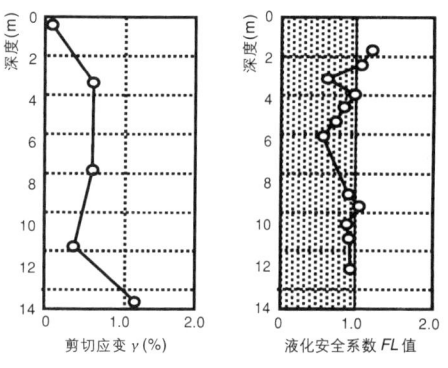

图5 原有地基在水准1地震时的反应结果

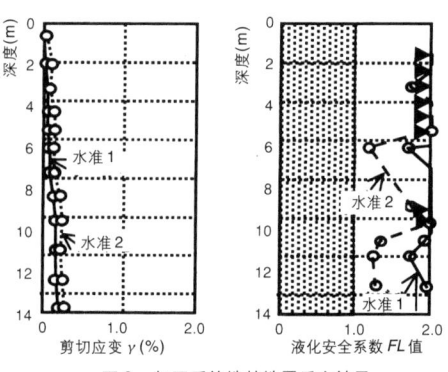

图6 加固后的地基地震反应结果

8. 根据地震后的分析确认液化安全性

在地震观测记录的基础上，利用分析的方法，对控制液化的效果进行了验证。为了确认大厦－桩－加固地基－地基在地震时的反应，在设计时所采用的二维有限元模型上，附加一个将置换成集中质点系的剪切杆状模型与桩模型在大厦首层楼板水平处连成一体的模型作为分析模型。由于没有建设用地的地震观测记录，所以，输入地震地面运动是根据神户大学的地震观测记录推断出来的地基地震运动作为输入，对建设用地的地基模型进行了分析。

根据分析所求得的地基水平剪应力来计算的液化安全系数值是：当为原有地基模型时，其值为0.2～0.7，说明，发生地基液化的可能性非常大；相反，当为经过加固的地基模型时，其值超过1.0，显然，地基发生液化的可能性是很小的(图7)。

如果用上部结构的地震反应结果作为比较的话，考虑因地基液化而导致刚度降低时的最大反应加速度值要比不考虑液化时的值低得多。另外，不论是考虑液化，还是不考虑液化，只要地基是经过加固了的，那么，上部结构的反应加速度总是会降低的，地基加固对上部结构来说，必定产生降低其反应加速度的效应的事实是自不待言的。

加固地基的最大抗剪应力已经达到了10kg/cm² 的程度，虽然比加固墙体的抗剪强度小些，但对加固墙体造成损伤的可能性很小。另外，由于方格状地基加固使地基的剪切变形受到约束，使桩的最大地震反应值和应力及变形都有显著降低。对于没有加固墙体的地基来说，即便将地基液化导致的刚度降低也考虑在内，最大地震反应值也要超过设计值，变形大了，桩出现损伤的可能性也就大了。从这些事实可以看出，地基加固产生了设计预计的效果，得到了分析结果的充分验证。

9. 结语

在从事拟建于神户港的丁字堤上的建筑物的设计之际，作为防止地震时发生地基液化的加固措施，首次在高层建筑中，正式采用了以深层混合处理工艺为手段的网格状地基加固技术。尽管，建设用地为从海底用软弱的砂性土填筑而成的，发生地基液化的可能性极大，但是，在本大厦工程即将竣工的不久以前发生的阪神及淡路大地震中，方格状的地基加固完全控制了液化现象的发生，大厦安然无恙。

虽然大地震造成的混乱尚未完全平静下来，该大厦却按照原来的安排，于7月7日，如期开张了。不仅为受灾的神户地区提供了一个令人兴奋的话题，可以说，同时还起到了加强人们灾后振兴的信心的作用。

(河野隆史)

[参考文献]
1) 馬場崎、鈴木、小西、木林、河野「埠頭に建つ高層建築の格子状地盤改良による液状化対策工」日本建築学会大会，1996年9月
2) 河野、木林、福山、鬼丸、畑中、鈴木「埠頭に建つ高層建築の格子状地盤改良による地震時液状化対策」日本建築学会大会，1994年9月
3) 河野、福山、木林、鬼丸「埠頭上に建つ高層建築物に適用した格子状地盤改良による地震時液状化対策」第5回 日中建築構造技術交流会，2001年6月

照片2　地震造成的南侧护岸的破坏

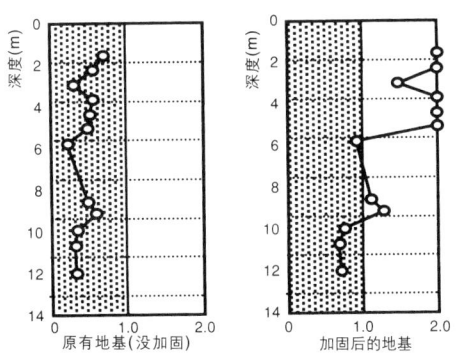

图7　地震时的地基液化安全系数 FL 值

照片3　地槽内的状况

077 DN 大厦 21（第一及农中大厦）

历史性建筑的保护和修复

关键词 保存及修复原有外墙、大规模抗震加固、无粘结斜撑、封顶桁架

照片 1　正面外观　　　摄影：松冈满男

照片 2　外观

房屋建筑概要

〈建筑概要〉

地　　　址：东京都千代田区有乐町 1 丁目 13 番
主 要 用 途：办公楼
设　计　者：清水建设一级注册建筑师事务所、凯宾·洛奇焦恩·典
　　　　　　 开尔安多建筑师工作室
结构设计者：清水建设一级注册建筑师事务所
施　　　工：清水建设
建 筑 面 积：6094m²
总建筑面积：97966m²
层　　　数：地下 5 层、地上 21 层（基准法规定 24 层）
檐　　　高：99.8m
竣 工 年 月：1995 年 9 月

〈结构概要〉

结 构 类 别：钢结构及劲性钢筋混凝土造
结 构 类 型：保存部分 = 框架抗震墙结构
　　　　　　 新建部分 = 加入无粘结斜撑的框架结构
基 础 类 型：直接基础

1. 大厦的构成

　　面对日比谷大街的皇宫护城河，于 1938 年建成的第一生命馆和 1933 年建成的农林中央金库有乐町大厦是构成了一个街区的两幢具有历史价值的建筑物。本项目的最大课题是将这两幢建筑物毫不降低其历史价值地加以改扩建，将其最前端建成办公楼。

　　这幢第一生命馆曾是采用当时作为划时代的沉箱技术建成的地下 4 层的办公楼，在第二次世界大战后，联军总司令部 (GHQ) 曾设在这里，因而名声在外。此外，农林中央金库有乐町大厦具有古希腊爱奥尼亚式的建筑外观，并且装有冷气设备，在当时来说，是一幢相当高档的办公楼之一。为了将这两幢具有历史价值的建筑整合起来，建成具有两大企业的总公司功能的一个建筑群，采取了如图 1 和图 2 所示的构成方式。具体说来，就是将地下 4 层、地上 7 层的原有低层楼房安排在西侧国道 1 号线的旁边，而

将地下5层、地上21层的高层建筑设置在东侧，其次，再将北侧的原有建筑的外墙保留下来。在新建的高层建筑与原有楼房之间，不论是地上，还是地下，都设置伸缩缝，以期将二者在结构上分离开来。

此外，关于作用在北侧外墙上地震力，沿面内方向由原有结构承受，而沿面外方向则由高层部分承受，除此之外，还设计并采用了能够吸收高层建筑与保留外墙之间变位差的细部构造。

2. 高层部分的结构概要

高层建筑的地上部分采用由焊接箱型截面柱与H型钢的大梁构成的钢框架结构，为了确保大厦的整体刚度和承载能力，在框架的长边方向和短边方向都均衡地安装了无粘结斜撑所组成的抗震组件。此外，还在高层建筑的顶部设置屋顶间的部位设置巨大的封顶桁架，其目的是，一方面用来调整各层的抗震组件的工作和在水平荷载作用下的反弯作用。

无粘结斜撑采用钢纤维加强混凝土制作，目的在于，防止混凝土开裂前和开裂后斜撑承载力的波动，保持稳定的滞回曲线，此外，也可以代替耐火罩面，并可起到确保钢构件不发生纵向弯曲的作用。

地下部分一律采用劲性钢筋混凝土造，并均衡地设置地下外墙和内部的抗震墙，以便承受地下部分的地震力，基础采用直接搁置于GL-30m左右的坚固的持力层——江户川层上。

作为以缩短工期为目的的地下施工法，由于原有地下柱有的与新建高层建筑的柱子的位置相同，所以，只能是地下部分的钢结构工程完工后，先行浇注一层楼板，然后，地下部分和地上部分再同时进行施工，这就是所采用的地下、地上齐头并进的施工技术。

3. 保存部分的抗震加固概要

改建新型办公大楼的规划是仅将本来设计成L形平面的第一生命馆中的面对皇宫护城河东侧部分保留了下来，并进行了全面的改建。规划中，以抗震加固工程为中心的重点加固和改建项目列举如下：
①在原来屋顶上增建一层自助式餐厅(主馆的八层)；
②拆除原来的炉渣混凝土楼板(平均厚度为80mm)，利用设置OA楼板的办法抵消增建自助式餐厅和增加抗震墙所导致的荷载增大；

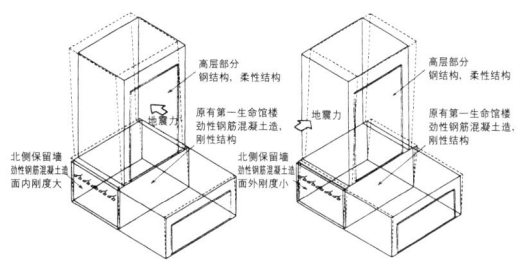

图1 各部分的运动差异

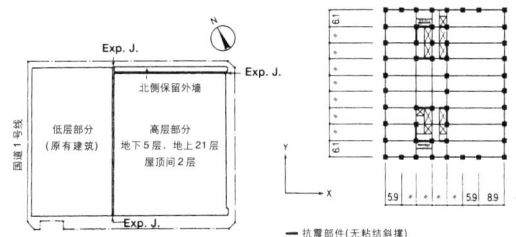

图2 伸缩缝的位置 图3 标准层楼板结构平面图

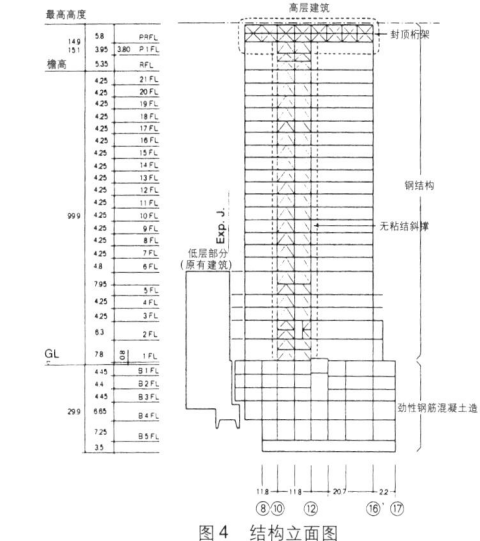

图4 结构立面图

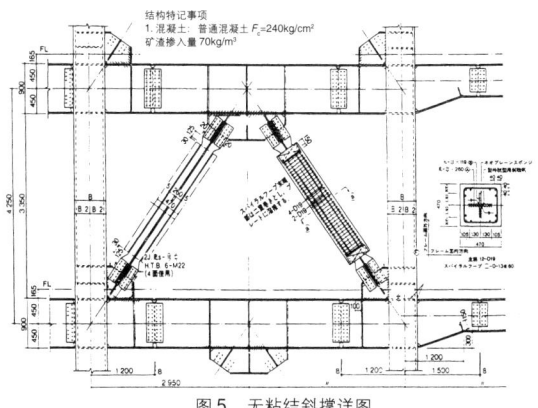

图5 无粘结斜撑详图

③在将大厦的核心筒体移位的同时,进行原有抗震墙的拆除和新设抗震墙;

④增筑翼墙柱子处的边界梁,进行加固;

⑤加固中央天井式空间周围的柱子中轴力有所增大的柱子。

作为抗震加固的目标值,将全部楼层的抗震性能判定指标(I_s)定为0.7以上,同时全面提高改建前的I_s值。具体来说,为了最大限度保留原有的梁、柱,采取增设抗震墙和新设抗震墙的强度抵抗型加固手段,考虑到便于墙内的配筋和混凝土的浇注,增设2面"双剪力墙结构",将其夹在由聚氨酯树脂制作的模板之间,厚度为250mm的抗震墙。

为了评估原有建筑及其抗震性能,曾进行过2~3次鉴定和判断,并接受了日本防灾协会原有建筑抗震性能鉴定委员会的审查。表1为2次鉴定时的加固前、后的I_s值的比较。正如表中数值所表明的那样,经过加固后,除顶层外,I_s值都提高了10%~60%。

4. 关于外墙的保留和修复概要

原封不动地保留原第一生命馆的地面以上高度达31m的北墙是从历史性的街区规划的观点出发来考虑的,也是本项目中不可缺少的内容。虽然,该墙由于其下有包括刚劲的沉箱基础在内的地下部分丝毫未变地保留了下来,所以,完全能够承受长期荷载的作用,但是,其在地震荷载时的稳定性却成了值得关注的课题。

这面北侧的外墙虽然是保留下来的墙体,按现行规范的标准却具有高于标准规定的面内水平承载力的事实,已

被验证,然而,对于墙体在面外方向的稳定性要想获得切实的保证,墙体与高层建筑的连接部位只能仅限于五层楼板处,其理由如下:

①因为有高层建筑的变形所导致的强迫变形的存在,使这面保留下来的外墙的墙内弯矩有所降低,因为支点间的距离变小了;

②为了将作用于保留的外墙上的惯性力所产生的弯矩降下来,使五层楼板以上的墙体处于悬臂的支承状态,以便使作用在低于五层楼板的墙体上的惯性力产生的弯矩得到平衡;

③构成保留墙体的原有柱子在五层楼板以上被分成了两股,所以,通过设置水平抱合桁架将这部分夹持起来,再用不依靠后施工锚件的抗拔力的细部,才能将墙体与高层部分连接牢固。

地震时,保留墙体在其面内方向的行为应能独立于高层部分,而在其面外方向,还要能够将高层部分的钢柱转动产生的影响吸收掉,为此,在17个部位设置了辊轴支座。辊轴支座具有沿面内方向单侧移动30cm的能力,每个部位的这种支座都能传递250t的面外方向的荷载。

这项必须传递的荷载的设定是根据将高层部分和仅在五层部分相连接的保留外墙置换成两个串联质点系模型,在水准2(相当于50kine)的地震输入下的反应分析结果。

5. 结语

这个工程项目的主题是既要将昭和初年的历史性建筑

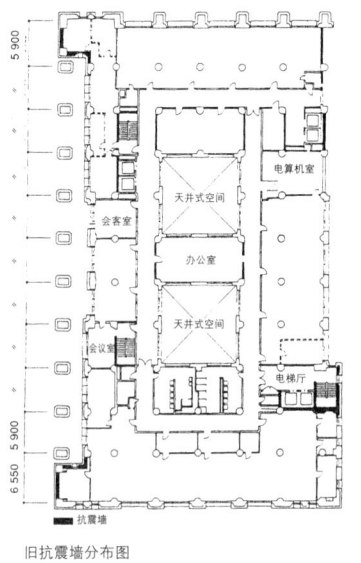

旧抗震墙分布图

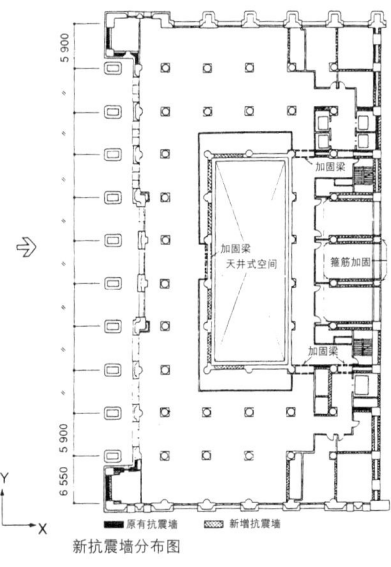

新抗震墙分布图

图6 新、旧抗震墙分布图

保存和重建,又要建起一幢最新型的办公大楼。项目从规
划设计到最终竣工经历了8年的岁月。本文仅就以保存有
关技术为中心的设计和施工问题的探讨和开发中的一部分
作了论述和介绍。在都市的改建过程中,关于街区景观的
保存和保护的重要性的讨论也多起来了。本文若能对今后
日渐增多的历史性建筑的保存、保护和改建项目有所助益
的话,作者将深感荣幸。

(堀 富博)

[参考文献]
1)『DNタワー21(第一・農中ビル)——歴史的建築物の保存と再生』
丸善

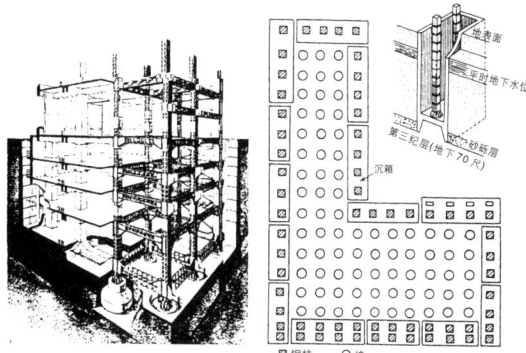

图8 沉箱深基础及沉箱布置

照片3 辊轴支座(单体)

照片4 辊轴支座钢架
起吊情形

图9 辊轴支座(CG)

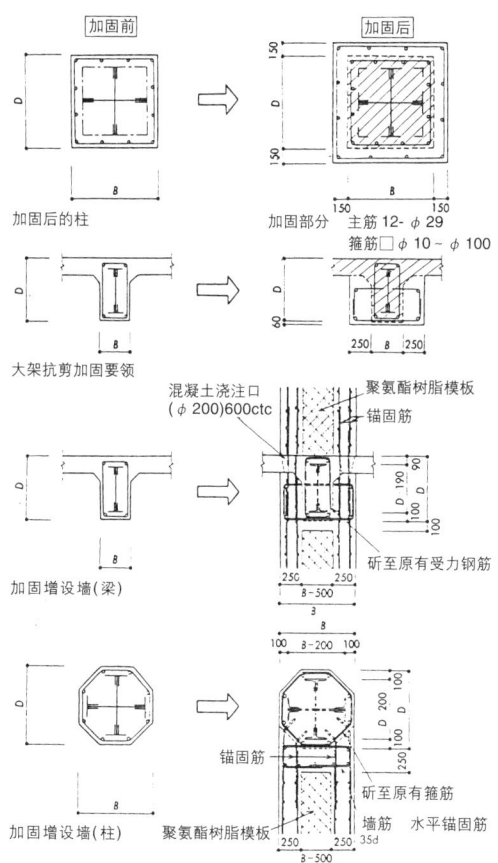

图7 柱及大梁的加固及增设加固墙详图

表1 抗震加固前、后的 I_s 值

层	方向	加固前	加固后	方向	加固前	加固后
7F		1.88	1.89		2.31	2.31
6F		1.18	1.85		1.48	1.71
5F		1.04	1.15		1.18	1.33
4F	X	0.70	0.93	Y	0.86	1.02
3F		0.60	0.85		0.71	0.95
2F		0.71	0.89		0.81	1.01
1F		0.93	1.27		1.28	1.09

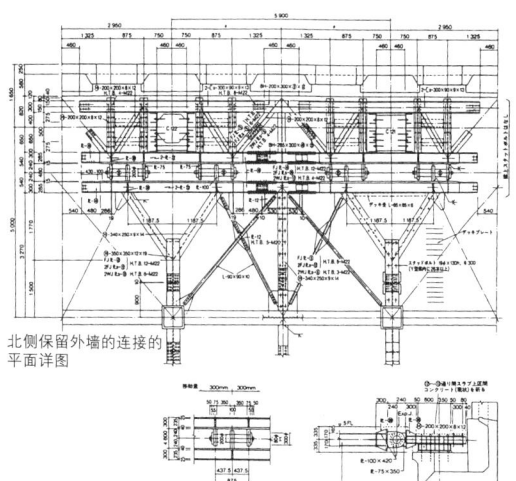

北侧保留外墙的连接的
平面详图

辊轴支座大样图

图10 北侧保留外墙连接平面详图及辊轴支座大样图

078 大阪游泳馆

双层钢索网薄膜结构

关键词 钢索网、双层钢索网薄膜、自平衡系统、预制预应力压接技术

照片 1　薄膜屋顶内景

房屋建筑概要

〈建筑概要〉
地　　　址：大阪市港区八幡屋公园内
主 要 用 途：体育设施(室内游泳馆)
设 计 者：东畑建筑事务所
施 工 者：藤田、洪池、藤木 JV
建设用地面积：125000m²
建 筑 面 积：7664.86m²
总 建 筑 面 积：25050.91m²
层　　　数：地上 2 层、地下 2 层
檐　　　高：20.9m
最 高 高 度：25.8m
施 工 期 间：1993 年 10 月～1996 年 3 月
〈结构概要〉
结 构 类 别：基础＝钢筋混凝土造
　　　　　　　地上主体结构＝预制预应力混凝土造
结 构 类 型：屋顶及下部结构＝预制预应力混凝土造
基 础 类 型：现浇钢管混凝土桩

1. 建筑概要

　　该建筑是地下 2 层、地上 2 层，建筑高度为 25.8m，跨度为 100m，平面为圆形的室内游泳竞赛馆。设有 50m 标准竞赛泳道的游泳池、跳水池和 25m 的练习池，馆内有可以容纳 3500 名观众的看台。从举办国际间的竞赛到一般的对民众开放，任何形态的应用都可适应，此外，还备有冬季用作滑冰场使用的各种设备。平面形状之所以采用圆形，其目的在于能够确保更多的便于观赏游泳比赛的观众看台。

2. 结构规划

(1) 结构概要

　　该建筑物的结构从上往下共分三大部分：

① 由薄膜屋面、钢索网、支杆、环形桁架等构成的双曲抛物面的索网薄膜屋顶结构；

② 支承索网薄膜屋顶、看台和各类功能房间的预应力混凝土、劲性钢筋混凝土和钢筋混凝土造的下部结构；

③现场浇注混凝土桩基支承的基础结构。

结构概要如图 1 所示。

主体框架为钢筋混凝土造，放射方向的框架按 48 等分，以 7.5°的间距，呈圆环状布置。看台呈直线形状布置，外墙与看台最后边的交接曲线要同天窗开口边缘的曲线相吻合，才能使放射方向在这区间的形状取得一致。这部分的框架采用跨度为 17m 的隅撑式悬臂梁型框架，其构件采用能够发挥同形状优点的预制装配式预应力混凝土造。框架的 70% 构件是利用预应力钢筋和预应力钢丝，并采用压接技术构造而成的(图 2)。

直径达 65m 的双层索网薄膜屋顶就架设在这种框架的端部。

(2) 双层索网薄膜结构的构成

这种双层索网薄膜结构是由薄膜材料及上层钢索构成的薄膜屋面部分与作为主体结构的下层索网部分构成的双层结构，二者之间则被只能承受轴力的支杆相连接(图3)。薄膜部分及索网部分只要采用鞍形曲面等的复合曲率的曲面便可实现，而且，可以通过导入初拉力的手法，确保其形态稳定。在初拉力的状态下，各层分别以其作为独立的结构体系存在，然而，一旦受到风、雪荷载等外力作用时，各层则借助支杆的作用，形成一个整体共同承受外力。

该游泳馆建筑的薄膜屋顶的形状为双曲率的抛物面，薄膜屋面的直径=65m，索网体系的直径=59.6m，高底差=7.75m，跨径垂度比 =0.057 和跨径矢高比 =0.071。

薄膜材料用的是表面涂有聚四氟乙烯树脂涂层的玻璃纤维膜，初拉力为 200kg/m。上层钢索间距为 9.0m，而垂直方向钢索间距为 4.5m。支杆设置在索网的交点上，功能是将作用于膜及上层钢索的荷载传给作为主体结构体系的下层索网。因为膜材及下层索网在导入初拉力时，各自分别形成了稳定曲面，所以，支杆的初应力为零。下层索网沿测地线方向，吊索间距为 9.0m，而压紧索的间距为 4.5m。每根钢索的初拉力：吊索为 55.0tf 而压紧索则为 22.0tf。

由支杆向下层索网传递的外力作为索拉力的变化量是传给环形桁架的。

环形桁架的功能是用来承受薄膜、上层钢索和下层索网等的初拉力的反力的，其与下部结构的连接方式：导入初拉力时，为辊轴支承；其后，再采用铰支座。因此，在导入初拉力时的水平反力是全部由环形桁架来承受，属于自相平衡型的结构体系，而下部结构则只承受铅直荷载。

照片 2　外观

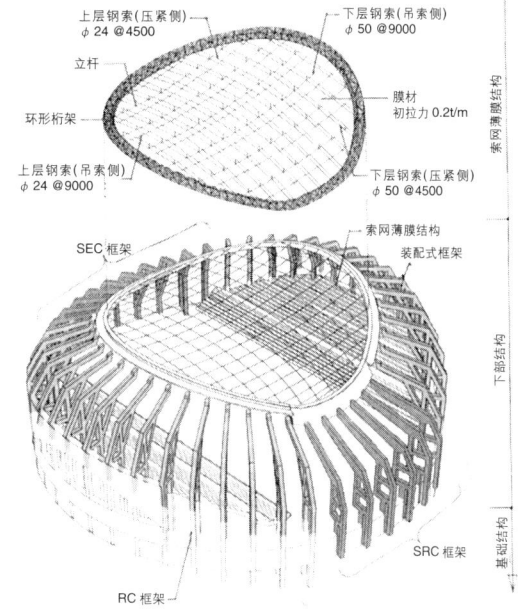

图 1　结构概要

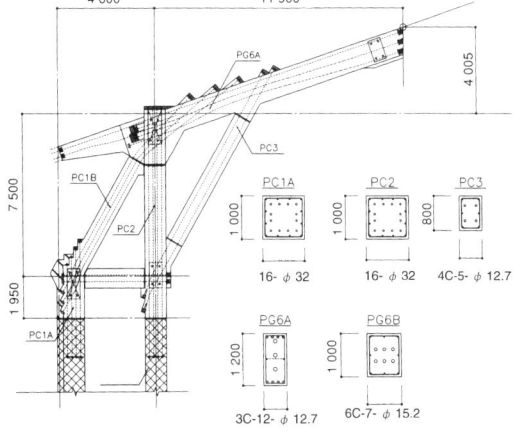

图 2　预制装配式框架的构成

323

此外，对于积雪荷载、风荷载和地震荷载等的作用，环形桁架和下部结构则形成一个整体来承受这些外力。

(3) 双层索网薄膜结构的特点

双层索网薄膜结构的特点如下：

①一般来说，由于膜材料的时效老化会导致拉力松弛，所以，必须采用能够实施再张拉的结构体系才行。这里采用的结构体系因为薄膜屋面与下部索网不是密切相连的，所以，各层可以分别进行再张拉。

②在初拉力的状态下，由于薄膜部分和下层索网可以分别独立形成，因此，膜面的造型设计的自由度很大，而且，还可以突显悬吊式膜面所独具的特点。因此，比如说，为了处理雨水等，而对支杆的长度加以调节时，膜面部分的曲率就可以随着下层索网的变化而改变。

③由于膜面部分和下层索网的振动特性各不相同，很难导致共振。此外，彼此互为阻尼机构发挥着作用，所以可以想到，会使整体的阻尼性能有所提高。

3. 结构设计概要

(1) 设计荷载

①长期荷载：包括各类构件的自重、活荷载、索网的初拉力、预应力压接技术导致的超静定荷载。

②积雪荷载：最大积雪厚度按18cm采用。对于索网和膜面部分，除满布雪荷载之外，还须考虑右半边、下半边和中心区的偏载荷载的作用。

③温度荷载：对于索网和膜面部分来说，需要考虑温度变化而导致的拉力改变，以20℃为标准温度，而温度变化则按±20℃考虑。

④风荷载：关于设计时所采用的速度压，是按《建筑物荷载规范及其说明》(日本建筑学会)与建设省告示相比较后，采用偏于安全的风荷载值。至于风力系数则是根据(财)日本建筑综合试验所实施的风洞实验结果确定的。

⑤地震荷载：对于地震荷载来说，只需考虑下部结构，而索网和膜面结构部分则因为自重很轻，不需要考虑，但是，至于环形桁架，则是采用其与下部结构连成的复合分析模型加以考虑的。如图4所示，地震反应分析采用的是将精确模型(约有8000个自由度)简化成具有186个自由度(62个质点)的模型进行的，并求出了静力分析用的地震荷载。

(2) 截面设计

对于索网薄膜屋顶结构来说，不论是在上述①～④任何一种荷载作用下，钢索拉力和薄膜拉力均为零以上已被完全确认。至于下部结构，预应力混凝土部分按极限强度法设计，而其余部分的构件截面则按上述地震荷载作用下所求得的应力的1.5倍时，仍不得超过弹性极限的标准，加以确认。

4. 双层索网薄膜屋顶的施工

(1) 张拉钢索

薄膜屋顶的架设采用的是顶升施工法，首先，在与看台齐平的高度处，将屋顶预先装配停当，然后，再将其顶

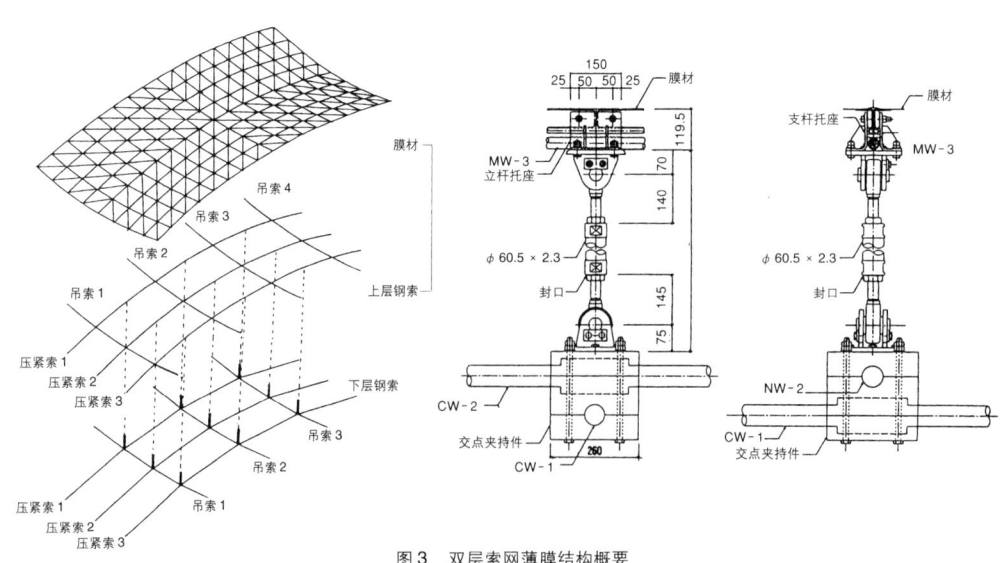

图3 双层索网薄膜结构概要

升就位，并加以固定。在交点处，将吊索和压紧索一一固定，首先用油压千斤顶将吊索中的6根(CW-1钢索)拉起，借此，将与其呈正交状态布置，而且长度为设计长度被压紧索(CW-2钢索)内的拉力拉长，用这样的方法一直达到使整个索网都被张拉到预计拉力值为止。利用中心孔型千斤顶将6根CW-1钢索单侧同时拉起，进行张拉。张拉的步骤是在CW-1钢索张拉到预定的拉力的80%之前，都是以20mm的行程，一步一步地张拉，待将CW-1钢索全部张拉到预定拉力的80%之后，再以5%的节距进行张拉控制之下，将钢索张拉到预定拉力的100%为止。

在压紧钢索当中，由于CW2-1A、CW2-1B、CW2-2A、CW2-2B的拉力没有达到设计拉力值，所以，还曾一根根地进行了补充张拉。大约一个月后，待膜材也铺展停当了，然后，再将CW-2钢索的拉力张拉到设计值。图5所示为两种CW钢索的张拉进程。

(2) 顶升施工法

薄膜屋顶的自重约为260t，再加上施工暂设物的重量约20t，其总重量大约达到了280t，其平面面积为3300m²。

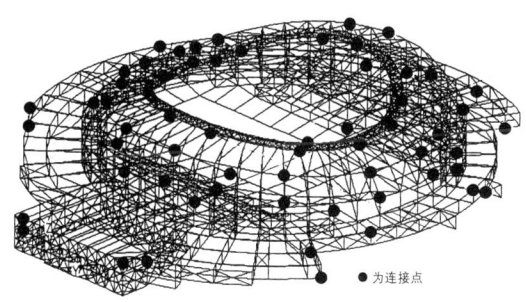

图4 精简后的模型

这样一个庞然大物的薄膜屋顶是用顶升技术将其架设在悬臂梁的端部的，顶升高度达12m。环形桁架是借助48个铰支点固定在全体悬臂梁的梁端的，但是，在用顶升技术进行架设施工时，用的是12个吊点。顶升过程是以450mm为一个行程，一步一步地顶升就位的。

顶升时的环形桁架变形计算值为高边(沿吊索方向)朝着中心方向，而低边(沿压紧索方向)朝着圆外方向，其最大值约为30mm，实际变形值约为20mm，而且变形方向也与计算值相同。

(3) 索拉力的确认

施工前，曾进行过从最终状态开始，将钢索顺序放松，并求出各钢索在各阶段的拉力值的反推法分析。由于分析精度高，最终拉力与设计值的差异完全可以控制在±10%的范围内。另外，为了确认索网结构在预计的拉力下，是否存在问题，而进行过在最终拉力下的计算和分析，确认了：索网在各种荷载作用下，索拉力不会出现"0"拉力，同时，最大拉力也都小于容许拉力值。

(近藤一雄)

[参考文献]
1) 近藤一雄「八幡屋公園プール―二重ケーブルネット膜構造屋根―」『ビルディングレター』1994年12月号，pp.21～30
2) 近藤一雄ほか「大阪プールの構造設計と施工」『鉄構技術』1996年6月号，pp.70～75
3) 近藤一雄「ケーブルネットでつくる膜屋根」『建築技術』1997年1月号，pp.138～139
4) 近藤一雄ほか「プレキャスト・プレストレストコンクリート組立工法による屋内プールの施工―大阪プール建設工事―」『プレストコンクリート』1996年7月号，pp.26～33
5) K.Kondo,et.al "STRUCTURAL DESIGN OF SWIMMING ARENA WITH DOUBLE LAYERED CABLE-NET MEMBRANE COVERING" IASS Int. Symposium1995-Milano Vol.2, pp.795-802

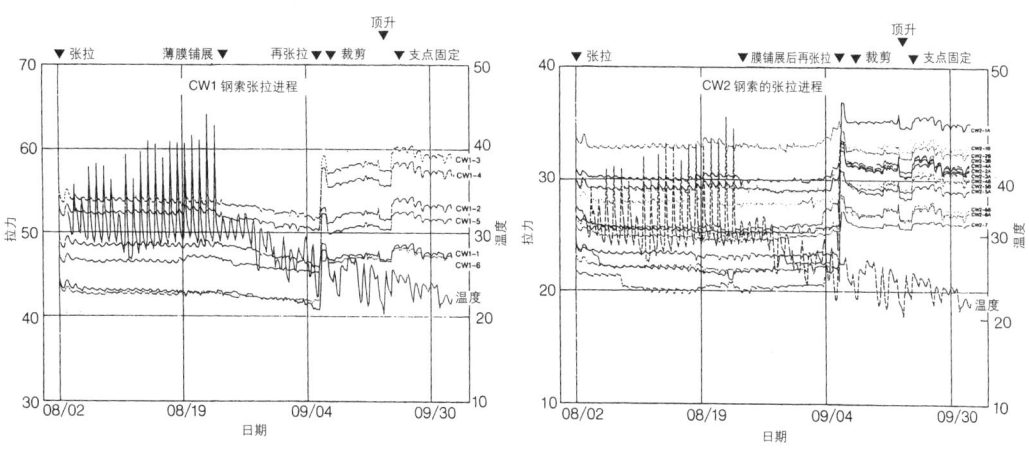

图5 钢索张拉进程

079 扎·西恩城北

向160m高的钢筋混凝土造超高层的挑战

关键词 超高层、高强混凝土、高强粗钢筋、混凝土质量管理方法、施工系统、预装配钢筋

照片1 外观　　　摄影：SS名古屋

房屋建筑概要

〈建筑概要〉

地　　　址：爱知县名古屋市北区成愿寺1丁目
主要用途：集合住宅
设　计　者：积水屋、青岛设计
结构设计者：鹿岛建设
施　　工　者：鹿岛建设
建筑面积：2290.69m²
总建筑面积：54002.73m²
层　　　数：45层
檐　　　高：160.00m
竣工年月：1996年5月

〈结构概要〉

结构类别：钢筋混凝土结构
结构类型：纯框架结构
基础类型：地下连续墙、现浇混凝土扩底桩

1. 建筑规划

超高层大厦位于建设地点的北侧,中央有上部为公用空场的地下停车场,南侧配有2幢高层建筑。

该超高层大厦为地上45层,没有地下楼层,首层内设有出入口大厅、休息厅、防灾中心、机械室、自行车停放处等。二层内,东侧为住户,而西侧则设有健身房等;三层以上全部由住户居住。只有二十五层,其中北侧设有眺望休息厅、集会厅、客厅和电气室等,而南侧则仍为住户居住。此外,在大厦的最高点还设有应急用的直升飞机场。

标准层的层高达3.25～3.80m,与以往的超高层集合住宅相比,这里可以算得上是地方开阔,光线充足的居住空间了。

如图1所示,标准层平面在X方向有9跨,Y方向为6跨,两个方向的长度为49.5m×31.2m,平面形状呈椭圆形。高层部分的构造柱有所减少,目的是提高户型规划上的自由度。

正如图1所示的平面清楚表明的,平面形状呈椭圆状,而外墙又呈阶梯状,一方面是便于结构布置,同时,也是为了远眺视野更辽阔。外圈的大梁采用了梁宽1350mm、梁高只有600mm的扁梁。于是,外墙上的窗口开得高了,眺望视野和开阔感都得到了改善。

为了消除因考虑住户室内排水坡度而导致楼板饰面形成高度差,而将承重楼板降低了200mm。这样一来,大梁也要相应地降低200mm,因此,大梁就变成了阶梯状。

如照片2、3所示,将住宅内的结构构件通过装修使它们消失,室内显得光洁又明亮。

2. 技术开发

为了使高达45层的超高层钢筋混凝土住宅的梁、柱截面尺寸能与30层的大厦基本相同,各类构件的主要受力钢筋一律采用SD685及SD490,抗剪钢筋采用SD785,而混凝土则采用 F_c600 等的超高强度材料。

柱子的主筋以16根为基本型,并配以圆形箍筋和方形箍筋。确保柱子在反复荷载作用下的承载力下降不致过大,从而构成延性大,而又强度高的框架结构,提高建筑的抗震性能。在轴力很大的部位,采用中心配置芯筋的芯筋柱。

在阶梯状梁的截面变化的部位采用了新开发的锚固板

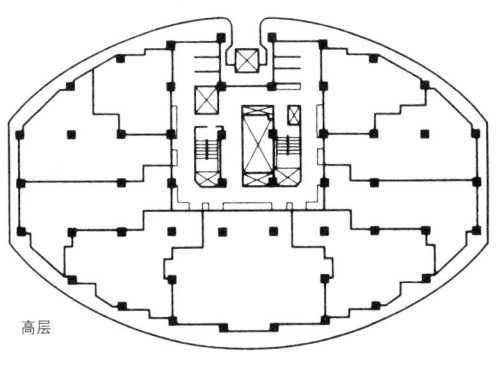

高层

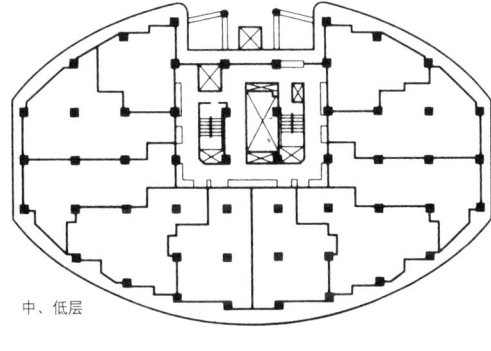

中、低层

图1 平面图

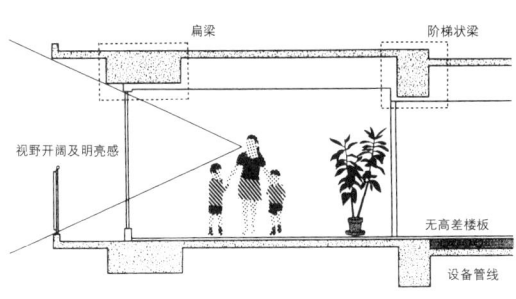

图2 扁梁及阶梯状梁的效果图

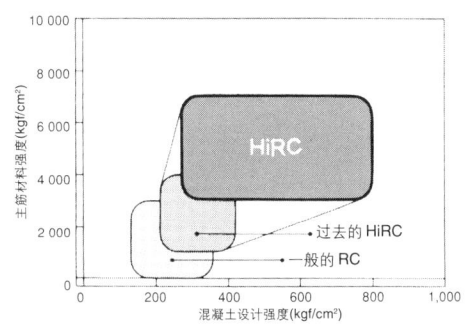

图3 结构材料设计强度范围

照片2 浇注完成的扁梁及阶梯状梁

照片3 住宅室内　　　摄影：SS名古屋

技术，解决了该大厦在构造上和施工上的难题。

在这项新技术的实施之前，曾通过结构实验，对其性能进行了验证。

3. 结构规划

上部结构采用的是抗震性能好、平面布置灵活的钢筋混凝土框架体系。梁、柱截面从低层到高层基本相同，为的是避免大厦刚度沿高度方向发生突变。

4. 结构设计

为了达到用钢筋混凝土结构建造45层超高层大跨度的住宅建筑，专门开发了高强度的混凝土和高强度钢筋。凡是采用这种材料的部位都要经过结构实验反复认证它们的性能，同时，还确立了适应这类新型材料的新的设计方法。

通过动态分析的方法追踪认证了该超高层住宅大厦的上部结构在大地震时的弹塑性反应性状。框架结构采用极限强度设计方法，从而保证了结构的延性和强度。

为了确认钢筋混凝土框架结构的极限抗震性能，还曾进行了三维模型的精确地震反应分析，对于构件的内力和变形性状做了详细的追踪分析。

由于该超高层住宅大厦在建设当时是最高的钢筋混凝

土建筑,所以,输入地震波除了作为标准波的EL CENTRO、TAFT、HACHNOHE等波型之外,还使用了计及大厦建设地点的特性的模拟地震波。

5. 施工概要

该超高层住宅大厦的梁、柱、楼板全部都是现场浇注混凝土造的。

为了浇注高强度混凝土,采用了流动性好的水泥,并借助高压混凝土泵和自升式浇灌器,实施了向高层的压送作业。柱子采用大型模板,而梁则采用成套模板,至于楼板一律采用组合型预制混凝土薄板,确保了施工精度。钢筋采用预制装配化,即在地面进行组装,然后,再吊装就位,在高空只进行主筋的接合作业,充分利用重复作业的特点,以期提高作业精度和施工的可靠性。

此外,为了减轻2台爬升式起重机的工作量,又增加了自升式外部养护模板和自升式双导轨起重机,用于模板的拆换和运输装修材料和部件。

(前田祥三)

[参考文献]
1) 大川ほか「45階建高強度RC造集合住宅の耐震設計 (その1〜4)」『日本建築学会大会梗概集』1994年

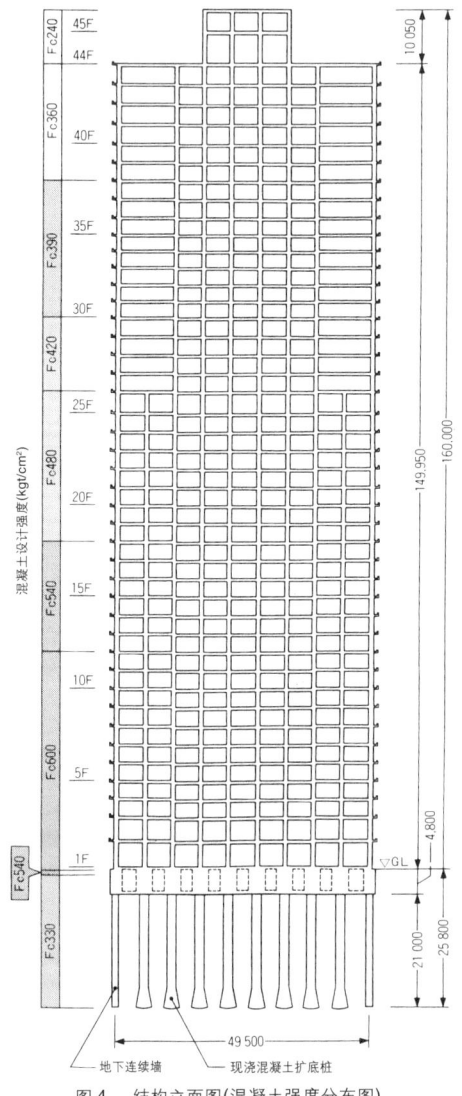

图4　结构立面图(混凝土强度分布图)

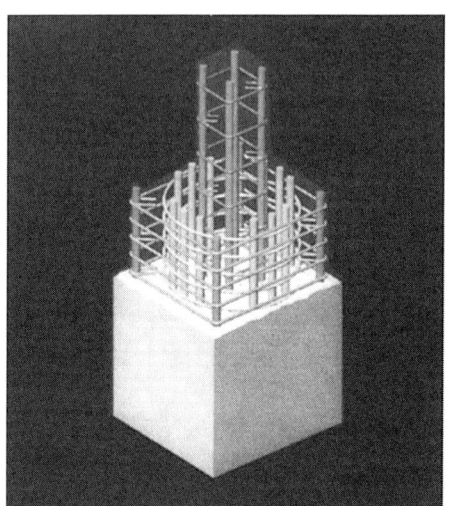

图5　芯筋柱

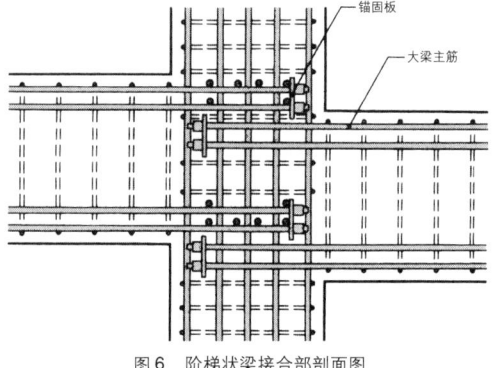

图6　阶梯状梁接合部剖面图

照片4 地面组装中的阶梯状梁

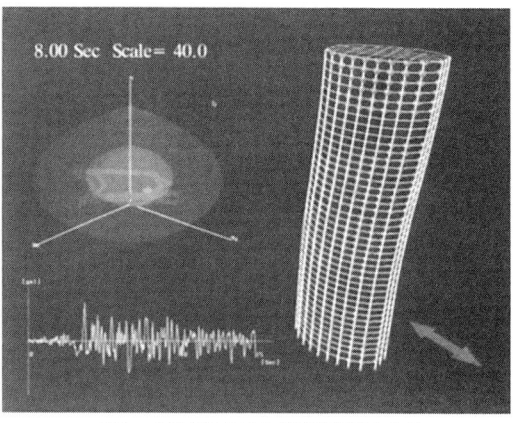

图8 主体框架体系的精确地震反应分析

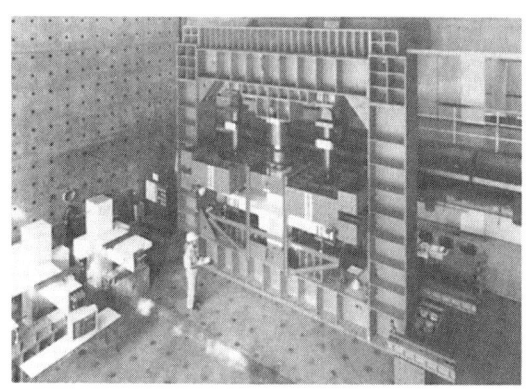

照片5 结构实验 摄影：翠光社

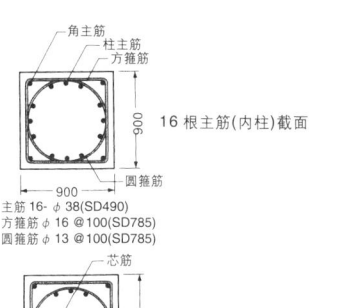

16 根主筋(内柱)截面

主筋 16- φ 38(SD490)
方箍筋 φ 16 @100(SD785)
圆箍筋 φ 13 @100(SD785)

16 根主筋 + 芯筋(外柱)截面

主筋 16- φ 41(SD490)
芯筋 8- φ 41(SD685)
方箍筋 φ 16 @100(SD785)
圆箍筋 φ 13 @100

梁端截面

外层主筋 8- φ 41(SD490)
内层主筋 8- φ 38(SD4905)
箍筋 4- φ 13 @100(SD785)

图7 柱、梁的标准截面

高强度混凝土的浇注

预装钢筋骨架的起吊

梁配套模板的装配

照片6 施工情景

080 大阪市中央体育馆

大跨度大荷载的预应力混凝土壳体

关键词 跨度110m、重量70000t、施加预应力20000t

照片1　鸟瞰全景

图1　剖面图

房屋建筑概要

〈建筑概要〉

地　　　址：大阪市港区田中3丁目八幡屋公园内
主 要 用 途：室内竞赛场
设 计 者：大阪市都市整备局营缮部、日建设计
结构设计者：日建设计
施 工 者：大林、西松、浅沼JV
建筑面积：123986m²
总建筑面积：38425m²
层　　　数：地下3层
檐　　　高：SGL+26.6m(地基面+4.0m)
竣工年月：1996年6月

〈结构概要〉

结构类别：屋顶＝现浇PC球形壳、主体结构＝钢筋混凝土造
结构类型：预应力混凝土、球壳结构
基础类型：现场浇注混凝土桩、地下连续墙

1. 建筑规划

大阪市中央体育馆是一能容纳10000人、拥有一座直径为110m的主馆和直径为52m的副馆，以及柔道馆、剑道馆及会议室等的大型体育设施。整个体育馆全部建于地下，其上方的地面则开辟成栽植树木花草的都市公园。

在缺乏绿地的大都市圈内，居然在桃李荫翳的公园地下埋藏着一座形体庞大的建筑物的事实，堪称史无前例，具有划时代的意义。

从环境装备的角度来说，由于各项体育设施都是利用地下空间，所以，冬、夏的热负荷是非常非常小的，可以充分利用地下所特有的恒温性和保温能力，从而达到节约热力能源的目的。

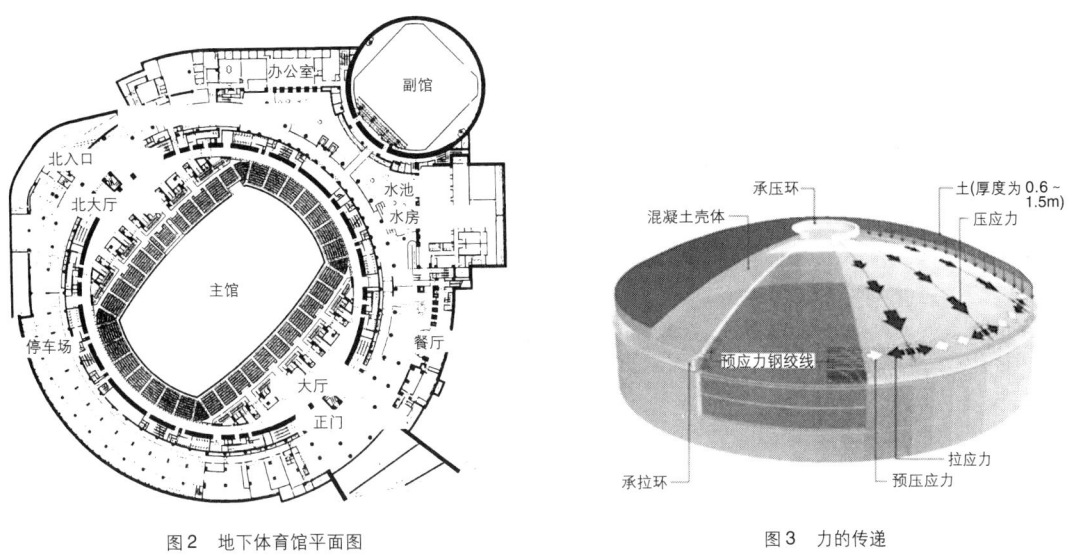

图2　地下体育馆平面图

图3　力的传递

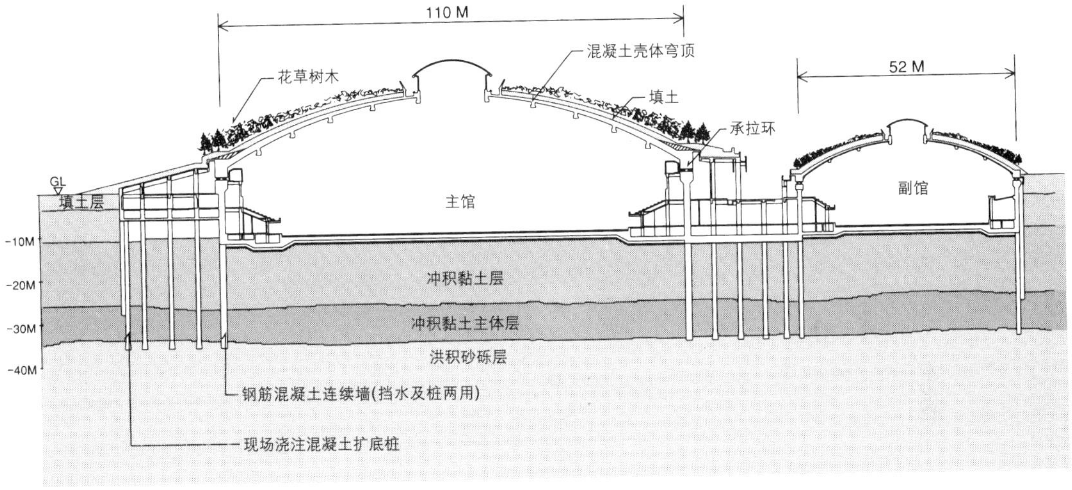

图4　结构剖面图

2. 结构规划

主比赛馆是一个直径110m的大跨度、大空间结构，必须承受屋顶本身的重量和堆在屋顶上的平均厚度达1m的绿地填土等约70000t(5～6t/m²)的巨大荷载。屋顶结构采用的是力学上效率极高的混凝土球形壳体。在壳体的根部和承拉环内施以预应力，使整个壳体结构形成全方位的压力场。另一方面，利用设置在壳体支承面上下的承剪键将屋顶的地震力传给下方的直径为110m的钢筋混凝土圆筒壳，再由圆筒壳传入基础和地基。这座大阪市中央体育馆是一个承载之大无与伦比的大跨混凝土壳体结构。

3. 力的传递及预加应力

球形壳体在铅直荷载作用下，其放射方向的压力直接传给承拉环，因此，沿壳体的底边的圆周方向便作用着巨大的拉力。这里，是通过向承拉环内施以圆周方向的预应力的办法来承受这巨大的拉力的。换句话说，就是在承拉环内沿圆周方向配置预应力钢绞线，张拉后，并锚固于混凝土内，于是，使承拉环混凝土获得预压力，从而使其成为预应力混凝土构件。

在壳体的承拉环和底圈一带配置拉力达800t的预应力钢绞线共30圈，预应力约达20000t。

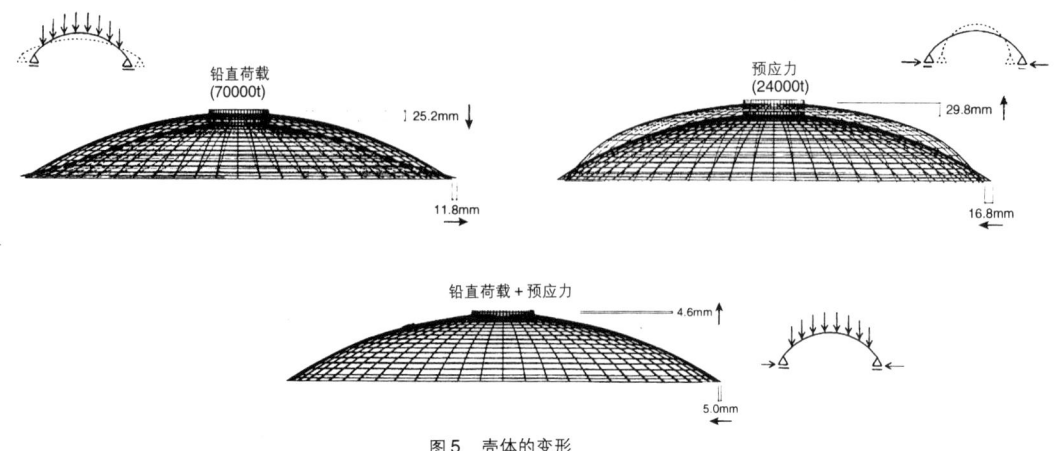

铅直荷载
(70000t)

↓25.2mm

11.8mm →

预应力
(24000t)

29.8mm ↑

← 16.8mm →

铅直荷载 + 预应力

4.6mm ↑

5.0mm ←

图 5　壳体的变形

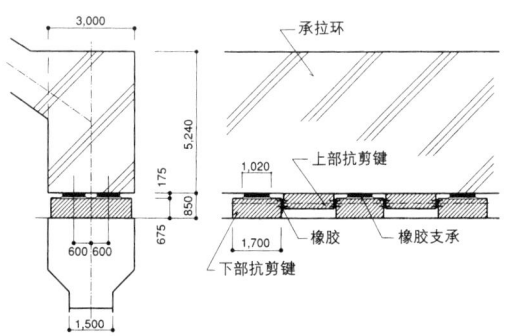

图 6　壳体的支承

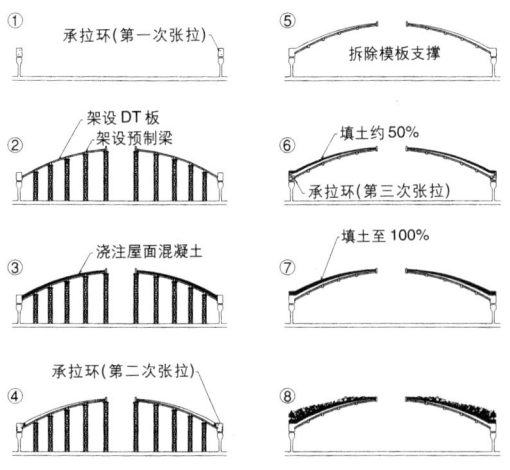

① 承拉环(第一次张拉)

② 架设 DT 板　架设预制梁

③ 浇注屋面混凝土

④ 承拉环(第二次张拉)

⑤ 拆除模板支撑

⑥ 填土约 50%　承拉环(第三次张拉)

⑦ 填土至 100%

⑧

图 8　施工顺序

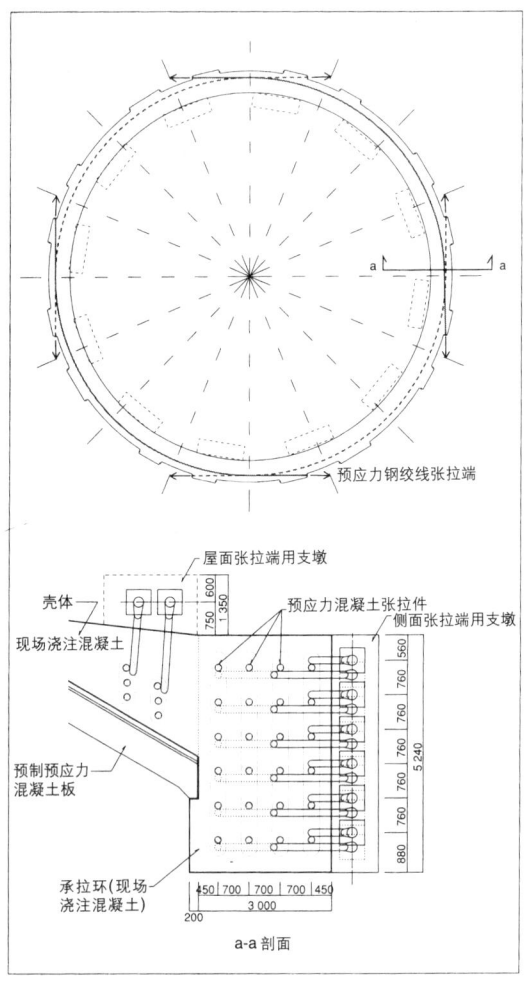

a-a 剖面

图 7　预应力钢绞线的布置

4. 壳体的支承 (图6)

在壳体与下部结构的界面上,沿壳体底边必须设计安装朝着放射方向的辊轴支座,以便将壳体承受的铅直荷载和地震引起的水平力传给下部结构,同时,还可以应对张拉预应力筋时的放射线方向的变形和长期的徐变变形。为了达到上述目的,在承拉环的底下设置176个叠层橡胶垫,用来支承整个壳体,这样的细部构造便能满足壳体沿放射线方向自由变形的需要。

5. 施工顺序

参见图8。

6. 结构施工技术的特点

结构及其施工技术上的特点如下:

①采用预应力技术首次实现了跨度如此之大(110m),荷载也是如此之大(总重量约达70000t)的混凝土球形壳体结构。

②壳体采用的是兼作模板使用的预制预应力混凝梁、板与现浇混凝土并举的混合结构,不但施工效率高,而且又很经济。

③在壳体的承拉环及底圈部位配置了30圈之多的单振拉力达800t的预应力钢绞线,施加的预应力达24000t。每一圈的预应力钢绞线约长360m,将其分成4段,张拉方法采用的是用8台起重量非常大的千斤顶,同时张拉分成4段的每圈的预应力钢绞线,张拉过程中,实施了集中的仪表控制,以便确保张拉质量。

④针对施工阶段和具体的荷载条件,分三个阶段进行钢绞线的张拉作业,采取充分考虑荷载与预应力平衡的合理施工顺序,完全符合球形壳体的力学特性。

⑤按照施工进展的实际情况,还进行了球形壳体的相应的应力状态和变形状态的分析,并将其结果与实验值进行了对应确认,使施工的安全性和设计获得了验证。

⑥作为支承壳体的结构,包括圆筒壳体构成的围墙和与围墙连成一体的圆筒型的地下连续挡水墙。一方面将铅直荷载和地震荷载切实地传入地基,同时,又可以大幅度地降低比赛馆的基础底板所受的水压作用。

以往的大空间壳体结构的设计是千方百计地减轻屋顶荷载,而这座壳体却是以比过去的壳体荷载的10~20倍的荷载和大空间的形态置身于地下,真是举世无双的结构。将体育设施设在公园的地下,这种考虑都市具体环境条件,向开辟新型空间的可能性挑战的建筑,曾获得高度评价。

(原 克巳、阿波野昌幸、鹈饲邦夫)

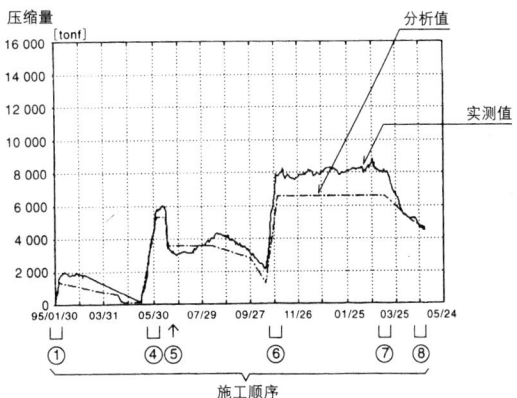

图9 实测值与分析值的比较(承拉环应力)

[参考文献]

1) 鹈饲邦夫・原 克巳・阿波野昌幸・小阪淳也「公園地下に建設される大スパンのプレストレストコンクリート球形シェルの構造設計」『プレストレストコンクリート』Vol.36, No.4, 1994年7月号, pp.18~28

2) M.Awano, K.Ukai, K.Hara and J.Kosaka "Design of a Long-Span Prestressed Concrete Spherical Shell Roof" Proceedings of International Association for Bridge and Structural Engineering Symposium, Birmingham, pp.133-138, 1994

3) 原克巳・阿波野昌幸・田渕博昭・濱田一豊「大スパン球形シェル屋根の設計と施工」『コンクリート工学』Vol.34, No.5, 1996年5月号, pp.49~60

4) M.Awano, K.Ukai, K.Hara "Structural Design of the Osaka Municipal Central Gymnasium" fib (Federation Internationale de la Beton) Symposium, Prague ,Czech Republic,1999, October 13-15

081 东京国际会馆

钢与玻璃的完美结合

关键词 玻璃大厅、多功能厅、索结构、双层钢管、桁架、空腹梁、铸钢连接件

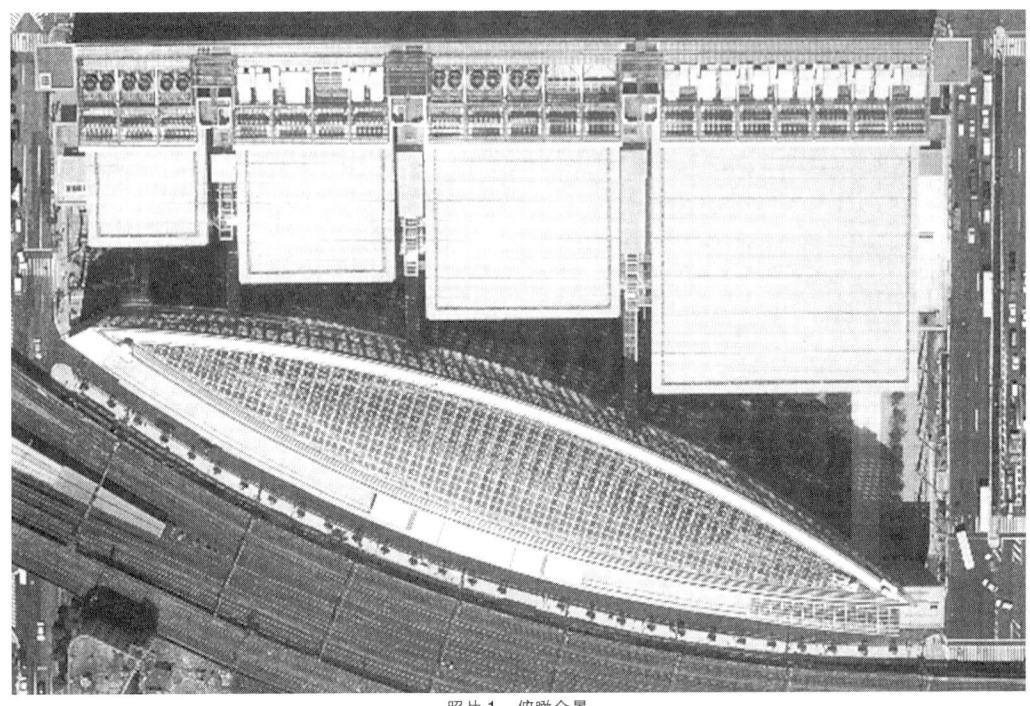

照片 1　俯瞰全景

房屋建筑概要

〈建筑概要〉

地　　　　址: 东京都千代田区丸之内 3-5-1
主 要 用 途: 剧院、大厅、展览馆、会议厅
设 计 者: 拉法埃尔·威尼奥利注册建筑师事务所
结构设计者: 结构设计集团(SDG)
设备设计者: 森村设计
施 工 者: 会议楼＝大成建设 JV
　　　　　　玻璃楼＝大林组 JV
规　　　　模: 地下 3 层、地上 11 层、屋顶间 1 层
　　　　　　地下 GL-20.85m　地上 GL+57.5m
建设用地面积: 27375m²
建 筑 面 积: 20951m²
总 建 筑 面 积: 145076m²
竣 工 年 月: 1996 年 6 月

〈结构概要〉

结 构 类 别: 钢筋混凝土、劲性钢筋混凝土、预制混凝土、预应力混凝土、钢结构、玻璃造
结 构 类 型: 会议楼＝框架结构＋超框架＋空腹桁架
基 础 类 型: 现浇混凝土桩支承柱＋直接基础

1. 建筑师威尼奥利的设计风格

美国建筑师拉法埃尔·威尼奥利的大作曾于 1989 年 11 月，在国际建筑师联合会承认的国际竞赛中，被推举为最优秀作品。关于威尼奥利的作品，在设计竞赛的审查讲评中，曾获得这样的评价："作品巧妙地结合建设用地的特定条件，并针对建设项目的具体要求，提出了最恰当的建筑方案和明确的功能规划。"评语不仅表达了对设计方案的推崇，同时也是对建筑师的个人天赋的肯定。威尼奥利的建筑设计的最大特点在于其对多种领域技术的综合运用，他能将结构、设备、音响、照明，以及其他许许多多门类的技术、技法的成就整合于一个空间之中，并能以新的搭配，新的秩序来各尽所能的发挥作用。

2. 结构上的思考

该设施实际上是集许多功能于一身的。有四个多功能厅和各式各样的相关设施，诸如，展览馆、商业设施、公

用空间、会议厅、停车场、管理部门、中庭等，不一而足。针对这些设施的不同功能，分门别类地将它们汇聚于一幢建筑物中，并通过垂直及水平的内部交通线的设置，再将它们结合起来。虽然，结构若能与划分后的空间分别对应是很重要的，不过，必须全部收容在一幢建筑物中。因此，在结构设计上，主要考虑了以下各点：

① 将主要结构汇集于如图1所示的网状部分中。这样的方案可以说是构成诸如此类的大空间很大的大厅的老一套手法，将抗震要素统统集中布置在这里，而将除此以外的所有其他空间的结构解放出来。

② 为了能够将如此庞大，而且复杂的设施规划出条理分明的结构空间，必须规定符合该设施特点的模数化尺寸。首先，以4个大厅和地下结构的9m平面网格为基准，并统一采用半数的4.5m和2.25m等尺寸。至于玻璃大厅，为了保证其透镜形的平面形状，采用从中心位置向外量起的角度均等的划分方案。在广场标高和地下结构的部位，两者的基本网格存在互相抵触之处，所以，在它们的交界处采取设置相对较大的梁的方法来解决，这样，两者都可保持自己原有模样，而无需变动。沿垂直方向的尺寸模数，以5m为层高的基准，加上其值的一半，即7.5m，定为首层及地下一层的层高。如果位于地下的展览馆也将地上各楼层的9m模数原封不变地用于地下的话，那么，柱子的数目就太多了，因此，在底部采用18m的跨距，并将柱子的数目减到4根。于是，地下三层的停车场也就变得宽敞了，可以容纳更多的车辆。

③ 为了使以42个月的短工期为前提的设计成为可能，同时还要确保竣工后的坚固而有稳定的性能和经久耐用的品质，梁、柱、斜撑一律采用钢材制作，而楼板和墙壁全部采用预制混凝土构件，绝大部分的结构构件在工厂生产。

④ 为达到短工期建成的目标，采用逆行浇注施工法和与其相应的设计。

3. 玻璃大厅的结构设计

玻璃大厅的主要抗风和抗震措施位于如图1所示的面临山手线一侧的会议楼内。该会议楼也是钢结构的，沿长边方向和沿短边方向都设置有斜撑，结构既坚固，又稳定。

至于玻璃大厅本身，则是由下述7种相互关联的结构单元构成的。

(1) 屋顶结构

屋顶结构为透镜形平面，全长约207m，中央处宽度约为32m，顶面接近平面，考虑玻璃屋顶的流水坡度，而底面设计成船底状，最厚的中央处高度为12.5m。在这船底状的空间中，包含两种结构。其一是形成屋顶上面呈透镜状布置的受压构件与悬吊线状的悬吊构件组合结构；而另外一种结构则是由横架于两根大柱子之间的拱券和与其配套的拉结两柱的拉杆构造而成的。为了使拱券在屋顶平面内增强水平刚度上也能发挥作用，所以，平面上也采用拱券状。屋顶在这两种相互独立的结构体系的共同工作之下，胜任愉快地承受了绝大部分的内力作用。此外，再加上能使两种结构共有的受压构件和受拉构件得以实现的加劲肋便构成了大屋顶的全部结构。

(2) 大柱子

大屋顶是由竖立于其两侧的两棵大柱子支承着的。跨度约达124m，两端向外悬挑长度约为45m。大柱子为由双层钢管制作的钢柱(FR钢)，为了防止大柱子发生纵向弯曲和提高刚度，而在双层钢管内填入混凝土。与此同时，还将雨水立管及电气管线装于柱内中央，对于大屋顶来说，大柱子又成了收藏设备的柱子了。高达近52m的大柱子在27.5m的高度处与会议楼相连，因此，大柱子在此处的直径最大，而柱脚处则可按只承受轴力来设计就可以了。

(3) 连通会议楼的平台

由于大柱子非常高，所以，完全不可能承受地震力和风荷载等水平力的作用，只能在大柱子的中部传给会议楼结构。在会议楼的七层(+27.5m)和四层(+12.5m)的高度处，用平台将大柱子与会议楼直接连接起来。

(4) 玻璃外墙面的竖框

如果大屋顶只有两根大柱子支承，必然就会发生绕

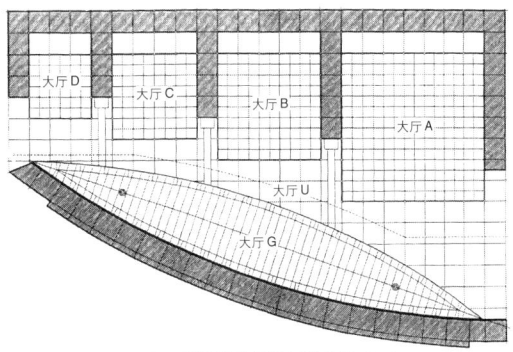

图1 设施总体的抗震措施的布局

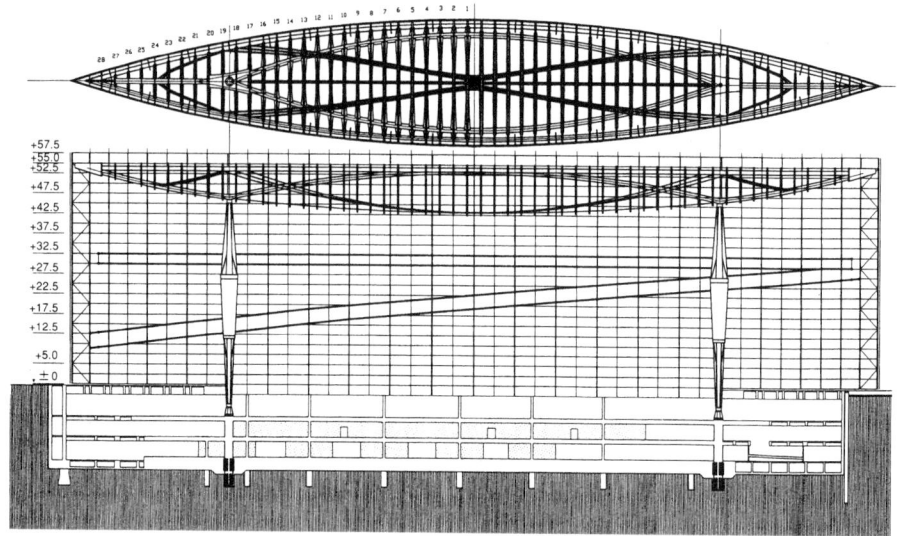

图2 玻璃大厅屋平面图及纵剖面图

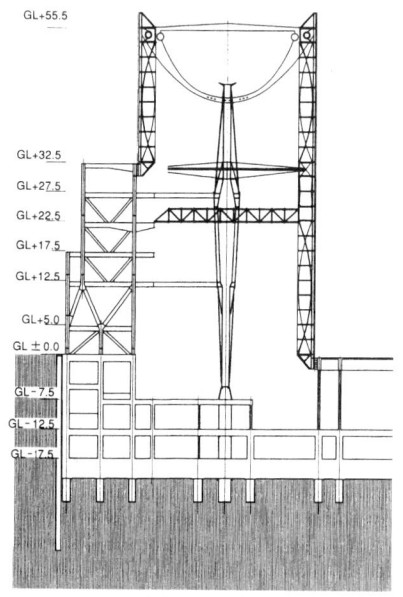

图3 玻璃大厅的横剖面

照片2 稳定玻璃墙面的索结构

短边方向的旋转，约束它旋转的是相距约10.5m的竖框结构，承受大屋顶旋转所导致的拉力和压力，而竖框本身是由小尺寸构件制作而成的。竖框在室内一侧有吊索承担作用于玻璃墙面上的水平力，同时，对竖框自身的纵向弯曲也是有很重要的防护作用的。考虑到会议楼一侧的玻璃墙面的高度约为25m，所以钢索只需一个曲率即已足够，然而，在广场那边却高达60m，因此，将墙面分成3段，并按照会议楼侧的规模配置，以期玻璃墙面在构造上的均质性。

(5) 中间双层水平梁结构

在广场侧的玻璃墙面的竖框结构中央，有两榀水平桁梁分上、下层设置在那里。上层(+32.5m)位于会议楼屋顶的高度处，以该水平桁梁向上，一直到大屋顶的上部玻璃墙面上，钢索结构的布置是左右对称的。至于下层水平桁梁，一方面要为能够环游大厅的坡道提供支承条件，同时，又要发挥作为支承玻璃墙面的水平梁的功能。

(6) 大厅内的立柱和廊桥结构

在上层水平梁及下层水平梁的中央都有两个向会议楼

照片3 玻璃大厅内景

照片4 屋顶结构内部

传力的结构。上层水平梁为2根立柱，而下层水平梁则是连接坡道及会议楼的廊桥，并对水平梁起约束作用的结构。

(7) 玻璃墙面的前端桁架

　　凡是作用于玻璃墙面面内的各种荷载基本上都是以作用于间距为2.5m的横杆内的轴力的方式，最终传给会议楼。高出会议楼楼顶的部分，即+32.5m以上的部分，由于缺少反力机制，所以，在玻璃墙面的前端就要设置空间桁架和空腹梁组合而成的结构体系，以便用来承受水平力的作用。

　　借助上述七种结构构筑起了玻璃大厅，然而，细看该结构的构成还是颇为新颖的。每个结构构件都各自发挥其单一的结构功能，而且，相互之间的关联十分明确。尽管体形巨大，而且拥有大型建筑的规模，但是，一个个单独构件却是意外地小巧，并且在精巧组合的基础上，形成完整的结构体系，从而造就了这幢建筑的独树一帜的风格。

（渡边邦夫）

照片5 置身首层仰视玻璃大厅

［参考文献］
1)『新建築』89年12月号，93年6月号，96年8月号，99年4月号
2)『建築文化』96年8月号
3)『日経アーキテクチュア』91/11/11，97/02/17，96/07/29，96/10/21，99/04/19
4)『JA』96年3月号
5)『建築技術』96年1月号，96年6月号
6)『GA』95 WIN
7)『GA JAPAN』22,23
8)『施工』1994年8月号，1995年7月号，1996年5月号
9)『コンクリート工学』1996年4月号
10)『鉄構技術』1994年6月号，1994年12月号，1995年10月号
11)『日経コンストラクション』1993年05/14
12)『ビルディングレター』1992年1月号
13)『建築東京』1992年9月号
14)『ステンレス建築』1998年3月号

082 长野市奥林匹克纪念比赛馆

木造悬索屋顶的新尝试

关键词 结构用大型层板胶合木、半刚性悬挂结构、悬挂式楼板、提升施工技术

照片1 外观 摄影：古馆克明

房屋建筑概要

〈建筑概要〉

地　　　址：长野县长野市北长池195
主 要 用 途：体育馆、纪念馆(举办奥林匹克时：速度滑冰场)
设 计 者：久米、鹿岛、奥村、日产、饭岛、高木设计JV
结构设计者：同上
设 计 协 作：环境设计 H.O.K.
施 工 者：鹿岛、奥村、日产、饭岛、高木建设JV
建 筑 面 积：31368m²
总建筑面积：76189m²
层　　　数：地下1层、地上3层
檐　　　高：43.45m
最 高 高 度：43.45m
最 大 跨 度：80.0m
竣 工 年 月：1996年11月

〈结构概要〉

结 构 类 别：屋顶＝大型层板胶合木及半刚性钢板悬挂结构
　　　　　　　下部＝钢筋混凝土造及钢结构
基 础 类 型：PHC桩、直接基础(比赛场下)

照片2 内景 摄影：小林研二

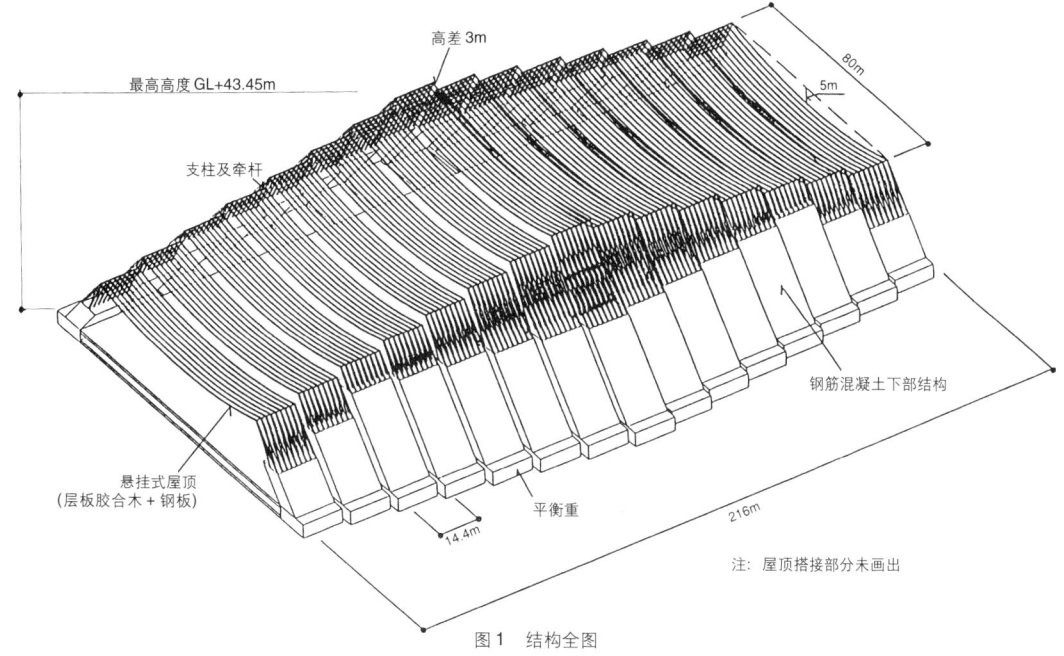

图中标注：
高差3m
最高高度GL+43.45m
支柱及牵杆
80m
5m
钢筋混凝土下部结构
悬挂式屋顶
(层板胶合木＋钢板)
平衡重
14.4m
216m
注：屋顶搭接部分未画出

图1 结构全图

1. 建筑规划

1991年6月15日，国际奥林匹克委员会决定，由日本的长野市举办1998年的第18届冬季奥林匹克运动会。长野市在接受了这项任务之后，便开始规划建设速度滑冰场。于是，久米、鹿岛、奥村、日产、饭岛、高木设计联合企业集团应召实施了"提案比赛方式"的设计工作，并选定了"木造半刚性悬挂式屋顶"这一最优秀的方案，该方案是采用世界上史无前例的结构用大尺寸层板胶合木来建造的。

设计所抱的宗旨是要在这座体育设施中充分反映长野那独有的山峦起伏，鸟语花香等的自然风貌和迎接即将到来的21世纪的新型都市的气魄。结果，一座在造型上，完全摆脱了以往常见的圆穹式屋顶，代之以峰峰相连，令人自然而然与世界上的陆岸板桥发生联想，一字排开的悬挂式屋顶(照片1)应运而生了。

在空间上，为了使日本人喜闻乐见，并且能散发出清香、柔情和暖意，又要与其作为长野市的标志性建筑的地位相称，所以，义无反顾地大胆采用了用信州落叶松木制作的结构用大尺寸层板胶合木，并以很大的垂度密排起来，构成动感十足的悬挂式的屋顶，再加上宛如椽条构成的内墙面，一个别开生面的内部空间便展现在了人们的眼前(照片2)。

2. 结构规划

这幢体育馆在结构上的最大特点在于木材与钢板的巧妙结合所构成的半刚性悬挂屋顶体系。这种结构类型实际上就是近年来，在小规模的桥梁中，不断采用的吊桥(照片3)。一般来说，吊桥多数采用的是钢筋混凝土桥面和预应力钢索，实际上是以悬挂措施为主，加入钢筋混凝土这一抗弯手段后，便可以承受由活荷载和移动荷载造成的不平衡和风荷载的作用。

在这里，悬挂屋顶的抗弯刚度是由木材(大尺寸的结构用层板胶合木)提供的。所谓半刚度这个名称的由来是因为在钢板的抗拉刚度上，又加入了木构件的抗弯刚度的缘故。木材这种材料属于体轻，但抗弯刚度却比较大，换句话说，木材具有比强度高的优良性质，如果再将抗拉强度高的钢板夹在木构件内的话，那么，即可制成一种具有较高的抗弯刚度，且自重较轻，同时效率又高的优良悬挂构件。将这样的悬挂构件按适当的间距排列起来，再用结构用胶合板连接成完整的整体，于是，由木材和钢材组合而成的悬挂式屋顶也就完成了。

如图1所示，悬挂式屋顶是由以跨度80m、宽18m的结构组件连续排列而成，跨中垂度为5m。悬挂屋顶的最高处的高度距一层的比赛馆地面为43.45m，此外，各组件以3m的高差，从悬挂屋顶的中央向两端逐步下降地排列，

照片3 吊桥

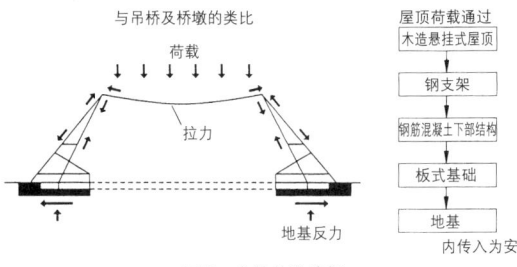

图2 力的传递路径

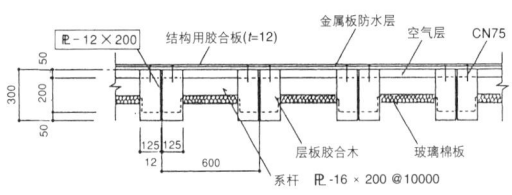

图3 悬挂式屋顶剖面详图

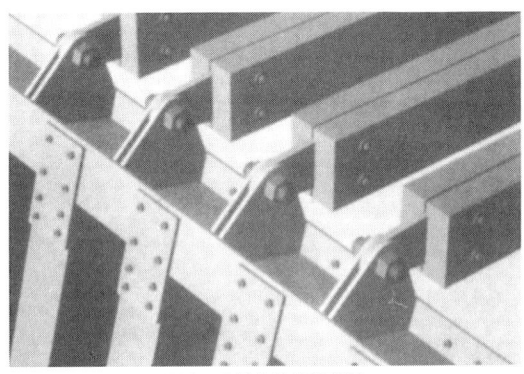

图4 悬挂构件端部详图

使屋顶表面的形态形成了中央高，并向两端层层降低的基本造型。两个相邻的组件之间有3.6m的重叠，并利用这个空间安装用来采光用的高侧窗和设置维修用的狭通道，以及能够控制风荷载导致的变形用的油压缓冲器。此外，每个组件都是自成系统的独立结构。至于滑冰场的全部结构，还有支承悬挂式屋顶的钢结构支座和钢筋混凝土造的下部结构，以及基础结构，再加上用来平衡屋顶反力的平衡重等构成成分，其传力路径则如图2所示。以下为关于各结构要素的详细论述。

(1) 悬挂屋顶

如图3所示，悬挂构件是由2根截面尺寸为300mm×125mm的结构用大尺寸层板胶合木(曲率半径为162.5m的弯曲木料)之间夹有12mm厚的钢板组合而成的，胶合木与钢板之间以间距为2m的螺栓夹紧。各组件均由这种复合构件以600mm的间距排列，并每隔10m用钢板制的横向连接件连接起来，然后再在层板胶合木的上面铺设屋面的基层构件和兼作抵抗面内水平力用的结构用胶合板，于是，屋面就这样完成了。

为使悬挂屋顶的组成构件传力明确，在其端部采用铰链连接(图4)。

至于轴向力和弯矩在这种钢木组合构件中是按两种材料的刚度比分配的。因此，悬挂构件凭借其自身的抗弯刚度，而成就了一幢单方向的悬挂体系。

(2) 悬挂构件的连接

每隔10m交替设置结构用大尺寸层板胶合木及其中夹持钢板的接头连接。意思是，在胶合木的接头处，钢板是连续的，另一方面，在钢板的接头处，则胶合木是连续的。层板胶合木的接头处有上、下两块厚为36mm的盖板用钉(CN90)钉于胶合木上。此外，钢板的连接则是采用摩擦型高强螺栓连接。

(3) 钢支柱及钢牵杆

支承悬挂屋顶的钢支座是由支柱和牵杆两部分组合而成的，形同一个三角形钢支架。与悬挂屋顶的组成构件相同，也是以600mm的间距连续排列着，其使命就是将悬挂顶传下来的力传给钢筋混凝土造的下部结构。该三角形的钢支架的高度与屋面的高度相适应，形成相似的中央高的双坡态势。

(4) 钢筋混凝土下部结构及基础

钢筋混凝土的下部结构设有观众席和各种功能性房间，是用来承受由支柱传下来的压力和由牵杆传来的拉力

照片4 悬挂屋顶的提升过程

的坚固结构。尤其是, 对于承受由牵杆传来的拉力的外墙部分, 需要配置预应力钢筋施以相当于平时荷载的预应力(压力)。此外, 至于由悬挂屋顶传给外墙下部的拉力则通过配置靠重力来平衡这项拉力的钢筋混凝土平衡重。

基础结构采用的是置于 N 值达40以上的砂砾层(GL-16.0m)的长 10~12m 的高强度预应力混凝土桩基础。

3. 施工规划

跨长达80m的悬挂式屋顶是凭借施加拉力才能保持稳定状态的。因此, 为了确保施工中的风等外力作用时的

安全性, 采用了凭借屋顶构件自身重量产生的受拉状态进行吊装的提升式施工技术。

首先, 在首层地面上, 将6榀准备吊装的悬挂构件(长80m) 按间距为60cm进行地面组装, 然后, 再沿提升支架, 用卷扬机实施提升(照片4), 待完全就位后, 提升支架则沿轨道向下一个提升部位平移。经过5次重复作业便可完成一段幅宽18m的悬挂屋顶。照片5是第一次提升作业完了后的状况, 一目了然的是悬挂型屋顶的80m跨长与厚30cm之间的比例关系。如前所述, 悬挂构件的端部是铰链连接的, 为了提高销钉插入作业的准确性, 给支承悬挂构件的横向构件加设可以微调的构造。通过采用上述的施工方法, 不但减少了高空作业, 而且又确保了安全, 同时也收到了缩短工期的效果。

4. 结构安全性的确认

这幢建筑物不仅体轻, 而且其刚度也比较小, 因此, 风荷载成了比地震荷载更为重要的关键性荷载, 于是, 控制悬挂式屋顶在强风吹袭下的不稳定振动就成了最重要的研究课题了。为了解决这个问题, 曾进行了风洞实验和模型的振动实验, 以及建成后的建筑物的振动实验和强风吹袭时的反应测定, 此外, 还曾进行了考虑几何非线性的三维风力反应分析, 使该建筑的抗风安全性得到了全面印证。

(吉田　新)

[参考文献]
1) 播　繁, 坪田張二, 吉田　新「集成材と鋼板による半剛性吊屋構造の開発その1～その12」『日本建築学会大会学術講梗概集』1994年, 1996年, 1997年
2) Ban S., Tsubota H., Sasaki N., et al. "Development of a Semi-Rigid Hanging Roof Structure Composed of Glulams and a steel Plate" Part 1 ～ Part 5, I.A.S.S., 1995,1996,1997

照片5 悬挂构件吊装后的情景

083 大丸神户店重张规划

地震受灾建筑的早期重建

关键词 充分利用原有地下主体结构、预应力加固基础梁

照片 1 外观　　　　　　　　　摄影：名执一雄

房屋建筑概要

〈重建建筑概要〉

地　　　址：神户市中央区明石町 38 番地~40 番地
主 要 用 途：百货大楼
设 计 者：日建设计、双星设计
结构设计者：同上
施 工 者：大林、户田、三菱、北野 JV (建筑)
建筑用地面积：8514m²
总 建 筑面积：34775m²(主楼)
层　　　数：地上 9 层、地下 2 层(主楼)
檐　　　高：GL+37.58m(主楼)
最 高 高 度：GL+42.28m(主楼)
竣 工 年 月：1997 年 2 月

〈结构概要〉

结 构 类 别：地上 = 钢结构
　　　　　　　地下 = 钢筋混凝土造、钢结构
　　　　　　　基础 = 钢筋混凝土造
结 构 类 型：地上 = 纯框架结构
　　　　　　　地下 = 框架抗震墙结构
基 础 类 型：平板基础(直接基础)

1. 前言

1995 年 1 月 17 日黎明时分发生在阪神-淡路地区的兵库县南部地震曾给近代都市设施造成极大的破坏，教训十分深刻。

震后的急务是各方面的迅速恢复，对于结构技术工作者来说，他们这个时候的社会使命感可以说比任何时候都更为强烈是毫不过分的。

对于遭受地震破坏的建筑物来说，要根据它们的损坏程度做出"损坏率"或"危险性"的判断，以及给出能否通过修缮、加固予以恢复，或者进行拆除另建的决断。这一切都是需要具有高度的工程技术方面的智能和经验的。关于这方面，于 1991 年发布了《地震损坏建筑物等的损坏度制定标准及修复技术指针》[1]，只要能够认真遵照执行，就可避免混乱，实乃不幸中之幸也。

此外，站在遭遇意想不到损坏的建筑物主人的立场上，应该念念不忘以下各点：

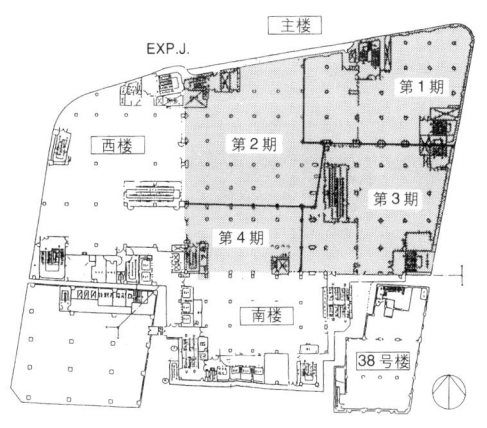

楼名		结构类别	破坏概况及现状
主楼	第1期	钢筋混凝土造	第1期~第3期的一至六层的柱子有约25%的损坏度为Ⅴ。
	第2期	钢筋混凝土造	
	第3期	钢筋混凝土造	地下部分基本上无损坏，接近完好。地上部分全部拆除。
	第4期	钢筋混凝土造	
西楼		钢结构	轻度(抗震性能满足现行基准法)：内外装修等经修复后，照用。
南楼		钢结构	轻度(按现行基准法设计)：内外装修等经修复后，照用。
38号楼		劲性钢筋混凝土造	轻度(抗震性能满足现行基准法)：内外装修等经修复后，照用。

〈施加预应力(B1层、B2层)〉
·预加应力方式、后张法、抹灰施工、VSL施工法

图1　原有建筑概要及损坏概况

①最大限度地利用现有的建筑技术，并尽快进行修复；
②在着眼未来的基础上，力求以最低的造价进行修复；
③详细调查损坏情况，损坏轻微的部分尽量加以利用。

对于以神户市区的标志性建筑的大丸神户店来说，不幸的是，其主楼部分遭受了数个楼层的严重破坏，尽管如此，并未选择草率地加以拆除，然后进行新建的道路，而是采取了最大限度地利用可以利用的部分进行修复的做法。

2. 原有建筑概要及损坏概况

该大丸神户店建筑是由主楼、西楼、南楼和38号楼等四幢建筑物组成的百货公司中的主楼部分(各楼之间都有伸缩缝相互分隔)。该主楼是从1927年开始，一直到1965年曾进行过4期扩建后建成的地上7层、地下1层(局部地下2层)的钢筋混凝土造的建筑物，其基础也是钢筋混凝土造的平板基础。

在1995年的这次兵库县南部地震中，主楼地上的1~3期部分，从一层到六层中有不少的柱子(约25%)发生破

坏，其损坏程度相当于损坏度判定标准[1]规定的损坏度Ⅴ(压碎及剪切破坏)，已经处于无法修复的状态。与此相反，地下主体结构几乎没有受到损坏，几乎处于完好状态。

3. 震后修复规划概要

根据灾后的调查结果，制定了如下的修复规划：
①保留灾后没有发现明显破坏的地下一层以下和地下外墙，并作为修复部分的基础结构及挡土墙加以利用，以期简化地下工程的施工。
②地面以上部分则是为了增加楼层数量，而采用钢结构，以便减轻结构自重，与此同时，将原有的柱距扩大将近2倍，以方便店面的商业布局。

4. 地下主体结构调查梗概

遵循上述方针，对预计有效利用的原有地下主体结构的现状做了详细调查和了解，并本着为修复设计提供有用资料的目的，开展了各项调查工作。

(1) 构件截面调研(柱、梁、墙)

对于仍保存着设计文件(包括设计图纸及相应的说明书和计算书)的3、4两期部分来说，可以直接量测主体结构的尺寸和了解配筋状况，并对照设计文件进行核对。至于1、2两期这部分，由于设计文件已不复存在，只好通过鉴凿的办法进行配筋状况的调研，然后，估计这些构件的标准截面尺寸。虽然没有进行全数调查，但是，正如本文后面谈到的那样，为了必须对主要的基础梁、抗震墙、地下2层的柱子实施截面加固，所以，在施工时，又进行了一次核实和确认，并根据核实结果，对加固不当之处进行返工。

(2) 钢筋与混凝土的材料检验

采用抽取核心混凝土试样的办法，并进行了混凝土的强度试验、中性化深度试验和钢筋的抗拉试验，全面掌握原有构件中的钢筋和混凝土的材料性质。

关于混凝土的强度状况，如图2所示。尽管在各个不同扩建期之间存在一定的离散性，不过，3、4两期的检测结果基本上可以达到设计强度(3期：$F_c=150kg/cm^2$；4期：$F_c=210kg/cm^2$)。至于1、2两期，虽然缺乏设计强度的资料，也获知了地下一层墙体和基础梁都在130kg/cm²~150kg/cm²之间的强度值。

依据上述结果，对原有结构混凝土的强度值采用下列各值进行修复设计：

1、2期的地下一层墙体及基础梁　　　$F_c=135\text{kg/cm}^2$；

4期　　　　　　　　　　　　　　　$F_c=180\text{kg/cm}^2$；

不属于以上两项者　　　　　　　　$F_c=150\text{kg/cm}^2$。

关于混凝土的中性化问题，虽然在2期的部分墙体中，局部最大有达到69mm的地方，但是，钢筋的腐蚀度只是部分出现浮锈的程度，由于各主要构件都实施了截面加固的原因，表面混凝土基本上都是新浇筑的，所以，做出了不成问题的判断。

另一方面，通过钢筋的抗拉试验，获知全部钢筋都具有相当于SR235钢筋的强度，仍然处于完好的状态。

(3) 钻探调研

钻探的目的主要是确认基础底面比较浅的1、3期部分的地基状况，于是，实施了两个钻孔的调查研究，结果使这里的地基与南馆等部分的地基的连续性和基础底面附近的地基持力层的可靠性都获得了确认。

5. 重建建筑物的结构规划概要

关于重建建筑物的结构规划的基本方针和对原有地下主体结构的加固方针，可以概括为以下几条：

① 重建的地面建筑规划为地上9层，从层数来说，比原来有所增加，但是，由于采取了将梁、柱都为钢造，而楼板则使用轻混凝土等措施，以减轻结构的自重，所以，建筑物的总重量比原来建筑物还小(仅为83%)，而基础底面与地基的最大接触压力大体相同。

② 重建的钢结构采用的是由圆形钢管柱与H型钢梁组合而成的纯框架结构。柱子基本上从地下一层开始架立，而水平力则是地面以上由钢结构的纯框架承受，至于在地下，水平力的问题是靠赋予一层楼板以足够的面内刚度和承载能力，将绝大部分的水平剪力传给地下外墙和抗震墙。这样一来，由于减少了地下一层的钢框架结构所承担的水平力，所以，可以收到降低从钢框架柱脚传给原有的柱、梁的内力的效果。

③ 在充分利用地下一层及地下二层的原有钢筋混凝土部分作为重建的地上建筑物的基础结构方面，还需要确认考虑现行法规定的必须保有的水平承载力和相应的建筑物整体的倾覆力矩的安全性。与此同时，一方面要将地

照片2　严重破坏的一层柱（左）及完好的地下室栓（右）

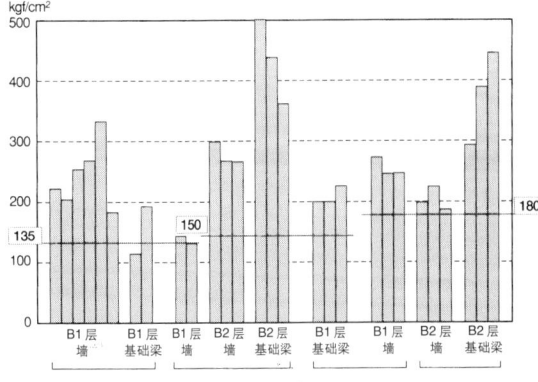

图2　核心采样混凝土强度试验结果

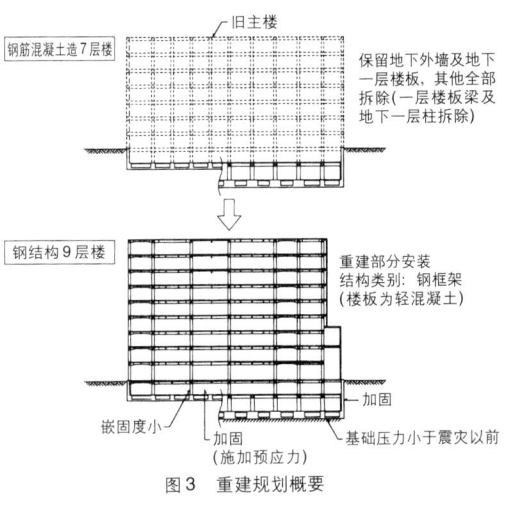

图3　重建规划概要

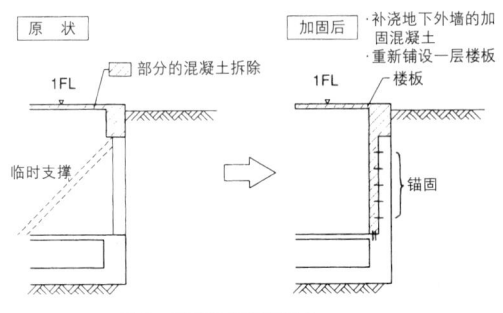

图4　地下外墙加固要点

下外墙和抗震墙的厚度增大到墙内的平均剪应力值小于使墙体产生裂缝时的剪应力的程度($0.1F_c$)。此外，对于增厚以后的墙体截面，应按0.8%的抗剪钢筋的配筋率来配置钢筋(图4)。

④由于增大了跨度而使基础梁的内力增大，因此，要增大基础梁的宽度和增加配筋量，与此同时，还施加了预应力。考虑到基础梁底面与地基土直接接触，为了确保其耐久性，只能配置曲线型预应力钢丝，使其产生弯曲效应，并且要按基础梁受拉边的应力小于混凝土抗裂强度进行设计，而决不可以给基础梁施以轴向预压应力(图5、图6)。

⑤在重建的上部建筑物的地下一层柱脚处，增设高达1m的混凝土护础构件，用来传递柱脚处的水平剪力，并将此处的钢柱的圆形钢管加一端板，或者是，在钢管柱的端部插入十字交叉的钢板，使其变成十字形截面，从而构成无法传递弯矩的柱端细部。特别是在进行重建设计时，对于承受拉力作用的柱脚，除了采用能使拉力切实地传给原有柱的主筋的构造细部之外，还要用钢板加固

混凝土护础部分，使其产生约束力(图7)。此外，在钢板加固部位，要采用流动性好，而且泌水性和收缩性小的高流动性混凝土来浇筑，以便确保混凝土填充的饱满度。

⑥主楼、西楼、南楼虽然都是各自独立存在的，但是，当地下部分连成一片的时候，由于抗震墙承受的地震力的差异，而使一层楼板产生面内剪力，对于这一点，曾采用如图8所示的模型进行动态反应分析，结果，在重建主楼时，一层楼板采用与其他两个楼的一层楼板连成一片的方式。

6. 施工经过

遭受地震破坏的主楼地上部分在震后立即被拆除，破坏轻微的西楼和南楼等经过改建后，将面积缩减为地震发生之前的1/3，于3个月后的1995年4月又重张开业了。

后来，开展了重建设计和对地下部分的详细调研，从同年的9月份起，对地下部分实施了拆除、加固，并于翌年的1996年2月开始新建部分的施工，1997年2月完工，于同年3月终于顺利迎来了全公司的重张开业。

(多贺谦藏)

[参考文献]
1)『被災建築物等の被災度判定基準および復旧技術指針（鉄筋コンクリート造編）』日本建築防災協会，1991年2月

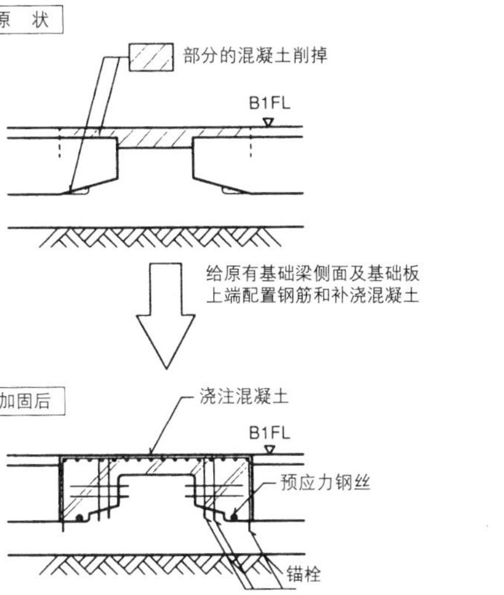

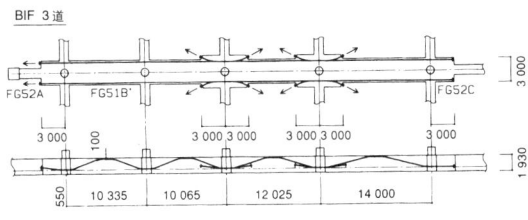

图5 基础梁加固要点

图6 基础梁预应力混凝土加固要点

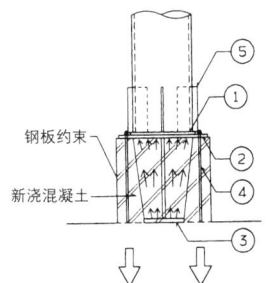

·拉力通过嵌入钢管柱端部的十字交叉钢板5传入下部底板3。
·下部底板3通过新浇混凝土托住上部底板2。
·将拉力传给与上部底板2通过螺纹连接的原有钢筋4。
·长期压力通过底板1、2传入新浇混凝土内。

(产生拉力时的传递路径)
5→3→新浇混凝土受压→2→4

图7 重建设计时，有拉力作用的柱脚详图

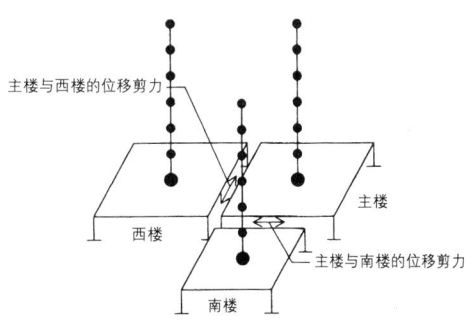

图8 一层楼板面内剪力位移的分析模型

084 大成建设汤河原研修俱乐部

世界最早的在中间楼层增设隔震装置实例

关键词 抗震改建、增设隔震、中间层隔震、隔震电梯

照片1 外观

房屋建筑概要

〈建筑概要〉

地　　址：静冈县热海市泉町187

主要用途：研修所

加固设计者：大成建设

施　工　者：大成建设

规　　模：建筑面积2235m²、总建筑面积15658m²、地上16层、
高度44.53m

竣工年月：1964年(竣工)，1997年(抗震改建)，
抗震改建期间1996年8月~1997年4月

〈结构概要〉

结构类别：主楼＝劲性钢筋混凝土造(部分钢筋混凝土造)
东楼＝钢筋混凝土造

结构类型：主楼＝框架抗震墙结构
东楼＝框架抗震墙结构

基础类型：主楼＝直接基础及深基础
东楼＝桩基础(钢筋混凝土桩)

加固概要：主楼＝铅芯橡胶垫支承型中间层隔震
东楼＝弹性滑动支座＋多层橡胶垫层构成的基础隔震

1. 建筑概要

这是一幢1964年竣工的静冈县热海市的大成建设研修中心大厦，考虑到东海冲一旦发生地震，这里有可能受到重大影响，以及该建筑物是遵循旧的抗震标准设计的，其抗震性存在许多不妥之处等理由，所以，实施了新型隔震措施的改建。如图1所示，研修中心的主楼与东楼的布局呈正交状，两幢楼之间有伸缩缝隔开。主楼是建于山坡上的16层劲性钢筋混凝土造建筑，它的七层以下部分为很长的低层楼宇。在高层部分的最下层(第八层)柱内插入隔震构造，使该层成为隔震层。隔震层可使其上的高层部分的地震反应减小，同时又可减小从隔震层传给下部楼层的惯性力，从而减小低层部分的地震反应。这就是该研修中心进行抗震改建所采用的中间层隔震构造。东楼为7层的钢筋混凝土建筑，拟于原来的基础底下再设置新的基础和底板，并在其间插入隔震构造，这就是这里实施的基础隔震方式的抗震改造。下边主要介绍主楼的中间层隔震措施的有关内容。

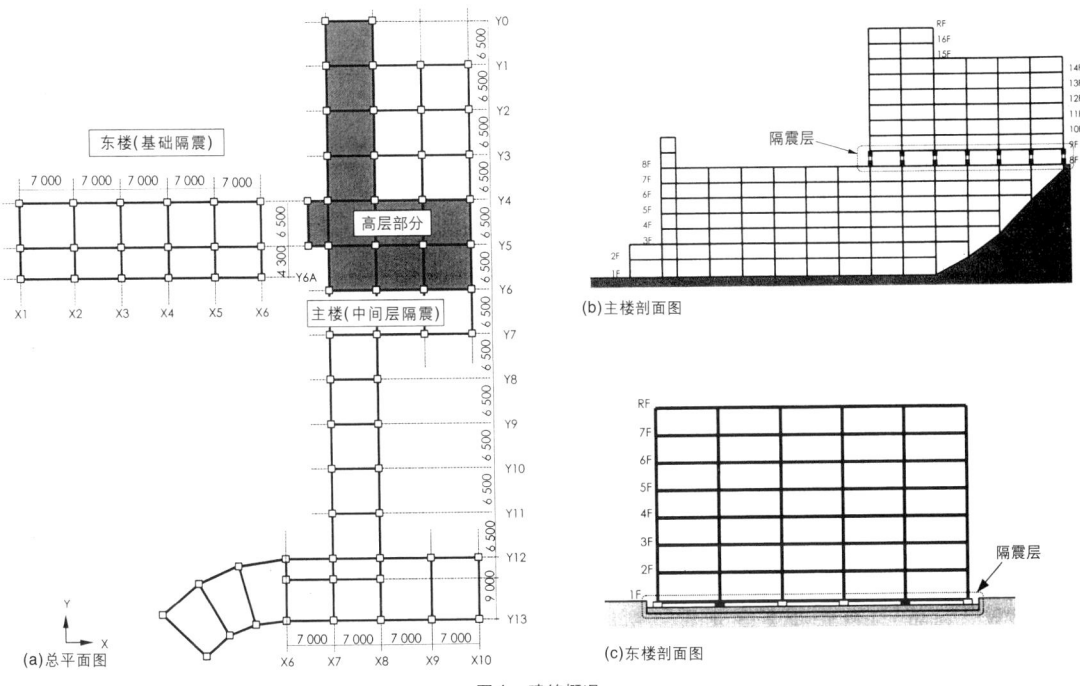

图 1　建筑概况

2. 加固规划

根据抗震评定的结果, 不论是主楼, 还是东楼几乎全部楼层的预定值(IS_0)与评定值(IS)之比都小于 1.0, 不少楼层甚至不足 0.5, 因此, 应该判定该研修中心建筑的抗震性存在问题。作为提高建筑物抗震性的技术手段, 其一是抗震加固, 即改善建筑物的变形性能和承载能力来抵御地震; 其二则是隔震, 即采取减小地震输入的办法。这里的抗震改建采用的是隔震措施, 主要是基于下述理由:

- 因为隔震构造大多数是集中在隔震层内, 所以施工可以在建筑物使用中进行。
- 与加固费用相比, 隔震的造价较低。
- 隔震措施对建筑物功能的制约和外观上的改变都很小。

3. 隔震设计

主楼的隔震部件的配置如图 2 所示。

主楼的中间层隔震部件采用的是具有高阻尼性能的铅芯多层橡胶垫块, 为了使柱子和上、下层楼板梁的弯曲内力不致过大, 将多层橡胶垫块安装在柱子的内径中央。隔震层是按初始刚度时的周期约为 1.15 秒, 而屈服后刚度时的周期约为 3.0 秒, 以及屈服剪力系数为 0.06 ~ 0.07 的程度进行设计的。

这里, 采取隔震措施的目的是提高已经建成的建筑物的抗震性和保护生命财产不受损害。当发生水准 1 的大地震时, 地上建筑的地震反应应能大致在弹性范围之内, 而当发生水准 2 的强烈地震时, 则不应超过极限承载力。此外, 多层橡胶即使在水准 2 的地震来袭时, 也必须在弹性范围之内(不超过容许剪切变形)。

如图 3 所示, 主楼的分析模型采用的是 16 层的三维拟似立体模型, 其中包括七层的下部结构、一层隔震层和八层上部结构。在地震反应分析中, 考虑到下部结构的多数楼层是直接植入岩基的, 所以, 上部结构中的楼板一律视为刚性。分析模型中的下部及上部的弹簧恢复力特性全部采用三线型, 并依据三维静力增量分析的荷载——层间变形关系绘制了滞回曲线。反映铅芯橡胶垫块的弹簧按各方向的刚度及承载力相等的条件, 并以相等的角度配置成 MSS 模型。桩(深基础)则是通过其他分析方法进行了刚度及承载力的计算, 并模型化为非对称非线性弹簧体系。至于结构阻尼, 上部和下部在各自的基本固有周期的情况下, 采用 $h=3\%$ 的瞬时刚度比型, 而铅芯橡胶垫块的黏滞阻尼 $h=0\%$。

表 1 列出了设计用输入地震波的各种参数。在所采用的设计用输入地震波中, 除了著名的观测地震波之外, 还曾以建设地点未来可能发生的地震地面运动作为分析对象, 其震源包括假想的 M8 级的板块边界型东海及南关东大地震和 M7 级的内陆深处地震型的神奈川县西部大地震。

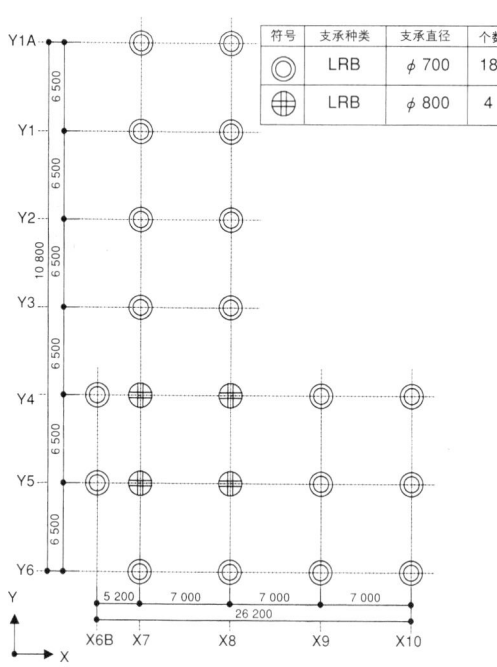

符号	支承种类	支承直径	个数
◎	LRB	φ700	18
⊕	LRB	φ800	4

图2　主楼的隔震部件布置图

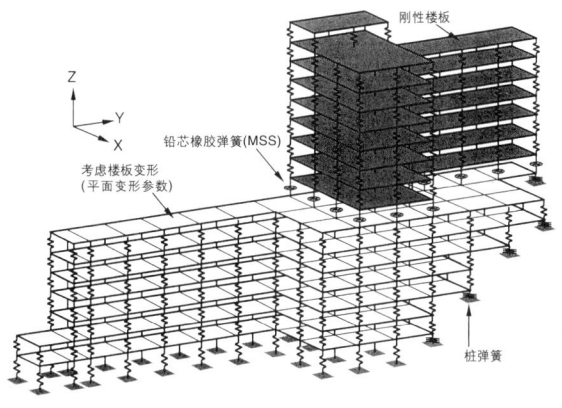

图3　反应分析模型(主楼)

表1　地震波参数

地震波名称	最大加速度 (cm/s²)	最大速度 (cm/s)	持续时间 (s)
模拟波A	532.2	29.7	41.0
模拟波B	699.5	25.5	41.0
EL CENTRO 40NS	510.8	50.0	53.7
TAFT 52EW	496.6	50.0	54.4
HACHINOHE 68 NS	330.2	50.0	36.0

表1中列出的模拟地震波是通过最大加速度及反应谱的分析,针对预计对本建筑物可能引起最大地震反应的假想神奈川县西部地震,用两种不同的方法编制的模拟地震波。

图4所示为发生水准2地震时,主楼沿X方向的最大反应变位和X方向的最大反应剪力系数。这里所说的极限承载力是指在增量分析中所采用的基底剪力系数值为0.55时的层剪力,结构尚未达到几何可变的机构状态。隔震层的最大层间变位约为18cm(轴线Y6),剪切变形为90%。变形量相对于铅芯橡胶垫块的容许剪切变形值来说,仍有足够安全的余量。隔震层的最大剪力系数为0.13左右,上部结构和由于$P-\delta$效应导致隔震层上下大梁产生的附加弯矩,并未达到需要额外加固的程度。此外,隔震层扭转变形很小的事实也得到了确认。

4. 隔震施工

在不影响建筑物正常使用的情况下,进行隔震改造工程施工时,与新建情形不同之处在于柱子已经处于支承上部楼层的重量的状态了,因此,安全而又可靠地安装隔震部件就成了最关键的问题了。在这次施工中,曾以①施工安全性,②工期短,③尽量减少暂设构件等为前提条件,选择施工方法。

中间层隔震构造的作业程序如图5所示,施工情景请看照片2。这里采用的施工方法是首先在确保圆钢管作业开口处的柱截面承载力和整个钢管同时切断,不论在任何施工阶段都必须确保具有原状以上的抗震安全性,必须确保在这次从抗震建筑向隔震建筑转变的期间内,结构不得出现任何不稳定的状态,同时,还要缩短工期。此外,将所用构件化整为零,尽量减轻单体重量,这样可以不用大型机械。施工范围则限定在隔震层内,施工不得影响建筑物的正常使用,由于施工是在原有的建筑物内进行,不会受到天气的干扰,所以,是通用性很强的施工方法。

5. 相关的建筑设计及设备

当建筑物采用了隔震结构时,还要采取一系列的能够追随隔震构件的变形的措施。在有关建筑设计方面,提出了与隔震相适应的内、外墙及楼梯、扶手和隔震构件的耐火罩面等的设计方案。在相关的设备方面,应针对管线的不同类型提出相应的变位吸收装置的设计方案,此外,还

348

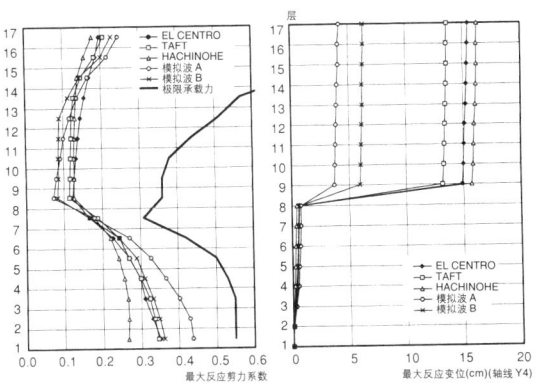

图4　主楼的反应分析结果(X 方向)

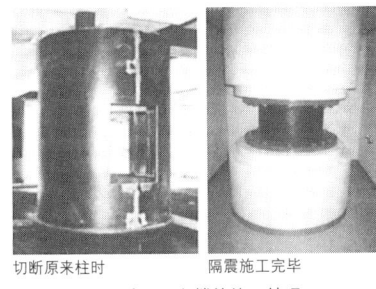

切断原来柱时　　　隔震施工完毕

照片2　主楼的施工情况

开发了在地震造成电梯井出现轻微变形的情况下，仍能全楼上下运行的隔震电梯系统(参见图6)。

6. 结语

　　自从推行对现有建筑物实施抗震加固的《抗震改造促进法》以来，在不影响建筑物正常使用的情况下，提高其抗震性的动向强劲了起来。对于现有建筑物的抗震改造之所以采用隔震方式，是因为隔震的效果显著，而且施工仅限于隔震层内，所以，可以在不影响建筑物的正常使用的情况下实施。此外，还具有改造后，对建筑物功能制约小的优点。另一方面，当建筑物采用了隔震措施时，除了结构规划之外，还需要同时考虑建筑规划和相应的设备规划，此外，在为现有建筑物安装隔震部件时，还应特别注意施工过程中的抗震安全性和合理的施工方法。

（小山　实）

［参考文献］
1) 前澤ほか「中間層免震の採用による耐震改修」『日本建築学会大会学術講演梗概集』1997年9月
2) 小倉ほか「中間階および基礎における免震レトロフィット工事」『日本建築学会技術報告集』第5号, 1997年12月

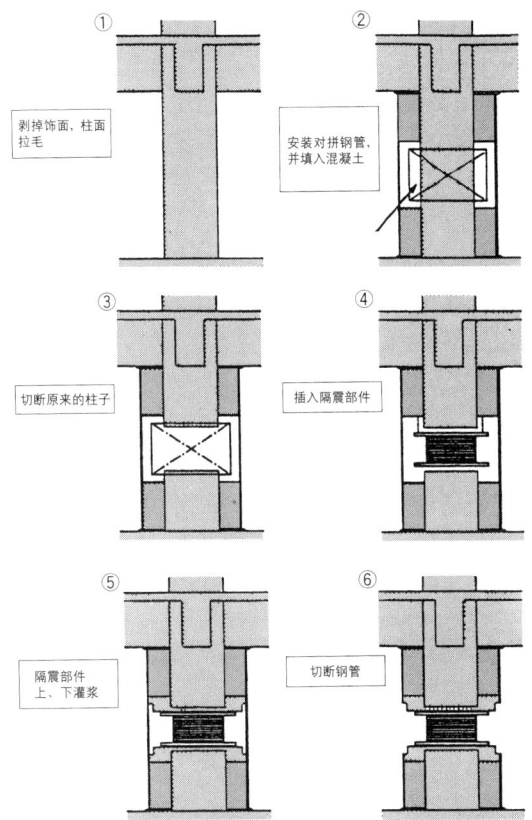

图5　中间楼层的隔震措施施工程序

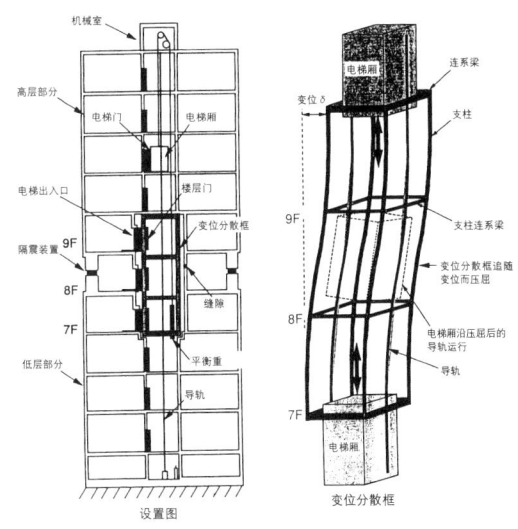

图6　隔震电梯概要

085 埃尔扎塔楼 55

钢管混凝土建造的超高层住宅(55层)

关键词 钢管混凝土、超高层住宅、SC梁、闭合筒体、地下连续桩墙

照片 1　外观　　摄影(1、2):(株)宫川

照片 2　俯视中空空间

房屋建筑概要

〈建筑概要〉

地　　　址: 埼玉县川口市元乡 2-15-1
主 要 用 途: 集合住宅(650 户)
设 计 者: 竹中工务店
结构设计者: 同上
施 工 者: 竹中、埼玉、鹿岛 JV
建设用地面积: A 区 /18540.08m²
　　　　　　　全区 /5.6 公顷
建 筑 面 积: 1982.62m²
总 建 筑 面 积: 66057.03m²
层　　　数: 地下 1 层、地上 55 层、屋顶间 2 层
檐　　　高: 185.65m
最 高 高 度: 185.80m
标 准 层 高: 3.00m 及 3.05m
施 工 期 间: 1994 年 11 月 ~ 1998 年 3 月

〈结构概要〉

结 构 类 别: 钢管混凝土 +SC 梁结构
结 构 类 型: 框筒结构
基 础 类 型: 地下连续桩墙、钻孔桩
室 外 装 修: 瓷砖饰面预制混凝土板等

1. 建筑规划

这项住宅规划项目位于日本国铁川口站西南约1.5km处，占地达 5.6 公顷，是一处规模庞大的工厂旧址的第二次开发，周边地区与川口市的都市规划中的"住宅及综合建筑群的主要土地利用地区"相毗邻。

建设用地分成三大块，A、C 两块为高层集合住宅，而 B 块则安排商店建筑。本文介绍的埃尔扎超高层住宅55是建于 A 块建设用地上的高达 55 层、住户 650 户的日本第一高的集合住宅建筑。

埃尔扎塔楼的规模远远超过了以往的住宅建筑规模，将 150 ~ 200 户的近邻按纵向汇聚的方式，形成立体的集合住宅区的构思来规划的。在与毗邻区接壤的电梯换乘层一带设社区中心，活跃居民生活。塔楼内，一、二层为天井式大厅，三层是层高4.5m的1.5层跃层住户。为确保各住户的

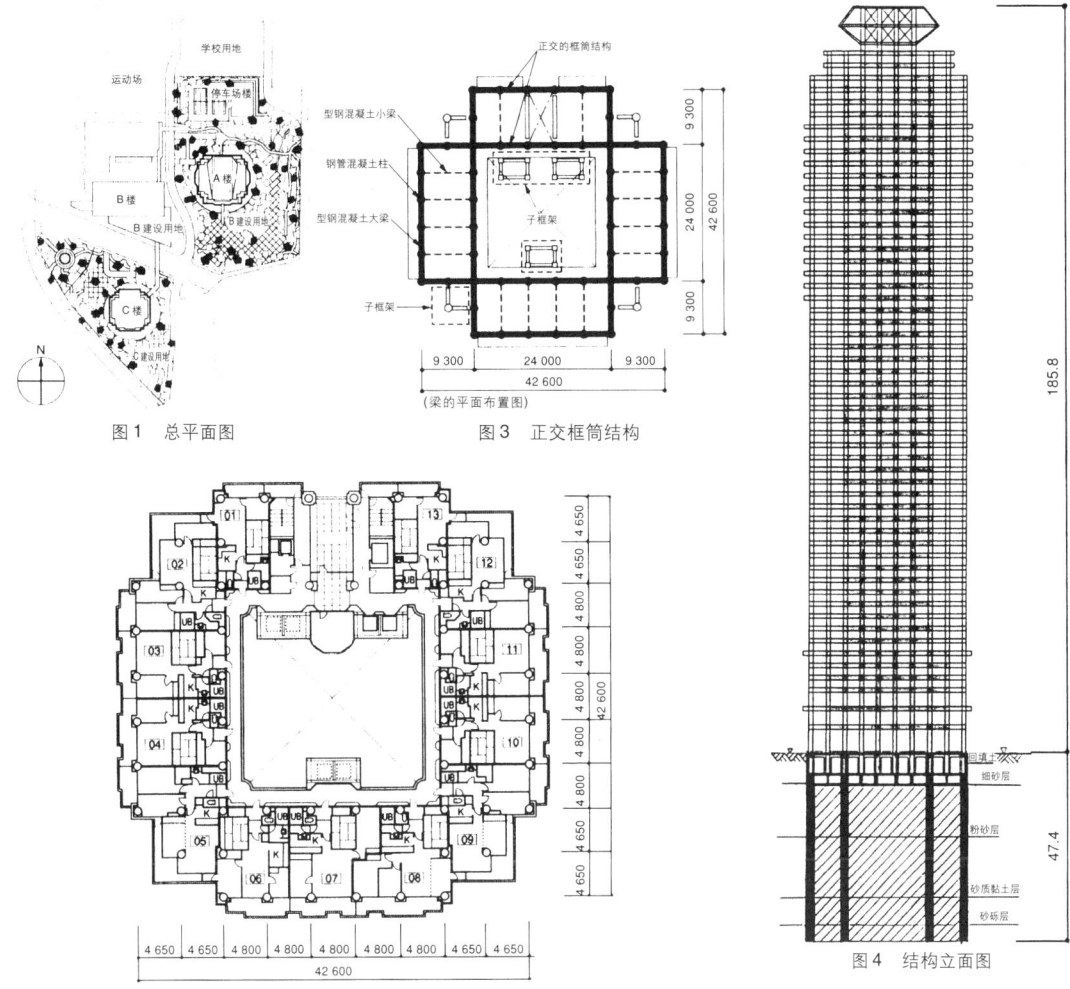

图1　总平面图

图3　正交框筒结构

（梁的平面布置图）

图2　标准层

图4　结构立面图

通风和采光，标准层平面设计成中央留有20m × 20m的正方形井筒式露天空间。

现在，埼玉高速铁路已经开通，徒步只需几分钟便可到达最近的川口元乡站，堪称出行便利的居民社区。

2．结构规划

(1) 结构类型

表明该塔楼的高度与宽度的比例关系的塔状比高达4.3，因此，必须对建筑物的整体弯曲变形加以有效控制。此外，为了能够适应多种多样的户型平面布局，必须扩大平面规划的自由度，而避免在住户内设置柱子。与此同时，为了提高塔楼隅角处的自由度和上部楼层便于采取收进方式的设计，所以，塔楼采用了封闭型框筒结构。框筒结构是由两个长方形的框筒十字交叉构成的，并将四个隅

角部分设计成子结构(钢结构)，使它们从抗震结构中解脱出来。构成框筒的框架跨度为4.8m，而与其垂直相交的筒体跨度为9.3m，使住户内成为无柱空间。

(2) 结构类别

对于55层这种级别的结构来说，可以采用的结构类别，计有采取高层钢筋混凝土技术，使用高强度混凝土的劲性钢筋混凝土结构和使用超厚度钢材制作的钢结构，以及钢管混凝土结构。在着手本塔楼的设计时(1992年)正值官民携手开发和用F_c=100N/mm²级别的高强度混凝土制作的新型钢筋混凝土结构，不过，立即用于建造55层高的塔楼，尚嫌为时太早，因为在施工质量上，还不是很有把握。此外，如果采用钢结构，受塔楼自振周期的制约，需要加设减振装置对风振加以控制，可是，当时这种减振装置远没有达到普及化的程度，而且，维护管理上也十分

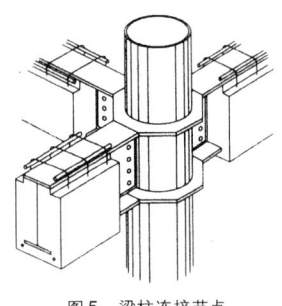

图 5　梁柱连接节点

表 1　梁、桩构件截面

层	柱		梁	
	钢构件	混凝土	钢构件	
43～55	○-609.2×12～22	425×850	BH-650×200×12×19 ～12×40	
22～42	○-711.2×12～28	450×850	BH-650×300×12×22 ～19×40	
4～21	○-812.8×19～40	450×900	BH-700×300×14×25 ～19×45	
		450×950	BH-750×300×22×40	
3	○-812.8×22～40	450×1000	BH-800×300×16×32 ～16×40	
2	同上	450×1200	BH-1000×300×19×36	
1	同上	1600×1000	——	
B1	(1600×1600)	600×3000	——	

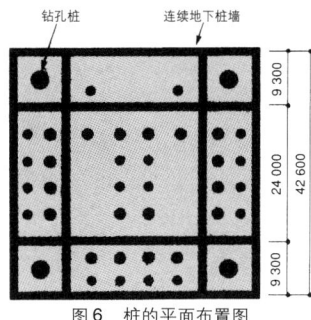

图 6　桩的平面布置图

麻烦，所以，不能采用。这样一来，就剩下劲性钢筋混凝土造和钢管混凝土结构这两种类型可供选择了。

最终采用的结构类型是通过这两种类型的结构设计，并进行了造价分析后决定的。从主体结构的工程造价来说，钢管混凝土结构因其用钢量较少，大约可节省 5% 的资金，但是，由于柱子需要耐火罩面和饰面装修，造价又有所增加，致使总造价二者几乎是不相上下。经过综合判断后，由于钢管混凝土结构在高轴力作用下的变形性能特别好，而且，施工质量容易保证，工期也短，所以，最终采用了钢管混凝土造。

在作为主体结构的正交框筒部分采用的是外环箍形式的TRS(Takenaka-Ring-Stiffener)式钢管混凝土柱和型钢混凝土梁(SC梁)。圆形的钢管混凝土构件的侧限性极高，此外，外环箍形式不仅便于混凝土的填充，而且，钢材加工也非常方便，因此，虽然需要在装修方面做些必要的加工，还是下决心采用了这种结构类型。梁之所以采用由混凝土作为罩面的型钢混凝土梁是因为可以省却耐火罩面，同时又可以提高梁的刚度，以便应对台风来袭所导致的轻微振动。与框架筒体结构连接的小梁采用的是劲性钢筋混凝土造，目的是减少钢材的用量和改善结构的振动性状。型钢混凝土梁和劲性钢筋混凝土梁全部实行预制装配化，以求最大限度地减少现场施工量。4.8m×9.3m的楼板采用在工地地面组装的配有格构式钢筋的大型钢板混凝土造。另外，由子框架构成的塔楼四个隅角和电梯井采用钢结构来建造。

(3) 所用材料及主要构件截面

关于钢构件，柱、梁全部采用 SM490A 及 SM520B。柱子所用的钢管是采用各种钢道使用的 UOE 方式成型的钢管。

至于混凝土，地下部分采用 $F_c=48N/mm^2$，地上部分的楼板和梁采用 $F_c=21N/mm^2$，用于钢管内的为 $F_c=60N/mm^2～48N/mm^2$ 的高强度混凝土。柱用钢管则

是最下层采用 $\phi 812.8×40mm$，而三层的梁则采用传统的 800mm×300mm×16mm×40mm～32mm 的 H 型钢。

(4) 基础类型及地下结构

塔楼的建设用地的地基持力层位于地下 GL-45m 深处，地层坚固，但中间也夹杂着软弱的粉砂层。为了将约达 10 万 t 的建筑物重量可靠地传入地基持力层，并将框筒结构的基础置于承载力大，而且可靠性高的厚达 1.5m 的地下连续桩墙上。此外，为了补充地下连续桩墙承载力的不足，又打入了桩径为 1.4～3.0m 的现场浇注的混凝土桩。

为使上部结构所承受的全部荷载和地震力能够顺利传给基础，地下各层结构的柱子一律采用内填外包型的钢管混凝土造，并在框筒结构的下方设置厚度为 45cm 的抗震墙。

3. 结构设计概要

(1) 抗震设计

本塔楼的基本固有周期约为 4.6 秒。地震反应分析中所采用的输入地震波除一般常用的观测波之外，又增加了考虑地基增幅特性的假想的东海地震和关东地震的模拟地震波。分析结果表明，当出现水准 2 的地震时的层间变形角约为 1/150，与标准的 1/100 相比，尚有可观的裕量。

(2) 抗风设计

对于该塔楼建筑来说，按照重现期为 100 年求得的风荷载只相当于这里采用的设计用地震力的约 70% 的程度，因此，关于建筑物的安全性方面的验证和分析，则必须通过地震波来进行了。但是，对于超高层住宅建筑来说，作为人们日常生活的场所，则验证与风振相关的居住舒适性问题就变得十分重要了。

关于居住舒适性的评价和验证是遵照日本建筑学会的《关于涉及振动的建筑物居住性能指针及说明》中的有关规定，通过风洞实验进行的。实验中所选用的风速是依据

东京地区的观测资料确定的，作为重现期1年的风速，设定其在塔楼楼顶为23.2m/s。经过振动反应分析得出的结果是最大加速度为1.08～2.63cm/s²，完全落入住宅标准[H-2]规定的限值之内。

4. 施工概要

(1) 总工期

全部施工过程共耗时41个月，1994年11月开工，1998年3月竣工，具体来说，准备工作大约2个月，基础施工6个月，地下主体工程3个月，地上主体工程21个月，装修及电梯工程7个月，各类检查和验收需时2个月。

(2) 流水作业程序

塔楼施工采用的逐层施工法，流水作业程序大体如下所述，施工进度平均为7.5天／层：

第0日：塔式起重机爬升

第1日：钢柱安装(仅限4个楼层为一安装单元者)

第2日：型钢混凝土梁安装

第3日：大型楼板单元安装

第4日：阳台预制混凝土板安装

第5日：楼板配筋，浇筑混凝土

第6日：打墨线

第7日：柱混凝土浇注(仅限4个楼层为一安装单元者)

(3) 填注混凝土质量及施工

这里采用的填入钢管柱中的混凝土是在F_c=60N/mm²的混凝土中，又按约10%的比例在B类粉煤灰水泥中掺入硅石水泥后，搅拌而成的混凝土。在选定的商品混凝土厂内，根据试拌试验来确定配合比，为了解标准养护与结构混凝土之间的强度差，进行了采用简易绝热养护法养护的混凝土强度试验，对于设计强度F_c=60N/mm²的混凝土，向社会发包时的强度则要求为F_c=73N/mm²。

至于怎样将混凝土填入钢管，大多数情形是采取从下部压入管内的方法。对于采用TRS-CFT技术的这幢塔楼来说，由于钢管内没有任何障碍物，所以，在作业场地进行了验证实验的基础上，采用了斗斗加软管的由上而下的浇筑法。

5. 钢管混凝土结构的特点

钢管混凝土(Concrete Filled Steel Tube)结构是在旧建设省的新型都市住宅开发项目中出现的钢筋混凝土造、劲性钢筋混凝土造、钢结构之外的第4类结构。钢管与混凝土的协同效应，不仅可以改善结构性能，而且又是耐火性能与和易性非常出色的结构构件。

钢管的约束作用在提高混凝土的抗压强度的同时，又由于有了填充混凝土的存在，使钢管的局部失稳变形得到完全防止，与以往的劲性钢筋混凝土构件相比，其承载力及变形能力有大幅度的增加。尽管在这幢超高层住宅建筑中，填充用混凝土的设计强度为60N/mm²，但是，由钢管造成的侧限效应可使混凝土发挥出与F_c=100N/mm²的混凝土同等的效果。

此外，由于钢管混凝土构件的钢管内填有热容量很大的混凝土，所以，与一般的钢构件相比较，在发生火灾时，有抑制钢材温度的作用。因此，耐火罩面的厚度可以薄些，如果只要求2小时的耐火时间，完全可以不加耐火罩面。

由于性能如此优越的结构构件的出现，使得当时认为钢筋混凝土造的超高层住宅建筑应以40层左右为极限的条件，一跃而提升为50层，甚至更高。

(山本正幸)

[参考文献]
1)『これからの超高層居住の在り方を求めて—立体コミュニティ（仮称）ライオンズプラザ川口計画』竹中工務店、1994年10月
2)「日本建築センター性能評定シート1993 BCJ-H 989」『ビルディングレター』1993年6月号，日本建築センター
3)「実例に学ぶ地下構造物の構造設計」『建築技術』1993年11月号

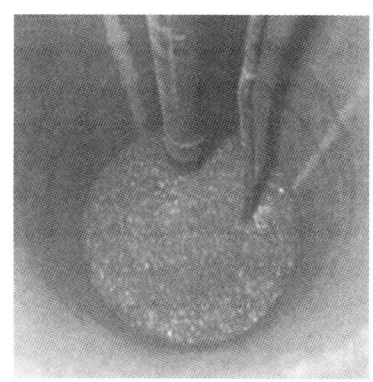

照片3 由上而下浇筑混凝土

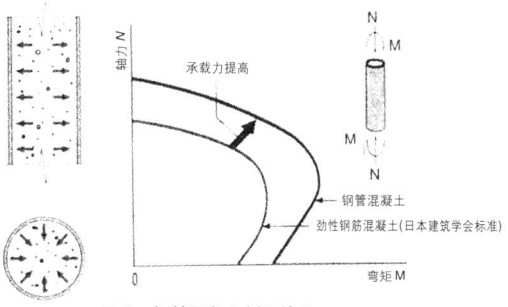

图7 钢管混凝土侧限效应

086 平城宫朱雀门重建工程

传统木造排架的力学机理及重建设计

关键词 传统方法木造排架、重建设计、立体排架分析、倾斜恢复力特性、结构加固

照片 1 外观

房屋建筑概要

〈建筑概要〉

地　　　址:	奈良市佐纪町
主 要 用 途:	户外博物馆展览品
设 计 者:	文物古建保护技术协会
结构设计者:	建筑研究协会
施 工 者:	竹中工务店
建 筑 面 积:	553.4m²
总建筑面积:	251.5m²
檐　　　高:	16.4m
最 高 高 度:	22.0m
竣 工 年 月:	1998年4月

〈结构概要〉

结 构 类 别:	传统技术建造的木建筑
屋 顶 结 构:	大屋顶、木瓦屋面(筒瓦下泥土垫层)
结 构 类 型:	层板胶合木抗震墙+斜撑式传统排架结构
基 础 类 型:	直接平板基础(长期地耐力为 7.3tf/m²)，钢筋混凝土造

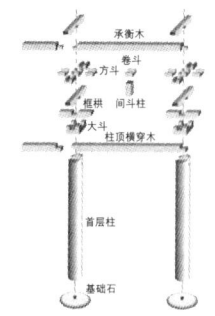

图 1 传统木建筑结构组成图

1. 排架重建的结构设计

"平城宫朱雀门"(照片 1)的重建工程是由奈良国立文物研究所主管的，设计:（财）文物古建保护技术协会及（财）建筑研究协会; 施工: 竹中工务店，竣工年月为1998 年 4 月。

在进行重建设计时，虽然是以忠实再现古建当时的结构形式为基本原则，但是，另一方面，作为一幢现代的木造建筑物，它还必须与其所应用的各种现行设计规范相适应[1]。

对于传统木造建筑物来说，必须原封不动地用斗栱的形式表现出它们在力学上的内力分散和集中的机理(照片2)，因此，原则上，全力重现古建当时的斗栱式构造。但是，为了防止大多数的传统木造建筑物所发生的屋檐下垂变形的现象，在屋檐的里层设置了后世出现的挑檐木，用来加固檐端。

另外，由于古建木结构的抗震机制主要是依靠柱子的倾斜恢复力，所以，在抗震设计上，是尽量利用强度虽然不一定很高，但变形性能却很优越的构造机理。但是，仅靠柱子的倾斜恢复力只能满足这座古建抗震所必需的强度的一半左右，因此，在首层的夹壁墙部分设置木造层

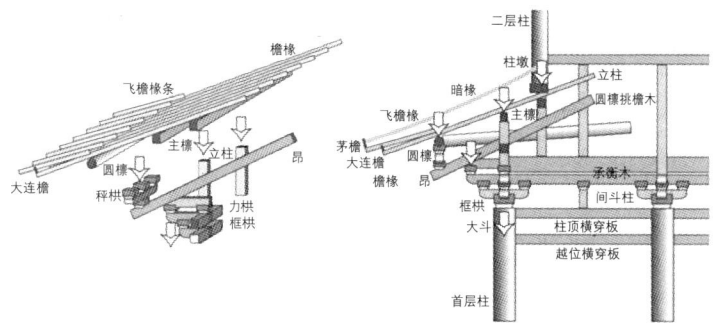

图2　传统木建筑的屋檐结构图

照片2　传统木建筑屋檐斗栱

图3　长期荷载下的内力分析模型图

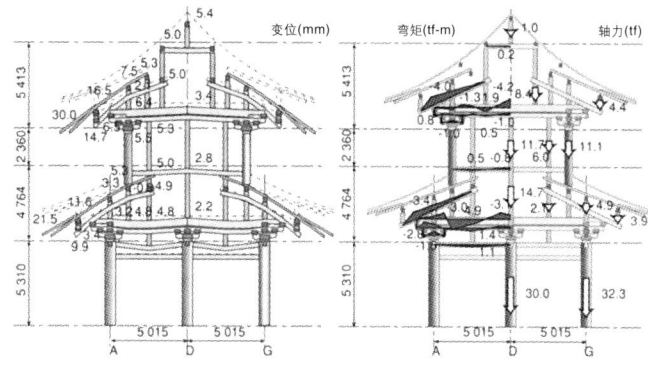

图4　长期荷载下的排架变形图　　图5　长期荷载下的排架受力图

板胶合木抗震墙，并沿夹层和水平结构平面设置剪刀撑进行抗震加固。

2. 传统木造建筑的力学机理

(1) 在长期荷载作用下的力学机理

传统木结构的构造特点是由承受铅直荷载的梁和以堆垒方式支承梁的斗栱构成的(图1及图2)。这种构造方式与其说是凭借弹性变形能的抵抗机制，莫如说所依靠的是刚体平衡机理。

为了对这种传统木造建筑物在长期荷载作用下的传力机制进行高精度的评价，在设计中，首次将各构成构件全部按等截面直杆加以模型化，并建立起可以追踪刚体形变的立体排架分析模型，进行弹性内力分析(图3)。于是，构件端部节点连接的边界条件作为平移形变分量受约束，而转动分量是不受约束的铰接看待。此外，在对结构整体的模型化中，即使在发生铅直形变时，结构是处于稳定状态的，然而，在水平方向却是处于不稳定的状态的，为此，将主要构件的实际水平刚度看作是标量弹簧。木材的弹性模量原则上按纤

维方向为90tf/cm²采用，至于沿垂直于纤维方向，作为斗和栱传递压力的木材，其弹性模量则按纤维方向的1/25考虑。各类构件的标准截面如下：柱为 ϕ 709mm，梁及桁条为266mm × 295mm，昂为266mm × 325mm，檐椽为 ϕ 148mm，飞檐椽为133mm × 133mm。

虽然，分析模型的规模沿进深方向只有一跨，不过，节点却有1078个，单元数目达1301个之多。

至于长期荷载作用下的变形，则是悬臂长度达4.43m的屋檐结构的挠度最为显著，但是，它却发挥着加固多层斗栱的效能和起到抑制由二层柱而使首层的昂产生的旋转变形的作用，因而，使首层檐头的下垂变形量只有2.2cm(图4)。从该古建重建工程的木结构部分完工时起，一直到瓦屋面铺设施工完毕时为止，如果去掉弹性变形成分，而仅考虑由于木构件的横纹抵承而产生的挤压变形造成的檐头铅直下垂只有2cm。

根据天然木材在以产生长期容许弯曲应力的荷载的持久作用下的徐变实验结果来判断,该木造建筑物的总变形量可以达到初期弹性变形量的2.6倍左右。因此，将来再

将弹性变形加进去，徐变变形和抵承的挤压变形等也都估计在内，檐头的下垂变形完全有达到10cm左右的可能性。

几乎是全部构件的应力都小于长期容许应力，不过，悬挑部分的应力，诸如，昂和由顶层立柱支承的大梁等受弯构件的应力一般都接近容许应力的水平(图5)。

对于檐深很大的传统木造建筑来说，其出现最频繁的功能障碍莫过于檐头的下垂，其值甚至达到几十厘米的事例也不鲜见，尤其是，翼角檐头这种情况更为显著。为了解决这个问题，后世的古建中，一般都是增设挑檐木进行加固，在这次重建中，除增设挑檐木之外，还用拉杆将昂尾拉结起来，以实现相互约束的作用(照片2)。

(2) 关于抗震及抗风的力学机制

正如坂静雄博士[3]所指出的，传统木结构的水平承载机制是全靠柱子的刚体转动阻力所产生倾斜恢复力特性(照片3)。然而，即便是再现奈良时代的那种大截面的木柱(ϕ709)，它的最大水平承载力也不过是其所支承的重量的10%而已，按照现行的抗震设计规范所规定的地震力水平，显然是强度不足的。

3. 结构加固及抗震、抗风性能

在抗震及抗风构造上，是利用西泽英和博士开发的层板胶合木造的抗震墙(照片4)和斜撑(照片5)来构成的。这类抗震、抗风构造的连接全部采用钢鱼尾板的螺柱连接方式，都是在排架和屋顶结构装配完毕时，立即可以进行安装的连接节点构造，将来，如果遇到需要更换抗震和抗风构件和钢接节点的时候，可以直接进行更换作业，而不会给排架结构带来任何影响(照片5)。

与首层的设计用风压力141tf(Y方向)相比较，地震力为151tf，所以，设计是针对设计用地震力进行的。

借助整个结构中抽取出来的柱、梁、抗震墙和斜撑组成的立体结构模型(图6)，进行了弹性内力分析，求得了应力和变形。结果表明，首层的抗震墙将承受60%~70%的地震力(图7)。

此外，在实际设计时，首先利用考虑结构组成构件的非线性性质的立体结构反应分析模型进行了地震反应分析。输入地震波采用了三种地震波，即EL CENTRO 1940NS，TAFT 1952EW和建筑中心的模拟地震波（速度振幅为25cm/s和50cm/s），另外，还设想在建设用地的附近有活动断层（断层长度为21km，而距离为20km），并针对将建设

用地表层地基的放大作用也考虑在内的模拟地震波(速度振幅为35cm/s，加速度振幅为670cm/s²)进行了分析。

该重建的古建的固有周期沿X方向为1.0秒，Y方向为1.4秒，相对于建筑物的高度来说，应该算是长周期了。

当水准2的地震来袭时，最大层间剪力会达到水平极限承载力值的，最大层间变形角沿X和Y方向都可达到R_{max}=1/22(图8)，但是，柱和抗震墙即使在R=1/20的程度时，仍能拥有极限承力的90%，处于具有稳定的恢复力特性的领域之内。

另一方面，至于建设用地的模拟地震波，两个方向的最大层间变形角都在1/46左右的范围之内。

因此，通过上述的抗震加固措施，即使是在最强烈的地震来袭时，可以认为，变形反应虽然较大，但抗震安全性一定可以保证。

4. 结语

着重分析了传统木造建筑物的力学原理之后，又借助将其结构构件置换成线性构件建立的立体分析模型，进行了长期荷载下的结构设计和抗震设计。设计内容简要概括如下：

① 作为长期的承载结构，不外乎是由一系列的简支梁及支承这些简支梁的刚体构件叠积而成，用将这些基本构件模型化为直杆的立体结构分析模型，完全可以解释其构成及传力机理。

② 向外悬挑达4m之多的檐头挠度的分析值与实测值非常接近，即使将长期荷载作用下的徐变变形也考虑在内，也只不过是10cm以下，可以认为，不会出现任何有碍功能的障碍。

③ 主要的抗震机制是靠柱子的倾斜恢复力特性，强度虽然不高，但构件却有着很高延性，很能适应大变形，但是，由于极限水平承载力不足，所以，需要增设木造抗震墙进行加固，另外，还设置了促使内力向抗震墙传递的木造水平支撑。结果，使地震时的水平力有60%~70%是由抗震墙承受的。

④ 在水准2的地震来袭时，最大层间变形角沿X方向和沿Y方向都达到了接近极限值—1/22，但是，虽然如此，结构仍能确保90%左右的承载力。可以明确得出能够确保重建后的这座古建的抗震安全性的结论。

(木林长仁)

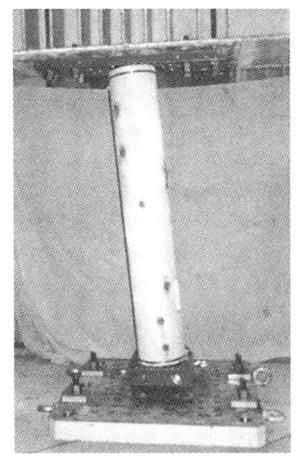

照片3 柱子的倾斜恢复力特性

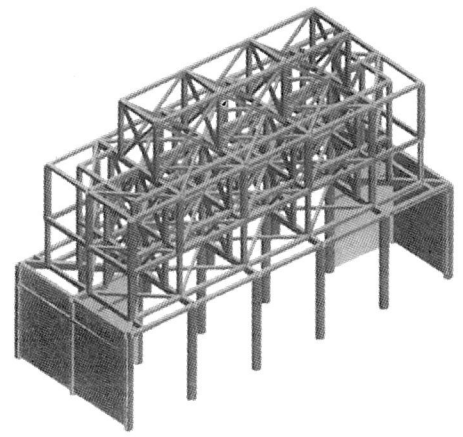

图6 地震反应分析模型图

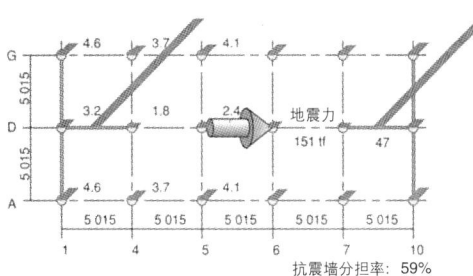

抗震墙分担率：59%

X方向地震力分配图(单位：tf)

抗震墙分担率：72%

Y方向地震力分配图(单位：tf)

图7 地震时的水平力分布图

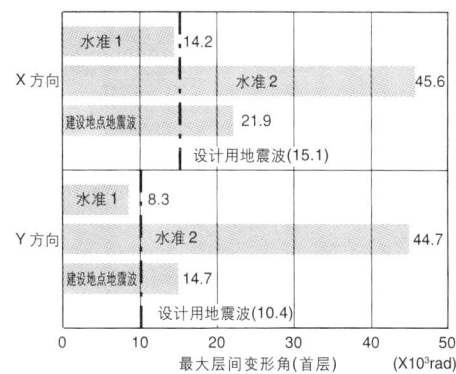

图8 地震时的最大层间变形角分布图

照片4 层板胶合木抗震墙

照片5 木造斜撑及节点连接

［参考文献］
1) 木林長仁「伝統木造架構の力学機構」『STRUCTURE』2000年4月号
2) 楠 寿博，木林，鷲海「ヒノキ材の曲げクリープ性状に関する実験的研究」『日本建築学会大会梗概集』1999年9月
3) 坂 静雄「社寺骨組の力学的研究 第1部 柱の安定復原力」『日本建築学会大会論文集』1941年4月
4) 河合 直人「古代木造建築の柱傾斜復元力に関する模型実験」『日本建築学会大会学術講演梗概集』1991年9月
5) 林 知行ほか4名「古代伝統木造架構の実大水平加力実験（その1）（その2）」『日本建築学会大会学術講演梗概集』1998年9月

357

087 国立西洋美术馆主馆

具有代表性的保护性隔震改造——历史文物性建筑的保护及恢复

关键词 保护性隔震改造、勒·柯布西耶、历史文物性建筑物、美术馆

照片1 外观

房屋建筑概要

〈初建时的建筑概要〉
地 址: 东京都台东区上野公园7-7
主 要 用 途: 美术馆
设 计 者: 勒·柯布西耶(初步及施工设计)、坂仓准三、前川国男、吉阪隆正(施工图设计)(横山不学: 结构设计)
施 工 者: 清水建设
建设用地面积: 9287.88m²
建 筑 面 积: 1587.00m²
总 建 筑 面 积: 3995.67m²[改造后为4200.30m²(含扩建部分的204.63m²)]
层 数: 地上3层、地下1层、屋顶间1层
檐 高: 10.01m, 最大高度18.86m
竣 工 年 月: 1959年5月

〈结构概要〉
结 构 类 别: 钢筋混凝土造
结 构 类 型: 框架抗震墙结构
基 础 类 型: 直接基础

〈隔震改造后的房建概要〉
隔 震 设 计 者: 建设省关东地方建设局营缮部(今: 国土交通省关东地方整备局营缮部)、前川建筑设计事务所、横山建筑结构设计事务所、清水建设(设计合作)
施 工 者: 清水建设
施 工 期 间: 1996年5月~1998年3月
隔震改造概要: 于上部结构与基础之间设置隔震部件(高阻尼层压橡胶垫), 属于保护性隔震改造

1. 前言

位于东京上野的这座国立西洋美术馆是以收藏印象派的作品和由勒·柯布西耶大师所设计, 而使其主馆名扬天下的。国立西洋美术馆收藏的"松方藏品"是已故松方幸次郎先生生前在欧洲各地收集的绘画、雕塑等世界珍品的美术藏品。尽管这些藏品在第二次世界大战后, 根据旧金山和平条约, 已经归还了法国政府, 但是, 作为法国向日本申请返还时所规定的条件, 要求在日本设置法国美术馆, 同时, 该馆的设计者决定由法国的建筑师勒·柯布西耶先生担任。此外, 日本方面参与设计的人员则是勒·柯布西耶的学生坂仓准三、前川国男和吉阪隆正等三位先生, 设计的从头到尾的全过程成了建筑界广为传颂的佳话。

国立西洋美术馆主馆作为战后日法两国之间的邦交恢复和关系改善的纪念碑, 同时, 又作为近代建筑的理论家和导师的勒·柯布西耶在东亚惟一的一个建筑作品, 在历史价值和文物价值上, 获得了高度评价。国立西洋美术馆

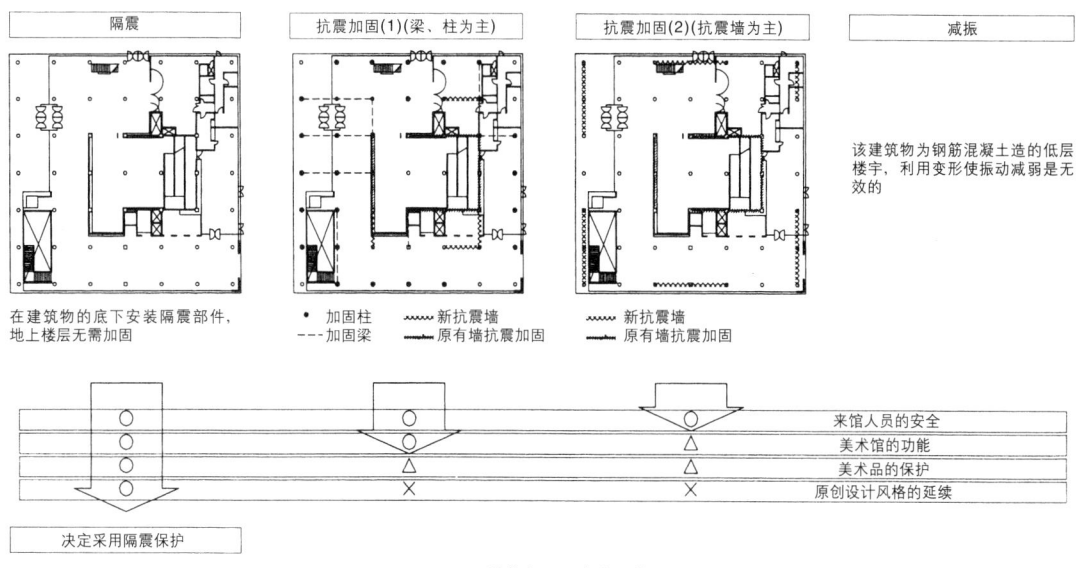

隔震	抗震加固(1)(梁、柱为主)	抗震加固(2)(抗震墙为主)	减振
			该建筑物为钢筋混凝土造的低层楼宇，利用变形使振动减弱是无效的
在建筑物的底下安装隔震部件，地上楼层无需加固	● 加固柱　〜〜新抗震墙 --- 加固梁　━━原有墙抗震加固	〜〜新抗震墙 ━━原有墙抗震加固	

○	○	△	来馆人员的安全
○	○	△	美术馆的功能
○	△	△	美术品的保护
○	×	×	原创设计风格的延续

决定采用隔震保护

图1　结构加固手段的比较

在1959年主馆竣工之后，曾扩建了礼堂、办公楼、售票处，并于1979年又计划新建一座新馆，作为计划中的藏品展览馆之用。于是，在前面庭院的地下和主馆西侧计划扩建这座藏品展览馆，并以扩建为中心，对整个美术馆进行了一次全面重新调整。这样一来主馆作为整个美术馆的中心，起到了举足轻重的作用。由于1995年1月的兵库县南部地震的发生，使得众多的建筑物和美术品蒙受损伤和破坏，为此，作为防灾措施的一环，采取了正规的抗震措施。

2. 日本最早的保护性隔震改造

考虑到国立西洋美术馆在文化上的宝贵价值，在抗震措施的选择上，仅仅防止结构本身出现重大损害是不充分的，还必须做到确保勒·柯布西耶设计的原创风格不变，美术品得到应有的保护，以及来馆参展和观众们的安全等等。为探讨能够满足上述种种条件的抗震措施，成立了有结构和建筑史专家，以及当初参与设计的有关人士参加的"国立西洋美术馆主馆等改造研讨委员会"(委员长：东京大学生产技术研究所教授冈田恒男)，经过慎重的反复研讨之后，提出了采取隔震构造的改造方案。当时的建设省关东地方建设局(今：国土交通省关东地方整备局)接受了这个方案，又对该方案的施工可能性和经济性做了综合研究和探讨，结果，日本最早的保护性隔震改造措施获得了通过，隔震构造取得了批准，并决定付诸实施。

3. 设计概要

在设计时，为了能够使由勒·柯布西耶大师创制的以人体为依据的设计基本模数确定的主馆结构设计符合该建筑物的建筑设计特点和满足作为地震多发国的日本的抗震标准这两方面的要求，曾过细地研究了所有细节，包括同勒·柯布西耶大师的对话。

在当时，作为时代的特点，在材料方面是在圆截面的钢筋混凝土柱中采用螺旋箍筋，而在构件方面，则是采用了悬挂照明灯具的 ϕ 150 的钢筋混凝土柱等。

(1) 地基概要

建设用地的地质是从地表向下，顺次为关东亚黏土层、上洪积砂层、洪积黏土层、下洪积砂层，地下水位为GL-18m。根据平时微震的测定结果，地基的固有周期为0.36秒，相当于第二类地基。这次改造后，仍然是直接基础（板式基础）置于关东亚黏土和部分砂层的持力层上。

(2) 主体结构的退行性改变

为了对该楼宇的老化情况做出判断，进行了混凝土的抗压强度试验、中性化试验和主体结构的裂缝调查。

调查是在竣工后的第37个年头进行的，虽然时间很长，但并未发现明显的老化现象。因此，认为当时的结构仍然保持着竣工时同等程度的承载能力。

(3) 抗震检查

自从1959年竣工以来，已经进行过数次改建，这次是根据当时(1995年)执行的抗震规范对其抗震性能加以判断，以便为改造计划提供必要的依据。

检查方法是以"官厅设施的抗震检查及改建要领"为依据，条件则按照老化系数U=0.9，重要性系数I=1.1（Ⅱ类）。结果，得出了"尽快加以抗震改造"的结论。

(4) 改造规划

这座主馆乃是公认具有高度历史价值和文物价值的建筑物，因此，"保护"、"利用"和确保"安全"的三全改造规划自然也就成了至关重要的研究课题了。由于主馆并未被列为文物保护单位，因此，只需根据主体结构的调查和抗震检验的结果，并视其重要程度，依据现行基准法进行了有关其安全性的分析和探讨。

最初曾提出，在首层的周围设置新的墙体，用以确保强度的加固方案，但是，满足不了主馆的功能和建筑外观的要求。后来，还提出过能够吸收地震时的变形所产生的能量的加固方案。用这个方案进行抗震加固时，只能在建筑功能容许的范围内设置抗震墙，而对于柱子是既不能改变其尺寸，又不能改变其设计。

此外，在主馆改造研讨委员会内，在深入研究这些方案的过程中，特别强调了这次主馆的改造方案必须做到对"原创设计风格的保护"。所谓保护原创设计风格是指在改造规划中，哪怕是将来真的出现了预计的大地震时，仍能使建筑物的文化价值得到充分的保护。

在具体实现的方法上，探讨了隔震构造，同时，还讨论了必须满足与毗邻的主体结构之间的变位不得超过容许变位的设计目标。

隔震构造在保护建筑物的原创设计风格和保护美术藏品和美术馆的功能等方面，都要比抗震加固方案效果更好，既可做到对原有建筑物保护和有效利用，又可确保抗震安全性(图1、图2)。

(5) 隔震加固

由于采用的是基础下边隔震，所以，地上楼层在结构上无需采取任何措施，因此，对原有建筑物的结构和外观造型基本上没有什么变化。

设计时，将遵循当初建楼时的建筑基准法，以及相关法规所设计的原有建筑与这次扩建部分形成一个整体，并针对整个建筑物，确保在其使用期间内出现设计预计的地震时的抗震安全性。

首先，鉴于原有建筑部分是遵循建设当时的基准法设计的事实，应为包括地下一层在内的全部楼层设定剪力系数为0.2的均匀分布的设计地震荷载。根据按该设计地震荷载作用下的地震反应分析结果来验证每一构件的截面强度，确保截面应力小于短期容许应力值。

其次，将地震烈度标准化为隔震层下部的最大速度值，并设定如表1所示的设计准则，然后，再进行在不同的地震波作用下的地震反应分析，对作用于建筑物的层剪力是否小于设计地震荷载作用下的剪力值加以确认。

(6) 隔震部件的设计

在确定隔震构件的规格时，隔震装置的设置位置受到了限制，因为这幢建筑物的地下部分的形状复杂，所以，考虑到维修方便，采用了上部结构支承功能与阻尼功能结合在一起的装置，此外，为了在结构功能上能够在发生中小地震时的隔震效果，采用了高阻尼层压橡胶垫。建筑物所采用的隔震部件的设计目标如表2所示，而隔震部件的简介则如表3所示。

4. 施工

施工计划中的主要课题是在原有的基础底下安装隔震装置和设置新的隔震层。原有建筑物的基础是置于关东亚黏土的持力层上的板式基础。这次隔震改造工程属

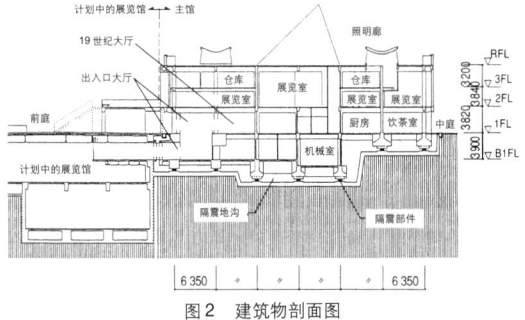

图2　建筑物剖面图

表1　改造设计准则

水准 (输入最大速度)	上部结构	隔震部件	设备管线及电线管线
水准1 (25cm/s)	全部构件均在容许应力以下	——	无损坏
水准2 (50cm/s)	剪力系数为0.2以下 全部构件均在弹性范围内工作	最大相对变位为30cm左右隔震部件不会被拔起	混合污水等重要性低的管线有所损坏但是，自来水管等重要管线没有破坏

于复杂的基础托换工程，包括没有地下室的部分、扩建的地下部分和有地下室的部分。首先，铲去一层原有地面的混凝土层，沿基础周围向下开挖。其次，对原有基础进行加固，并将自重当作反力，一边对承载力和下沉加以仔细关照的情况下，借助压入地下的钢管桩将建筑物临时支承起来。

其次，构筑板式基础，并安装隔震装置，使其与原有基础形成一个整体。最后，将由临时设置的钢管桩支承整个建筑物的重量的状态，在严密监测沉降的条件下，移至新设置的隔震装置上来。

为了确保建筑物在施工过程中的安全性，在地面标高处设置临时限制侧移构件。这种侧限构件一方面可以监测各个施工阶段的安全性，同时，又可以随时照料施工进程。

5. 结语

随着时光的流逝，建筑物在长期的使用过程中，其外观要不断地做出适应时代需要的改变。在这样的情况下，当进行扩建和大规模的修缮(变更建筑装修)时，就一定要遵循当时的规范和标准。这样一来，如果建筑物是遵循旧的基准法建成的话，那么，抗震安全性和建筑造型的保护及活用的观点就会出现相反的情形。

至于国立西洋美术主馆，由于该建筑物采取了隔震措施，尽管其地上的结构部分未曾采取任何抗震措施，竟能使地震输入下降到1/3-1/5的程度，拥有高于现行规范所要求的抗震性能，同时，又使得具有世界价值的勒·柯布西耶的原创风格的保护成为可能。此外，还可以收到进一步提高本馆作为美术馆的功能(美术藏品的保护和消除来馆参观者在地震发生时的恐怖感)的效果，使其得到比以往更加有效的利用。通过该美术馆的改造又一次证明了隔震措施是对历史性建筑物的抗震改造和保护利用的有效手段。

(田岛　智)

[参考文献]
1) 伊藤昭浩、中川龍吾、阿部文昭、中村康一『建築雑誌』1997年11月号、pp.44～47，日本建築学会
2) 林　理，伊藤昭浩、阿部文昭、中村康一，持田泰秀『日本建築学会技術報告集』第6号，pp.95～98，1998年10月

表2　隔震部件的设计目标

项目	内容
水平方向固有周期	中等地震时：$T=2.0s$左右 大地震时：$T=2.5-3.0s$
垂直方面固有频率	10Hz 以上
压层橡胶垫表面压力	100kgf/cm² 以下
压层橡胶垫变形能力	40cm 左右

表3　隔震部件概要

项目	内容
隔震部件的水平刚度	剪切变形为50%时：82.81tf/cm 剪切变形为100%时：55.37tf/cm
隔震部件的阻尼常数	15%
层压橡胶垫表面压力	最小52kgf/cm²　最大97kgf/cm² 平均76kgf/cm²
水平方向固有周期	水平变位10cm　$T=2.11s$ 水平变位20cm　$T=2.57s$

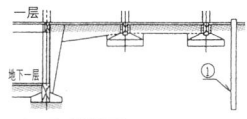

①打入坑壁挡板竖桩

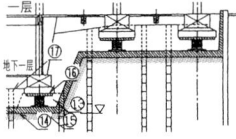

⑨三次开挖(挖至地下一层基础下部)
⑩开挖地下一层、梁下部及加固地面混凝土
⑪加固地下一层基础梁
⑫压入钢管桩

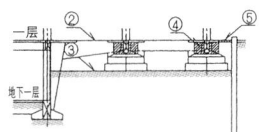

②捣碎一层地面混凝土
③一次开挖(挖至破碎混凝土为止)
④加固基础梁
⑤构筑一层楼板(建筑物安全上必需部分)

⑬四次开挖(挖至地下一层基础下方)
⑭构筑底板(在地下一层基础下方)
⑮安装隔震部件(在原有基础下方)
⑯浇筑隔震部件上方混凝土
⑰截断和撤出钢管桩

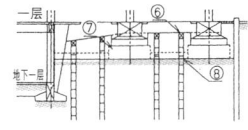

⑥压入钢管桩
⑦清除破碎混凝土
⑧二次开挖(挖至一层基础下方，开挖终止)

图3　基础下的隔震工程施工顺序图

照片2　隔震部件

088 三共新东京总社大厦

斜网格筒体结构

关键词 减振部件(低屈服点钢材及无黏结部件)的采用、损伤控制设计

照片1 外观　　　　　　　　摄影：小林浩志

房屋建筑概要

〈建筑概要〉
地　　　址：东京都涩谷区涩谷3丁目20番2号
主 要 用 途：办公楼
设 计 者：大江匡＋普兰泰克
结构设计者：海野敏夫、新美进(阿尔发结构设计事务所)、岩田卫
　　　　　　(神奈川大学)、林贤一(新日本制铁)(技术合作)
施 工 者：大林、新日铁、不动、长谷工JV
建 筑 面 积：627.24m²
总建筑面积：9524.42m²
层　　　数：地上14层、地下2层、屋顶间1层
檐　　　高：60.85m
竣 工 年 月：1998年9月
〈结构概要〉
结 构 类 别：钢结构、部分劲性钢筋混凝土造、钢筋混凝土造
结 构 类 型：斜网格筒体结构
基 础 类 型：直接基础

1. 建筑规划[1]

这幢建筑物是作为日本国铁涩谷站南侧地域的重建事业开发规划的7幢大厦中，位置最靠中央，而且是具有总社功能的办公大楼。

建筑规划的主题是怎样才能使其楼前具有开阔感，从而获得视觉上的公众性。关于这个问题，从建筑造型上来说，可以归结为以下三点：

(1) 将建筑物的全部立面笼罩在菱形网格的框架之中，并且用细小构件构成。

(2) 将第一层架空，整个大楼如同浮在空中一般。

(3) 菱形网格状框架与外墙之间留有一定的空隙。

意欲实现这幢建筑物的所谓公众性的目标，建筑规划中必须结合结构形式加以综合考虑才行。于是，以竹笼和藤枕为仿真模型，给这幢大楼穿上了外观呈菱形网格状的结构外罩。

此外，大楼的平面形状呈正方形，边长约为24m，楼内的办公室为无柱空间。

2. 结构规划[2]

(1) 菱形网格状框筒结构要点

能够满足建筑规划提出的三大要素的结构当以外围用菱形网格构成的框筒结构为最佳，而且菱形框筒结构还要完全裸露在大楼的表面。

这种菱形网格的框筒结构是由斜置的柱子与位于大楼周围的楼板支承梁构成以三角形为单位的结构体系，当属广义的桁架系统。由于这种结构体系具有很高刚度，所以，与同样规模的高层建筑相比，它承受的地震荷载要大得多。另外，由于钢构件外露，在低温的条件下，有发生脆性断裂的可能性。

对于第一个问题，是以采用损伤控制结构来应对，至于第二个问题，则是对斜置的柱子及其节点连接实施足尺模型试验，在低温下，进行静态拉伸试验，并对其强度和断裂状况加以研究和确认。

(2) 损伤控制结构

所谓损伤控制结构就是将主体结构与减振部件并列布置的结构。正常荷载由主体结构承受，当地震来袭时，使

其能在弹性范围内工作。减振部件则是用来吸收地震能量的，正是借助这种减振部件的能量吸收能力的设定，来实现结构物的损伤控制。

有效利用结构的对称性，主体结构由架空的第一层加上隔角处的斜柱与楼板体系构成。位于中央的斜柱作为减振部件使用，采用的是能够同建筑设计做到一体化的轴力系滞回型阻尼的无粘结构件。由于在斜柱的中央处做成无粘结型构件，于是，使主体结构的刚度降低了，而使无粘结构件的轴向变形增大，从而可以获得相当大的阻尼效果。

在第一层内之所以没设置无粘结构件，是因为第一层是架空的，为了确保第一层的稳定性，斜柱的压屈长度不能太长。

这里的菱形网格状框筒结构的构件内力是属于轴力型的。控制结构刚度和开始吸收地震能量的荷载大小是靠调整斜柱和无粘结构件的截面面积来实现的。

3. 结构设计

(1) 结构概要

这幢大楼共有地上14层、屋顶间1层和地下2层。地上楼层的结构由地下一层起算，从地下一层算起的楼宇高度为63m。大楼平面是地上楼层为24m×24m，而地下各层为38m×34m。至于结构类别，则是地上各层为钢结构，而地下各层为劲性钢筋混凝土结构和钢筋混凝土结构。从地下一层一直到十三层为止的结构是全部裸露在外部的由菱形网格构成的框筒结构，楼板结构在菱形网格框筒结构内侧约900mm处，框筒与楼板结构之间有悬臂构件相连。在菱形网格与楼板结构的节点连接处，由于有许多构件在此交会，受力情况复杂，因此，采用铸钢节点加以解决。

第十四层为一般的斜撑型框架结构。

网筒的斜柱为焊接组合箱形截面，在钢板厚度超过40mm的部位采用TMCP钢轧制的BT-HT325C-FR号钢，而板厚小于40mm的部位则采用SN490C-FR号钢材。至于用来吸收地震能量的无粘结构件使用的是低屈服点钢材-LYP100(100N/mm²)。

(2) 抗震设计的目标

抗震设计目标是按发生50cm/s的地震地面运动时，主体结构完全处于弹性范围之内来设定的。在这样的情况下，主体结构的各个部位的安全系数为1.2。

最大层间变形角的极限值是按发生25cm/s的地震地面运动时，为1/200，而当发生50cm/s的地震地面运动时，为1/100。此外，还曾进一步定出了，当发生100cm/s的地震地面运动时的目标值。分别将主体结构的每个楼层的构件发生压屈或出现塑性铰时，其在荷载—变形曲线上的点

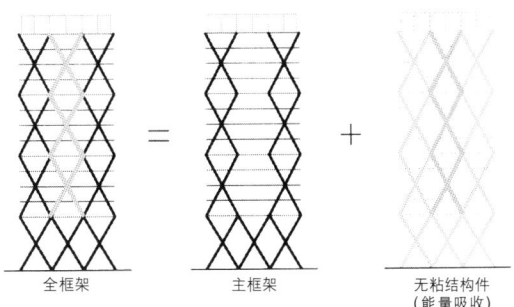

图1　主框架+能量吸收构件

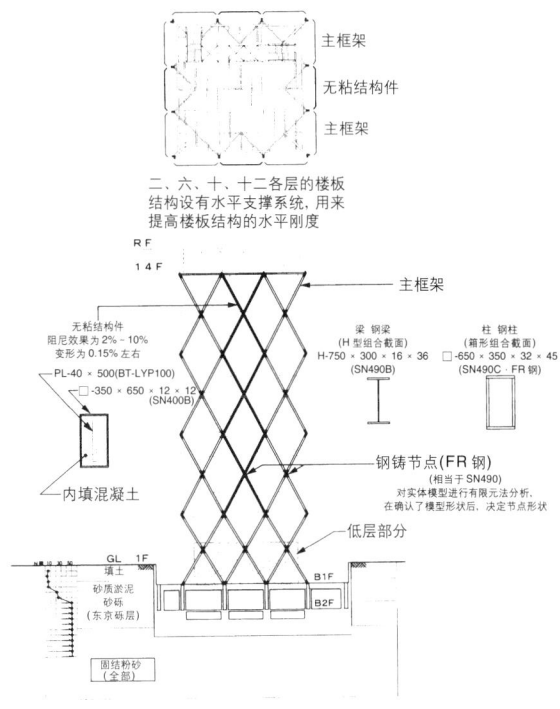

图2　结构概要图

作为弹性极限，当发生极其罕遇的大地震时的最大反应值应不超过该弹性极限值。

至于无粘结构件，当出现低于罕遇地震的地面运动(15～20cm/s)时，容许其产生塑性变形，于是，结构刚度下降，开始吸收地震能量。但是，在风荷载作用下，则不允许出现塑性化现象。

(3) 地震反应分析

在进行地震反应分析时，是将建筑物看作是一个在其地下一层楼板处为固定端的 14 个质点构成的质点系，属于等效弯剪型分析模型。

在初期刚度的条件下，质点系的固有周期约为 1 秒，当无粘结构件屈服后，约为 1.4 秒。与一般的钢结构建筑(建筑物高度 × 0.03=1.8 秒)的固有周期短，说明本大厦属于高刚度结构(表 1)。

在地震反应分析中所采用的地震波为 EL CENTRO、TAFT、TOKYO 和 HACHIHOHE 等 4 种波型。

若是不采取这种无粘结构件的减振措施时，该大楼的基本固有周期为 0.754 秒，其对应于 25cm/s 的地震反应值的基底剪力系数为 0.523，而在采取了减振措施的本设计中，相应的基底剪力系数为 0.275，收到了约为 50% 的减小地震荷载的效果。

(4) 结构的安全系数

主体结构及其各部分在发生相当于 50cm/s 的地震时，它们的安全系数如表 2 所示。

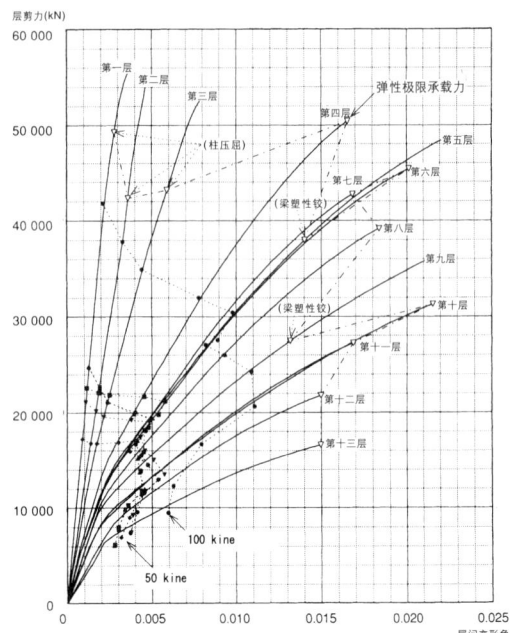

图 3　层剪力—层间变形角关系(X·Y 方向)

表 1　固有周期(s)

	0 度方向		45 度方向	
	弹性域	无粘结构件全部屈服	弹性域	无粘结构件全部屈服
1	0.958	1.406	0.980	1.414
2	0.387	0.540	0.408	0.550
3	0.263	0.330	0.336	0.364

表 2　50cm/s 级别地震时的安全系数

主框架在水准 2 地震时稳定极限承载力为 1.86～3.14 倍(崩塌完结时)			
各部分构件在水准 2 地震时的安全系数			
比较部位	承载力比较	容许应力	极限承载力
钢柱	$\sigma_c/f_c + \sigma_b/f_b$=0.83	1.20 倍	1.40 倍 　钢结构塑性设计规范 $N/N_{cr}+C_M M_l/(1-N/N_E)M_C$
外圈大梁	f_b=3.3t/cm² : σ_b=2.37t/cm²	1.40 倍	1.73 倍 　$1.1 \times \sigma_y \times Z_p$
楼板结构	f_s=1.905t/cm² : τ=1.56t/cm²(焊缝)	1.21 倍	1.97 倍 　$1.1 \times \sigma_y \times Z_p$(母材)
铸钢节点	σ_y=3.3t/cm² : σ=2.35t/cm²(Mises 应力)	1.40 倍	2.78 倍 　$\sigma_y \times Z_p$
地下结构	f_s=11.1kg/cm² : τ=5.6kg/cm²(焊缝)	1.98 倍	2.86 倍 　开裂强度(F_C/15)
基础	地基容许承载力 50t/m² : 40t/m²(接触压力)	2.00 倍	4.36 倍 　稳定极限承载力 1.86 倍时
考察			
作为构件的钢柱及外圈大梁的极限承载力，当发生水准 2 地震时，分别为 1.4 倍及 1.73 倍，不过，这些数值是分别对各自的设计规范的标准值的比值。实际的框筒所具有的极限承载力则是根据三维非线性分析所求得的主框架的稳定极限承载力来表示的，其值为 1.86～3.14 倍。			

* 稳定极限承载力：分析终结时的层剪力

(5) 斜柱节点连接的足尺实大抗拉试验

三个足尺实大的斜柱节点的抗拉试验结果表明，破坏状态全部为脆性断裂，最大承载力为设计屈服轴力的1.26～1.56倍，断裂的起点位于箱形截面隅角处的焊缝缺陷处。尽管这个焊缝缺陷在日本建筑学会的标准规范中是被认为合格的，其大小是被允许的，但是，这样的结果反映到实际工程中时，将用超声波探伤检验斜柱隅角焊缝的缺陷指定长度的最小值降低为规范规定的1/2。

4. 施工概要

作为本大楼风格独具的斜柱的装配是有着极其严格的施工管理标准的。尤其是那些隅角部位，如果尺寸精度达不到设计上的严格要求，那么，焊缝必然产生纰漏。因此，要将单个构件预先在地上组装成V字形，并利用三维尺寸测定器和拼合节点的千斤顶进行安装控制。

5. 无粘结斜撑的历史背景[3]

利用芯材来约束钢管等管材的屈曲的做法早在19世纪的后半叶开始，国外已有先例。然而，正规的开发应该是从1980年代起步的。另一方面，在1990年代初期，损伤控制设计的思想问世了，作为地震能量的吸收体，在采用低屈服点钢材制作的减振墙板和弹—黏性阻尼器的同时，又在建筑物中，实际应用了形式多样的无粘结斜撑体系。特别是，自从1994年的伯利兹地震和1995年的兵库县南部地震之后，人们从建筑物的耐久性的考虑出发，在兴建隔震建筑的同时，又营造了为数不少的配备减振构件的损伤控制结构的建筑物。这幢大楼就是在这个热潮中涌现出来的。

在无粘结斜撑的构造上，有采用双层钢管和利用钢筋混凝土作为约束斜撑构件压屈的做法，这幢大楼采用的是具有最高临界性能的钢管混凝土作为压屈约束构件。

（海野敏夫）

照片 2　利用千斤顶进行安装调节

照片 3　吊装的情景

［参考文献］
1) 大江匡「bamboo basket」『新建築』1997 年 6 月号，pp.242～246
2) 林賢一，岩田衛，海野敏夫「被害レベル制御構造の斜め格子チューブ架構を有する高層ビルへの適用」『日本建築学会技術報告集』第6号，1998 年 10 月，pp.65～69
3) 岩田衛，竹内徹，前田正則『建築鋼構造のシステム化』鋼構造出版，2001 年 2 月

089 HEP FIVE

高层建筑上的观景大轮车的减振措施

关键词 观景大轮车、乘笼、调频主减振器、旋转阻尼器、变形追随机构

照片 1 外观

房屋建筑概要

〈建筑概要〉

地　　　址：大阪市北区角田町 3-1
主 要 用 途：百货商店、餐饮门店、游艺厅
设 计 者：竹中工务店、大阪一级注册建筑师事务所
结构设计者：同上
施 工 者：竹中工务店、大林组、森组 JV
建 筑 面 积：4878.4m²
总建筑面积：52755.0m²
层　　　数：地下 3 层、地上 10 层、屋顶间 1 层
檐　　　高：48.1m
最 高 高 度：52.6m
竣 工 年 月：1998 年 11 月

〈结构概要〉

结 构 类 别：地上＝钢结构，地下＝钢结构、劲性钢筋混凝土结构、
　　　　　　　钢筋混凝土结构
结 构 类 型：斜撑式框架结构
基 础 类 型：现浇钢筋混凝土扩底桩、桩基础

〈观景轮车概要〉

直　　　径：75m
乘 笼 数：52 个
定　　　员：每笼 4 人
转 动 速 度：15m/min
柱 脚 高 度：GL+28.4m
最 高 高 度：GL+105.7m
结 构 类 别：钢结构

1. 前言

　　都市型的商业设施在满足消费者的多样化需要方面，不应将自己局限为单纯出售商品的空间，而应利用种种装置和设备将自己变成能够提供各种文化娱乐的空间。"梅田"是大阪市内具有代表性的商业地区，在这里修建的这座 HEP FIVE 是对"盼望市中心能有一处游乐园地"这一年轻人呼声的回应。作为一处商业建筑，既具备自己应有的魅力，同时，又在市中心提供一个供人们乘用的观景大轮车的新的享乐去处，实现了一种观景轮车与高楼大厦这两种风马牛不相及的性质完全不同的东西结合起来的崭新举措。

　　一架观景轮车在市中心同高楼大厦并肩而立的事实实属罕见。尤其是，规模如此庞大的观景轮车竟然设置在高层建筑之上的事例，世界上也是独一无二的。从观景轮车本是消遣娱乐的工具的角度来看，对其包括维护、管理在内的运营方面的安全性必须予以特殊的重视，所以在设计

这部观景轮车的时候，决不能将它等同于一般的游乐器材，必须做到具有更高标准的结构安全性才行。

下边，介绍在设计这部安装在高层建筑之上的大型观景轮车时，在以抗震和抗风安全性为中心的结构设计手法的要点和旨在提高乘坐游客的安全保障而开发出来的减振装置等机构的要点。

2. 建筑物简介

(1) 建筑概要

建筑物的平面形状呈倒置的"J"字形，长边(东西)方向为114.6m，而短边(南北)方向为75.9m，东南角部分呈缺口状。七层平面图如图1所示。

作为该建筑物的最大特点的观景大轮车设置在七层楼板上(GL+28.4m)，轮车的下部穿过大楼的内部。因此，为了容纳观景轮车，建筑物不得不将七层以上的楼层转移到南北向的另一楼宇去。

(2) 结构概要

地上楼层采用钢结构，地下各层除了外围部分之外，西侧的一半为钢结构，而东侧那一半为劲性钢筋混凝土结构。出于对减少拆除导致的建筑垃圾的目的，东侧这一半是利用了原有的地下结构。在继续使用原有桩基（现浇混凝土桩）时，曾利用快速荷载试验法验证了桩体的健全性和承载力，并且是在考虑了新桩与旧桩之间的承载经历的不同，而导致的沉降性状的差异的情况下，进行设计的。

至于地面以上的各楼层，其结构主要是采用作为抗震措施的框架结构体系，与此同时，还在核心筒体的周围设置内配提高抗压屈刚度钢板的预制混凝土造的斜撑。在配置抗震措施时，还设置了为补救由于平面形状不规则而造成偏心的斜撑。此外，主要的柱子一律采用CFT柱（填充型钢管混凝土柱），提高了刚度和强度，增强了抗震性(图2)。

(3) 观景轮车简介

观景轮车为钢结构制造，轮体和支托绝大部分采用的是圆形钢管构件。乘坐4人的乘笼(图3)，其外径为2.25m，宽为1.2m，大转轮的周边共装有52个乘笼，各乘笼都能以其吊轴为中心，自由转动，大转轮的主体结构为沿面外方向由呈放射状布置的26榀悬臂梁组成的桁架结构，而沿着面内方向则为环状桁架结构所构成。支承大转轮的两大支柱为三角锥形的桁架结构，主要构件的外径为ϕ1016～ϕ711的锥形钢管。大转轮借助滚珠轴承

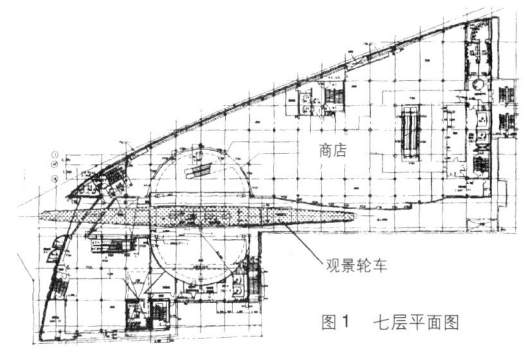

图1 七层平面图

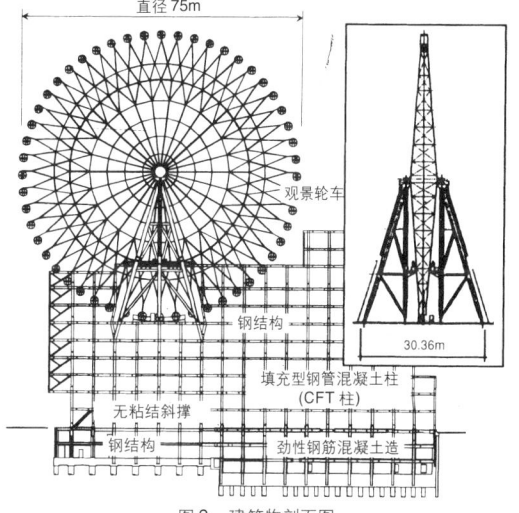

图2 建筑物剖面图

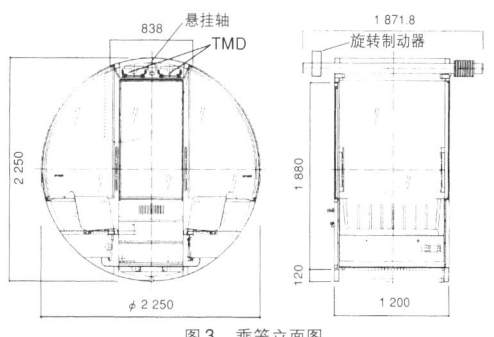

图3 乘笼立面图

机构环绕中心轴自由旋转，而中心轴则架设于两大支柱的顶端之间的滚珠轴承上，并用销钉固定着。转轮的驱动装置位于支柱的旁边。

3. 观景轮车的结构规划

一般的观景轮车的设计是以其作为一种结构物，针对强风和地震，按基于静态分析的容许应力设计法进行的。但是，当观景轮的规模太大时，重量虽然增大了，但更重

要的是其迎风面积大了，于是，在静态分析的条件下，强风时的荷载条件要比地震时来得更严峻。

当观景轮车与高层建筑形成一体时，在地震来袭时，由于建筑物与观景轮车之间的相互作用，必将导致地震反应大幅度地增大，所以，这部大型观景轮车不能采用与普通的观景轮车相同的设计方法进行设计。经过地震反应的动态分析之后，使其取得了与高层建筑相同的抗震及抗风安全性。

(1) 抗风设计

在进行这部观景轮车的抗风设计时，首先进行了风洞实验，然后，根据实验结果设定了设计用的风荷载值。实验结果表明，将作用于观景轮车的全部风力被除以转轮的迎风面积后，得出的等效风力系数的最大值为 $C_w=1.12$。根据建筑基准法，按此值求得的风压力为236tf，约等于设计用地震力的40%。

(2) 抗震设计

首先，为了确切掌握观景轮车的地震时的动态特性和其与建筑物间的相互作用效应，对观景轮车的立体结构模型与建筑物模型进行了二者相互耦联的地震反应分析，验证了抗震安全性(图4)。分析模型是将转轮和观景轮支柱置换为立体结构模型，而将建筑物置换为集中质点系的剪切模型，并将二者在七层楼板处形成一个整体模型。至于恢复力特性则假定观景轮车为弹性，而建筑物则假定为弹塑性。

作为输入地震波，在进行观景轮车的地震反应分析中，采用了与建筑物中所采用的最严峻的 EL CENTRO 1940NS 地震波，并且，还进行了与建筑物一样的，其在水准1和水准2的两种不同水准的地震输入之下的设计。在发生水准1的地震时，地表面的速度振幅为20cm/s，而在发生水准2的地震时，则为40cm/s。此外，还曾制作了

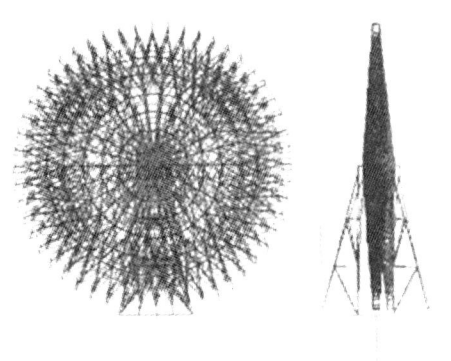

图4　固有振动振型图

模拟地震波，即便是假定发生正下方型地震的情况下，结构的安全性也得到了确认。

反应分析的结果表明，发生在观景轮车中心轴位置的水平力，当为水准1地震时，其最大反应值为 $QE=240tf$，约为设计用地震时的水平力的63%。此外，若将同样的观景轮车直接设置在地面上，则在水准1地震时，$QE=114tf$，可见，由于其设置在建筑物上，而被放大了约2.1倍多。

(3) 构件设计

这座观景轮车除遵循娱乐器材规范之外，主要是根据建筑结构的标准规范进行设计的。对于基本设计来说，使其在发生水准1地震时的构件最大反应应力小于容许应力，至于二次设计，则保证在发生水准2地震时的构件最大反应应力不会出现塑性铰，并在假想的正下方型大地震时的极限输入水准的情况下，必须确保观景轮车的桁架组成构件不超过其极限承载能力。以上就是构件设计的基本原则。

转轮由结构用圆钢管制造而成，各构件之间的连接有两种，主要构件的现场接头采用的是法兰型的高强度螺栓连接，而斜杆则采用连接板型的高强螺栓连接。

至于大支柱的主要构件，使用的是外径为 $\phi 1016 \sim \phi 711.2$，最大板厚为28mm的锥形钢管。一般的观景轮车普遍采用法兰型高强螺栓连接，可是，这部观景轮车除了柱脚部分之外，构件连接全部采用了焊接。此外，在支柱的顶端和柱脚部分，因有多根构件交会，以及经常出现锐角交会的情形，为了避免应力集中和提高焊接施工的可靠性和组装精度，采用了用焊接结构用的铸钢铸成的整体型节点连接。至于支柱的底脚采用的是法兰型连接，连接螺栓和连接法兰一律使用高强锻钢。

(4) 减振装置

地震反应分析结果表明，面外方向的最大反应加速度出现在转轮的顶部附近。虽然不致影响结构的安全性，但是，考虑到观景轮车是以从幼儿开始一直到老年人的广大年龄带的游客为乘坐对象的事实，所以，在所有的乘笼的顶盖内部都设置了两台减振装置。

减振装置属于被动型的TMD装置，附加质量相当于乘笼重量的10%左右，为72kg(36kg × 2 台)。为了在乘笼的进深范围内，尽可能地加大附加质量的运动行程，在附加质量内安装了弹簧和阻尼器，通过组装短弹簧的手段开发出了获得恢复力的机构，实现了高15cm × 宽27cm × 长107cm的非常紧凑的减振的TMD装置(照片 2)。

TMD装置的减振效果曾通过乘笼的足尺实大模型实验进行过验证，原定的10％的阻尼比的目标得到了确认。此外，利用TMD装置进行的模拟分析，验证了顶部的最大反应加速度降低了56％的事实。

(5) 驱动轮变形追随机构

观景轮车是借助驱动轮箍的旋转反力而沿安装于转轮上的导轨转动的。当发生大地震时，如果转轮发生面外的过大摇摆，导轨就会发生从驱动轮箍脱轨的危险。一旦脱轨，转轮就无法控制，乘客则连逃避都成了问题。另一方面，假如，对转轮的面外方向的变位采取强制的约束措施，那么，势必导致转轮产生过大的内力，就会给构件设计带来困难。这里，针对地震时的转轮面外变形的问题，开发出一种类似汽车的悬挂状态一样的追随驱动轮箍的活动机构(照片3)。

(6) 防止乘笼在暴风雨时旋转的装置

当台风等强烈风暴来袭时，乘笼会随风旋转，过去都是采用皮带式制动装置防止乘笼在强风吹袭下旋转。这次则是新开发出了一种速度比例型的硅橡胶系的黏性制动装置(照片4)。有了这种制动装置不但在日常运行时不会发出令人不快的摩擦噪声，而且又能防止强风吹袭时发生乘袭不稳定的转动。

4. 结语

这部HEP FIVE的标志性的观景轮车自从开张以来，年轻人和携儿带女的游客络绎不绝，成了大阪市的游乐场所的又一个新宠。

尽管这是在高楼大厦上设置观景轮车的首次尝试，但是，不论是从抗震和抗风的安全性上，还是从防灾避难的角度来看，都达到很高的安全水准。因此，可以说，从"既保证具有商业建筑固有的魅力和个性，同时又能享受到观赏市中心美景的乐趣"这一设计理念出发，使一个商业设施达到了娱乐性与安全性两全的佳境。

(河野隆史)

[参考文献]
1)『ビルディングレター』1998年10月号,pp.27～32
2)『JSSC』No.34, 1999年10月号,pp.2～8
3) 第2回日本制震（振）シンポジウム, 2000年11月
4)『Structure』No.69, 1999年1月号,pp.52～55
5)『基礎工』1997年6月号,pp.82～86

照片2 减振装置的安装

照片3 驱动轮变形追随机构

照片4 旋转制动器

090 仙台森大厦

超高层建筑的隔震

关键词 隔震构造、高强度混凝土、超高层隔震建筑、混合结构

照片1 外观

房屋建筑概要

〈建筑概要〉

地　　　址：宫城县仙台市宫城野区
主 要 用 途：办公楼、商店
设 计 者：大成建设
结构设计者：同上
施 工 者：大成建设
建 筑 面 积：2013m²
总建筑面积：43193m²
层数及高度：地上18层，最高高度84.9m
竣 工 年 月：1999年3月

〈结构概要〉

结 构 类 别：钢筋混凝土造、中间为钢结构，端部使用钢筋混凝土造的混合结构梁，弹性滑动支座＋层压橡胶支座构成的一层楼板下隔震
结 构 类 型：纯框架
基 础 类 型：直接基础

1. 前言

这幢建筑物是位于日本国铁的仙台站东约200m处，为地下2层、地上18层、屋顶间2层，檐高为74.9m（最高高度为84.9m）的办公大楼。该建筑的结构特点如下：

①柱子采用的是设计强度为60N/mm²的混凝土，柱及梁内主筋使用的是SD490钢筋，算得上高强度的钢筋混凝土办公大厦。

②对于跨度大的部分，使用的是混合构造梁，其中端部为钢筋混凝土梁，而中间部分为钢梁（C.S.Beam），而除了大跨度以外的梁、柱则采用钢筋混凝土的混合结构。

③应用层压橡胶支座与弹性滑动支座并用的隔震构造的超高层隔震建筑。

由于采用了高强度混凝土和高强度钢筋和混合结构梁，使得内有跨度长达15m的内部空间的超高层办公大楼拔地而起，实现了一幢刚性大、难以摇动的钢筋混凝土建筑。此外，还采用了以"确保高度抗震安全性、同时，甚至在发生大地震之后，仍能维持其作为超高层建筑的功能"为目标的隔震构造。这样做是应业主对该大厦的抗震性的强烈要求而设计的。此外，这又是一幢日本国内第一幢高度超过60m的超高层隔震建筑。

2. 建筑概要

地上楼层的标准层（图1）有一个两轴对称的规则的平面形状，其长边方向为47.3m，而短边方向为41.7m，位于中央的公用核心筒体的两侧为跨度达14.7m的办公空间。大厦高度与标准层的大厦宽度（柱外廓尺寸）之比（高宽比），沿长边方向为1.60，而沿短边方向则为1.81。

3. 结构规划

结构立面图、标准层结构平面布置图和隔震装置分布图分别如图2、图3、图4所示。

地上各楼层的梁、柱一律采用高强材料（混凝土为F_c=36N/mm² ~ 60N/mm²；钢筋为SD490），而在跨度大的部分，横梁采用的是混合结构梁（端部为钢筋混凝土梁，中

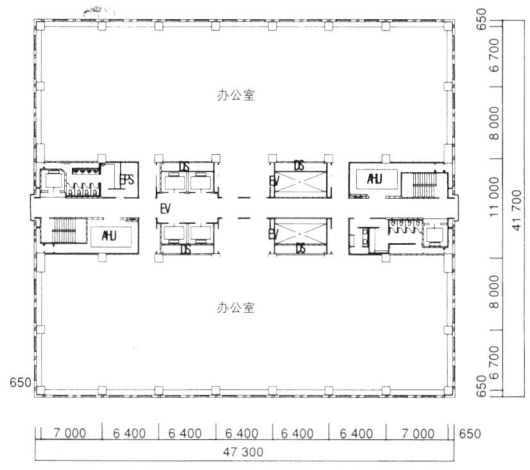

图1 标准层平面图

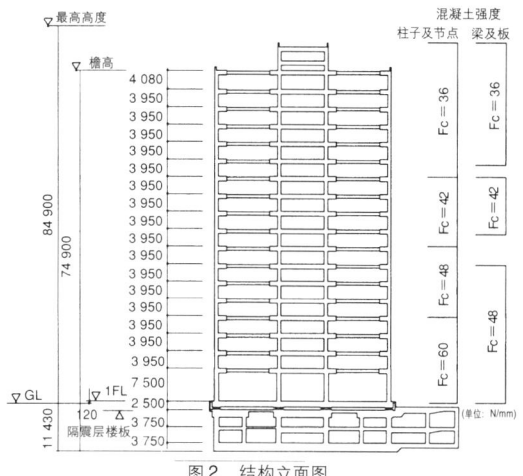

图2 结构立面图

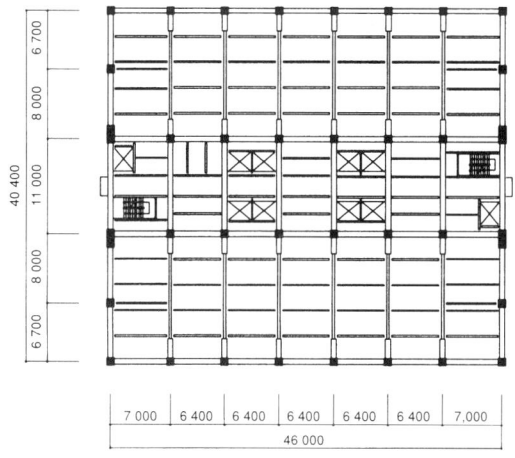

图3 标准层结构平面图

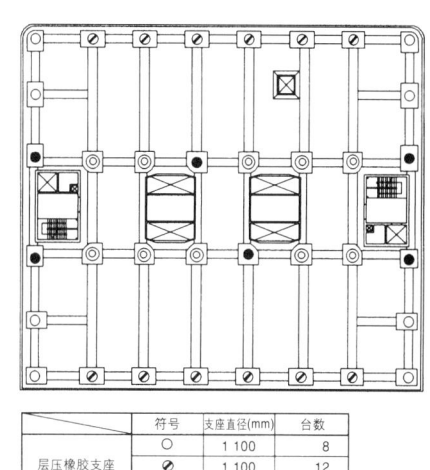

	符号	支座直径(mm)	台数
层压橡胶支座	○	1 100	8
	⊘	1 100	12
	●	1 200	6
弹性滑动支座	◎	1 300	10

图4 隔震装置布置图

间部分为钢梁)的钢筋混凝土造的纯框架结构。次梁为钢梁,至于楼板,则采用钢制底板的钢筋混凝土造,梁和柱一律预制装配化,以便能与钢结构在相同的工期内完成。隔震支座安装在设于一层楼板下的隔震层的一层柱子的底下。层压橡胶支座则是主要安装在外围的柱子底下,而弹性滑动支座安装在轴力变动小的内柱的底下。

该大厦上部结构的弹性固有周期为2秒左右。在着手设计时,那时候的隔震构造主要是用于固有周期在1秒以下的中、低层建筑物中,在像该大厦这样的长周期建筑物中使用隔震构造的,还未曾有过先例。因此,将上部结构的固有周期及恢复力特性与隔震层的恢复力特性结合在一起,进行了包括高层隔震建筑的地震反应性在内的动态反

应分析。分析结果表明,只要是能够恰当地确定隔震层的恢复力特性,那么,即使是属于长周期的建筑物,也完全可以获得很好的隔震效果[1]。

大厦采用了"弹性滑动支座"与"层压橡胶支座"并用的构造,因为,这种隔震构造的隔震层恢复力特性已经能够确切设定了。规划设计是按其在设计风荷载作用下,不会出现滑动,但在强烈地震来袭时才会发生滑动的条件,来安排滑动支座,这样一来,既可充分发挥钢筋混凝土结构在强风吹袭下,摇摆变形小的特点,又可发挥隔震结构在地震来袭时,上部结构的反应内力和反应变形都会很小的特点。

隔震层的恢复力特性与风荷载之间的关系如图5所

示。隔震层的屈服剪力为0.037。这个数值远远大于风荷载作用下的值，同时，又较之强烈地震时的反应剪力来得小。此外，将发生滑动以后的隔震层固有周期设定为5秒，以便达到周期充分长的目标。

4. 抗震设计

(1) 设计用地震波

设计用地震波如表1所列。根据对建筑物在其使用期间内的地震发生概率来确定输入水准。

(2) 目标抗震性能

该大厦的各部分的目标抗震性能如表2所示。关于各部分实有性能满足目标抗震性能的事实是通过不同水准的地震反应分析确认的。

(3) 设计方法

1) 地上楼层

设计地震力是按水准1地震时的反应层剪力来确定的。一层的层剪力系数为0.08。分析方法采用的是渐增荷载非线性分析，并进行了基本设计(容许应力设计)和二次设计。地上楼层的抗震设计概念如图6所示。此外，按渐增荷载非线性分析求得的层剪力—层间变形角关系曲线如图7所示。

2) 地下各层

在预备反应分析的基础上，将基本设计和二次设计的设计用地震力按层剪力系数分别定为0.2和0.3。针对基本设计的设计用地震力，按容许应力法进行设计，而对于二次设计的设计用地震力，则采用极限强度法进行设计。

3) 隔震装置

根据所使用的抗震装置的变形能力，将稳定的变形极限设定为25cm(橡胶的剪切变形率的125%)，而性能保证变形则设定为50cm(橡胶的剪切变形率的250%)。

5. 抗震性能

(1) 地震反应分析模型

参阅图8所示的最大反应层剪力及层间变形(短边方向)。

表1　设计用地震波

	输入地震波	水准1	水准2	水准3
记录地震波	EL CENTRO 1940　NS	25.0cm/s 255.4cm/s²	50.0cm/s 510.8cm/s²	75.0cm/s 766.1cm/s²
	TAFT 1952　EW	25.0cm/s 248.3cm/s²	50.0cm/s 496.6cm/s²	75.0cm/s 744.9cm/s²
	HACHINOHE 1968　NS	25.0cm/s 165.1cm/s²	50.0cm/s 330.1cm/s²	75.0cm/s 495.2cm/s²
	SENDAI TH-038 1978　EW	25.0cm/s 154.8cm/s²	50.0cm/s 309.6cm/s²	75.0cm/s 464.5cm/s²
模拟波	BCJ-L2	——	——	57.4cm/s 355.7cm/s²
	仙台	——	——	81.0cm/s 480.3cm/s²

上层数值为输入最大速度，下层数值为输入最大加速度

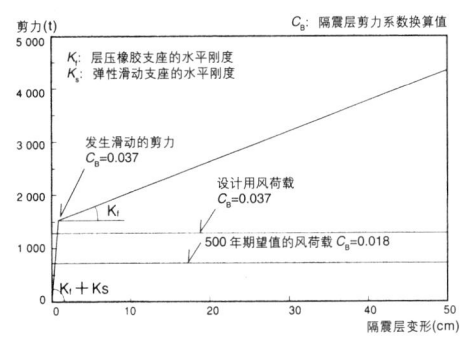

图5　隔震层的恢复力特性

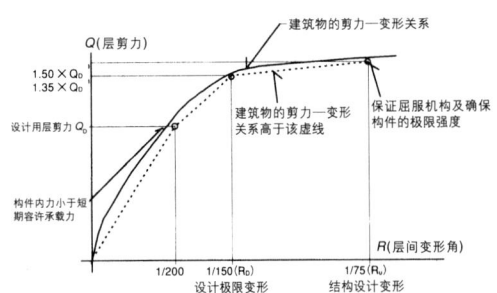

图6　抗震设计概念

表2　目标抗震性能

部位＼输入	水准1	水准2	水准3
隔震装置	稳定变形极限 (25cm)以下 橡胶剪切变形率：125%	稳定变形极限 (25cm)以下 橡胶剪切变形率：125%	性能保证变形 (50cm)以下 橡胶剪切变形率：250%
地上楼层	容许应力以下	弹性极限承载力①以下	弹性极限承载力②以下
地下、基础	容许应力以下	容许应力以下	弹性极限承载力①以下

弹性极限承载力①：柱未屈服，梁最先屈服时的承载力
弹性极限承载力②：柱未屈服，梁屈服数量为1/2时的承载力

假定地下二层楼板的位置为固定端，将地下一层楼板、隔震层楼板，乃至一层～屋顶层楼板的质量分别集中于 21 个质点的等效剪切模型。用渐增荷载非线性分析得出的层剪力—层间变形曲线来代替三直线曲线，作为上部结构的恢复力曲线，而滞回特性则采用的是武田模型。关于阻尼，按内部黏性型的瞬间刚度比设定，而阻尼常数则不论是地上楼层，还是地下各层一律都按各自的基本固有频率的 3% 取用。隔震装置的阻尼为零。

(2) 分析结果

关于建筑物短边方向的各部分最大反应剪力和地上楼层的最大反应层间变形，均如图 8 所示。

地上楼层的最大反应层剪力分别低于相当于水准 2 地震时的弹性极限承载力①的层剪力和相当于水准 3 地震时的弹性极限承载力②的层剪力。地上各楼层的最大反应层间变形是在发生水准 2 地震时为 1/330 以下，而在水准 3 地震时为 1/230 以下。

沿短边方向的隔震层最大反应如图 9 所示。隔震层的最大反应变形在水准 1 和水准 2 地震时，均低于隔震装置的稳定变形极限(25cm)。此外，水准 3 地震时的最大反应变形是在隔震装置的性能保证变形值(50cm)以下。

6. 结语

针对超过 60m 的日本国内第一幢超高层隔震建筑，这里主要论述了作为隔震建筑的结构规划和抗震性能。该建筑于 1997 年 3 月动工兴建，1999 年 3 月竣工。只要是正确设定了隔震层的恢复力特性，哪怕是更高的隔震建筑也不在话下。可以认为，隔震构造能使建筑物的抗震性能大幅度提高，并且，又能促进设计自由度的不断扩大，所以，其在高层建筑中的应用前景是光明的。

(小室　努)

[参考文献]

1) 小倉，川端ほか「(仮称) 仙台 MT ビル」『ビルディングレター』1997 年 10 月号，日本建築センター

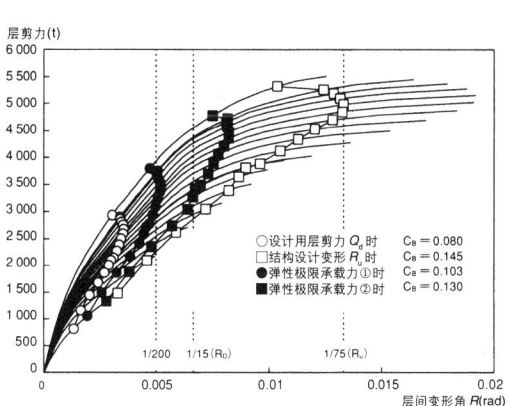

图 7　层剪力—层间变形角关系曲线(短边方向)

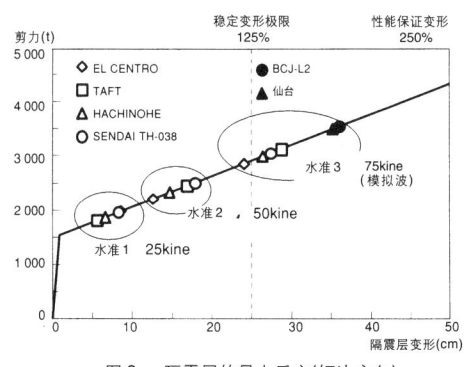

图 9　隔震层的最大反应(短边方向)

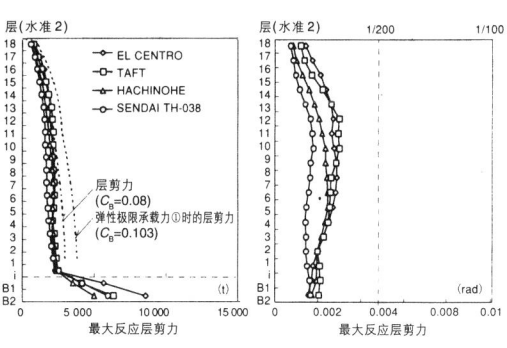

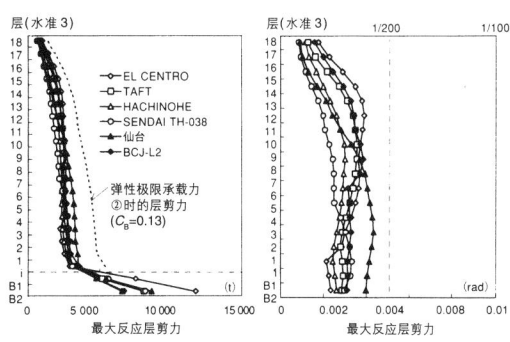

图 8　最大反应层剪力及层间变形(短边方向)

091 索尼电脑游戏机厂Fab1

消除微振的建筑物

关键词 半导体工厂、微振动、组合构件、网格梁

照片 1 俯瞰全景

摄影：西日本写房福冈

房屋建筑概要

〈建筑概要〉

地　　　址：长崎县谏早市津久叶町 6 番 30 ~ 33
主要用途：半导体工厂
设计者：大成建设一级注册建筑师事务所
结构设计者：同上
施　　工：大成建设九州支店
建筑面积：22765.38m²
总建筑面积：48464.74m²
最高檐高：29.368m
施工期间：1999 年 4 月 ~ 10 月

〈结构概要〉

结构及层数：主楼＝钢结构，地上 6 层，屋顶间 1 层
　　　　　　能源楼＝钢结构，地上 2 层
　　　　　　水处理楼＝钢结构、钢筋混凝土造，地上 2 层
　　　　　　药液楼＝钢筋混凝土造，地上 2 层，屋顶间 1 层
　　　　　　特高变电所＝钢结构，地上 2 层
　　　　　　仓库＝配筋混凝土砌体，地上 1 层
基础类型：直接基础

1. 建筑规划

　　该建筑物为(株)索尼电脑游戏机的半导体配件生产工厂。工厂建筑的构成包括作为半导体配件制造核心的主楼(位于中央)，其周围有若干配楼，是按生产需要配置的。配楼与主楼之间靠标桩指示互相联络。

　　主楼平面尺寸为 80m × 180m，其中有从事生产的生产厂房和从事管理的办公楼。由于生产厂房与办公楼的建设用地存在高度差，所以，在结构上利用伸缩缝将两者分开，但作为建筑物，仍然是作为一个整体安排的。主楼的中央为一个面积约 9000m² 的单层净化车间，该车间的西侧有办公楼，其余三面均为机械室，将其团团包围。

　　净化车间是从事半导体配件加工的地方，不仅对空

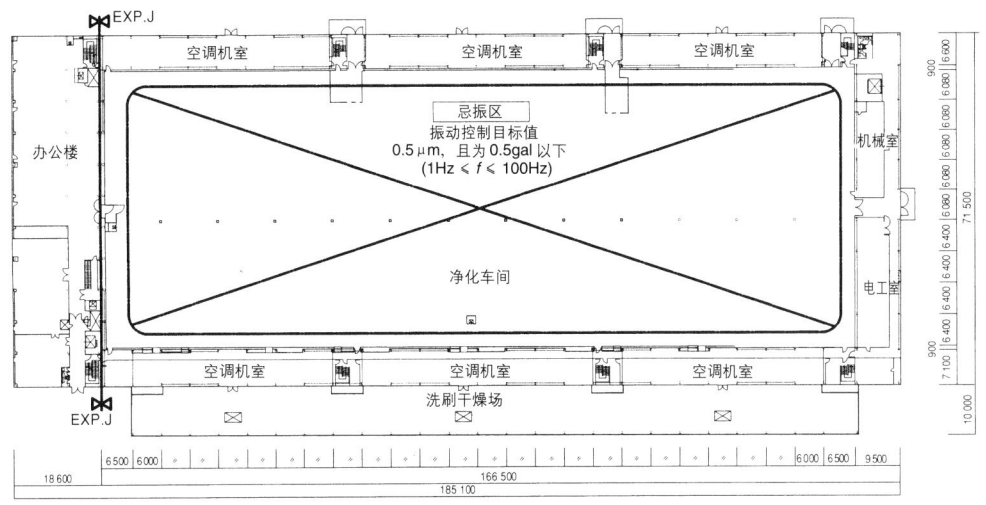

图1 净化车间平面图

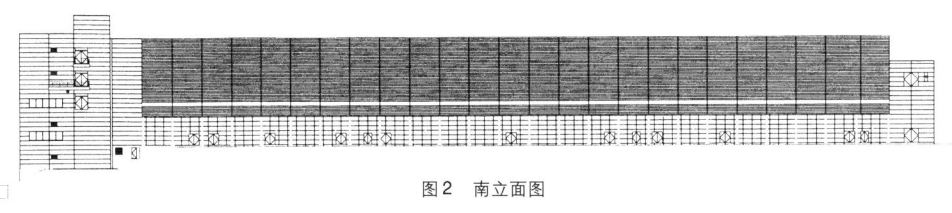

图2 南立面图

图3 剖面图

气的清洁度有要求，同时还要采取分子级的排放气体净化措施。

2. 结构规划

在半导体车间里，微米级以下的精密加工装置比比皆是，因此，对于设置这种精密装置的地板来说，哪怕是极其轻微的振动(微振)也会给生产造成危害，必须最大限度地防止任何轻微振动的发生。

导致微振发生的因素不胜枚举，诸如，交通振动、风振、平时地面微振等来自外部的振动，此外，还有来自空调设备、给排水设备等的设备系统和生产机械设备、搬运机械、人来人往等的生产系统等的内部振动。为了使诸如此类的振动难以传给生产车间的地板，必须将净化车间的地板构造与周围其他结构严格分开，同时，还必须采用抗微振的结构。各部分分别采用下列结构：

机械室侧：两个方向全部采用斜撑型纯框架结构；

净化车间：两个方向全部采用纯框架结构；

办公楼：两个方向全部采用纯框架结构。

3. 振动控制的目标值

将生产楼内净化车间全部作为振动控制区域，并按在此区域内，不论任何忌振装置，设置在任何部位都不会受到一点点振动的干扰来进行规划和设计。同时，对办公楼也要部分地设定其振动控制目标值。

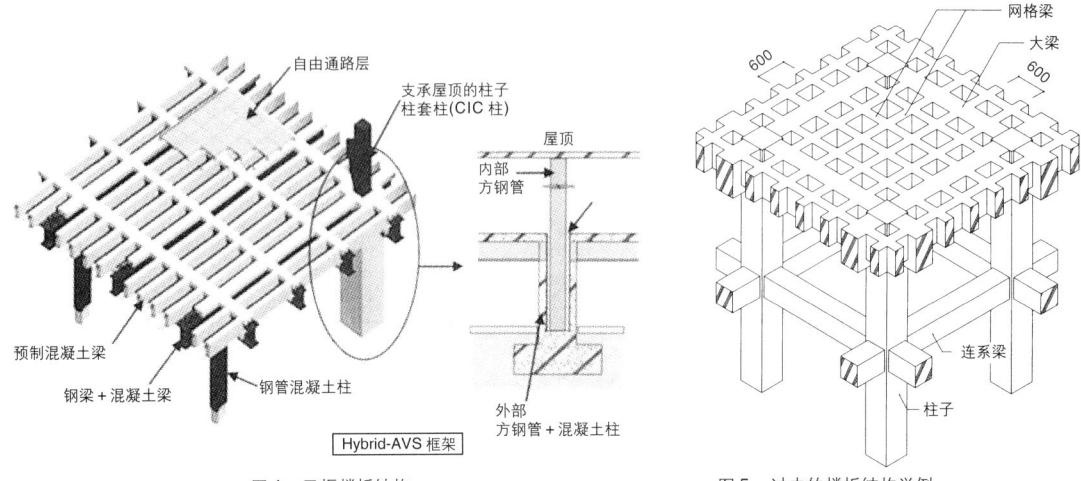

图4 忌振楼板结构

图5 过去的楼板结构举例

振动控制目标值:

生产楼净化车间

0.5 μm, 且为0.5gal以下(生产机械开动时)

1.0 μm, 且为1.0

1.0 μm, 且为1.0gal以下(生产机械开动+人来人往)

办公楼

3.0 μm, 且为3.0gal以下(生产机械开动时)

分析方法

1/3 倍频带分析 波峰频段死点分析

rms 值($1Hz \leqslant f \leqslant 100Hz$)

4. 抗微振框架

过去, 在设计抗振动框架时, 即便是在进行过微振动预测的情况下, 设计与实测也多数是不相吻合的。由于安全系数过大, 使钢筋混凝土结构的构件截面尺寸变得很大, 完全是采取提高刚度的手段来应对微振动的。

但是, 由于分析技术的进步和设计手法的提高, 使得贴近实测的振动预测成为可能, 再加上, 对设备和机械等的振源发出的激振力的很好掌握, 才出现了由钢材与混凝土组合而成的抗微振的框架结构。因为框架采取钢结构体系, 所以, 使得与近年来快速信息设备的飞速发展所带来短工期的实现成为可能。

图5所示的楼板结构是过去采用过的实例, 在大截面的柱子和梁上, 架设着是600mm × 600mm 的网格梁。之所以采用这样的网格结构, 是为了使清洁空气从顶棚到楼板下方顺畅地循环, 以及便于各种管线能够上下穿行,

这也是净化车间楼板结构的一大特点。

在这里, 这种忌振楼板的框架结构基本上采用的是钢造的, 并在钢结构的基础上, 再与混凝土很好的结合起来, 便可实现对微振的抵御和抑制。首先, 柱和梁采用钢材制作, 便于实现较大的跨度, 还能在机器和设备的布局上, 提供更大的灵活性。其次, 采用预制装配式的楼板梁来支承自由通路层, 柱内填充混凝土, 梁上浇筑混凝土。这些混凝土不仅能够提高刚度, 而且, 还有增加阻尼和加大质量的效果, 不但减小了振动, 同时, 还改善了结构的受力情况。

此外, 支承屋顶的柱子虽然位于净化车间的中央, 但是, 这些柱子全部插在忌振楼板柱内, 并且, 两柱之间还有一定的间隙, 保证不会将屋顶和顶棚的振动直接传给忌振楼板, 而是直达基础, 并传入地基。

5. 控制微振的方法

在控制微振方向, 重要的是要充分了解振源的激振力和高精度的振动分析, 以及可靠的防振施工。

在这次规划设计中, 在以往的丰富的实测资料的基础上, 设定与工厂振源相符合的激振力, 然后, 通过有实测依据的高精度的振动分析方法, 对振动加以预测。在预测结果的基础上, 设计出在控制微振上为最优的截面, 既可降低结构造价, 又能营造出最佳的抗微振的环境。

此外, 成立有建筑和设备有关的各公司参加的防振委员会, 不间断地从事防振巡视工作, 保证防振施工进行得扎实可靠, 并在地基及主体结构完成时和工程竣工时, 以

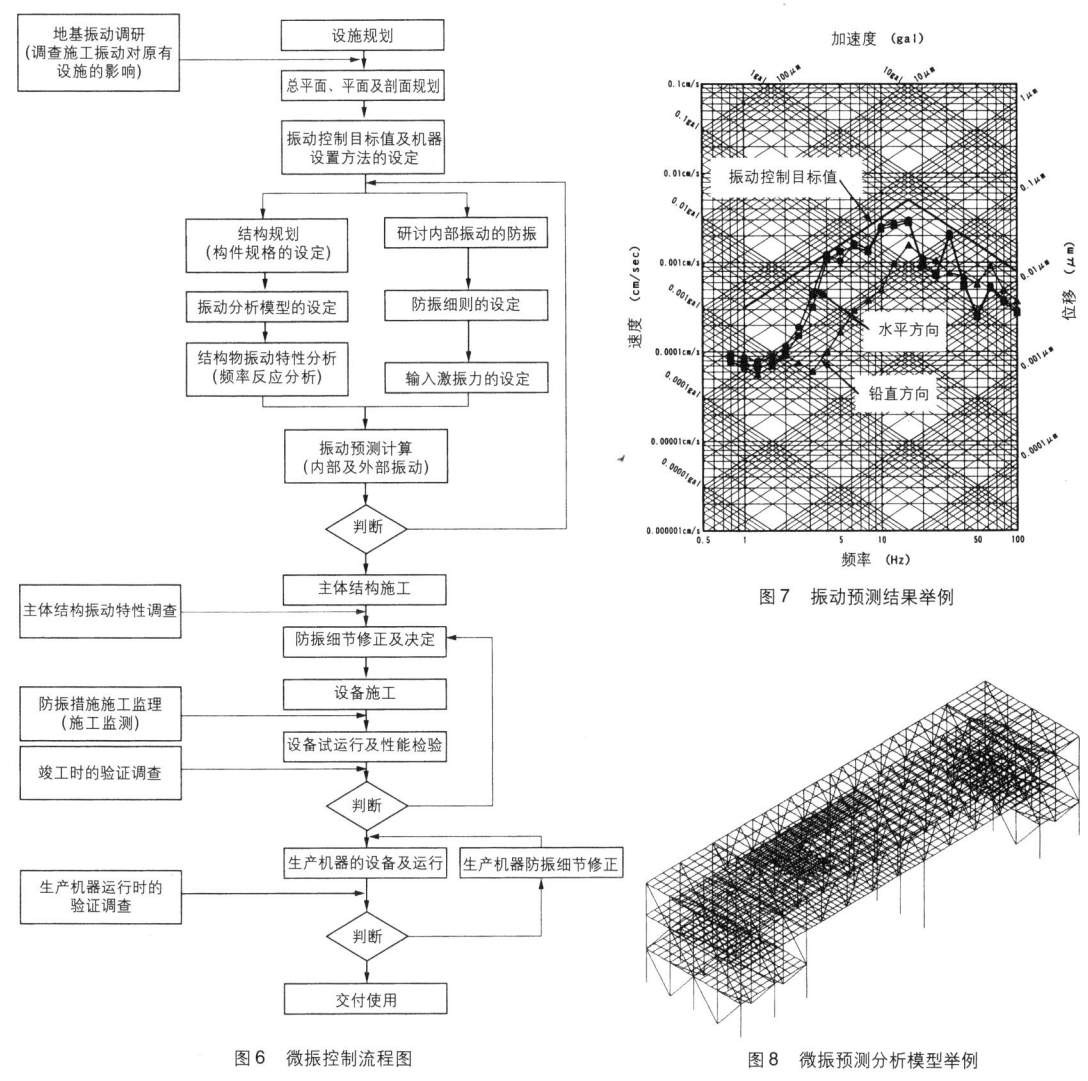

图6 微振控制流程图

图7 振动预测结果举例

图8 微振预测分析模型举例

及在生产装置运行时，及时有效地进行振动调研，再将调研所获得结果反馈于设计和施工之中，振动控制的目标，必将指日达成。

6. 结语

这里是一座最先进的半导体器件的生产工厂，虽然，对振动控制的目标值有着苛刻（0.5 μm，且为0.5Gal以下）的要求，但是，通过对导致振动的激振力的全面掌握和高精度的振动预测，再加上，采用了钢材与混凝土相结合的结构，我们实现了能够严格控制微振的优化的抗微振建筑。

最后，向给予指导的索尼(株)、(株)索尼·电脑游戏机厂、索尼长崎(株)[今索尼半导体九州(株)]，以及参与设计和施工的各方面人士表示由衷的谢意。

（川田雅义）

377

092 日本国铁中央大厦

形状及规模各异的双塔式超高层大厦

关键词 超高层大厦、置于中间砂砾层、沉降分析、CFT、减振装置

照片1 正面外观

照片2 西侧全景

照片3 站前广场

房屋建筑概要

〈建筑概要〉

地　　　　址：名古屋市中村区名驿1-1015，1
主　要　用　途：车站设施、办公楼、宾馆、百货店、停车场等
设　计　总　监：阪田诚造
设计顾问、建筑师：K.P.F
设　计　者：大成建设、坂仓建筑研究所、东海旅客铁路JV
结　构　设　计　者：同上
施　工　者：大成建设、鹿岛建设、大林组、清水建设、熊谷组、竹中工务店、铁建建设、名工建设、吉阿尔东海建设、新生技术、东海交通机械JV
建　筑　面　积：18220m²
总　建　筑　面　积：416565m²
层　　　　数：办公大厦＝地上51层、地下4层
宾馆大厦＝地上53层、地下4层
停车场楼＝地上18层、地下3层
檐　　　　高：办公大厦＝232.60m
宾馆大厦＝214.00m
停车场楼＝75.77m
竣　工　年　月：2000年3月

〈结构概要〉

结　构　类　别：地上＝钢结构、地下＝劲性钢筋混凝土造
结　构　类　型：主楼＝高层部分　框筒＋抗震间型框架结构，中低层部分＝跨层钢斜撑＋抗震间柱型框架结构（部分柱为钢管混凝土柱）
地下＝抗震墙＋框架结构
基础＝现浇混凝土扩底桩＋钢筋混凝土地下连续墙
停车场楼＝地上＝纯框架（部分为耐火钢）
地下＝抗震墙＋框架结构
基础＝现浇混凝土扩底桩

1. 建筑规划

趁名古屋车站改建之机，规划建设了这座作为21世纪新标志的双塔大厦。

建设用地地处以日本国铁为首，私家铁道、地下铁和公共汽车等公共交通的枢纽，每天约有110万人的乘客往来的环境之中。该地块的制约条件是东侧有都市规划区的限定，北侧受公共汽车终点站等的原有建筑的限制，同时，还处于西侧的原有站台和南侧的民间道路的包围之中。此外，在地下，东侧有南北走向的私营铁道的隧道，并且，在靠近中心区处，还有贯穿东西的地铁隧道。在如此高密度的都市当中，出于有效利用这块有限的建设用地的考虑，决定建设一个庞大的交通枢纽，使其拥有作为各种市内交通工具的综合终端功能和相应的附加价值的都市功能，并成为名古屋市的新中心。作为一处便利性、高效性与舒适性、安全性兼备的，富有时代感，而且魅力十足的空间，将各种大型设施重重叠叠置于车站上方，创建一个"立体都市"式的新型街区，这就是规划该建筑群的基本思路。

低层部分包括一层的站内东西和南北两处中央大厅和从地下二层起，一直到十一层的百货商店，以及位于十二层及十三层的餐饮街和多功能厅，再加上，位于另外一幢楼内的北侧停车场，彼此之间有机地联成一片。至于中层部分，有十五层的宾馆和办公室的出入口大厅，空中走廊便是它们之间的联络工具，高层部分则由南侧的宾馆塔楼和北侧的办公室塔楼组成。

此外，通过建立站前广场的手法，将周边的建筑物及周围的地下街道协调配置，以达到共存共荣的目的。

2. 结构规划

该建筑群是由形状和规模各异的两个高塔式的高层部

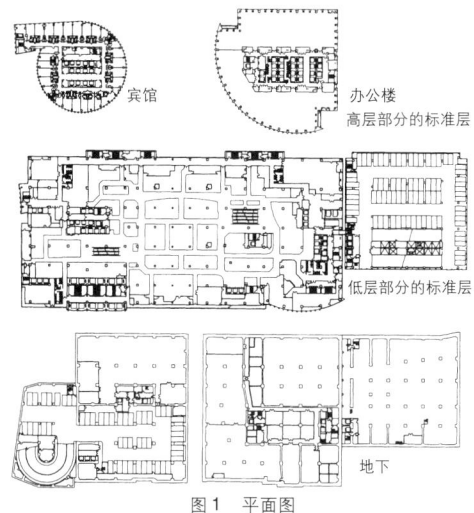

图1 平面图

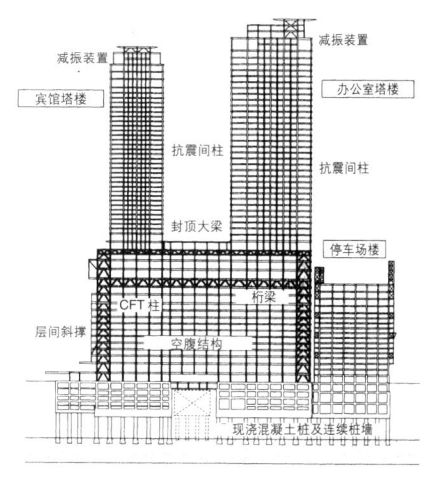

图2 结构概要图

分和作为二者底座的中、低层部分组合而成的。地下部分被夹在中间的地下铁道分割为两段。

高层部分中的塔式办公楼的平面呈1/4圆形，而塔式宾馆楼的平面形状为圆形外带一个突出的小矩形，没有对称轴，双塔的重量分别为75000t和48000t，形状和规模大不相同。为了与中低层部分相匹配，双塔统一采用9m模数，外围和核心，两部分都采用配置间柱的框架式筒体结构，这种类型的结构体系既能抑制塔楼自身的变形，又可显著提高塔楼的抗扭刚度。

中低层部分的基本模数为9m，是按主柱可以直通高层部分的思路进行规划的，高层部分的抗震间柱属于局部性构造，对于中低层，终止于其最高层（十八层）的桁梁（大梁）和位于十四层，梁高为整个楼层的集约型桁架。这也是出于确保高层部分与中低层部分之间的水平刚度的连续性的考虑而设置的，此外，在中低层的顶端设置这种强度高，而又刚度大的封顶大梁和集约型桁架，其目的在于保证平面上的整体性，与此同时，将设置在外围的连层斜撑和抗震间柱与大梁和桁架相互连接之后，便可构成水平刚度和抗扭刚度很高的超框架体系。然后，再在位于高层部分正下方的钢管等的高轴力柱内，填入高强度，且具有高流动性的混凝土，形成钢管混凝土柱，从而，提高高层部分下方的刚度和承载力。考虑到地下铁道隧道上方一定不能设置支承着众多楼层的承重柱，因此，在低层的中央，采用能够支承大跨度楼板的空腹式桁架体系，并使得一层的中央大厅构成无柱空间。

地下部分一律采用劲性钢筋混凝土，而基础则采用桩支承的平板结构，柱下基础采用的是现场浇注的混凝土扩底桩，至于高层部分的下方设置的是核心筒状的地下连续桩墙，并置于GL-44m以下的坚固砂砾层上。为使底板能够流畅地将上部传来的力传给桩基，将底板设计成刚度和承载力都非常强大的浮筏式基础形式（厚度t=5.5m），以期获得均匀的接地压力和不致产生过大的不均匀沉降（图1、图2、图6）。

3. 结构设计

(1) 地震反应分析

分析时所采用的模型是以一层楼板为固定端的每层为一个质点的弯剪型模型，宾馆塔楼为55个质点，而办公室塔楼为52个质点，模型共有107个质点。将每层的框架分别置换成弯剪杆件，同时，假定各层楼板在其自身平面内为理想刚性固定，而在平面外则为自由的刚性楼板，并在其重心位置，共有3个自由度，分别为平面上两个方向和一个转动方向。为确切评价扭转刚度，在双塔的外围框架的交点处的铅直变位按相等来认定。在中低层部分，双塔的全部框架都是用轴向弹簧、剪切弹簧和铅直方向弹簧连接的。至于在弹塑性领域时的恢复力特性，是利用精确模型的静力弹塑性增量分析所求得的荷载一变形关系，将弯曲变形与剪切变形分离开来，设定弯曲变形为线性，而剪切变形为三直线型（图3、图4）。

输入地震波有EL CENTORO(NS)、TAFT(EW)、HACHINOHE(N3)三种波型，以及含有长周期成分的模拟地震波和考虑建设地点特点的模拟地震波(NOHBI)。

(2) 基础设计

建筑物的地下部分深达GL-24m，在中间砂砾层内，由桩基支承。中间砂砾层以下夹杂有N值为10~20的黏性土，关于这种土层的力学性质的评价和基础沉降量的预测都是决定基础结构和施工方法的重要因素（图5）。

为了决定基础结构和施工方法，进行了考虑施工程序

379

的沉降量分析。基础结构采用的是以中间砂砾层为持力层的桩基础，而施工方法则是采用逆向施工。

沉降分析用的模型采用的是反映施工过程的基础—地基耦合模型，铅直变位则是利用 Boussinesq 解，还有 Steinbrenner 的近似解与梁单元相结合的三维有限元法分析而求得的，进而对平板基础的设计和变形角的安全性进行了确定(图7、图8)。

回弹量是宾馆塔楼为1.3cm，而办公室塔楼为1.8cm。从施工开始，一直到工程竣工为止，宾馆塔楼的沉降量最大达到3.1cm。至于相对沉降量，办公室塔楼最大为0.7cm，变形角为0.36×10^{-3}rad。平板基础混凝土硬化后的基础最大沉降量为2.4cm左右，最大变形角为0.35×10^{-3}rad。上述各沉降值均小于弹性沉降的容许值，因此认为，出现对基础有害的沉降的可能性是不存在的。此外，在施工过程中，为了确认施工的安全性和验证沉降分析方法的可靠性，还曾进行了以测定地基和基础沉降量为代表的各种实测工作。测量结果表明，与分析值相当吻合(图9)。

(3) 减振装置

以改善在强风时的居住舒适性为目的，设置了主动型的减振装置。地上部分的总重量约为30万t。在宾馆塔楼的楼顶设有由交流伺服电机驱动的多级摆式减振装置(60t × 4 台)，而在办公室塔楼的楼顶则设有由油压激励

器驱动的多级层压橡胶式减振装置(75t × 2 台)。控制的强度设定为当出现重现期为1年的风速时(24.6m/s)；最大反应加速度可降低到50%以下。此外，为了使减振装置在出现重现期从 1 年一直到 50 年的风速时(49.1m/s)都不会停止，以便最大限度地发挥减振装置的作用，采用了增益可变的控制方式，保证将大厦的反应加速度降至40% ~ 50% 的范围之内(照片4、5)。

4. 施工概要

建设地点是多种公共交通的枢纽，而且，日本国铁名古屋车站的中央广场又从施工现场的中间穿过。确保施工现场范围内的安全自不待言，与此同时，确保第三者和列车运行的安全也是责无旁贷的。因此，施工规划是立足于，即使是发生了人为事故，也不致造成灾难性后果的指导思想进行制定的。

(1) CFT柱的混凝土充填

向钢管柱内填充混凝土工作是将从地下一层起，一直到二十层之间约105m高的柱子，以10层为一段，分上下两次进行压入。85 根钢管混凝土柱的混凝土总压入量约为5500m³，从钢管混凝土中的混凝土压入量来说，可以说是日本国内首屈一指的了。

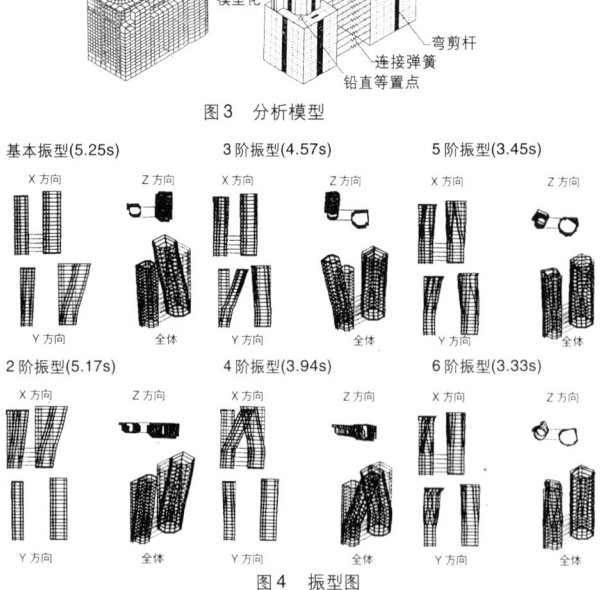

图3　分析模型

图4　振型图

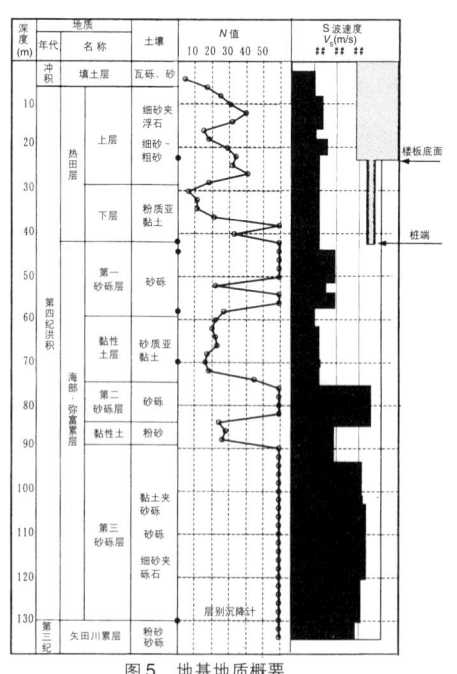

图5　地基地质概要

(2) 全楼层逐层施工法

高层塔楼部分的施工采用在建筑物的外围设置养护框(自动攀升系统)的全楼层逐层施工法。办公室塔楼完成一个楼层的施工周期为 5 日,而宾馆塔楼则为 4 日。采用这种施工法,由于在钢构件安装时,有坚固的养护框覆盖,所以,比以往的施工方法的安全性要高得多,而且,养护框的拆撤转移不需要塔式起重机进行,效率高。由于引进了自动攀升系统,使得在国铁运营线路附近施工的严峻作业条件有所缓和。

(3) 利用正式柱吊装的施工法

在进行宾馆塔楼高层部分的结构安装时,采用了利用塔楼的正式柱子进行构件吊装的施工方法。这种施工方法不需要在楼板上开出供车使用的洞口,因此,免除了人员坠落和物体掉落的危险,同时,对下层还可起到挡雨的作用,使得装修施工早期动工成为可能。此外,除了不需要起重机的底座和塔架之外,也不需要为设置起重机的楼层进行加固。攀升楼层的时间也比以往所采用的塔式起重机节省约 1/3,优点是很多的。

(4) 用电脑实施系统管理

施工中,引进了采用电脑的施工安全卫生支援系统、场内外物料运输管理系统、起重管理系统等等,使施工进行得顺畅快捷。

(川村东雄)

[参考文献]
1) 西川泰弘、川村東雄、渡辺純一、小林治男「立体動的弾塑性解析用略算モデルを用いた解析例」日本建築学会大会、1995 年
2) 川村東雄、富島誠司、清水映世、真島正人、長尾俊昌「中間砂礫層で支持された高層ツインタワービルの沈下解析(その1～3)」日本建築学会大会、1995 年
3) 川村東雄、真島正人、清水映世、青島一樹、石井善一、長尾俊昌「中間砂礫層で支持された高層ツインタワービルの沈下観測(その1,2)」日本建築学会大会、2000 年
4) 渡辺淳一、川村東雄、長島一郎、櫚木龍大、浅見 豊、平井 潤、高橋敬三「超高層ツインタワービルへのアクティブ制振装置の適用(その 1, 2)」日本建築学会大会、2000 年

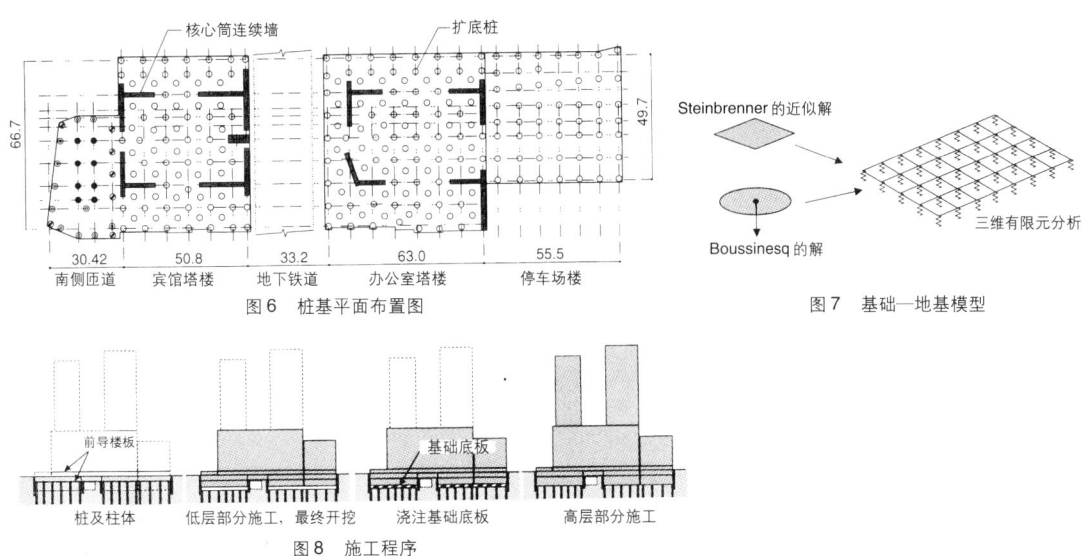

图 6　桩基平面布置图

图 7　基础—地基模型

图 8　施工程序

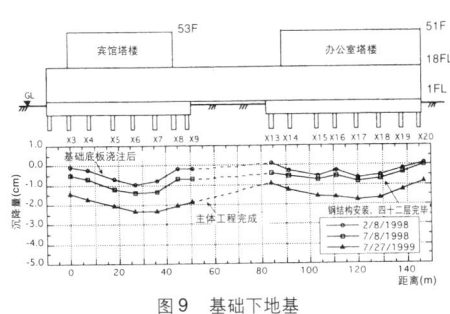

图 9　基础下地基

照片 4　多级层压橡胶式减振装置

照片 5　多级摆式减振装置

093 埼玉超级竞赛馆

移动重达 15000 吨建筑实体(看台)

关键词 可动、下撑式梁、顶升、半圆形剪力墙

照片 1 俯瞰全景　　　　　　　摄影: 畑 拓(彰国社)

房屋建筑概要

〈建筑概要〉

地　　　址: 与野市大字落合及大宫市锦町地内(埼玉新中心)
主 要 用 途: 剧场、商店、文化中心
设　计　者: 日建设计(MAS·2000合作设计: 代表日建设计, 合作
　　　　　　Ellerbe Becket, Flack + Kurtz Cousulting Engineers)
结构设计者: 日建设计(MAS·2000合作设计室)
监　理　者: 埼玉县、日建设计、大成建设、三菱重工业
结构技术指导: 斋藤公男(日本大学)
照 明 顾 问: 照明设计工作室(外观及外景)
施　工　者: 大成、三菱重工业、UDK JV 等
建 筑 面 积: 43730m²
总建筑面积: 132310m²
层　　　数: 地下1层、地上7层、屋顶间2层
竣 工 年 月: 2000年3月

〈结构概要〉

结构类别: 钢结构、劲性钢筋混凝土造和钢筋混凝土造
基础类型: 现浇混凝土桩基础

1. 建筑规划概要

这座埼玉超级竞赛馆是在原国铁大宫调车场旧址,作为"埼玉市新中心"的核心设施而兴建的供举办音乐会和体育赛事等文化娱乐用的综合设施。为有效地利用新干线与旧铁路线之间的这块建设用地的突出特点, 让总体造型能给人以动感, 由南向北逐渐展开的扇形大屋顶呈现出将新的县中心纳入自己怀抱一般的姿态, 使得作为埼玉县的新中心的核心的"山毛榉广场"的设计仍然持有北方的风格。

该建筑物的基本特点在于, 在大屋顶覆盖的空间内, 可以实现两种形态不同的演艺或竞技的空间, 一种是演艺或竞技场设在观众席中央的演艺(竞技)场, 而另一种则是看台式的体育或观众厅, 办法是使包括看台、中央大厅和厕所等设施在内, 总重量达15000t的建筑实体可以作长达70m的水平移动。

中央型竞技(表演)场约有20000个席位, 是举行篮球赛和音乐会的最佳空间, 借助藏于顶棚内的帷幕又可间壁出约6000个席位的大厅。此外, 看台式的体育场约有27000个席位是非常适合举办美式足球等赛事的空间。

此外,再加上可以移动的楼板机构和可以移动的顶棚等机构,那么,举办音乐、体育、生产、文化等多种形式的活动都是可能的。当采取中央型模式时所形成的公众性场所可以成为引进自然光和自然风的开放式活动空间,不仅可供举办有全县人民参加的各种活动,同时,又可以同"山毛榉广场"连成一片而形成一个大型都市广场。

2. 结构设计概要

主体结构由半圆形看台、两侧的侧看台、文化游乐厅和上方的大屋顶,再加上能够在这无柱空间内移动的室内建筑实体等共计五大部分组合而成(图1)。

二层以下为劲性钢筋混凝土造(部分为钢筋混凝土造)使整个建筑物构成一个整体,至于二层以上部分,诸如,半圆形看台为钢筋混凝土造(部分为劲性钢筋混凝土造)的半圆形剪力墙及钢屋架的屋顶,而侧看台、文化游乐厅、可移动的室内建筑实体都是钢结构的。

虽然,文化游乐厅和侧看台是一个整体,但是,在设计上,还是考虑它们在结构上可以分别独自成立的。此外,在半圆形看台与两侧的侧看台之间设置了伸缩缝。

大屋顶为斜圆锥曲面的钢结构制作,是由6榀剖面为三角形的桁梁和与其垂直相交的小梁构成的。

这种剖面为三角形桁梁沿跨度方向呈变截面形式,中央处的最大梁高约为10m。各榀桁架均朝着斜圆锥的中心方向布置,每榀桁架剖切面的形状成为相似形,这样即可在几何学上避免了三角形截面的各面发生扭转的可能性。桁架的一端支承在固定看台端部的门型框架(端桁梁)上,而另一端则支承在横跨两根超大柱之间的下撑式大梁上,其前端进而再以悬臂形式,向前挑出27~32m。

下撑式大梁是由高度达5m的斜腹杆桁架和10m的撑杆,再加上3根平行的钢索构造而成的。这样就不会遮挡由三角形横截面桁架所代表的方向性,同时,又突显了将庞大的屋顶荷载直接传给超大柱的设计创意。为了控制变形和内力,给每根钢索分别施加1000tf,合计3000tf的预应力(图2)。

对于作用于大屋顶的地震时发生的水平力,是借助设置于超大柱上的高阻尼型层压胶垫,将大半的地震力传到半圆形的看台上。这样一来,在结构上,大屋顶便与半圆形看台形成了一个整体,从而,使大屋顶不与其他部分发生关系。

X方向的地震力借助三角形截面桁架的轴向钢度,Y方向地震力凭借大屋顶的弯剪刚度传给半圆形看台的半圆形剪力墙。正是由于这个理由,才将半圆形的剪力墙设计成壁厚达800~1200mm的强度型混凝土壁式结构(内部配置部分型钢)。

考虑到下撑式大梁上的每一个支承部位都需要长期地承受大约2000tf的铅直荷载的作用,所以,在综合考虑了下撑式大梁的弦杆形状和超大柱内的构造之后,在每个支承部位都设置了3个正方形的高阻尼型层压胶垫。由于大屋顶的主要的变形方向只有一个方向(Y方向),因此,这样的设置方法可以认为是正确的。

在进行大屋顶的施工时,考虑到周围没有多大富裕的建设用地的具体条件和尽量减少暂设工程,以及确保低处作业的安全性和更高的施工质量,决定采用顶升式施工法。

3. 可移动的室内建筑实体概要

可移动的室内建筑实体有着与固定看台相同的半圆形

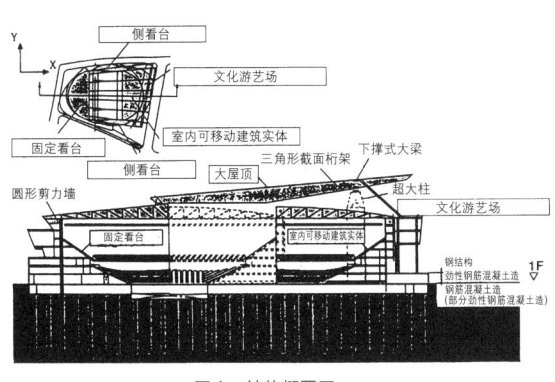

图1 结构概要图

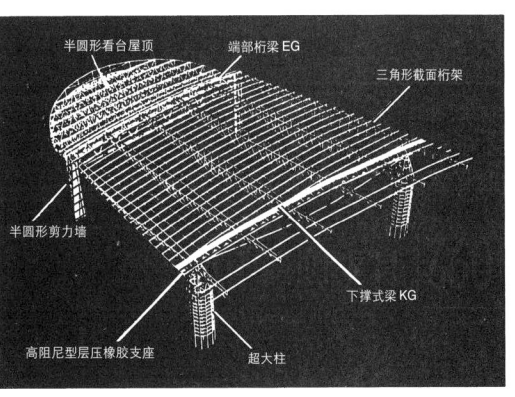

图2 结构透视图

屋顶，其平面尺寸为宽126m，进深约7m，高约42m，可在18根直线钢轨上移动，能够形成中央表演型模式和看台式体育场模式的两种场馆形态。

为了减轻移动的总重量，其主体结构采用钢结构，而阶梯状的观众席部分则使用厚度为4.5mm的钢板来制作。主体结构是由直接支承在台车上的主柱所构成的框架形式，在其底脚处设有承受铅直反力的20台驱动台车和44台从动台车(图3)。

台车按其在设计时规定的长期容许承载力的不同，分为4种，最小为150t，最大为450t。每个台车有2个钢制的车轮，其中，承载力为450t的台车车轮直径为φ1200，这个尺寸在日本国内的可移动的设备中当属最大的了。为了确保地震来袭时的安全性，台车装有锁定装置，不论是在采取中央表演型模式，还是看台式体育场模式时，只要是将锁紧销打进下部主体结构内，便可形成完全可以传递水平力和上浮力的机构。此外，为了确保其在移动时能够稳定地直线前进，另外又增设了与行驶钢轨平行的水平导向机构(4根水平铺设的钢轨)，以防止出现蛇行现象。在驱动台车上，装有电动机、减速器，通过控制车轮的转数便可实现行驶，此外，再借助操作工人的目视观察和电动连锁装置来保证行驶的安全性。在轨道的端部设有装备着油压缓冲器的制动装置，以确保一旦发生台车溜动时的安全性。万一在行驶中发生了50cm/s^{2}以上的地震时，监控室内与其联动的地震仪使其自动停车。在刹车制动力的范围内，驱动台车不会发生滑走。

赋予上部结构足够的刚度，同时，为了控制地震时的摇摆，还配有使用屈服点极低的钢材制作的间柱作为减震之用。这种减震构件作为间柱安装在主柱之间，这些减震间柱的中间腹板是用屈服点极低的钢材制作的。

由于室内的移动建筑实体是由台车支承的结构，所以，这里的减震系统一方面应能在地震发生时，地震力不致集中某个特定台车上，应能将地震力加以分散，同时，应能降低大地震来袭时的地震荷载和能够减小倾覆力矩的合理的台车设计，而设置的。此外，在规划设计中，为了能在举办各种活动都可提供最适当的顶棚高度，在遮断外部和内部的音响的顶棚面的下方，装备可移动的顶棚。还有，为了能够应对多彩的活动模式，还设有楼板升降机构等其他机构，除室内可移动的建筑实体之外，还设有众多可移动机构，这一点是这幢建筑物的最大特点。

4. 社区演艺场的构成要项

在室内可移动建筑实体合龙之后，当形成表演场地位于观众看台中央的中央型演艺场模式时，可以称为社区演艺场，在社区演艺场与"埼玉广场"连成一体而形成的开放性巨大空间中，我们在设计时还曾注意到以下3点构成要项：

● 下撑式大梁

● 大屋顶幕墙

● 社区演艺场幕墙

关于下撑式大梁的具体构造前边已经提到，采用下撑式大梁的目的在于，既不妨碍三角形截面桁架的方向性，同时，又可以使幕墙的墙面尽可能地大。

支承大屋顶幕墙玻璃面的结构是由支承玻璃面顶部的拱冠和玻璃面的下撑式结构的间柱和梁组合而成(图4)。由直径达130m的拱冠与下撑式间柱构成的空间结构将作用于幕墙上的长期荷载、地震力和风荷载直接传给下部的主体结构。为了确保拱冠的轴向刚度和必要的承载力，采用的是三面各为2.5m的三角锥形的立体桁架。为了提高玻璃面结构的稳定性，而在拱券的中央附近增设水平斜撑，在两端加设支撑构件，并沿拱券全长设置增加抗压屈刚度的拉杆。这样一来，承受玻璃面的结构就成了能够应对诸如风荷载时的偏载，以及平行于拱券（Y方向）的地震荷载的既有刚度，又具有足够承载力的结构体系了。所有的构件一律使用钢管制作，构件之间的连接则一律采用焊接。

在支承玻璃面的结构中，不论是纵向的间柱，还是横向的梁一律使用透风度高的下撑式构造，用这些构件将作用于玻璃面上的荷载传给下部的主体结构和拱券。所有受拉构件均采用预应力钢筋，张拉的初拉力为3t左右。

大屋顶的幕墙是单独支承在下部主体结构上的，并且与大屋顶之间还设置了伸缩缝。大屋顶的下撑式大梁的钢索是贯穿幕墙的，为了使它们在结构上各行其事，互不干扰，需要在贯穿的部位设置具有变位追随性，同时还具有隔声性能的伸缩缝。

根据用尝试法进行试验的结果，决定采用橡胶垫与全方位可动，而且不产生反力的导电弓状的钢框架组成的机构。此外，再将橡胶垫做成双层的，并使其形成等压空气层，一方面可以确保必要的隔声性能，同时又能将渗入的雨水向外排出，这样的构造便可做到既隔声，又能阻止雨水进入室内。此外，内部的橡胶垫还可免受紫外线的影响，防止老化。

由于这种橡胶接缝的形状特殊，为了确认其止水性和变形性能，曾制作了长2m的大模型，并利用抗风压试验机进行加压，结果证明，变形和止水都没问题。

社区演艺场的幕墙是一面圆弧形的玻璃幕墙，宽80m，高15m，是采用MJG施工法安装的(照片2)。

玻璃幕墙的支承框架是这样构成的，即在将宽80m的幕墙分成10个跨度的部位设置下撑桁架型的间柱，同时在间柱与间柱之间再用下撑式桁梁将它们连成整体。纵向及横向的张拉构件一律采用钢绞线，并按面外风荷载作用时，不出现压应力的原则施加初拉力。至于横向的下撑式桁梁则是凭借张拉构件接受初拉力后，而产生的恢复力来解决自重，而不需设置吊杆。此外，还可以起到阻止纵向间柱芯杆沿圆弧方向出现压屈的作用。用于下撑式桁梁上的钢绞线是一条长达80m(幕墙全宽)的钢绞线，这样可以大大简化支杆和间柱芯材之间的接合，同时，锚固件也可减少，有利于降低造价。

当圆弧形的横向下撑式桁梁内引进拉力之后，通过其沿圆心方向的分力，确保幕墙玻璃面作为一个整体产生朝向室内的变形。因此，必然导致纵向间柱的内侧钢绞线的拉力比外侧钢绞线的拉力大，从而，形成与圆心方向的分力相平衡的状态，完全控制了幕墙的变形。

为了确认风荷载作用下的结构性状和与施加预拉力有关的施工上的问题，曾进行了共有2跨横向下撑式桁架的足尺实大的模型实验，关于施加预拉力的方法和拉伸支杆的方式的简易性，以及施工时的分析的可靠性等都得到了很好验证。

(小堀　彻、细泽　治)

[参考文献]
1)『JSSC』37，2000年7月号
2)『建築技術』 1997年8月号～1999年11月号

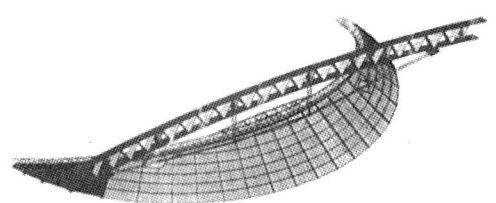

图4 大屋顶幕墙

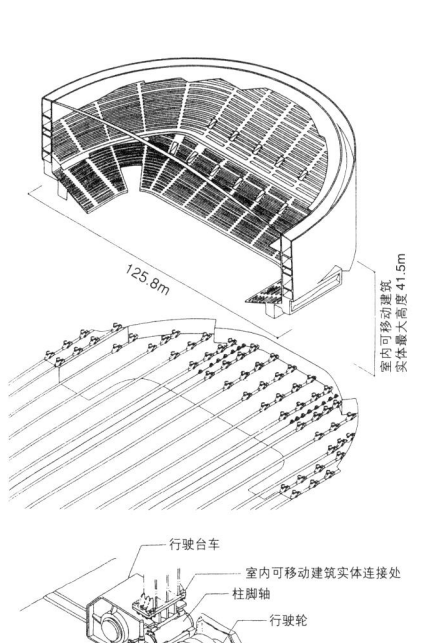

图3 室内可移动建筑实体及从动台车

照片2 社区演艺场幕墙

385

094 饭田桥第一大厦

大规模中间楼层隔震的建筑

关键词 综合型大厦、中间层隔震结构、地震能量集中、抗震性能、能量集中型减振结构

照片1 外观　摄影(1、2)：SS东京

照片2 集合住宅外观

图1 规划示意图

（图中文字）
住宅　空中花园——在开阔的空间上设置的优美居住环境
——为优美环境而提供的开阔空间
办公室——新引进的都市型低层办公楼
停车场　商店等——保留并有所扩大的原有商店和小工厂
机械室

房屋建筑概要

〈建筑概要〉
地　　　　址：东京都文京区后乐 2-5-1
主 要 用 途：办公楼、集合住宅、商店
设　计　者：日建设计　东京
结构设计者：同上
施　工　者：洪池、东亚、浅沼、五洋建设 JV
总建筑面积：62947m²
建 筑 面 积：5405m²
建筑物高度：最高高度：63.20m
檐　　　　高：59.00m
层　　　　数：地下2层、地上14层、屋顶间1层
施 工 期 间：1997 年 12 月～2000 年 5 月
〈结构概要〉
结 构 类 别：劲性钢筋混凝土造(部分为 CFT 柱)及钢筋混凝土造
结 构 类 型：框架剪力墙结构及中间层隔震结构
基 础 类 型：直接基础及现浇混凝土桩基础

1. 前言

这幢大厦属于原居民主导型的二次开发项目，二次开发后，原有产权人的大半仍希望继续留住于该居民楼内。在二次开发时，首先要提出符合居民意愿的图式和具体说明，并明确示该大厦的构成形态。

该大厦中的各种用途的分布情况如图1所示。

2. 建筑规划

(1) 集合住宅部(具有高度自由度的住宅)

对于集合住宅来说，重要之点在于平面布置灵活，而不受梁、柱的干扰，以及用水房间周围的通风和采光。在本大厦的规划设计中，将南北两侧作为居室区，中央作为用水房间来安排的钢筋混凝土结构的格局作为推荐给回迁户的户型。将居室区设计成无梁楼盖体系，以进一步提高居室布置的自由度。此外，在用水房间的集中区域内，设置局部小天井式的空间，并兼作设备间使用。

尽管是位于都市的中心区，然而，本着创造一个绿意盎然，令人心情舒畅的居住环境的目标，将办公楼部分规划在尽可能低的部位，并且营造一处"小丘陵"。在小丘陵上，设置与下层的办公楼完全隔绝的"空中花园"，从而，为居民规划出一个供他们休憩的好去处。最终，在距离地面高达40m的办公楼头顶的土丘上，出现了一个约1500m²的种满草坪和成排的白檄树的空中花园，而5层楼的集合住宅就建在空中花园的旁边。

(2) 办公楼部分(为实现平面布置的灵活性)

租赁办公楼这部分是二次开发事业的核心，也是居民赖以生存的经济来源。因此，办公楼部分的建筑规划一定要做到既经济，又高效，同时还得有吸引力。

于是，这幢办公楼的平面最好是既能应对整体连通起来使用，又能应对分室使用，在可能的范围内，尽量能够做到确保一览无余的大面积办公室的无柱空间。

(3) 商店部分(与周围环境相协调)

该地区虽然属于交通十分便利的市中心地带，然而，自古以来就混杂着低矮的单独住宅和店铺，现在仍然维持着这种老式的繁荣。因此，在二次开发之后，仍有必要结合该地区的实际情况，做出相应的商店规划。

于是，规划安排了能够从周边进入的，以一层为中心的商店，不仅确保了地面上拥有视野开阔的空间，同时，又可以与周围的商业设施形成一个整体，完全融入繁荣的街区之中，不断向前发展。

3. 结构规划

综上所述，最终使得该大厦按照规划的要求，变成了一幢各种功能呈立体状搭配起来的综合型建筑。这样一来，不但保持了周围环境与该大厦在地面上的连续性，同时，还可以参照不同用途的特点和要求，采用适当的结构类型。

(1) 不同用途要求的不同结构类型

各种用途的特性大体上可以这样的划分，即以空中花园为界，十层以上的住宅部分为上部结构，而九层以下的办公室及商店部分则为下部结构。各结构部分的结构规划如下所述。

1) 上部结构的住宅部分(灵活的钢筋混凝土壁式结构)

在高层的住宅部分，针对要求各不相同的各个住户，采用以2户为一个单元，用钢筋混凝土抗震墙明确分隔开来，不但为各住户提供了一处舒适的居住空间，而且，还可以提高单元之间的隔声性。此外，对于居室内部来说，由于采用了钢筋混凝土的壁式结构，既可满足经济性的追

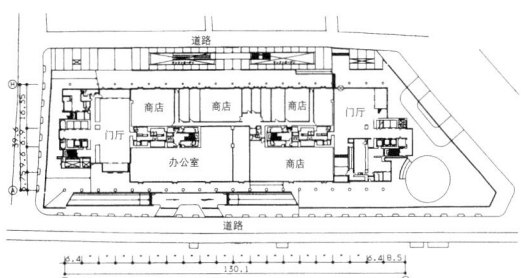

图2 一层平面图

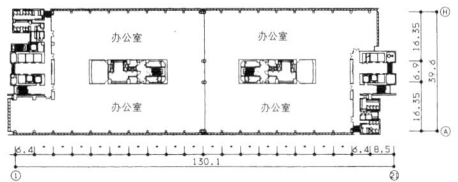

图3 下部标准层平面图(办公室部分)

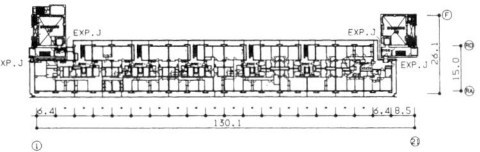

图4 上部标准层平面图(住宅部分)

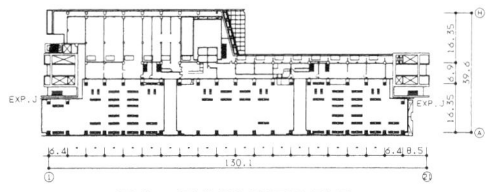

图5 屋顶R1层(隔震层)平面图

求，又能实现不受梁、柱约束，自由度大的生活空间。

2) 作为下部结构的办公室部分(大跨度的框架结构)

〈不受地面标高制约的建筑规划〉

在规划商店时，为了确保地面上能有一个视野开阔的空间，需要与周围的商业设施融为一体。因此，可以从周边地区顺利进入，同时，更重要的是，在结构的规划上，无需在地面上设置室内外和与相邻地界处的伸缩缝等加以制约。

〈大规模无柱空间的形成〉

对于办公楼部分来说，需要提供一种灵活的空间，应既能应对大房间，又能应对分隔成一间一间的小房间加以利用的要求。为了做到这一点，结构规划中，采用了由长跨钢梁构成的框架，再加上采用无耐火罩面的钢管混凝土柱，并最大限度地减少独立柱，从而，可以提供大规模的无柱空间，供作大房间来使用，最大面积约为4350m²(标准层的有效面积)。

(2) 将隔震层设在中间层的建筑及其结构规划

为了在将各种不同用途的部分汇集于一身的建筑中，最大限度地获得各自的建筑特点，一定要针对每一用途的需要，制定出最适合其特点的结构规划。但是，对于一般的中高层建筑的抗震来说，其在结构的性状上，必须是均衡的，万不可将震害集中于某一特定楼层，这是最基本的一点，因此，将各种不同的结构类型纳入一幢建筑物中所造成的结构不连续性便成了这幢大厦的结构规划的难点了。

有鉴于此，在这幢大厦中，专门制定了使不同的结构类型在同一个建筑物内相互融合的结构规划。具体做法是在位于下部结构(办公室及商店两部分)与上部结构(住宅部分)之间的第十层下方的中间层内，设置用天然橡胶制作的 $\phi 800$ 的层压橡胶垫和铅制阻尼器构成的具有吸收地震能量的隔震层(图8)。这样一来，下部结构可以实现大

跨的无柱空间，而上部结构也能实现钢筋混凝土造的壁式结构了。

至于通过隔震层的住宅交通线的规划，只将必需的最低限度的应急电梯和特别避难楼梯避开隔震层，设置在大厦两侧，直接通到上部结构的电梯井内。住宅用的日常交通线则是按通过设于十层的大规模空中花园进入各个住户进行规划的。图9所示为电梯交通线的示意图。

关于十层楼板下方的隔震层的规划，首先将隔震层按防火间隔进行划分，并在划分了防火间隔的隔震层内，不得有煤气管线等可能导致火灾的设备管线直接通过，一方面可以提高隔震层的防火安全性，另一方面，又可以做到层压橡胶隔震器无防火外壳化，大大方便了日常的维护管理和检修工作(图10)。此外，隔震层不仅可供住宅作为设备管沟使用，也可供办公室和商店的作为设备管沟使用。

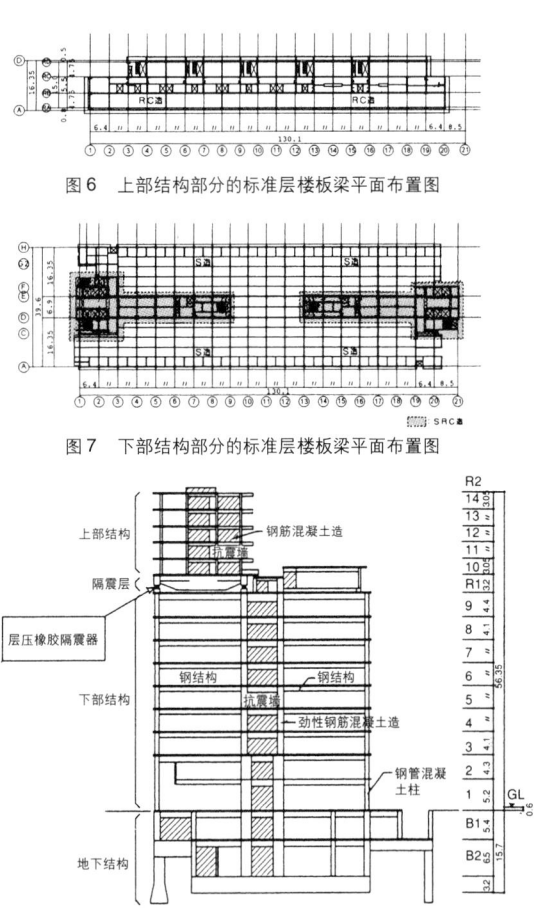

图6　上部结构部分的标准层楼板梁平面布置图

图7　下部结构部分的标准层楼板梁平面布置图

图8　结构立面图(短边方向)

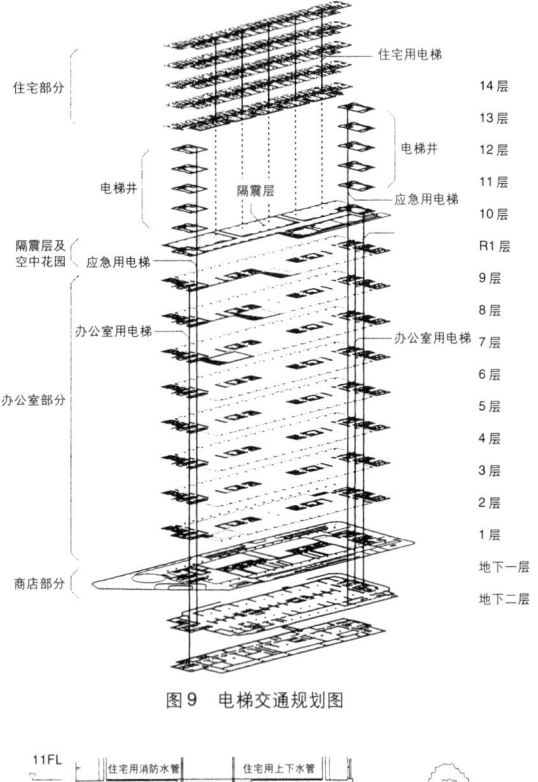

图9　电梯交通规划图

图10　隔震层中的住宅设备管线布置规划图

4. 位于中间层的隔震层的振动特性

将隔震层设在中间楼层的优点不仅仅是由于加了层压橡胶隔震器，使得不同类型的结构的混合使用成为可能，此外，其优点还在于，能使包括下部结构在内整个建筑物也都与隔震层上方的结构一样，大大地提高了它们的抗震性能。关于抗震性能的提高问题，可以用假想的水准2地震(级别最高的地震)来袭时，大厦的短边方向的振动反应分析结果加以说明。根据水准2地震时的大厦短边方向的振动反应分析可知，最大达30cm的变形集中产生在了隔震层，而住宅层的最大层间变形只有0.2cm(相当于层高的1/1530左右)，办公室各楼层的最大层间变形也不过2.1cm(相当于层高的1/195左右)，与没设置隔震层的一般楼宇相比，只有它们的1/5～1/2而已(图11)。这样的数值可以确保大地震来袭时的水平方向变形导致的大厦在铅直方向的稳定性。此外，还可以使得大厦外装修材料的变形追随性得到确保，从而，使得大厦的建筑立面构成的自由度大大增加。

此外，由于输入给大厦的地震能量有约80%被隔震层的铅阻尼器所吸收，因此，完全不需要结构出现塑性化来吸收地震能量了。于是，在大地震来袭时，上部结构和下部结构都可以控制在弹性范围内，而不会受到任何损伤(图12及图13)。综上所述，不但大厦的住宅部分拥有了作为隔震建筑的抗震性能，同时，又使得包括办公室部分在内的整个大厦的抗震性能有所提高。此外，上部结构与大厦地上部分总重量之比为0.22，而隔震层的阻尼装置的屈服承载力与大厦地上部分总重量之比为0.03。

从能量理论的观点来看，这不过是将地震所导致的结构物的变形集于隔震层，使隔震层产生很大的水平变形，设置在隔震层的铅阻尼器将积累的能量加以吸收，从而，达到减振的目的。这也是一种解释。

5. 结语

中间层隔震构造使得不同结构类型共处于一幢建筑物内成为可能，是一种有助于达到建筑规划多样性这一目的的新的结构类型。由于可以获得对整个大厦的减振效果，作为提高建筑物抗震性的一种手段，今后，会在设计中得到更多的应用的。

(村上胜英)

[参考文献]
1) 村上勝英ほか「中間階に免震層を持つ建物の設計」『日本建築学会技術報告集』第7号，1999年2月
2) 村上勝英ほか「2質点系中間層免震構造モデルの地震応答予測」『日本建築学会構造系論文集』第549号，2001年11月

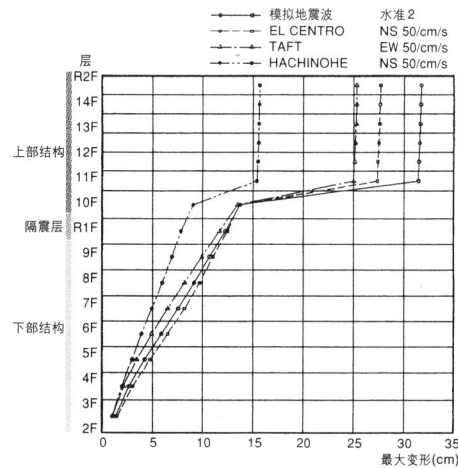

图11 振动反应分析得出的最大反应变形的分布
(水准2地震时，短边方向)

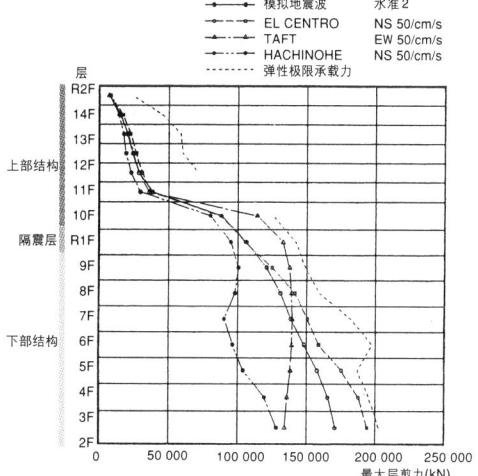

图12 振动反应分析得出的最大层剪力分布
(水准2地震时，短边方向)

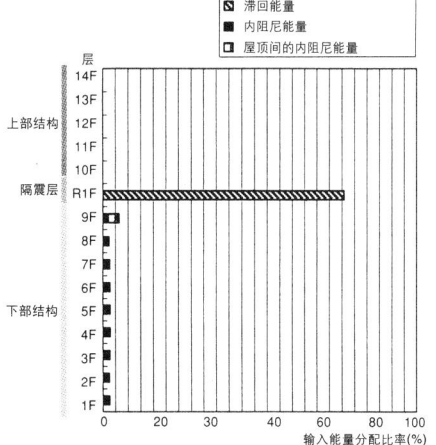

图13 各部分的能量吸收分布图(模拟地震波)
(水准2地震时，短边方向)

095 滨城 21 东方大厦 Ⅱ

正式使用 F_C=100N/mm² 的混凝土的建筑

关键词 超高强度混凝土、高强度粗钢筋、混凝土质量管理、钢筋混凝土叠层施工法

照片 1 外观

房屋建筑概要

〈建筑概要〉
地　　　址：东京都中央区佃二丁目 50 号
主要用途：集合住宅
设　计　者：大成、三井、长谷工建设 JV
结构设计者：同上
施　工　者：大成、三井、长谷工建设 JV
规　　　模：建筑面积 2119m²、总建筑面积 65463m²
　　　　　　地上 43 层、地下 2 层、最高高度 144.9m
竣 工 年 度：2000 年 5 月

〈结构概要〉
结构类别：钢筋混凝土造
结构类型：纯框架结构
基础类型：现浇混凝土桩(扩底桩)

1. 前言

该大厦为建于东京湾滨海地区的地上 43 层，檐高为 134.55m 的公共住宅。本着为住户提供具有最佳居住性和高自由度的空间的初衷，大厦是采用超高强度柱的钢筋混凝土结构建造的，其中的超高强度柱是由抗压强度达 100N/mm² 的混凝土、屈服强度为 685N/mm² 的轴向受力钢筋和屈服强度为 1275N/mm² 的横向加固钢筋构造而成的。在建筑物中正式使用设计标准强度为 100N/mm² 的混凝土，该大厦是日本的第一幢。

2. 建筑规划

标准层的平面形状为 43.8m × 41.1m 的方环形，中央有 16.5m × 17.5m 的中空型天井式空间，东、南、西三面均为住户，而北侧则规划安排电梯和楼梯等公用设施。为使住宅部分的户型规划的自由度增大，采用 9.5m 的大柱距，以达到住户室内没有柱子的目的。外围部位的梁采用倒置梁，以便使居住空间显得更开阔。一层的层高为 5.5m，而标准层的层高为 3.05m。

3. 结构规划

(1) 结构规划概要

标准层的结构平面布置图如图 2 所示，而图 3 则给出了结构的立面图。为了使住户的内部没有柱子，而加大了跨距，因此，必然导致下层的柱子的轴力增大，但是，在采用了设计标准强度 F_C=100N/mm² 和 F_C=80N/mm² 的超高强度混凝土之后，使得柱子的截面并未增大。地上的楼层采用纯框架结构体系。至于在水平力作用下，在出现屈服的类型上，则采取梁屈服在先，而避免出现柱子先屈服的结构规划，以免地震来袭时，水平变形集中于某一特定楼层的情形发生。柱子的设计目标定在了：即使在发生了烈度最高的设计预计地震时，包括一层柱的柱脚在内的所有柱子都不会出现屈服。大厦结构构件的标准截面如图 4 所示。

地下各楼层采取设置足够的抗震墙的强度抵抗型的结构设计。由于这幢大厦的建设地点的表层地基属于临海地

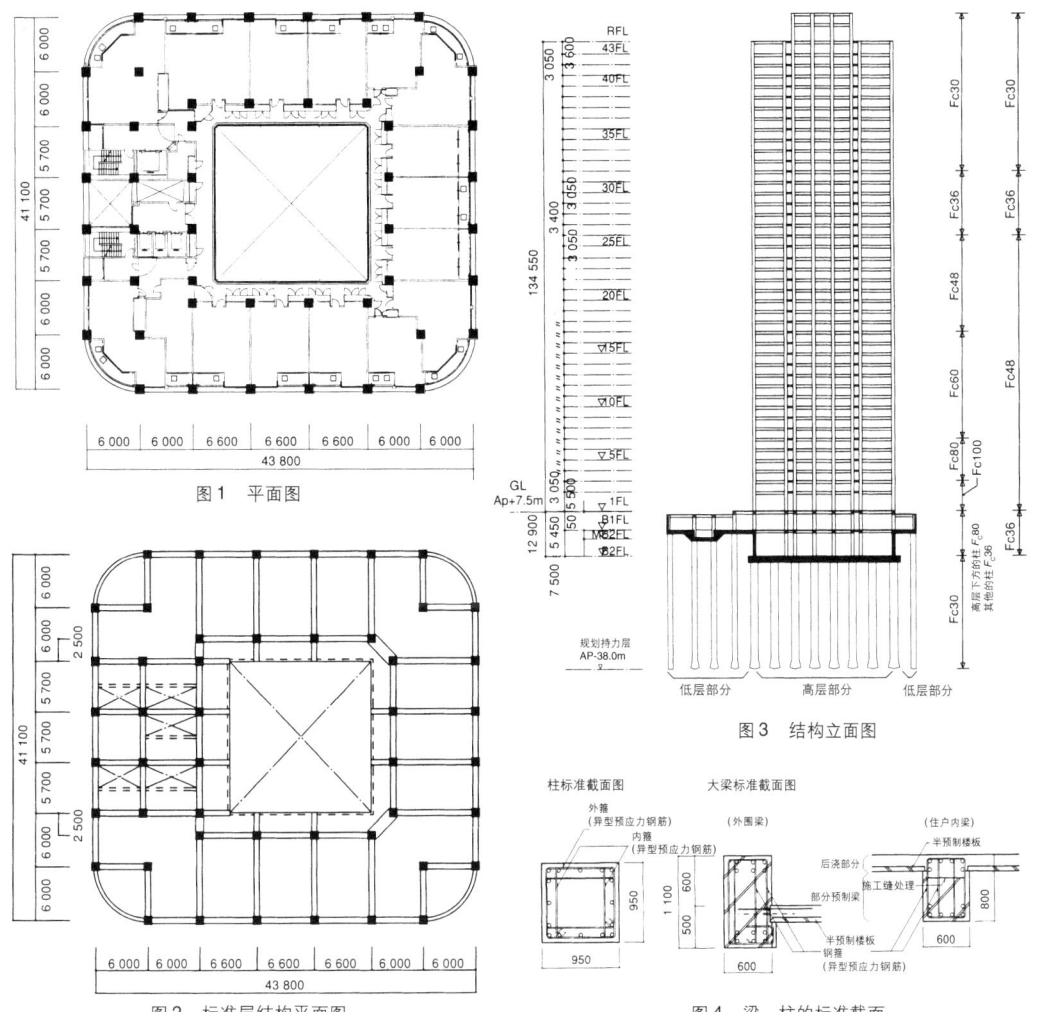

图 1 平面图

图 2 标准层结构平面图

图 3 结构立面图

图 4 梁、柱的标准截面

带的软弱地层，所以，基础结构采用的是配置了高强度横向钢筋的大口径现场浇注的混凝土扩底桩，并将其直接设在柱子正下方。配有高强度横向钢筋的大口径混凝土桩的延性极佳，能够追随地震时的地基变形。

(2) 结构用材料

混凝土如图 3 所示，表 1 中所列为使用的钢筋。

表 1　钢筋的使用部位

品种	钢筋直径	使用部位
SD685	D41	一至六层的柱主筋
SD490	D41～D32	柱主筋及梁主筋
SBPD 1275/1420	U12.6, U10.7 U15.1, U12.6	梁、柱的横向钢筋 桩的横向钢筋

4. 抗震设计

针对建设地点的假想地震水平，设定出目标抗震性

能，并对所设计的框架结构实际拥有的性能是否满足目标性能要求的问题加以确认。抗震设计和对抗震性能的确认方法采用的是考虑混凝土开裂和钢筋屈服所导致的构件刚度变化的增量荷载非线性分析。在进行二次设计时，针对比水准 2 地震时所产生的假想变形更大的变形，确保框架体系的屈服机制和屈服部位的塑性变形能力，并防止发生剪切破坏和粘结破坏等的脆性破坏，从而，使整个框架结构体系的强度和变形能力得到了保证。

轴向受力钢筋采用屈服强度为 685N/mm² 的异型钢筋的超高强钢筋混凝土柱(见 5.2 节)是弹性的受力范围很大的柱子，正因为如此，虽然配筋率并未达到 3% 那样的密集程度，但是，却完全满足了设计上的要求。此外，柱子的横向钢筋使用的是屈服强度为 1275N/mm² 的刻痕预应力

钢筋，因此，即使出现假想最高烈度的地震时，其地震反应也仍然拥有充分的强度储备，而横向加固钢筋的变形也仍处于弹性范围之内。屈服强度为1275N/mm²的横向加固钢筋的弹性极限变形可达6400×10⁻⁶之大。另外，作用于梁屈服型的框架柱上的剪力是根据梁端屈服加以规定的，因此，完全可以准确推断出来。这样一来，将横向加固钢筋的变形稳定地控制在弹性范围之内是很容易办到的。

5. 超高强度钢筋混凝土柱的开发

为了将钢筋混凝土结构的适用范围扩大到层数更高和跨度更大的建筑中去，展开了使用F_C100级的混凝土的超高强钢筋混凝土柱子的开发工作。在将其应用到实际工程中去的时候，必须确认以下两点：①从超高强度混凝土的配制开始，一直到运输，浇注，都能利用现行的混凝土供应系统，并将其应用到施工中去；②用这种混凝土制作的构件必须具备应有的结构性能。

至于所用的钢筋，虽然，过去一直将SD685钢筋作为受力主筋使用，然而，这种钢筋的应力—应变曲线是存在屈服平台的，因此，将其用作主要受力钢筋使用时，可以获得具有充分弯曲延性的构件，于是，便将其列入新的钢筋混凝土综合技术开发项目中，全部作为主筋使用。

(1) 钢筋混凝土的制作

F_C100及F_C80两种型号的混凝土胶合料采用的是有三种成分的混合型水泥，这种水泥是将普通硅酸盐水泥、矿渣石膏系混合料和硅元素在水泥工厂内，按7：2：1的配合比加以混合后制成的，再加上经过选配的骨料和高性能AE减水剂，经过混练制成混凝土。严格控制单位体积的用水量，以便确保高强度和高流动性(坍落度为60cm)，从而，保证了现场浇注的顺畅性(照片2)。混凝土制备指标如表2所示。通过包括实际混练在内的施工实验，使其施工适用性获得了确认。

表2 制备指标

设计标准强度 (N/mm²)	水灰比 (%)	空气量 (%)	坍落度 (cm)
100	21	2.0	60
80	25	2.0	60

(2) 结构性能

对这种超高强度钢筋混凝土柱实施了水平受力实验，其结构性能得到了确认。使用的材料为F_C100的混凝土，主筋采用的是SD685，横向加固筋为SBPD1275/1420。试件的截面尺寸为实物的1/3左右，剪跨比与实物相同，为1.5。图5所示的柱截面就是试验柱的截面详图。

以内柱为试验对象的试件实验结果如图6所示。试验表明，试验柱有着强大的承载能力，同时，即使对于出现抗弯屈服以后的反复大变形，仍然具有相当稳定的滞回特性。

综上所述，超高强度柱在弹性状态下的承受外力作

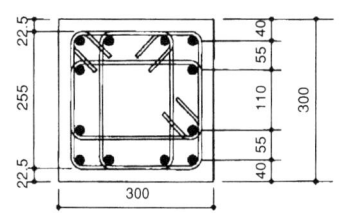

图5 试件截面图

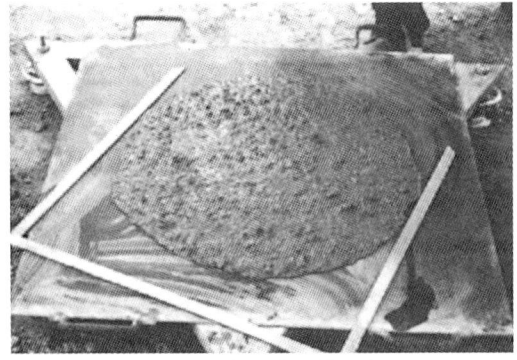

照片2 商品混凝土(F_C100)

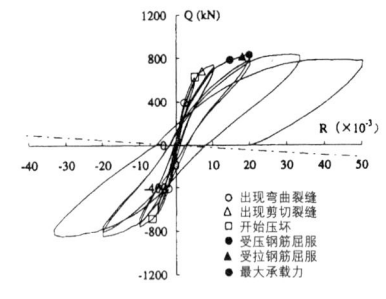

出现弯曲裂缝
△ 出现剪切裂缝
□ 开始压环
● 受压钢筋屈服
▲ 受拉钢筋屈服
● 最大承载力

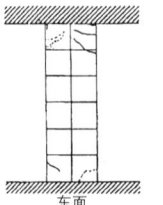 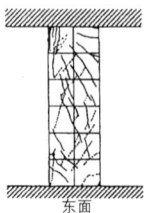 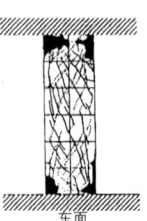

东面　　　东面　　　东面

图6 标准内柱试件的实验结果

用的范围扩大了，因此，完全适合梁首先发生屈服，而避免柱先屈服的设计需要。只要控制住横向加固钢筋的变形，使其处于弹性范围之内，即使在出现平均剪应力(Q/BD)超过了高应力水平的情况下，也拥有大变形领域的稳定性状。因此，柱构件设计的关键是将柱中配置的横向加固钢筋的变形控制在弹性范围之内。此外，由于超高强度柱的长期轴向压应力的绝对值相当大，所以，长期荷载下的徐变变形就显得十分重要了。根据抗压强度为30～110N/mm²的混凝土的压缩徐变试验结果可知，当承受相当于其抗压强度的1/3的荷载的长期作用时的徐变变形与混凝土的抗压强度无关，几乎等于定值[2]。因此，遵照日本建筑学会的《钢筋混凝土结构计算规范及解说》的规定，将混凝土的长期容许压应力定为抗压强度的1/3，那么，试件的柱轴力的设定和钢筋混凝土的超高层建筑的设计就都可适用了。

6. 施工概要

这幢大厦的施工采用的是半预制半现浇相结合的钢筋混凝土逐层施工法进行的。这种施工方法的施工程序是首先将柱子的混凝土一直浇筑到梁的下皮部位，然后，再将工厂预制的半预制梁和半预制楼板组装于柱顶，接着，在浇筑完梁柱节点和梁与楼板的上皮混凝土之后，便可构成整体式的主体结构(如图7所示)。采用这种施工方法可以

收到如下效果：①减少暂设设施；②精减工序和节约劳力；③提高施工质量和确保质量均衡；④使装修基层合理化；⑤确保施工安全和防止建设公害。对于标准层来说，7天完成一层。

7. 质量管理

为了对混凝土的流动性和抗压强度的控制而进行了辅助管理，实施了验收程序和单位体积的水量测定。试验方法用的是新开发的水下质量法[3]。由于进行这样的测定需时约15分钟，所以，要收集出厂资料，并利用运输时间来判定水量，将判定的结果通知现场后，决定可否浇注。此外，将单位体积内的水量试验结果反馈给下一批的计量值，从而，使单位体积内的水量保持稳定。图8所示为一日浇筑的全车试验结果，确保了稳定的混凝土施工质量。

（原 孝文）

[参考文献]
1) 建設省総合技術開発プロジェクト『鉄筋コンクリート造建築物の超計量・超高層化技術の開発』(財) 国土開発技術センター、1988～1992 年
2) 後藤和正ほか「高強度コンクリートの圧縮クリープ性状」『コンクリート工学年次論文報告集』Vol22、No.1、pp.625～630、2000 年
3) 丸嶋紀夫ほか「水中質量法によるフレッシュコンクリートの単位水量試験方法」『コンクリート工学年次論文報告集』Vol20、No.2、pp.313～318、1998 年

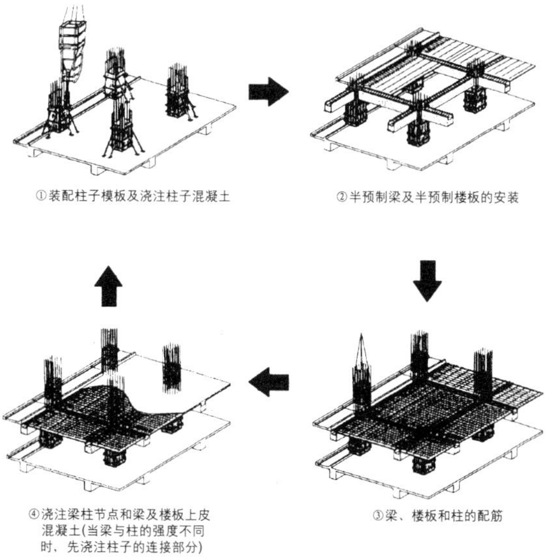

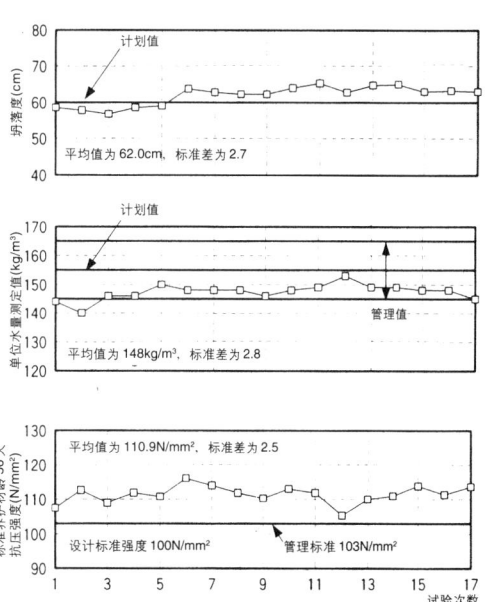

①装配柱子模板及浇注柱子混凝土　　②半预制梁及半预制楼板的安装

④浇注梁柱节点和梁及楼板上皮混凝土(当梁与柱的强度不同时，先浇注柱子的连接部分)　　③梁、楼板和柱的配筋

图7　钢筋混凝土逐层施工的施工程序

图8　天内变动调查结果

393

096 仙台梅地亚太克

柱概念的革新

关键词 筒体、平板、灾害控制设计法

照片1 外观

房屋建筑概要

〈建筑概要〉
地　　　址：宫城县仙台市青叶区春日町2-1
主要用途：图书馆、美术馆、电影院等
设　计　者：伊东丰雄建筑设计事务所
结构设计者：佐佐木睦朗结构规划研究所
监　理　者：仙台市都市整备局建筑部营缮科、设备科
　　　　　　伊东丰雄建筑设计事务所
施　　　工：熊谷组、竹中工务店、安藤建设、桥本JV
规　　　模：地下2层、地上8层
建筑面积：2933.12m²
总建筑面积：21682.15m²
楼宇高度：最高高度36.49m、檐高31.80m
施工期间：1997年12月~2000年8月
〈结构概要〉
结构类别：地下一层至八层＝钢结构
　　　　　地下二层＝钢筋混凝土造
基础类型：平板基础

1. 前言

　　这幢仙台梅地亚太克大厦是在1995年举行的国际设计竞赛中，从235个设计方案中选出的具有最优秀，而且以往从来没有过的崭新设计和结构类型的建筑。它的建造也曾受到国际上的关注，仙台梅地亚太克大厦是一幢21世纪的新型公共文化设施，同时具备图书馆、美术馆、图像传媒中心和全方位信息提供设施等四大功能的建筑。

　　构成仙台梅地亚太克大厦建筑的三大要素如下：

筒体……像海草般摆动的柱子

平板……平整光洁的无梁楼板

罩面……双层透明玻璃罩面的建筑立面

　　尤其是与主体结构相关的筒体和平板，作为充分反映最新建筑理念的未来型多层建筑的结构造型，可以说是，迄今为止决无先例，是以全新的结构构造方案建成的。具

体来说，就是采用全新的结构理念，利用无缝钢管制作的双曲线状的缀条柱构成透明度很高的筒体作为主体结构，利用钢制的夹层板结构构成非常薄的无梁楼板，并在地下楼层内，设置能够吸收地震能量的机构等等。

2. 结构设计概要

(1) 筒体 = 钢管缀条柱的设计

筒体(钢管缀条柱)共有大小 12 根独立柱身组成(直径为 2 ~ 9m)，在支承楼板的同时，又可构成抗震要素的主体结构。为了使这些筒体在设计上做到透明感十足的样子，都是用小直径的无缝钢管(直径为 139.8 ~ 240mm、壁厚为 9 ~ 40mm、FR 钢材)的竖型缀条柱，从而用缀条形成的双曲面网状筒壳将楼板一层一层的支承起来，而构成一种形如空间构架的新的结构类型。此外，在不损害结构上的合理性的范围内，通过赋予网状筒壳宛如摆动的形态，而给现实难以做到的结构实体增加了某种柔和的姿态这一点，也是这幢大厦结构设计的另一特点。

网状筒壳中有 4 个大直径的，它们是在抗震上发挥关键作用的塔状悬臂体系，在下一层作为高延性的框架，而在地上部分作为强度型的单层桁架，在结构上，一方面用来确保高强度和高刚度，同时，在建筑上，又可实现透明度很高，坚韧而且优美的主体结构。为了防止由于偏心而产生扭转变形，将这 4 个大直径的网筒在平面上，均衡地布置在四个隅角处。此外，那 9 个小直径的网筒几乎不承受任何水平力，而是让它们作为支柱，主要用来承受铅直荷载，而布置在平面上的适当位置。在这里，考虑到在制作上的难易程度和经济条件，直径大的网筒只用来构成略微复杂些的单层桁架，至于小直径的网筒，为了防止发生压屈，则是采用在其中间设置环状的宽带箍铁的简单构造。

(2) 平板 = 夹层钢板结构的设计

平板(无梁楼板)在强度方面自不待言，再加上挠度和振动方面的考虑，那么，对于大约在20m左右的跨度来说，楼板的厚度必须达到非常薄的程度才行。这里，为了能够使令这幢极为特殊的多层建筑获得成功，不论是平常时期，就是在发生地震时，也都要求减轻楼板的自重。于是，提出了这里所采用的钢制夹层楼板新方案，其截面效率最高(厚度为 40cm，网格间距为 100cm，大部分钢板厚度为 6 ~ 12mm，圆盘部分的钢板厚度为 16 ~ 25mm)，实现了建筑中史无前例的钢结构的无梁楼板。

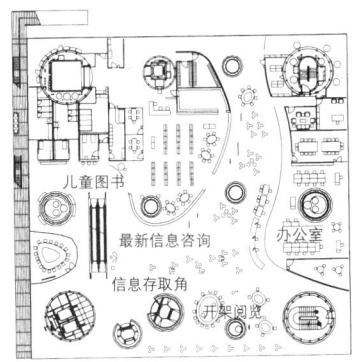

图 1　二层平面图

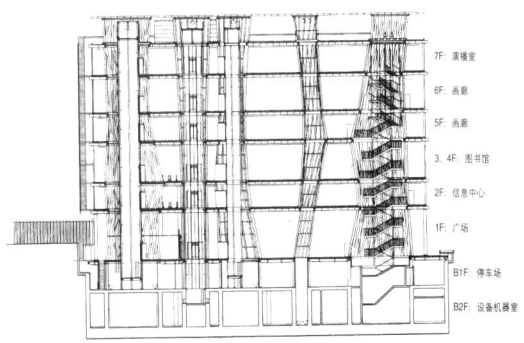

图 2　剖面图

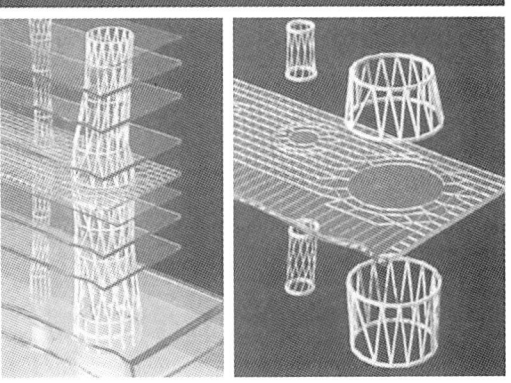

图 3　结构局部的透视图

这种由钢板构成的夹层楼板，按其简支于13根网筒之上，平面为50m见方的无梁楼板体系的内力分布状态，可以整合为三个区域。具体说来，一是网筒周边的圆盘区(在支座附近的沿主应力方向的应力集中区)；二是与网筒相连的柱列区(应力向两个方向传递的区域)；三是柱间区(应力基本上向一个方向传递的区域)。这样的分布状态反映了楼板在力学上的合理性，而且实现了几乎不存在任何受力空白区，堪称经济性极佳的构造。楼板可在工厂内焊接成便于运输的单元，然后，在现场将各单位焊接组装后，构成整个楼板，这种将造船技术大胆地引进建筑现场的做法是没有先例的实验性施工方法。至于无梁楼板的支承方式采用的是简支，在具体构造上，则采取将夹层板的上面(钢板+混凝土)直接置于环梁之上的细部。利用这样的简单细部一方面可以避免反力支反力使网筒产生有害面外弯曲应力和解决了现场施工过程中所出现的各种问题，同时，又可在设计上，使网筒与无梁楼板之间的连接变得更加简单。

(3) 地震能量的吸收机制＝震害控制型的抗震设计

该大厦在抗震设计上的突出特点是采用了一种称为"震害控制型设计法"，其具体手法是将滞回阻尼型的能量吸收机制引进到地下一层部分的主体结构中去。也就是说，首先将地上一层楼板结构与地下的外围墙体，在结构构造上分离开来(铅直方向为固定支承，而水平方向为辊轴支承)，于是，当地震来袭时，输入到主体结构的地震能量便实际上输入到地下一层上去了。其次，再将地下一层的结构类型换成与地上楼层所采用的强度型桁架体系在抗震性能上形成鲜明对比的延性型框架结构，这样一来，当大地震来袭时，输入的地震能量便被位于地下的大厦主体构架的第一层吸

收了，使得输入上部结构的地震能量就减少了。由于主体构架的地下一层部分集聚了绝大部分的塑性变形能，所以，就可以将地上的空间构架构成的主体结构从必须确保具有吸收地震能量能力的束缚中解放出来，使其可以明确地在弹性范围内的设计才有了实现的可能。此外，对于地下一层来说，其损伤部位和损伤程度都可以预测，使得充分发挥和利用钢材的变形能力的明确的延性设计成为可能，由于明确了具体的损伤部位，使大地震过后的修复变得容易了。

这里是将第一层的立体框架设计成圆形平面，为了确保该层能够具有适当的刚性和承载能力，以及明确其为梁端屈服型的倒塌机制，在中间组装多级状的先行屈服的贯通梁，这一点也是这幢大厦的一个特点。即使是在发生了几百年一遇的地震之后，作为假想的损伤集中层的地下一层，如果有了某种程度的残余变形残留了下来，由于柱脚的铸钢连接是由可以自由转动的细部构成的，再加上，由于有目的地设置的贯通梁的损坏而被拆除或更换，使得该层的水平移动变得容易，然后，再将坚固的地下墙体作为反力墙，用油压千斤顶等可以很容易地加以修复。

3. 施工概要

为了实现仙台梅地亚太克大厦的新颖而又独特的建筑设计和结构造型，严格保证施工精度是不可或缺的重要一环，尤其是，对于钢结构工程的施工，受设计上的制约，其施工精度的要求则更加严格。为了满足所要求的工程质量，在设计阶段就曾利用网筒的大模型对设计的具体细节的妥善性和焊接变形的发生量等做了事前验证，此外，在楼板的施工中，曾通过从造船业引进的有关楼板结构制作的专门技术

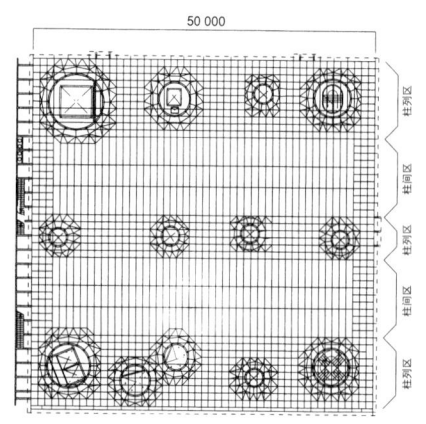

图4　标准层结构平面图(网筒周边为圆盘区)

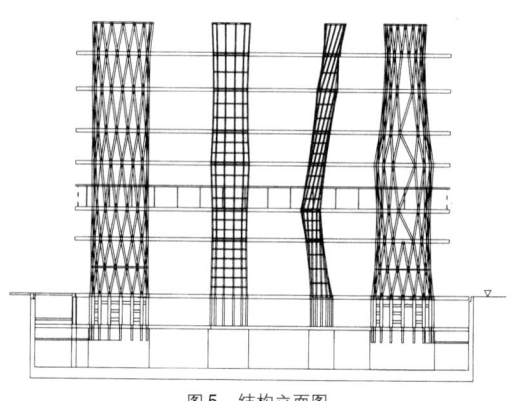

图5　结构立面图

的途径, 实现了将设计思路具体化的目的。在现场施工的过程中, 将主要的精力全部贯注在如何设法控制由于网筒和楼板的焊接变形所造成的施工精度的误差上, 在一方面利用尝试法探索解决办法的同时, 不间断地对施工方法进行改进。

(1) 关于网筒的施工

有关网筒施工的最大课题是怎样才能在计及焊接变形的条件下, 以很高的精度来组装这种用厚壁钢管构成的扭摆状的网筒。从施工程序来说, 考虑到钢结构的构造细节, 按每两个楼层的网筒为一个组装单元, 先行组装, 然后再将无梁楼板安装上去。因为从地下楼层竖立起来的钢结构, 特别是那些用于吸收地下楼层地震能量的构造部分对上部的钢构件的安装精度的影响特别大, 所以, 对于最下方的钢构件安装和网筒的施工, 一定要十分细致周密。此外, 由于在现场将网筒从一层往上部楼层运送会受到许多制约和不便, 所以, 必须采用将一根通长的网筒分成组装单元, 并在现场进行装配和实施焊接的施工方法, 在对扭摆状网筒实施焊接之前, 必须确保网筒上方的环梁的圆弧精度, 并在此基础上, 再对网筒总体的水平和铅直精度进行调整, 然后, 才可施焊。至于应对焊接变形的手法, 在一般的情况下, 大多数是采用安装管件的办法, 但是, 由于设计上的理由, 而改为采用下述方法, 即首先将钢管临时点焊在楼板上, 并以此作为焊接变形的约束件(焊接定位件)来用, 在焊接完了后, 将变形约束件拆除, 然后, 再对临时点焊的部位进行修整加工。利用这种约束件的焊接方法可以将因焊接变形导致的精度误差限制在最低的限度之内。此外, 在对施工中的安装误差管理方面, 利用三维光波测量仪进行坐标管理, 从而, 实现了严格的施工精度控制。

(2) 关于无梁楼板的施工

这里的钢制夹层楼板几乎是全部焊接而成的, 从其构造上来看, 如果说接近建筑, 莫如说更贴近船舶结构。因此, 在楼板施工过程中, 通过什么样的手段来控制焊接导致的挠曲和扭转等的精度误差, 并使其为最小, 便成了最重要的课题了。特别是, 由于环绕网筒柱的周围那部分的钢板厚度很厚和构成楼板的上、下钢板的焊接量不同等导致的钢板本身的挠曲, 必将引起焊接精度误差。至于解决这个问题的对策, 则是在控制焊接变形的基础上, 还要使用约束变形的焊缝定位板, 用来修正各焊接区块之间的错位和错距。但是, 一旦在采取上述措施的情况下, 又发生焊接变形的时候, 就要采取加热矫正的措施, 以保证施工精度。除此之外,

关于应对水平方向收缩的技术措施, 除了采用焊缝定位板之外, 还要采取最后安装大厦外围部分的楼板的办法, 并对内侧楼板因焊接而收缩的部分用与外围楼板交接的焊根间隙加以调节。为了保证施工质量, 不论是网筒, 还是楼板, 对其中的对接焊缝一律要实施超声波检验。检验方式则采取工厂和现场并举, 而且还要100%由第三方来执行。

(本波英树)

[参考文献]
1) 佐々木睦朗「せんだいメディアテークの構造」『GA DETAIL 2』2001年4月

照片 2　钢结构安装全景

照片 3　网筒的钢结构安装

照片 4　楼板组装情景

097 临海副都心台阳地区1街区1号楼

采用连体型减震措施

关键词 高层钢筋混凝土住宅、隔声隔振措施、粘弹性阻尼器、层压橡胶、固体传声

照片1 西侧全景

照片2 东侧全景 摄影(1、2): SS东京

房屋建筑概要

〈建筑概要〉

地 址: 东京都港区台场1-16-1

主要用途: 集合住宅

设 计 者: 初步设计=都市基础整备公团东京支社
施工图设计=洪池、佐田、伊藤建设JV

结构设计者: 洪池、佐田、伊藤建设JV

施 工 者: 洪池、佐田、伊藤建设JV

建筑面积: 2381.02m²

总建筑面积: 36977.37m²

层 数: 住宅楼=地下1层、地上32层
立体停车场=地上25层

檐 高: 98.7m

竣工年月: 2001年2月

〈结构概要〉

结构类别: 住宅楼=钢筋混凝土造、立体停车场=钢结构

结构类型: 框架结构

基础类型: 钻孔扩底施工法、现浇钢管混凝土桩

1. 建筑规划

在近年一直在大力开发的"东京临海副都心"中,该住宅大厦的建成便是台阳地区最后建成的住宅楼了。竣工后的大厦全景如照片1和照片2所示。这幢住宅楼地处台阳地区的大门口,屹立于1街区,并以"创立新街区和繁华街区"为主题,以期有一个与共戴一块蓝天的周围建筑协调一致的外观设计。从设计构成上来说,首先是具有一个象征住宅楼的屋顶(一朵绽放的花),其次,则是表现扎根于大地和固若金汤的大厦基座和一方面将大厦的竖向形体一分为二,同时,又将设计主题建立在了立体停车场楼与住宅楼一体化之上。

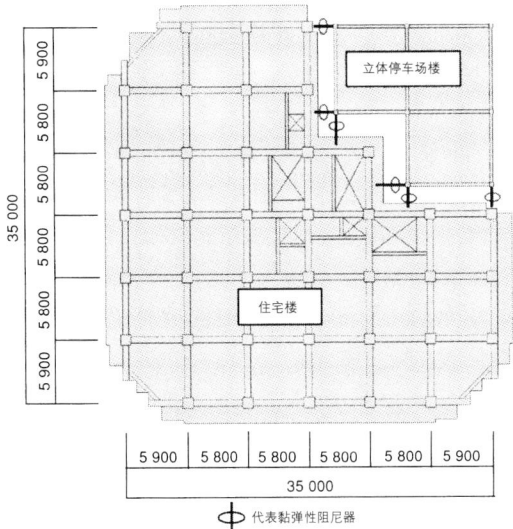

图 1 标准层结构平面图

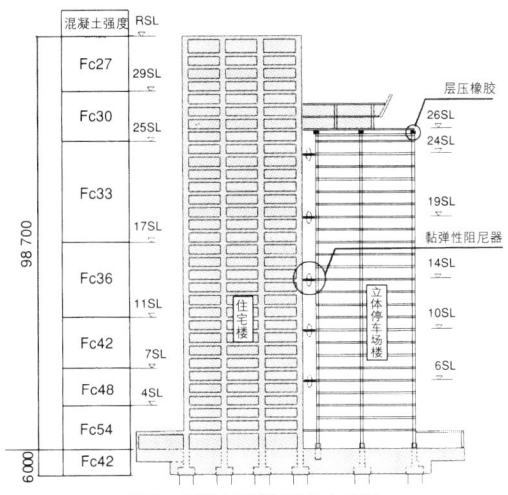

图 2 混凝土强度及结构立面图

照片 3 层压橡胶安装情况

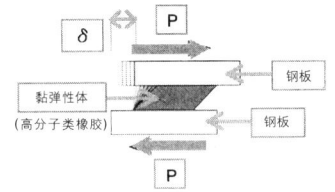

图 3 黏弹性阻尼器的基本原理

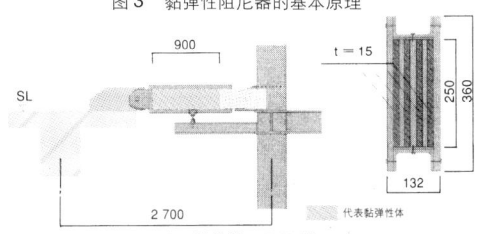

图 4 黏弹性阻尼器详图

照片 4 黏弹性阻尼器的安装情况

2. 连接减震

(1) 结构规划

标准层结构平面图如图 1 所示,图 2 则表示包括混凝土的使用标号在内的结构立面图。住宅楼和立体停车场楼在结构上,虽然是分别独立构成的,但是,在二十六层(立体停车场楼的屋顶)处,又将两幢楼连在了一起。两幢楼的主要结构构件:住宅楼为柱(850mm × 850mm),梁(525mm × 825mm);立体停车场楼为柱(□ -400 × 400),梁(H-300 × 300)。当这两幢楼分别单独设计时,其中刚度小的立体停车场楼的变形大,地震时,两楼相撞是不可避免的。此外,当将两幢楼设计成一体时,立体停车场运

营时的固体传声也是一个大问题。于是,为了解决这些问题,决定使用黏弹性阻尼器作为两幢楼的连接件。此外,又在将两幢楼连在一起的二十六层上、下接合处增加了层压橡胶支座,用来防止过大的应力集中和作为防止停车场运作时的噪声和振动(图 2,照片 3)。

(2) 黏弹性阻尼器(Visco Elastic Damper)

这种黏弹性阻尼器不是像隔震和 TMD 减震装置那样,是对楼宇的振动实施控制的,而是利用夹在上、下两块钢板之间的黏弹性体所产生的剪切变形来吸收楼宇的振动能量(图 3),以比较小的变形发挥阻尼效果,这样便可以用不是很大的代价达到提高楼宇的振动阻尼性能的目

的。但是，这里使用的黏弹性阻尼器与振幅和振动频率之间存在某种相关性，因此，必须进行动态分析才行。关于黏弹性阻尼器的第一次应用，可以追溯到大约30年前的美国世界贸易中心大厦，那时，是用来作为抗风振的手段的。现在，已经是广泛用在了抗震改建和用来提高木造房屋的抗震性能等的领域了。

这里采用的黏弹性阻尼器是将二烯烃属的人造橡胶用作黏弹性体，每层厚度为15mm，共4层(图4)。

设置的位置如图1、图2所示，每隔4~6个楼层设置6个黏弹性阻尼器，合计设置了30个。黏弹性阻尼器的安装状态如照片4所示。此外，从照片4可以见到，在黏弹性阻尼器的两端都有球形节点，以保证不产生面外内力。

(3) 地震反应分析

1) 分析模型

分析时，住宅楼和立体停车场楼都是分别以一层为1质点的等效剪切型模型，进行了时间历程反应分析。黏弹性阻尼器是用并联的 Maxwell Model 的 4 要素模型加以置换。至于其刚度和阻尼性能则是根据早稻田大学的曾田五月也研究室采用 RL 法[1]所做的实验结果进行设定的。尽管黏弹性阻尼器是受不到太阳光的直射的，但是，考虑到它们是设置在与外部大气温度大体相同的场所的，所以，作为有关温度相关性的研究，曾对其进行低温下的0℃，常温时的20℃和高温时的35℃的研究和探讨。此外，根据实验的结果，关于黏弹性阻尼器的刚度和阻尼，若以20℃时的数值为基准，那么，0℃时，按约5倍，而

35℃时，则按约 0.4 倍，进行分析。本文提供的是 20℃时和 35℃时的结果。

2) 分析结果

图5及图6给出的是住宅楼及立体停车场楼的剪力和层间变形角的最大反应值，而图7所示为两幢楼间的最大间距的分析结果，黏弹性阻尼器的滞回反应图则如图8所示。全部分析结果都是按最大速度为50cm/s(临海地震波)时得出的。为了对反应结果进行比较，还给出了没设置黏弹性阻尼器时的分析结果。

从立体停车场楼的反应结果可以看出，不设置黏弹性阻尼器时的反应值是相当小的，可见设置阻尼器的效果是十分显著的。不论是住宅楼，还是立体停车场楼，温度变化对楼宇本身的反应几乎没有影响。此外，住宅楼的反应并未因有黏弹性阻尼器将立体停车场楼与其连接在一起而产生任何影响。

如果仔细考察一下两幢楼的最大间距，便可明了，即使在温度很高的情况下，两楼之间的间距也不会超过 ± 5cm。此外，图中的"−"号表示立体停车场楼朝着接近住宅楼的方向，而"+"号则表示离开住宅楼的方向。

再来关注一下黏弹性阻尼器的滞回反应图的结果，黏弹性阻尼器中产生的内力总共为45tf左右(15tf/台)，温度导致的变化极小。黏弹性阻尼器的剪切变形在20℃时为55%，而在35℃时为180%，即使是在温度高的时候，也从未超过作为目标值的200%。

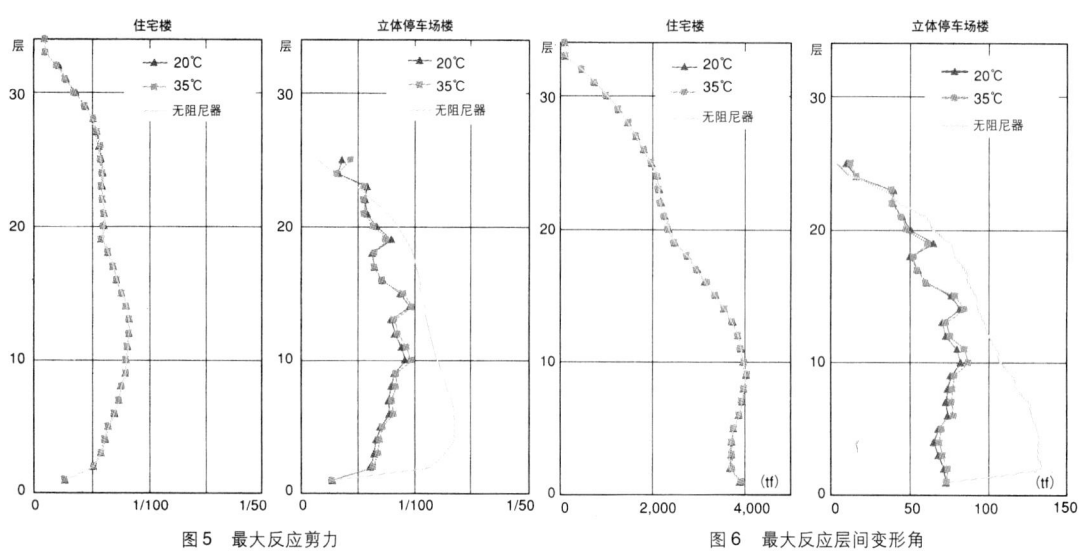

图5 最大反应剪力　　　　图6 最大反应层间变形角

3. 固体传声

因为这里是将立体停车场楼与住宅楼毗连了起来，完全可以想到，在立体停车场运营过程中所产生的噪声和振动，对居民的日常生活是极大的干扰。虽然以橡胶为原料的黏弹性阻尼器具有防振性，但是，从来还没有对其阻尼效果进行过认真的确定。因此，在本设计中，为了确认其阻尼效果，在立体停车场实际运营时，进行了振动测定。测定结果(各频率域内的最大值)如图9所示。图中的"●"和"■"两种符号代表黏弹性阻尼器的振动阻尼效果。从图中可知，其阻尼效果是十分显著的。

"○"和"□"两种符号表示地下驱动机架附近的测定结果。从图中可知，驱动部位发出的振动是经过相当大的阻尼之后，才传给主体结构的。由此不难推测出驱动台架下方的防振橡胶和浮筑楼板的效果了。

此外，六层的立体停车场柱子之所以比地下室墙壁的值来得大，其原因在于，当将汽车托盘提升到六层时的振动传递上去了。但是，"●"、"■"和"○"、"□"并无特别的相关关系。综上所述，这种黏弹性阻尼器完全具有设计预期的强大振动阻尼效果，因而，两幢楼用黏弹性阻尼器连接之后，对住宅楼的不良影响便可完全消除。

4. 结语

在高层建筑中，利用黏弹性阻尼器作为连体减震装置，其主要效果可归纳如下：

(1)地震系数即使达到了7的程度时，两幢建筑间的最大变形仍为5cm以下，将住宅楼与立体停车楼建在一起的建筑设计理念是完全可行的。

(2)虽然，一开始曾将立体停车楼作为独立的斜撑式结构进行了规划，但是，后来将其改为纯框架，同时采用了连体型减震措施，使得加速度降低了约1/2，而且，钢材用量也有所降低。

(3)事实证明，黏弹性阻尼器具有强大的振动阻尼效果，有了黏弹性阻尼器作为与住宅楼的连接减震装置，就连立体停车场运作过程中产生的固体传声的问题也得到了解决。

(古城丰光)

[参考文献]
1) 曾田，高橋「粘弾性ダンパーの振動数依存の定量化方法について」『日本建築学会大会学術講演梗概集』pp.839～840，1997年9月

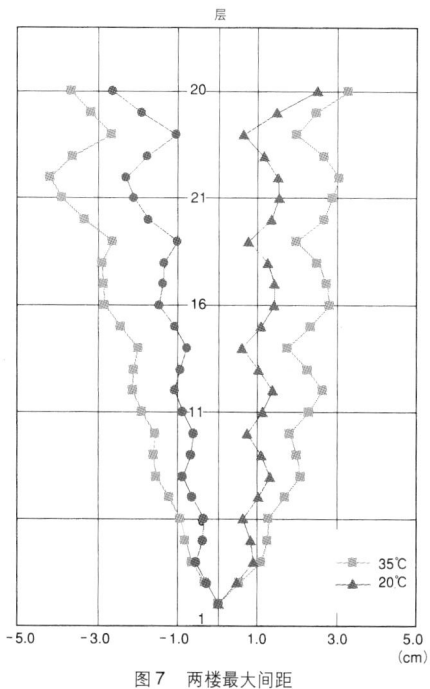

图7　两楼最大间距

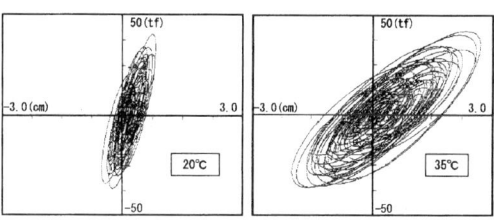

图8　粘弹性阻尼器的滞回反应图

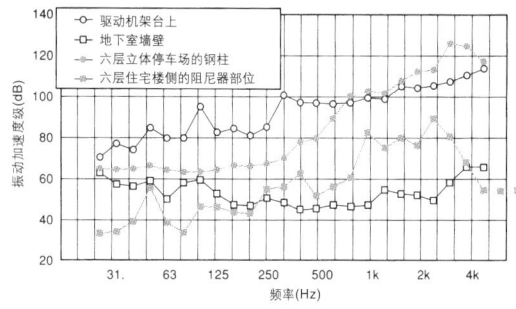

图9　振动加速度的测定结果

098 静冈体育场

与山峦起伏相协调的设计——平衡型悬臂屋顶的足球场

关键词 融入大自然的结构造型、全息式结构设计、集结型的体育场屋顶、平衡型牵拉结构、单体吊装法

照片1 俯瞰全景

照片2 外观

房屋建筑概要

〈建筑概要〉

地　　　址：静冈县袋井市爱野 2360-1

主 要 用 途：足球场(2002世界杯)及田径场

设 计 者：佐藤综合规划，斋藤公男(日本大学)

结构设计者：斋藤公男+结构规划员1人

施 工 者：鹿岛等JV、住友等JV、大林组等JV、钱高等JV

建 筑 面 积：31777m²

总建筑面积：83278m²

檐　　　高：30.2m

最 高 高 度：43m

容纳人数：51349人(包括活动席5236席)

施工期间：1998年10月~2001年2月

〈结构概要〉

结 构 类 别：预应力混凝土造、钢结构、膜结构

结 构 类 型：屋顶＝天平式悬臂结构

　　　　　　　下部＝钢结构、钢筋混凝土造

基 础 类 型：直接基础、部分现浇混凝土桩基础

1. 构成景点的体育场——追求自然美的结构造型

长轴长度达260m的椭圆形平面的薄膜屋顶像波涛一般起伏地将看台掩蔽在身下。2002年日韩世界杯足球赛的赛场共有20处。"这里有其他赛场不具备的山峦起伏，林壑幽美的景观作陪衬"。这正是设计竞赛一开始时曾给人们造成的强烈印象。同时，这里的天然形态又与主看台、后看台，以及两侧看台所要求的建筑规划相一致。为了避免着意渲染所设计的造型和过分的象征性，规划中，特别重视与环境的融合和进场通道的连续感。

表1　不同用途的建筑面积所占总建筑面积的比率(%)

用途　　年代	1950～1959	1960～1969	1970～1979	1980～1989	1990～1999
总建筑面积	100	100	100	100	100
居住用	53.7	53.6	60.3	59.0	60.5
采矿业用	14.3	18.1	11.7 (14.8/8.5)	11.2	9.6
农林水产业用	4.9	2.1	3.1	2.8	1.9
公营事业用	2.2	2.9	2.2	2.6	2.9
商业、服务业用	11.6	13.6	14.1	16.1	17.6
公务、文教用	13.1	9.1	8.5	8.3	7.2
其他	0.2	0.6	0.1	0	0.3

注:(　)内的数字分别表示1970年代前半期和后半期的数值。

表2　各年代与1950年代相比的增长率(1950年代=1.0)

用途　　年代	1950～1959	1960～1969	1970～1979	1980～1989	1990～1999
总建筑面积	1.0	2.85 (1.0)	5.82 (1.0)	5.66 (1.0)	6.14 (1.0)
居住用	1.0	2.85 (1.0)	6.54 (1.12)	6.23 (1.10)	6.92 (1.13)
采矿业用	1.0	3.61 (1.27)	4.74 (0.81)	4.41 (0.78)	4.12 (0.67)
农林水产业用	1.0	1.21 (0.42)	3.68 (0.63)	3.25 (0.57)	2.40 (0.38)
公益事业用	1.0	3.77 (1.32)	5.84 (1.00)	6.67 (1.18)	8.13 (1.32)
商业、服务业用	1.0	3.36 (1.18)	7.10 (1.22)	7.86 (1.39)	9.36 (1.52)
公务、文教用	1.0	1.99 (0.70)	3.77 (0.65)	3.57 (0.63)	3.37 (0.55)

注:(　)内的数字表示不同用途增长率与各年代总增长率的比值。具体说来,若数值为1.0以上,则表示该用途的房屋增长率在提高,小于1.0时,则为下降。

表1、表2　说明

1. 居住用的建筑面积在1950年代及1960年代时,占总建筑面积的54%左右,而在1970年代以后,升为60%左右,平均增长率提高了10%～13%。采矿业的建筑由于1970年代中期专注于生产力的增长,在高度增长告一段落之后,可能是因为财力又出现了投入住宅建设的可能性的缘故吧。

2. 采矿业用的建筑从1950年代起一直到1960年代都是增长的,在1960年代已占总面积的18%了,1970年代以后,逐渐下降。尤其是,在1970年代的后期,下降特别显著。原因有三: ①在经济高度增长的时期,采矿业用的建筑的建设多于其他用途的建筑,但当经济增长趋向稳定之后,便又进入了稳步增长阶段了;②日本的产业结构已经从重化工工业转型为高科技型产业了;③最近,日本国内的工业生产比率下降等等。

3. 商业、服务业用的建筑面积占总建筑面积的比率,战后以来,一直是增长的。这是因为随着经济的增长,人们的消费需求必然增加,而且还朝着多样化的方向发展。此外,随着从事第三产业的从业人员的增多,办公用房的需求也会跟着增加。

图3　不同类别结构的开工建筑面积的变化

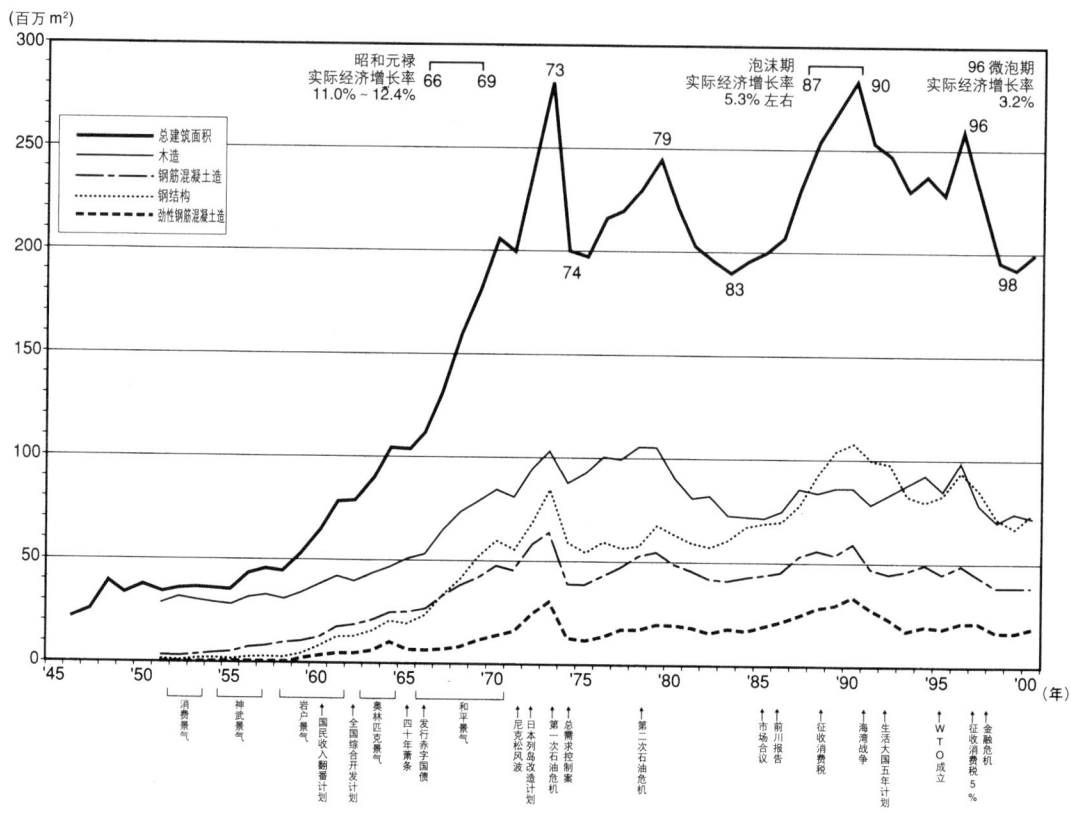

（百万 m²）

图例：
- 总建筑面积
- 木造
- 钢筋混凝土造
- 钢结构
- 劲性钢筋混凝土造

昭和元禄
实际经济增长率
11.0%～12.4%
66　69

73
74

79

83

泡沫期
实际经济增长率
5.3% 左右
87　90

96 微泡期
实际经济增长率
3.2%
96

98

（年）

消费景气
神武景气
岩户景气
国民收入翻番计划
全国综合开发计划
奥林匹克景气
四十年萧条
发行赤字国债
和平景气
尼克松风波
日本列岛改造计划
总需求控制案
第一次石油危机
第二次石油危机
市场合议
前川报告
征收消费税
海湾战争
生活大国五年计划
WTO成立
金融危机
征收消费税5%

图3　说明

1. 木造建筑(主要是住宅)是从1956年开始增多的，虽然，中途曾有几年略有减少，但在1973年以前是一直在增加的。后来，到了1979年前后，已经达到1亿 m² 左右了。后来，转向减少，除了1996年之外，是处于7000万 m²～9000万 m² 的停滞不前的状态的。

2. 钢结构是从1959年开始增加的，虽然，后来也有几年曾有所减少，不过，在1973年以前是一直在增加的，那年曾达到过8400万 m²，后来有过急剧的减少，在泡沫时期的1987年以前，一直是以5400万 m²～6800万 m² 推进的。从1987年转向增加，在1988年的时候，超过了木造，而到了1990年达到了最高峰的1.07亿 m²。在后来的1996年，曾一度记录到9300万 m²，从此逐渐减少，近年来，一直是以7000万 m² 推进着。

3. 钢筋混凝土造是在1973年纪录到6300万 m² 的最高值，后来，一直处于停滞不前的状态，近年来，则是以3800万 m² 的规模推进着。

图1 悬臂梁的力学(G·伽利略
《新科学对话》1638.)

照片3 马德里赛马场(1935)

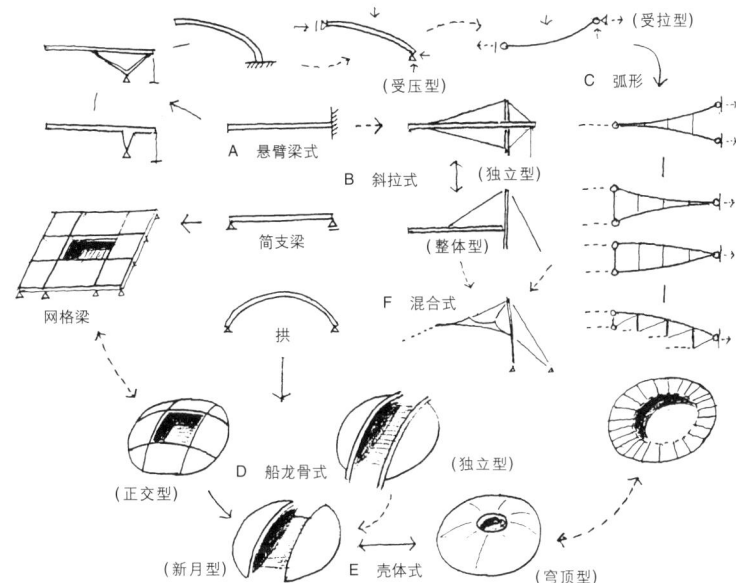

图2 悬臂体系的设计

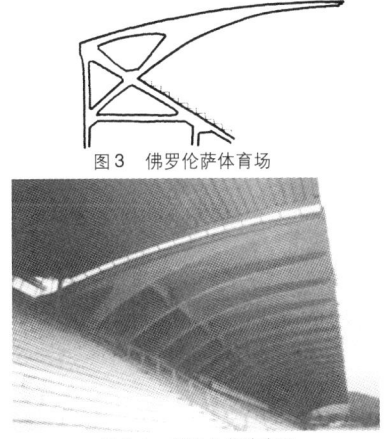

图3 佛罗伦萨体育场

照片4 佛罗伦萨体育场

图4 结构体系

2. 体育场及屋顶的图谱——悬臂型设计

自从 G. 伽利略在其《悬臂梁的科学》发表以来，人们对悬臂梁的向往和挑战不断地涌现于众多的著名建筑物中。在结构上十分合理的斜拉式悬吊结构具有另外一种魅力。这里，用力学的观点对体育场及其屋顶作一简单分类(A～F)。悬挑方式有从低位斜拉式经过弓形梁，直到穹顶式等一连串的造型，很是耐人寻味。

另一方面，如果追溯悬挑体系的历史图谱的话，首先出现的就是 P. 奈尔维和 E. 托罗哈的杰作。在 1930 年代，差不多是同时期建成，令世界震惊的是意大利的佛罗伦萨体育场和西班牙的马德里赛马场这两座体育馆屋顶。作为

钢筋混凝土结构，对这两个作品在结构造型上的高度评价也越过了那个时代，至今仍为人们所称道。

不过，在这次的静冈体育场所采用的悬挑屋顶的形式中，仍然能够看到与上述二者的相同之处。换句话说，前二者的结构剖面形状采用的"V"形，而这里采用的却是后拉索的结构形式。虽然，都是依据同一个原理，但是，却是样式和形象各异的结构设计，这不单单是从钢筋混凝土造改变为钢结构的材料上的变化。应该理解为这是代表时代精神的产物。

3. 集树成林——"集结"型的结构设计

首先制成单片独立的悬臂型构架，就像培植了一棵树。然后，将悬挑部分的长度各不相同的平直型的平面桁架(56 榀)按一定间距排列起来，在桁架与桁架之间再用能够在造型上融为一体的薄膜和钢索，以及拱券等作为辅助。通过如此这般划分开来，刚柔相济的两类不同构成要素的组合，便可形成在结构上合理，在形态上令人满意的建筑造型。架设在 V 形支柱上的粗壮构架(树干)，越往上去，构件截面越小(树枝)，逐渐变化。构架的上皮直接铺设薄膜屋面。宛如"树林"的上方飘浮着的"白云"。

(1) 平衡型牵拉体系

"平衡型"是日本古已有之的五重塔所采用的传统结构原理。将桁架式悬臂构架支承在铰支座上，为使其能够稳定承受自重和来自外界的扰动，在构架上安装 6 种牵拉构件(钢索及拉杆)。这种结构体系的要点有二。其一，设置抗风拉杆(正面牵拉)，设置角度与地面接近垂直。当然，还可以做得更有效和更精巧。只需略施预应力，即可实现拉杆的非受压化。应将拉杆的下端设计成弹簧+黏性阻尼器的构造类型。

其二，则是标准化的铸钢节点。桁架式悬臂构架中，在内力和构件集中的 4 个部位采用铸钢节点。为了达到用一种铸型全部适用的目的，将悬挑长度不同的桁架式悬臂构架的形状全部设计成相似形。这样一来，造价得到了大幅度的降低。

(2) 张拉结构的组成和安装

尽量长线地使用钢索，坚决不使用千斤顶。后拉索的钢索借助自重，而拱券加劲钢索和薄膜屋面的压紧索，以及抗震用的交叉索在调整好它们各自的长度之后，则借助人力牵引法施以拉力。

至于受拉的薄膜屋面，则一改过去的薄膜屋面的做法，而采用了新的方案(设计和施工)。具体说来，就是采用了不需要重新施加预应力的张紧薄膜屋面施工法和铁件为最小的安装细部。拱券上的薄膜一律不加约束，一块最大尺寸达 50m × 11m 的薄膜铺设，只需很短的时间即可完成。

4. 不设操作平台和脚手架的整体吊装法

在暂设的作业平台上，将钢结构组装成型，然后，使

照片 5　屋面拱券的安装

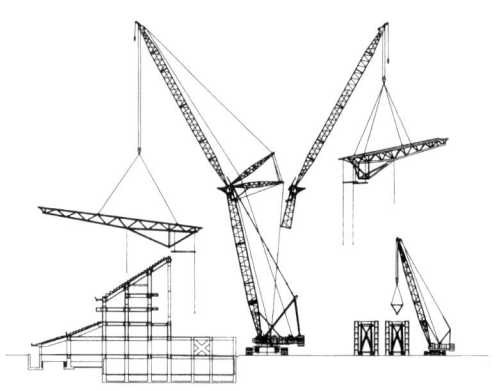

图 5　桁架式构架的整体吊装法

照片 6　压紧膜面用的连续钢索

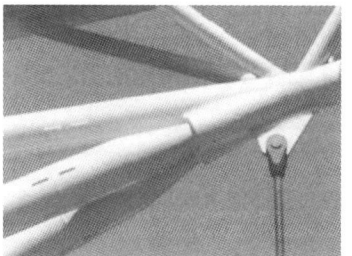

照片 7　安装正面拉索的铸钢节点

照片 8　拱券加劲用的连续钢索

千斤顶回落，将其就位。或者是，给钢索施加拉力将安装工作完成。这说的是最常见的体育场的钢结构安装方法。但是，从作业平台的设置到拆除所花费的时间和经费都是很多的。现在，在工期(时间)、经费(成本)、安全性和精度(监控)等一系列因素都得到确切保证的条件下，不设置作业平台的施工法在这里实现了。这种新的施工方法是与结构体系放在一起，同时，进行设计和探讨的。具体说来，就是通过减轻桁架式悬臂构架的自重，并利用其自重来安装后拉索，再利用在无销钉的转动支座和后拉索来控制悬臂构架前端的形状(挠度)，并借助抗震钢索确保桁架式悬臂构架在安装中的临时固定，所有这一切只需2小时就可以吊装和就位完毕(整体吊装法)。然后，在三角形的桁架式悬臂构架的上弦面上，铺设宽幅的薄铁板。将支承薄膜屋顶的拱群"成串"地架设上去，在铺设一块一块的膜屋面板和安装压紧钢索的作业中，都可以在将这些钢板作为脚手板的情况下，顺利实施。

5. 追求全息式的结构设计

在从事静冈体育场的结构设计中，重点地考虑了两大问题。首先是建筑设计与结构设计总是连在一起，同时考虑。必须充分意识到，结构体系、材料、构造细部、施工方法、维护、表现、等等，都是密切相关的，必须做到以最小代价，而取得最大效果。具体的目标就是追求全息式的结构设计。当然，结构表现也是重要的主题。结构表现与自然景观的协调是设计必须重视的要点之一，那就是，体育场的"门面"应该设计成什么样的形象的问题。第一要尽量化解高大而又厚重的看台背面的那种压抑感。其次，则是采取什么样的措施才能使设计与毗邻的竞技场地相互协调的问题。这就是两个必须重视的问题。

(斋藤公男)

[参考文献]
1) 斉藤公男ほか「最近のスタジアムにおける計画と技術」『建築技術』2002 年 4 月号
2) M. Saitoh et all "A Holistic Design of Soccer Studium — Design and Construction of Shizuoka Studium（W.C.2002）" Proc. of IASS（Nagoya）2001.10
3)「静岡・エコパスタジアム＆アリーナ」『新建築』2002 年 10 月号

照片 9　无作业平台安装

照片 10　桁架式构架的安装

照片 11　体育场正面入口全景

099 札幌穹顶

形态上舒展大方，力学上严密的开启式穹顶

关键词 穹顶、开启式建筑、索结构、人工绿茵场

照片1 俯瞰全景

〔房屋建筑概要〕
〈建筑概要〉
地　　　址：札幌市羊之丘1番地
主　要　用　途：足球场、棒球场、多功能会场
设　计　者：原广司＋阿特里埃·菲建筑研究所，阿特里埃朋克
　　　　　　〔札幌穹顶(暂称)联合设计室〕
结构设计者：札幌穹顶(暂称)联合设计室
结构设计协助：佐佐木睦朗
施　工　者：大成建设、竹中工务店、萨尔·保埃司、英克 JV
建　筑　面　积：55157m²
总　建　筑　面积：98281m²
层　　数：地下2层、地上4层、屋顶间2层
最　高　高　度：68m(距地面)
施　工　期　间：1998年6月～2001年5月
〈结构概要〉
结　构　类　造：钢筋混凝土造、钢结构、劲性钢筋混凝土造
结　构　类　型：屋顶＝双向正交桁架拱结构
　　　　　　下部看台＝框架剪力墙及斜撑型框架结构
基　础　类　型：深基础及直接基础

1. 建筑规划

札幌穹顶是作为举办2002年FIFA世界杯足球赛会场而规划建设的。会场的建设地点选在了札幌市的羊之丘，为了使羊之丘，对于札幌市来说，不论是从历史、生态、景观等任何观点来说，都能成为特别重要的地点，而将规划的基础建立在了绝不单纯停留在体育场本身的建设上，而是必须将周围的环境考虑在内并形成一个景观。

延续羊之丘一带的耕地的本来面貌这一点是首要的，于是，在穹顶的南侧用作培育草皮的基地，与平缓的地形融合在一起，并设置两个毗连的比赛场馆(露天比赛场和封闭竞赛馆)。

利用可以移动的足球场地和活动的看台，根据赛事的需要，随时转换所要求的赛场类型。

照片 2　内景

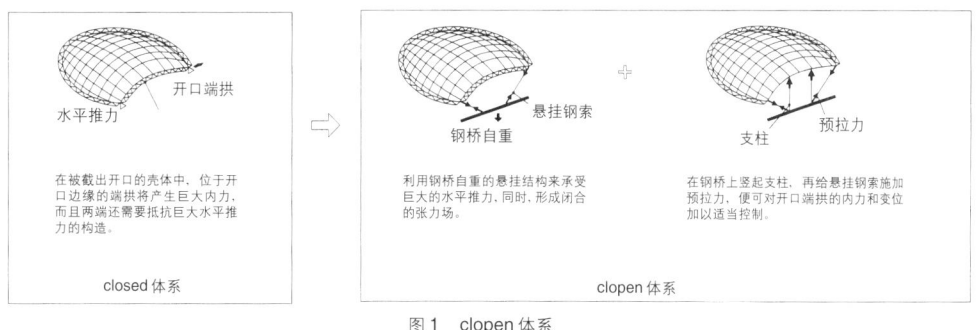

开口端拱

水平推力

在被截出开口的壳体中，位于开口边缘的端拱将产生巨大内力，而且两端还需要抵抗巨大水平推力的构造。

closed 体系

悬挂钢索

钢桥自重

利用钢桥自重的悬挂结构来承受巨大的水平推力。同时，形成闭合的张力场。

支柱

预拉力

在钢桥上竖起支柱，再给悬挂钢索施加预拉力，便可对开口端拱的内力和变位加以适当控制。

clopen 体系

图 1　clopen 体系

2. 结构规划

这座穹顶为了给移动式的比赛场地提供室内外移动的大门，而不得不将在力学上本应为闭合型改为有开口的形态。此外，在建筑规划上，还要求沿着看台结构的外侧和大门口的 2 层和 3 层的高度处，架设一座跨度为 90m 的轻型钢桥，作为连接的中央广场的一部分。

首先，将跨度为 90m 的钢桥中间的 2 点用斜钢索悬吊在穹顶开口的两端，这样就可以利用钢桥的自重来平衡穹顶开口两端的巨大的水平推力，从而重新形成闭合的张力

照片 3　闭合桥内景

场。然后，再张紧悬吊钢索，给钢索施加拉力，并借助竖立在钢桥中间2点处的支柱将开口处的屋顶顶起，适当控制开口处屋顶的变位和内力，便可达到使此处的屋顶与其余所有部位的屋顶具有同等均衡性的设计的目的。这种在穹顶的边缘处应用下撑梁而形成的自相平衡结构体系，我们将其称为"闭合桥"，或者，从形态上，将开口力学体系又归结为闭合型屋顶的整体力学体系的"闭合桥"也包括在内，则称之为"开口闭合型穹顶"。

3. 结构概要

这幢穹顶建筑的构成包括长轴约为229m，短轴约为218m，最大高度距平均地平面为GL+56.3m(距当地地面为67.4m)的屋顶结构(钢结构)和支承屋顶，并将水平力传递给下方的屋顶支承结构(钢结构＋钢管混凝土柱)，以及半地下的马蹄形连续看台结构(钢筋混凝土造、钢结构及劲性钢筋混凝土结构)。

为了达到让屋面的冬季积雪能够被当地经常出现的风吹落的目的，将屋顶曲面设计成符合空气动力学，同时形态又很自然的光滑曲面；在形状上，长边方向的基准线是能够包络棒球的击球曲线，由两种圆弧加一条直线构成，同时为确保沿着下部看台周围的中央广场的平面形状能呈马蹄形，而将短边方向设计成由圆弧(曲率半径约为100～200m)形成的连续曲面。

至于屋顶钢结构的构成，则是按照设定的屋顶曲面，沿铅直方向设置双向正交的桁架拱(桁架高度为4m)，并构成约10m见方的网格，在桁架拱上弦面的网格内，加设交叉斜撑，目的是保证壳体曲面的面内刚度。此外，在桁架拱的拱脚处设置轴向刚度和抗弯刚度兼备的形状为三角形的强大的承拉环(或称边环梁)。关于承拉环的下部，主要是由内侧的钢管支柱将从屋顶传来的铅直荷载传给下部，并在与屋顶结构连续的周围曲面上，设置配备抗震斜撑的倒人字形剖面的构架，将屋顶在地震时和风荷载作用下所产生的水平力传给屋顶的支承结构。

由于屋顶自重所产生的水平推力是由承拉环来承受的，所以，在靠近大门口的矢高比较小的范围的钢管支柱下端设置滑动支点，可以将千斤顶回落的水平推力解放出来，保证水平推力不会传到屋顶支承结构上去。在千斤顶回落后，将支点沿水平方向加以固定，同时，再从支柱的柱脚给承拉环加设斜拉杆，用来承受拉力，这样便可将积

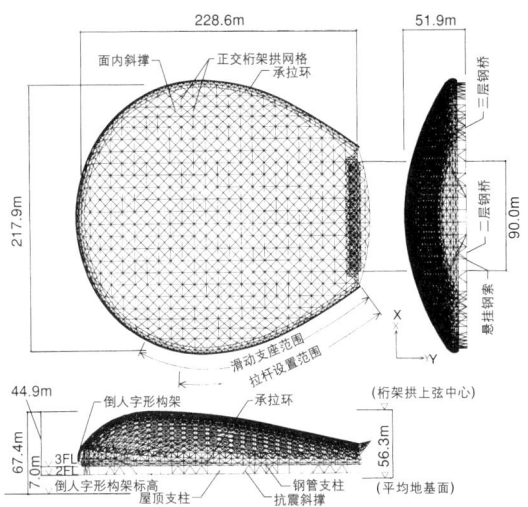

图2 屋顶及其支承体系的平面图及立面图

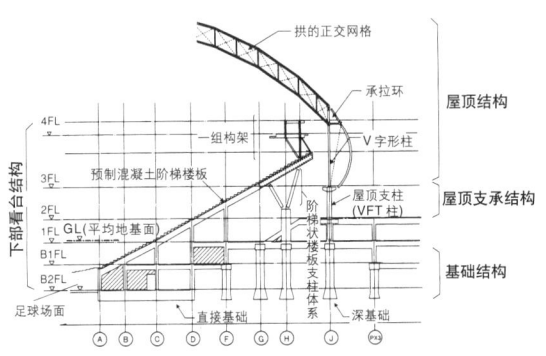

图3 结构剖面图

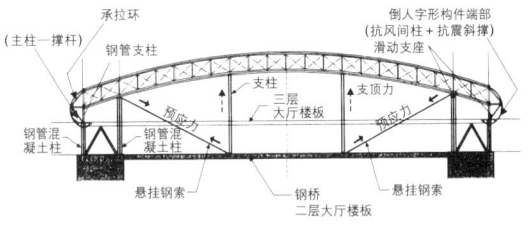

图4 闭合桥立面图

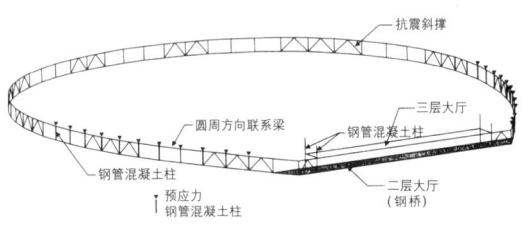

图5 屋顶支承结构概念图

雪时所产生的水平推力和地震时产生的水平力的一部分传到屋顶的支承结构中去。

基础结构置于GL-11.5深处的持力层上(N值=30～50以上，混有粉砂的卵石层)，直达持力层的主体结构和比赛场地底板采用直接(平板)基础，而其余结构则借助深基础将力传入持力层。

4. 可移动的系统

札幌穹顶是一座多功能的穹顶型建筑，可以实现作为足球场、棒球场、音乐厅、展览会等等的各式各样的功能。不同功能的实现是利用可移动系统来完成的。

可移动系统是以露天体育场和室内体育场之间可以来回移动的天然草坪足球场为中心，由"可移动墙体"、"开闭式移动坐席"、"旋转式移动坐席"、"升降式棒球投手踏板及各垒"等构成。

为了使各种可移动的设施能够相互协调动作，还安装了连锁转辙器和配备了中间接口。这样便可以连续自动运行和转换了。

位于可移动系统中心的天然草坪足球场是一个巨大的悬浮平台，借助很小的空气压(约900mm水柱，约为大气压强的9%)来支承，并飘浮着。移动时则是靠安装在平台周围的车轮来驱动。这就是所谓的"气垫加车轮的天然草坪移动装置"。

由于这种天然草坪足球场的重量分布是基本均匀的，因此，借助空气压力来直接托起其全部重量，与采用车轮支承的方式相比，不论是结构部件，还是驱动装置等都是比较小型的。此外，因为全部重量几乎都是由空气压力承

托，所以，对于车轮来说，只需承受施加驱动力的些许重量就行了，这样一来，既可不需设置钢制的轨道，而且，在建筑规划上和在运作上，也不会受到很多的制约和阻碍。这种草坪平台的另一重要特点是只需将全部车轮水平转动到预定的角度，就可以以安装在平台下方的转动枢轴为中心转动起来。

(细泽 治)

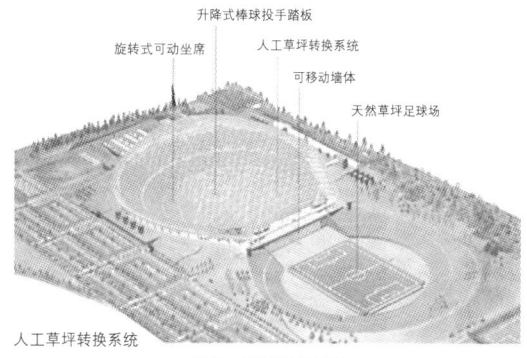

图6　可移动的系统

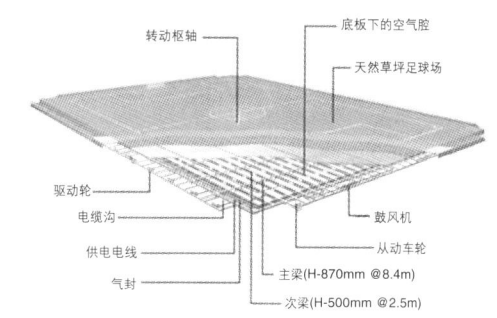

图7　悬浮平台概要

照片4　功能转换状况

100 相模原市营上九泽住宅

隔震结构：从单体扩展至群体

关键词 隔震结构、人工地基、隔震街区、都市隔震、公共住宅

照片 1　楼群外观(第 1 期工程竣工部分)　　　　　　摄影：新建筑社摄影部

房屋建筑概要

〈建筑概要〉

地　　　址：	神奈川县相模原市上九泽 4
主 要 用 途：	公共住宅
设 计 者：	船越彻＋阿尔柯木(寺岛修康)
结构设计者：	结构设计集团 SDG(渡边邦夫)
	动态设计(宫崎光生、丹羽幸彦)
施 工 者：	第 1 期(之一)＝谷津建设、相模铁建、金子建设 JV、
	(之二)＝鹿岛建设
	第 2 期(之三)＝住友建设、(之四)＝小山建设、
	相阳建设、肥后建设 JV
	第 3 期(之五)＝同上、(之六)＝洪池组
	第 4 期＝待定
占 地 面 积：	31897m²
建 筑 面 积：	12741m²
总建筑面积：	53297m²
层　　　数：	地下 1 层、地上 6 层～14 层
高　　　度：	43.1m
竣 工 年 月：	第 1 期＝2002 年 3 月
	全部竣工＝2005 年 3 月

〈结构概要〉

结 构 类 别：	钢筋混凝土造
结 构 类 型：	隔震结构(地下 1 层柱头隔震)
	1 层楼板＝网格梁式人工地基
	上部结构＝钢筋混凝土壁式框架体系
基 础 类 型：	直接基础(毛石混凝土混用)

1. 关于都市减灾的隔震结构的课题及任务

如果抗震措施能从地震波的传播过程中去寻找的话，那么，很显然，越是从地震波的传播路径的上游侧下手，效果就会越大，遗憾的是，至今，对于地震的发生和化解，仍力不从心。因此，当前，还是不得不针对个别建筑分别采取抗震措施。

隔震结构也是从机器隔震→楼板隔震→建筑隔震的模式一路发展下来的，为了促进和普及隔震建筑，长期以来，从大厦隔震到独立住宅和超高层建筑，一直以扩大隔震建筑的适用范围作为主攻课题。但是，隔震建筑已经建成不只千幢，却远未达到将毗邻的众多建筑都能实现隔震化的地步，因此，作为今后的下一个阶段，完全应该将眼光转向如何有效地推进安全的都市环境建设上来。换句话说，就是将目光投向如何实现从单体隔震建筑向着群体性的隔震街区，甚至是隔震都市的方向拓展下去。

从实现的策略和方法来看，可以是①以一个街区作为一个隔震的结构体系加以构筑的方略；②推行街区内的全部建筑的隔震化，在若干幢的建筑物中，设置共用的能源

建筑等，构筑具有自救手段的安全街区。

本文介绍的是采用方法①的规划设计，是日本国内首例以一个街区作为一个隔震结构物的建设实践。

2. 规划概要

(1) 规划的主旨

本规划的主要目的是将建成于1963年～1971年的总计254户的行列式平房(住户面积为30～37m²)改建一个新型街区，其中包括1DK～4DK各种不同户型的住户546户和医疗中心、集会场所、商业设施等的公共服务设施，以及容纳310辆汽车的停车场及停放1100辆自行车的存车处。这就是由本规划的设计者阿尔柯木提出，并在设计竞赛获胜而被采纳的方案。

(2) 总体构成及楼群布局

从"都市与自然"的设计理念出发，为将住宅楼群所包含的内部设计成欧洲型的都市广场，而使一层楼面的标高略高于地面，并构筑人工地基，然后再将21栋住宅楼全部建于该人工地基上。隔震装置是设在半地下停车场的柱头部位的，一方面提供了容量为300辆以上的停车场，同时，还可将住宅楼外侧的地面全部绿化，于是，一处高密度的住宅区便拔地而起，小区里的200户/公顷的住户都可享受2～3面的眺望视野和采光，并可确保4小时的日照。

假如说，对于21栋住宅楼，若是一个一个地分别建成隔震结构的话，那么，地上各楼宇的周围必将布满了抗震缝，这不仅在功能上和安全上都存在问题，而且，在经济上，也要花费比总体型的隔震装置不知大多少倍的造价。此外，对于联络住宅楼的三层的空中走廊的相对变位，也可以通过使一层人工地基的一体化，而得到解决。

21栋住宅楼的层数为6～14层，以正北为轴线，两栋南北方向长的住宅楼呈大雁飞行状排列，将整个建设用地团团包围了起来。6层高的低层住宅楼建于东侧，而西侧则建有8～10层的住宅楼，小区内最高的14层住宅楼建于中央。

本小区规划为满足环境共存住宅街区示范事业和21世纪都市住宅紧急促进事业的需要，旨在为社会提供优质的公营住宅，以建造100年以上的高耐久性住宅为己任，

图1 社区全部竣工示意图

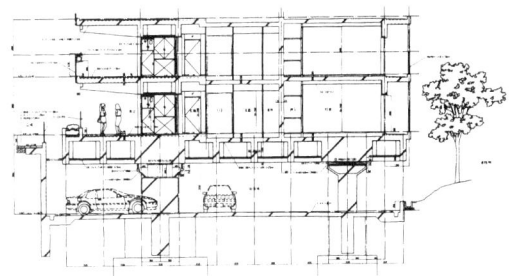

图2 隔震层附近剖面图

图3 剖面图

411

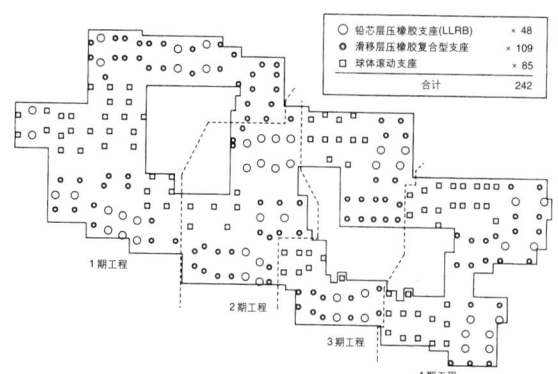

图4 隔震装置布置图

图5 设计中设定的震源模型

因而，采用了高性能的隔震结构，确保在大地震来袭时，也不会受到任何损坏。

3. 结构规划概要

(1) 住宅楼的结构规划

为便于社区的形成，将全部住户的出入通道安排在内部广场这边，同时，为了确保户型规划的多样化和具有良好的远眺视野及采光，采取了排列形状复杂的大雁飞行状的住宅楼布局。

为了适应这里的住宅楼的总体布局，上部结构采用由钢筋混凝土造的墙板和板式楼板组合而成的平板结构，住户内部抬头不见梁，平视不见柱，为居民提供使用方便的居住空间。

(2) 人工地基规划

为了使住宅楼的复杂布局与地下停车场的隔震装置的布置相互配合，在一层楼板的标高处，构筑人工地基。平面形状与住宅楼的平面布局相一致，并将全部住宅楼连成一片，由于在住宅楼群的内部有两处大型广场，所以，从总体上来看，平面形状呈"日"字形。人工地基由梁距为1920mm，梁高为1200mm的网格梁构成，根据受力的需要，采用内配H型钢的劲性钢筋混凝土造。

(3) 隔震层及隔震装置的规划

一层的人工地基和其上的21栋住宅楼的总重量达到

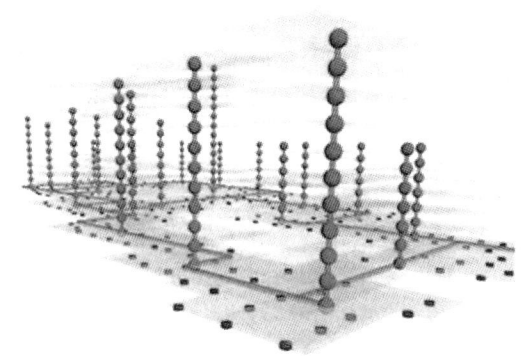

图6 地震反应分析模型

表1 设计用输入地震波

地震波名称		最大加速度(最大速度)	
EL CENTRO	NS(1940)	1022	(V=100)
TAFT	EW(1952)	944	(V=100)
HACHINOHE	NS(1968)	726	(V=110)
JR TAKATORI	FN(1995)	759	(V=165)
BCJ-L2	(模拟地震波)	356	(V=57)
KANTO-AW	(模拟地震波)	813	(V=52)
TACHIKAWA-AW	(模拟地震波)	1286	(V=45)

了11.2万吨之多。这样大的重量是由设置在地下停车场柱头上的242部隔震装置承受的。

隔震装置共计三大部分，它们是承担全部恢复力和阻尼作用的铅芯层压橡胶(LLRB φ 1200mm × 48 个)和加大阻尼用的层压橡胶复合型隔震装置(SLR × 109 个)，以及零摩擦的球状滚动支座(SBB × 85 个)。隔震周期为6.7秒，容许变形量为80cm，在全部变形的范围内，保有30%的阻尼常数。

(4) 地基及其结构的规划

建设用地的表层数米以下为亚黏土层，GL-7.5m附近为工程适用地基(相模层群)，GL-25m以下为上总层群。据原有的文献记载，GL-50m 处预计可达地震基盘(古第三纪小佛层群)，可以说地基条件良好。

基础构造采用毛石混凝土为垫层的直接基础。

4. 地震反应性能

(1) 设计用地震波

设计时，按下述三种地震波，并结合建设地点的地基条件，编制了模拟地震波。地震波①为建设地点一带的内陆活动断层造成的地震波(立川断层M7.3，鹤川断层M7.3及伊势原断层M7.0)；地震波②为地处板块界面的南关东地区正下方地震(M7.3)；地震波③为以相模海沟为震源的南关东地震(M7.9)。

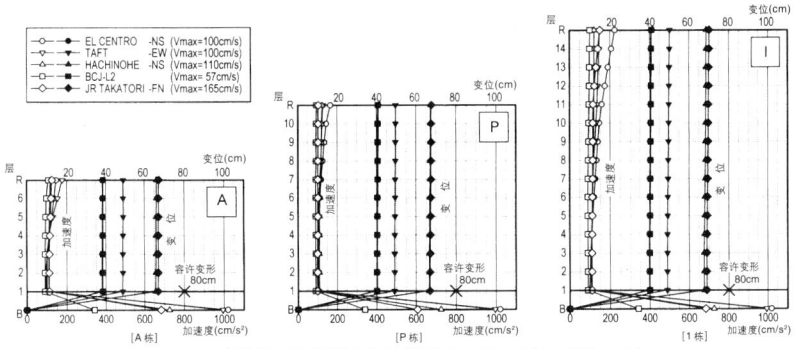

图7　大地震时的地震反应性能(输入：V_{max}=57～165cm/s)

设计采用了由其中最强烈的南关东地震波和根据立川断层地震编制的模拟地震波(800Gal～1200Gal)，此外，还将兵库县南部地震时，从烈度为7的地区记录下来的最大速度超过100kine(100cm/s～165cm/s)的地震波等作为设计用地震波(表1)。

(2) 地震反应性能

地震反应分析时所采用的模型是将各住宅楼的每一个楼层都简化为一质点，并将全部21栋住宅楼的剪切型质点弹簧模型用人工地基的梁元素连接起来，从而构成具有163个质点的立体质点弹簧模型。至于隔震装置则用MSS(Multi-Shear Spring)模型代替，并将其全部就位。

在最大加速度为800～1200(cm/s²)，最大速度为50～165(cm/s)的地震输入的情况下，低层住宅楼(6层)、中层住宅楼(10层)和高层住宅楼(14层)中，任何一栋的最大反应加速度都被控制在100Gal的水平，获得了令人满意的极好隔震效果(地震反应性能)。隔震装置的最大变形量在40～65cm的范围内，相对于容许变形量来说，仍有相当大的裕量，最终可以得出，该住宅小区拥有极高的抗震安全性的结论。

(3) 关于扭转振动的处理

该住宅小区是分4期进行施工的，全部竣工需时5年，所以是竣工一期，入住一期。在分期施工的过程中，不论是相互连接处于怎样的状态之下，都必须具有良好的隔震性能，同时，一定要很好地控制偏心状态的出现，以免发生扭转振动。借助上述三大类的隔震装置的相互配合，可以使隔震性能在任何状态下，都是差不多相同的，在将偏心率控制在1%以下的条件下，由扭转振动的反应分析可知，即使是在结构总体的边端，因扭转而导致的变位增量，都可以忽略不计。

(4) 连体型结构物之间的动态相互作用

本住宅小区是用人工地基将21栋住宅楼连接在了一起的，而且，各住宅之间不论是层数，还是重量都有所不同，因此，它们的固有特性也是各不相同的。由于地震时，各住宅楼就将发生各自以不同的高阶振型振动的现象，于是，必将导致地震力通过人工地基在各楼之间相互传递，而使各住宅楼的反应加速度和剪力系数都要增大。笔者将这种现象称之为"连体型隔震结构物之间的动态相互作用"，这是单独的隔震结构物不存在的现象，因此，设计时，必须特别注意。

为了达到设计预期的反应性能，必须设法提高隔震层的设定性能，该住宅小区的隔震性能就是充分考虑了这方面的影响之后，确定的。

5. 结语

该住宅小区的建设是从2000年7月开始动工的，预计2005年3月全部竣工，在众多的有关人士的共同努力下，工程推进得十分顺利。因为是分头施工的，所以，施工单位就有8家，隔震装置也是由几个装置制作厂家提供的。为了使竣工工区实现一体化，各工区各自的性能对住宅小区的总体性能是有影响的。各工区单独完成部分在各个阶段的隔震性能及安全保证，以及在平面上，作为体形巨大的结构物而出现的混凝土干缩和温度变化，以及地震波的位相差输入等的考虑，都必须周到和缜密。

但是，只要是想让隔震结构在构筑安全而又舒适的都市方面做出贡献，那么，从单体隔震朝着街区隔震，甚至是隔震都市的方向进行研究就成为了必然的课题。该住宅小区的合作成果已经成为隔震结构技术史的一座里程碑，在今后的公共住宅的建设中，对相模原市的英明决断，必须给予高度评价。

（宫崎光生）

[参考文献]

1) 宫崎，丹羽「連結免震建物の地震応答性に関するパラメトリックスタディ」『日本建築学会大会梗概集』2000年
2) 「相模原市営上九沢団地（第1期）」『新建築』2002年5月号

【资料篇】

战后的经济发展及建筑结构的演进

在撰写《日本建筑结构精选100例——战后50余年的创新历程》一书之时，着重考虑的是建筑结构的演进同日本战后的经济发展之间的相关关系。说起来，任何技术无一不是社会存在，就建筑而言，其与社会和经济动向密切相关，而结构技术则是为符合时代要求的建筑的建成，而研究和开发的。

实际上，在经济发展的成果捕捉上，存在着各式各样的尺度和标准。本书这次是从建筑的侧面来捕捉，所以，势必要从国内生产总值(GDP)、建筑物开工总面积和不同用途，不同结构类别的总建筑面积、建设工程费预算、钢材及水泥的产量，以及人口的变化等许多方面加以捕捉。这一切将在下页开始的图1~图5和表1及表2中，详细论述。

此外，除了数字以外，还对战后所发生的种种经济现象，依照其发生的时间顺序进行了论述。将建筑作品按其最初发表的年代刊载于书中扉页的年代表中的正是这项内容[注]。表中详细记载了各个年代的经济事件和建筑(结构)界所发生的重要事件，同时，在表的右边一栏里，将那些应时代要求而开发的主要结构技术及采用这些技术的建筑物名称一并记录在案。图表中，虽然是将这三个项目几乎按同年排列的，但是，事实是清楚的，建筑(结构)界所发生的事件和结构技术要比经济界发生的事件一般晚几年，甚至5年左右。纵览全部内容和逐一解读各种图、表和若干说明之后，作为结论，归纳如下。

注: 书中插入的扉页上刊载的表和本文中的图1~图5的景气期指的是景气持续期。

【经济发展与建设生产】 (图1~图4及表1、表2)

- 在1973年的第一次石油危机以前，日本一直致力于战后的经济恢复，埋头于发展生产。不论从哪个角度来说，在1970年代的前半期，还不能看成是日本发展的最高潮的时期。

- 战后，在1970年代前半期以前，只顾从事生产性建筑的建设，1970年代以来，日本国内的经济增长已经达到了一定的高度，终于可以将经济力量转向住宅建设了。此外，随着社会经济结构的变化和消费的增长，商业、服务业(商店，办公楼)性质的建筑开始增多，这种趋势，至今仍在继续着。

- 自从1973年以来，国内生产总值不断增长，但是，开工的总建筑面积和钢材及水泥的产量，除了1986年以后的泡沫期之外，几乎是停滞状态，没什么变化。

- 1990年的开工总建筑面积，不论是总值，还是按用途分和按结构类别分，都是战后的最高值。仅比1973年略

低一些。

- 泡沫期建造的房屋比1970年代和1980年代前半期增加了2~3成。

- 现在的情况是又回到了1980年代的中期了。

- 日本人在战后的55年期间(1946~2000)建造的房屋达85.6亿m²，而1970年以来建造的房屋则为67.7亿m²(战后总量的79%)。假如战后建造的房屋全部存留下来的话，那么，我们日本人的人均占有的房屋面积为70m²(其中住宅面积为40m²)。然而，遗憾的是，相当多的房屋现已不复存在了。

【日本的人口增长和地区间的迁徙】 (图5)

- 战后每10年的人口增长率虽有所差异，但在总人口增长的同时，各个道府县的人口也都有增加。

- 战后复兴使得三大都市的人口激增，大大超过了全国的平均值。尤其是在初期，人口大量涌入东京都，但自从1960年以后，除东京都之外的首都圈和大阪府的人口都有增加。

- 1970年以后，虽然东京都内的人口增速有所减缓，但是，随之而来的是，除了东京都之外的首都圈内的人口却是增加的。换句话说，就是首都圈的人口集中于神奈川、埼玉和千叶三县，而不包括东京都。

- 关西圈虽然没有在图中表示出来，但是具有首都圈的倾向，这种倾向的到来大约比首都圈晚了10年。具体说来，就是在1970年代的后半期以前，关西圈内的人口增长主要集中于大阪府(一部分在兵库县的南部)，而后来，那里的人口增长就转向了兵库县南部和奈良县了。

- 爱知县虽然与东京圈和大阪府比较起来，人口增长率是偏低的，但是，战后却是一贯保持增长的势头的。另外，在人口密度上，远比东京都和大阪府低得多。

- 另一方面，从一直向三大都市圈输送劳动力的其他地区来看，虽然说，日本国的人口在50年(1950~2000)间增加了5成，但是，现在有不少的县和地区的人口几乎是保持不变，甚至有的县和地区的人口不但不是增加，相反，正在减少。结果，在2000年时的人口密度，以东京都与岛根县的对比为例，竟然相差48倍之多，集中于东京都内的人口是日本全国平均的16倍。

- 尽管我们说不上来人口密度与地价之间到底有多大程度的相关关系，仅就2002年的公示地价来比较，东京都内地价的最高值(丸之内地区)与岛根县地价的最高值(松江市内)之比为55:1。

图1 国内生产总值与建筑开工总面积的进展

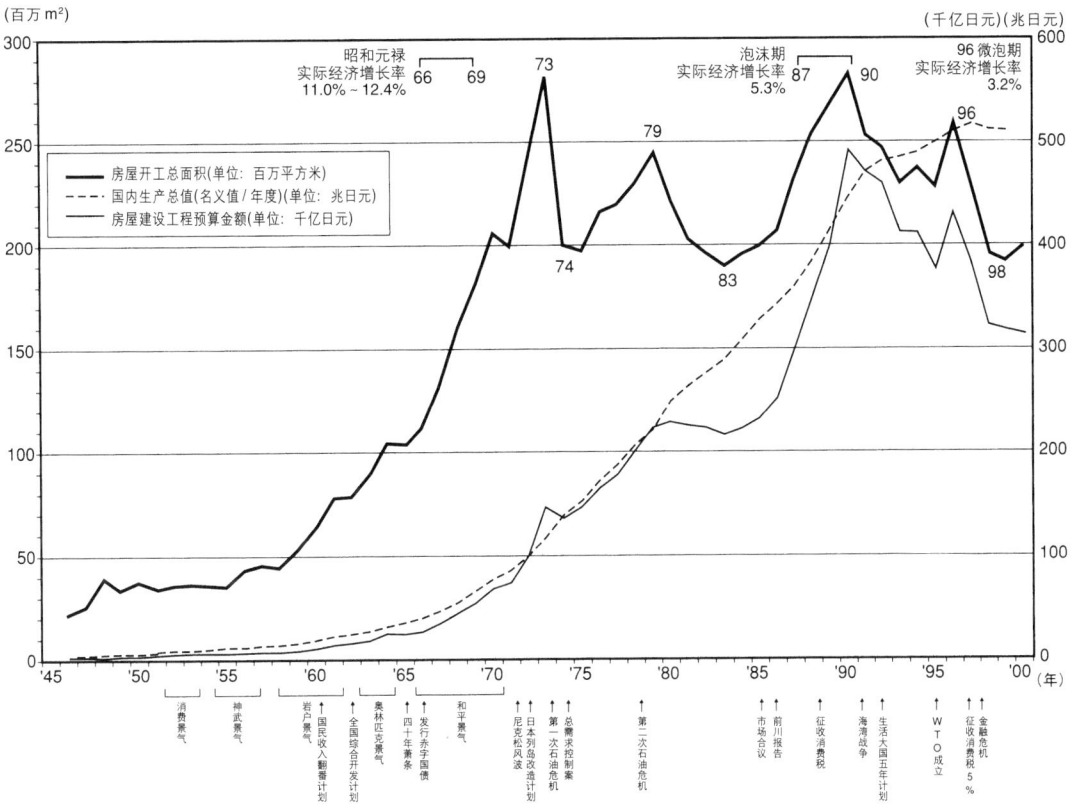

图1 说明

1. 战后以来，建筑开工的总面积的增长一直持续到1973年的第一次石油危机。尤其是，在1960年代以后，增长特别迅猛。虽然是按着国内生产总值的一定比例增长的，但是，到了1974年以后，尽管国内生产总值在继续增长，但建筑开工的总面积却是徘徊不前。自从1986年以后又重新开始增长，一直到了1996年，这种趋势仍在继续。

2. 建筑开工的总面积的高峰出现在1973年和1990年，最高值是1990年时的2.83亿 m²(1973年是2.82亿 m²)。1974年以来，除了1987年~1990年的泡沫期之外，一直保持在2亿~2.5亿 m²的数值。

3. 房屋的建设工程的预算金额与国内生产总值成比例地增长是在1979年以前，约占国内生产总值的10%左右。1979年以后，便徘徊在22兆日元上下的水平上了，不过，到了1986年，这以后，又出现了急速地增长，1990年时，曾达到了49兆日元。随后的10年间，即到了1996年，虽然有了一个暂时的增长，但又迅速地降了下来，2000年时，与国内生产总值的比例超过了60%。

4. 2000年时的房屋建设工程费的单价，如按全部房屋造价的平均值来说，已经达到了泡沫期以前的1985年的1.36倍了(名义值)。不过，这一数值只是名义值，它是不考虑房屋的性能和类别变化的简单平均值。

417

图2　不同用途的建筑开工总面积的变化

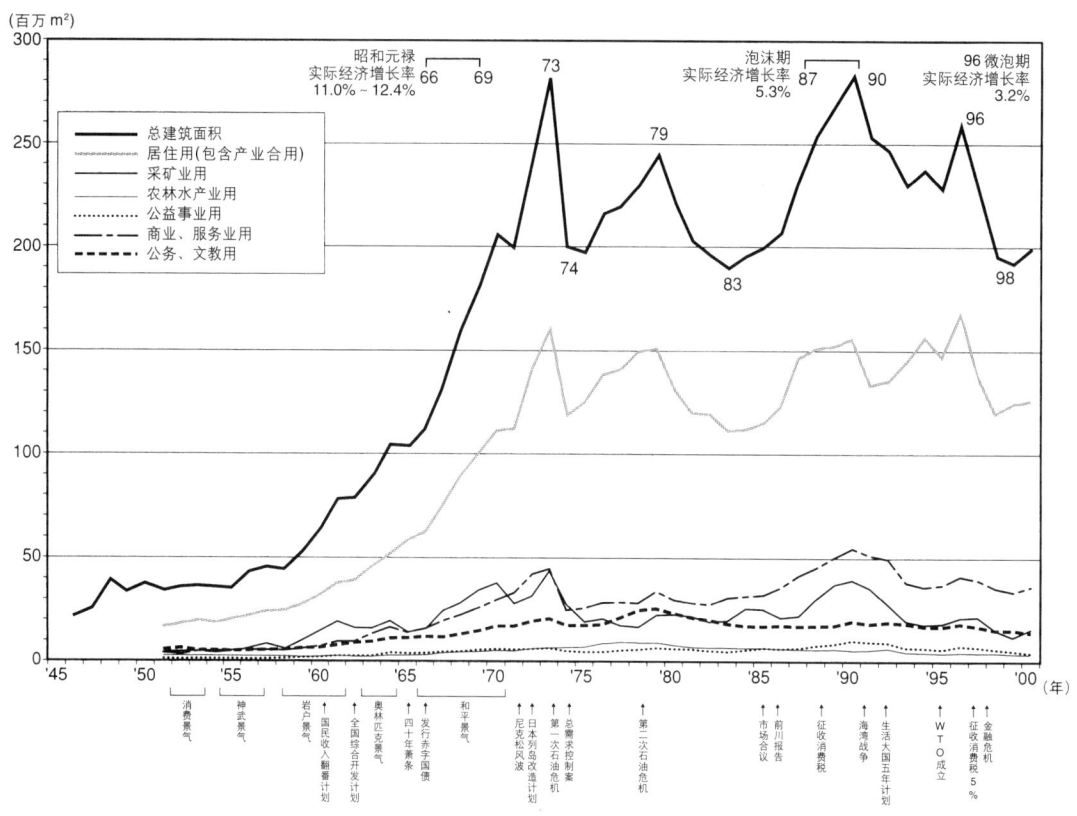

(百万 m²)

昭和元禄
实际经济增长率
11.0%～12.4%

泡沫期
实际经济增长率
5.3%

96 微泡期
实际经济增长率
3.2%

总建筑面积
居住用(包含产业合用)
采矿业用
农林水产业用
公益事业用
商业、服务业用
公务、文教用

消费景气
神武景气
岩户景气
国民收入翻番计划
全国综合开发计划
奥林匹克景气
四十年萧条
发行赤字国债
和平景气
日本列岛改造计划
尼克松风波
第一次石油危机
总需求控制政策
第二次石油危机
市场会议
前川报告
征收消费税
海湾战争
生活大国五年计划
WTO成立
征收消费税5%
金融危机

图2　说明

1. 居住用的建筑面积(含与产业合用)
   与总建筑面积之间几乎是保持着一
   定的比例关系，居住用的建筑面积
   占总建筑面积的50%～60%，与其
   他用途的建筑相比，变动很小。
   过去的最高值为1996年的1.69亿
   m²(1973年时为1.61亿m²)。

2. 商业、服务业用的建筑面积在1970
   年代初期和1986年的泡沫期以后是
   增长的。过去的最高值为1990年的

   5400万 m²(1973年时为4500万 m²)。

3. 采矿业用的建筑面积除了1960年代
   的后半期～1970年代初期和1988
   年～1992年的泡沫期之外，1970年
   代以后一直以2000万 m² 的水平推
   进，但是，最近几年就只有1500万
   m² 左右了。与其他用途的建筑相
   比，变动是比较大的。最高值为
   1973年的4300万 m²(1990年时为
   3900万 m²)。

表1　不同用途的建筑面积所占总建筑面积的比率(%)

用途＼年代	1950~1959	1960~1969	1970~1979	1980~1989	1990~1999
总建筑面积	100	100	100	100	100
居住用	53.7	53.6	60.3	59.0	60.5
采矿业用	14.3	18.1	11.7 (14.8/8.5)	11.2	9.6
农林水产业用	4.9	2.1	3.1	2.8	1.9
公营事业用	2.2	2.9	2.2	2.6	2.9
商业、服务业用	11.6	13.6	14.1	16.1	17.6
公务、文教用	13.1	9.1	8.5	8.3	7.2
其他	0.2	0.6	0.1	0	0.3

注:(　)内的数字分别表示1970年代前半期和后半期的数值。

表2　各年代与1950年代相比的增长率(1950年代=1.0)

用途＼年代	1950~1959	1960~1969	1970~1979	1980~1989	1990~1999
总建筑面积	1.0	2.85 (1.0)	5.82 (1.0)	5.66 (1.0)	6.14 (1.0)
居住用	1.0	2.85 (1.0)	6.54 (1.12)	6.23 (1.10)	6.92 (1.13)
采矿业用	1.0	3.61 (1.27)	4.74 (0.81)	4.41 (0.78)	4.12 (0.67)
农林水产业用	1.0	1.21 (0.42)	3.68 (0.63)	3.25 (0.57)	2.40 (0.38)
公益事业用	1.0	3.77 (1.32)	5.84 (1.00)	6.67 (1.18)	8.13 (1.32)
商业、服务业用	1.0	3.36 (1.18)	7.10 (1.22)	7.86 (1.39)	9.36 (1.52)
公务、文教用	1.0	1.99 (0.70)	3.77 (0.65)	3.57 (0.63)	3.37 (0.55)

注:　(　)内的数字表示不同用途增长率与各年代总增长率的比值。具体说来，若数值为1.0以上，则表示该用途的房屋增长率在提高，
小于1.0时，则为下降。

表1、表2　说明

1. 居住用的建筑面积在1950年代及1960年代时，占总建筑面积的54%左右，而在1970年代以后，升为60%左右，平均增长率提高了10%~13%。采矿业的建筑由于1970年代中期专注于生产力的增长，在高度增长告一段落之后，可能是因为财力又出现了投入住宅建设的可能性的缘故吧。

2. 采矿业用的建筑从1950年代起一直到1960年代都是增长的，在1960年代已占总面积的18%了，1970年代以后，逐渐下降。尤其是，在1970年代的后期，下降特别显著。原因有三：①在经济高度增长的时期，采矿业用的建筑的建设多于其他用途的建筑，但当经济增长趋向稳定之后，便又进入了稳步增长阶段了；②日本的产业结构已经从重化工工业转型为高科技型产业了；③最近，日本国内的工业生产比率下降等等。

3. 商业、服务业用的建筑面积占总建筑面积的比率，战后以来，一直是增长的。这是因为随着经济的增长，人们的消费需求必然增加，而且还朝着多样化的方向发展。此外，随着从事第三产业的从业人员的增多，办公用房的需求也会跟着增加。

图3　不同类别结构的开工建筑面积的变化

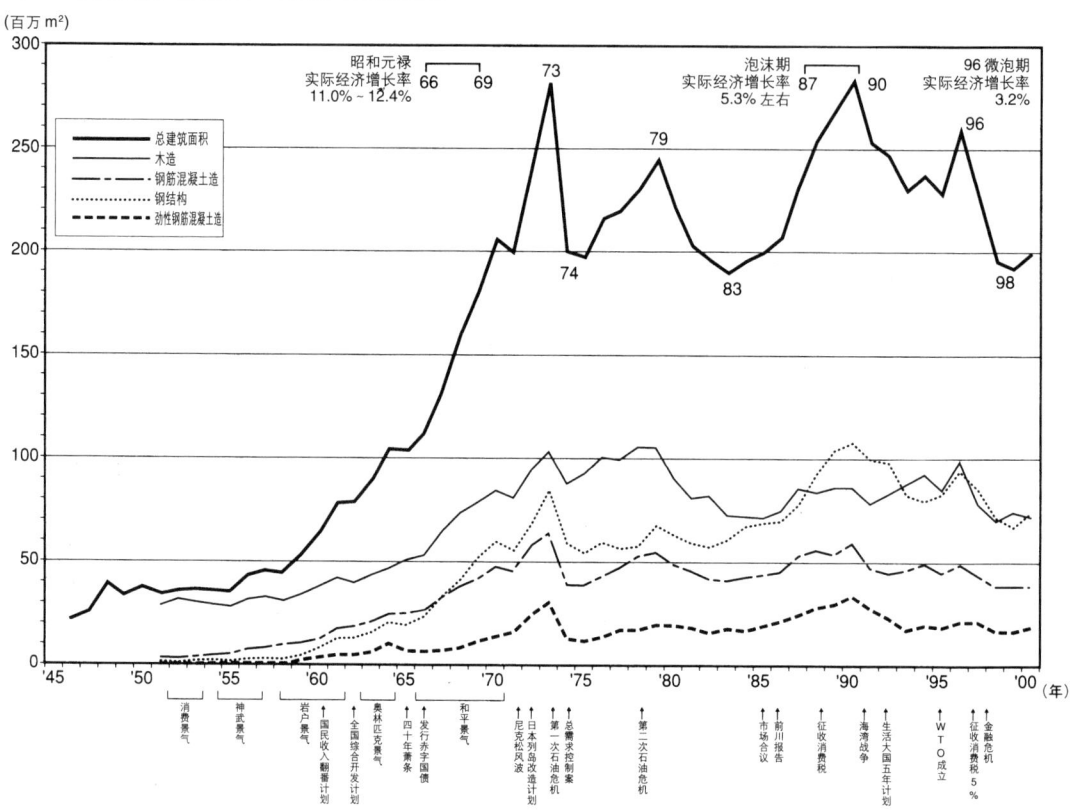

（百万 m²）

图3　说明

1. 木造建筑(主要是住宅)是从 1956 年开始增多的，虽然，中途曾有几年略有减少，但在 1973 年以前是一直在增加的。后来，到了 1979 年前后，已经达到 1 亿 m² 左右了。后来，转向减少，除了 1996 年之外，是处于 7000 万 m² ~ 9000 万 m² 的停滞不前的状态的。

2. 钢结构是从 1959 年开始增加的，虽然，后来也有几年曾有所减少，不过，在 1973 年以前是一直在增加的，那年曾达到过 8400 万 m²，后来有过急剧的减少，在泡沫时期的 1987 年以前，一直是以 5400 万 m² ~ 6800 万 m² 推进的。从 1987 年转向增加，在 1988 年的时候，超过了木造，而到了 1990 年达到了最高峰的 1.07 亿 m²。在后来的 1996 年，曾一度记录到 9300 万 m²，从此逐渐减少，近年来，一直是以 7000 万 m² 推进着。

3. 钢筋混凝土造是在 1973 年纪录到 6300 万 m² 的最高值，后来，一直处于停滞不前的状态，近年来，则是以 3800 万 m² 的规模推进着。

图4 钢铁及水泥生产量的变化

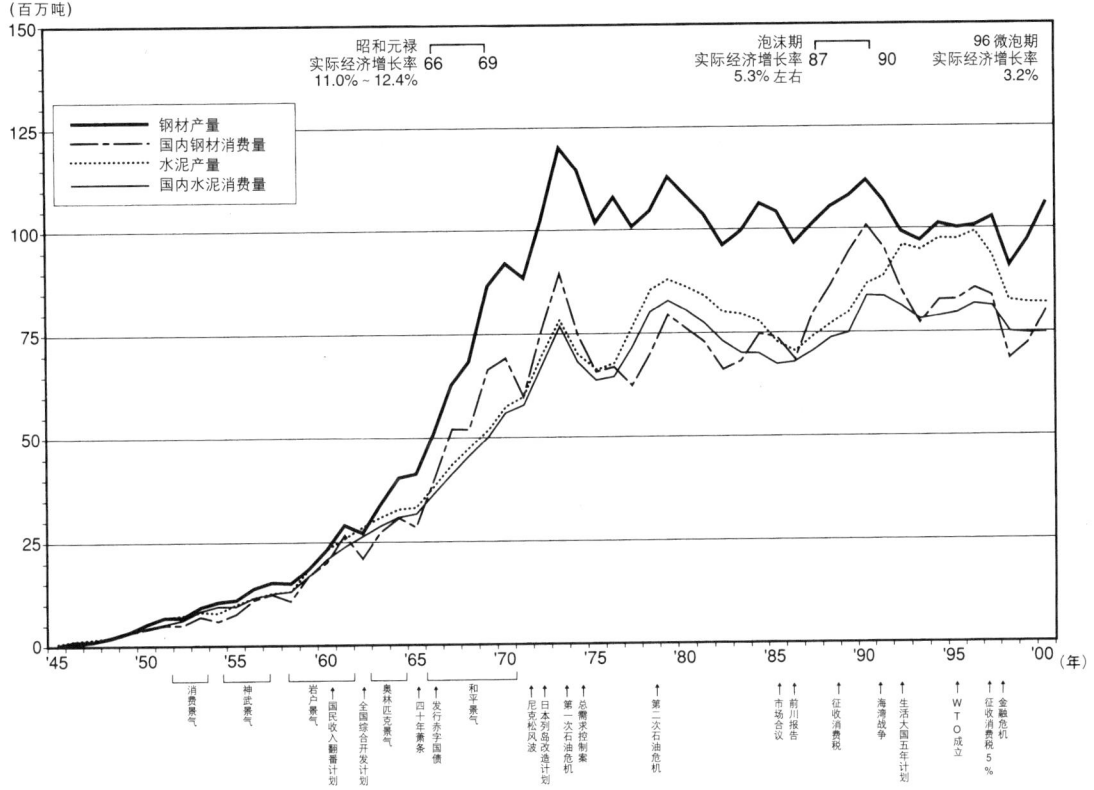

（百万吨）

图4 说明

1. 钢材的产量在战后是一直持续增长的，1973年的钢产量为最高，达到了1.2亿吨。后来，就以1亿吨的产量上下浮动了。

2. 钢材在国内的消费量战后也是一直持续走高的，1973年曾达到过8900万吨的高度，但是，后来，国内消费量减少，而出口增加了。1990年曾达到过1亿吨的最高值，而在1973年以后(泡沫期除外)基本上是在7000万吨上下浮动的。

3. 水泥产量战后一直保持增长的势头，1973年曾达到7700万吨。后来便进入了第二梯度，增长率下降了，但数量是增加的，在1996年前后达到了9600万吨的最高值。后来，就稳定在这个水平上，最近几年，则保持在8200万吨上下浮动了。

4. 水泥的国内消费量在战后一直是增长的，1973年达到了7700万吨的水平。全部产品基本上是在国内消费的。1990年时，曾达到8400万吨的最高值，但是，后来有所下降，至于1991年以后的产品增加分额都转为出口了。近年来，一直徘徊在7500万吨水平上。

图5　战后的人口增长率(以1950年=1.0)

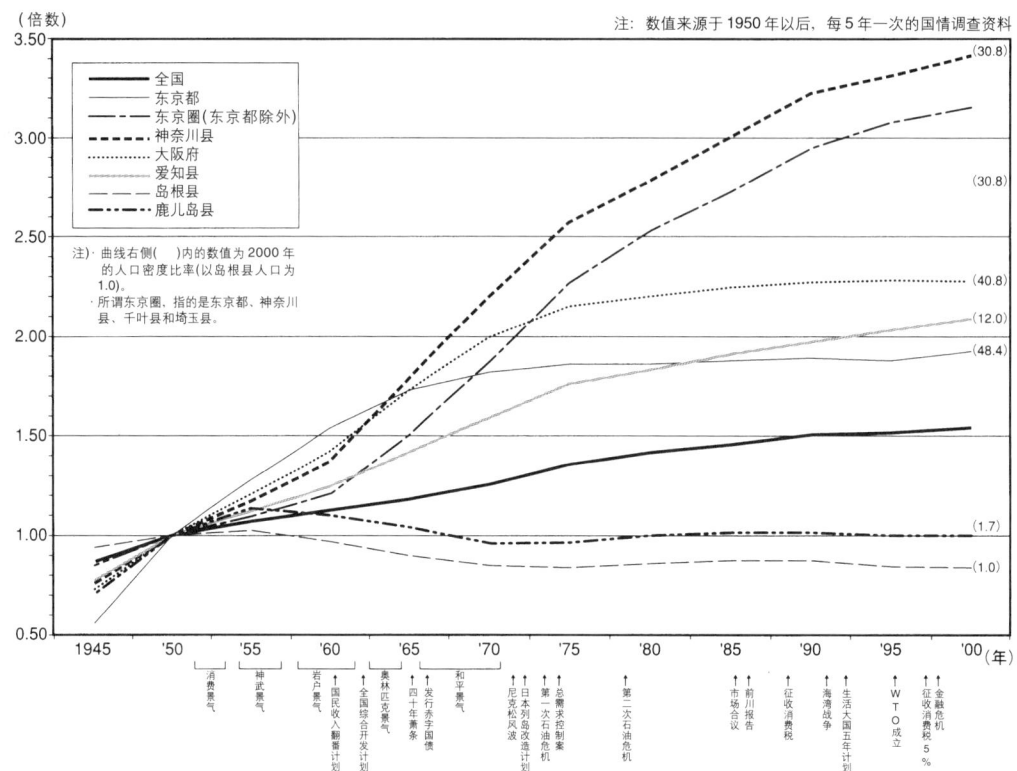

注: 数值来源于1950年以后, 每5年一次的国情调查资料

图5　说明

1. 日本国的人口从1950年的8320万人增加到2000年的12690万人, 净增1.53倍。

2. 各地区(各都府县)的50年间的人口增长趋势, 大体上可分成以下三类:
   ① 人口增加显著的三大都市圈(东京圈、关西圈、爱知县);
   ② 人口基本上不增加的地区(鹿儿岛县、山口县、新潟县、福岛县等很多的县);
   ③ 人口减少的地区(岛根县、秋田县等)。

3. 三大都市圈的人口增长趋势
   ① 在1960年代以前, 东京都曾是日本全国人口增长率最高的地区, 但是从1960年代的中期开始, 增长率有所下降, 自从1970年代中期以后, 几乎是停滞状态。

② 东京圈(不包括东京都)在1970年以前的人口增长率是落后于东京都内的, 但是, 后来, 作为东京都的增长率减缓的补充, 而有了迅猛的增长, 到了1970年的时候, 增长率出现了反超东京都的情形, 以1950年为基数, 2000年的人口增长率达到了3.15倍。特别应该指出的是, 神奈川县的增长率达到3.14倍, 成为全国首位。

③ 在1965年以前, 大阪府的人口增长率是低于东京都的, 然而, 1965年以后, 大阪府的人口增长率反超了东京都(以1950年为准)。不过, 自从1970年以后, 人口增加率有所减缓。

④ 如果将京都府除外, 那么, 关西圈的人口增长率是高于全国平均水平

[参考文献]（中扉の表も含む）
『日本統計年鑑』総務省
『建築統計年報』国土交通省
宮崎勇・本庄　真『日本経済図説・第三版』岩波新書, 2001.1
岸　宣仁『経済白書物語』文芸春秋社, 1999.6
三橋規宏・内田茂男・池田吉紀『ゼミナール日本経済入門』日本経済新聞社, 2001.4
小林慶一郎・加藤創太『日本経済の罠』日本経済新聞社, 2001.3
藤本盛久監修『日本建築鉄骨構造技術の発展』鋼構造出版, 1998.12
『市場開拓活動30年のあゆみ』鋼材倶楽部, 1986.5

的。在关西圈中，人口增长率最高的奈良县超出全国平均增长率的时间是1975年，与大阪府的增长率减缓的时间是一致的。

⑤对于爱知县来说，战后一直保持着人口增加的势头，到了1980年代的初期就超过了东京都的人口增长率（以1950年为准），即使在东京都和大阪府的人口增长率减缓后，这里的人口依然是在不断增长。

4. 人口增长率(2000年高于1950年的倍数)

①在这50年的期间里，人口增长率超过全国平均增长率(1.53倍)的都、府、县有：神奈川县(3.41)、埼玉县(3.23)、千叶县(2.77)、大阪府(2.28)、爱知县(2.08)、东京都(1.92)、奈良县(1.89)、兵库县(1.68)、滋贺县(1.56)，共9个都府县；

②50年的期间内，人口减少的县有：岛根县(0.83)、秋田县(0.91)、山形县及长崎县(0.92)、高知县及佐贺县(0.93)、山口县及鹿儿岛县(0.99)，共10个县；

③除上述以外的其余28个府县，在50年期间内，人口增长率为1.0~1.53倍，属于人口增长率低于全国平均值的府县。

5. 2000年时的人口密度

①全国的平均密度为340人/km²；

②东京都的密度最高，为5514人/km²，其次为大阪府的4652人/km²，最低为岛根县的114人/km²；

③人口密度比为，东京：大阪：神奈川：爱知县：岛根=48:41:31:12:1；与全国平均值的比率为，东京：大阪：神奈川：爱知：岛根=16:14:10:4:0.34。在1950年时，东京都的人口密度为全国平均密度的12.9倍和岛根县的21.0倍。

附记

- 上述的人口密度是按全国总面积来计算的。如果按可居住面积来计算，那么，可居住面积少的岛根县和比较少的爱知县同可居住面积多的东京都和大阪府相比较时，单位面积的人口密度的差将小于上边所开列的数值。

- 文中的东京圈指的是由东京都、神奈川县、千叶县和埼玉县构成的地区范围；关西圈指的是由大阪府、京都府、兵库县和奈良县构成的地区范围。

个别技术的演进

近半个世纪以来, 在建筑空间的创造上, 一直是在社会需要和供应之间的平衡中追求最优化的结果, 而向前推进着。在这一进程中, 关于建筑结构, 如果从定性角度去把握, 还算不上很困难, 但是, 若想定量了解, 可用的资料就太少了。因此, 只好采用以下三个项目的变化曲线来代替发展的具体数字了。

①电子计算机的发展

下边, 首先将从事结构规划、设计、分析、施工、维护等不可或缺的工具——电脑的发展状况及其解决问题的能力加以曲线化。

②建筑结构材料的改进提高

通过高层钢筋混凝土建筑, 将钢筋和混凝土的强度性能的改进及建设幢数和层数, 按指标绘制成了曲线。

③施工技术的进展

随着建筑的大型化和高层化, 同时也作为工程安装的象征的塔式起重机的性能和能力的提高, 按指标绘制了曲线。

曲线图中, 横轴表示年代。

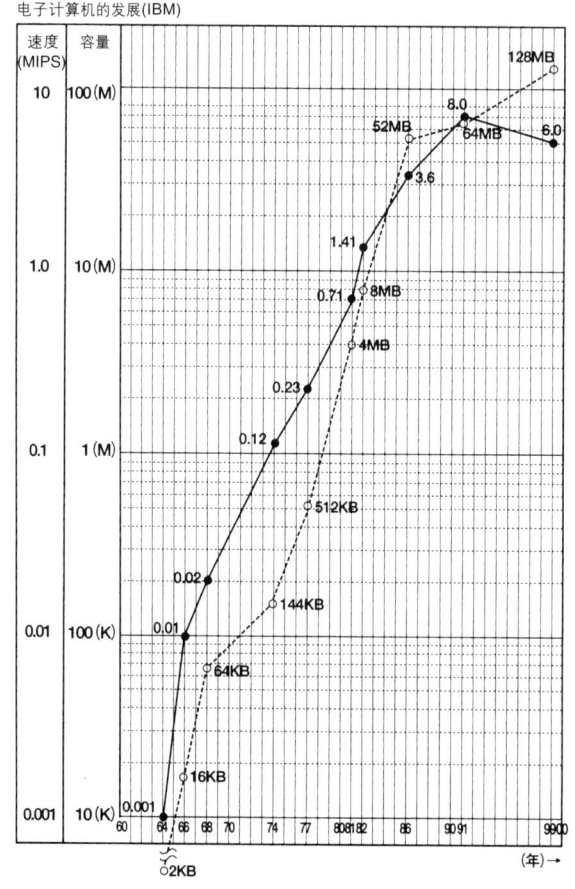

注: MIPS: Million Instruction Per Second
M: megabyte
K: Kilobyte

〈参考资料〉『設計の技術—日建設計の100年』の文章よりグラフ化

高层钢筋混凝土建筑的进展

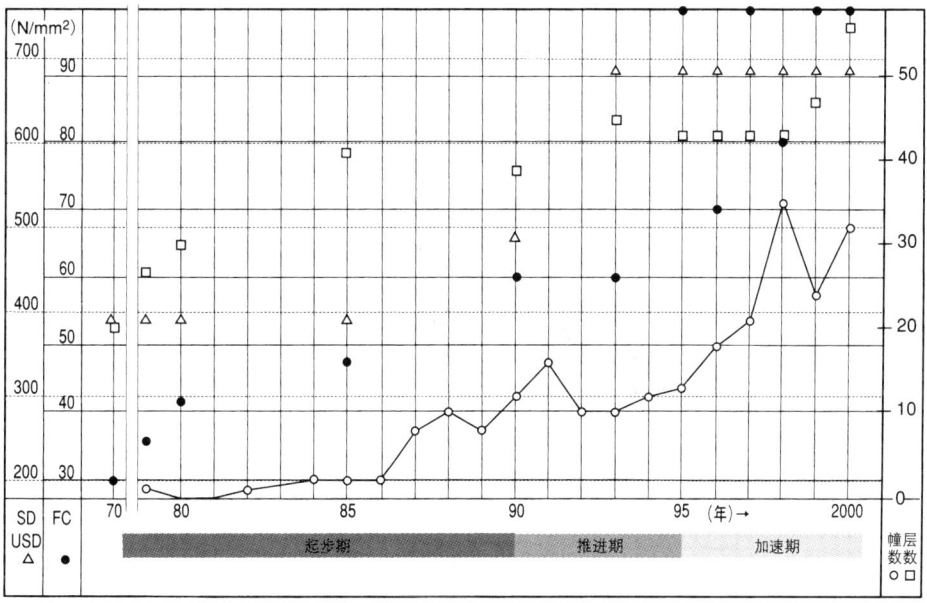

注: SD 及 USD: 钢筋钢种; F_c: 混凝土强度等级; 幢数及层数均为各年度的实建最大值。

〈参考资料〉『コンクリート工学』2002 年 3 月号

高增长时期的塔式起重机性能的演进

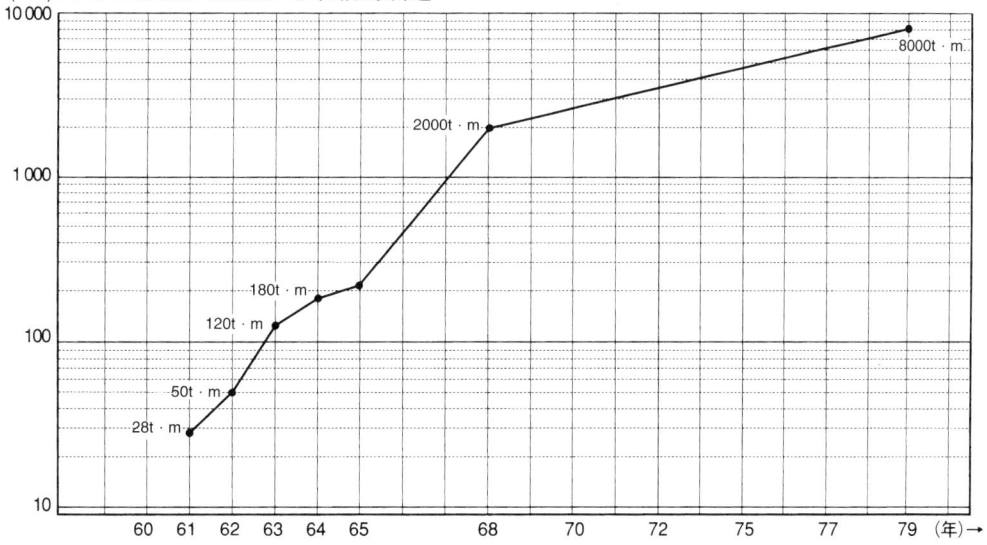

〈参考资料〉日本建築センター機関誌「悠悠建築」1993 年 3 月号 の記事をグラフ化

建筑物规模的演进

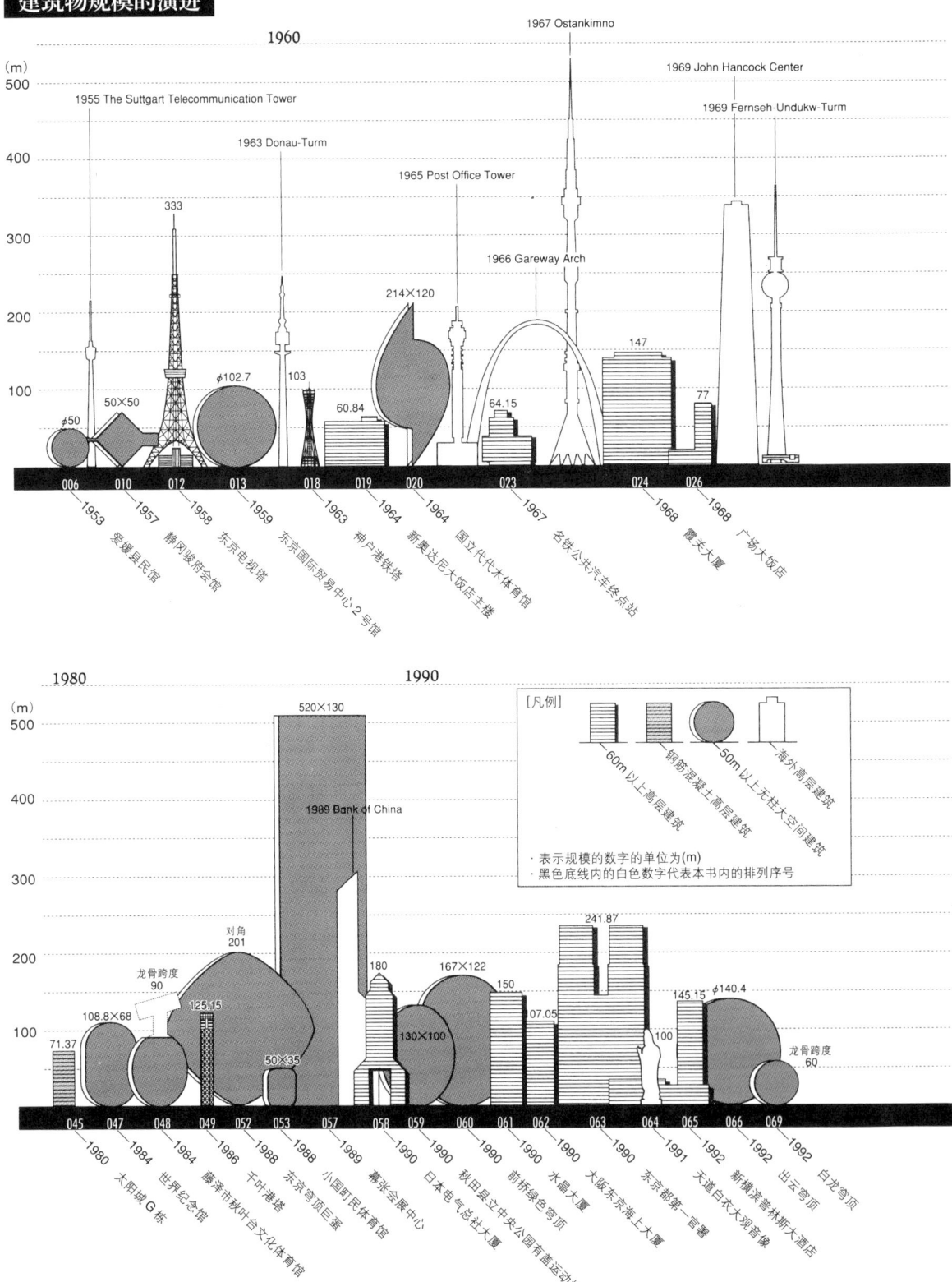

1960

(m)
500

1955 The Suttgart Telecommunication Tower

1963 Donau-Turm

1965 Post Office Tower

1967 Ostankimno

1969 John Hancock Center

1969 Fernseh-Undukw-Turm

1966 Gareway Arch

400

333

300

214×120

147

200

φ102.7

103

60.84

64.15

77

100

φ50

50×50

006 010 012 013 018 019 020 023 024 026

1953 爱媛县民馆
1957 静冈县骏府会馆
1958 东京电视塔
1959 东京国际贸易中心2号馆
1963 神户港铁塔
1964 新奥达尼大饭店主楼
1964 国立代代木体育馆
1967 名铁公共汽车终点站
1968 霞关大厦
1968 广场大饭店

1980　　　1990

(m)
500

520×130

1989 Bank of China

400

300

对角
201

241.87

200

龙骨跨度
90

125.15

180

167×122

150

145.15 φ140.4

108.8×68

130×100

07.05

100

100

71.37

50×35

龙骨跨度
60

045 047 048 049 052 053 057 058 059 060 061 062 063 064 065 066 069

1980 太阳城G栋
1984 世界纪念馆
1984 藤泽市秋叶台文化体育馆
1986 千叶港塔
1988 东京穹顶巨蛋
1988 小国町民体育馆
1989 幕张会展中心
1990 日本电气总社大厦
1990 秋田县立中央公园有盖运动场
1990 前桥绿色穹顶
1990 水晶大厦
1990 大阪东京海上大厦
1990 东京都第一宫署
1991 天道白衣大观音像
1992 新横滨普林斯大酒店
1992 出云穹顶
1992 白龙穹顶

[凡例]

60m以上高层建筑
钢筋混凝土高层建筑
50m以上无柱大空间建筑
海外高层建筑

· 表示规模的数字的单位为(m)
· 黑色底线内的白色数字代表本书内的排列序号

〈参考资料〉『設計の技術—日建設計の100年』

426

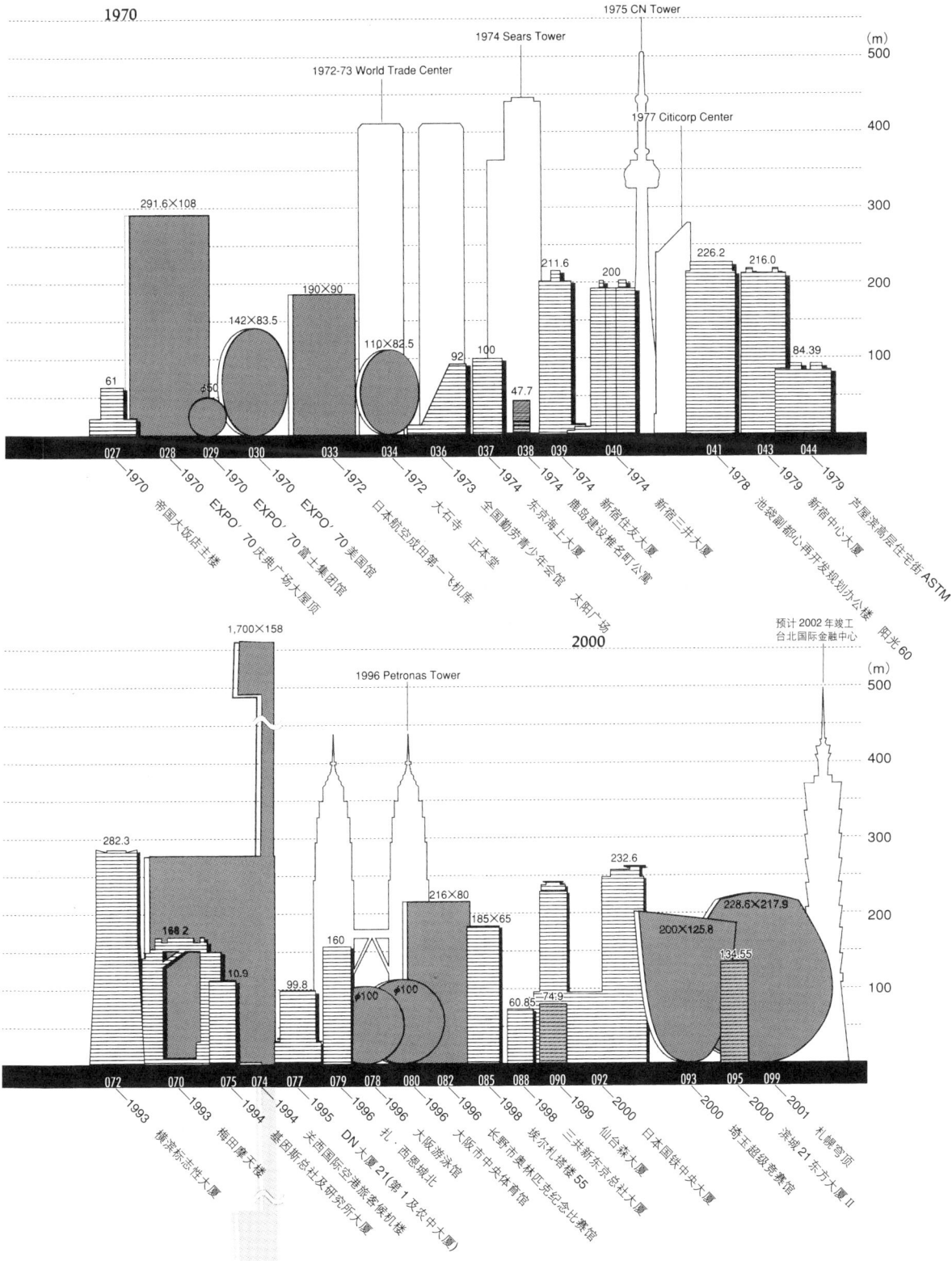

1970

(m)
500

1975 CN Tower

1974 Sears Tower

1972-73 World Trade Center

400

1977 Citicorp Center

300

291.6×108

226.2   216.0

200

190×90

211.6   200

142×83.5   92   100   47.7   84.39

110×82.5

100

61   ¢50

027   028   029   030   033   034   036   037   038   039   040   041   043   044

—1970   —1970   EXPO′ 70 欢典广场大屋顶   EXPO′ 70 美国馆   EXPO′ 70 富士集团馆   日本航空成田第一飞机库   大石寺 正本堂   全国勤劳青少年会馆 太阳广场   东京海上大厦   鹿岛建设椎名町公寓   新宿住友大厦   新宿三井大厦   池袋副都心再开发规划办公楼   声屋滨高层住宅街 ASTM 阳光 60

帝国大阪店主楼

—1972   —1972   —1973   —1974   —1974   —1974   —1978   —1979   —1979

预计 2002 年竣工
台北国际金融中心

2000

(m)
500

1996 Petronas Tower

1,700×158

400

282.3

232.6

300

168.2   228.6×217.9

216×80   200×125.8

185×65   134.55

160   ¢100 ¢100   60.85 74.9   10.9   99.8

072   070   075   074   077   079   078   080   082   085   088   090   092   093   095   099

—1993   —1993   —1994   —1994   —1995   —1996   —1996   —1996   —1996   —1998   —1998   —1999   —2000   —2000   —2000   —2001

横滨标志性大厦   梅田摩天楼   基因斯总社及研究所大厦   关西国际空港旅客候机楼   DN大厦21(第1双农中大厦)   扎·西恩堤北   大阪游泳馆   大阪市中央体育馆   长野市奥林匹克纪念竞赛馆   埃尔札塔楼55   三井新东京总社大厦   仙台森大厦   日本国铁中央大厦   埼玉超级竞赛馆   滨城21东方大厦II   札幌雪顶

结构技术年表

建筑关联事件	自然灾害	结构技术	
		规划及设计	材料及构件
1945			
1946 ·公布日本国宪法 ·世界第一台电子计算机问世(ENIAC)	·南海地震		
1947		·战后第一幢钢筋混凝土造公寓在东京高轮开工	
1948 ·建设省成立	·福井地震		
1949 ·着手制定日本工业标准(JIS)		·战后第一幢砌块造都营住宅(锦丝町)开工	·岩岐水泥及商品混凝土厂开始生产
1950 ·公布及实施建筑基准法			·向日本建筑界介绍异型钢筋(小仓弘一郎) ·混凝土砌块国产化 ·开始使用轻骨料混凝土
1951		·在建研所进行足尺实大结构强震试验 ·首幢层板胶合木建筑(森林纪念馆)	
1952		·SMAC强震仪的开发和设置	·大量生产新型异型钢筋
1953			
1954			·开始生产高强度钢
1955 ·日本住宅公团成立			·开始生产波形钢板 ·中之岛钢厂开始生产轻型钢
1956 ·第一届世界地震工程会议(美国) ·日本最早的电子计算机问世(FUJIC)		·开始在全国布置强震仪	
1957 ·FORTRAN语言问世		·首座原子能发电厂竣工(东海村)	·普遍采用商品混凝土
1958		·东京电视塔竣工	·引进耐候钢材 ·开始生产人造轻骨料(三井金属)
1959	·伊势湾台风		·八幡制铁厂开始生产销售H型钢
1960	·智利海啸	·引进结构规划研究所及IBM1620	
1961	·第二室户台风	·制成模拟式电子计算机SERAC ·大型预制混凝土板材建成4层的公共住宅(公团)	·H型钢批量生产(八幡制铁厂) ·38条认定生产SD35及SD40(尼崎制铁厂及今神户制钢厂)
1962			·开始生产蒸压轻质混凝土板
1963			

施工	基准法及 JIS 等	学会规范等	建筑 100 例	
				1945
				1946
	·日本建筑标准 3001(水平地震系数 0.2 及长期、短期容许应力)	·建筑学会: 钢结构计算规范、钢筋混凝土结构计算规范、木结构计算规范		1947
			·都营高轮公寓	1948
·涩谷站前的混凝土造 3 层房屋在都内首次整体移位工程完工(原第百银行)				1949
·开始使用 AE 剂 ·战后首次采用深基础施工法(扩建东京新闻社)	·施行令中关于结构的规定(水平地震系数 0.2 及高度 31m 的限制)			1950
·现场计量配料的混凝土搅拌装置(新丸大厦) ·首次输入柴油机打桩锤			·利达兹代极斯特东京分社	1951
·实施钢筋的加压气焊法(地下铁涩谷车库挡土板)	·制定地震区域系数公告 ·JIS G3101 一般结构用热轧钢及 G3106 焊接结构用热轧钢	·建筑学会: 特殊钢筋混凝土结构设计规范、砌体结构设计规范、建筑基础结构设计规范、焊接规范	·日活国际会馆(今日比谷帕克大厦) ·布里几斯通大厦/1958 扩建 ·日本相互银行总行(今三井住友银行)	1952
·商品混凝土问世 ·建筑中广泛使用加压气焊法 ·战后首次实施压气沉箱的施工(霞关电话局) ·柴油机打桩锤国产化	·JIS G3110 异型钢筋 ·JIS A5308 商品混凝土	·建筑学会: 建筑工程标准规格书(JASS)	·爱媛县民馆	1953
·开始采用高强螺栓(国铁) ·首次输入塔式起重机 ·引进螺旋钻孔机及压力灌浆混凝土桩(东京麻布哈地宿舍) ·首次采用贝诺托式施工法(国铁)	·焊接技术检验的 JIS 化			1954
·首次采用钢模板	·钢筋混凝土桩的 JIS 化		·图书印刷株式会社原町工厂	1955
·试建滑模施工法的中层住宅(公团)				1956
·出现胶合板型模板	·JIS G3350 一般结构用轻型型钢	·建筑学会: 薄板钢结构计算规范	·八幡制铁所改建厚板工厂 ·南淡町公署 ·静冈骏府会馆	1957
·无噪声打桩机问世 ·预制混凝土造大规模建筑问世(三菱金属明延矿业所)		·建筑学会: 劲性钢筋混凝土结构计算规范	·晴海高层公寓 ·东京电视塔	1958
·首次采用钻土施工法	·修订基准法施行令(废止物法时代的结构计算规定)		·东京国际贸易中心 2 号馆 ·公团预制装配式住宅多摩平住宅区	1959
	·高强螺栓摩擦型连接及 SM50公告发表			1960
·开始使用混凝土泵	·修订基准法(根据特定街区制度,关于 31m 的高度限制有所缓和)	·预应力混凝土设计施工规范(建筑学会)	·群马音乐中心	1961
		·钢管结构计算规范(建筑学会) ·铁塔结构计算规范(建筑学会)	·新发田市立厚生年金体育馆(今新发田市产业会馆)	1962
·金属模板施工法实用化(公团) ·开发出钢管相贯连接自动加工机械 ·首次采用反向循环施工法(国铁)	·修订基准法(根据容积地区制度,31m 的高度限制不适用) ·钢管桩及 H 型钢桩的 JIS 化	·结构用层板胶合木制作规范	·三爱得利姆中心 ·神户港铁塔	1963

结构技术年表

年	建筑关联事件	自然灾害	结构技术 规划及设计	结构技术 材料及构件
1964	·科学技术计算用的 IBM 普及 ·东海道新干线开通 ·名神高速公路开通 ·东京举办奥林匹克运动会	·新潟地震(地基液化)	·代代木室内体育馆竣工	·超厚 H 型钢开始生产
1965	·日本建筑中心成立 ·高层评审开始(建筑中心)	·松代群发性地震		
1966				
1967			·内力分析程序(日建设计) ·振动分析程序(日建设计)	
1968		·海老地震 ·十胜冲地震(短柱剪切破坏)	·超高层建筑时代开始(霞关大厦竣工)	·神户制钢厂开始生产 S 柱(压延成型)
1969	·东名高速公路开通			
1970	·举办大阪万国博览会 ·通用程序的开发 ·电子邮件的开发			
1971			·新宿副都心超高层建筑建设热潮	
1972	·札幌奥林匹克大会			·采用 FC30(椎名町公寓) ·采用 SD390(同上)
1973	·石油危机		·技术计算服务网络建成(NTT 的 DEMOS) ·活动房屋问世(三菱重工长崎造船所)	
1974		·伊豆半岛冲地震	·超高层钢筋混凝土建筑问世(椎名町公寓) ·电算程序评审开始(建筑中心)	
1975	·冲绳海洋博览会			·普及流动性混凝土
1976				
1977				
1978	·新东京国际空港启用	·伊豆大岛近海地震 ·宫城县冲地震(偏心及基柱建筑)		
1979	·个人电脑的开发(NEC: PC8001)		·NS 桁架个别认定成功	
1980				
1981	·个人电脑开始销售 ·结构师恳谈会发起			
1982				·采用高强抗剪钢筋(相模原高台集体住宅)
1983		·日本海中部地震	·首幢隔震结构(八千代台优尼契卡住宅)	
1984		·长野县西部地震	·薄膜结构时代开始	·开始生产劲性钢筋混凝土用 H 型钢
1985	·筑波科学博览会		·隔震结构评审开始(建筑中心)	

施工	基准法及 JIS 等	学会规范等	建筑 100 例	
·永久性爬升式起重机投入使用	·JIS B1186 摩擦型高强度六角螺栓及六角螺帽 ·JIS G3112 钢筋混凝土用钢筋		·新奥达尼大饭店主楼 ·国立代代木体育馆(第 1 及第 2 体育馆) ·东京主教座圣玛利亚大教堂	1964
·国产混凝土泵车问世	·修订基准法(废除 31m 高度限制)	·摩擦型高强螺栓连接设计施工规范(建筑学会)		1965
·各大建筑企业成立大型预制混凝土工厂	·制定关于 H 型钢的 JIS	·加压气焊技术说明书(压接协会)		1966
		·钢管混凝土设计规范(建筑协会)	·船桥市中央批发市场售货棚 ·名铁公共汽车终点站	1967
	·预制混凝土桩的 JIS 化	·高层建筑技术规范(建筑学会)	·霞关大厦 ·千叶县立中央图书馆 ·广场大饭店	1968
·箱形截面柱现场窄坡口施焊				1969
·高性能减水剂的实用化		·钢结构设计规范(建筑学会)	·帝国大饭店主楼 ·EXPO′70 庆典广场大屋顶 ·EXPO′70 富士集团馆 ·EXPO′70 美国馆	1970
·反向扩底施工法开发成功(大林组)	·修订基准法施行令(强化钢筋混凝土柱箍筋间距规定)	·钢筋混凝土结构计算规范的大修订(包括抗剪能力的强化等)	·波拉五反田大厦 ·城南变电所	1971
·引进机械式接头及套管式接头技术	·开始开发新抗震设计法(综合程序)	·高强螺栓连接设计施工规范(建筑学会) ·钢结构建筑焊缝超声波探伤检查规范(建筑学会)	·日本航空成田第一飞机库	1972
			·大石寺　正本堂 ·日本银行总行营业所新楼 ·全国勤劳青少年会馆　太阳广场	1973
	·应用(2″×4″)木框架技术标准公告	·轻型型钢结构设计施工规范(建筑学会)	·东京海上大厦 ·鹿岛建设椎名町公寓 ·新宿住友大厦 ·新宿三井大厦	1974
·千代田报告(缺陷型钢问题) ·缺陷商品混凝土事件		·钢结构塑性设计规范(建筑学会)		1975
		·钢结构施工技术规范(建筑学会)		1976
	·发表新抗震设计法草案 ·修订确定地震区域系数的建设省公告 1074 号	·抗震诊断标准(建防协)		1977
			·池袋副都心再开发规划——办公楼阳光 60	1978
			·4 万吨熔渣围仓 ·新宿中心大厦 ·芦屋滨高层住宅街	1979
·油压打桩锤实用化	·修订基准法施行令的抗震规定(新抗震设计法)—1981 年实施 ·JIS Z3120 加压气焊接头检查方法		·太阳城 G 栋	1980
		·建筑物荷载规范(建筑学会) ·极限承载力及变形性能(建筑学会) ·结构计算规范(建筑中心)		1981
·全构联及工场认定制取得建设大臣认可		·建筑设备抗震设计及施工规范(建筑中心)		1982
			·八千代台优尼契卡式隔震住宅	1983
·开发出钻土扩底施工法		·地震力作用下的基础设计规范(建筑中心) ·非结构构件的抗震设计规范(建筑学会)	·世界纪念馆 ·藤泽市秋叶台文化体育馆	1984
				1985

结构技术年表

	建筑关联事件	自然灾害	结构技术	
			规划及设计	材料及构件
1986			·高层钢筋混凝土结构委员会成立(建筑中心)	
1987			·大规模木造建筑落成	
1988			·东京穹顶竣工	·耐火钢(FR 钢)的开发
1989	·日本建筑结构技术者协会成立			·TMCP 钢取得大臣认可
1990			·东京都公署新楼竣工	
1991	·破旧钢结构建筑的社会问题化	·普贤岳喷火		
1992			·建造大型木造穹顶	·采用 FC60(比拉屯志摩酒店) ·采用 SD490(大岛一丁目)
1993		·钏路冲地震 ·北海道西南冲地震	·横滨标志性铁塔竣工	·采用 USD685(扎·西恩城北)
1994		·北海道东方冲地震 ·三陆遥冲地震		·SN 相同的热轧方钢管问世
1995	·Windows 95 问世	·兵库县南部地震	·隔震结构迅猛增加	·钢材俱乐部"建筑结构用冷加工成型方钢管/BCR,BCP"取得大臣认可 ·采用 FC100(上山公寓)
1996			·隔震改造普及化	·建筑结构用高性能钢材 590N/mm²取得大臣认可
1997		·鹿儿岛县西北部地震		
1998	·长野奥林匹克大会		·性能设计的法律化 ·耐火设计的法律化	
1999			·超高层隔震起步	
2000		·鸟取县西部地震 ·有珠山喷火 ·三宅岛喷火		·隔震部件的审定开始
2001	·世界贸易中心大厦被摧毁	·芸予地震		

施工	基准法及 JIS 等	学会规范等	建筑 100 例	
		· 圆木结构规范 · 地震受灾建筑物受灾度判定标准 (建防协)	· 千叶港塔 · 国立国会图书馆新馆	1986
· 高性能 AE 减水剂的开发		· 木造 3 层楼建房标准	· 预应力混凝土原子反应堆压力 容器 敦贺 2 号堆、大饭 3、 4 号堆、玄海 3、4 号堆	1987
	· JIS Z3062 加压气焊焊口超声波 探伤试验方法 · New RC(综合程序)启用	· 建筑基础结构设计规范 (建筑学会)	· 东京穹顶 巨蛋 · 小国町民体育馆	1988
		· 隔震结构设计规划(建筑学会)	· 海洋博物馆(收藏库) · KSP 神奈川科学园 · 京桥成和大厦(今京桥中心大厦) · 幕张会展中心(第 1 期)	1989
· 扬程 300m 的世界最大塔式起重机		· 钢筋混凝土造建筑物极限强度型 抗震设计规范(建筑学会)	· 日本电气总社大厦 · 秋田县架空穹顶 · 前桥绿色穹顶 · 水晶大厦 · 大阪东京海上大厦 · 东京都第一官署	1990
		· 关于振动的居住性能评定标准 (建筑学会) · 地震受灾建筑物等的受灾度判定 标准(建防协)	· 天道白衣大观音像	1991
			· 新横滨普林斯大酒店 · 出云穹顶 · 海洋博物馆(展览楼) · 第一生命府中大厦(C-1 大厦) · 江户东京博物馆 · 白龙穹顶	1992
			· 梅田摩天楼(新梅田都市开发规划) · 神冈穹顶 · 横滨标志性大厦	1993
	· JIS G3136 建筑结构用轧制 钢材 /SN	· 冷加工成型方钢管评价标准的 制定(建筑中心) · 建筑物的构造规定(建筑中心)	· 静冈媒体大厦 · 关西国际空港旅客候机楼 · 基因斯总社及研究所大厦	1994
	· 公布并施行建筑物的抗震改造 促进法 · 新型结构体系开发(综合程序) 开始		· 神户美利坚公园东方大酒店 · DN 大厦 21(第一及农中大厦)	1995
		· 冷加工成型方钢管设计施工手册 (建筑中心)	· 大阪游泳馆 · 扎 · 西恩城北 · 大阪市中央体育馆 · 东京国际会馆 · 长野市奥林匹克纪念比赛馆	1996
	· JIS G3745 建筑结构用碳素钢管 (STKN)、G3138 建筑结构用圆钢 (SNR)	· 地基加固设计及质量管理规范 (建筑中心)	· 大丸神户店重张规划 · 大成建设汤河原研修俱乐部 (抗震改造)	1997
	· 修订建筑基准法	· 钢结构极限状态设计规范 (建筑学会)	· 埃尔札塔楼 55 · 平城宫朱雀门重建工程 · 国立西洋美术馆主馆保护性隔震 改造 · 三共新东京总社大厦 · HEP FIVE	1998
	· 公布住宅质量确保促进法 (2000 年起施行)		· 仙台森大厦 · 索尼电脑游戏机厂 Fab1	1999
	· 施行极限承载力计算法		· 日本国铁中央大厦 · 埼玉超级竞赛馆 · 饭田桥第一大厦 · 滨城 21 东方大厦 Ⅱ · 仙台梅地亚太克	2000
			· 临海副都心台阳地区 1 街区 1 号楼 · 静冈体育场 · 札幌穹顶	2001
			· 相模原市营上九泽住宅	2002

■本书参考文献

1. 日本科学史学会編『日本科学技術史大系・17巻、建築技術』、第一法規出版、1964.7
2. 日本建築学会編『近代日本建築学発達史』、丸善、1972.10
3. 村松貞次郎著『日本近代建築の歴史』、NHKブックス、1977.10
4. 坪井善昭ほか編『空間と構造フォルム』、建築知識、1980.1
5. 小堀徹著『近代日本建築構造史』、東京芸術大学修士論文、1980.3
6. 『建築戦後35年史』新建築増刊号、新建築社、1980.7
7. 竹山謙三郎著『物語日本建築構造百年史』、鹿島出版会、1982.2
8. 日本建築センター監修『つくる─建築のいとなみ─』日本建築センター、1988.5
9. 村松貞次郎ほか編著『日本の技術100年・6巻、建築土木』、筑摩書房、1989.6
10. 大越俊男「超高層集合住宅の構造（その歴史と現状）」『ビルディングレター』、日本建築センター、1991.5
11. 『建築20世紀・PART2』新建築増刊号、新建築社、1991.6
12. 日本建築士会連合会編『ひと・建築・まち40年』、日本建築士会連合会、1991.9
13. 大橋雄二著『日本建築構造基準変遷史』、日本建築センター、1993.12
14. 豊島光夫著『にっぽん建築技術異聞』、日刊建設工業新聞社、1994.3
15. 日本建築センター編『悠悠建築vol.1〜8』、日本建築センター、1993.3〜1995.2
16. 東京建築設計厚生年金基金編『戦後建築の来た道行く道』、東京建築設計厚生年金基金、1995.3
17. 田中彌寿雄著『力学と建築物のかたち』、建築技術、1995.3
18. 鹿島建設編『建設博物誌』、鹿島出版会、1995.5
19. 『阪神大震災に学ぶ地震に強い建築の設計ポイント』建築知識増刊号、建築知識、1995.5
20. 『現代建築の軌跡』新建築増刊号、新建築社、1995.12
21. 大川三雄ほか著『近代建築の系譜』、彰国社、1997.6
22. 山口廣監修『東京の近代建築（建築構造入門）』、理工学社、1997.7
23. 日本鋼構造協会編『鋼構造技術総覧（建築編）』、技報堂、1998.4
24. 藤本盛久監修『日本建築鉄骨構造技術の発展（戦後50年略史）』、鋼構造出版、1998.12
25. 日本建築構造技術者協会編『杭の工事監理チェックリスト』、技報堂、1998.12
26. 日本建築構造技術者協会編『建築構造のなりたち』、彰国社、1998.12
27. 日本建築学会編『動的外乱に対する設計』、日本建築学会、1999.5
28. 『20世紀が育てた構造技術』建築雑誌特集、日本建築学会、1999.6
29. 『20世紀を決めた建築』建築雑誌特集、日本建築学会、1999.7
30. 青山博之『鉄筋コンクリート構造の耐震設計技術の発達』建築防災、日本建築防災協会、2000.10
31. 日建設計編『設計の技術（日建設計の100年）』、日建設計、2001.4
32. 藤本盛久編『構造物の技術史』、市ヶ谷出版社、2001.10
33. 『20世紀のコンクリート工学発展史』コンクリート工学特集、日本コンクリート工学協会、2002.1

附表

计量单位换算系数表

长度单位换算

米(m)	厘米(cm)	英寸(in)	英尺(ft)
1	1×10^2	39.3701	3.280 84
1×10^{-2}	1	$3.937 01 \times 10^{-1}$	$3.280 84 \times 10^{-2}$
2.54×10^{-2}	2.54	1	$8.333 33 \times 10^{-2}$
3.048×10^{-1}	30.48	12	1

力矩单位换算

牛顿米(N·m)	千克力米(kgf·m)	磅力英寸(lbf·in)	磅力英尺(lbf·ft)
1	$1.019 72 \times 10^{-1}$	8.850 75	$7.375 62 \times 10^{-1}$
9.806 65	1	86.796 2	7.233 01
$1.129 85 \times 10^{-1}$	$1.152 12 \times 10^{-2}$	1	$8.333 33 \times 10^{-2}$
1.355 82	$1.382 55 \times 10^{-1}$	12	1

面积单位换算

平方米(m²)	平方厘米(cm²)	平方英寸(in²)	平方英尺(ft²)
1	1×10^4	1 550.00	10.763 9
1×10^{-4}	1	1.550×10^{-1}	$1.076 39 \times 10^{-3}$
$6.451 6 \times 10^{-4}$	6.451 6	1	$6.944 44 \times 10^{-3}$
$9.290 30 \times 10^{-2}$	929.030	144	1

压强、应力、强度单位换算

帕斯卡(Pa)	千克力每平方厘米 (kgf/cm²)	磅力每平方英寸 (lbf/in²)	磅力每平方英尺 (lbf/ft²)
1	$1.019 72 \times 10^{-5}$	$1.450 38 \times 10^{-4}$	$2.088 54 \times 10^{-2}$
$9.806 65 \times 10^4$	1	14.223 3	2 048.16
$6.894 76 \times 10^3$	$7.030 70 \times 10^{-2}$	1	144
47.880 3	$4.882 43 \times 10^{-4}$	$6.944 44 \times 10^{-3}$	1

体积单位换算

立方米(m³)	立方厘米(cm³)	立方英寸(in³)	立方英尺(ft³)
1	1×10^6	61 023.7	35.3147
1×10^{-6}	1	$6.102 37 \times 10^{-2}$	$3.531 47 \times 10^{-5}$
$1.638 71 \times 10^{-5}$	16.387 1	1	$5.787 04 \times 10^{-4}$
$2.831 68 \times 10^{-2}$	28 316.8	1 728.00	1

惯性矩单位换算

四次立米(m⁴)	四次方厘米(cm⁴)	英寸⁴(in⁴)	英尺4(ft⁴)
1	1×10^8	2 402 510	115.862
1×10^{-6}	1	$2.402 51 \times 10^{-2}$	$1.158 62 \times 10^{-6}$
$4.162 31 \times 10^{-7}$	41.623 1	1	$4.822 53 \times 10^{-5}$
$8.630 97 \times 10^{-3}$	863 097	20 736	1

力单位换算

牛顿(N)	千克力(kgf)	磅力(lbf)	英吨力(tonf)
1	$1.019 72 \times 10^{-1}$	$2.248 09 \times 10^{-1}$	$1.003 61 \times 10^{-4}$
9.806 65	1	2.204 62	$9.842 07 \times 10^{-4}$
4.448 22	$4.535 92 \times 10^{-1}$	1	$4.464 29 \times 10^{-4}$
9964.02	1 016.05	2 240.00	1

著作权合同登记图字：01-2003-5330号

图书在版编目（CIP）数据

日本结构技术典型实例100选——战后50余年的创新
历程／日本建筑构造技术者协会编；滕征本等译．—北
京：中国建筑工业出版社，2005
 ISBN 7-112-07270-0

 Ⅰ.日…　Ⅱ.①日…②滕…　Ⅲ.建筑结构－结构设计
－日本　Ⅳ.TU318

中国版本图书馆 CIP 数据核字 (2005) 第 016949 号

Japanese title : Nippon no Kozo-Gijutsu wo Kaeta Kenchiku 100 Sen
by Japan Structural Consultants Association
Copyright © 2003 by Japan Structural Consultants Association
Original Japanese edition
published by SHOKOKUSHA Publishing Co., Ltd., Tokyo, Japan

本书由日本彰国社授权翻译出版

责任编辑：白玉美　率　琦
责任设计：郑秋菊
责任校对：刘　梅　王金珠

日本结构技术典型实例100选
——战后50余年的创新历程

日本建筑构造技术者协会　编
滕征本　滕煜先　周耀坤　滕百　译
＊
中国建筑工业出版社出版、发行(北京西郊百万庄)
新 华 书 店 经 销
北京海通创为图文设计有限公司制作
北京中科印刷有限公司印刷
＊
开本：787 × 1092毫米　1/16　印张：27¼　字数：670千字
2005年9月第一版　2005年9月第一次印刷
定价：85.00元
ISBN 7-112-07270-0
TU · 6497 (13224)